I0057619

de Gruyter Lehrbuch

Jacobs/Jungnickel · Einführung in die Kombinatorik

Konrad Jacobs
Dieter Jungnickel

Einführung in die Kombinatorik

2., völlig neu bearbeitete und erweiterte Auflage

Walter de Gruyter
Berlin · New York 2004

Konrad Jacobs
Abtsberg 25
96049 Bamberg

Dieter Jungnickel
Institut für Mathematik
Universität Augsburg
Universitätsstraße 14
86135 Augsburg

Mathematics Subject Classification 2000: 05-01

⊗ Gedruckt auf säurefreiem Papier, das die US-ANSI-Norm über Haltbarkeit erfüllt.

ISBN 3-11-016727-1

Bibliografische Information Der Deutschen Bibliothek

Die Deutsche Bibliothek verzeichnet diese Publikation in der Deutschen
Nationalbibliografie; detaillierte bibliografische Daten sind im Internet
über http://dnb.ddb.de abrufbar.

© Copyright 2004 by Walter de Gruyter GmbH & Co. KG, 10785 Berlin.

Dieses Werk einschließlich aller seiner Teile ist urheberrechtlich geschützt. Jede Verwer-
tung außerhalb der engen Grenzen des Urheberrechtsgesetzes ist ohne Zustimmung des
Verlages unzulässig und strafbar. Das gilt insbesondere für Vervielfältigungen, Überset-
zungen, Mikroverfilmungen und die Einspeicherung und Verarbeitung in elektronischen
Systemen.

Printed in Germany.
Umschlaggestaltung: Hansbernd Lindemann, Berlin.
Texterfassung in LATEX und Konvertierung der Dateien: I. Zimmermann, Freiburg.
Druck und Bindung: Hubert & Co. GmbH & Co. KG, Göttingen.

Vorwort zur zweiten Auflage

Seit dem Erscheinen der ersten Auflage dieses Buches sind nunmehr zwanzig Jahre vergangen. Für die Neuauflage haben Herr Kollege Jacobs und der Verlag de Gruyter mich um eine gründliche Überarbeitung gebeten. Ich habe dabei die im Vorwort zur ersten Auflage von Herrn Jacobs genannte Zielsetzung und den prinzipiellen Aufbau seines Buches respektiert, mich aber trotzdem nicht nur auf die Beseitigung von Druckfehlern und kleineren Irrtümern beschränkt. Neben verhältnismäßig geringfügigen Änderungen in der Darstellung und einigen vereinfachten Beweisen sowie vielen neuen Literaturhinweisen stehen die gründliche Umarbeitung mehrerer Kapitel (insbesondere die über Lateinische Quadrate, Codes, projektive Ebenen und Blockpläne) im Lichte neuerer Entwicklungen, was auch zu einigen umfangreichen Ergänzungen geführt hat. Insgesamt werden diese Teile nun doch systematischer präsentiert, wenn es auch dabei bleibt, daß eine vollständige Theorie im hier gesetzten Rahmen nicht geboten werden kann. Es sind so – wie ich denke – etliche weitere Rosinen zu dem von Herrn Jacobs angesprochenen Kuchen hinzugekommen, wie beispielsweise

- mehr Anwendungen aus der Codierungstheorie (Prüfziffersysteme, CRC-Codes),

- Anwendungen von Codes und projektiven Ebenen in der Kryptographie (Authentikation von Nachrichten, Zugangskontrolle zu geheimen Informationen),

- mehr über Blockpläne, zum Beispiel der Zusammenhang zur bekannten Hadamardschen Ungleichung, für die wir einen besonders kurzen Beweis eingeschlossen haben, und Differenzmengen, inklusive eines eleganten Beweises für den berühmten Hallschen Multiplikatorsatz,

- mehr über projektive Ebenen und Räume, insbesondere über Kollineationen (Satz von Singer) und interessante Unterstrukturen wie Unterebenen, Blockademengen und Bögen, wobei die Bögen einen verblüffenden Zusammenhang zur Codierungstheorie liefern,

- ein besonders kurzer und eleganter Beweis des Fünffarbensatzes, um nur einige besondere Highlights zu nennen. Dabei haben natürlich auch meine persönlichen Interessen eine gewisse Rolle gespielt. Insgesamt hoffe ich aber, dem Geist der ersten Auflage treu geblieben zu sein und das Buch noch reichhaltiger und damit vielleicht auch noch eine Spur reizvoller gemacht zu haben.

Trotzdem bleiben notgedrungen viele wichtige Aspekte der Kombinatorik gänzlich außen vor, wie etwa die eminent wichtige Matroid-Theorie, die Theorie der Assoziationsschemata, die probabilistische Methode oder die extremale Kombinatorik. Für die Matroidtheorie sei der Leser auf die Bücher von Tutte [1971], Welsh [1976], Oxley [1992], Recski [1989] und White [1986], [1987], [1992] verwiesen. Zum Thema Assoziationsschemata empfehlen wir Bannai und Ito [1984] sowie Zieschang [1995], und zur probabilistischen Methode sollte man Erdős und Spencer [1974], Alon und Spencer [1992] sowie – für algorithmische Aspekte – Habib et al. [1998] konsultieren. Zur extremalen Kombinatorik vergleiche man Baranov und Stechkin [1995] sowie Jukna [2001]; für die extremale Graphentheorie ist nach wie vor das Buch von Bollobás [1978] die Standardreferenz.

Andere wichtige Aspekte kommen sicherlich ebenfalls etwas zu kurz; so spielen bei uns weder Algorithmen noch Anwendungen eine große Rolle, wenn sie auch gelegentlich angesprochen werden. Es sind aber gerade diese beiden Themen, die die enorme außermathematische Nützlichkeit der Kombinatorik erklären. Stellvertretend für viele mögliche Referenzen sei der an realen Anwendungen – etwa im VLSI-Design oder beim Entwurf von Kommunikations- und Verkehrsnetzwerken – interessierte Leser auf die Bücher von Lengauer [1990], Korte et al. [1990] sowie Bermond [1992] verwiesen. Auf diese Themen können wir leider gar nicht eingehen; immerhin werden wir zu Anwendungen in der Kryptographie im Text einiges sagen. Dagegen bleibt leider auch das vielfältig anwendbare „Traveling Salesman Problem" auf der Strecke, das bestens dazu geeignet wäre, nahezu alle relevanten Aspekte der modernen kombinatorischen Optimierung kennenzulernen; dafür müssen wir unsere Leser auf die beiden wunderbaren Sammelwerke von Lawler et al. [1985] sowie Gutin und Punnen [2002] verweisen.

Ich danke dem Verlag de Gruyter und insbesondere Herrn Manfred Karbe für die gute Betreuung dieses Buchprojektes und die stets angenehme Zusammenarbeit. Mein ganz besonderer Dank gilt meinem früheren Studenten, Herrn Dr. Andreas Enge, der das Manuskript mit großer Aufmerksamkeit gelesen und zahlreiche Verbesserungsvorschläge gemacht hat. Die noch verbleibenden Irrtümer gehen ganz und gar zu meinen Lasten.

Augsburg, Juli 2003   *Dieter Jungnickel*

Vorwort zur ersten Auflage

Es gibt verschiedene Arten, Kombinatorik zu lernen. Will man Berufs-Kombinatoriker werden, so kann man z. B.

(a) dem in der Rota-Schule gepflegten Trend zur Systematisierung kombinatorischer Schlußweisen folgen, wie etwa Rota [1975], Aigner [1979], Graver und Watkins [1977] oder

(b) versuchen, Kombinatorik im indisch-israelisch-ungarischen Stil (liebevoll-dynamisches Stellen und Lösen von Einzelproblemen im Lichte großer Leitideen) zu treiben und zur Einübung etwa das Buch von Lovàzs [1979] durcharbeiten.

Das Literaturverzeichnis gibt einen Einblick in die Fülle der veröffentlichten Lehrbücher und Monographien.

Das vorliegende Buch schließt soweit wie möglich an das Bändchen von Ryser [1963] an. Es wendet sich nicht so sehr an zukünftige Berufskombinatoriker, sondern vor allem an Mathematiker jeder Arbeitsrichtung, die einen knappen, vielseitigen Einblick in die Kombinatorik gewinnen und mit bescheidenem technischen Aufwand schnell an eine Vielzahl berühmter Resultate herankommen wollen. Damit sind insbesondere Studenten und auch Gymnasiallehrer angesprochen (die Kombinatorik wird wegen ihres Reizes und ihrer Direktheit in Zukunft eine wachsende Bedeutung im Schulunterricht haben).

Ich habe deshalb, bildlich gesprochen, versucht, einen möglichst kleinen Kuchen mit möglichst vielen Rosinen zu backen. Die Themenauswahl ist aus dem Inhaltsverzeichnis ersichtlich. Kürzer behandelt sind einige Themen, die an sich nicht zum klassischen Themenkanon der Kombinatorik gehören, z. B. das Diktatorproblem und einige Symmetrie-Eigenschaften der Morse-Folge 01101001...
Der Versuchung, immer das allgemeinste mögliche Resultat zu beweisen, habe ich zu widerstehen gesucht. Auch auf die Einführung vereinheitlichender Begriffe (z. B. Inzidenzstruktur) habe ich absichtlich verzichtet. Die Kombinatorik ist bunt und soll bunt bleiben. Ich habe vor allem nach dem Typischen getrachtet. So lernt man z. B. die typische Arbeitsweise der Ray-Chaudhuri-Schule hier zweimal, bei der vollständigen Widerlegung der Eulerschen Vermutung über orthogonale lateinische Quadrate und bei der vollständigen Behandlung des Kirk-

man'schen Schulmädchenproblems im Falle der Dreierreihen, gründlich kennen. Dagegen habe ich die umfassenderen Existenzsätze für Blockpläne und auflösbare Blockpläne nur zitiert und nicht bewiesen. Verschiedene Großgebiete der modernen Kombinatorik – Graphentheorie, endliche Geometrie, Code-Theorie, Blockplan-Theorie – werden nur in typischen, aber, wie ich hoffe, gründlichen Kostproben vorgeführt; jedes dieser Gebiete würde ein eigenes Studium erfordern. Eine Reihe kombinatorischer Themen mußte aus Platzgründen entfallen (z.B. Such-Theorie, Matroid-Theorie, Fluktuationstheorie, Gittergas-Kombinatorik, topologische und wahrscheinlichkeitstheoretische Methoden, Hadamard-Matrizen, und auch die Permanententheorie, die mit dem Beweis der van-der-Waerden-Vermutung durch Egorychev [1981] und Falikman [1981] soeben einen schönen Schritt vorwärts getan hat, konnte ich nur streifen).

An verschiedenen Stellen habe ich Resultate aus anderen mathematischen Theorien genutzt, aus der Gruppentheorie, aus der Theorie der endlichen Körper, aus der elementaren Zahlentheorie, aus der Funktionentheorie. Diese Resultate werden am betr. Ort durch hoffentlich ausreichende Erläuterungen herangeholt.

Zwecks Pflege des Familiensinns unter Mathematikern habe ich das Literaturverzeichnis, soweit möglich und tunlich, mit Vornamen und Lebensdaten ausgestattet. Ich hoffe, es sind mir keine Fehler unterlaufen.

Zur Bezeichnung: Satz III.5.1 bedeutet: Satz 5.1 aus Kap. III § 5. Das Symbol □ bezeichnet das Ende eines Beweises.

Zahlreichen Freunden und Kollegen bin ich zu Dank verpflichtet. Mein Doktorvater, Herr Wilhelm Maak, dem ich dies Buch widme, hat mir vor langen Jahren einen ersten Zugang zur Kombinatorik eröffnet. Fachkundigen Rat haben mir vor allem Thomas Beth, Hillel Furstenberg, Dietrich Kölzow, Klaus Leeb, Volker Strehl und Benji Weiss gegeben; Maria Reményi hat den Text kritisch gelesen und verbessert. Für die Herstellung der Reinschrift danke ich den Sekretärinnen des Erlanger Mathematischen Instituts, voran Frau Helga Zech, und dem Verlag de Gruyter für die sorgfältige publikatorische Betreuung und die gute Zusammenarbeit.

Erlangen, April 1983   *Konrad Jacobs*

Inhaltsverzeichnis

I Das kleine Einmaleins der Kombinatorik

In diesem einführenden Kapitel wollen wir einige elementare Aussagen und Prinzipien der klassischen Kombinatorik kennenlernen. Nach einem kurzen Rückblick auf die wichtigsten Begriffe der Mengenlehre (der auch dazu dient, die von uns verwendete Notation festzulegen) stellen wir drei grundlegende Abzählprinzipien vor und leiten dann die einfachsten Anzahlaussagen für endliche Mengen her; danach betrachten wir mit dem Inklusions-Exklusions-Prinzip ein etwas schwierigeres Abzählverfahren, das von fundamentaler Bedeutung ist. Hier können wir dann bereits etliche anspruchsvollere Anwendungen behandeln.

1 Mengen

Die Kombinatorik beschäftigt sich überwiegend mit endlichen Mengen. Das Unendliche kommt aber sogleich ebenfalls in die Kombinatorik hinein, weil sie Sätze zu beweisen sucht, die für Mengen ohne Beschränkung der Mächtigkeit (also der Anzahl ihrer Elemente) gelten. Ferner bedient sich die Kombinatorik manchmal analytischer, topologischer oder stochastischer Methoden, wodurch sie es mit den reellen und den komplexen Zahlen oder auch mit topologischen Räumen zu tun bekommt; dieser Fall tritt besonders dann ein, wenn man sogenannte asymptotische Aussagen beweisen will. Schließlich lassen sich manche Fragestellungen und Ergebnisse der Kombinatorik von endlichen auf unendliche Mengen übertragen. In diesem Buch steht die Kombinatorik der endlichen Mengen im Vordergrund. Wo dieser Rahmen überschritten wird, werden wir die benötigten Hilfsmittel per Zitat ausdrücklich, aber ohne Beweis bereitstellen. Aber auch beim Umgang mit endlichen Mengen werden wir uns Resultate aus anderen Gebieten der Mathematik, insbesondere aus der Linearen Algebra, der Algebra der endlichen Körper und der Theorie der endlichen Gruppen – wieder per Zitat ohne Beweis – zu Nutze machen.

Wir setzen voraus, daß der Leser über gewisse Grundkenntnisse aus der naiven Mengenlehre, d. h. über Mengen und Abbildungen, verfügt. Es geht also nur noch darum, an gewisse Begriffsbildungen aus dieser Theorie zu erinnern und Bezeichnungen festzulegen. Die gesamte Kombinatorik ist, wie praktisch jeder Zweig der Mathematik, mit Hilfe der Begriffe „Menge" und „Abbildung" formulierbar. Die weiteren Abschnitte dieses Kapitels haben auch den Zweck, dies an einfachen Beispielen zu demonstrieren; dadurch soll insbesondere klar werden, daß zum Verständnis der Kombinatorik kein kombinatorischer Sonderverstand erforderlich ist. Dennoch werden wir später die konsequente Formulierung kombinatorischer Aussagen rein mit Hilfe der Begriffe „Menge" und „Abbildung" oft nicht voll durchführen, nämlich dann, wenn eine andere – beispielsweise verbale – Ausdrucksweise nach unserer Meinung besser geeignet ist, das Gemeinte klarzumachen. Von einem gewissen Stadium der Beschäftigung mit der Kombinatorik an sollte der Leser im Stande sein, mengentheoretischen Klartext selbstständig herzustellen, falls er dies wünscht. Folgende Mengen werden uns besonders beschäftigen:

$$\mathbb{N} = \{1, 2, 3, \dots\} = \text{die Menge der natürlichen Zahlen;}$$
$$\mathbb{Z} = \{0, 1, -1, 2, -2, \dots\} = \{\dots, -1, 0, 1, \dots\}$$
$$= \text{die Menge der ganzen Zahlen;}$$
$$\mathbb{Z}_+ = \{0, 1, 2, \dots\} = \{m \mid m \in \mathbb{Z}, \ m \geq 0\}$$
$$= \mathbb{N} \cup \{0\} = \text{die Menge der ganzen Zahlen ab 0.}$$

Das Rechnen mit Kongruenzen (mod m) in $\mathbb{N}$ und $\mathbb{Z}$ wird als bekannt vorausgesetzt. Ferner benötigen wir immer wieder:

$$\mathbb{Q} = \left\{\frac{a}{b} \;\middle|\; a, b \in \mathbb{Z}, \ b \neq 0\right\}$$
$$= \text{die Menge (auch: der Körper) der rationalen Zahlen}$$

(womit wir eigentlich Äquivalenzklassen von Brüchen meinen, die Klassenbildung aber meist nicht explizit benützen);

$$\mathbb{R} = \text{die Menge (auch: der Körper) der reellen Zahlen;}$$
$$\mathbb{C} = \text{die Menge (auch: der Körper) der komplexen Zahlen;}$$
$$GF(q) = \text{der endliche Körper mit } q \text{ Elementen (wobei } q \text{ eine Primzahl-}$$
$$\text{potenz ist, vgl. §III.3).}$$

Mengen mit genau r ($\in \mathbb{Z}_+$) Elementen heißen auch *r-elementige Mengen* oder *r-Mengen*. Die *leere Menge* $\emptyset$ ist die einzige 0-Menge. Ist M eine Menge und $r \in \mathbb{Z}_+$, so bezeichnet

2^M die Menge aller Teilmengen von M einschließlich der leeren Menge $\emptyset$;

$\binom{M}{r}$ die Menge der r-elementigen Teilmengen von M.

Man nennt 2^M auch die *Potenzmenge* von M. In der älteren Literatur findet man statt der hier verwendeten Bezeichnungen meist die Symbole $\mathcal{P}(M)$ bzw. $\mathcal{P}_r(M)$. Aus dem Zusammenhang sollte stets klar sein, ob wir mit 2^M gerade die Potenzmenge einer Menge oder aber eine Zahl meinen.

Die Mengenverknüpfungen $\cup$, $\cap$ und Symbole wie $\bigcup_{j=1}^n M_j$, $\bigcap_{k=1}^\infty M_k$, $\bigcup_{s \in I} M_s$ werden als bekannt vorausgesetzt. Sind N und M Mengen, so nennt man

$$M \setminus N = \{x \mid x \in M,\ x \notin N\} \text{ die \textit{Differenz} von } M \text{ und } N$$
$$\text{(in dieser Reihenfolge)};$$

$$M \bigtriangleup N = (M \setminus N) \cup (N \setminus M) = (M \cup N) \setminus (M \cap N)$$
$$\text{die \textit{symmetrische Differenz} von } M \text{ und } N.$$

Eine Menge von Mengen wird auch als ein *Mengensystem* bezeichnet. Eine Abbildung einer nichtleeren Menge I in eine Menge wird auch eine *Familie* genannt. I heißt dann die *Indexmenge* der Familie. Ist x_i das Bild von $i \in I$ unter dieser Abbildung, so schreibt man die Familie als $(x_i)_{i \in I}$. Bei speziellen I verwendet man auch andere Schreib- und Sprechweisen:

$$(x_j)_{j \in \{1,2\}} = (x_1, x_2) \qquad \textit{(geordnetes) Paar}$$

$$(y_k)_{k \in \{1,\ldots,n\}} = (y_1, \ldots, y_n) \qquad \textit{n-Tupel, n-Vektor}$$

$$(z_l)_{l \in \mathbb{Z}_+} = (z_0, z_1, \ldots) = z_0 z_1 \ldots \qquad \textit{Folge}$$

$$(y_m)_{m \in \mathbb{Z}} = (\ldots, u_{-1}, u_0, u_1, \ldots)$$
$$= \ldots u_{-1} u_0 u_1 \ldots \qquad \textit{Folge}$$

und dergleichen mehr. Dies alles gilt insbesondere bei *Mengenfamilien*, d. h. Abbildungen einer Indexmenge in eine Menge von Mengen. Ist $\mathcal{M}$ eine nichtleere Menge von Mengen, so bezeichnet

$$\bigcup_{M \in \mathcal{M}} M \quad \text{die \textit{Vereinigung} aller Mengen aus } \mathcal{M}, \text{ d. h. die Menge aller Elemente,}$$
die in mindestens einer Menge $M \in \mathcal{M}$ vorkommen;

$$\bigcup_{M \in \mathcal{M}} M \quad \text{den \textit{Durchschnitt} aller Mengen aus } \mathcal{M}, \text{ d. h. die Menge aller Elemente,}$$
die in jeder Menge $M \in \mathcal{M}$ vorkommen.

Ist $\mathcal{M} = \emptyset$, so setzt man $\bigcup_{M \in \mathcal{M}} M = \emptyset$; hat man sich entschlossen, nur Teilmengen einer festen Menge X zu betrachten, definiert man $\bigcap_{M \in \emptyset} M = X$. Analoge Bezeichnungen werden für Mengenfamilien verwendet.

Ist $(M_i)_{i \in I}$ eine Familie von nichtleeren Mengen, so definiert man ihr *cartesi-sches Produkt* $\prod_{i \in I} M_i$ als die Menge aller Familien $(x_i)_{i \in I}$ mit $x_i \in M_i$ für alle $i \in I$. Hierbei heißt M_i auch der *i-te cartesische Faktor* von $\prod_{i \in I} M$. Für spezielle I verwendet man auch andere Bezeichnungen wie $M_1 \times M_2$, $M_1 \times \cdots \times M_n$, $M_0 \times M_1 \times \cdots , \cdots \times M_{-1} \times M_0 \times M_1 \times \cdots$, $A \times B \times C$ etc. Daß $\prod_{i \in I} M_i$ stets nichtleer ist, ist gerade der Inhalt des sogenannten *Auswahlaxioms*; für unendliche Familien ist dieses allgemein akzeptierte Axiom durchaus nicht unproblematisch, worauf wir aber hier nicht eingehen können. Ist in einer Mengenfamilie $(M_i)_{i \in I}$ mindestens ein M_i leer, so definiert man $\prod_{i \in I} M = \emptyset$. Sind sämtliche M_i gleich, etwa gleich M, so schreibt man auch

$$
\begin{array}{lll}
M^I & \text{statt} & \prod_{i \in I} M_i, \\
M^n & \text{statt} & M_1 \times \cdots \times M_n, \\
M^{n+1} & \text{statt} & M_0 \times \cdots \times M_n, \text{ etc.}
\end{array}
$$

M^I ist also die Menge aller Abbildungen von I in M. Sind R, C nichtleere Mengen, so heißen Abbildungen $R \times C \to M$ auch *Matrizen* oder *Arrays*; die Elemente von R heißen dann auch *Zeilenindizes*, die Elemente von C auch *Spaltenindizes*. Für ein festes $j \in R$ heißt die Einschränkung unserer Abbildung auf $\{j\} \times C$ auch die *j-te Zeile* oder der *j-te Zeilenvektor* der Matrix; analog sind *Spalten* und *Spaltenvektoren* definiert. Für spezielle R, C verwendet man üblicherweise auch spezielle Bezeichnungen für Matrizen, so etwa für $m \times n$ -*Matrizen*

$$
(a_{(j,k)})_{(j,k) \in \{1,...,m\} \times \{1,...,n\}} = (a_{jk})_{j=1,...,m; k=1,...,n}
$$

$$
= \begin{pmatrix} a_{11} \ldots a_{1n} \\ a_{m1} \ldots a_{mn} \end{pmatrix}
$$

oder für unendliche Arrays

$$
(b_{(m,n)})_{(m,n) \in \mathbb{Z}_+ \times \mathbb{N}} = (b_{mn})_{m=0,1,...; n=1,2,...}
$$

$$
= \begin{pmatrix} b_{01} & b_{02} \ldots \\ b_{11} & b_{12} \ldots \\ \ldots\ldots\ldots \end{pmatrix}
$$

und dergleichen mehr. Wir werden die *transponierte* Matrix (a_{ji}) zu einer Matrix $A = (a_{ji})$ mit A^T bezeichnen.

Ein Mengensystem $\mathcal{M}$ heißt (*paarweise*) *disjunkt*, wenn je zwei Mengen in $\mathcal{M}$ leeren Schnitt haben. Entsprechend heißt eine Mengenfamilie $(M_i)_{i \in I}$ (*paarweise*) *disjunkt*, wenn für alle $i, j \in I$ mit $i \neq j$ stets $M_i \cap M_j = \emptyset$ gilt. Eine Mengenfa-milie $(M_i)_{i \in I}$ *disjunkt machen* bedeutet, zur neuen Mengenfamilie $(M_i \times \{i\})_{i \in I}$

übergehen, die in der Tat disjunkt ist. Vereinigt man eine disjunkte Menge von Mengen oder eine disjunkte Mengenfamilie, so spricht man auch kurz von *disjunkter Vereinigung*. Eine Darstellung einer Menge M als disjunkte Vereinigung anderer Mengen nennt man auch eine (disjunkte) *Zerlegung* oder *Partition* von M, die Bestandteile auch *Atome* oder *Teile*.

Teilmengen von $M_1 \times M_2$ werden auch als (binäre) *Relationen* zwischen Elementen von M_1 und Elementen von M_2 bezeichnet, im Falle $M_1 = M_2 = M$ auch als (binäre) *Relationen auf M*. Der Leser sollte wissen, was Reflexivität, Symmetrie, Transitivität etc. einer Relation in einer Menge M bedeutet, was eine *Äquivalenzrelation* samt (*Äquivalenz-*)*Klassen* und *Repräsentanten* ist, was man unter einer *partiellen Ordnung* und unter einer *Totalordnung* in einer Menge versteht etc. Ist $f : X \to Y$ eine Abbildung der Menge X in die Menge Y, so nennt man die Relation

$$G = G_f = \{(x, y) \mid x \in X, y \in Y, y = f(x)\} = \{(x, f(x)) \mid x \in X\}$$

den *Graphen* der Abbildung f. Er hat folgende Eigenschaft: Zu jedem $x \in X$ gibt es genau ein $y \in Y$ mit $(x, y) \in G$. Relationen $G \subseteq X \times Y$ mit dieser Eigenschaft und Abbildungen $f : X \to Y$ sind mittels der Identifikation $G = G_f$ nur zwei Aspekte ein und derselben Sache. Da wir den Begriff des cartesischen Produkts nicht ohne den Begriff der Abbildung formuliert haben (was jedoch möglich wäre), ist der Abbildungsbegriff damit streng genommen nicht auf den Relationsbegriff zurückgeführt. (Noch strenger genommen ist jeder (z. B. mathematische) Text eine Abbildung einer Menge von Plätzen in eine Menge von Zeichen.) Wir rekapitulieren abschließend: Eine Abbildung $g : M \to N$ heißt

injektiv oder eine *Injektion*, wenn sie *eindeutig* ist, also aus $x, y \in M$, $x \neq y$ stets $f(x) \neq f(y)$ folgt;

surjektiv oder eine *Surjektion*, wenn sie „auf" ist, also wenn

$$f(M) = \{f(x) \mid x \in M\} = N \text{ gilt;}$$

bijektiv oder eine *Bijektion*, wenn sie injektiv und surjektiv ist.

Statt $f(x)$ darf man auch fx oder x^f, statt $f(K)$ $(= \{f(x) \mid x \in K\}$ für $K \subseteq M)$ darf man auch fK oder K^f schreiben. Die zu einer Bijektion $f : M \to N$ inverse Abbildung von N in M wird mit f^{-1} bezeichnet. Bijektionen $f : M \to M$ heißen auch *Permutationen* von M. Für zwei Abbildungen $f : M \to N$ und $g : N \to P$ ist die *Komposition* oder das *Produkt* $g \circ f$ durch $g \circ f : M \to P$, $(g \circ f)(x) = g(f(x))$ für alle $x \in M$ definiert (also: „erst f dann g"). Die Permutationen von M bilden mit diesem Produkt eine Gruppe, die man mit S_M (bei $M = \{1, \ldots, n\}$ auch mit S_n) bezeichnet und die *symmetrische Gruppe* auf M (oder: auf n Elementen) nennt.

2   Einfache Anzahlaussagen

Ist M eine Menge, so bezeichnet $|M|$ die Anzahl ihrer Elemente. Der Kurz-Ausdruck „$|M| = m$" bedeutet ausführlich „M ist eine Menge und hat genau m Elemente". $|M| = 0$ ist mit $M = \emptyset$ gleichbedeutend. Zwei nichtleere Mengen M, N sind genau dann *gleichmächtig* (d.h., es gilt $|M| = |N|$), wenn es eine Bijektion $M \to N$ gibt. Eine Menge M heißt *endlich*, wenn es keine Injektion $f: M \to M$ mit $f(M) \neq M$ gibt (*Dedekindsche Definition der Endlichkeit*, Dedekind [1888]). Eine nichtleere Menge M ist genau dann endlich, wenn es ein $n \in \mathbb{N}$ und eine Bijektion $M \to \{1, \dots, n\}$ gibt; es gilt dann $|M| = n$. Ist M nicht endlich, so schreiben wir $|M| = \infty$ und kümmern uns nicht um die Unterscheidung verschiedener unendlicher Mächtigkeiten.

Alle Anzahl-Untersuchungen der Kombinatorik kommen im Prinzip mit den folgenden drei Grundtatsachen aus:

(I)   Gibt es zwischen zwei Mengen eine Bijektion, so haben sie gleichviele Elemente.

(II) Sind M und N disjunkt, so gilt $|M \cup N| = |M| + |N|$, bei disjunkter Vereinigung addieren sich also die Mächtigkeiten. Im allgemeinen Fall gilt dagegen $|M \cup N| = |M| + |N| - |M \cap N|$.

(III) $|M \times N| = |M| \cdot |N|$, bei cartesischer Produkt-Bildung multiplizieren sich also die Mächtigkeiten.

Übung 2.1. Mittels vollständiger Induktion beweise man (II) und (III) und dehne beide Aussagen auf beliebig viele Mengen aus.

Indem man die allgemeine Version von (III) auf N gleiche cartesische Faktoren anwendet, erhält man die Formel

$$(2.1) \qquad\qquad |M^N| = |M|^{|N|},$$

aus der wir durch geschickte Interpretation die folgende Aussage gewinnen.

Satz 2.2. *Eine n-Menge besitzt genau 2^n Teilmengen.*

Beweis. Aus $|\{0, 1\}| = 2$ und $|M| = n$ folgt $|\{0, 1\}^M| = 2^n$, wobei nach Definition die Elemente von $\{0, 1\}^M$ sämtliche Abbildungen f von M in $\{0, 1\}$ sind. Die Zuordnung

$$f \mapsto E_f = \{k \mid k \in M,\ f(k) = 1\}$$

ist nun offenbar eine Bijektion zwischen $\{0, 1\}^M$ und 2^M: Die Elemente von $\{0, 1\}^M$ sind die sogenannten *Indikatorfunktionen* von Teilmengen von M. (Diese Beobachtung motiviert auch die Notation 2^M für die Potenzmenge der Menge M.) Nach (I) sind wir fertig. $\qquad\square$

Als nächstes untersuchen wir die Frage, wieviele Injektionen es von einer Menge M in eine Menge N gibt, was uns insbesondere die Mächtigkeit der Gruppe S_n liefern wird.

Satz 2.3. *Sei $|M| = m$ und $|N| = n$, wobei $m \leq n$ gelte. Dann gibt es genau $n(n-1)\ldots(n-m+1)$ Injektionen von M in N.*

Beweis. Wir verwenden Induktion über m. Ist $m = 1 \leq n$, so ist genau ein Element abzubilden; als Bilder stehen die n Elemente von N zur Verfügung, weswegen die gesuchte Anzahl $n = n - 1 + 1$ ist, wie behauptet. Angenommen, man hat die Behauptung für $m - 1$ bewiesen und hat nun $|M| = m$, $|N| = n \geq m > 1$. Wir wählen ein beliebiges Element $j_0 \in M$ und zerlegen die Menge $\mathfrak{I}$ der Injektionen von M in N disjunkt in n Teile:

$$\mathfrak{I}_k = \{f \mid f : M \to N \text{ injektiv}, \ f(j_0) = k\}$$

für $k \in N$. Das Atom $\mathfrak{I}_k$ dieser Partition ist nun durch die Abbildung „Einschränkung auf $M \setminus \{j_0\}$" bijektiv auf die Menge der Injektionen von $M \setminus \{j_0\}$ in $N \setminus \{k\}$ bezogen. Man hat $|M \setminus \{j_0\}| = m - 1$, $|N \setminus \{k\}| = n - 1$; nach Induktionsannahme und (I) gilt somit $|\mathfrak{I}_k| = (n-1)\ldots(n-m+1)$ für alle $k \in N$. Nach (II) folgt nun $|\mathfrak{I}| = n(n-1)\ldots(n-m+1)$, also die Behauptung. $\qquad\square$

Korollar 2.4. *Für jede natürliche Zahl n gilt*

$$|S_n| = n! = n(n-1)\ldots 2 \cdot 1$$

Beweis. Hier ist $M = N$ und die Injektionen sind – im wesentlichen nach der Dedekindschen Definition der Endlichkeit – Bijektionen. $\qquad\square$

Wir haben beim obigen Beweis die Zurückführung aller Beweismittel auf (I), (II), (III) bis auf das formale Aufschreiben gewisser Abbildungen vollständig durchgeführt, damit der Leser einmal an einem Beispiel sieht, wie man das macht. In Zukunft werden wir uns meist einer kürzeren Ausdrucksweise bedienen, in der der obige Beweis etwa folgende Form hat: Wir können $M = \{1, \ldots, m\}$ annehmen; für die Abbildung von 1 bestehen n, für die Abbildung von 2 dann noch $n - 1, \ldots$, schließlich für die Abbildung von m dann noch $n - m + 1$ Möglichkeiten; also ist die gesuchte Anzahl $n(n-1)\ldots(n-m+1)$.

Als nächstes wenden wir uns den k-Teilmengen einer Menge N zu. Mittels naheliegender Bijektionen und (I) sieht man, daß die Mächtigkeit von

$$\binom{N}{k} = \{M \mid M \subseteq N, \ |M| = k\}$$

nur von k und der Mächtigkeit n von N abhängt; daher können wir diese Mächtigkeit als die Definition des *Binomialkoeffizienten* $\binom{n}{k}$ verwenden. Man beachte, daß diese Definition für beliebige nicht-negative ganze Zahlen sinnvoll ist; im Falle $n < k$ ergibt sich dann trivialerweise $\binom{n}{k} = 0$. Für den interessanten Bereich $0 \leq k \leq n$ erhalten wir die folgenden wichtigen Formeln.

Satz 2.5. *Es seien* $n, k \in \mathbb{Z}_+$ *mit* $0 \leq k \leq n$. *Dann gelten:*

(2.2)
$$\binom{n}{k} = \binom{n-1}{k-1} + \binom{n-1}{k} \quad \text{für } k \geq 1,$$

(2.3)
$$\binom{n}{k} = \frac{n!}{k!(n-k)!},$$

(2.4)
$$\binom{n}{n-k} = \binom{n}{k}.$$

Beweis. Zum Nachweis von (2.2) sei N eine n-Menge und $1 \leq k \leq n$. Wir wählen ein beliebiges Element $j_0 \in N$ und zerlegen $\binom{N}{k}$ disjunkt in folgende zwei Mengen $\mathcal{P}$ und $\mathcal{Q}$:

$$\mathcal{P} = \{M \mid M \subseteq N, |M| = k, \, j_0 \in M\},$$

$$\mathcal{Q} = \{M \mid M \subseteq N, |M| = k, \, j_0 \notin M\}.$$

Offenbar gilt $|\mathcal{P}| = \binom{n-1}{k-1}$, da jedes $M \in \mathcal{P}$ durch Hinzufügen von j_0 zu einer $(k-1)$-Teilmenge von $N \setminus \{j_0\}$ entsteht; weiter gilt $|\mathcal{Q}| = \binom{n-1}{k}$ unmittelbar nach Definition. Damit folgt die Behauptung aus (II).

Wir können nun (2.2) verwenden, um (2.3) mit Induktion über $n+k$ zu beweisen. Der Induktionsanfang $n = k = 0$ sowie allgemeiner der Fall $k = 0$ sind trivial, da dann beide Seiten gleich 1 sind. Sei nun $1 \leq k \leq n$. Nach Induktionsannahme folgt dann

$$\binom{n}{k} = \binom{n-1}{k-1} + \binom{n-1}{k} = \frac{(n-1)!}{(k-1)!(n-k)!} + \frac{(n-1)!}{k!(n-k-1)!}$$

$$= \frac{(n-1)!(k+n-k)}{k!(n-k)!} = \frac{n!}{k!(n-k)!}.$$

Schließlich ergibt sich (2.4) aus der trivialen Beobachtung, daß die k-Teilmengen M von N durch die Bildung ihrer Komplemente $N \setminus M$ bijektiv auf die $(n-k)$-Teilmengen von N abgebildet werden. $\qquad\square$

Die Definition der Binomialkoeffizienten als Mächtigkeit der Menge $\binom{N}{k}$ für eine n -Menge N hat den Vorteil, sofort deren Ganzzahligkeit zu liefern, die man der Formel $\binom{n}{k} = \frac{n!}{k!(n-k)!}$, die sonst manchmal als Definition verwendet wird, ja nicht unmittelbar ansieht. Die Formel (2.2) ermöglicht dann die sukzessive Berechnung der Binomialkoeffizienten durch einen Algorithmus, der lediglich mit Additionen auskommt und wegen einer gern benutzten Schreibanordnung das *Pascalsche Dreieck* genannt wird. In

$$\binom{0}{0}$$

$$\binom{1}{0} \quad \binom{1}{1}$$

$$\binom{2}{0} \quad \binom{2}{1} \quad \binom{2}{2}$$

$$\binom{3}{0} \quad \binom{3}{1} \quad \binom{3}{2} \quad \binom{3}{3}$$

$$\cdots\cdots\cdots\cdots\cdots\cdots$$

$$\binom{n-1}{0} \cdots \binom{n-1}{k-1} \quad \binom{n-1}{k} \cdots \binom{n-1}{n-1}$$

$$\binom{n}{0} \quad \binom{n}{1} \cdots\cdots\cdots \binom{n}{k} \cdots\cdots\cdots \binom{n}{n-1} \quad \binom{n}{n}$$

sind die randständigen Binomialkoeffizienten $\binom{n}{0}$ gleich 1 und sonst jedes $\binom{n}{k}$ die Summe seiner beiden oberen Nachbarn $\binom{n-1}{k-1}$ und $\binom{n-1}{k}$. Numerisch ergibt sich für die ersten sechs Zeilen des Pascalschen Dreiecks

$$
\begin{array}{ccccccccccc}
 & & & & & 1 & & & & & \\
 & & & & 1 & & 1 & & & & \\
 & & & 1 & & 2 & & 1 & & & \\
 & & 1 & & 3 & & 3 & & 1 & & \\
 & 1 & & 4 & & 6 & & 4 & & 1 & \\
1 & & 5 & & 10 & & 10 & & 5 & & 1 \\
\end{array}
$$

Wir wollen noch eine weitere anschauliche Interpretation der Binomialkoeffizienten erwähnen. Dazu betrachten wir im Pascalschen Dreieck von der Spitze aus absteigende „Zickzackpfade":

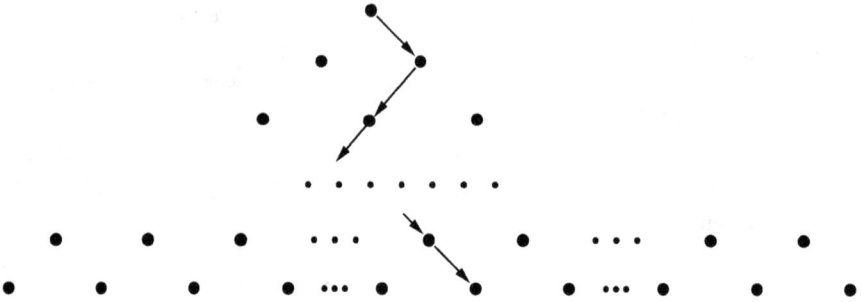

Jeder von der Spitze aus um n Etagen herabführender Zickzackpfad wird eineindeutig durch eine Folge von n Anweisungen „links" bzw. „rechts" festgelegt. Kommt dabei genau k-mal die Anweisung „rechts" vor, so landet der Pfad an der $\binom{n}{k}$ vorbehaltenen Stelle. Jede solche Folge von Anweisungen entspricht nun eineindeutig einer Teilmenge von $\{1, \dots, n\}$, nämlich der Menge

$$\{j \in \{1, \dots, n\} \mid \text{die } j\text{-te Anweisung lautet „rechts"}\}.$$

Damit ist die Menge der bei $\binom{n}{k}$ landenden Zickzackpfade bijektiv auf $\binom{\{1, \dots, n\}}{k}$ bezogen. Mit dieser Interpretation können wir unseren Beweis für die Formel (2.2) auch wie folgt formulieren: Man betrachte den Eintrag $\binom{n}{k}$ des Pascalschen Dreiecks und teile die dort landenden Zickzackpfade in diejenigen, die mit „links", und diejenigen, die mit „rechts" eintreffen, ein.

Als weitere Anwendung der Binomialkoeffizienten beweisen wir den sogenannten *binomischen Lehrsatz*:

Satz 2.6 (Binomischer Lehrsatz). *Seien a, b zwei Elemente in einem kommutativen Ring R. Dann gilt:*

$$(2.5) \qquad (a+b)^n = \sum_{k=0}^{n} \binom{n}{k} a^k b^{n-k} \quad (n = 0, 1, 2, \dots).$$

Beweis. Die linke Seite von (2.5) ist das Produkt von n identischen Faktoren $F_1 = F_2 = \dots = F_n = a + b$. Aufgrund der Rechengesetze für kommutative Ringe (Kommutativität, Distributivität etc.) ist $(a+b)^n$ also die Summe aller Produkte, die durch Auswahl von jeweils einem der Terme a bzw. b aus $F_1, \dots, F_n$ entstehen. Ein solches Produkt ist genau dann gleich $a^k b^{n-k}$, wenn man aus genau k der Faktoren F_i den Term a wählt. Die Anzahl dieser Produkte ist somit gerade

$$|\{I \mid I \subseteq \{1, \dots, n\}, \ |I| = k\}| = \binom{n}{k}. \qquad \square$$

Insbesondere gilt dieser Satz 2.6 also für jeden Körper K sowie für den Polynomring $K[x]$ über K. Der Leser möge zur Übung einen Induktionsbeweis für (2.5) geben, der die Formel (2.2) verwendet.

Bemerkung 2.7. Setzt man in (2.4) $a = b = 1$, so erhält man die nützliche Identität

$$(2.6) \qquad 2^n = \sum_{k=0}^{n} \binom{n}{k} = \sum_{k=0}^{n} \left| \binom{N}{k} \right| = |2^N|,$$

womit sich ein weiterer Beweis für Satz 2.2 ergibt.

Übung 2.8. Man beweise durch Induktion: Sind $n > 0$, $r > 1$, und sind $n_1, \ldots, n_r > 0$ mit $n_1 + \cdots + n_r = n$ gegeben, so gibt es genau

$$(2.7) \qquad \binom{n}{n_1, \ldots, n_r} = \frac{n!}{n_1! \ldots n_r!}$$

disjunkte Zerlegungen einer n-Menge in eine n_1-Menge, eine n_2-Menge, . . . , eine n_r-Menge. Man nennt die Zahlen (2.7) auch *Multinomialkoeffizienten*.

Übung 2.9. Man beweise den sogenannten *Multinomialsatz*:

$$(a_1 + \cdots + a_r)^n = \sum_{\substack{n_1, \ldots, n_r \geq 0 \\ n_1 + \cdots + n_r = n}} \frac{n!}{n_1! \ldots n_r!} a_1^{n_1} \ldots a_r^{n_r}$$

Übung 2.10. Man beweise:

a) $\displaystyle\sum_{k=0}^{n} (-1)^k \binom{n}{k} = 0 \quad (n = 1, 2, \ldots),$

b) $\displaystyle\sum_{k=0}^{n} \binom{n}{k}^2 = \binom{2n}{n} \quad (n = 0, 1, \ldots),$

c) $\displaystyle\sum_{k=1}^{n} k \binom{n}{k} = n 2^{n-1} \quad (n = 1, 2, \ldots),$

d) $\displaystyle\sum_{k=1}^{n} k^2 \binom{n}{k} = n(n + 1) 2^{n-2} \quad (n = 2, 3, \ldots),$

e) $\displaystyle\sum_{k=1}^{n} \frac{(-1)^{k-1}}{k}\binom{n}{k} = 1 + \frac{1}{2} + \cdots + \frac{1}{n}$ $(n = 1, 2, \ldots)$,

f) $\displaystyle\binom{n}{0} < \cdots < \binom{n}{n/2} > \cdots > \binom{n}{n}$ (n gerade),

$\displaystyle\binom{n}{0} < \cdots < \binom{n}{(n-1)/2} = \binom{n}{(n+1)/2} > \cdots > \binom{n}{n}$ (n ungerade).

Übung 2.11. Man beweise: Ist p eine Primzahl, so sind $\binom{p}{1}, \ldots, \binom{p}{p-1}$ durch p teilbar.

Übung 2.12. Sei $|N| = n, r \in \mathbb{N}$ sowie

$$N_r = \left\{ f \mid f : N \to \mathbb{Z}_+, \sum_{k \in N} f(k) = r \right\}.$$

Man beweise

$$|N_r| = \binom{n+r-1}{n-1} = \binom{n+r-1}{r}.$$

Hinweis: $\binom{n+r-1}{n-1}$ ist die Anzahl der Möglichkeiten, unter $n + r - 1$ in einer Reihe aufgestellten Gegenständen $n - 1$ Stück zu „Scheidewänden" zu ernennen.

Übung 2.13. Seien $n \in \mathbb{N}, b_1, b_2, \ldots \in \mathbb{Z}_+, b_1 + 2b_2 + \cdots = n$. Man bestimme die Anzahl derjenigen Permutationen aus S_n, die genau b_1 Fixpunkte, genau b_2 Zweierzyklen, genau b_3 Dreierzyklen, ... besitzen.

3 Das Inklusions-Exklusions-Prinzip

Seien N eine Menge von n Elementen und $P_1, \ldots, P_r$ „Eigenschaften" von Elementen von N. Oft ist es von Interesse, herauszufinden, wieviele der Elemente von N genau s ($\leq r$) von diesen Eigenschaften haben. Eine Methode, dies Problem exakt zu formulieren, geht wie folgt. Sei

$$N_\varrho = \{k \in N \mid k \text{ hat die Eigenschaft } P_\varrho\}.$$

„Eigenschaften" von Elementen von N sind also formal nichts anderes als Teilmengen von N. Für jede Teilmenge M definiert man nun die *Indikatorfunktion* (oder *charakteristische Funktion*) χ_M durch

$$\chi_M(k) = \begin{cases} 1 & \text{für } k \in M \\ 0 & \text{für } k \notin M. \end{cases}$$

Unser obiges Problem besteht dann darin, die Mächtigkeit der Menge

$$\left\{ k \mid \sum_{\varrho=1}^{r} \chi_{N_\varrho}(k) = s \right\}$$

zu bestimmen. Im ersten Unterabschnitt dieses Paragraphen werden wir eine Lösungsformel für ein etwas verallgemeinertes Problem kennenlernen, in den darauf folgenden Unterabschnitten verschiedene Anwendungen.

3.1   Das Inklusions-Exklusions-Prinzip mit Gewichten

Sei $|N| = n \in \mathbb{N}$ und K ein Körper. Wir wählen eine Abbildung $w: N \to K$ und nennen für jedes $k \in N$ das Element $w(k)$ von K das *Gewicht* von k. Die Abbildung w wird auch als *Gewichtsfunktion* bezeichnet; in vielen Anwendungen sind $K = \mathbb{Q}$ und $w = \text{const} = 1$. Für $M \subseteq N$ heißt

$$w(M) = \sum_{k \in M} w(k)$$

das *Gewicht* von M (unter w).

Satz 3.1. *Es seien N eine n-Menge, $r \in \mathbb{N}$ und $N_1, \ldots, N_r \subseteq N$. Man setze $f = \chi_{N_1} + \cdots + \chi_{N_r}$ sowie für jedes $s = 0, 1, \ldots, r$*

$$W(s) = \sum_{S \in \binom{\{1,\ldots,r\}}{s}} w\left(\bigcap_{\varrho \in S} N_\varrho \right),$$

$$E_s = \{ k \mid f(k) = s \}.$$

E_s besteht also gerade aus denjenigen Elementen $k \in N$, die in genau s der Teilmengen $N_1, \ldots, N_r$ liegen. Dann gilt für $s = 0, 1, \ldots, r$:

(3.1) $$w(E_s) = \sum_{t=s}^{r} (-1)^{t-s} \binom{t}{s} W(t)$$

$$= W(s) - \binom{s+1}{s} W(s+1) \pm \cdots + (-1)^{r-s} \binom{r}{s} W(r)$$

Beweis. Wir denken uns die $W(t)$ auf der rechten Seite von (3.1) als Summen von w-Werten ausgeschrieben und schauen nach, mit welchem Gesamtfaktor ein $w(k)$ darin auftritt. Ist $k \in E_t$ für $t < s$, so kommt k in keinem $\bigcap_{i \in S} N_i$ mit $|S| \geq s$ vor, also taucht $w(k)$ in (3.1) rechts überhaupt nicht auf. Ist $k \in E_s$, so taucht $w(k)$ genau einmal bei der Bildung von $W(s)$ auf. Damit haben wir $w(E_s)$ schon beisammen und müssen nur noch zeigen, daß für $t > s$ und $k \in E_t$ der Term $w(k)$ rechts in (3.1) mit dem Gesamtfaktor 0 auftritt. Aber dieser Term taucht bei der Bildung von $W(t + 1), \ldots, W(n)$ gar nicht auf, bei der Bildung von $W(t)$ genau einmal, bei der Bildung von $W(t - 1)$ genau $\binom{t}{t-1}$-mal, $\ldots$, bei der Bildung von $W(s)$ genau $\binom{t}{s}$-mal. Das ergibt rechts in (3.1) bei $w(k)$ für dieses k einen Gesamtfaktor

$$\pm \left[\binom{t}{t} - \binom{t}{t-1}\binom{t-1}{s} \pm \cdots + (-1)^{t-s}\binom{t}{s}\binom{s}{s} \right].$$

Nun gilt für $s \leq k \leq t$

$$\binom{t}{k}\binom{k}{s} = \frac{t!k!}{k!(t-k)!s!(k-s)!}$$

$$= \frac{t!(t-s)!}{s!(t-s)!(t-k)!((t-s)-(t-k))!}$$

$$= \binom{t}{s}\binom{t-s}{t-k},$$

womit unser Gesamtfaktor die Gestalt

$$\pm \binom{t}{s} \left[\binom{t-s}{0} - \binom{t-s}{1} \pm \cdots + (-1)^{t-s}\binom{t-s}{t-s} \right]$$

hat. Nach dem binomischen Lehrsatz 2.6 ist diese eckige Klammer aber für $t > s$ gerade $(1 - 1)^{t-s} = 0$, wie gewünscht.   □

Der Fall $s = 0$ ergibt die folgende Formel für das Gewicht aller Elemente, die *keine* der r untersuchten Eigenschaften haben, also in keiner der r gegebenen Teilmengen von N liegen.

Korollar 3.2. *Unter den Voraussetzungen von Satz* 3.1 *gilt*

$$(3.2) \qquad w\left(N \setminus \bigcup_{i=1}^{r} N_i \right) = W(0) - W(1) \pm \cdots + (-1)^r W(r). \qquad □$$

Bemerkung 3.3. Spezialisiert man sich auf $w = \text{const} = 1$, so geht (3.2) in

$$(3.3) \qquad \left| N \setminus \bigcup_{i=1}^{r} N_i \right| = \sum_{t=0}^{r} (-1)^t \sum_{S \in \binom{\{1,\ldots,r\}}{s}} \left| \bigcap_{i \in S} N_i \right|$$

(der 0-te Summand hat den Wert n) über. Man nennt dies die *Siebformel.* Sie wird u. a. Sylvester (1814–1897) zugeschrieben, war aber vielleicht schon den Bernoullis (um 1700) bekannt.

3.2 Zahlentheoretische Anwendungen der Siebformel

Wir wollen nun die Siebformel (3.3) verwenden, um einige einfache zahlentheoretische Resultate zu erhalten. Wir rekapitulieren zunächst einige Bezeichnungen:

$\lfloor x \rfloor$ größte ganze Zahl $\leq x$

(m, n) größter gemeinsamer Teiler von $m, n \in \mathbb{N}$

$(m, n) = 1$ m und n sind relativ prim (teilerfremd)

$m \mid n$ m ist Teiler von n $(m, n \in \mathbb{N})$

$m \nmid n$ m ist nicht Teiler von n $(m, n \in \mathbb{N})$

Satz 3.4. *Seien* $n, r, a_1, \ldots, a_r \in \mathbb{N}$. *Falls* $a_1, \ldots, a_r$ *paarweise teilerfremd sind, ist die Anzahl der durch keines der* a_i *teilbaren natürlichen Zahlen* $\leq n$ *gleich*

$$(3.4) \qquad n - \sum_{i=1}^{r} \left\lfloor \frac{n}{a_i} \right\rfloor + \sum_{1 \leq i < j \leq r} \left\lfloor \frac{n}{a_i a_j} \right\rfloor \pm \cdots + (-1)^r \left\lfloor \frac{n}{a_1 \ldots a_r} \right\rfloor$$

Beweis. Seien $N = \{1, \ldots, n\}$ und $N_i = \{k \in N \mid a_i \mid k\}$. Für jede s-Teilmenge S von $\{1, \ldots, r\}$ ist die Anzahl der durch alle a_i mit $i \in S$, also durch $\prod_{i \in S} a_i$ teilbaren Zahlen $\leq n$ gleich $\left\lfloor n / (\prod_{i \in S} a_i) \right\rfloor$. Nach (3.3) folgt die Behauptung. $\square$

Die *Eulersche φ-Funktion* ist durch

$$\varphi(n) = |\{k \mid 1 \leq k \leq n, \ (k, n) = 1\}| \quad (n \in \mathbb{N})$$

definiert.

Satz 3.5. *Für jedes* $n \in \mathbb{N}$ *gilt*

$$(3.5) \qquad\qquad \varphi(n) = n \prod_{p \mid n} \left(1 - \frac{1}{p} \right).$$

Beweis. Wir wählen in Satz 3.4 $a_1, \ldots, a_r$ als die Aufzählung der Primteiler von n. Dann wird für $i \neq j$

$$\left\lfloor \frac{n}{a_i a_j} \right\rfloor = \frac{n}{a_i a_j}$$

und die rechte Seite von (3.4) geht in einen Ausdruck über, den man leicht in die rechte Seite von (3.5) umrechnet. $\square$

Die *Möbius-Funktion* $\mu : \mathbb{N} \to \{-1, 0, 1\}$ ist folgendermaßen definiert:

$$\mu(n) = \begin{cases} 1 & \text{für } n = 1 \\ 0 & \text{falls } n \text{ durch das Quadrat einer Primzahl teilbar ist} \\ (-1)^r & \text{falls } n \text{ Produkt von } r \text{ verschiedenen Primzahlen ist.} \end{cases}$$

Für außerordentlich weit reichende Verallgemeinerungen dieses Begriffs sowie des folgenden Satzes verweisen wir auf Rota [1964].

Satz 3.6. *Für jedes* $n \in \mathbb{N}$ *gilt*

$$(3.6) \qquad\qquad \varphi(n) = n \sum_{d|n} \frac{\mu(d)}{d}$$

Beweis. Die rechte Seite von (3.6) ist gleich der rechten Seite von (3.4), wenn man für $a_1, \ldots, a_r$ eine Aufzählung der Teiler von n nimmt. □

Für jede reelle Zahl $x \geq 0$ bezeichnet man mit $\pi(x)$ die Anzahl der Primzahlen $\leq x$.

Satz 3.7. *Für jedes* $n \in \mathbb{N}$ *gilt*

$$(3.7) \qquad\qquad \pi(n) - \pi(\sqrt{n}) = -1 + \sum_{d|p_1 \ldots p_r} \mu(d) \left\lfloor \frac{n}{d} \right\rfloor,$$

wobei $p_1, \ldots, p_r$ *die Primzahlen* $\leq \sqrt{n}$ *seien.*

Beweis. Wir streichen aus der Folge $2, 3, \ldots, n$ der Reihe nach die durch p_1, die durch $p_2, \ldots$, die durch p_r teilbaren Zahlen. Dann sind alle Zahlen $\leq \sqrt{n}$ gestrichen. Übrig bleiben genau die Primzahlen p mit $\sqrt{n} < p \leq n$, denn jede Nicht-Primzahl aus diesem Bereich hat einen Primteiler $\leq \sqrt{n}$. Nach (3.4) ist also

$$\pi(n) - \pi(\sqrt{n}) = \left\{ n - \sum_{1 \leq i \leq r} \left\lfloor \frac{n}{p_i} \right\rfloor + \sum_{1 \leq i < j \leq r} \left\lfloor \frac{n}{p_i p_j} \right\rfloor \right.$$

$$\left. \pm \cdots + (-1)^r \left\lfloor \frac{n}{p_1 \ldots p_r} \right\rfloor \right\} - 1,$$

was mittels der Möbius-Funktion in die rechte Seite von (3.7) übergeht. □

Die am Anfang diese Beweises verwendete Methode wird das *Sieb des Eratosthenes* (ca. 284 – ca. 200 v. Chr.) genannt. Siebmethoden spielen in der Zahlentheorie auch heute eine große Rolle; Interessenten seien auf Halberstam und Richert [1974] verwiesen.

3.3   Das *Problème des ménages*

Dieses bekannte Problem lautet verbal: n Ehepaare sollen um einen runden Tisch in bunter Reihe so gesetzt werden, daß kein Ehemann neben seine Ehefrau zu sitzen kommt; auf wieviele Arten geht dies?

Man wird zunächst die Damen so Platz nehmen lassen, daß rechts und links von jeder Dame genau ein Stuhl frei bleibt. Hierfür gibt es $2n!$ Möglichkeiten. Wir fragen nun nach der Anzahl der Möglichkeiten, die Herren so zu setzen, daß kein Herr seine Ehefrau zur Nachbarin hat. Das bedeutet, daß für jeden Herren zwei benachbarte freie Stühle „verboten" sind. Offenbar hängt die Anzahl der Möglichkeiten, die Herren so zu setzen, nur von n ab; wir bezeichnen sie mit $U(n)$. Man nennt $U(n)$ auch die *n-te Ménage-Zahl*. Unsere vorläufige Antwort auf die eingangs gestellte Frage lautet also: $2n!U(n)$. Es bleibt die Aufgabe, die Ménage-Zahlen $U(n)$ zu bestimmen.

Lemma 3.8. *Seien* $n, k \in \mathbb{N}$, $k \leq n$ *und* $|\{x_1, \ldots, x_n\}| = n$. *Man setze* $a(n, k) = |A(n, k)|$, *wobei*

$$A(n, k) = \left\{ M \in \binom{\{x_1, \ldots, x_n\}}{k} \ \Big| \ \{x_{j-1}, x_j\} \not\subseteq M \text{ für } j = 2, \ldots, n \right\}$$

die Menge der Möglichkeiten bezeichnet, k Elemente aus $\{x_1, \ldots, x_n\}$ *so zu wählen, daß man nie zwei aufeinanderfolgende erwischt. Dann gilt*

$$a(n, k) = \binom{n - k + 1}{k}.$$

Beweis. Man hat $a(n, 1) = n = \binom{n-1+1}{1}$ und $a(n, n) = 0 = \binom{n-n+1}{n}$. Nun sei $1 < k < n$. Wir zerlegen disjunkt:

$$A(n, k) = A'(n, k) \cup A''(n, k)$$

mit

$$A'(n, k) = \{M \mid M \in A(n, k), \ x_1 \in M\},$$
$$A''(n, k) = \{M \mid M \in A(n, k), \ x_1 \notin M\}.$$

Offenbar gilt

$$|A'(n, k)| = a(n - 2, k - 1)$$
$$|A''(n, k)| = a(n - 1, k),$$

womit wir die Rekursionsformel

$$a(n, k) = a(n - 2, k - 1) + a(n - 1, k)$$

erhalten. Aus ihr und den obigen Anfangswerten kann man alle $a(n, k)$ eindeutig berechnen. Also haben wir nur mehr zu zeigen, daß auch die Binomialkoeffizienten $\binom{n-k+1}{k}$ dieser Rekursionsformel genügen. Dies ist der Fall:

$$\binom{(n-2)-(k-1)+1}{k-1} + \binom{(n-1)-k+1}{k} = \binom{n-k}{k-1} + \binom{n-k}{k} = \binom{n-k+1}{k}. \qquad \square$$

Lemma 3.9. *Seien* $n, k \in \mathbb{N}$, $k < n$ *und* $|\{x_1, \ldots, x_n\}| = n$. *Man setze* $b(n, k) = |B(n, k)|$, *wobei* $B(n, k)$ *die Menge*

$$\left\{ M \in \binom{\{x_1, \ldots, x_n\}}{k} \,\middle|\, \{x_1, x_2\}, \{x_2, x_3\}, \ldots, \{x_{n-1}, x_n\}, \{x_n, x_1\} \nsubseteq M \right\}$$

bezeichne. Dann gilt

$$b(n, k) = \frac{n}{n-k} \binom{n-k}{k}.$$

Beweis. Wir spalten $B(n, k)$ ebenso auf wie die Menge $A(n, k)$ im Beweis von Lemma 3.8 und erhalten

$$b(n, k) = a(n - 3, k - 1) + a(n - 1, k)$$

$$= \binom{(n-3)-(k-1)+1}{k-1} + \binom{(n-1)-k+1}{k}$$

$$= \binom{n-k-1}{k-1} + \binom{n-k}{k}$$

$$= \left(\frac{k}{n-k} + 1\right) \binom{n-k}{k} = \frac{n}{n-k} \binom{n-k}{k}. \qquad \square$$

Satz 3.10. *Für jede natürliche Zahl* n *gilt*

$$(3.8) \qquad U(n) = \sum_{i=0}^{n} (-1)^i \frac{2n}{2n-i} \binom{2n-i}{i} (n-i)!$$

Beweis. Wir wenden die Siebformel (3.3) an. Die Menge N ist hier die $n!$-elementige Menge aller Verteilungen σ der n Herren auf die n freien Stühle. Dabei seien die $2n$ Stühle der Reihe nach als $1, 1', 2, 2', \ldots, n, n'$ numeriert und die Dame i sitze o.B.d.A. auf dem Stuhl i'. Wenn dann Herr j auf dem Stuhl $\sigma(j)$ platznimmt, sind gerade sämtliche Permutationen σ in den folgenden Teilmengen von N verboten:

$$N_{2j-1} = \{\sigma \mid \sigma \in N, \sigma(j) = j\} \qquad \text{für } j = 1, \ldots, n;$$
$$N_{2j} = \{\sigma \mid \sigma \in N, \sigma(j) = j + 1\} \quad \text{für } j = 1, \ldots, n-1;$$
$$N_{2n} = \{\sigma \mid \sigma \in N, \sigma(n) = 1\}.$$

Dann gilt $U(n) = |N \setminus \bigcup_{i=1}^{2n} N_i|$, und nach der Siebformel ergibt sich

$$U(n) = \sum_{i=0}^{2n} (-1)^i \sum_{S \in \binom{\{1,\ldots,2n\}}{i}} \left| \bigcap_{s \in S} N_s \right|.$$

Wir denken uns die Zahlen $1, \ldots, 2n$ im Kreise angeordnet. Dann haben für je zwei Nachbarn i, k die Mengen N_i und N_k einen leeren Durchschnitt. Unter mehr als n der i befinden sich aber immer zwei Nachbarn, weswegen der Durchschnitt von mehr als n der Mengen N_i stets leer ist. Also dürfen wir die Siebformel so fortsetzen:

$$U(n) = \sum_{i=0}^{n} (-1)^i \sideset{}{'}\sum_{S \in \binom{\{1,\ldots,2n\}}{i}} \left| \bigcap_{s \in S} N_i \right|,$$

wobei $\sum'$ bedeutet, daß nur über solche S summiert wird, bei denen keine zwei Nachbarn in der Kreisanordnung auftreten. Nach Lemma 3.9 gibt es (für gegebenes i) genau $\frac{2n}{2n-i}\binom{2n-i}{i}$ solche $S \in \binom{\{1,\ldots,2n\}}{i}$. Für jedes derartige S besteht $\bigcap_{i \in S} N_i$ aus allen σ, bei denen i Plazierungen von Herren vorgeschrieben sind; die anderen $n-i$ Herren dürfen sich setzen, wie sie wollen, wofür es $(n-i)!$ Möglichkeiten gibt. Also ist

$$U(n) = \sum_{i=0}^{n} (-1)^i \frac{2n}{2n-i}\binom{2n-i}{i}(n-i)!,$$

wie behauptet. $\qquad\qquad\qquad\qquad\qquad\qquad\qquad\qquad\qquad\qquad\qquad\square$

Die bemerkenswerte Formel im Satz 3.10 stammt von Touchard [1934], der hier angegebene Beweis von Kaplansky [1943]. Mehr über die interessante Geschichte des *Problème des ménages* und verwandte Fragestellungen findet man bei Dutka [1986]. Ein ähnliches, aber wesentlich einfacheres Problem ist das sogenannte *Problème des rencontres*, das nach der Anzahl $e_i(n)$ der Permutationen in S_n fragt, die genau i Fixpunkte (= rencontres) haben. Hier führt eine einfache Anwendung des Inklusions-Exklusions-Prinzips schnell zum Ziel; eine andere Lösung findet man in Korollar XIII.2.7.

Übung 3.11. Man beweise die Formel

$$(3.9) \qquad e_i(n) = \frac{n!}{i!} \sum_{k=0}^{n-i} \frac{(-1)^k}{k!}$$

und folgere daraus, daß die Anzahl $D_n = e_0(n)$ der fixpunktfreien Permutationen („dérangements") asymptotisch etwa $1/e$ ist, nämlich

$$(3.10) \qquad \frac{D_n}{n!} \to \frac{1}{e}.$$

Wenn man also beispielsweise alle Kleidungsstücke in einer nicht allzu kleinen Garderobe zufällig umordnet, wird mit Wahrscheinlichkeit $> \frac{1}{3}$ niemand mehr seinen eigenen Mantel zurückerhalten!

3.4 Permanenten

Bekanntlich hat man sich bei der Bildung von Determinanten mit dem Vorzeichen von Permutationen zu plagen. Schafft man diese Plage ab, indem man die Vorzeichen wegläßt, so gelangt man zum Begriff der *Permanenten*.[1] Der Anschaulichkeit halber werden wir hier stets von Permanenten reellwertiger Matrizen reden, auch wenn man allgemeiner Matrizen über einem beliebigen kommutativen Ring R betrachten könnte.

Definition 3.12. Seien $m, n \in \mathbb{N}$, $m \le n$ und l die Menge aller Injektionen von $\{1, \ldots, m\}$ in $\{1, \ldots, n\}$. Ist

$$A = \begin{pmatrix} a_{11} \ldots a_{1n} \\ \ldots \ldots \ldots \\ a_{m1} \ldots a_{mn} \end{pmatrix}$$

eine $(m \times n)$-Matrix mit Einträgen aus $\mathbb{R}$, so nennt man

$$\mathrm{per}(A) = \sum_{\tau \in \mathit{l}} a_{1\tau(1)} \ldots a_{m\tau(m)}$$

die *Permanente* der Matrix A.

---

[1] Dafür handelt man sich allerdings ein viel schlimmeres Problem ein, da Permanenten sehr viel schwerer zu berechnen sind; hier liegt ein sogenanntes NP-vollständiges Problem vor, vgl. Garey und Johnson [1979].

Übung 3.13. Man berechne die Determinanten und Permanenten folgender Matrizen:

$$\begin{pmatrix} 1 & 2 \\ 2 & 1 \end{pmatrix}, \ \begin{pmatrix} 1 & 1 \\ 1 & 1 \end{pmatrix}, \ \begin{pmatrix} 1 & 2 \\ 2 & 1 \end{pmatrix}\begin{pmatrix} 1 & 1 \\ 1 & 1 \end{pmatrix} = \begin{pmatrix} 3 & 3 \\ 3 & 3 \end{pmatrix}.$$

Man beachte, daß sich also die Produktformel für Determinanten nicht auf Permanenten überträgt.

Satz 3.14. *Seien* $m, n \in \mathbb{N}$, $m \le n$, *und* $A = (a_{jk})_{j=1,\dots,m,\,k=1,\dots,n}$ *eine* $(m \times n)$-*Matrix über* $\mathbb{R}$. *Für jedes* $R \subseteq \{1, \dots, n\}$ *bedeute* A_R *die aus* A *durch Nullsetzen aller* a_{jk} *mit* $k \in R$ *entstehende* $(m \times n)$-*Matrix. Wir bezeichnen für jede* $(m \times n)$-*Matrix* $B = (b_{jk})_{j=1,\dots,m,\,k=1,\dots,n}$ *mit* $S(B)$ *das Produkt der Zeilensummen von* B:

$$S(B) = \prod_{j=1}^{m} \sum_{k=1}^{n} b_{jk}.$$

Dann gilt

$$(3.11) \qquad \mathrm{per}(A) = \sum_{|R|=n-m} S(A_R) - \binom{n-m+1}{1} \sum_{|R|=n-m+1} S(A_R)$$

$$\pm \cdots + (-1)^{m-1} \binom{n-1}{m-1} \sum_{|R|=n-1} S(A_R)$$

Beweis. Sei $\mathcal{A}$ die Menge aller Abbildungen von $\{1, \dots, m\}$ nach $\{1, \dots, n\}$. Wir definieren $w \colon \mathcal{A} \to \mathbb{R}$ durch

$$w(\tau) = a_{1\tau(1)} \dots a_{m\tau(m)} \quad \text{für alle } \tau \in \mathcal{A}.$$

Für jedes $j \in \{1, \dots, n\}$ sei

$$\mathcal{A}_j = \{\tau \in \mathcal{A} \mid j \notin \tau(\{1, \dots, m\})\}.$$

Mit der Schreibweise aus Satz 3.1 gilt dann

$$W(s) = \sum_{|R|=s} S(A_R),$$

wie sich der Leser überlegen sollte. Nun ist aber $\mathrm{per}(A)$ gerade die Summe aller derjenigen $w(\tau)$, für die τ in genau $n - m$ der $\mathcal{A}_j$ liegt. Aus Satz 3.1 folgt daher

$$\mathrm{per}(A) = \sum_{t=n-m}^{n} (-1)^{t-(n-m)} \binom{t}{n-m} \sum_{|R|=t} S(A_R).$$

Wegen $\binom{n-m+i}{n-m} = \binom{n-m+i}{i}$ (für $i = 0, \ldots, n - m$) liefert dies gerade die Behauptung. $\qquad\square$

Insbesondere erhält man für quadratische Matrizen die folgende Formel:

Korollar 3.15. *Sei $A = (a_{ij})_{i,j=1,\ldots,n}$ eine quadratische Matrix über $\mathbb{R}$. Dann gilt*

$$(3.12) \qquad \mathrm{per}(A) = S(A) + \sum_{k=1}^{n-1} (-1)^k \sum_{|R|=k} S(A_R).$$

$\qquad\square$

Beispiel 3.16. Man kann Korollar 3.15 verwenden, um die folgende interessante Formel zu beweisen:

$$(3.13) \qquad n! = \sum_{k=0}^{n-1} (-1)^k \binom{n}{k} (n-k)^n.$$

Dies folgt in der Tat unmittelbar aus (3.15), wenn man die offensichtliche Beziehung $\mathrm{per}(J) = n!$ verwendet; dabei sei J die $(n \times n)$-Matrix, deren Einträge sämtlich 1 sind.

Übung 3.17. Man wende Korollar 3.15 auf die Matrix $J - I$ an, um eine weitere Formel für die in Übung 3.11 bestimmte Anzahl D_n der fixpunktfreien Permutationen in S_n zu erhalten.

Eine berühmte Vermutung von van der Waerden [1926] beschäftigte sich mit den Werten von $\mathrm{per}(A)$ für die sogenannten *doppelt-stochastischen Matrizen*, also $(n \times n)$-Matrizen A mit nichtnegativen reellen Einträgen, für die sämtliche Zeilen- und Spaltensummen 1 sind. Die *van der Waerden-Vermutung* besagt, daß in diesem Falle stets

$$\mathrm{per}(A) \geq \frac{n!}{n^n}$$

gilt und Gleichheit nur für

$$A = \begin{pmatrix} \frac{1}{n} & \cdots & \frac{1}{n} \\ & \cdots\cdots & \\ \frac{1}{n} & \cdots & \frac{1}{n} \end{pmatrix}$$

eintritt. Diese Vermutung war Jahrzehnte lang offen und wurde schließlich von Egorychev [1981] und Falikman [1981] bewiesen. Etwas vereinfachte Darstellungen dieses wichtigen Satzes findet man in Kap. 12 des schönen Buches von van Lint und Wilson [2001] sowie bei Minc [1988], der auch eine immer noch lesenswerte Monographie über Permanenten geschrieben hat, siehe Minc [1978].

II Der Heiratssatz und seine Verwandten

In diesem Kapitel beschäftigen wir uns mit einer Gruppe von Resultaten, die eine zentrale Rolle in der Kombinatorik einnehmen und – obwohl sie sich mit recht unterschiedlich wirkenden Themen befassen – in dem Sinne äquivalent sind, daß man jeden dieser Sätze ohne allzu großen Aufwand aus jedem der anderen herleiten kann. Häufig bezeichnet man diesen Themenkomplex als *Transversaltheorie*, zumindest dann, wenn man ihn mit dem sogenannten Heiratssatz angeht, wie wir es hier tun werden; eine wesentlich ausführlichere Darstellung der Transversaltheorie findet sich in dem als klassisch einzustufenden Buch von Mirsky [1971a]. Alternativ zu dem hier und bei Mirsky verfolgten Ansatz kann man die Transversaltheorie auch aus der Theorie der Netzwerkflüsse aufbauen, was zumindest vom algorithmischen Standpunkt gesehen (wenn man also die von uns diskutierten Objekte konkret und effizient bestimmen möchte) beachtliche Vorteile hat; dieser Aufbau ist vom zweiten Verfasser in einem Übersichtsartikel (siehe Jungnickel [1986]) skizziert und in seiner Monographie über Graphen, Netzwerke und Algorithmen (siehe Jungnickel [1994]) näher ausgeführt worden.

1 Der Heiratssatz

Der 1935 von Philip Hall bewiesene *Heiratssatz* ist ein Satz über gewisse injektive Zuordnungen, die man als Verheiratungen interpretieren kann; im selben Jahr bewies Maak [1935] einen gleich starken Satz. Später stellte sich heraus, daß der Heiratssatz implizit bereits in einem beinahe zwanzig Jahre früher bewiesenen Ergebnis von König [1916] enthalten war. Die Bezeichnung „Heiratssatz" und die entsprechende Interpretation stammen von Weyl [1949], der von uns wiedergegebene Beweis von Halmos und Vaughan [1950] (vgl. auch Maak [1950]).

Beim Heiratssatz hat man es mit folgender Situation zu tun. Gegeben sind zwei endliche Mengen D (die Menge der „Damen") und H (die Menge der „Herren"). Ist jedem $d \in D$ eine Teilmenge $F(d)$ von H zugeordnet, so sagt man, es sei ein *Befreundungssystem F* gegeben; man interpretiert $F(d)$ als Menge der Freunde der Dame d. Mathematisch ist ein Befreundungssystem nichts weiter als eine Abbildung $f: D \to 2^H$, also eine Mengenfamilie. Injektive Abbildungen $h: D \to H$ werden in unserem Kontext auch *Heiraten* genannt (in der Literatur meist als

Repräsentantensysteme bezeichnet): Man stellt sich vor, daß die Dame d den Herrn $h(d)$ heiratet; die Injektivität ist dann als Monogamie zu interpretieren. Man sagt, die Heirat $h : D \to H$ sei mit dem Befreundungssystem $f : D \to 2^H$ *verträglich*, wenn jede Dame einen ihrer Freunde heiratet, wenn also stets $h(d) \in F(d)$ gilt. Man sagt weiter, die Befreundung F erfülle die Bedingung (P) ("Party-Bedingung", in der Literatur meist als *Hallsche Bedingung* bezeichnet), wenn auf keiner von einigen Damen mit allen ihren Freunden veranstalteten Party Herrenmangel herrscht, d. h. wenn

$$(P) \qquad \left| \bigcup_{d \in D_0} F(d) \right| \geq |D_0| \quad \text{für alle } D_0 \subseteq D$$

gilt. Es gilt nun der folgende Satz von Philip Hall [1935]:

Satz 1.1 (Heiratssatz). *Seien D, H endliche Mengen. Dann sind für jedes Befreundungssystem $f : D \to 2^H$ die beiden folgenden Aussagen äquivalent:*

1. *Es gibt mindestens eine mit F verträgliche Heirat.*

2. *Es gilt die Bedingung (P).*

Beweis. 1. $\Rightarrow$ 2. Sei h eine mit $f : D \to 2^H$ verträgliche Heirat. Dann folgt für jedes $D_0 \subseteq D$

$$\left| \bigcup_{d \in D_0} D(d) \right| \geq \left| \bigcup_{d \in D_0} \{h(d)\} \right| = |D_0|;$$

das Gleichheitszeichen folgt dabei aus der Injektivität von h, und das $\geq$ aus der Verträglichkeit von h mit F. Also gilt die Bedingung (P).

2. $\Rightarrow$ 1. Wir führen den Beweis durch Induktion nach der Anzahl $|D|$ der Damen. Für $|D| = 1$, etwa $D = \{d\}$, ist $|F(d)| \geq |d| = 1$ laut Bedingung (P), also kann man durch Wahl eines beliebigen $z \in F(d)$ und die Festsetzung $h(d) = z$ eine mit F verträgliche Heirat h definieren. Sei nun $|D| \geq 2$, und die Implikation „2. $\Rightarrow$ 1." sei bereits in allen Fällen mit weniger als $|D|$ Damen bewiesen. Ferner sei F ein die Bedingung (P) erfüllendes Befreundungssystem.

Fall I. Die Bedingung (P) ist in folgenden Sinne übererfüllt:

$$(*) \qquad \left| \bigcup_{d \in D_0} F(d) \right| \geq |D_0| + 1 \quad \text{für alle } D_0 \subseteq D \text{ mit } D_0 \neq \emptyset, D.$$

Dann wählen wir $d_0 \in D$ beliebig und wählen irgendein $h_0 \in F(d_0)$. Das geht wegen $|F(d_0)| \geq 2$ (einem Spezialfall von $(*)$) sogar auf mindestens zwei Arten. Wir stellen uns vor, wir hätten Dame d_0 mit Herrn h_0 bereits verheiratet und stünden nun vor der Aufgabe, die verbliebenen Damen mit Freunden $\neq h_0$ zu verheiraten. Hierzu wenden wir die Induktionsannahme auf $D' = D_0 \setminus \{d_0\}$, $H' = H \setminus \{h_0\}$, $F'(d) = F(d) \cap H'$ an. Das geht, weil das Befreundungssystem $F' \colon D' \to 2^{H'}$ tatsächlich die Bedingung (P) erfüllt: Für $D_0' \subseteq D'$ mit $D_0' \neq \emptyset$ gilt nach (∗)

$$\left| \bigcup_{d \in D_0'} F'(d) \right| = \left| \left[\bigcup_{d \in D_0'} F(d) \right] \setminus \{h_0\} \right| \geq \left| \bigcup_{d \in D_0'} F(d) \right| - 1$$

$$\geq |D_0'| + 1 - 1 = |D_0'|.$$

Also gibt es eine mit F' verträgliche Heirat $h' \colon D' \to H'$. Durch

$$h(d) = \begin{cases} h_0 & \text{für } d = d_0 \\[2mm] h'(d) & \text{für } d \neq d_0 \end{cases}$$

entsteht nun eine mit F verträgliche Heirat $h : D \to H$.

Fall II. Es gibt ein $D_0 \subseteq D$ mit $D_0 \neq \emptyset$, D und

$$\left| \bigcup_{d \in D_0} F(d) \right| = |D_0|.$$

Natürlich können wir wegen $|D_0| < |D|$ die Induktionsannahme auf D_0, $H_0 = \bigcup_{d \in D_0} F(d)$ und die Einschränkung F_0 von F auf D_0 anwenden, denn die Bedingung (P) ist für F_0 erfüllt, weil sie für F gilt. Wir erhalten eine mit F_0 verträgliche Heirat $h_0 \colon D_0 \to H_0$. Nun bilden wir $D_1 = D \setminus D_0$, $H_1 = H \setminus H_0$ sowie $F_1(d) = F(d) \setminus H_0$ für $d \in D_1$. Wir können wegen $|D_1| < |D|$ auch hier die Induktionsannahme anwenden, wenn es uns gelingt, auch für F_1 die Bedingung (P) nachzuweisen. Angenommen, (P) ist für F_1 nicht erfüllt. Dann gibt es ein $D_2 \subseteq D_1$ mit $D_2 \neq \emptyset$ und $\left| \bigcup_{d \in D_2} F_1(d) \right| < |D_2|$. Dann aber bilden wir $D^* = D_0 \cup D_2$ und finden

$$\left| \bigcup_{d \in D^*} F(d) \right| = \left| \bigcup_{d \in D_0} F(d) \cup \bigcup_{d \in D_2} F(d) \right|$$

$$= \left| H_0 \cup \left[\bigcup_{d \in D_2} F(d) \setminus H_0 \right] \right|$$

$$= \left| H_0 \cup \bigcup_{d \in D_2} [F(d) \setminus H_0] \right|$$

$$= |H_0| + \left| \bigcup_{d \in D_2} F_1(d) \right|$$

$$< |D_0| + |D_2| = |D^*|,$$

d. h. die Bedingung (P) wäre für $F: D \to 2^H$ verletzt, ein Widerspruch. Also funktioniert unser Plan, und es ergibt sich eine mit $F_1: D_1 \to 2^{H_1}$ verträgliche Heirat $h_1: D_1 \to H_1$. Durch

$$h(d) = \begin{cases} h_0(d) & \text{für } d \in D_0 \\\\ h_1(d) & \text{für } d \in D_1 \end{cases}$$

ist dann eine mit F verträgliche Heirat $h: D \to H$ gegeben. $\square$

Übung 1.2. Man verschärfe den Heiratssatz wie folgt: Gilt für ein Befreundungssystem $F: D \to 2^H$ die Party-Bedingung (P) sowie

$$|F(d)| \geq r > 0 \quad \text{für alle } d \in D,$$

so gibt es

(1) im Falle $r \leq |D|$ mindestens $r!$

(2) im Falle $r > |D|$ mindestens $r!/(r - |D|)!$

verschiedene mit F verträgliche Heiraten.

Übung 1.3 (Haremssatz, Halmos und Vaughan [1950]). Man beweise: Sei

$$F: D \to 2^H$$

ein Befreundungssystem mit

$(n\text{P})$ $\qquad \left| \bigcup_{d \in D_0} F(d) \right| \geq n|D_0| \quad \text{für alle } D_0 \subseteq D.$

Dann gibt es mindestens eine Abbildung $h: D \to 2^H$ mit folgenden Eigenschaften:

(1) $d \neq d' \implies h(d) \cap h(d') = \emptyset$;

(2) $|h(d)| = n$ für alle $d \in D$;

(3) $h(d) \subseteq F(d)$ für alle $d \in D$.

Hinweis: Man ver-n-fache jede Dame.

Übung 1.4 (Miller [1910]). Man zeige: Ist G eine endliche Gruppe und U eine Untergruppe von G, so besitzen die linken und rechten Nebenklassen von G nach U ein gemeinsames Repräsentantensystem.

Hinweis: Man interpretiere die linken Nebenklassen als „Damen", die rechten als „Herren" und spreche von Freundschaft, wenn Dame und Herr sich schneiden.

Übung 1.5 (van der Waerden [1927b]). Sei Ω eine nichtleere, nicht notwendig endliche Menge. Ferner sei $\mathcal{T} \subseteq 2^\Omega$ so beschaffen, daß es $U_1, \ldots, U_n \in \mathcal{T}$ mit $\Omega = U_1 \cup \cdots \cup U_n$ gibt (man denke etwa an offene Überdeckungen eines Kompaktums). Man setze

$$N = \min\{n \mid \text{es gibt } U_1, \ldots, U_n \in \mathcal{T} \text{ mit } U_1 \cup \cdots \cup U_n = \Omega\}$$

und nenne $\mathcal{U} \subseteq \mathcal{T}$ minimal, wenn $\bigcup_{U \in \mathcal{U}} U = \Omega$ und $|\mathcal{U}| = N$ gilt. Man zeige: Sind $\mathcal{U}, \mathcal{V} \subseteq \mathcal{T}$ minimal, so gibt es Durchzählungen $\mathcal{U} = \{U_1, \ldots, U_N\}$, $\mathcal{V} = \{V_1, \ldots, V_N\}$ mit $U_1 \cap V_1 \neq \emptyset, \ldots, U_N \cap V_N \neq \emptyset$.

Hinweis: Man nenne $U \in \mathcal{U}$ und $V \in \mathcal{V}$ befreundet, wenn $U \cap V \neq \emptyset$ ist.

Übung 1.6 (König [1916]). Sei $M = (m_{jk})_{j,k=1,\ldots,n}$ eine reellwertige Matrix mit nichtnegativen Einträgen sowie Zeilen- und Spaltensummen 1, also:

$$\sum_{k=1}^n m_{jk} = 1 = \sum_{i=1}^n m_{il} \quad \text{für } j, l = 1, \ldots, n;$$

Bekanntlich heißt M dann eine *doppelt-stochastische Matrix*. Man zeige die Existenz einer Permutation $\tau \in S_n$ mit

$$m_{j,\tau(j)} > 0 \quad \text{für } j = 1, \ldots, n;$$

die *Zellen* $(1, \tau(1)), \ldots, (n, \tau(n))$ bilden also eine *positive Diagonale* für M.

Hinweis: Man setze $D = \{1, \ldots, n\} = H$, nenne j und k befreundet, falls $m_{jk} > 0$ ist, und wende den Heiratssatz auf diese Situation an.

Mit Hilfe des obigen Ergebnisses beweist man dann leicht den bekannten Satz von Birkhoff [1946], daß die *Permutationsmatrizen* (also die quadratischen Matrizen mit Einträgen 0 und 1, die in jeder Zeile und Spalte genau einen Eintrag 1 enthalten) die Extremalpunkte der (konvexen) Menge der doppeltstochastischen Matrizen sind. Insbesondere erhält man noch das folgende wichtige Ergebnis:

Korollar 1.7 (Lemma von König). *A sei eine quadratische Matrix mit Einträgen 0 und 1, für die alle Zeilen- und Spaltensummen gleich k sind. Dann ist A die Summe von k Permutationsmatrizen.* $\qquad\square$

2 Zum Heiratssatz verwandte Sätze

Der Heiratssatz ist ein tiefes und reizvolles mathematisches Resultat. Es ist aber zugleich – wie bereits einleitend erwähnt – nur eine von mehreren Varianten eines

Grundgedankens, der die heute *Transversaltheorie* genannte umfassendere mathematische Theorie beherrscht: Unter gewissen Bedingungen lassen sich zwei Gegensätze vereinen (vgl. Harper und Rota [1971] sowie die Monographie von Mirsky [1971a]). In diesem Abschnitt wollen wir einen Teil der weiteren Varianten dieses Gedankens kennenlernen, nämlich die Sätze von König [1916] und Dilworth [1950]. Wir zeigen zunächst, daß der Heiratssatz, der Satz von König und der Satz von Dilworth äquivalente Aussagen sind, indem wir jeden dieser Sätze aus den jeweils anderen beiden Sätzen herleiten. Im nächsten Abschnitt beweisen wir dann das Schnitt-Fluß-Theorem von Ford und Fulkerson [1956] und leiten den Heiratssatz auch aus diesem Satz her. Schließlich beweisen wir noch mit dem Satz von Menger [1927] eines der bekanntesten Resultate der Graphentheorie. Aus innermathematischen Gründen wäre es überdies von Interesse, den Heiratssatz auf unendliche Mengen von Damen und Herren auszudehnen; wir wollen aber hier darauf verzichten und verweisen den interessierten Leser beispielsweise auf Mirsky [1971a].

2.1 Die Sätze von König und Dilworth

Der erste Satz, den wir zum Heiratssatz in Beziehung setzen wollen, ist ein graphentheoretischer Satz von König [1916]. Der ungarische Mathematiker Denes König (1884–1944) hat 1936 die erste Monographie über Graphentheorie publiziert. Wir werden zeigen, daß sein Satz zum Heiratssatz äquivalent ist; wenn man so will, hat also König 1916 bereits ein Äquivalent des erst 1935 von Philip Hall bewiesenen Heiratssatzes zutage gefördert.

Um den Satz von König zu formulieren, stellen wir zunächst das benötigte Minimum an Begriffen aus der Graphentheorie zusammen. Ein *Graph G* ist ein Paar $G = (V, E)$ aus einer (bei uns stets endlichen) nichtleeren Menge V und einer Menge $E \subseteq \binom{V}{2}$. Die Elemente von V heißen *Punkte* (oder auch *Knoten* bzw. *Ecke*), die von E *Kanten*.[1] Für eine Kante $e = \{a, b\}$ heißen a und b die *Endpunkte* von e; man sagt, daß a und b mit e *inzident* sowie daß a und b *adjazent* sind; wir schreiben auch kurz $e = ab$ oder $a \overset{e}{-} b$. In diesem Unterabschnitt betrachten wir nur eine spezielle Klasse von Graphen, die *bipartiten Graphen*. Diese zeichnen sich dadurch aus, daß es eine Zerlegung der Punktemenge $V = S \cup T$ gibt, für die alle Kanten einen Endpunkt in S und den anderen Endpunkt in T haben; es verlaufen also keinerlei Kanten innerhalb von S bzw. T. Wir schreiben bipartite Graphen kurz in der Form $G = (S \cup T, E)$.

Wir benötigen noch zwei weitere Begriffe. Eine *überdeckende Punktemenge* eines Graphen $G = (V, E)$ ist eine Teilmenge W von V, für die jede Kante von

---

[1] Die Wahl der Symbole V und E erklärt sich aus den entsprechenden englischen Bezeichnungen für Punkte und Kanten, nämlich „vertex" bzw. „edge".

G mit mindestens einem Punkt in W inzident ist; die minimale Mächtigkeit einer überdeckenden Punktemenge von G wird mit $\beta(G)$ bezeichnet. Ein *Matching*[2] in G ist eine Teilmenge $M \subseteq E$, für die keine zwei Kanten in M einen gemeinsamen Endpunkt haben; die maximale Mächtigkeit eines Matchings wird mit $\alpha'(G)$ bezeichnet. Matchings mit dieser Mächtigkeit nennt man *maximale* Matchings.

Der Satz von König [1916] lautet nun

Satz 2.1 (Satz von König). *Sei $G = (S \;\dot\cup\; T, E)$ ein bipartiter Graph. Dann ist die maximale Mächtigkeit eines Matchings von G gleich der minimalen Mächtigkeit einer überdeckenden Punktemenge:*

(2.1) $$\alpha'(G) = \beta(G).$$

Ein weiterer Satz, der sich als äquivalent zum Heiratssatz erweisen wird, wurde 1950 von R. P. Dilworth publiziert; es handelt sich hierbei um eine Aussage über partiell geordnete Mengen. Wir erinnern kurz an einige Grundbegriffe aus der Theorie der partiellen Ordnungen.

Sei X eine nichtleere Menge. Teilmengen R von $X \times X$ heißen bekanntlich auch *Relationen* in X. Wir wollen hier statt R auch $\preceq$ und statt $(x, y) \in R$ auch $x \preceq y$ schreiben. Eine Relation $\preceq$ in X heißt eine *partielle Ordnung* auf X, wenn sie folgende drei Eigenschaften besitzt:

(a) $\preceq$ ist *reflexiv*: $x \in X \implies x \preceq x$;

(b) $\preceq$ ist *antisymmetrisch*: $x, y \in X, x \preceq y, y \preceq x \implies x = y$;

(c) $\preceq$ ist *transitiv*: $x, y, z \in X, x \preceq y, y \preceq z \implies x \preceq z$.

Bekannte Beispiele sind – neben der gewöhnlichen Kleinergleich-Relation $\leq$ etwa auf den reellen Zahlen – beispielsweise die Teilmengenbeziehung $\subseteq$ auf der Potenzmenge einer Menge oder auch die Teilerrelation $|$ auf $\mathbb{N}$.

Ist $\preceq$ eine partielle Ordnung auf der Menge X, so heißt das Paar $(X, \preceq)$ auch eine *partiell geordnete Menge*. Eine Menge $K \subseteq X$ heißt eine *Kette* für $(X, \preceq)$, wenn für alle $x, y \in K$ mindestens eine der beiden Ungleichungen $x \preceq y$ bzw. $y \preceq x$ erfüllt ist; die minimale Anzahl von Ketten, in die man X zerlegen kann, wird mit $\Delta(X, \preceq)$ bezeichnet. Eine Menge $A \subseteq X$ heißt eine *Antikette* für $(X, \preceq)$, wenn keine zwei Elemente von A *vergleichbar* sind, d. h., wenn für $x, y \in A$ mit $x \neq y$ weder $x \preceq y$ noch $y \preceq x$ gilt; die maximale Mächtigkeit einer Antikette für $(X, \preceq)$ wird mit $\alpha(X, \preceq)$ bezeichnet.

Der Satz von Dilworth [1950] lautet nun

---

[2] Die englische Bezeichnung „Matching" hat sich inzwischen auch im Deutschen weitgehend eingebürgert. Alternative Terme wie „Korrespondenz" (siehe Jungnickel [1994]) oder „Lattenzaun" (in der ersten Auflage dieses Buches) konnten sich nicht durchsetzen.

Satz 2.2 (Satz von Dilworth). *Sei $(X, \preceq)$ eine partiell geordnete Menge. Dann ist die maximale Mächtigkeit einer Antikette für $(X, \preceq)$ gleich der Minimalzahl von Ketten, in die X zerlegt werden kann:*

$$(2.2) \qquad\qquad \alpha(X, \preceq) = \Delta(X, \preceq).$$

Wir haben die Sätze von König und Dilworth damit formuliert, aber natürlich noch nicht bewiesen. Im nächsten Unterabschnitt beweisen wir die Äquivalenzen

$$\text{Heiratssatz} \iff \text{Satz von König} \iff \text{Satz von Dilworth};$$

da wir den Heiratssatz bereits bewiesen haben, werden damit auch die Sätze von König und Dilworth bewiesen sein.

2.2   Die Äquivalenz des Heiratssatzes mit den Sätzen von König und Dilworth

a) Aus dem Heiratssatz folgt der Satz von König

Wir setzen also den Heiratssatz als richtig voraus und legen nun die Situation des Satzes von König zugrunde. Sei also $G = (S \overset{\cdot}{\cup} T, E)$ ein bipartiter Graph. Ist $M \subseteq E$ ein Matching und $W \subseteq V = S \cup T$ eine überdeckende Punktemenge für G, so ist $\{W \cap \{s, t\} \mid st \in M\}$ ein disjunktes System von $|M|$ nichtleeren Teilmengen von W. Es folgt $|M| \le |W|$, also

$$(2.3) \qquad\qquad \alpha'(G) \le \beta(G).$$

Um die umgekehrte Ungleichung $\ge$ zu gewinnen, wählen wir eine überdeckende Punktemenge W für (G) mit $|W| = \beta(G)$ und setzen

$$D = W \cap S, \quad H = T,$$
$$F(s) = \{t \in T \mid st \in E, \, t \notin W\} \quad \text{für } s \in D.$$

Wir zeigen nun, daß für $D_0 \subseteq D$ mit $D_0 \ne \emptyset$ stets $\left| \bigcup_{s \in D_0} F(s) \right| \ge |D_0|$ gilt, also die Partybedingung (P). Angenommen, das wäre falsch, d. h., es gibt ein D_0 mit $\left| \bigcup_{s \in D_0} F(s) \right| < |D_0|$. Dann setzen wir

$$W' = (D \setminus D_0) \cup \left[\bigcup_{s \in D_0} F(s) \right] \cup (W \cap T).$$

Man stellt sofort fest, daß auch W' eine überdeckende Punktemenge ist: Jede Kante st mit $s \notin W \cap S$ hat $t \in W \cap T$; und jedes $st \in E$ mit $s \in W \cap S$ erfüllt $s \in D \setminus D_0$,

$t \in W \cap T$ oder $t \in F(s)$ für ein $s \in D_0$. Nun gilt aber aufgrund unserer Annahme

$$|W'| = |D \setminus D_0| + \left| \bigcup_{s \in D_0} F(s) \right| + |W \cap T|$$

$$< |D| - |D_0| + |D_0| + |W \cap T|$$

$$= |D| + |W \cap T| = |W \cap S| + |W \cap T| = |W|,$$

im Widerspruch zur Minimalität von $|W|$. Somit ist die Partybedingung (P) in der Tat erfüllt und daher gibt es nach dem Heiratssatz eine Injektion $h: W \cap S \to T$ mit $h(s) \in T \setminus W$ und $\{s, h(s)\} \in E$ für alle $s \in W \cap S$.

Eine völlig analoge Betrachtung liefert eine Injektion $i: W \cap T \to S$ mit $i(t) \in S \setminus W$ und $\{t, i(t)\} \in E$ für alle $t \in W \cap T$. Offenbar ist dann

$$\{\{s, h(s)\} \mid s \in W \cap S\} \cup \{\{(i(t), t) \mid t \in W \cap T\}$$

ein Matching für (G), das aus $|W|$ Kanten besteht. Also gilt in (2.3) Gleichheit. $\square$

b) Aus dem Satz von König folgt der Heiratssatz

Wir setzen jetzt den Satz von König als richtig voraus und legen die Situation des Heiratssatzes zugrunde. Seien also D, H endliche nichtleere Mengen und jedem $d \in D$ eine Menge $F(d) \subseteq H$ so zugeordnet, daß $\left| \bigcup_{d \in D_0} F(d) \right| \geq |D_0|$ für alle $D_0 \subseteq D$ gilt. Wir können dabei D und H als disjunkt voraussetzen. Wir setzen

$$E = \{dh \mid d \in D, \ h \in F(d)\}$$

und haben damit einen bipartiten Graphen $G = (D \,\dot\cup\, H, E)$ vor uns. Wir zeigen zunächst

$$(2.4) \qquad\qquad \beta(G) = |D|.$$

Dabei gilt $\leq$, weil D trivialerweise eine überdeckende Punktemenge ist. Sei nun $W \subseteq D \cup H$ eine überdeckende Punktemenge sowie $D_0 := D \setminus (W \cap D)$. Dann gilt $F(d) \subseteq W \cap H$ für jedes $d \in D_0$, weil für $h \in F(d) \setminus (W \cap H)$ die Kante dh die überdeckende Punktemenge W nicht treffen würde, ein Widerspruch. Es folgt

$$|D| - |W \cap D| = |D_0| \leq \left| \bigcup_{d \in D_0} F(d) \right| \leq |W \cap H|,$$

also $|D| \leq |W \cap D| + |W \cap H| = |W|$. Somit gilt (2.4).

Nach dem Satz von König gibt es nun ein Matching M für G mit $|M| = |D|$; somit gibt es zu jedem $d \in D$ genau ein $h = h(d) \in H$ mit $dh \in M$, also $h \in F(d)$. Weil M ein Matching ist, ist die Abbildung $h: D \to H$ injektiv. Damit ist der nichttriviale Teil 2) $\Rightarrow$ 1) des Heiratssatzes bewiesen. $\square$

c) Aus dem Satz von Dilworth folgt der Satz von König

Wir setzen den Satz von Dilworth als richtig voraus und legen die Situation des Satzes von König zugrunde. Sei also $G = (S \,\dot\cup\, T, E)$ ein bipartiter Graph. Wir setzen $X = S \cup T$ sowie

$$\preceq = \{(s, s) \mid s \in S\} \cup \{(t, t) \mid t \in T\} \cup \{(s, t) \mid st \in E\}$$

und erhalten eine partiell geordnete Menge $(X, \preceq)$. Ist $W \subseteq S \cup T$ eine überdeckende Punktemenge für G, so ist $X \setminus W$ eine Antikette für $(X, \preceq)$, und umgekehrt. Daraus ergibt sich mit dem Satz von Dilworth

$$\beta(G) = |S| + |T| - \alpha(X, \preceq) = |S| + |T| - \Delta(X, \preceq).$$

Wegen $\Delta(X, \preceq) = |S| + |T| - \beta(G)$ existiert also eine Zerlegung von $X = S \cup T$ in $|S| + |T| - \beta(G)$ paarweise disjunkte Ketten. Offenbar gibt es in $(X, \preceq)$ nur ein- und zweielementige Ketten; es mögen etwa z_1 eingliedrige und z_2 zweigliedrige Ketten in unserer Zerlegung vorkommen. Somit gilt

$$z_1 + z_2 = |S| + |T| - \beta(G) \quad \text{sowie} \quad z_1 + 2z_2 = |S| + |T|,$$

also $z_2 = \beta(G)$. Die zweigliedrigen Ketten liefern nun gerade ein Matching M für G, das aus $\beta(G)$ Kanten besteht. Das beweist bereits den nichttrivialen Teil $\alpha'(G) \geq \beta(G)$ des Satzes von König. $\square$

d) Aus dem Satz von König folgt der Satz von Dilworth

Wir setzen nun den Satz von König als richtig voraus und legen die Situation des Satzes von Dilworth zugrunde. Sei also $(X, \preceq)$ eine endliche partiell geordnete Menge. Eine Antikette kann mit einer Kette höchstens ein Element gemeinsam haben, weshalb

$$\alpha(X, \preceq) \leq \Delta(X, \preceq)$$

gilt. Wir müssen also nur noch die umgekehrte Ungleichung nachweisen. Als erstes beschaffen wir uns dafür ein zu X disjunktes zweites Exemplar X' von X, d. h. eine zu X gleichmächtige Menge X' mit $X \cap X' = \emptyset$ und eine Bijektion $\pi : X \to X'$; wir schreiben der Einfachheit halber x' statt $\pi(x)$. Nun setzen wir

$$E = \{xy' \mid x, y \in X, x \prec y\}$$

und erhalten einen bipartiten Graphen $G = (X \,\dot\cup\, X', E)$.

Wir zeigen zunächst, daß jedes Matching M der Mächtigkeit k von G zur Konstruktion einer Zerlegung von X in $n - k$ Ketten verwendet werden kann, wobei $n = |X|$ ist. Es sei also $\{v_i w_i' : i = 1, \ldots, k\}$ ein Matching von G. Dann gilt $v_1 \prec w_1, \ldots, v_k \prec w_k$ in X, wobei die Elemente $v_1, \ldots, v_k$ bzw. $w_1, \ldots, w_k$ jeweils paarweise verschieden sind. Dagegen ist $v_i = w_j$ möglich; in diesem Fall können wir die Ketten $v_i \prec w_i$ und $v_j \prec w_j$ zu der längeren Kette $v_j \prec w_j = v_i \prec w_i$ zusammensetzen. Indem man so fortfährt (also jeweils Ketten mit übereinstimmendem Minimum bzw. Maximum zusammensetzt), erhält man schließlich etwa c Ketten, deren Punktemengen paarweise disjunkt sind; diese Ketten mögen die Längen $x_1, \ldots, x_c$ haben, wobei dann $k = (x_1 - 1) + \cdots + (x_c - 1)$ gilt. Die übrigen $n - (x_1 + \cdots + x_c)$ Elemente von X teilen wir in (triviale) Ketten der Länge 1 ein. Insgesamt ergibt sich auf diese Weise eine Zerlegung von X in $n - (x_1 + \cdots + x_c) + c = n - k$ Ketten.

Insbesondere können wir für M ein maximales Matching von G wählen, also $k = \alpha'(G)$. Nach dem Satz von König gilt $\alpha'(G) = \beta(G)$; also kann X in $n - \beta(G)$ Ketten zerlegt werden. Wir müssen nun nur noch $\beta(G)$ in der partiell geordneten Menge $(X, \preceq)$ interpretieren. Offenbar induziert jede überdeckende Punktemenge W von G eine *überdeckende Teilmenge* $C \subseteq X$ mit $|C| \le |W|$, d. h., C enthält für jede Kette $x \prec y$ der Länge 2 mindestens eines der beiden Elemente x, y. Es ist nun unmittelbar klar, daß die überdeckenden Teilmengen von $(X, \preceq)$ genau die Komplemente der Antiketten sind. Damit erhalten wir sofort die Abschätzung

$$\alpha(X, \preceq) = n - \min\{|C| \mid C \text{ überdeckende Teilmenge von } (X, \preceq)\}$$
$$\ge n - \min\{|W| \mid W \text{ überdeckende Teilmenge von } G\}$$
$$= n - \beta(G)$$

und damit, wie behauptet, $\Delta(X, \preceq) \le n - \beta(G) \le \alpha(X, \preceq)$. $\square$

Der vorstehende Beweis des Satzes von Dilworth geht auf Fulkerson [1956] zurück. Damit ist unsere Untersuchung der Zusammenhänge zwischen dem Heiratssatz und den Sätzen von Hall bzw. König abgeschlossen.

2.3   Verwandte Ergebnisse

In diesem Abschnitt wollen wir noch einige verwandte Ergebnisse vorstellen, insbesondere weitere kombinatorische Resultate über partiell geordnete Mengen. Wir stellen zunächst direkte Beweise für die Sätze von König und Dilworth vor, die Rizzi [2000] bzw. Harper und Rota [1971] folgen. Danach beweisen wir dann ein berühmtes Resultat von Sperner [1928a], das die maximalen Antiketten für die bezüglich der Inklusion partiell geordnete Potenzmenge einer Menge bestimmt. Außerdem geben wir noch einige weitere interessante Ergebnisse als Übungen an.

a) Ein direkter Beweis des Satzes von König

Wir geben als erstes den kurzen und eleganten Beweis für den nichttrivialen Teil
$\alpha'(G) \geq \beta(G)$ des Satzes von König an, der kürzlich von Rizzi [2000] gefunden wurde. Wir beginnen dazu mit einigen weiteren Standardbegriffen aus der
Graphentheorie, die wir auch noch später mehrfach benötigen werden. Es sei
$(e_1, \ldots, e_n)$ eine Folge von Kanten eines Graphen G. Wenn es Punkte $v_0, \ldots, v_n$
mit $e_i = \{v_{i-1}, v_i\}$ für $i = 1, \ldots, n$ gibt, heißt die Folge ein *Kantenzug*; im Fall
$v_0 = v_n$ spricht man von einem *geschlossenen Kantenzug*. Wenn die e_i paarweise
verschieden sind, liegt ein *Weg* bzw. im geschlossenen Fall ein *Kreis* vor. Falls auch
die v_j paarweise verschieden sind, heißt der Weg ein *einfacher Weg*. Ein Kreis, für
den die v_j paarweise verschieden sind (natürlich abgesehen von $v_0 = v_n$) und für
den somit $n \geq 3$ gilt, ist ein *einfacher Kreis*. In jedem dieser Fälle verwenden wir
auch die Schreibweise

$$W : \quad v_0 \overset{e_1}{-} v_1 \overset{e_2}{-} v_2 - \cdots - v_{n-1} \overset{e_n}{-} v_n$$

und nennen n die *Länge* von W. Die Punkte v_0 und v_n heißen der *Anfangspunkt*
bzw. der *Endpunkt* von W. Zwei Punkte a und b heißen *verbindbar*, wenn es
einen Kantenzug mit Anfangspunkt a und Endpunkt b gibt. Wenn je zwei Punkte
von G verbindbar sind, heißt G *zusammenhängend*. Für jeden Punkt a sehen wir
(a) als trivialen Kantenzug (der Länge 0) an; jeder Punkt ist also auch mit sich
selbst verbindbar. Die Verbindbarkeit ist offenbar eine Äquivalenzrelation auf der
Punktemenge V von G; die Äquivalenzklassen dieser Relation heißen die *Zusam-
menhangskomponenten* von G; somit ist G genau dann zusammenhängend, wenn
ganz V eine Zusammenhangskomponente ist. Weiterhin ist der *Grad* deg v eines
Punktes v als die Anzahl der zu v adjazenten Punkte erklärt. Ein Graph G heißt
r-regulär, falls alle Punkte denselben Grad r haben. Schließlich bezeichnet man
mit $G \setminus v$ den Graphen, den man erhält, wenn man aus G den Punkt v und alle
mit ihm inzidenten Kanten entfernt; ähnlich ist $G \setminus e$ für eine Kante e als derjenige
Graph definiert, der aus G durch Weglassen von e entsteht.

Wir verwenden nun ein sehr nützliches Beweisprinzip in der Diskreten Mathematik, die „Methode des kleinsten Verbrechers". Man nimmt dabei an, daß die zu
beweisende Aussage falsch wäre und betrachtet ein minimales Gegenbeispiel. Für
alle kleineren Objekte derselben Art (wie etwa Unterstrukturen oder homomorphe
Bilder) gilt dann die zu beweisende Aussage, und man benutzt diese Tatsache, um
auch für das hypothetische Gegenbeispiel die Behauptung nachzuweisen, weswegen diese dann allgemein gültig sein muß.

In unserem Fall sei also $G = (S \mathbin{\dot{\cup}} T, E)$ ein bipartiter Graph mit der kleinst-
möglichen Punktezahl, etwa n, für den $\alpha'(G) < \beta(G)$ gelte; weiter sei G unter allen
möglichen Gegenbeispielen auf n Punkten auch noch bezüglich seiner Kantenan-
zahl minimal gewählt. Man überzeugt sich leicht davon, daß G zusammenhängend

sein muß und weder ein einfacher Kreis noch ein einfacher Weg sein kann, da bipartite Graphen dieser Art offenbar den Satz von König erfüllen. Daher gibt es in G mindestens einen Punkt vom Grad ≥ 3; wir wählen einen derartigen Punkt u und einen zu ihm adjazenten Punkt v und betrachten den Graphen $G \setminus v$. Wegen der Minimalität von G erfüllt $G \setminus v$ den Satz von König, es gilt also $\alpha'(G \setminus v) = \beta(G \setminus v)$. Falls nun $\alpha'(G \setminus v) < \alpha'(G)$ sein sollte, fügen wir v zu einer überdeckenden Punktemenge W der Mächtigkeit $\alpha'(G \setminus v)$ von $G \setminus v$ hinzu und erhalten den Widerspruch $\beta(G) \leq \alpha'(G \setminus v) + 1 \leq \alpha'(G)$. Also gilt $\alpha'(G \setminus v) = \alpha'(G)$, weswegen es ein maximales Matching M von G gibt, für welches keine Kante mit v inzident ist. Wir wählen nun eine nicht in M enthaltene Kante e, die mit u, aber nicht mit v inzident ist, was wegen $\deg u \geq 3$ möglich ist. Wegen der Minimalität von G erfüllt auch $G \setminus e$ den Satz von König, womit wir $\alpha'(G) = \alpha'(G \setminus e) = \beta(G \setminus e)$ erhalten. Es sei nun W' eine überdeckende Punktemenge von $G \setminus e$ der Mächtigkeit $\alpha'(G)$; da keine Kante von M mit v inzident ist, kann W' den Punkt v nicht enthalten. Folglich muß W' den Punkt u enthalten und ist daher sogar eine überdeckende Punktemenge für G, womit G doch den Satz von König erfüllt und wir den erwünschten Widerspruch gefunden haben.

Übung 2.3. Ein Matching M in einem Graphen $G = (V, E)$ heißt ein 1-*Faktor* von G, wenn jeder Punkt auf einer Kante in M liegt. Man zeige, daß jeder reguläre bipartite Graph einen 1-Faktor und daher mit Induktion auch eine 1-*Faktorisierung*, also eine Zerlegung von E in 1-Faktoren, besitzt. Man sagt auch, daß die bipartiten Graphen *faktorisierbar* sind.

Hinweis: Das folgt aus dem Heiratssatz und stellt im wesentlichen nur eine Übersetzung von Übung 1.6 bzw. Korollar 1.7 in graphentheoretische Sprechweise dar.

Wir werden später – mit einer ganz anderen Methode – zeigen, daß auch die *vollständigen Graphen* K_{2n} für alle $n \in \mathbb{N}$ faktoriserbar sind, siehe Übung X.2.18; dabei ist K_{2n} der Graph auf $2n$ Punkten, für den je zwei Punkte adjazent sind.

b) Ein direkter Beweis des Satzes von Dilworth

Sei $(X, \preceq)$ eine partiell geordnete Menge. Für den Nachweis der nichttrivialen Ungleichung

$$\alpha(X, \preceq) \geq \Delta(X, \preceq)$$

verwenden wir Induktion nach $|X|$. Der Fall $|X| = 1$ ist dabei klar. Sei nun $|X| > 1$ und die Aussage des Satzes von Dilworth stimme für alle partiell geordneten Mengen $(X', \preceq)$ mit $|X'| < |X|$. Wir bilden nun zunächst die Menge $\underline{X}$ der minimalen sowie die Menge $\overline{X}$ der maximalen Elemente von X:

$$\underline{X} = \{x \in X \mid y \preceq x \Rightarrow y = x \text{ für alle } y \in X\}$$

$$\overline{X} = \{x \in X \mid x \preceq y \Rightarrow x = y \text{ für alle } y \in X\}.$$

Ein triviales Ab- bzw. Aufstiegsverfahren zeigt: Jedes Element von X besitzt eine Minorante in $\underline{X}$ und eine Majorante in $\overline{X}$; insbesondere sind $\underline{X}$ und $\overline{X}$ nicht leer. Für den weiteren Beweisgang unterscheiden wir zwei Fälle.

Fall I. Es gibt eine Antikette A mit $|A| = \alpha(X, \preceq) =: \alpha$, die weder $\underline{X}$ noch $\overline{X}$ enthält. Wir definieren $\underset{\sim}{A}$ als die Menge aller Elemente aus X, die eine Majorante in A haben, und $\widetilde{A}$ als die Menge aller Elemente mit Minorante in A:

$$\underset{\sim}{A} = \{x \in X \mid \text{es gibt ein } a \in A \text{ mit } x \preceq a\}$$

$$\widetilde{A} = \{x \in X \mid \text{es gibt ein } a \in A \text{ mit } a \preceq x\}.$$

Dann gilt:

1) $\underset{\sim}{A} \cup \widetilde{A} = X$. Denn gäbe es ein x, das weder eine Minorante noch eine Majorante in A besitzt, so wäre $A \cup \{x\}$ eine Antikette und man hätte $|A \cup \{x\}| = |A| + 1 > \alpha$, ein Widerspruch.

2) $\underset{\sim}{A} \cap \widetilde{A} = A$. Denn hat ein $x \in X$ sowohl eine Minorante a als auch eine Majorante b in A, so ist $a \preceq x \preceq b$, also $a \preceq b$. Weil A eine Antikette ist, folgt $a = b$, also $x = a \in A$.

Weiterhin gilt $X \neq \underset{\sim}{A}$ und $X \neq \widetilde{A}$, da die nach Voraussetzung nichtleeren Mengen $\underline{X} \setminus A$ und $\overline{X} \setminus A$ zu $\widetilde{A}$ bzw. $\underset{\sim}{A}$ disjunkt sind. Wir bezeichnen die Einschränkungen von $\preceq$ auf $\underset{\sim}{A}$ und $\widetilde{A}$ ebenfalls mit $\preceq$ und sehen uns die partiell geordneten Mengen $(\underset{\sim}{A}, \preceq)$ und $(\widetilde{A}, \preceq)$ an. Wegen $|\underset{\sim}{A}|, |\widetilde{A}| < |X|$ können wir die Induktionsannahme anwenden. Da $\alpha(X, \preceq)$ bei Verkleinerung von X allenfalls sinkt, $\widetilde{A}$ und $\underset{\sim}{A}$ aber beide die Antikette A enthalten, folgt

$$\Delta(\underset{\sim}{A}, \preceq) = \alpha(\underset{\sim}{A}, \preceq) = \alpha = \alpha(\widetilde{A}, \preceq) = \Delta(\widetilde{A}, \preceq).$$

Es gibt also eine Zerlegung von $\underset{\sim}{A}$ in α Ketten $\underset{\sim}{K}_1, \ldots, \underset{\sim}{K}_\alpha$ und eine Zerlegung von $\widetilde{A}$ in α Ketten $\widetilde{K}_1, \ldots, \widetilde{K}_\alpha$. Es ist klar, daß jede Kette $\underset{\sim}{K}_j$ ihr oberes Ende und jede Kette $\widetilde{K}_j$ ihr unteres Ende in A hat. Verschiedene $\widetilde{K}_j$ haben verschiedene untere Enden, weil sie disjunkt sind, weswegen jedes Element von A als unteres Ende einer Kette $\widetilde{K}_j$ auftreten muß; entsprechendes gilt für die $\underset{\sim}{K}_j$. Nun brauchen wir nur die Elemente von A als „Druckknöpfe" zu verwenden, um die Ketten eineindeutig zu verbinden. Es entsteht eine Zerlegung von X in α Ketten, und $\alpha(X, \preceq) = \Delta(X, \preceq)$ ist bewiesen.

Fall II. Für jede Antikette $A \subseteq X$ von maximaler Mächtigkeit gilt $A \supseteq \underline{X}$ oder $A \supseteq \overline{X}$. In diesem Fall wählen wir ein $u \in \underline{X}$ und ein $v \in \overline{X}$ mit $u \preceq v$, was mittels eines einfachen Ab- bzw. Aufstiegsverfahrens ohne weiteres möglich ist. Wir entfernen die Kette $\{u, v\}$ aus X und erhalten eine kleinere partiell geordnete Menge $(X', \preceq)$; trivialerweise gilt $\alpha(X', \preceq) \leq \alpha(X, \preceq)$. Falls dabei Gleichheit gilt, gibt es eine Antikette A maximaler Mächtigkeit in X, die weder u noch v enthält, was im Fall II ausgeschlossen ist. Somit gilt sogar $\alpha(X', \preceq) < \alpha(X, \preceq)$. Wir wenden nun die Induktionsannahme auf $(X', \preceq)$ an und erhalten eine Zerlegung von X' in weniger als $\alpha(X, \preceq)$ Ketten, was mit der Kette $\{u, v\}$ zusammen eine Zerlegung von X in höchstens $\alpha(X, \preceq)$ Ketten ergibt. Also folgt wieder $\Delta(X, \preceq) \leq \alpha(X, \preceq)$ und damit die Behauptung.

Übung 2.4. Man gebe einen direkten Beweis für das folgende Resultat von Mirsky [1971b] an, das als ein „dualer" Satz zum Satz von Dilworth angesehen werden kann: *Für jede partiell geordnete Menge $(X, \preceq)$ ist die maximale Mächtigkeit einer Kette gleich der minimalen Anzahl von Antiketten, in die X zerlegt werden kann.*

Hinweis: Man betrachte wieder die Menge $\overline{X}$ der maximalen Elemente von $(X, \preceq)$.

Übung 2.5. Es seien r und s natürliche Zahlen. Dann enthält jede partiell geordnete Menge $(X, \preceq)$ mit Mächtigkeit $|X| \geq rs + 1$ eine Kette mit $r + 1$ Elementen oder eine Antikette mit $s + 1$ Elementen.

Übung 2.6 (Ahrens und Szekeres [1935]). Es sei $(a_1, \ldots, a_n)$ eine Folge reeller Zahlen mit Länge $n \geq r^2 + 1$. Dann gibt es eine monotone Teilfolge der Länge $r + 1$.

c) Ein Resultat von Sperner

Sei M eine n-Menge sowie $X = 2^M$ die Menge aller Teilmengen von M. Wir versehen X mit der üblichen partiellen Ordnung $\subseteq$. Dann wählen wir in X eine Antikette $A = \{F_1, \ldots, F_\alpha\}$ der maximalen Mächtigkeit $\alpha = \alpha(X, \subseteq)$. Eine Kette in X heiße *fein*, wenn sie weder Einschub noch Verlängerung gestattet. Man überlegt sich sofort, daß feine Ketten immer aus $n + 1$ Teilmengen von M bestehen; die kleinste ist dabei $\emptyset$ und man steigt von einem Kettenglied F zum nächstgrößeren auf, indem man ein Element von M zu F hinzunimmt. Die Anzahl aller feinen Ketten ist also $n!$. Sei f_j die Anzahl der feinen Ketten, die F_j enthalten. Man sieht, daß eine derartige Kette nach $\emptyset$ absteigt, indem sie festlegt, in welcher Reihenfolge die $|F_j|$ Elemente von F_j wegzulassen sind; analoges ergibt sich für den Aufstieg nach M und man erhält

$$f_j = |F_j|!(n - |F_j|)!$$

Keine feine Kette geht durch zwei verschiedene F_j, weil die F_j eine Antikette bilden. Daraus folgt

$$\sum_{j=1}^{\alpha} f_j \leq n!$$

Setzt man $\alpha_m = |\{j \mid |F_j| = m\}|$ (für $m = 0, \ldots, n$), so ergibt sich

$$(2.5) \qquad \sum_{m=0}^{n} \alpha_m m!(n-m)! \leq n!, \quad \text{also} \quad \sum_{m=0}^{n} \frac{\alpha_m}{\binom{n}{m}} \leq 1.$$

In der Folge $\binom{n}{0}, \ldots, \binom{n}{n}$ sind bekanntlich die beiden mittleren Binomialkoeffizienten $\binom{n}{n_0}$ mit $n_0 = \lfloor n/2 \rfloor$ und $\binom{n}{n_1}$ mit $n_1 = \lceil n/2 \rceil$ am größten (wobei für gerade n natürlich $n_0 = n_1$ gilt, vgl. Übung 2.10). Damit ergibt sich aus (2.5)

$$(2.6) \qquad \alpha(X, \subseteq) = \sum_{m=0}^{n} \alpha_m \leq \binom{n}{n_0} = \binom{n}{n_1} =: B.$$

Hierbei gilt sogar die Gleichheit, da die B Teilmengen der Mächtigkeit n_0 sowie die B Teilmengen der Mächtigkeit n_1 jeweils eine Antikette bilden.

Wir wollen noch zeigen, daß dies die einzigen maximalen Antiketten von $(X, \subseteq)$ sind. Angenommen, es gilt Gleichheit in (2.6) und daher

$$\sum_{m=0}^{n} \frac{\alpha_m}{\binom{n}{n_0}} = 1.$$

Wegen (2.5) folgt dann $\alpha_i = 0$ für $i \neq n_0, n_1$. Für gerade n ist die Behauptung somit bereits klar. Für ungerade n müssen wir noch die Möglichkeit von „Mischfällen" ausschließen. Wir schreiben $n = 2m + 1$, also $n_0 = m$ und $n_1 = m + 1$, sowie kurz $s = \alpha_{m+1}$. Zu zeigen ist, daß aus $s \neq 0$ stets $\alpha_m = 0$ folgt. Dazu betrachten wir den bipartiten Graphen $G = (S \,\dot\cup\, T, E)$ mit $S = \binom{X}{m+1} \cap A$ sowie $T = \binom{X}{m} \setminus A$, dessen Kanten genau die Paare $(M, N) \in S \times T$ mit $M \supset N$ seien. Dann liegt jeder der s Punkte $M \in S$ auf genau $m + 1$ Kanten (womit G also genau $s(m+1)$ Kanten enthält), da ja keine der $m + 1$ in M enthaltenen m-Teilmengen zu der Antikette A gehören kann. Andererseits besteht T ebenfalls aus genau s Punkten (da ja $\binom{X}{m} \cap A$ wegen der Maximalität von A Mächtigkeit $B - s$ hat), von denen jeder offenbar auf höchstens $n - m = m + 1$ Kanten liegen kann. Dies ist nur möglich, wenn jeder Punkt von T auf *genau* $m + 1$ Kanten liegt. Also liegt jede $m + 1$-Teilmenge von X, die eine nicht in A enthaltene m-Teilmenge umfaßt, notwendigerweise selbst in A. Angenommen, es wäre $\alpha_m \neq 0$. Dann betrachten wir $m + 1$-Teilmengen $L \notin A$ und $M \in A$ und wählen unter allen solchen Paaren (L, M) derart, daß $|L \cap M|$

maximal ist. Wegen $|L \cap M| \neq m + 1$ gibt es $x \in L \setminus M$ und $y \in M \setminus L$. Dann gilt $M \setminus \{y\} \in T$ und somit muß – wie zuvor gezeigt – $M' = (M \setminus \{y\}) \cup \{x\}$ zur Antikette A gehören, was wegen $|M' \cap L| = |M \cap L| + 1$ der Auswahl von L und M widerspricht.

Damit haben wir das folgende Ergebnis von Sperner [1928a] bewiesen:

Satz 2.7 (Spernersches Lemma). *Sei X eine n-Menge. Dann gilt:*

$$(2.7) \qquad\qquad \alpha(X, \subseteq) = \Delta(X, \subseteq) = \binom{n}{\lfloor n/2 \rfloor}.$$

Wenn A eine maximale Antikette für $(X, \subseteq)$ ist, besteht A entweder aus allen Teilmengen von X mit Mächtigkeit $\lfloor n/2 \rfloor$ oder aus allen Teilmengen der Mächtigkeit $\lceil n/2 \rceil$.

Satz 2.7 ist der Ausgangspunkt zahlreicher weiterer Untersuchungen, die man oft unter dem Namen „Sperner-Theorie" zusammenfaßt, wobei allerdings die Abgrenzung etwa zur Transversaltheorie oder zur Kombinatorischen Optimierung fließend ist; wir verweisen den interessierten Leser auf die Monographie von Engel [1997].

2.4 Der Satz von Menger

Als Ergänzung zu den Sätzen von König bzw. Dilworth und dem Heiratssatz leiten wir ein graphentheoretisches Resultat ab, das zuerst von Menger [1927] bewiesen wurde und ebenfalls zu den bereits betrachteten Sätzen logisch äquivalent ist, was wir allerdings nur in einer Richtung zeigen werden; für die umgekehrte Richtung verweisen wir beispielsweise auf Jungnickel [1982]. Danach folgen noch eine Variante des Mengerschen Satzes sowie eine Anwendung auf Zusammenhangsfragen.

Um den Satz von Menger formulieren zu können, benötigen wir einige weitere graphentheoretische Begriffe. Seien p, q zwei verschiedene Punkte eines Graphen $G = (V, E)$. Eine Menge $S \subseteq V \setminus \{p, q\}$ heißt eine *p und q trennende Punktemenge*, wenn jeder p und q verbindende Weg W mindestens einen Punkt von S enthält. Ferner heißen zwei p und q verbindende Wege *punktedisjunkt*, wenn sie – abgesehen von den beiden Endpunkten p und q – keinen Punkt gemeinsam haben. Wir werden im folgenden die Notation $I(W)$ verwenden, um die Menge der *inneren Punkte* eines Weges W zu bezeichnen, also aller von den beiden Endpunkten verschiedenen Punkte von W; zwei p und q verbindende Wege W und W' sind also punktedisjunkt, wenn $I(W) \cap I(W') = \emptyset$ gilt.

Damit können wir nun den Satz von Menger formulieren. Der hier vorgetragene Beweis stammt von Tibor Gallai (1912 – 1992) und ist zugegebenermaßen nicht ganz einfach zu verstehen, weswegen der Leser sich zur Veranschaulichung der

Details einige Zeichnungen anfertigen sollte. Alle uns bekannten Beweise dieses
Satzes erfordern einige Mühe; am leichtesten – sicher aber nicht eben kurz – ist
vielleicht noch eine Herleitung aus der Fluß-Theorie, wie man sie beispielsweise
bei Jungnickel [1994] findet.

Satz 2.8 (Satz von Menger, Punkteversion). *Seien p, q zwei nicht-adjazente Punk-*
te eines Graphen $G = (V, E)$. Dann ist die Maximalzahl von p und q verbindenden,
paarweise punktedisjunkten Wegen gleich der minimalen Mächtigkeit einer p und
q trennenden Punktemenge.

Beweis. Es seien S eine p und q trennende Punktemenge sowie $W_1, \ldots, W_n$ paarweise punktedisjunkte p und q verbindende Wege, wobei n die Maximalzahl derartiger Wege sei. Dann enthält jede der paarweise disjunkten Mengen $I(W_j)$ minde-
stens einen Punkt aus S, woraus bereits $n \leq |S|$ folgt. Um die nichttriviale Richtung
des Satzes zu beweisen, nehmen wir die gegebenen Wege o.B.d.A. als einfach an.
Wir zählen nun auf jedem Weg W_j die Endpunkte seiner Kanten von p aus ab und
können somit sagen, was es heißt, ein Punkt sei früher oder später als ein anderer.
Einen Weg, der einen Punkt auf einem W_j mit einem Punkt auf einem W_k (es darf
$j = k$ sein) verbindet und sonst auf keinem W_i einen Punkt besitzt, heiße ein *Bo-*
gen. Eine Folge $b_1, \ldots, b_r$ von Bogen heiße eine *Brücke* (für $W_1, \ldots, W_n$), wenn
man die Endpunkte von b_ϱ für alle $\varrho = 1, \ldots, r$ so als e_ϱ, f_ϱ benennen kann, daß
für jedes $\varrho = 1, \ldots, r - 1$ der Punkt f_ϱ auf demselben W_j liegt wie $e_{\varrho+1}$, und
zwar nicht früher:

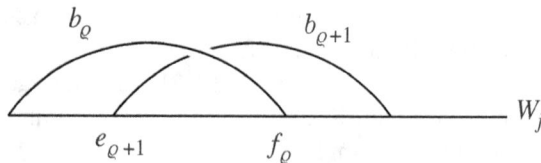

Die Anzahl r der Bogen in einer Brücke heiße ihre *Länge*. Ein Punkt c auf einem
W_j heiße durch die Brücke $b_1, \ldots, b_r$ *erreichbar*, wenn $e_1 = p$ und $f_r = c$ gilt.
Man beachte, daß q wegen der Maximalität von n sicher nicht durch eine Brücke
der Länge 1 erreichbar ist, denn der einzige Bogen dieser Brücke wäre ein p und
q verbindender Weg W_{n+1} mit $I(W_{n+1}) \cap I(W_j) = \emptyset$ für $k = 1, \ldots, n$.

Fall I. q ist durch keine Brücke erreichbar. Dann wählen wir auf jedem W_j einen von
p und q verschiedenen Punkt s_j folgendermaßen: Gibt es auf W_j einen durch eine
Brücke erreichbaren Punkt, so sei s_j der späteste derartige Punkt; andernfalls sei
s_j der auf W_j unmittelbar hinter p kommende Punkt. Wir setzen $S = \{s_1, \ldots, s_n\}$
und zeigen, daß S eine p und q trennende Punktemenge ist. Angenommen, das
ist nicht der Fall; dann gibt es einen p und q verbindenden einfachen Weg W mit

$I(W) \cap S = \emptyset$. Durchläuft man nun die Punkte von W (angefangen mit p), so trifft man irgendwann zum letzten Mal einen Punkt p', der auf einem W_j liegt und auf W_j früher ist als s_j; eventuell handelt es sich dabei um $p' = p$. Geht man auf W von p' an weiter, so trifft man irgendwann einmal zum ersten Mal wieder einen Weg W_k; wegen $I(W) \cap S = \emptyset$ muß dies in einem hinter s_k gelegenen Punkt p'' geschehen, wobei der Fall $p'' = q$ möglich ist. Geht man erst auf W_j bis s_j und dann auf W von p' nach p'', so beschreibt man die beiden Bogen einer Brücke, durch welche p'' auf W_k erreichbar wird. Nun ist aber p'' ein auf W_k späterer Punkt als s_k, womit wir einen Widerspruch erhalten. Also ist S in der Tat eine p und q trennende Punktemenge der minimal möglichen Mächtigkeit n.

Fall II. q ist durch eine Brücke erreichbar. Wir wählen dann eine kürzeste Brücke $b_1, \ldots, b_r$, mit der das geht, und haben bereits bemerkt, daß $r \geq 2$ sein muß. Wir wollen nun zeigen, daß man r stets noch verkleinern kann, wenn man eine Ersetzung der Wege $W_1, \ldots, W_n$ durch andere paarweise punktedisjunkte Wege $W_1', \ldots, W_n'$ in Kauf nimmt, weswegen man schließlich einen Widerspruch zur Tatsache $r \geq 2$ erhält. Die Minimalität von r sorgt zunächst für $I(b_\varrho) \cap I(b_\sigma) = \emptyset$ für $\varrho < \sigma$; denn wäre $\overline{p} \in I(b_\varrho) \cap I(b_\sigma)$, so könnte man einen neuen Bogen bauen, der aus b_ϱ bis $\overline{p}$ und b_σ ab $\overline{p}$ besteht (es ist klar, was hier mit „bis" und „ab" gemeint ist) und so die Brückenlänge r um mindestens 1 herabsetzen.

Wir betrachten nun die Endpunkte $e_1 = p$ und f_1 von b_1 sowie e_2 und f_2 von b_2. Dabei liege f_1 etwa auf W_1, e_2 also ebenfalls, und zwar nicht später als f_1. Liegt f_2 auch auf W_1, so können wir annehmen, daß f_2 hinter f_1 kommt, weil man sonst r durch Weglassen von b_2 verkleinern könnte. Es kann aber auch f_2 auf einem W_k mit $k \neq 1$ liegen. Ferner gibt es auf W_1 zwischen p und f_1 keinen Anfangs- oder Endpunkt eines der Bogen $b_3, \ldots, b_r$, da man sonst wieder q mit einer Brücke der Länge $< r$ erreichen könnte. Wir bilden nun W_1', indem wir auf b_1 bis f_1 und dann auf W_1 bis q laufen; für $i = 2, \ldots, n$ setzen wir $W_i' = W_i$. Dann gilt $I(W_i') \cap I(W_1') = \emptyset$ für $i \neq 1$. Schließlich bilden wir b_2', indem wir von p auf W_1 bis e_2 und dann auf b_2 bis f_2 laufen. Offenbar ist nun $b_2', b_3, \ldots, b_r$ eine Brücke für $W_1', \ldots, W_n'$, über welche q erreichbar ist; sie hat aber nur die Länge $r - 1$. Damit ist alles bewiesen.   □

Bemerkung 2.9. Der Satz von König folgt leicht aus dem von Menger. Sei also ein bipartiter Graph $G = (S \mathbin{\dot\cup} T, E)$ gegeben. Wir fügen zu G zwei neue Punkte p und q sowie alle Kanten ps mit $s \in S$ und alle Kanten tq mit $t \in T$ hinzu; der so entstehende Graph sei mit H bezeichnet. Dann entsprechen maximale Matchings in G offenbar maximalen Systemen paarweise punktedisjunkter Wege von p nach q in H; andererseits ist eine G überdeckende Punktemenge klarerweise dasselbe wie eine p und q trennende Punktemenge in H.

Als nächstes beweisen wir ein Analogon von Satz 2.8 für Kanten statt Punkte. Seien wieder p, q zwei verschiedene Punkte eines Graphen $G = (V, E)$. Eine Menge $S \subseteq E$ heißt eine p und q *trennende Kantenmenge*, wenn jeder p und q verbindende Weg W mindestens eine Kante in S enthält. Ferner heißen zwei p und q verbindende Wege *kantendisjunkt*, wenn sie keine Kante gemeinsam haben.

Satz 2.10 (Satz von Menger, Kantenversion). *Seien p, q zwei verschiedene Punkte eines Graphen $G = (V, E)$. Dann ist die Maximalzahl von p und q verbindenden, paarweise kantendisjunkten Wegen gleich der minimalen Mächtigkeit einer p und q trennenden Kantenmenge.*

Beweis. Wir führen die Behauptung auf Satz 2.8 zurück, indem wir aus G einen neuen Graphen H auf der Punktemenge $\{p, q\} \cup E$ konstruieren. Kanten von H seien alle Paare $\{p, e\}$, für die $e \in E$ mit p inzident ist; alle Paare $\{q, e\}$, für die $e \in E$ mit q inzident ist; und alle Paare $\{e, e'\}$, für die $e, e' \in E$ einen gemeinsamen Endpunkt haben. Man sieht unmittelbar, daß dann kantendisjunkte Wege von p nach q bzw. p und q trennende Kantenmengen in G punktedisjunkten Wegen bzw. trennenden Punktemengen in H entsprechen.   □

Übung 2.11. S und T seien zwei disjunkte Teilmengen der Punktemenge V eines Graphen $G = (V, E)$. Eine S und T *trennende Punktemenge* ist eine Menge $X \subseteq V$, für die jeder Weg von einem Punkt in S zu einem Punkt in T einen Punkt in X enthalten muß. Man zeige, daß die minimale Mächtigkeit einer derartigen Menge gleich der Maximalzahl von Wegen von S nach T ist, für die keine zwei dieser Wege einen Punkt gemeinsam haben (auch nicht einen der Endpunkte!).

Der Satz von Menger legt die folgende Definition der *Zusammenhangszahl* eines Graphen $G = (V, E)$ nahe: Falls G ein *vollständiger Graph* ist (wenn also je zwei Punkte in G adjazent sind), sei $\kappa(G) = |V| - 1$; anderenfalls sei $\kappa(G)$ als die minimale Mächtigkeit einer Punktemenge $S \subseteq V$ definiert, für die der *induzierte Untergraph*

$$G \setminus S = (V \setminus S, \{ab \in E \mid a, b \in V \setminus S\})$$

nicht zusammenhängend ist. G heißt nun *k-fach zusammenhängend*, wenn $\kappa(G) \geq k$ gilt. Dann hat man das folgende Resultat von Whitney [1932]:

Satz 2.12 (Satz von Whitney). *Ein Graph G ist genau dann k-fach zusammenhängend, wenn je zwei Punkte von G durch mindestens k punktedisjunkte Wege verbunden sind.*

Beweis. Wenn je zwei Punkte von G durch mindestens k punktedisjunkte Wege verbunden sind, ist G offenbar k-fach zusammenhängend. Sei also G umgekehrt

k-fach zusammenhängend. Nach dem Satz von Menger sind je zwei nicht-adjazente Punkte von G durch k punktedisjunkte Wege verbunden. Seien schließlich p und q adjazent; dann betrachten wir den Graphen $H = G \setminus pq$. Man überlegt sich leicht, daß H noch mindestens $(k-1)$-fach zusammenhängend ist. Wieder wegen des Satzes von Menger sind p und q in H durch $k-1$ punktedisjunkte Wege verbunden, zu denen wir in G die Kante pq als k-ten Weg hinzufügen können.   □

Übung 2.13. G sei ein k-fach zusammenhängender Graph und T eine Menge von k Punkten von G. Dann gibt es für jeden Punkt $s \in T$ eine Menge von k Wegen mit Anfangspunkt s und Endpunkt in T, die paarweise nur den Punkt s gemeinsam haben.

3   Das Schnitt-Fluß-Theorem von Ford und Fulkerson

In diesem Abschnitt stellen wir ein grundlegendes Resultat aus der kombinatorischen Optimierung vor: das *Schnitt-Fluß-Theorem* von Ford und Fulkerson [1956]. Die wesentlichen in diesem Theorem vorkommenden Begriffe sind

– ein Netzwerk mit vorgeschriebenen Fluß-Kapazitäten,

– ein Fluß im Netzwerk im Rahmen der gegebenen Kapazitäten.

Um eine rasche Vorstellung von dem zu erhalten, worum es hier geht, sehen wir uns ein spezielles Netzwerk mit an die Kanten (= Pfeile) geschriebenen Kapazitäten an:

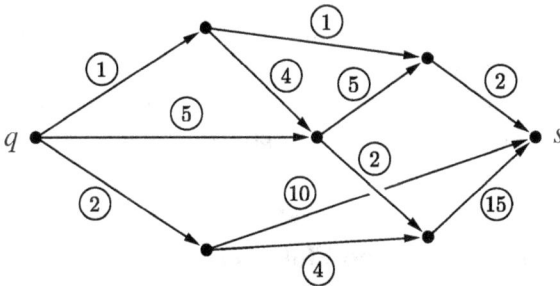

Ebenso anschaulich stellt sich ein Fluß (von s nach t) in diesem Netzwerk dar, bei dem viele Kanten nicht bis an die Grenze ihrer Kapazität ausgelastet sind; der Wert (die Stärke) dieses Flusses beträgt 4.

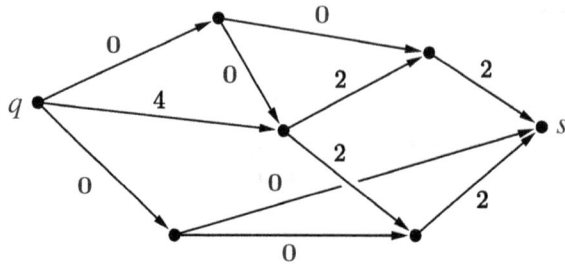

Man kann ihn nun leicht auf den Wert 6 anheben:

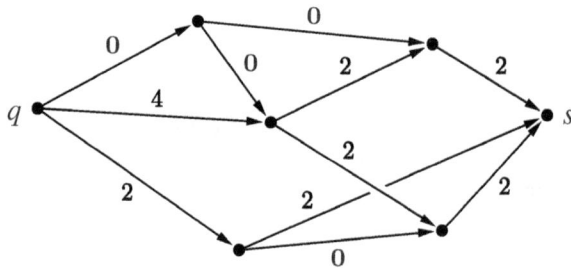

und die Frage ist, ob im selben Netzwerk und im Rahmen derselben Kapazitäten auch ein Fluß des Wertes 7 oder 8 möglich wäre. Über den Wert 8 kann man offensichtlich nicht hinauskommen, da die aus s hinausführenden Kanten zusammen nur die Kapazität 8 haben. All dies sind natürlich nur intuitive Überlegungen am speziellen anschaulichen Beispiel. Unser Ziel ist die exakte Definition der oben angedeuteten Begriffe und die Gewinnung eines Verfahrens, das uns in endlich vielen, einzeln relativ leichten Schritten zu einem maximalen Fluß führt.

Die Aufgabe des exakten Definierens gibt uns die Gelegenheit, den Begriff des *gerichteten Graphen* einzuführen. Dieser Begriff formalisiert Vorstellungen wie:
– einige Punkte, zwischen denen einige Verbindungspfeile gezeichnet sind,
– Stadtpläne mit lauter Einbahnstraßen.

3.1   Gerichtete Graphen und Fluß-Netzwerke

Ein *gerichteter Graph* (oder auch *Digraph*, kurz für „directed graph") ist ein Paar $G = (V, E)$ aus einer endlichen Menge V und einer Menge E von geordneten Paaren (a, b) mit $a \neq b$ aus V.[3] Die Elemente von V heißen wieder *Punkte* (oder auch *Knoten* bzw. *Ecken*), die von E *Kanten*; zur Unterscheidung vom ungerichteten

Fall ist auch die Bezeichnung *Bogen* statt „Kante" üblich. Statt $e = (a, b)$ schreiben wir wieder kurz $e = ab$; a heißt der *Anfangspunkt* und b der *Endpunkt* von e; wir schreiben auch e^- für den Anfangspunkt a und e^+ für den Endpunkt b von e. Wir sagen, das a und b mit e *inzident* sind. Zwei Kanten der Form ab und ba heißen *antiparallel*. Wenn wir einen Digraphen zeichnen wollen, gehen wir wie im ungerichteten Fall vor und deuten die Richtung einer Kante durch einen Pfeil an.

Wenn wir jeden Bogen ab von G durch eine (ungerichtete) Kante der Form $\{a, b\}$ ersetzen, erhalten wir aus G den *zugehörigen Graphen* $|G|$. Umgekehrt sei jetzt $G = (V, E)$ ein Graph. Jeder gerichtete Graph H mit $|H| = G$ heißt dann eine *Orientierung* von G. Ersetzt man jede Kante $\{a, b\} \in E$ durch die beiden Bögen (a, b) und (b, a), so erhält man die *vollständige Orientierung* $\vec{G}$ von G.

Wir können nun die zuvor für Graphen eingeführten Begriffsbildungen auf Digraphen übertragen; dabei treten häufig zwei Möglichkeiten auf. Sei also $G = (V, E)$ ein Digraph. Eine Folge von Kanten $(e_1, \ldots, e_n)$ heißt dann ein *Weg*, wenn die entsprechende Kantenfolge in $|G|$ ein Weg ist. Ähnlich geht man für *Kantenzüge, einfache Wege, Kreise* und *einfache Kreise* vor. Wenn $(v_0, \ldots, v_n)$ die zugehörige Punktefolge ist, muß also stets $v_{i-1}v_i$ oder $v_i v_{i-1}$ eine Kante von G sein. Im ersten dieser beiden Fälle spricht man von einer *Vorwärtskante*, im zweiten Fall von einer *Rückwärtskante*. Wenn ein Weg nur aus Vorwärtskanten besteht, wird er ein *gerichteter Weg* genannt; ähnliches gilt wieder für Kantenzüge, Kreise, etc. Im Unterschied zum ungerichteten Fall können jetzt einfache gerichtete Kreise der Länge 2 (also Kreise der Form (ab, ba)) auftreten.

Ein Digraph G heißt *zusammenhängend*, wenn $|G|$ zusammenhängend ist. Auch hier bietet sich noch eine weitere Definition an: Ein Punkt b von G heißt von einem Punkt a aus *erreichbar*, wenn es einen gerichteten Weg mit Anfangspunkt a und Endpunkt b gibt. Wie üblich lassen wir Wege der Länge 0 zu; jeder Punkt ist also von sich selbst aus erreichbar. G heißt dann *stark zusammenhängend*, wenn jeder Punkt von jedem anderen Punkt aus erreichbar ist. Allgemein heißt ein Punkt a, von dem aus jeder Punkt erreichbar ist, eine *Wurzel* von G. Ein Digraph ist also genau dann stark zusammenhängend, wenn jeder Punkt eine Wurzel ist. Man beachte, daß ein zusammenhängender Digraph keineswegs stark zusammenhängend sein muß.

In der Flußtheorie untersucht man nun die folgende spezielle Situation: $G = (V, E)$ sei ein Digraph mit einer Abbildung $c \colon E \to \mathbb{R}_+$; der Wert $c(e)$ heißt dabei die *Kapazität* der Kante e. Ferner seien q und s zwei ausgezeichnete Punkte von G, für die s von q aus erreichbar ist. Dann nennen wir das Quadrupel $N = (G, c, q, s)$ ein *Netzwerk* (genauer: ein *Fluß-Netzwerk*) mit *Quelle* q und *Senke* s.[4]

---

[3] Mitunter erlaubt man auch den Fall $a = b$ und spricht dann von einer *Schleife*. Wenn nichts anderes gesagt ist, sollen bei uns jedoch Schleifen verboten sein.

[4] Manche Autoren verlangen zusätzlich, daß es in G keine Kanten mit Endpunkt q bzw. mit Anfangspunkt s gibt, was für die Resultate, die wir in diesem Buch behandeln werden, unproblematisch

Ein *Fluß* auf N ist nun eine Abbildung $f: E \to \mathbb{R}$, die für jeden Punkt $p \neq q, s$ die folgende *Flußerhaltungs-Bedingung* erfüllt:

(F1) $$\sum_{e^+=p} f(e) = \sum_{e^-=p} f(e)$$ („Zufluß nach p = Abfluß aus p").

Die Zahl

$$\|f\| = \sum_{e^-=q} f(e) - \sum_{e^+=q} f(e)$$

wird als der *Wert* (oder die *Stärke*) des Flusses f bezeichnet. Wenn f außerdem für jede Kante e die Bedingung

(F2) $$0 \leq f(e) \leq c(e)$$

erfüllt, heißt f *zulässig* (für die gegebene *Kapazitätsfunktion c*).

Übung 3.1. Sei f ein Fluß im Netzwerk $N = (G, c, q, s)$. Man beweise

$$\|f\| = \sum_{e^+=s} f(e) - \sum_{e^-=s} f(e).$$

Hinweis: Man betrachte $\sum_{p \in V} \sum_{e^-=p} f(e)$ und benütze die Flußerhaltungs-Bedingung (F1) für $p \neq q, s$.

Beispiel 3.2. Sind f', f'' Flüsse im Netzwerk $N = (G, c, q, s)$ und $\gamma', \gamma'' \in \mathbb{R}$, so ist durch $f = \gamma' f' + \gamma'' f''$, also $f(e) = \gamma' f'(e) + \gamma'' f''(e)$ für $e \in E$, wieder ein Fluß f in N gegeben (man verifiziert (F1) für $p \in V \setminus \{q, s\}$ sofort). Falls dabei f' und f'' zulässig sind und $\gamma', \gamma'' \geq 0$ sowie $\gamma' + \gamma'' \leq 1$ gelten, so ist auch f zulässig. Offenbar gilt dann $\|f\| = \gamma' \|f'\| + \gamma'' \|f''\|$.

Beispiel 3.3. Sei $N = (G, c, q, s)$ ein Netzwerk und W ein Weg von q nach s. Dann ist für jede Zahl $\delta \in \mathbb{R}_+$ durch

$$f(e) := \begin{cases} \delta & \text{falls } e \text{ eine Vorwärtskante in } W \text{ ist} \\ -\delta & \text{falls } e \text{ eine Rückwärtskante in } W \text{ ist} \\ 0 & \text{sonst} \end{cases}$$

---

wäre. Andererseits ist es oft eine interessante Fragestellung, die maximalen Flußwerte von q nach s für *alle* Punktepaare (q, s) in G zu untersuchen (falls G stark zusammenhängend ist), wofür man dann die von uns gewählte allgemeinere Definition benötigt. Wir verweisen für dieses Thema beispielsweise auf Kapitel 10 in Jungnickel [1994].

ein Fluß f vom Wert δ in N gegeben; ein derartiger Fluß heißt ein *elementarer* Fluß mit *Träger* W. Man beachte, daß f notwendigerweise unzulässig ist, falls in W Rückwärtskanten auftreten; trotzdem werden Flüsse dieser Art eine wichtige Rolle spielen. Wir bezeichnen f auch genauer als $f_{W,\delta}$.

Als nächstes wollen wir eine obere Schranke für den Wert eines zulässigen Flusses bestimmen, wozu wir einen weiteren Begriff benötigen. $N = (G, c, q, s)$ sei also ein Fluß-Netzwerk. Ein *Schnitt* von N ist eine Zerlegung $V = Q \,\dot\cup\, S$ der Punktemenge V von G, für die q in Q und s in S liegen. Mit $E(Q, S)$ bezeichnen wir dann die Menge aller Kanten e von G, für die genau einer der beiden mit e inzidenten Punkte in Q liegt, also

$$E(Q, S) = \{e \in E \mid e^- \in Q,\, e^+ \in S\} \cup \{e \in E \mid e^- \in S,\, e^+ \in Q\}.$$

Die Kantenmenge $E(Q, S)$ heißt auch der durch (Q, S) definierte *Cokreis*. Die *Kapazität* des Schnittes (Q, S) ist nun die Zahl

$$c(S, T) = \sum_{e^- \in Q,\, e^+ \in S} c(e),$$

also die Summe der Kapazitäten aller Kanten e im zugehörigen Cokreis $E(Q, S)$, die von Q nach S orientiert sind. Ein Schnitt (Q, S) heißt *minimal*, wenn für jeden Schnitt (Q', S') die Bedingung $c(Q, S) \leq c(Q', S')$ erfüllt ist. Das folgende Lemma zeigt insbesondere, daß die minimale Kapazität eines Schnittes eine obere Schranke für den Wert eines Flusses darstellt.

Lemma 3.4. *$N = (G, c, q, s)$ sei ein Netzwerk, (Q, S) ein Schnitt und f ein zulässiger Fluß. Dann gilt*

$$(3.1) \qquad \|f\| = \sum_{e^- \in Q,\, e^+ \in S} f(e) - \sum_{e^+ \in Q,\, e^- \in S} f(e),$$

und daher insbesondere $\|f\| \leq c(Q, S)$. Gleichheit gilt in (3.1) genau dann, wenn jede Kante e mit $e^- \in Q$ und $e^+ \in S$ gesättigt ist (also $f(e) = c(e)$ gilt) und jede Kante e mit $e^+ \in Q$ und $e^- \in S$ leer ist (also $f(e) = 0$ gilt).

Beweis. Durch Addition von Gleichung (F1) über alle $v \in Q$ erhält man

$$\|f\| = \sum_{v \in Q} \left(\sum_{e^- = v} f(e) - \sum_{e^+ = v} f(e) \right)$$

$$= \sum_{e^- \in Q,\, e^+ \in Q} f(e) - \sum_{e^+ \in Q,\, e^- \in Q} f(e) + \sum_{e^- \in Q,\, e^+ \in S} f(e) - \sum_{e^+ \in Q,\, e^- \in S} f(e).$$

Die beiden ersten Terme ergeben 0. Daraus folgt bereits die Behauptung, da $f(e) \leq c(e)$ für alle Kanten e mit $e^- \in Q$ und $e^+ \in S$ sowie $f(e) \geq 0$ für alle Kanten e mit $e^+ \in Q$ und $e^- \in S$ gelten muß.   □

3.2   Flußmaximierung

Nun stellen wir uns folgende Optimierungsaufgabe für ein gegebenes Netzwerk $N = (G, c, q, s)$: Gesucht wird ein zulässiger Fluß f in N, für den $\|f\|$ möglichst groß wird. Gesucht ist also der Wert von

$$\varphi(N) = \max\{\|f\| \mid f \text{ zulässiger Fluß in } N, f \leq c\}$$

sowie ein Verfahren, ein f mit $\|f\| = \varphi(N)$ explizit zu bestimmen; ein derartiges f heißt dann ein *maximaler Fluß* auf N. Dieses Problem der *Flußmaximierung*, das wir hier als ein rein kombinatorisches Problem formuliert haben, läßt sich auch in die Theorie der linearen Optimierung einordnen, d. h. der Bestimmung des Maximums einer Linearform auf einem reellen Vektorraum bei in Form von linearen Gleichungen und Ungleichungen vorgeschriebenen Nebenbedingungen. In unserem Falle ist der Vektorraum

$$\mathbb{R}^E = \{f = (f(e))_{e \in E} \mid f(e) \in \mathbb{R} \text{ für alle } e \in E\},$$

die Nebenbedingungen lauten

$$\sum_{e^+=p} f(e) = \sum_{e^-=p} f(e) \quad \text{für alle } p \in V \setminus \{q, s\}$$

$$0 \leq f(e) \leq c(e) \quad \text{für alle } e \in E$$

und die Linearform ist

$$\sum_{e^-=q} f(e) - \sum_{e^+=q} f(e).$$

Die Sätze der Theorie der linearen Optimierung zeigen, daß unsere Aufgabe stets eine Lösung besitzt (dies folgt schon daraus, daß obige Nebenbedingungen ein nichtleeres Kompaktum im $\mathbb{R}^E$ beschreiben und jede Linearform stetig ist) und liefern auch Algorithmen zu ihrer expliziten Lösung (insbesondere den Simplex-Algorithmus). Von Ford und Fulkerson wurde erstmals gezeigt, daß für das spezielle Problem der Flußmaximierung auch spezielle, besonders effektive kombinatorische Algorithmen zur Verfügung stehen. Die zugrundeliegenden Sätze von Ford und Fulkerson stellen – ähnlich wie der bekannte Satz von Picard-Lindelöf in der Theorie der gewöhnlichen Differentialgleichungen – den Idealfall eines Existenzsatzes dar, da der Beweis zugleich ein Lösungsverfahren liefert. Wir werden nun diese Ergebnisse vorstellen. Für eine ausführlichere Behandlung der Flußtheorie und insbesondere neuerer, noch effektiverer Algorithmen verweisen wir auf Kapitel 6 von Jungnickel [1994]. Eine Entwicklung der Flußtheorie aus der linearen Optimierung findet man beispielsweise bei Papadimitriou und Steiglitz [1982]; zur linearen Optimierung allgemein seien Chvátal [1983] und Schrijver [1986] empfohlen.

Die Ergebnisse von Ford und Fulkerson [1956] lassen sich am besten darstellen, wenn man sie in die folgenden drei grundlegenden Sätze aufteilt, von denen der erste die maximalen Flüsse charakterisiert. Dazu benötigen wir noch einen weiteren Begriff: f sei ein Fluß im Netzwerk $N = (G, c, q, s)$. Ein (ungerichteter) Weg W von q nach s heißt ein *zunehmender Weg* (bezüglich f), wenn keine Vorwärtskante in W gesättigt und keine Rückwärtskante in W leer ist, wenn also für jede Vorwärtskante $e \in W$ die Bedingung $f(e) < c(e)$ und für jede Rückwärtskante $e \in W$ die Bedingung $f(e) > 0$ erfüllt ist.

Satz 3.5 („augmenting path theorem"). *Ein zulässiger Fluß f auf einem Netzwerk N ist genau dann maximal, wenn es keinen bezüglich f zunehmenden Weg gibt.*

Beweis. Sei f ein maximaler Fluß. Falls es einen zunehmenden Weg W gibt, definieren wir δ als das Minimum aller Zahlen $c(e) - f(e)$ (e Vorwärtskante in W) sowie $f(e)$ (e Rückwärtskante in W). Nach Definition eines zunehmenden Weges ist δ eine positive Zahl. Wir bilden nun den elementaren Fluß $f_{W,\delta}$ wie in Beispiel 3.3 und betrachten den Fluß $f' := f + f_{W,\delta}$, vgl. Beispiel 3.2. Aufgrund der Definition von δ sieht man unmittelbar, daß f' zulässig ist. Weiter gilt $\|f'\| = \|f\| + \delta > \|f\|$, was der Maximalität von f widerspricht. Also kann kein zunehmender Weg bezüglich f existieren.

Umgekehrt gelte jetzt, daß es in N keinen bezüglich f zunehmenden Weg gibt. Dann können wir einen Schnitt (Q, S) von N wie folgt definieren: Es sei Q die Menge aller Punkte v, für die ein zunehmender Weg von q nach v existiert (einschließlich q) und $S = V \setminus Q$. Offenbar muß jede Kante e mit $e^- \in Q$ und $e^+ \in S$ gesättigt und jede Kante e mit $e^+ \in Q$ und $e^- \in S$ leer sein. Nach Lemma 3.4 folgt $\|f\| = c(Q, S)$, weswegen f maximal ist.   □

Der Beweis von Satz 3.5 liefert uns insbesondere die folgende weitere Charakterisierung maximaler Flüsse:

Korollar 3.6. *Ein zulässiger Fluß f auf einem Netzwerk N ist genau dann maximal, wenn die Menge Q aller von q aus auf einem zunehmenden Weg erreichbaren Punkte nicht ganz V ist; in diesem Fall gilt $\|f\| = c(Q, S)$, wobei $S = V \setminus Q$ ist.*
    □

Satz 3.7 (Schnitt-Fluß-Theorem, „max-flow min-cut theorem"). *Der maximale Wert eines zulässigen Flusses auf einem Fluß-Netzwerk N stimmt mit der minimalen Kapazität eines Schnittes in N überein.*

Beweis. Wie bereits in unseren einleitenden Bemerkungen ausgeführt, folgt die Existenz maximaler Flüsse aus einem Kompaktheitsargument im $\mathbb{R}^E$. Damit gilt die Behauptung unmittelbar nach Korollar 3.6.   □

Der von uns angegebene Beweis von Satz 3.7 ist nicht konstruktiv. Der dritte grundlegende Satz, der den besonders wichtigen Fall ganzzahliger Kapazitätsfunktionen betrifft, wird dagegen mit einem konstruktiven Argument bewiesen:

Satz 3.8 (Ganzheitssatz, „integral flow theorem"). *$N = (G, c, q, s)$ sei ein Netzwerk, für das die Kapazitätsfunktion c ganzzahlig ist. Dann gibt es einen ganzzahligen maximalen Fluß auf N.*

Beweis. Durch $f_0(e) := 0$ für alle e wird ein ganzzahliger Fluß f_0 vom Wert 0 auf N definiert, der *Null-Fluß*. Wenn dieser triviale Fluß nicht maximal ist, gibt es nach Satz 3.5 einen zunehmenden Weg bezüglich f_0. Die im Beweis dieses Satzes auftretende Zahl δ ist dabei wegen der Ganzzahligkeit von c eine positive ganze Zahl, weswegen man – wie im Beweis von Satz 3.5 beschrieben – aus f_0 einen ganzzahligen Fluß f_1 vom Wert δ erhält. Dieses Verfahren kann man entsprechend fortsetzen. Da in jedem Schritt der Flußwert um eine positive ganze Zahl erhöht wird und da die Kapazität eines (minimalen) Schnittes wegen Lemma 3.4 eine obere Schranke für den Flußwert ist, bricht die Konstruktion nach endlich vielen Schritten mit einem ganzzahligen Fluß f ab, für den es keinen zunehmenden Weg gibt. Nach Satz 3.5 ist dann f ein maximaler Fluß.   □

Es sei betont, daß auch im Falle einer ganzzahligen Kapazitäsfunktion durchaus nicht alle maximalen Flüsse ganzzahlig sein müssen; der Leser möge sich hierfür ein Beispiel überlegen. Der Fall einer rationalen Kapazitätsfunktion kann durch Multiplikation mit dem Hauptnenner aller auftretenden Zahlen auf den ganzzahligen Fall reduziert werden, womit wir auch in diesem Fall einen konstruktiven Beweis von Satz 3.7 haben. Im Fall reeller Kapazitäten ist ebenfalls ein konstruktiver Beweis möglich, beispielsweise mit der von Edmonds und Karp [1972] angegebenen Modifikation des Algorithmus von Ford und Fulkerson, den wir als nächstes behandeln werden. Dieser Algorithmus verläuft grob gesprochen genau wie der Beweis von Satz 3.8: Man geht vom Null-Fluß aus und ändert dann den vorliegenden Fluß durch Addition elementarer Flüsse auf zunehmenden Wegen solange ab, bis das Verfahren mit einem (maximalen) Fluß abbricht. Natürlich muß man sich hierfür noch überlegen, wie man denn zunehmende Wege findet; dies erfolgt mit einem geeigneten Markierungsprozeß. Der folgende Algorithmus stammt von Ford und Fulkerson [1957]:

Algorithmus 3.9 (Markierungs-Algorithmus von Ford und Fulkerson).

Sei $N = (G, c, q, s)$ ein Fluß-Netzwerk. Man führe die folgenden Schritte aus:

(1) Setze $f(e) := 0$ für alle $e \in E$.

(2) Setze $d(v) := \infty$ und bezeichne v als „neu" für alle $v \in V$.

(3) Markiere q mit $(-, \infty)$.

(4) Wähle einen markierten neuen Punkt v. Untersuche alle mit v inzidenten Kanten e gemäß folgenden beiden Regeln:

    (a) Falls $e = vw$ und $f(e) < c(e)$ gilt, wobei w nicht markiert ist, setze man $d(w) := \min\{c(e) - f(e), d(v)\}$ und markiere w mit $(v, +, d(w))$.

    (b) Falls $e = wv$ und $0 < f(e)$ gilt, wobei w nicht markiert ist, setze man $d(w) := \min\{f(e), d(v)\}$ und markiere w mit $(v, -, d(w))$.

(5) Deklariere v nunmehr als „abgearbeitet".

(6) Falls s nicht markiert ist und es noch einen markierten neuen Punkt gibt, weiter bei (4).

(7) Falls s nicht markiert ist und es keinen markierten neuen Punkt gibt, weiter bei (10).

(8) (Jetzt ist also s markiert.) Sei d die letzte Komponente der Markierung von s. Setze $w := s$ und wiederhole die folgenden Schritte, bis $w = q$ gilt:

    (a) Bestimme die erste Komponente v der Markierung von w.

    (b) Falls die zweite Komponente der Markierung von w gleich $+$ ist, setze $f(e) := f(e) + d$ für die Kante $e = vw$ und ersetze w durch v.

    (c) Falls die zweite Komponente der Markierung von w gleich $-$ ist, setze $f(e) := f(e) - d$ für die Kante $e = wv$ und ersetze w durch v.

(9) Lösche alle Markierungen und gehe zu (2).

(10) Bezeichne die Menge der markierten Punkte mit Q und setze $S := V \setminus Q$.

Der Leser überzeuge sich davon, daß Algorithmus 3.9 im Falle einer ganzzahligen (oder rationalen) Kapazitätsfunktion c einen maximalen Fluß f und einen minimalen Schnitt (Q, S) bestimmt; es gilt also $\|f\| = c(Q, S)$. Dagegen kann das Verfahren im Fall irrationaler Kapazitäten – bei ungeschickter Auswahl des Punktes v im Schritt (4) – versagen; ein Beispiel dafür findet man bei Ford und Fulkerson [1962], wo das Verfahren nicht abbricht, sondern gegen einen Wert konvergiert, der nur 1/4 des maximal möglichen Flußwertes beträgt. Außerdem ist Algorithmus 3.9 selbst im Falle ganzzahliger Kapazitäten nicht sonderlich effektiv, da die Anzahl der vorzunehmenden Abänderungen des Flusses f nicht nur von $|V|$ und $|E|$, sondern auch von c abhängen kann, wie wir gleich sehen werden.

Beispiel 3.10. Wenn man im Netzwerk

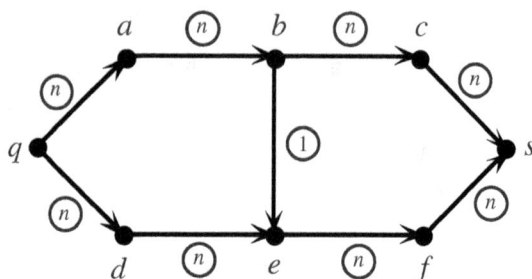

abwechselnd die Wege $q - a - b - e - f - s$ und $q - d - e - b - c - s$ als
zunehmende Wege wählt (was bei geeigneter Auswahl der Punkte v in (4) möglich
ist), so wird der Flußwert in jedem Schritt nur um 1 erhöht und wir benötigen
insgesamt $2n$ Iterationen. Natürlich kann man das durch eine geschicktere Wahl
der Wege vermeiden: mit $q - a - b - c - s$ und $q - d - e - f - s$ sind nur zwei
Iterationen notwendig!

Das vorhergehende Beispiel legt es nahe, einige Anmerkungen über die Qualität
von Algorithmen zu machen. In der *Komplexitätstheorie* betrachtet man den Zeit-
und Platzbedarf eines Algorithmus in Abhängigkeit von der „Größe" der Eingabedaten, wodurch man verschiedene Algorithmen für dasselbe Problem vergleichen
kann. Wir können die entsprechenden Begriffe hier aus Platzgründen nicht präzise einführen und verweisen für nähere Einzelheiten beispielsweise auf Garey und
Johnson [1979]. In unserem Zusammenhang können wir als Maß für die Größe der
Eingabedaten die Punkte- bzw. Kantenzahl der auftretenden Digraphen verwenden. Die *Komplexität* eines Algorithmus sei dann die Funktion f, für die $f(n)$ die
maximale Schrittzahl angibt, die zur Lösung eines Einzelfalls mit Eingabedaten
der Länge n benötigt wird. Dabei rechnen wir die üblichen arithmetischen Operationen, Zugriffe auf Felder, Vergleichsoperationen etc. jeweils als einen Schritt.
Das ist nur insoweit realistisch, als die auftretenden Zahlen nicht beliebig groß
werden, was aber in der Praxis der Fall ist. (Für graphentheoretische Zwecke ist
diese Konvention vernünftig, für arithmetische Algorithmen wäre sie es nicht.) Da
es oft unmöglich ist, die Komplexität $f(n)$ eines Algorithmus exakt auszurech-
nen, schätzt man stattdessen seine „Wachstumsrate" im folgenden Sinne ab. Man
schreibt

$f(n) = O(g(n))$, wenn es eine Konstante $c > 0$ gibt mit

$f(n) \leq cg(n)$ für alle hinreichend großen n

und sagt dann, daß f *Wachstumsrate* $g(n)$ habe. In der Praxis wünscht man sich
(auch wenn das leider häufig nicht möglich ist) *polynomiale* Algorithmen, also

Algorithmen der Komplexität $O(n^k)$ für ein geeignetes k; man nennt derartige Algorithmen auch *effizient*.

Wie wir in Beispiel 3.10 gesehen haben, ist der Algorithmus 3.9 von Ford und Fulkerson [1957] nicht polynomial. Erst 15 Jahre später gelang Edmonds und Karp [1972] eine Modifikation, die es gestattet, eine polynomiale Komplexität nachzuweisen, nämlich von $O(|V||E|^2)$. Dazu genügt es, stets einen zunehmenden Weg mit möglichst wenigen Kanten zu verwenden, was man leicht erreichen kann, indem man in Schritt (4) von Algorithmus 3.9 stets denjenigen neuen Punkt v auswählt, der zuerst markiert wurde. (Dieses Auswahlprinzip läßt sich überdies leicht implementieren, indem man die markierten Punkte in einer „Schlange" anordnet.) Einen Beweis hierfür sowie ein ausführliches Beispiel findet man in Kapitel 6 von Jungnickel [1994], wo darüber hinaus etliche weitere Algorithmen mit noch besseren Komplexitäten ausführlich behandelt werden; wir stellen hier tabellarisch einige Ergebnisse zusammen, wobei wir $n = |V|$ und $m = |E|$ schreiben. Es gibt zahlreiche weitere Algorithmen für die Bestimmung maximaler Flüsse; wir verweisen auf die umfangreiche Monographie von Ahuja, Magnanti und Orlin [1993] und die dort sowie bei Jungnickel [1999] zitierte Literatur.

Autoren	Komplexität
Ford und Fulkerson [1957]	nicht-polynomial
Dinic [1970]	$O(n^2 m)$
Edmonds und Karp [1972]	$O(nm^2)$
Malhotra, Kumar und Mahaswari [1978]	$O(n^3)$
Goldberg und Tarjan [1988]	$O(n^3)$
Cheriyan und Maheshwari [1989]	$O(n^2 m^{1/2})$

Wir beenden diesen Unterabschnitt mit einigen interessanten Übungen.

Übung 3.11. Der Beweis von Satz 3.8 und Algorithmus 3.9 zeigen, daß es einen maximalen Fluß gibt, der die Summe elementarer Flüsse (auf zunehmenden Wegen) ist. Man zeige, daß im allgemeinen nicht jeder maximale Fluß so darstellbar ist.

Übung 3.12. $N = (G, c, q, s)$ sei ein Fluß-Netzwerk. Man zeige, daß es mindestens eine Kante in G gibt, deren Entfernung den maximalen Wert eines Flusses verkleinert, sofern dieser Wert $\neq 0$ ist.

Übung 3.13. Gegeben sei ein Fluß-Netzwerk $N = (G, c, q, s)$, in dem auch die Punkte Kapazitätsbeschränkungen unterliegen: Es ist also eine weitere Abbildung

$d : V \to \mathbb{R}_+$ gegeben, und die Flüsse f werden der weiteren Beschränkung

$$\text{(F3)} \qquad\qquad \sum_{e^+ = v} f(e) \leq d(v) \quad \text{für } v \neq q, s$$

unterworfen. Man reduziere dieses Problem auf die Behandlung eines geeigneten gewöhnlichen Fluß-Netzwerks und verallgemeinere Satz 3.7 auf solche Fluß-Netzwerke. Zur Veranschaulichung kann man beispielsweise an ein Bewässerungs-Netzwerk denken; die Punkte können dann Pumpstationen darstellen, deren Kapazität beschränkt ist.

3.3 Flüsse, Matchings und disjunkte Wege

Zur Gruppe der zum Heiratssatz äquivalenten Sätze gehört – neben den Sätzen von König, Dilworth und Menger – auch das Schnitt-Fluß-Theorem 3.7. Wir werden hier wieder nur eine der beiden Richtungen zeigen, indem wir den Satz 2.1 von König aus dem Schnitt-Fluß-Theorem herleiten. Dazu konstruieren wir zu einem gegebenen bipartiten Graphen G ein passendes Flußoptimierungsproblem, was dann auch einen effektiven Algorithmus zur Bestimmung eines maximalen Matchings in G liefert. Daß umgekehrt auch das Schnitt-Fluß-Theorem – auf dem Umweg über die Satzgruppe vom Menger-Typ – aus dem Heiratssatz folgt, macht deutlich mehr Mühe; wir verweisen hierfür beispielsweise auf Jungnickel [1982].

Sei also $G = (U \,\dot\cup\, W, E)$ ein bipartiter Graph. Wir definieren einen Digraphen H wie folgt: Zu $U \,\dot\cup\, W$ werden zwei neue Punkte q und s hinzugefügt; Kanten seien (mit $u \in U$ und $w \in W$) alle qu, alle uw, für die $\{u, w\}$ eine Kante von G ist, und alle ws. Alle Kanten e von H erhalten die Kapazität $c(e) = 1$ zugewiesen, womit wir ein Fluß-Netzwerk $N = (H, c, q, s)$ definiert haben. Die Kanten $\{u_i, w_i\}$ eines Matchings in G ($i = 1, \ldots, k$) induzieren dann einen ganzzahligen zulässigen Fluß f vom Wert k auf N, wenn man $f(e) = 1$ genau für die Kanten $e = qu_i, e = u_i w_i$ und $e = w_i s$ für $i = 1, \ldots, k$ setzt (und $f(e) = 0$ sonst). Umgekehrt liefert jeder ganzzahlige zulässige Fluß vom Wert k auf N ein Matching von G mit k Kanten, nämlich genau den Kanten $\{u, w\} \in E$, für die $f(uw) = 1$ gilt. Insbesondere entsprechen sich somit aufgrund des Ganzheitssatzes 3.8 ganzzahlige maximale Flüsse in N und maximale Matchings in G.

Um den nichttrivialen Teil $\alpha'(G) \geq \beta(G)$ des Satzes von König zu beweisen, betrachten wir einen minimalen Schnitt (Q, S) in N. Nach Satz 3.7 gilt $c(Q, S) = \varphi$, wobei $\varphi = \varphi(N)$ der maximale Wert eines zulässigen Flusses auf N sei. Wie wir schon gesehen haben, ist dann φ gleichzeitig die maximale Mächtigkeit eines Matchings in G. Es reicht somit aus, (Q, S) eine überdeckende Punktemenge T für G mit höchstens φ Elementen zu konstruieren. Wie man leicht sieht, gilt

$$c(Q, S) = |U \setminus Q| + |W \cap Q| + |\{uw \in E \mid u \in U \cap Q, w \in W \setminus Q\}|.$$

Wir können daher offenbar

$$T := (U \setminus Q) \cup (W \cap Q) \cup \{u \in U \cap Q \mid uw \in E \text{ für ein } w \in W \setminus Q\}$$

wählen.   □

Korollar 3.14. *Sei $G = (U \mathbin{\dot\cup} W, E)$ ein bipartiter Graph. Dann kann man ein maximales Matching in G mit Komplexität $O(|V||E|)$ bestimmen.*

Beweis. Wir verwenden die soeben gegebene Herleitung des Satzes von König aus dem Schnitt-Fluß-Theorem. Dann entsprechen sich also ganzzahlige maximale Flüsse im dort definierten Netzwerk N und maximale Matchings in G. Ein solcher Fluß (und damit – wie oben ausgeführt – ein maximales Matching) kann mit dem Markierungs-Algorithmus 3.9 bestimmt werden. Man sieht nun unmittelbar ein, daß jede Augmentierung in diesem Algorithmus (also die Suche nach einem zunehmenden Weg mit anschließender Fluß-Vergrößerung) in $O(|E|)$ Schritten erfolgen kann, da jede Kante nur eine konstante Anzahl von Malen betrachtet werden. Andererseits ist der maximale Flußwert trivialerweise durch $\min(|U|, |W|)$ beschränkt, weswegen nur $O(|V|)$ Augmentierungen vorkommen.   □

Wenn man in Korollar 3.14 anstelle von Algorithmus 3.9 den bereits erwähnten Algorithmus von Dinic [1970] verwendet, kann man die dort angegebene Komplexitätsschranke auf $O(|V|^{1/2}|E|)$ verbessern, siehe etwa Jungnickel [1994]. Diese Komplexität – die immer noch zu den besten bekannten Ergebnissen zählt – wurde erstmals von Hopcroft und Karp [1973] erreicht, die allerdings ihr Verfahren nicht in der Sprache der Flußtheorie formuliert haben. Dieselbe Komplexitätsschranke gilt sogar für die Bestimmung eines maximalen Matchings in einem beliebigen Graphen; ein entsprechender Algorithmus wurde erstmals von Micali und Vazirani [1980] angegeben. Die allgemeine Situation ist aber sehr viel schwieriger als der bipartite Fall; so gelang erst Vazirani [1994] in einer nahezu 40 Seiten umfassenden Arbeit ein Korrektheitsbeweis für den genannten Algorithmus und seine Komplexität. Ein Grund für die im allgemeinen Fall auftretenden Probleme liegt darin, daß es nicht ohne weiteres möglich ist, Matchings in beliebigen Graphen mit Hilfe der Flußtheorie zu behandeln. Dies erfordert einen beträchtlichen Aufwand, wobei man spezielle Flüsse auf speziellen Netzwerken zu untersuchen hat („balanced network flows"); diese Fragestellung ist in einer Serie von Arbeiten von Fremuth-Paeger und Jungnickel [1999a,b,c;2001a,b,c;2002,2003] ausführlich behandelt worden. Die oben genannte Komplexitätsschranke wurde seither nur unwesentlich verbessert, nämlich auf $O(\sqrt{n}m \log(n^2/m)/\log n)$, ein Ergebnis von Feder und Motwani [1995] für den bipartiten Fall bzw. von Fremuth-Paeger und Jungnickel [2003] im allgemeinen Fall. Die entsprechenden, sehr aufwendigen Algorithmen sind jedoch bisher nur von theoretischer, nicht aber von praktischer Bedeutung.

Übung 3.15. Man verwende Algorithmus 3.9 zur Bestimmung maximaler Matchings in den beiden folgenden bipartiten Graphen.

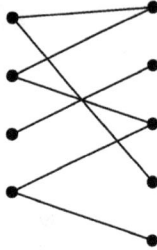

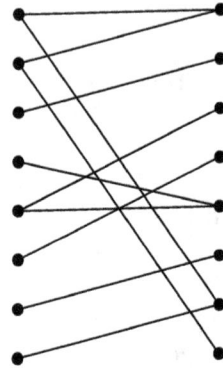

Als nächstes geben wir zwei Varianten des Satzes von Menger für gerichtete Graphen an, deren Beweise wir dem Leser überlassen.

Satz 3.16 (Satz von Menger, Kantenversion für Digraphen). *Seien p und q zwei verschiedene Punkte eines Digraphen G = (V, E). Dann ist die Maximalzahl von p und q verbindenden, paarweise kantendisjunkten gerichteten Wegen gleich der minimalen Mächtigkeit einer p und q trennenden Kantenmenge.* □

Satz 3.17 (Satz von Menger, Punkteversion für Digraphen). *Seien p und q zwei nicht-adjazente Punkte eines Digraphen G = (V, E). Dann ist die Maximalzahl von p und q verbindenden, paarweise punktedisjunkten gerichteten Wegen gleich der minimalen Mächtigkeit einer p und q trennenden Punktemenge.* □

Übung 3.18. Man beweise die Sätze 3.16 und 3.17 und überlege sich einen effizienten Algorithmus für die Bestimmung eines maximalen Systems von paarweise kantendisjunkten gerichteten Wegen, die zwei Punkte p und q verbinden.

Hinweis: Für Satz 3.16 betrachte man das Netzwerk (G, c, p, q), wobei alle Kanten die Kapazität $c(e) = 1$ haben, und wende Satz 3.8 und seinen Beweis an. (Achtung: Man muß sich hier explizit mit dem eventuellen Auftreten von Rückwärtskanten in den zunehmenden Wegen auseinandersetzen!) Danach führe man Satz 3.17 durch eine geeignete Transformation auf Satz 3.16 zurück; man vergleiche dazu nochmals den Beweis von Satz 2.10. Die algorithmische Behandlung erfolgt dann ähnlich wie im Beweis von Korollar 3.14.

Es sei abschliessend noch bemerkt, daß das Schnitt-Fluß-Theorem interessante Anwendungen auf das Problem der Matrizen und Maße mit vorgegebenen Randverteilungen besitzt (vgl. beispielsweise Jacobs [1978], Anhang).

3.4   Der Satz von Baranyai

1973 bewies der junge, 1978 tragisch ums Leben gekommene, ungarische Kombi-
natoriker Baranyai (1948 – 1978, vgl. Katona [1979]) einen tiefliegenden Satz, der
unter anderem ein altes Problem von Sylvester löst und sich aus dem Ganzheitssatz
ableiten läßt. Um diesen ziemlich technischen Satz zu formulieren, benötigen wir
eine vorbereitende Definition; das Hauptinteresse des Satzes liegt dann in der folgenden Übung 3.20, wo wir die eigentlich interessierende Anwendung, nämlich den
Beweis der sogenannten *Sylvesterschen Vermutung*, kennenlernen werden. Der Satz
von Baranyai ist eine weitreichende Verallgemeinerung, die es gestattet, Induktion
anzuwenden, was für den wirklich interssierenden Spezialfall nicht möglich wäre.

Seien $n, p, r \in \mathbb{N}$; $\alpha_1, \ldots, \alpha_r, a_{11}, \ldots, a_{1r}, a_{21}, \ldots, a_{2r}, \ldots, a_{p1}, \ldots, a_{pr} \in \mathbb{N}_0$; und X eine n-Menge. Eine doppelt indizierte Familie

$$(\mathcal{B}_{i\varrho})_{i=1,\ldots,p;\varrho=1,\ldots,r}$$

von Teilmengen der Potenzmenge 2^X von X heißt eine zu besagten Daten gehörige
Baranyai-Familie, wenn folgendes gilt:

(a) $|\mathcal{B}_{i\varrho}| = a_{i\varrho}$ für $i = 1, \ldots, p$ und $\varrho = 1, \ldots, r$

(b) Für alle $B \in \mathcal{B}_{i\varrho}$ gilt $B \subseteq X$ und $|B| = \alpha_i$ ($i = 1, \ldots, p, \varrho = 1, \ldots, r$).

(c) Für jedes $\varrho \in \{1, \ldots, r\}$ ist $\bigcup_{i=1}^{p} \mathcal{B}_{i\varrho}$ eine disjunkte Zerlegung von X.

(d) Für jedes $i \in \{1, \ldots, p\}$ ist $\bigcup_{\varrho=1}^{r} \mathcal{B}_{i\varrho} = \binom{X}{\alpha_i}$.

Der angekündigte Satz lautet nun

Satz 3.19 (Satz von Baranyai). *Seien* $n, p, r \in \mathbb{N}$ *sowie* $\alpha_1, \ldots, \alpha_p, a_{11}, \ldots,$
$a_{pr} \in \mathbb{N}_0$. *Dann sind die beiden folgenden Aussagen äquivalent:*

(I)   *Es gibt eine Baranyai-Familie* $(\mathcal{B}_{i\varrho})_{i=1,\ldots,p}$ *zu diesen Daten.*

(II) *Die gegebenen Daten erfüllen die Beziehungen*

(A) $\displaystyle\sum_{i=1}^{p} \alpha_i a_{i\varrho} = n$ *für* $\varrho = 1, \ldots, r$;

(B) $\displaystyle\sum_{\varrho=1}^{r} a_{i\varrho} = \binom{n}{\alpha_i}$ *für* $i = 1, \ldots, p$.

Beweis. (I) $\Rightarrow$ (II) folgt sofort mittels (a) – (d) aus der Definition einer Baranyai-
Familie.

Um (II) $\Rightarrow$ (I) zu beweisen, führen wir Induktion nach n durch. Sei also zunächst
$n = 1$. Dann ist im Falle $\alpha_i > 1$ stets $a_{i1} = \cdots = a_{ir} = 0$. Streicht man zunächst

alle Daten mit Indizes i, für die $\alpha_i > 1$ gilt, und konstruiert man eine Baranyai-Familie für den Rest, so kann man durch Hinzufügen von lauter $\mathcal{B}_{i\varrho} = \emptyset$ die zunächst ausgeschiedenen Daten wieder berücksichtigen. Es genügt also, sich mit dem Fall ohne ausgeschiedene Daten, also mit dem Fall $\alpha_i \in \{0, 1\}$ und $\binom{n}{\alpha_i} = 1$ für $i = 1, \ldots, p$, zu befassen. Aus (B) folgt dann:

Zu jedem i gibt es genau ein ϱ mit $a_{i\varrho} = 1$, alle übrigen $a_{i\varrho}$ sind $= 0$. Wir setzen

$$
\mathcal{B}_{i\varrho} = \begin{cases} \{\emptyset\} & \text{falls } a_{i\varrho} = 1, \alpha_i = 0 \\ \{X\} & \text{falls } a_{i\varrho} = 1, \alpha_i = 1 \\ \emptyset & \text{sonst} \end{cases}
$$

Dann gelten (a)–(d) aus obiger Definition, wir haben also eine Baranyai-Familie zu unseren Daten gefunden.

Wir nehmen nun an, (II) $\Rightarrow$ (I) sei bis $n - 1$ bewiesen und weisen diese Aussage für n nach. Dabei interessiert nur der Fall $\alpha_1, \ldots, \alpha_p > 0$ wirklich; denn wenn man $\alpha_i = 0$ hat, so ist $\binom{n}{\alpha_i} = 1$, also ist unter den $a_{i1}, \ldots, a_{ir}$ genau ein $a_{i\varrho} = 1$, die anderen sind 0, und man hat nur $\mathcal{B}_{i\varrho} = \{\emptyset\}$ sowie $\mathcal{B}_{i\sigma} = \emptyset$ für $\sigma \neq \varrho$ zu setzen. Also nehmen wir ab jetzt $\alpha_1, \ldots, \alpha_p \geq 1$ an. Wir bilden nun einen Digraphen $G = (V, E)$ wie folgt: Sei $D = \{d_1, \ldots, d_p\}$, $H = \{h_1, \ldots, h_r\}$ mit $|D| = p$, $|H| = r$, $D \cap H = \emptyset$ und q, s mit $q, s \notin D \cup H$. Wir setzen nun $V = \{p\} \cup D \cup H \cup \{s\}$ und

$$E = \{qd_i \mid i = 1, \ldots, p\} \cup \{d_i h_\varrho \mid i = 1, \ldots, p, \varrho = 1, \ldots, r\} \cup \{h_\varrho s \mid \varrho = 1, \ldots, r\}.$$

Weiterhin erklären wir folgendermaßen eine Kapazitätsfunktion c auf E:

$$c(qd_i) = \binom{n-1}{\alpha_i - 1} \qquad \text{für } i = 1, \ldots, p;$$

$$c(d_i h_\varrho) = \begin{cases} 0 & \text{falls } a_{i\varrho} = 0 \\ 1 & \text{falls } a_{i\varrho} \neq 0 \end{cases} \qquad \text{für } i = 1, \ldots, p, \varrho = 1, \ldots, r;$$

$$c(h_\varrho s) = 1 \qquad \text{für } \varrho = 1, \ldots, r.$$

Schließlich definieren wir noch ein $f : E \to \mathbb{R}_+$, das wir sogleich als einen zulässigen Fluß auf $N = (G, c, q, s)$ erkennen werden:

$$f(qd_i) = \binom{n-1}{\alpha_i - 1} \qquad \text{für } i = 1, \ldots, p;$$

$$f(d_i h_\varrho) = \frac{\alpha_i a_{i\varrho}}{n} \qquad \text{für } i = 1, \ldots, p, \varrho = 1, \ldots, r;$$

$$f(h_\varrho s) = 1 \qquad \text{für } \varrho = 1, \ldots, r.$$

Dies definiert tatsächlich einen Fluß: Für jedes d_i gilt

$$\text{Zufluß} = \binom{n-1}{\alpha_i - 1} = \frac{\alpha_i}{n}\binom{n}{\alpha_i} = \sum_{\varrho=1}^{r} \frac{\alpha_i}{n} a_{i\varrho} = \text{Abfluß}$$

nach (B); und für jedes h_ϱ gilt

$$\text{Zufluß} = \sum_{i=1}^{p} \frac{\alpha_i a_{i\varrho}}{n} = 1 = \text{Abfluß}$$

nach (A). Wegen $\frac{\alpha_i a_{i\varrho}}{n} \leq 1$ ist dieser Fluß in der Tat zulässig. Die Senke s definiert einen Schnitt $(V \setminus \{s\}, \{s\})$, dessen Kapazität r trivialerweise gleich dem Flußwert ist, womit unser Fluß sogar maximal ist. Da c nur ganzzahlige Werte annimmt, gibt es nach Satz 3.8 auch einen ganzzahligen maximalen Fluß f'. Dabei unterscheidet sich f' von f höchstens für die den Kanten $d_i h_\varrho$ zugeordneten Werte, die ja für f' allesamt 0 oder 1 sein müssen. Wir verwenden nun f', um unsere Induktionsannahme auszunützen. Dazu setzen wir

$$n' = n - 1, \; p' = 2p, \; r' = r;$$

$$\alpha'_1 = \alpha_1, \; \ldots, \; \alpha'_p = \alpha_p; \; \alpha'_{p+1} = \alpha_1 - 1, \; \ldots, \; \alpha'_{2p} = \alpha_p - 1;$$

$$a'_{j\varrho} = \begin{cases} a_{j\varrho} - f'(d_j h_\varrho) & \text{für } j = 1, \ldots, p \\ f'(d_{j-p} h_\varrho) & \text{für } j = p+1, \ldots, 2p \end{cases}$$

und wählen eine Menge X' mit $|X'| = n - 1$. Wegen $\alpha_1, \ldots, \alpha_p \geq 1$ gilt $\alpha'_1, \ldots, \alpha'_{2p} \geq 0$. Wir überprüfen (A) und (B) für die neuen Daten (unter Verwendung der entsprechenden Formeln für die alten Daten sowie der Flußerhaltungsbedingung für f'):

$$(A) \quad \sum_{j=1}^{2p} \alpha'_j a'_{j\varrho} = \sum_{i=1}^{p} \alpha_i (a_{i\varrho} - f'(d_i h_\varrho)) + \sum_{i=1}^{p} (\alpha_i - 1) f'(d_i h_\varrho)$$

$$= \sum_{i=1}^{p} \alpha_i a_{i\varrho} - \sum_{i=1}^{p} f'(d_i h_\varrho) = n - 1$$

$$
\text{(B)} \quad \sum_{\varrho=1}^{r} a'_{j\varrho} =
\begin{cases}
\sum_{\varrho=1}^{r}(a_{j\varrho} - f'(d_j h_\varrho)) = \binom{n}{\alpha_j} - \binom{n-1}{\alpha_j - 1} = \binom{n-1}{\alpha_j} \\
\qquad\qquad\qquad = \binom{n-1}{\alpha'_j} \quad (j = 1, \ldots, p) \\
\sum_{\varrho=1}^{r} f'(d_{j-p} h_\varrho) = \binom{n-1}{\alpha_{j-p} - 1} = \binom{n-1}{\alpha'_j} \\
\qquad\qquad\qquad (j = p+1, \ldots, 2p)
\end{cases}
$$

Nach unserer Induktionsannahme gibt es somit zu den neuen („gestrichenen") Daten eine Baranyai-Familie $(\mathcal{B}'_{j\varrho})_{i=1,\ldots,2p;\varrho=1,\ldots,r}$, für die also gilt:

(a) $|\mathcal{B}'_{j\varrho}| = a'_{j\varrho}$ für $j = 1, \ldots, 2p$ und $\varrho = 1, \ldots, r$.

(b) Für alle $B \in \mathcal{B}'_{j\varrho}$ gilt $B \subseteq X'$ und $|B| = \alpha'_j$ (für $j = 1, \ldots, 2p$ und $\varrho = 1, \ldots, r$).

(c) Für jedes $\varrho \in \{1, \ldots, r\}$ ist $\bigcup_{j=1}^{2p} \mathcal{B}'_{j\varrho}$ eine disjunkte Zerlegung von X'.

(d) $\bigcup_{\varrho=1}^{r} \mathcal{B}'_{j\varrho} = \binom{X'}{\alpha'_j}$ für $j = 1, \ldots, 2p$.

Diese Baranyai-Familie benützen wir nun, um für n eine Baranyai-Familie mit den Daten $n, p, r, \alpha_1, \ldots, \alpha_p$ etc. zu konstruieren. Wir wählen ein $x_0 \notin X'$ und setzen $X := \{x_0\} \cup X'$, so daß wir $|X| = n$ erhalten. Wir bilden nun

$$
\mathcal{B}_{i\varrho} := \mathcal{B}'_{i\varrho} \cup \{\{x_0\} \cup M \mid M \in \mathcal{B}'_{p+i,\varrho}\} \quad \text{für } i = 1, \ldots, p, \ \varrho = 1, \ldots, r.
$$

Wegen $f'(d_i h_\varrho) \in \{0, 1\}$, $|\mathcal{B}'_{p+i,\varrho}| = f'(d_i h_\varrho)$ und $\sum_{i=1}^{p} f'(d_i h_\varrho) = 1$ gibt es zu jedem ϱ genau ein i_ϱ mit $|\mathcal{B}'_{p+i_\varrho,\varrho}| = 1$, etwa $\mathcal{B}'_{p+i_\varrho,\varrho} = \{M_\varrho\}$, wobei M_ϱ Mächtigkeit $\alpha_{i_\varrho} - 1$ und somit $\{x_0\} \cup M_\varrho$ Mächtigkeit α_{i_ϱ} hat. Wir erhalten:

(a) $|\mathcal{B}_{i\varrho}| = |\mathcal{B}'_{i\varrho}| + |\mathcal{B}'_{p+i,\varrho}| = a_{i\varrho} - f'(d_i h_\varrho) + f'(d_i h_\varrho) = a_{i\varrho}$

$\qquad\qquad\qquad\qquad$ (für $i = 1, \ldots, p$ und $\varrho = 1, \ldots, r$)

(b) Jedes $B \in \mathcal{B}_{i\varrho}$ hat Mächtigkeit α_i (für $i = 1, \ldots, p$) :

Denn die $E \in \mathcal{B}'_{i\varrho}$ haben Mächtigkeit α_i und die $M \in \mathcal{B}'_{p+i,\varrho}$ haben Mächtigkeit $\alpha'_{p+i} = \alpha_{i-1}$, so daß dann $\{x_0\} \cup M$ ebenfalls Mächtigkeit α_i hat.

(c) Für ein festes $\varrho \in \{1, \ldots, r\}$ bilden die $E \in \bigcup_{j=1}^{2p} \mathcal{B}'_{j\varrho}$ eine disjunkte Zerlegung von X'. In allen $\mathcal{B}'_{p+i,p}$ zusammen steckt nur eine einziges M_ϱ; dieses wird um x_0 vergrößert, so daß $\bigcup_{i=1}^{p} \mathcal{B}_{i\varrho}$ tatsächlich eine disjunkte Zerlegung von X bildet.

(d) Für jedes $i = 1, \ldots, p$ gilt

$$\bigcup_{\varrho=1}^{r} \mathcal{B}_{i\varrho} == \bigcup_{\varrho=1}^{r} \mathcal{B}'_{i\varrho} \cup \bigcup_{\varrho=1}^{r} \{\{x_0\} \cup M \mid M \in \mathcal{B}'_{p+i,\varrho}\}.$$

Hier ist $\bigcup_{\varrho=1}^{r} \mathcal{B}'_{i\varrho} = \binom{X'}{\alpha_i}$ und

$$\bigcup_{\varrho=1}^{r} \{\{x_0\} \cup M \mid M \in \mathcal{B}'_{p+i,\varrho}\} = \binom{X}{\alpha_i} \setminus \binom{X'}{\alpha_i}.$$

so daß $\bigcup_{\varrho=1}^{r} \mathcal{B}_{i\varrho} = \binom{X}{\alpha_i}$ folgt.

Damit ist der Induktionsschritt vollendet und unser Satz bewiesen.   □

Übung 3.20 (Sylvestersche Vermutung). Seien $m, k \in \mathbb{N}$. Dann kann man die Menge aller k-Teilmengen von $\{1, \ldots, mk\}$ disjunkt in Mengensysteme

$$\mathcal{B}_1, \ldots, \mathcal{B}_{\binom{mk-1}{k-1}}$$

zerlegen, die ihrerseits jeweils eine disjunkte Zerlegung von $\{1, \ldots, mk\}$ in m Mengen der Mächtigkeit k sind.

Hinweis: Man verwende den Satz von Baranyai mit $n = mk$, $p = 1$, $\alpha_1 = k$, $r = \binom{n-1}{k-1} = \binom{mk-1}{k-1}$, $a_{1\varrho} = m$ (für $\varrho = 1, \ldots, r$).

III Orthogonale lateinische Quadrate

Die orthogonalen lateinischen Quadrate bilden eine der interessantesten Strukturen in der Kombinatorik und sind ein unentbehrliches Hilfsmittel in der Design-Theorie. Sie haben ihren Ursprung in einem von Euler gestellten Problem der Unterhaltungsmathematik, besitzen aber selbst außerhalb der Mathematik wichtige Anwendungen, wie etwa in der Versuchsplanung oder der Codierungstheorie. Wir können hier nur eine ziemlich kurze Einführung geben; für ausführlichere Darstellungen sei der Leser auf die einschlägigen Kapitel bei Beth, Jungnickel und Lenz [1999] sowie auf die Monographien von Dénes und Keedwell [1974, 1991] und das Buch von Hedayat, Sloane und Stuffken [1999] verwiesen, in dem die allgemeinere Theorie der orthogonalen Arrays behandelt wird.

1 Problemstellung und Historisches

Die beiden quadratischen Matrizen

$$\begin{pmatrix} 1 & 2 & 3 \\ 2 & 3 & 1 \\ 3 & 1 & 2 \end{pmatrix} \quad \text{und} \quad \begin{pmatrix} a & b & c \\ b & c & a \\ c & a & b \end{pmatrix}$$

sind *lateinische Quadrate* der Ordnung 3: in jeder Zeile und in jeder Spalte stehen die jeweils verwendeten drei Symbole in einer gewissen Anordnung. Die beiden obigen lateinischen Quadrate sind *äquivalent:* Sie gehen durch die Umbenennung $1 \leftrightarrow a, 2 \leftrightarrow b, 3 \leftrightarrow c$ ineinander über. Die Matrizen

$$\begin{pmatrix} 1 & 2 & 3 \\ 2 & 3 & 1 \\ 3 & 1 & 2 \end{pmatrix} \quad \text{und} \quad \begin{pmatrix} 1 & 2 & 3 \\ 3 & 1 & 2 \\ 2 & 3 & 1 \end{pmatrix}$$

sind zwei lateinische Quadrate der Ordnung 3. Sie sind keineswegs äquivalent, sondern *orthogonal*; geht man nämlich die neun Felder in beiden Matrizen gleichzeitig durch, so sammelt man gerade alle neun möglichen geordneten Paare von Symbolen auf:

1. Zeile: (1, 1), (2, 2), (3, 3)
2. Zeile: (2, 3), (3, 1), (1, 2)
3. Zeile: (3, 2), (1, 3), (2, 1)

All dies ist noch Intuition und keine präzise Mathematik. Bevor wir uns einer strengen Theorie der orthogonalen lateinischen Quadrate widmen, sind einige historische Anmerkungen am Platze.

Die Theorie der orthogonalen lateinischen Quadrate beginnt mit der Abhandlung von Euler [1782]. Euler hatte, vielleicht um dem Zaren, dem er damals in St. Petersburg als Akademiemitglied diente, eine Freude zu machen, das Problem der Orthogonalität von lateinischen Quadraten für die Ordnung 6 als „Problème des 36 officiers" eingekleidet; unter diesem Namen ist es lange Zeit behandelt worden. Eine modernere Einkleidung lautet wie folgt: Kann man ein quadratisches, in 36 Quadrate unterteiltes Versuchsfeld in zwei Versuchsgängen jedesmal so mit sechs Düngemitteln düngen, daß bei jedem der beiden Versuche in jeder Zeile und Spalte eine Permutation der sechs Düngemittel auftritt und auf den 36 Teilfeldern bei den beiden Versuchen jedes der 36 möglichen geordneten Düngemittel-Paare genau einmal realisiert wird? Euler äußerte aufgrund zahlreicher Beispiel-Untersuchungen die Vermutung, immer wenn n die Form $n = 2 + 4k$ habe, gebe es keine zwei orthogonalen lateinischen Quadrate der Ordnung n. Das wären also die Ordnungen 6, 10, 14, 18, 22, 26, 30, 34,... Um 1900 bewies Tarry [1900,1901] mittels langwieriger Aufzählungen, daß es keine zwei orthogonalen lateinischen Quadrate der Ordnung 6 gibt. Kürzere Beweise für diese Tatsache gaben Fisher und Yates [1934] (die Anwendungen wie die oben skizzierte vor Augen hatten), Betten [1983] sowie Stinson [1984]; den Beweis von Betten kann man auch in § X.13 von Beth, Jungnickel und Lenz [1999] nachlesen. 1958/59 wurde schließlich ein Paar orthogonaler lateinischer Quadrate der Ordnung 10 entdeckt:

$$
\begin{pmatrix}
Aa & Eh & Bi & Hf & Cj & Jd & Ig & De & Gb & Fc \\
If & Bb & Fh & Ci & Ha & Dj & Je & Eg & Ac & Gd \\
Jg & Ia & Cc & Gh & Di & Hb & Ej & Ff & Bd & Ae \\
Fj & Jf & Ib & Dd & Ah & Ei & Hc & Ga & Ce & Bg \\
Hd & Gj & Ja & Ic & Ee & Bh & Fi & Ab & Dg & Cf \\
Gi & He & Aj & Jb & Id & Fg & Ch & Bc & Ef & Da \\
Dh & Ai & Hg & Bj & Jc & Ie & Gf & Cg & Fa & Eb \\
Be & Cg & Df & Ea & Fb & Ge & Ad & Hh & Ii & Jj \\
Cb & Dc & Ed & Fe & Gg & Af & Ba & Ij & Jh & Hi \\
Ec & Fd & Ge & Ag & Bf & Ca & Db & Ji & Hj & Ih
\end{pmatrix}
$$

Wir werden später sehen, wie man derartige Paare orthogonaler lateinischer Quadrate wesentlich einfacher finden und darstellen kann.

Bald darauf brach die Eulersche Vermutung auch für $n = 14$ zusammen. „The end of Euler" kam 1959 mit den Abhandlungen von Bose und Shrikhande [1959, 1960] sowie Bose, Shrikhande und Parker [1960], deren Autoren den Beinamen „the Euler spoilers" erhielten. Daß bei kombinatorischen Problemen indische Mathematiker eine besondere Rolle spielen, ist eine Tatsache, wie die Inder überhaupt über eine jahrtausendealte glanzvolle mathematische Tradition verfügen.

2 Grundbegriffe und erste Existenzaussagen

Definition 2.1. Seien $n \in \mathbb{N}$ und R, C, S Mengen mit $|R| = |C| = |S| = n$. (R wie „rows", C wie „columns", S wie „symbols".)

1. Eine Abbildung $L: R \times C \to S$ heißt ein *lateinisches Quadrat der Ordnung n*, wenn
    a) für jedes $r \in R$ die durch $c \mapsto L(r, c)$ gegebene Abbildung $C \to S$
    b) für jedes $c \in C$ die durch $r \mapsto L(r, c)$ gegebene Abbildung $R \to S$
    bijektiv ist.

2. Seien $L: R \times C \to S$ und $L': R \times C \to S'$ zwei lateinische Quadrate der Ordnung $n = |R| = |C| = |S| = |S'|$. Man sagt, L und L' seien *orthogonal*, wenn
    $$\{(L(r, c), L'(r, c)) \mid r \in R, \, c \in C\} = S \times S'$$
    gilt.

3. Eine Menge $\mathcal{M}$ von lateinischen Quadraten mit denselben Mengen R, C heißt *orthogonal*, wenn ihre Elemente paarweise orthogonal sind. Wenn $\mathcal{M}$ aus n Quadraten besteht, spricht man auch von n MOLS (für *mutually orthogonal Latin squares*).

Es ist ganz leicht, mittels zyklischer Vertauschung ein lateinisches Quadrat $L: R \times C \to S$ mit $R = C = S = \{0, \ldots, n - 1\}$ herzustellen:

$$\begin{pmatrix} 0 & 1 & 2 & \ldots & n-1 \\ 1 & 2 & 3 & \ldots & 0 \\ 2 & 3 & 4 & \ldots & 1 \\ \vdots & \vdots & \vdots & & \vdots \\ n-2 & n-1 & 0 & \ldots & n-3 \\ n-1 & 0 & 1 & \ldots & n-2 \end{pmatrix}$$

Wir können dieses Quadrat auch als die Cayley-Tafel der zyklischen Gruppe der Reste modulo n deuten; etwas allgemeiner ist die Cayley-Tafel einer beliebigen endlichen Gruppe stets ein lateinisches Quadrat. Man kann auch jedes „lateinisch angefangene" Quadrat „lateinisch vollenden", wie der folgende Satz zeigt.

Satz 2.2. *Sei $n \in \mathbb{N}$, $|R| = |C| = |S| = n$, $R_0 \subsetneqq R$, und $L_0 : R_0 \times C \to S$ so beschaffen, daß*

- *für jedes $r \in R_0$ die durch $c \mapsto L_0(r, c)$ gegebene Abbildung $C \to S$ bijektiv und*

- *für jedes $c \in C$ die durch $r \mapsto L_0(r, c)$ gegebene Abbildung $R \to S$ injektiv ist;*

L_0 heißt dann ein lateinisches Rechteck. *Dann gibt es zu beliebigem $r_1 \in R \setminus R_0$ eine bijektive Abbildung $L : C \to S$ derart, daß für $R_1 = R_0 \cup \{r_1\}$ die durch*

$$L_1(r, c) = \begin{cases} L_0(r, c) & \text{für } r \in R_0, c \in C \\ L(c) & \text{für } r = r_1, c \in C \end{cases}$$

gegebene Abbildung $L_1 : R_1 \times C \to S$ wieder ein lateinisches Rechteck (also im Falle $R_1 = R$ ein lateinisches Quadrat) ist.

Es ist klar, wie man durch wiederholte Anwendung dieses Satzes lateinische Quadrate aufbauen kann.

Beweis von Satz 2.2. Wir wenden den Heiratssatz II.1.1 an: C sei die Menge der Damen, S die Menge der Herren. Ein Freundschaftssystem wird durch

$$F(c) = S \setminus \{L_0(r, c) \mid r \in R_0\} \quad (c \in C)$$

gegeben. In der Tat gilt die Party-Bedingung: Sei $\emptyset \neq C' \subseteq C$ und $S' = \bigcup_{c \in C'} F(c)$; um $|S'| \geq |C'|$ nachzuweisen, bilden wir die Menge

$$P' = \{(s, c) \mid s \in S', c \in C', s \in F(c)\}.$$

Da für $c \in C'$ stets $\{s \mid (s, c) \in P'\} = F(c)$ gilt, folgt $|P'| = |C'|(n - |R_0|)$. Andererseits gilt für jedes $s \in S'$

$$\left| \{c \mid c \in C', (s, c) \in P'\} \right| = \left| \{c \mid c \in C', s \in F(c)\} \right|$$

$$= \left| \{c \mid c \in C', s \notin \{L_0(r, c) \mid r \in R_0\}\} \right|$$

$$\leq \left| \{c \mid c \in C, s \notin \{L_0(r, c) \mid r \in R_0\}\} \right|$$

$$= n - |R_0|$$

(weil s in genau $|R_0|$ Spalten vorkommt), woraus $|P'| \leq |S'|(n - |R_0|)$ folgt. Somit erhalten wir $|C'| \leq |S'|$, wie gewünscht. Es genügt nun, L als eine zum besagten Freundschaftssystem passende Heirat zu wählen. $\qquad\square$

Die Essenz eines lateinischen Quadrates liegt nicht in den verwendeten Symbolen, sondern in deren Anordnung. Deshalb treffen wir die

Definition 2.3. Sei $n \in \mathbb{N}$, $|R| = |R'| = |C| = |C'| = |S| = |S'| = n$; seien $\varrho : R \to R'$, $\gamma : C \to C'$, $\sigma : S \to S'$ Bijektionen. Ferner seien $L : R \times C \to S$ sowie $L' : R' \times C' \to S'$ lateinische Quadrate, und es gelte

$$L(r, c) = \sigma^{-1}(L'(\varrho(r), \gamma(c))) \quad (r \in R, \ c \in C).$$

Dann heißen L und L' *äquivalent*, in Zeichen $L \sim L'$.

Man zeigt leicht, daß $\sim$ in jeder Menge von lateinischen Quadraten eine Äquivalenzrelation ist. Weiterhin gilt das folgende, intuitiv einleuchtende Resultat, dessen formalen Beweis wir dem Leser als Übung überlassen.

Lemma 2.4. *Sei $n \in \mathbb{N}$, $|R| = |C| = |S_1| = \cdots = |S_r| = |S'_1| = \cdots = |S'_r| = n$ und $L_j : R \times C \to S_j$ sowie $L'_j : R \times C \to S'_j$ ($j = 1, \ldots, r$) lateinische Quadrate. Falls $L_1 \sim L'_1, \ldots, L_r \sim L'_r$ gilt, sind folgende Aussagen äquivalent:*

(1) $\{L_1, \ldots, L_r\}$ *ist orthogonal*

(2) $\{L'_1, \ldots, L'_r\}$ *ist orthogonal.* $\square$

Lemma 2.4 eröffnet beträchtliche Normierungsmöglichkeiten. Sind nämlich $L_1, \ldots, L_r : R \times C \to S$ paarweise orthogonale lateinische Quadrate der Ordnung $n = |R| = |C| = |S|$, so darf man per äquivalenter Abänderung

$$R = C = S = \{1, \ldots, n\} \quad \text{und} \quad L_j(1, k) = k \text{ für } j = 1, \ldots, r; k = 1, \ldots, n$$

annehmen. Alle L_j haben also, als Matrizen geschrieben, die erste Zeile

$$\begin{pmatrix} 1 & 2 & 3 & \cdots & n \end{pmatrix}.$$

Werfen wir noch einen Blick auf die Werte $L_j(2, 1)$ für $j = 1, \ldots, r$. Sie sind sämtlich von 1 verschieden, weil das Symbol 1 in der ersten Spalte schon als $L_j(1, 1)$ vorkommt; ferner sind sie paarweise verschieden, weil im Falle $j, k \in \{1, \ldots, r\}$, $j \neq k$ aus $L_j(2, 1) = L_k(2, 1) = s$ sofort

$$(L_j(1, s), L_k(1, s)) = (s, s) = (L_j(2, 1), L_k(2, 1))$$

folgen würde, was mit $\{(L_j(r, c), L_k(r, c)) \mid r \in R, c \in C\} = S \times S$ nicht vereinbar ist. Es kann also maximal $n - 1$ orthogonale lateinische Quadrate der Ordnung n geben. Daher liegt es nahe, die folgende Funktion einzuführen:

$$N(n) = \max\{r \mid \text{es gibt } r \text{ MOLS der Ordnung } n\}.$$

Üblicherweise führt man noch die Konvention $N(1) = \infty$ ein. Mit dieser Notation können wir das eben bewiesene Ergebnis wie folgt festhalten:

Satz 2.5. *Für* $n \in \mathbb{N} \setminus \{1\}$ *gilt* $N(n) \leq n - 1$.   □

Diese Abschätzung ist für Primzahlpotenzen n scharf, siehe Übung 3.11 bzw. Satz 5.4. Das schon einleitend zitierte Ergebnis von Tarry bedeutet $N(6) = 1$. Nach wie vor ist $n = 6$, abgesehen von Primzalpotenzen n, der einzige Wert von n, für den $N(n)$ exakt bekannt ist. Im übrigen kennt man nur untere und obere Schranken, die in den meisten Fällen ernüchternd weit auseinanderliegen. Trotz intensiver Forschungsanstrengungen bleibt das Verhalten der Funktion $N(n)$ weitgehend ein Rätsel!

Für viele Beweise ist es praktisch, unsere bisherige Darstellung orthogonaler Mengen von lateinischen Quadraten etwas abzuändern. Dazu dient die folgende

Definition 2.6. Seien $k, n \in \mathbb{N}$, $|K| = k$, $|G| = n^2$, $|S| = n$. Eine Abbildung $O : K \times G \to S$ heißt ein *orthogonales Array* der *Ordnung* n vom *Grad* k bzw. kurz ein $OA(k, n)$, wenn für beliebige $i, j \in K$ mit $i \neq j$

$$(2.1) \qquad \{(O(i, g), O(j, g)) \mid g \in G\} = S \times S$$

gilt.

Wir werden nun alsbald zeigen, daß ein orthogonales (k, n)-Array und eine orthogonale Menge von $k - 2$ lateinischen Quadraten zwei Arten sind, ein und denselben Sachverhalt auszudrücken. Vorher überlegen wir uns aber noch für orthogonale (k, n)-Arrays gewisse Möglichkeiten der Normierung. Ganz ähnlich wie für lateinische Quadrate führt man auch hier einen Äquivalenzbegriff ein: Bijektive Abänderungen von K, G, S machen aus einem orthogonalen (k, n)-Array wieder ein orthogonales (k, n)-Array. Dann aber dürfen wir o.B.d.A. $K = \{1, \ldots, k\}$, $G = \{1, \ldots, n^2\}$ und $S = \{1, \ldots, n\}$ annehmen und unser orthogonales (k, n)-Array *normieren*, also als eine $(k \times n^2)$-Matrix der folgenden Form schreiben:

$$(*) \qquad \begin{pmatrix} 1\,1 \ldots 1 & 2\,2 \ldots 2 & 3\,3 \ldots 3 & \ldots & n\,n \ldots n \\ 1\,2 \ldots n & 1\,2 \ldots n & 1\,2 \ldots n & \ldots & 1\,2 \ldots n \end{pmatrix}.$$

Wenn wir nunmehr eine eineindeutige Beziehung zwischen orthogonalen (k, n)-Arrays und orthogonalen Mengen von $k - 2$ lateinischen Quadraten der Ordnung n herstellen, benützen wir die obersten beiden Zeilen eines wie oben normierten orthogonalen Arrays sozusagen zum Indizieren von n-reihigen Matrizen, die den restlichen $k - 2$ Zeilen entsprechen: Die ersten n Glieder der j-ten Zeile ($j > 2$) von O bilden die erste Zeile der Matrix L_j, die nächsten n die zweite Zeile etc.

Da die ersten n Glieder der j-ten Zeile von O mit den ersten n Gliedern der ersten Zeile, also mit n Einsen, alle Paare mit erster Komponente 1 realisieren müssen, enthält die erste Zeile von L_j eine Permutation von $\{1, \ldots, n\}$; ebenso schließt man für die zweite Zeile von L_j etc. Bringt man die zweite Zeile von O analog ins Spiel, so sieht man, daß auch in jeder Spalte von L_j alle Zahlen $1, \ldots, n$ vorkommen, daß also L_j ein lateinisches Quadrat der Ordnung n ist. Daß je zwei der Quadrate L_j mit $j > 2$ orthogonal sind, folgt direkt aus der entsprechenden Eigenschaft von O.

Sind umgekehrt $k - 2$ paarweise orthogonale lateinische Quadrate der Ordnung n – etwa gleich in der früher angegebenen Normierung – gegeben, so verwandle man jedes von ihnen in eine Zeile der Länge n^2, in dem man auf die erste Zeile die zweite Zeile folgen läßt etc. Dann ergänze man die ersten beiden Zeilen so, daß man eine Matrix der Form (∗) erhält. Man zeigt dann leicht, daß auf diese Weise ein $OA(k, n)$ entsteht.

Der Leser möge als Übung ein exaktes Äquivalent der soeben gemachten, absichtlich etwas intuitiv gehaltenen Ausführungen unter expliziter Angabe aller vorkommenden Mengen und Abbildungen aufschreiben.

Wir werden später noch die folgende spezielle Klasse von orthogonalen Arrays benötigen:

Definition 2.7. Seien $k, n \in \mathbb{N}$, $|K| = k$, $|G| = n^2$, $|S| = n$ und sei $O : K \times G \to S$ ein orthogonales (k, n)-Array. Man nennt $G_0 \subseteq G$ eine *Parallelklasse* (für O), wenn $|G_0| = n$ gilt und für jedes $j \in K$

$$\{O(j, g) \mid g \in G_0\} = S$$

ist, wenn also die Spalten in G_0 in jeder Zeile jedes Symbol genau einmal enthalten. Das Array O heißt *auflösbar*, wenn es eine disjunkte Zerlegung von G in (natürlich n) Parallelklassen gibt.

Normierungsbetrachtungen, wie sie uns schon geläufig sind, zeigen, daß man ein auflösbares orthogonales (k, n)-Array O stets o.B.d.A. in der Form

$$(**) \qquad \begin{pmatrix} 1\,2\ldots n & 1\,2\ldots n & 1\,2\ldots n & \ldots & 1\,2\ldots n \\ 1\,2\ldots n & & & & \\ 1\,2\ldots n & & & & \\ 1\,2\ldots n & & & & \end{pmatrix}$$

annehmen kann. Hierbei entsprechen die Blöcke von je n Spalten der Matrix den Parallelklassen für O.

Wir zeigen nun, daß ein auflösbares $OA(k, n)$ nur eine andere Blickweise auf ein $OA(k+1, n)$ darstellt. Zum Beweis nehmen wir zunächst an, daß uns ein auflösbares $OA(k, n)$ in der Form (∗∗) gegeben ist. Dann lege man eine nullte Zeile

$$\begin{pmatrix} 1\,1\ldots 1 & 2\,2\ldots 2 & 3\,3\ldots 3 & \ldots & n\,n\ldots n \end{pmatrix}.$$

obenauf. Das Resultat ist ein orthogonales $(k + 1, n)$-Array in der Normierung (∗), wie man leicht einsieht. Umgekehrt sei nun ein $OA(k + 1, n)$ in der Normierung (∗) gegeben; man lasse die oberste Zeile fort. Das Resultat ist dann offenbar ein auflösbares $OA(k, n)$.

Wir fassen unsere Überlegungen zu orthogonalen Arrays zusammen:

Satz 2.8. *Seien $k, n \in \mathbb{N}$ und $k \geq 3$. Folgende Aussagen sind äquivalent:*

(a) *Es gibt $k - 1$ orthogonale lateinische Quadrate der Ordnung n.*

(b) *Es gibt ein orthogonales $(k + 1, n)$-Array.*

(c) *Es gibt ein auflösbares orthogonales (k, n)-Array.*   □

Orthogonale Arrays, wie wir sie eben eingeführt haben, sind nur ein Spezialfall eines wesentlich allgemeineren Begriffs, der in der Design-Theorie intensiv untersucht wird. Einerseits kann man (2.1) durch die Forderung ersetzen, daß die Elementepaare in zwei verschiedenen Zeilen des Arrays jedes Element von $S \times S$ mit einer konstanten Häufigkeit λ enthalten, und andererseits kann man statt Paaren von Zeilen auch t-Tupel von Zeilen mit $t \geq 3$ betrachten und dann eine konstante Häufigkeit für die t-Tupel in S^t fordern; so gelangt man zum Begriff eines *orthogonalen Arrays* der *Ordnung n* vom *Grad k*, der *Stärke t* und dem *Index λ*. Wir verweisen hierfür auf die bereits zitierten Bücher Beth, Jungnickel und Lenz [1999] sowie Hedayat, Sloane und Stuffken [1999].

3   Endliche Körper

Die endlichen Körper sind ein unentbehrliches Hilfmittel für die Konstruktion orthogonaler lateinischer Quadrate und werden von uns auch sonst noch häufig benötigt werden, beispielsweise beim Studium von Codes, projektiven Ebenen und Blockplänen. In diesem kurzen Abschnitt wollen wir – für Leser, die mit diesen algebraischen Strukturen nicht so recht vertraut sind – eine kurze Zusammenfassung der wichtigsten Resultate sowie einige kleine Beispiele – teils als Übungen – angeben. Es gibt eine ganze Reihe von Monographien über endliche Körper; wir verweisen beispielsweise auf Lüneburg [1979], Lidl und Niederreiter [1994,1996] sowie auf Jungnickel [1993]. Eine besonders elementare Einführung in die Theorie der endlichen Körper findet sich im Buch von McEliece [1987].

Es gehört zur Allgemeinbildung, daß man den folgenden Satz kennt:

Satz 3.1. *Ist K ein endlicher Körper, so ist $|K|$ eine Potenz $q = p^a$ einer Primzahl p, der Charakteristik von K. Zu jeder Primzahlpotenz q gibt es einen bis auf Isomorphie eindeutig bestimmten Körper $K = GF(q)$ mit q Elementen.*   □

Übung 3.2. Man zeige, daß in der Menge $\{a, b\}$ (mit $a \neq b$) durch die Verknüpfungstafeln

+	a	b
a	a	b
b	b	a

·	a	b
a	a	a
b	a	b

eine Addition + und eine Multiplikation · derart erklärt sind, daß $\{a, b\}$ ein Körper wird. Üblicher ist es allerdings, die Elemente mit 0, 1 statt a, b zu bezeichnen: 0 ist dann die Körper-Null, 1 die Körper-Eins von $GF(2)$.

Übung 3.3. Seien a, b, c, d paarweise verschieden. Man zeige: die partiellen Verknüpfungstafeln

+	a	b	c	d
a	a	b		
b	b	a		
c				
d				

·	a	b	c	d
a	a	a		
b	a	b		
c				
d				

lassen sich auf genau eine Weise derart ergänzen, daß $\{a, b, c, d\}$ ein endlicher Körper wird.

Die beiden vorstehenden Übungen machen mit $GF(2)$ bzw. mit $GF(2^2) = GF(4)$ bekannt. Wie kann man nun allgemein $GF(q)$ konstruieren? Für Primzahlen p kennen wir $GF(p)$ bereits: Hier erhalten wir (wegen der Eindeutigkeit bis auf Isomorphie) als kanonisches Beispiel den Körper $\mathbb{Z}_p$ der Reste modulo p. Für echte Primzahlpotenzen $q = p^a$ ist $\mathbb{Z}_q$ natürlich kein Körper, da beispielsweise das Element p nicht invertierbar, sondern ein Nullteiler ist. In der Algebra lernt man, daß man für $q = p^a$ mit $a > 1$ den Körper $GF(q)$ als

$$\mathbb{Z}_p[x]/(f)$$

konstruieren kann, wobei f ein irreduzibles Polynom vom Grad a über $\mathbb{Z}_p$ ist.[1] Beweise hierfür findet man in den bereits erwähnten Büchern; wir geben hier als Beispiel die Konstruktion von $GF(8)$ an.

Beispiel 3.4. Das Polynom $f(x) = x^3 + x + 1$ hat über $\mathbb{Z}_2$ keine Nullstelle und ist als Polynom vom Grad 3 somit irreduzibel. Daher können wir $K = GF(8) \cong$

---

[1] Eine formale Definition von Polynomen und damit zusammenhängenden Begriffen werden wir in § VIII.5 geben.

$\mathbb{Z}_2[x]/(f)$ konstruieren, indem wir zu $\mathbb{Z}_2$ eine Nullstelle ω von f adjungieren. Die Elemente von K sind also $0, 1, \omega, \omega^2$ sowie

$$\omega^3 = \omega + 1,$$
$$\omega^4 = \omega^2 + \omega,$$
$$\omega^5 = \omega^3 + \omega^2 = \omega^2 + \omega + 1,$$
$$\omega^6 = \omega^3 + \omega^2 + \omega = \omega^2 + 1.$$

Man beachte, daß in der Tat $\omega^7 = \omega^3 + \omega = 1$ gilt und daß die Potenzen $1 = \omega^0$, ω und ω^2 eine Basis von $GF(8)$ als Vektorraum über $\mathbb{Z}_2$ bilden.

Allgemeiner gilt folgendes: Wenn man zu $\mathbb{Z}_p$ eine Nullstelle ω eines irreduziblen Polynoms f vom Grade a adjungiert, so erhält man $K = GF(p^a)$; dabei bilden $1, \omega, \dots, \omega^{a-1}$ eine Basis von K als Vektorraum über $\mathbb{Z}_p$. Im allgemeinen gilt jedoch *nicht*, daß die Potenzen von ω sämtliche Elemente von K liefern müssen. Jedoch kann man zeigen, daß es – wie in unserem Beispiel 3.4 – stets ein geeignetes irreduzibles Polynom gibt, für welches dies in der Tat der Fall ist. Derartige irreduzible Polynome heißen *primitiv*; ihre Existenz ist gleichbedeutend mit dem folgenden grundlegenden Satz über die Struktur endlicher Körper, wobei wir $GF(q)^* = GF(q) \setminus \{0\}$ schreiben.

Satz 3.5. *Die multiplikative Gruppe $(GF(q)^*, \cdot)$ eines endlichen Körpers $GF(q)$ ist stets zyklisch.* □

Jedes erzeugende Element β der zyklischen Gruppe $GF(q)^*$ heißt ein *primitives Element* für $GF(q)$. Die primitiven Elemente von $GF(q)$ sind – für $q = p^a$ – gerade die Nullstellen primitiver Polynome vom Grad a über $\mathbb{Z}_p$. Tabellen irreduzibler bzw. primitiver Polynome für kleinere Werte von q findet man bei Lidl und Niederreiter [1996].

Übung 3.6. Man finde (durch Probieren) ein primitives Polynom vom Grad 2 über $\mathbb{Z}_3$, konstruiere mit seiner Hilfe den Körper $K = GF(9)$ und gebe sämtliche Elemente von K explizit als Potenzen eines primitiven Elementes an. Ebenso für $GF(16)$.

Schließlich geben wir noch zwei weitere grundlegende Struktursätze an, die die möglichen Teilkörper und die Automorphismen endlicher Körper beschreiben. Dabei ist ein *Automorphismus* von $K = GF(q)$ natürlich eine Bijektion, die Addition und Multiplikation respektiert. Klar ist auch, daß jeder Teilkörper von K dieselbe Charakteristik p haben muß, wie unmittelbar aus Satz 3.1 folgt.

Satz 3.7. *Der endliche Körper GF(p^a) enthält genau dann einen zu GF(p^b) iso-morphen Teilkörper, wenn b ein Teiler von a ist.* □

Anders ausgedrückt bedeutet Satz 3.7, daß der Teilkörperverband von $GF(q^a)$ zum Teilerverband von a isomorph ist.

Satz 3.8. *Die Automorphismengruppe von GF(p^a) ist zyklisch von der Ordnung a und wird vom* Frobeniusautomorphismus $\sigma: x \mapsto x^p$ *erzeugt.* □

Übung 3.9. Insbesondere besagt Satz 3.8, daß für endliche Körper der Charakteristik p der „Schülertraum" $(a + b)^p = a^p + b^p$ Realität ist. Man beweise diese Aussage mithilfe des binomischen Satzes I.2.6.

Übung 3.10. Wir bezeichnen die Menge aller Quadrate x^2 mit $x \in GF(q)^*$ mit $GF(q)^\square$. Wie Satz 3.8 zeigt, gilt $GF(q)^\square = GF(q)^*$, falls q gerade ist. Für ungerade q beweise man, daß $GF(q)^\square$ eine Untergruppe der Ordnung $(q-1)/2$ von $GF(q)^*$ ist und daß -1 genau dann ein Quadrat ist, wenn $q \equiv 1 \pmod 4$ gilt.

Dies schließt unsere kurze Einführung über endliche Körper ab. Die folgende Übung gibt eine erste Anwendung auf lateinische Quadrate; sie zeigt, daß die Abschätzung aus Satz 2.5 für Primzahlpotenzen n scharf ist. Im übernächsten Abschnitt werden wir hierfür einen Alternativbeweis angeben, siehe Satz 5.4.

Übung 3.11. Sei q eine Primzahlpotenz und $R = C = S = GF(q)$ der endliche Körper mit q Elementen. Wir verwenden die multiplikative Gruppe $GF(q)^*$ zum Indizieren und setzen

$$L_j(r, c) = rj + c \quad (j \in GF(q)^*;\ r, c \in GF(q)).$$

Man zeige, daß sich so $q - 1$ paarweise orthogonale lateinische Quadrate der Ordnung q ergeben.

4   Der Satz von MacNeish

Für den Nachweis von Existenzaussagen über orthogonale lateinische Quadrate bedient man sich einer Mischung von direkten und rekursiven Konstruktionsmethoden. In diesem Abschnitt stellen wir die einfachste rekursive Konstruktion vor, wobei wir uns der Sprache der orthogonalen Arrays bedienen werden. Der Beweis des folgenden Satzes ist eine einfache Übungsaufgabe, die wir dem Leser überlassen.

Satz 4.1. *Seien $k, m, n \in \mathbb{N}$, $|K| = k$, $|G| = m^2$, $|H| = n^2$, $|S| = m$, $|T| = n$. Ferner sei $P : K \times G \to S$ ein orthogonales Array für K, G, S und Q ein ebensolches für K, H, T. Dann ist durch*

$$O(j, (g, h)) = (P(j, g), Q(j, h)) \quad (j \in K, g \in G, h \in H)$$

ein orthogonales Array O für K, $G \times H$ und $S \times T$ gegeben.   □

Korollar 4.2. *Seien $k, m, n \in \mathbb{N}$. Gibt es ein orthogonales (k, m)-Array und ein orthogonales (k, n)-Array, so existiert auch ein orthogonales (k, mn)-Array.*   □

Als weitere Folgerung erhalten wir den Satz von MacNeish [1922]:

Satz 4.3 (MacNeish-Schranke). *Ist $n \in \mathbb{N}$, und ist $n = p_1^{s_1} \ldots p_m^{s_m}$ die Primfaktorzerlegung von n, so gilt*

$$N(n) \geq \min\{p_1^{s_1} - 1, \ldots, p_m^{s_m} - 1\}.$$

Beweis. Nach Übung 3.11 bzw. Satz 5.4 gibt es für $i = 1, \ldots, m$ eine $(p_i^{s_i} - 1)$-elementige orthogonale Menge von lateinischen Quadraten der Ordnung $p_i^{s_i}$ bzw. ein orthogonales $(p_i^{s_i} + 1, p_i^{s_i})$-Array. Aus jedem dieser orthogonalen Arrays darf man einige Zeilen weglassen und auf diese Weise für $k = \min\{p_1^{s_1} + 1, \ldots, p_m^{s_m} + 1\}$ orthogonale $(k, p_j^{s_j})$-Arrays $(j = 1, \ldots, m)$ herstellen. Nach Korollar 4.2 gibt es dann auch ein orthogonales $(k, p_1^{s_1} \ldots p_m^{s_m})$-Array, also ein orthogonales (k, n)-Array, d. h. eine orthogonale Menge von $k - 2 = \min\{p_1^{s_1} - 1, \ldots, p_m^{s_m} - 1\}$ lateinischen Quadraten.   □

Aus dem Satz von MacNeish folgern wir sofort: Kommt in der Primfaktorzerlegung $n = p_1^{s_1} \ldots p_m^{s_m}$ von n der Faktor 2 entweder gar nicht oder mindestens in zweiter Potenz vor, womit also $\min\{p_1^{s_1} - 1, \ldots, p_m^{s_m}\} \geq 2$ gilt, so ist $N(n) \geq 2$. Es gilt also:

Korollar 4.4. *Sei $n \in \mathbb{N}$. Wenn n nicht von der Form $n = 4m + 2$ ist, gibt es ein Paar orthogonaler lateinischer Quadrate.*   □

Für die Frage nach der Existenz von Paaren orthogonaler lateinischer Quadrate sind somit nur die Ordnungen der Form $4m + 2$, d. h. 6, 10, 14, … kritisch, weil hier der Satz von MacNeish kein Ergebnis liefert. Im Rest dieses Kapitels wird es also vor allem um diese kritischen Fälle gehen.

5   Differenzmatrizen

In diesem Abschnitt stellen wir einige besonders wichtige Konstruktionen vor, die sogenannte „Differenzmethoden" verwenden. Dazu sei im folgenden G stets eine endliche, additiv geschriebene Gruppe; der Einfachheit halber setzen wir G als abelsch voraus, um nicht auf die Additionsreihenfolge achten zu müssen, obwohl sämtliche Konstruktionen auch auf nicht-abelsche Gruppen übertragen werden können. In nahezu allen wichtigen Anwendungen – die man in großer Zahl zusammen mit weiteren Varianten der hier vorgestellten Methoden bei Beth, Jungnickel und Lenz [1999] findet – ist G in der Tat abelsch. Wir beginnen mit einer direkten Konstruktion.

Definition 5.1. Sei $D = (d_{ij})$ $(i = 1, \ldots, k;\ j = 1, \ldots, n)$ eine Matrix mit Einträgen aus einer abelschen Gruppe G der Ordnung n, die die folgende Bedingung erfüllt:

$$(5.1) \qquad \{d_{ih} - d_{jh} \mid h = 1, \ldots, n\} = G \quad (i, j = 1, \ldots, k,\ i \neq j),$$

d. h., jedes Element von G tritt für $i \neq j$ genau einmal als Differenz der Form $d_{ih} - d_{jh}$ auf. Dann heißt D eine (n, k)-*Differenzmatrix* über G.

Differenzmatrizen wurden von Bose und Bush [1952] für die Konstruktion orthogonaler lateinischer Quadrate eingeführt; dieser Ansatz ist jedoch zur Konstruktion mittels „Orthomorphismen" einer Gruppe, die bereits von Mann [1942,1943] stammt, äquivalent. Der Term „Differenzmatrix" wurde von Jungnickel [1980] geprägt, der diejenigen Mengen von orthogonalen lateinischen Quadraten, die zu Differenzmatrizen gehören, charakterisiert hat; interessanterweise erfüllt diese Klasse die Eulersche Vermutung, siehe Übung 5.5. Doch zunächst zur Konstruktionsmethode:

Satz 5.2. *Die Existenz einer (n, k)-Differenzmatrix D über einer abelschen Gruppe G impliziert $N(n) \geq k - 1$.*

Beweis. Wir listen die Elemente von G als $g_1 = 0, g_2, \ldots, g_n$ auf und definieren die $(k \times n^2)$-Matrix O wie folgt:

$$O = (D \quad D + g_2 \quad \ldots \quad D + g_n),$$

wobei die Matrix $D + g_h$ aus D durch Addition von g_h zu jedem Eintrag von D hervorgehe. Wir behaupten, daß O ein auflösbares orthogonales (k, n)-Array für die Symbolmenge G ist. Die Auflösbarkeit folgt dabei unmittelbar aus der

Konstruktion: Da für beliebiges x die Elemente $x + g_1, \ldots, x + g_n$ die gesamte Gruppe G durchlaufen, definieren die Mengen

$$\mathcal{I}_h = \{h, n + h, \ldots, (n - 1)n + h\} \quad (h \in \{1, \ldots, n\})$$

von Spaltenindizes offenbar n Parallelklassen für O. Nun seien also zwei verschiedene Zeilen von O gegeben, etwa die Zeilen i und j. Aufgrund der definierenden Eigenschaft (5.1) einer Differenzmatrix gibt es dann für jedes Symbol $g \in G$ genau einen Index $h \in \{1, \ldots, n\}$ mit $d_{ih} = d_{jh} + g$. Dann durchlaufen aber die entsprechenden n Paare in der zu $\mathcal{I}_h$ gehörenden Parallelklasse, nämlich

$$\binom{d_{jh} + g}{d_{jh}}, \binom{d_{jh} + g + g_2}{d_{jh} + g_2}, \ldots, \binom{d_{jh} + g + g_n}{d_{jh} + g_n},$$

gerade alle n Paare in $G \times G$ der Form $\binom{g' + g}{g'}$. Die Behauptung folgt somit aus Satz 2.8.   □

Satz 5.2 gestattet uns nun einen einfachen Beweis des bereits in Übung 3.11 angegebenen Resultates. Zuvor aber noch zwei konkrete Beispiele:

Beispiel 5.3. Die Matrix

$$\begin{pmatrix} 00 & 00 & 00 & 00 & 00 & 00 & 00 & 00 & 00 & 00 & 00 & 00 \\ 00 & 01 & 02 & 03 & 04 & 05 & 10 & 11 & 12 & 13 & 14 & 15 \\ 00 & 03 & 10 & 01 & 13 & 15 & 02 & 12 & 05 & 04 & 11 & 14 \\ 00 & 12 & 01 & 15 & 05 & 13 & 03 & 14 & 02 & 11 & 10 & 04 \\ 00 & 04 & 15 & 14 & 02 & 11 & 12 & 10 & 13 & 01 & 03 & 05 \\ 00 & 10 & 12 & 02 & 11 & 01 & 13 & 15 & 04 & 14 & 05 & 03 \end{pmatrix}$$

ist eine (12,6)-Differenzmatrix über der Gruppe $G = \mathbb{Z}_2 \oplus \mathbb{Z}_6$, wobei wir die Elemente von G kurz in der Form xy statt (x, y) geschrieben haben. Das folgt durch einfaches (wenn auch längliches) Nachrechnen. Ebenso ist die Matrix $D = (A \ -A \ 0)$ mit

$$A = \begin{pmatrix} 0 & 0 & 0 & 0 & 0 & 0 & 0 \\ 1 & 2 & 3 & 4 & 5 & 6 & 7 \\ 2 & 5 & 7 & 9 & 12 & 4 & 1 \\ 6 & 3 & 14 & 10 & 7 & 13 & 4 \\ 10 & 6 & 1 & 11 & 2 & 7 & 12 \end{pmatrix}$$

eine (15,5)-Differenzmatrix über $\mathbb{Z}_{15}$. Diese beiden Beispiele stammen von Johnson, Dulmage und Mendelsohn [1961] bwz. Schellenberg, van Rees und Vanstone [1978] und zeigen – mit Satz 5.2 – die folgenden Schranken:

(5.2) $N(12) \geq 5, \quad N(15) \geq 4.$

Satz 5.4. *Für jede Primzahlpotenz q gilt*

(5.3) $N(q) = q - 1.$

Beweis. Die Multiplikationstafel $D = (d_{x,z})$ mit $d_{x,z} = x \cdot z$ $(x, z \in GF(q))$ des endlichen Körpers $K = GF(q)$ ist eine (q, q)-Differenzmatrix über der additiven Gruppe $(K, +)$, wie unmittelbar aus der Gültigkeit des Distributivgesetzes folgt:

$$\{d_{x,z} - d_{y,z} \mid z \in K\} = \{xz - yz \mid z \in K\}) = \{(x - y)z \mid z \in K\}) = K$$

für alle $x, y \in K$ mit $x \neq y$. Die Behauptung ergibt sich somit aus den Sätzen 5.2 und 2.5.   □

Die folgende Übung ist zu einem Spezialfall eines Ergebnisses von Hall und Paige [1955] äquivalent. In der von uns angegebenen Form findet man sie bei Jungnickel [1980].

Übung 5.5. Man zeige, daß es keine $(n, 3)$-Differenzmatrix geben kann, falls n die Form $n = 4t + 2$ hat.

Hinweis: Man schreibe die Gruppe G in der Form $G = \mathbb{Z}_2 \oplus H$ und betrachte die Verteilung der Elemente (bzw. Differenzen) mit erster Koordinate 0 bzw. 1 in einer hypothetischen $(n, 2)$-Differenzmatrix D; dabei kann man annehmen, daß die erste Zeile von D nur Einträge 0 hat.

Auch die folgende Verallgemeinerung von Definition 5.1, die auf Wilson [1974] zurückgeht, ist sehr nützlich. Sie wird uns eine rekursive Konstruktionsmethode gestatten, die ähnlich wie Satz 5.2 funktioniert.

Definition 5.6. Sei $D = (d_{ij})$ $(i = 1, \ldots, k; j = 1, \ldots, n + 2u)$ eine Matrix, deren Einträge entweder aus einer abelschen Gruppe G der Ordnung n stammen oder „leer" sind; leere Einträge werden dabei üblicherweise mit − bezeichnet. Dann heißt D eine $(n, u; k)$-*Quasi-Differenzmatrix* über G, wenn die beiden folgenden Bedingungen erfüllt sind:

(a) Jede Zeile von D enthält genau u leere Einträge, und in jeder Spalte von D gibt es höchstens einen leeren Eintrag.
(b) Wenn man Differenzen, bei denen ein leerer Eintrag vorkommt, nicht berücksichtigt, gilt

$$\{d_{ih} - d_{jh} \mid h = 1, \ldots, n + 2u\} = G \quad (i, j = 1, \ldots, k, i \neq j).$$

Satz 5.7. *Falls es eine $(n, u; k)$-Quasi-Differenzmatrix D über einer abelschen Gruppe G und ein orthogonales (k, u)-Array gibt, gilt $N(n + u) \geq k - 2$.*

Beweis. Zunächst ersetzen wir in jeder Zeile von D die u leeren Einträge so durch u Symbole $\omega_1, \ldots, \omega_u$, die nicht aus G stammen, daß jedes dieser Symbole genau einmal auftritt. Dann gehen wir analog zum Beweis von Satz 5.2 vor: Wir listen die Elemente von G als $g_1 = 0, g_2, \ldots, g_n$ auf und definieren die $(k \times n(n + 2u))$-Matrix M wie folgt:

$$M = (D \ \ D + g_2 \ \ \ldots \ \ D + g_n),$$

wobei die Summe eines Symbols ω_i mit einem Gruppenelement g stets wieder ω_i sei. Schließlich fügen wir an M noch die u^2 Spalten eines $OA(k, u)$ auf der Symbolmenge $\Omega = \{\omega_1, \ldots, \omega_u\}$ an. Dann ist die so definierte $(k \times (n + u)^2)$-Matrix O ein orthogonales $(k, n + u)$-Array über der Symbolmenge $G \cup \Omega$, wie man analog zum Beweis von Satz 5.2 zeigen kann. Die Einzelheiten seien dem Leser als Übung überlassen.   □

Im Fall $u = 1$ ist Satz 5.7 natürlich keine rekursive, sondern eine weitere direkte Konstruktionsmethode. Die beiden folgenden Beispiele, die Bose, Shrikhande und Parker [1960] bzw. Todorov [1986] zu verdanken sind, widerlegen – zusammen mit Satz 5.7 – die Eulersche Vermutung in zwei Fällen. Genauer gesagt zeigen sie

(5.4) $N(10) \geq 2, \quad N(14) \geq 3.$

Beispiel 5.8. Die Matrix

$$\begin{pmatrix} - & 0 & 1 & 6 & - & 0 & 2 & 5 & - & 0 & 3 & 4 & 0 \\ 0 & - & 6 & 1 & 0 & - & 5 & 2 & 0 & - & 4 & 3 & 0 \\ 1 & 6 & - & 0 & 2 & 5 & - & 0 & 3 & 4 & - & 0 & 0 \\ 6 & 1 & 0 & - & 5 & 2 & 0 & - & 4 & 3 & 0 & - & 0 \end{pmatrix}$$

ist eine (7,3;4)-Quasi-Differenzmatrix über der Gruppe $G = \mathbb{Z}_7$; das folgt wieder durch einfaches Nachrechnen. Ebenso ist die Matrix

$$\begin{pmatrix} - & 0 & 0 & 0 & 0 & 0 & 0 & 0 & 0 & 0 & 0 & 0 & 0 & 0 & 0 \\ 0 & - & 0 & 1 & 3 & 2 & 4 & 5 & 6 & 7 & 8 & 9 & 10 & 11 & 12 \\ 0 & 0 & - & 2 & 12 & 10 & 7 & 9 & 5 & 4 & 1 & 11 & 8 & 3 & 6 \\ 0 & 1 & 2 & - & 9 & 5 & 3 & 12 & 7 & 11 & 0 & 4 & 6 & 8 & 10 \\ 0 & 3 & 12 & 9 & - & 6 & 2 & 7 & 11 & 1 & 5 & 10 & 0 & 4 & 8 \end{pmatrix}.$$

eine (13,1;5)-Quasi-Differenzmatrix über $\mathbb{Z}_{13}$.

Zahlreiche weitere Beispiele von (Quasi-)Differenzmatrizen sowie einige weitere Konstruktionen mit Differenzmethoden findet man bei Beth, Jungnickel und Lenz [1999]. Ausführliche Existenzresultate für Differenzmatrizen und orthogonale lateinische Quadrate (bis zur Ordnung 10.000) stehen in den entsprechenden Abschnitten des *CRC handbook of combinatorial designs*, siehe Colbourn und Dinitz [1996], einer extensiven und extrem nützlichen Sammlung von Existenzresultaten (meist in tabellarischer Form) in der Design-Theorie.

6   Widerlegung der Eulerschen Vermutung

Für die vollständige Widerlegung der Eulerschen Vermutung wird folgendes Lemma von Dijen Ray-Chaudhuri von entscheidender Bedeutung sein.

Lemma 6.1. *Seien $k, t, m, u \in \mathbb{N}$ und $u \le t$. Es gebe*

(a) *ein auflösbares orthogonales (k, t)-Array,*

(b) *ein orthogonales (k, m)-Array,*

(c) *ein orthogonales $(k, m + 1)$-Array,*

(d) *ein orthogonales (k, u)-Array.*

Dann gibt es auch ein orthogonales $(k, mt + u)$-Array.

Beweis. Sei K eine k-Menge. Nach Voraussetzung existieren die folgenden orthogonalen Arrays:

(a)   Seien $|S_1| = t$, $|G_1| = t^2$, sowie $O_1 \colon K \times G_1 \to S_1$ ein auflösbares $OA(k, t)$. Ferner sei $G_1 = G_1^1 \cup \cdots \cup G_1^t$ eine disjunkte Zerlegung von G_1 in t Parallelklassen mit $|G_1^1| = \cdots = |G_1^t| = t$. Wir setzen

$$G_1' = G_1^{u+1} \cup \cdots \cup G_1^t,$$

so daß $|G_1'| = (t - u)t$ gilt.

(b)   Seien $|S_2| = m$, $|G_2| = m^2$ und $O_2 \colon K \times G_2 \to S_2$ ein $OA(k, m)$.

(c)   Seien $|S_3| = m+1$, $|G_3| = (m+1)^2$ und $O_3 \colon K \times G_3 \to S_3$ ein $OA(k, m+1)$. Dabei können wir o.B.d.A. $S_3 = S_2 \cup \{\theta\}$ mit einem $\theta \notin S_2$ annehmen, ein $\theta' \in G_3$ wählen und $G_3' = G_3 \setminus \{\theta'\}$ setzen sowie schließlich $O_3(j, \theta') = \theta$ für alle $j \in K$ annehmen. Als Matrix interpretiert, kann man O_3 also so schreiben, daß in der letzten Spalte nur Einträge θ auftreten. Insbesondere gilt $|G_3'| = m^2 + 2m$.

(d)   Seien $S_4 = \{\theta_1, \ldots, \theta_u\}$ mit paarweise verschiedenen $\theta_1, \ldots, \theta_u$, $|G_4| = u^2$ und $O_4 \colon K \times G_4 \to S_4$ ein $OA(k, u)$.

Bei alledem nehmen wir $S_1, S_3, S_1 \times S_2, S_4, G_1, G_2, G_3, G_1 \times G_3, G_4$ als paarweise disjunkt an. Aus all diesen Daten konstruieren wir nun wie folgt ein $OA(k, mt + u)$

mit der Symbolmenge $S = (S_1 \times S_2) \cup S_4$; es gilt dann jedenfalls $|S| = mt + u$. Wir setzen

$$G = (G_1' \times G_2) \cup G_4 \cup \bigcup_{\tau=1}^{u} (G_1^\tau \times G_3').$$

Das liefert $|G| = (t-u)tm^2 + u^2 + ut(m^2 + 2m) = (mt + u)^2$, wie benötigt. Schließlich setzen wir für $j \in K$

$$O(j, g) = \begin{cases} (O_1(j, f), O_2(j, h)) & \text{für } g = (f, h) \in G_1' \times G_2 \\ O_4(j, g) & \text{für } g \in G_4 \\ (O_1(j, f), O_3(j, h)) & \text{für } g = (f, h) \in \bigcup_{\tau=1}^u (G_1^\tau \times G_3') \\ & \text{und } O_3(j, h) \neq \theta \\ \theta_\tau & \text{für } g = (f, h) \in G_1^\tau \times G_3' \\ & \text{und } O_3(j, h) = \theta \ (\tau = 1, \ldots, u) \end{cases}$$

Somit ist O eine Abbildung $K \times G \to S$: Es gilt $(O_1(j, g), O_2(j, h)) \in S_1 \times S_2$, $O_4(j, g) \in S_4$, $(O_1(j, f), O_3(j, h)) \in S_1 \times S_2$, solange $O_3(j, h) \neq \theta$ bleibt; schließlich ist stets $\theta_\tau \in S_4$. Um zu zeigen, daß O ein $OA(k, mt + u)$ ist, müssen wir nun $i, j \in K$ mit $i \neq j$ wählen und überprüfen, daß sämtliche Paare aus $S \times S$ zustandekommen, wenn man $(O(i, g), O(j, g))$ für alle $g \in G$ bildet. Dazu zerlegen wir $S \times S$ als

$$S \times S = [(S_1 \times S_2) \times (S_1 \times S_2)] \cup [(S_1 \times S_2) \times S_4]$$
$$\cup [S_4 \times (S_1 \times S_2)] \cup [S_4 \times S_4]$$

und unterscheiden entsprechend vier Fälle.

Sei zunächst $((s_1, s_2), (s_1', s_2')) \in (S_1 \times S_2) \times (S_1 \times S_2)$ gegeben. Wir bestimmen $f \in G_1$ und $h \in G_2$ derart, daß $O_1(i, f) = s_1$, $O_1(j, f) = s_1'$, $O_2(i, h) = s_2$ und $O_2(j, h) = s_2'$ gelten. Es ergeben sich zwei Möglichkeiten:

- $f \in G_1'$; dann wählen wir $g = (f, h) \in G_1' \times G_2$ und erhalten wie gewünscht $(O(i, g), O(j, g)) = ((s_1, s_2), (s_1', s_2'))$.

- $f \in G_1^\tau$ mit $\tau \leq u$. Dann ersetzen wir h durch das eindeutig bestimmte $\overline{h} \in G_3'$ mit $O_3(i, \overline{h}) = s_2$ und $O_3(j, \overline{h}) = s_2'$, setzen $g = (f, \overline{h})$ und erhalten $g \in G_1^\tau \times G_3'$ (man beachte $\overline{h} \neq \theta'$ wegen $O_3(i, \theta') = \theta \neq s_2$) sowie $(O(i, g), O(j, g)) = ((s_1, s_2), (s_1', s_2'))$, wie gewünscht.

Als nächstes sei $((s_1, s_2), \theta_\tau) \in (S_1 \times S_2) \times S_4$ gegeben. Wir bestimmen $f \in G_1^\tau$ mit $O_1(i, f) = s_1$ (das geht, weil G_1^τ eine Parallelklasse für O_1 ist) und $h \in G_3$ mit $O_3(i, h) = s_2$, $O_3(j, h) = \theta$. Wegen $O_3(i, \theta') = \theta$ ist $h \neq \theta'$, also $h \in G_3'$.

Wir setzen $g = (f, h)$ und haben dann $g \in G_1^{\tau} \times G_3'$ sowie $(O(i, g), O(j, g)) = ((s_1, s_2), \theta_{\tau})$. Ganz analog argumentiert man auch im Fall $(\theta_{\tau}, (s_1', s_2')) \in S_4 \times (S_1 \times S_2)$.

Schließlich sei $(\theta_{\sigma}, \theta_{\tau}) \in S_4 \times S_4$ gegeben. Hier wählt man $g \in G_4$ mit $O_4(i, g) = \theta_{\sigma}$, $O_4(j, g) = \theta_{\tau}$.

Wir haben nun insgesamt

$$\{(O(i, g), O(j, g)) \mid g \in G\} \subseteq S \times S$$

nachgewiesen; aus Anzahlgründen muß dabei Gleichheit gelten, womit O in der Tat ein orthogonales Array ist. $\qquad\qquad\square$

Korollar 6.2. *Für $m, t, u \in \mathbb{N}$ mit $u \leq t$ gilt*

$$N(mt + u) \geq \min\{N(m), N(m + 1), N(t) - 1, N(u)\}.$$

Beweis. Wir nennen die rechte Seite dieser Ungleichung a. Wegen $N(t) \geq a + 1$ gibt es nach Satz 2.8 ein auflösbares $OA(a + 2, t)$. Ferner existieren orthogonale $(a + 2, m)$-, $(a + 2, m + 1)$- und $(a + 2, u)$-Arrays. Nach Lemma 6.1 gibt es daher auch ein $OA(a + 2, mt + u)$. $\qquad\qquad\square$

Es gibt inzwischen etliche Verallgemeinerungen und Verstärkungen von Lemma 6.1 (und entprechende Korollare, die stärker als 6.2 sind), von denen die Konstruktionen von Wilson [1974a] und Brouwer und van Rees [1982] besonders wichtig sind; das ziemlich komplizierte Resultat von Wilson findet man auch bei Beth, Jungnickel und Lenz [1999, Theorem X.3.1]. Für die Widerlegung der Eulerschen Vermutung reicht jedoch das von uns angegebene, einfachere Lemma von Ray-Chaudhuri bzw. sein Korollar 6.2 aus.

Satz 6.3. *Ist $n \in \mathbb{N} \setminus \{2, 6\}$, so gilt $N(n) \geq 2$, d. h., es gibt mindestens ein Paar von orthogonalen lateinischen Quadraten der Ordnung n.*

Beweis. Aufgrund von Korollar 4.4 und (5.4) sind nur noch die Fälle $n = 2 + 4m \geq 18$ zu erledigen. Für $n \leq 30$, also $n \in \{18, 22, 26, 30\}$, verwenden wir Korollar 6.2 gemäß der folgenden Tabelle; der Leser möge sich dabei davon überzeugen, daß die benötigten Ingredienzen in der Tat existieren.

m	3	3	3	3
t	5	7	7	9
u	3	1	5	3
$n = mt + u$	18	22	26	30

Ab jetzt sei also $n = 4m + 2 \geq 34$. Unter sechs aufeinanderfolgenden ungeraden Zahlen gibt es stets mindestens eine, die durch 3, aber nicht durch 9 teilbar ist, wie sich der Leser als Übung klarmachen möge. Unter den sechs ungeraden Zahlen $n - 1, n - 3, \ldots, n - 11$ sei nun etwa $n - u$ durch 3, aber nicht durch 9 teilbar. Man kann also $n = 3t + u$ mit einem nicht durch 3 teilbaren t und $u \in \{1, 3, 5, 7, 9, 11\}$ schreiben. Da n gerade ist, muß dabei t ungerade sein. Modulo 6 gibt es somit nur die Möglichkeiten

$$t \equiv 1 \mod 6 \quad \text{und} \quad t \equiv 5 \mod 6.$$

Der kleinste Primteiler von t ist also ≥ 5, womit $N(t) \geq 4$, also $N(t) - 1 \geq 3$ gilt. Wegen $n \geq 34$ folgt noch $t > 7$. Hier fallen aber die Möglichkeiten $t = 8, 9, 10$ aus, also ist $t \geq 11 \geq u$. Nun können wir wieder Korollar 6.2 anwenden und sind fertig. □

Chowla, Erdős und Straus [1960] haben gezeigt, daß $N(n) \to \infty$ für $n \to \infty$ gilt; einen Beweis hierfür findet man auch bei Beth, Jungnickel und Lenz [1999, § X.5]. Die beste derzeit bekannte explizite Abschätzung garantiert

$$(6.1) \qquad N(n) \geq n^\alpha \quad \text{mit} \quad \alpha = \frac{1}{14{,}8}$$

für alle hinreichend großen Werte von n; sie stammt von Beth [1983].

Aufgrund dieser Ergebnisse kann man n_r als die größte natürliche Zahl mit $N(n_r) < r$ definieren, für die $N(n) \geq r$ für alle $n > n_r$ gilt. Derzeit kennt man die folgenden oberen Schranken für die n_r, die wir Colbourn und Dinitz [1996] entnommen haben; für $r \leq 6$ sind diese Resultate auch bei Beth, Jungnickel und Lenz [1999] bewiesen.

r	n_r	r	n_r	r	n_r	r	n_r	r	n_r
2	6	3	10	4	22	5	62	6	75
7	780	8	2774	9	3678	10	5804	11	7222
12	7286	13	7288	14	7874	15	8360	30	52502

Abschließend erwähnen wir noch ein Resultat von Chang [1996], der die folgende allgemeine obere Schranke für die Werte n_r bewiesen hat:

$$(6.2) \qquad n_r < 2^{4r+3}(r + 1) \quad \text{für alle } r \geq 2.$$

7   Eine Anwendung: Authentikationscodes

Zum Abschluß dieses Kapitels wollen wir eine Anwendung in der Kryptographie
betrachten, nämlich „Authentikationscodes". Die *Kryptographie* ist diejenige mathematische Disziplin, die sich – im weitesten Sinne – mit Fragen der Datensi-
cherheit beschäftigt; über Jahrhunderte bedeutete dies nichts anderes als die gehei-
me Übertragung von Nachrichten. Populäre Einführungen in die Kryptographie,
die auch im Alltag immer wichtiger wird (Schlagworte: Electronic Banking und
e-Commerce!), und ihre faszinierende Geschichte findet man beispielsweise bei
Bauer [1995], Beutelspacher [1987] und Singh [1999]; unter den mathematischen
Darstellungen seien besonders van Tilborg [2000] und Stinson [2001] empfohlen.
Eine sehr empfehlenswerte Sammlung von Übersichtsartikeln wurde von Simmons
[1992a] herausgegeben; schließlich sei noch Menezes, van Oorschot und Vanstone
[1997] erwähnt, eine anwendungsorientierte, enzyklopädische Übersicht.

Heutzutage stehen für viele Anwendungen – insbesondere in der Wirtschaft
– andere Aspekte als in der klassischen, militärisch orientierten Kryptographie
im Vordergrund: Häufig geht es nicht darum, Daten geheimzuhalten, sondern ihre Authentizität zu garantieren. Der Empfänger einer Nachricht möchte sicher sein
können, daß die übertragenen Daten nicht auf dem Wege vom Absender zu ihm ma-
nipuliert wurden (*Datenintegrität*) und daß der vorgebliche Absender tatsächlich
der Urheber der Nachricht ist (*Datenauthentizität*). Daher hat man zwei mögliche
Angriffe abzuwehren: Ein Angreifer soll weder eigene Daten unter fremdem Namen senden können (*Impersonation*) noch von einem anderen Absender geschickte
Daten unbemerkt manipulieren können (*Substitution*). Zu diesem Zweck hängt der
Absender üblicherweise einen „Authentikator" an die eigentliche Nachricht an, der
von einem nur ihm und dem Empfänger bekannten gemeinsamen „Schlüssel" sowie den zu übermittelnden Daten abhängt; die Integrität der Nachricht und die
Authentizität des Urhebers werden genau dann vom Empfänger akzeptiert, wenn
der Authentikator korrekt ist. Diese Idee läßt sich wie folgt formalisieren:

Definition 7.1. Ein *Authentikationscode* (auch kurz *MAC* – für „message authentication code") ist ein Quadrupel $(\mathcal{S}, \mathcal{A}, \mathcal{K}, \mathcal{E})$, wobei

- $\mathcal{S}$ eine endliche Menge möglicher *Datensätze* („source states")

- $\mathcal{A}$ eine endliche Menge möglicher *Authentikatoren* („authentication tags")

- $\mathcal{K}$ eine endliche Menge möglicher *Schlüssel* („keys")

- $e_K \in \mathcal{E}$ für jedes $K \in \mathcal{K}$ eine *Authentikationsfunktion* („authentication
  rule") $e_K : \mathcal{S} \to \mathcal{A}$

ist. Übermittelt werden dann *Nachrichten* $m = (s, a) \in \mathcal{M} = \mathcal{S} \times \mathcal{A}$, also Datensätze mit einem angehängten Authentikator. Sender und Empfänger müssen

sich im Voraus auf einen gemeinsamen (geheimen) Schlüssel $K \in \mathcal{K}$ einigen; der Empfänger akzeptiert dann die Integrität der erhaltenen Nachricht $m = (s, a)$ und die Authentizität des Absenders, wenn und nur wenn $a = e_K(s)$ gilt. Jeder Schlüssel sollte dabei nur einmal verwendet werden.[2]

Zur Analyse der Qualität eines Authentikationscodes führen wir noch zwei Notationen ein: p_I bezeichne die Wahrscheinlichkeit für einen erfolgreichen Impersonationsangriff und p_S die Wahrscheinlichkeit für eine erfolgreiche Substitutionsattacke. Wir setzen dabei voraus, daß alle Schlüssel mit konstanter Wahrscheinlichkeit $1/k$ gewählt werden, wobei $k = |\mathcal{K}|$ sei; dagegen werden keine Annahmen über die Wahrscheinlichkeitsverteilung der Datensätze gemacht. Im übrigen geht man – wie stets in der Kryptographie – davon aus, daß der Gegner das benützte System kennt, inklusive der Wahrscheinlichkeitsverteilungen (*Kerkhoffsches Prinzip*); nur der verwendete Schlüssel (der ja geheimgehalten wird) sei ihm unbekannt.

Es ist nun klar, daß ein Angreifer mit einer gewissen Wahrscheinlichkeit erfolgreich sein wird. So kann er beispielsweise den verwendeten Schlüssel $K \in \mathcal{K}$ erraten und dann (mit seiner Kenntnis des Systems) zu einem beliebigen Datensatz $s \in \mathcal{S}$ den Authentikator $a = e_K(s)$ berechnen. Der Gegner kann also sicherlich mindestens mit Wahrscheinlichkeit $1/k$ betrügen, da wir ja alle Schlüssel als gleich wahrscheinlich voraussetzen. Wie der folgende fundamentale Satz von Gilbert, MacWilliams und Sloane [1974] zeigt, gibt es allerdings bei vollständiger Kenntnis des Systems noch wesentlich vielversprechendere Angriffsstrategien:

Satz 7.2. *Für jeden Authentikationscode $(\mathcal{S}, \mathcal{A}, \mathcal{K}, \mathcal{E})$ mit k gleich wahrscheinlichen Schlüsseln kann ein Angreifer mindestens mit Wahrscheinlichkeit $1/\sqrt{k}$ betrügen; es gilt also*

$$(7.1) \qquad\qquad \max(p_I, p_S) \geq 1/\sqrt{k}.$$

Beweis. Angenommen, die Erfolgswahrscheinlichkeit $\max(p_I, p_S)$ für einen optimal agierenden Angreifer ist $\leq 1/\sqrt{k}$. Es genügt nachzuweisen, daß unter dieser Voraussetzung Gleichheit gelten muß. Sei nun $m = (s, a) \in \mathcal{M}$; wir bezeichnen mit k_m die Anzahl aller Schlüssel $k \in \mathcal{K}$, unter denen m *gültig* ist, für die also $a = e_K(s)$ gilt. Dann ist die Wahrscheinlichkeit, daß m bei einem Impersonationsangriff (also beim Einspielen durch den Angreifer) akzeptiert wird, offenbar k_m/k. Nach unserer Annahme gilt

$$\frac{k_m}{k} \leq p_I \leq \frac{1}{\sqrt{k}}, \quad \text{also } k_m \leq \sqrt{k}.$$

---

[2] Wir können hier nicht auf die Frage eingehen, wie man gemeinsame Schlüssel erzeugt und austauscht. Dies ist eines der Kernprobleme der Kryptographie; wir verweisen dafür auf die bereits zitierte Literatur, insbesondere Stinson [2001].

Wir zeigen nun, daß die Wahrscheinlichkeit p_S für eine erfolgreiche Substitutions-attacke $\geq 1/\sqrt{k}$ ist, womit wir dann fertig sind. Der Angreifer beobachtet also eine Nachricht $m = (s, a)$ und will sie durch eine eigene Nachricht (zu einem ande-ren Datensatz s') ersetzen. Nach Voraussetzung ist jeder der k_m Schlüssel, unter denen m gültig ist, gleich wahrscheinlich; der Angreifer wählt nun (er hat ja kom-plette Kenntnis über das System)[3] einen dieser Schlüssel, etwa K, und ersetzt m durch $m' = (s', e_K(s'))$. Dann ist m' eine gültige Nachricht, die vom Empfänger mit Wahrscheinlichkeit $k_{m,m'}/k_m$ akzeptiert wird, wobei $k_{m,m'}$ die Anzahl aller Schlüssel bezeichnet, unter denen sowohl m als auch m' gültig ist. Nach Wahl von K ist jedenfalls K ein derartiger Schlüssel, es gilt also $k_{m,m'} \geq 1$. Damit erhalten wir die gewünschte Schranke:

$$p_S \geq \frac{k_{m,m'}}{k_m} \geq \frac{1}{k_m} \geq \frac{1}{\sqrt{k}}.$$

$\square$

Der Beweis von Satz 7.2 zeigt, daß $\max(p_I, p_S) = 1/\sqrt{k}$ genau dann gilt, wenn man stets $k_m = \sqrt{k}$ und $k_{m,m'} = 1$ hat. Damit erhalten wir für derartige Au-thentikationscodes (die man *perfekt* nennt) das folgende Ergebnis; die Einzelheiten seien dem Leser als Übung überlassen.

Korollar 7.3. *Für jeden perfekten Authentikationscode* $(\mathcal{S}, \mathcal{A}, \mathcal{K}, \mathcal{E})$ *mit k gleich wahrscheinlichen Schlüsseln gilt:*

(a) $k = n^2$ *für eine natürliche Zahl n.*

(b) *Jede Nachricht* (s, a) *ist unter genau n Schlüsseln gültig.*

(c) *Es gilt* $|\mathcal{A}| = n$.

(d) *Zu je zwei Nachrichten zu verschiedenen Datensätzen gibt es genau einen Schlüssel, unter dem beide Nachrichten gültig sind.* $\square$

Gibt es überhaupt perfekte Authenticationscodes? Wenn ja, wie findet man sie? Die eher verblüffende Antwort lautet: Mit orthogonalen Arrays! Das ist der Inhalt des folgenden Satzes von Stinson [1990], der in äquivalenter (geometrischer) Form auch von de Soete, Vedder und Walker [1990] bewiesen wurde.

Satz 7.4. *Ein perfekter Authentikationscode* $(\mathcal{S}, \mathcal{A}, \mathcal{K}, \mathcal{E})$ *mit* n^2 *Schlüsseln und r Datensätzen existiert genau dann, wenn es ein orthogonales Array OA(r, n) gibt.*

---

[3] Man beachte, daß wir damit dem Angreifer unbegrenzte Rechenleistung zugestehen, womit der Satz besonders aussagekräftig ist. Sehr häufig muß man sich in der Kryptographie leider damit ab-finden, Systeme einzusetzen, die nach dem Stand der Technik zwar nicht in akzeptabler Rechenzeit gebrochen werden können, wo man aber keine theoretischen Aussagen über ihre Sicherheit beweisen kann („computational security").

Beweis. Sei zunächst ein perfekter Authentikationscode $(\mathcal{S}, \mathcal{A}, \mathcal{K}, \mathcal{E})$ mit n^2 Schlüsseln und r Datensätzen gegeben. Wir definieren nun die *Authentikationsmatrix*

$$A = (A(s, K))_{s \in \mathcal{S}, \, K \in \mathcal{K}} = (e_K(s))_{s \in \mathcal{S}, \, K \in \mathcal{K}}$$

und zeigen, daß $A : \mathcal{S} \times \mathcal{K} \to \mathcal{A}$ ein $OA(r, n)$ ist; dabei sind die Parameter klar. Die definierende Eigenschaft eines orthogonalen Arrays folgt direkt aus Eigenschaft (d) in Korollar 7.3: Zwei verschiedene Zeilen von A entsprechen zwei verschiedenen Datensätzen s und s'; sind nun (s, a) und (s', a') zwei beliebige zugehörige Nachrichten, so gibt es genau einen Schlüssel K mit $a = e_K(s)$ und $a' = e_K(s')$, also genau eine Spalte $K \in \mathcal{K}$ mit $A(s, K) = a$ und $A(s', K) = a'$.

Umgekehrt sei $A : \mathcal{S} \times \mathcal{K} \to \mathcal{A}$ ein $OA(r, n)$. Man definiert dann einen Authentikationscode $(\mathcal{S}, \mathcal{A}, \mathcal{K}, \mathcal{E})$ durch $e_K(s) = A(s, K)$ für $k \in \mathcal{K}$ und $s \in \mathcal{S}$. Die definierende Eigenschaft eines orthogonalen Arrays übersetzt sich dann – in der Notation des Beweises von Satz 7.2 – in $k_{m,m'} = 1$ für je zwei Nachrichten m, m' zu verschiedenen Datensätzen. Da in jeder Zeile des $OA(r, n)$ jedes Symbol $a \in \mathcal{A}$ genau n-mal vorkommt, gilt auch $k_m = n = \sqrt{k}$ für jede Nachricht m, womit wir $p_I = p_S = \sqrt{k}$ im Beweis von Satz 7.2 erhalten und unseren Authentikationscode als perfekt erkannt haben. $\square$

Aufgrund der Sätze 2.5 und 2.8 kann man mit einem perfekten Authentikationscode mit n^2 Schlüsseln und n Authentikatoren maximal $r = n + 1$ Datensätze authentifizieren; für Primzahlpotenzen n wird diese Schranke nach Satz 5.4 auch angenommen. Trotzdem stellt sich natürlich die Frage, was man für den Fall $r > n+1$ erreichen kann. Dazu werden wir $n = |\mathcal{A}|$ fixieren, $r = |\mathcal{S}|$ beliebig zulassen und versuchen, die Erfolgswahrscheinlichkeit für einen Angriff zu minimieren. Man erhält dann einen Zusammenhang zu den am Ende von § 2 erwähnten orthogonalen Arrays mit Index λ, wie der folgende Satz von Stinson [1992a] zeigt; für den recht komplizierten Beweis verweisen wir auf die Originalarbeit oder auf Stinson [2001].

Satz 7.5. *Sei $(\mathcal{S}, \mathcal{A}, \mathcal{K}, \mathcal{E})$ ein Authentikationscode mit $|\mathcal{A}| = n$ und $|\mathcal{S}| = r$. Dann gilt:*

$$(7.2) \qquad\qquad p_I \geq 1/n \quad und \quad p_S \geq 1/n;$$

falls in (7.2) Gleichheit vorliegt, hat man

$$(7.3) \qquad\qquad k = |\mathcal{K}| \geq r(n - 1) + 1.$$

Ein Authentikationscode mit Gleichheit in (7.2) und (7.3) existiert genau dann, wenn es ein $OA_\lambda(r, n)$ mit $\lambda = [r(n - 1) + 1]/n^2$ gibt; in diesem Fall sind die

Schlüssel notwendigerweise gleichverteilt mit Wahrscheinlichkeit

$$(7.4) \qquad\qquad p(K) = \frac{1}{k} = \frac{1}{r(n-1)+1} = \frac{1}{n^2\lambda},$$

weswegen dann insbesondere $k = n^2\lambda$ gilt.   □

Ein Satz von Plackett und Burman [1945] besagt, daß ein $OA_\lambda(r,n)$ nur für $r \le (n^2\lambda - 1)/(n-1)$ existieren kann; „optimale" Authentikationscodes gibt es also genau dann, wenn diese Schranke angenommen wird. Wie im Fall $\lambda = 1$ ist dies jedenfalls immer dann der Fall, wenn n eine Primzahlpotenz und λ eine Potenz von n ist. Beweise für diese Aussagen findet man in geometrischer Sprache (für die zu orthogonalen Arrays äquivalenten „Netze" bzw. „affinen 1-Designs") auch bei Beth, Jungnickel und Lenz [1999], siehe Theorem II.8.8 und Examples II.8.9.

IV Der Satz vom Diktator

Der Satz vom Diktator, auch *Arrowsches Paradoxon* genannt, stammt aus der Theorie der sozialen (z.B. ökonomischen) Entscheidungen. Diese Theorie ist kombinatorischer Natur und hat eine lange Tradition, die bis in die Zeit der Aufklärung zurückreicht (vgl. Black [1958]). Einen ersten Einblick in die typische Problematik dieser Untersuchungen vermittelt die Situation, die entsteht, wenn ein Komitee, das um einen runden Tisch arrangiert ist, einen Vorsitzenden wählen soll und jeder für seinen linken Nebenmann stimmt.

Kenneth Joseph Arrow (geboren 1921, Nobelpreis für Ökonomie 1972) publizierte sein Paradoxon zuerst 1950. Seither ist eine umfangreiche Literatur zu diesem Thema entstanden; vgl. die zusammenfassenden Darstellungen von Arrow [1951], Kelly [1978], Pattanaik [1978], Peleg [1984], Sen [1970,1986], Saari [1994,1995,2001].

Der Satz vom Diktator befaßt sich mit Situationen, für die folgendes Beispiel typisch ist: In einem Omnibus sitzen n Personen; m Städte sollen nacheinander besucht werden; die Frage ist, in welcher Reihenfolge dies geschehen soll. Der Omnibusbesitzer hat eine Elektronik einbauen lassen, in die jeder Fahrgast seine liebste Reihenfolge einfüttern kann; der Apparat liefert dann die de facto einzuhaltende Reihenfolge, der sich alle zu fügen haben. Fahrgast Meier kennt das Arrowsche Paradoxon und sagt zum Besitzer: Wenn Ihr Computer – einerlei wie er im Detail gebaut ist – gewissen allgemeinen Bedingungen genügt, kann er auch nicht mehr liefern als die Reihenfolge, für die sich Fahrgast Nr. 21 (etwa) entschieden hat; Sie hätten sich die teure Anschaffung sparen können; machen Sie Fahrgast 21 zum Diktator, das ist das ganze Geheimnis.

1 Problemstellung

Abstrakt gesprochen hat man eine Menge P von $n \geq 1$ Elementen („Personen") und eine Menge A von $m \geq 1$ Elementen („Alternativen"). Die Elemente der Menge perm(A) aller Totalordnungen in A oder Permutationen von A werden als geordnete m-Tupel über A aufgefaßt und in der Sprache der mathematischen Ökonomie als *Präferenzordnungen* (in A) bezeichnet. Eine Präferenzordnung legt fest, welche Alternative welchen anderen vorgezogen wird. Dabei gilt bekanntlich $|\operatorname{perm}(A)| = m!$ (Korollar 2.4). Eine Abbildung

$$M: P \to \operatorname{perm}(A)$$

bedeutet, daß jede Person ihre Präferenzordnung in A kundgetan hat, und wird als ein *Meinungsmuster* bezeichnet. Die Menge $\operatorname{perm}(A)^P$ aller Meinungsmuster hat dann $(m!)^n$ Elemente, siehe Satz 2.2. Im minimalen interessanten Fall $n = 2$, $m = 2$ („ein Ehepaar vor zwei Alternativen") sind das 4, im nächstkomplizierten Fall $n = 2, m = 3$ („ein Ehepaar vor drei Alternativen") gibt es bereits 36 Meinungsmuster. Es geht nun darum, aus jedem Meinungsmuster auf möglichst vernünftige Weise eine einzige Präferenzordnung herauszudestillieren, d. h. „vernünftige" Abbildungen $d\colon \operatorname{perm}(A)^P \to \operatorname{perm}(A)$ zu konstruieren.

Die folgende Definition sagt, was in der Arrowschen Theorie als vernünftig gilt; dazu werden zwei Forderungen aufgestellt, die in der Tat intuitiv als vernünftig erscheinen, die „Einstimmigkeitsregel" und die „Unabhängigkeitsregel". Man kann sich den Inhalt dieser beiden Regeln anschaulich an den beiden angegebenen Bildern klarmachen, in denen Meinungsmuster als Tafeln dargestellt sind, mit den Präferenzordnungen der Personen als Spalten.

Definition 1.1. Seien $|P| = n \geq 1, |A| = m \geq 1$. Eine Abbildung

$$d\colon \operatorname{perm}(A)^P \to \operatorname{perm}(A)$$

heißt eine *soziale Entscheidungsfunktion* (SEF), wenn gilt:

(a) Ist $M \in \operatorname{perm}(A)^P$, $M = (M_p)_{p \in P}$, sind ferner a, b zwei verschiedene Alternativen, und wird Alternative a der Alternative b bei allen Präferenzordnungen M_p ($p \in P$) vorgezogen, so gilt dies auch bei der Präferenzordnung $d(M)$ (*Einstimmigkeitsregel*).

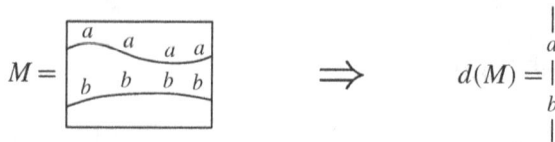

(b) Sind $M, M' \in \operatorname{perm}(A)^P, a, b \in A, a \neq b$ und ist die Menge der Personen, die a über b stellen, bei M und M' dieselbe, so steht a genau dann bei $d(M)$ über b, wenn dies bei $d(M')$ der Fall ist (*Unabhängigkeitsregel*).

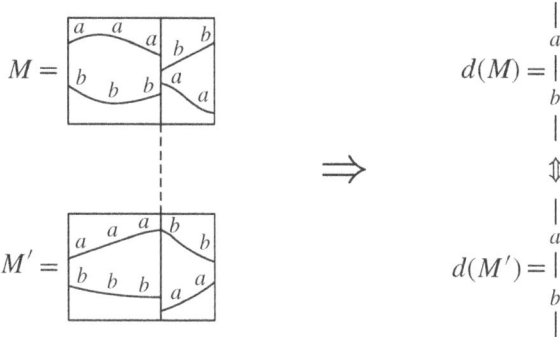

Beispiel 1.2. Seien P, A, $\mathrm{perm}(A)^P$ wie vorhin. Sei $p_0 \in P$. Dann ist durch

$$d_{p_0}: M = (M_p)_{p \in P} \to M_{p_0} \quad (M \in \mathrm{perm}(A)^P)$$

eine SEF gegeben; sie heißt „Person p_0 ist Diktator". Daß d_{p_0} in der Tat eine SEF ist, ist offensichtlich:

(a) Einstimmigkeitsregel: Wenn alle Personen über $a, b \in A$ einer Meinung sind, sind sie insbesondere mit Person p_0 einer Meinung.

(b) Unabhängigkeitsregel: Wenn beim Übergang von M zu M' keine Person ihre Meinung über a, b ändert, ändert auch der Diktator p_0 seine Meinung nicht.

Arrows Ergebnis besagt nun einfach, daß diese Beispiele im Falle $n \geq 2, m \geq 3$ erschöpfend sind. Andere Beispiele gibt es dann nicht, die einzige „vernünftige" Form der Entscheidungsfindung ist also die Einführung einer Diktatur!

Satz 1.3 (Arrowsches Paradoxon, Diktator-Theorem). *Sei $|P| = n \geq 2, |A| = m \geq 3$ und d: $\mathrm{perm}(A)^P \to \mathrm{perm}(A)$ eine SEF. Dann gibt es genau einen Diktator, d. h. eine Person $p_0 \in P$ derart, daß $d = d_{p_0}$ gilt.*

Man sagt auch kurz: jede SEF ist diktatorisch. Wir werden aber später noch sehen, daß die Mathematik damit keineswegs das Todesurteil über die Demokratie gefällt hat.

2   Mächtige Familien

Unser Beweis des Diktator-Theorems benützt den Begriff der „mächtigen Familie". Dazu benötigen wir zunächst eine vorbereitende Definition.

Definition 2.1. Seien $|P| = n \geq 2$, $|A| = m \geq 3$, $(a,b) \in A \times A$ und $d :$ $\mathrm{perm}(A)^P \to \mathrm{perm}(A)$ eine SEF. Man sagt, die Teilmenge $C \subseteq P$ sei für d bei (a,b) *stark*, wenn folgende Bedingung gilt:

(∗) Ziehen bei einem $M \in \mathrm{perm}(A)^P$ alle $p \in C$ das a dem b und alle $p \in P \setminus C$ das b dem a vor, so wird a dem b bei $d(M)$ vorgezogen.

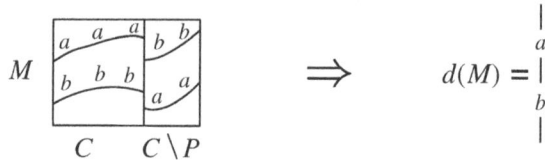

$$
M \quad
\begin{array}{|cc|cc|}
\hline
a & a\,a & b & b \\
b & b\,b & & a \\
& & a & \\
\hline
\end{array}
\qquad \Longrightarrow \qquad
d(M) =
\begin{array}{c}
| \\
a \\
| \\
b \\
|
\end{array}
$$
$$
C \qquad C \setminus P
$$

Man beachte, daß diese Definition nur sinnvoll ist, weil d die Unabhängigkeitsregel erfüllt, und daß es auf die Reihenfolge von a und b ankommt.

Lemma 2.2. *Sei $|P| = n \geq 2$, $|A| = m \geq 3$ und $d\colon \mathrm{perm}(A)^P \to \mathrm{perm}(A)$ eine SEF, sowie $C \subseteq P$. Wenn dann C bei einem Paar $(a,b) \in A \times A$ für d stark ist, ist C sogar bei jedem Paar in $A \times A$ für d stark.*

Beweis. Seien $a, b, c \in A$ paarweise verschieden; das geht wegen $m \geq 3$. Wir behaupten zunächst, daß C dann auch für das Paar $(a,c) \in A \times A$ stark ist. Dazu sei also ein $M \in \mathrm{perm}(A)$ gegeben, bei dem alle $p \in C$ das a dem c und alle $p \in P \setminus C$ das c dem a vorziehen; zu zeigen ist, daß a dem c bei $d(M)$ vorgezogen wird. Da uns nur die relative Anordnung von a und c bei d interessiert, können wir aufgrund der Unabhängigkeitsregel o.B.d.A. annehmen, daß alle eventuellen weiteren Alternativen bei allen Personen in M unterhalb der Alternativen a, b, c stehen und daß die Alternative b für jede Person in C zwischen a und c und für jede andere Person über c und a steht. M hat also o.B.d.A. die folgende Bauart, wobei wir uns einer Veranschaulichung für Meinungsmuster $M \in \mathrm{perm}(A)^P$ bedienen, die sicher unmittelbar einleuchtet:

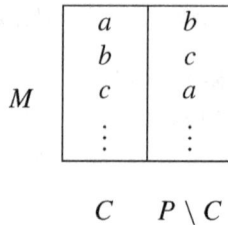

$$
M \quad
\begin{array}{|cc|}
\hline
a & b \\
b & c \\
c & a \\
\vdots & \vdots \\
\hline
\end{array}
$$
$$
C \qquad P \setminus C
$$

Was kann man nun über $d(M)$ sagen? Die Einstimmigkeitsregel liefert „b über c". Weil C bei (a,b) stark ist, gilt auch „a über b". Damit haben wir aber bereits „a über c" nachgewiesen.

Ganz analog zeigt man nun, daß C für d auch bei (c, b) stark ist. Wir haben damit folgende Austausch-Aussage bewiesen: Die Menge

$$S = \{(x, y) \mid x, y \in A, \ C \text{ ist stark für } d \text{ bei } (x, y)\}$$

erfüllt

$$(x, y) \in S, \ x \neq z \neq y \implies (x, z), (z, y) \in S.$$

Da es in A mindestens drei verschiedene Elemente gibt, kann man nun durch Komponentenaustausch von jedem Paar in $A \times A$ zu jedem anderen gelangen (Beispiel: $(x, y) \to (z, y) \to (z, x) \to (y, x)$), so daß in der Tat $S = A \times A$ folgt. $\qquad\square$

Wegen Lemma 2.2 ist folgende Definition sinnvoll:

Definition 2.3. Seien $|P| = n \geq 2$, $|A| = m \geq 3$; $d: \mathrm{perm}(A)^P \to \mathrm{perm}(A)$ eine SEF. Eine Teilmenge C von P heißt eine *mächtige Familie* für d, wenn C für alle Paare $(a, b) \in A \times A$ stark ist, also die Bedingung $(*)$ stets erfüllt ist.

Wir erinnern nun an einen aus der Topologie vertrauten Begriff:

Definition 2.4. Seien $P \neq \emptyset$ und $\mathcal{F}$ eine Menge von nichtleeren Teilmengen von P. Es gelte

(1) $C \in \mathcal{F}$, $C \subseteq D \subseteq P$ $\Rightarrow$ $D \in \mathcal{F}$;

(2) $C, D \in \mathcal{F}$ $\Rightarrow$ $C \cap D \in \mathcal{F}$.

Dann heißt $\mathcal{F}$ ein *Filter* in P. Gilt außerdem

(3) $C \subseteq P$ $\Rightarrow$ $C \in \mathcal{F}$ oder $P \setminus C \in \mathcal{F}$,

so heißt der Filter $\mathcal{F}$ ein *Ultrafilter*.

Ebenfalls bekannt sollte folgender Satz sein:

Satz 2.5. *Ist P eine nichtleere endliche Menge, so gibt es zu jedem Ultrafilter $\mathcal{F}$ in P genau ein $p_0 \in P$ mit*

$$\mathcal{F} = \{C \mid p_0 \in C \subseteq P\}.$$

Beweis. Sei $\mathcal{F}$ ein Ultrafilter in P. Da P endlich ist, ist auch $\mathcal{F}$ endlich. Wendet man die obige Bedingung (2) wiederholt an, so folgt, daß die Menge

$$C_0 = \bigcap_{C \in \mathcal{F}} C$$

zu $\mathcal{F}$ gehört und somit insbesondere nicht leer ist. Angenommen, C_0 enthält zwei verschiedene Elemente $p, q \in P$. Dann bilde man $C = \{p\}$. Nach (3) ist entweder $C \in \mathcal{F}$, woraus $C_0 = \{p\}$ folgt, oder $P \setminus C \in \mathcal{F}$, woraus $p \notin C_0$ folgt; in jedem Falle ergibt sich ein Widerspruch. Die Menge C_0 besteht also aus genau einem Element von P.   □

Man sieht nun unmittelbar ein, daß der folgende Satz den Beweis des Diktator-Theorems vollendet.

Satz 2.6. *Seien* $|P| = n \geq 2$, $|A| = m \geq 3$; $d : \mathrm{perm}(A)^P \to \mathrm{perm}(A)$ *eine SEF. Dann bildet das System $\mathcal{F}$ aller für d mächtigen Familien einen Ultrafilter in P.*

Beweis. Wir zeigen zuerst, daß die leere Menge keine mächtige Familie bildet. Dazu wählen wir zwei verschiedene Alternativen $a, b \in A$ beliebig und bilden ein Meinungsmuster M, bei dem alle $p \in P = P \setminus \emptyset$ das b über a stellen. Aufgrund der Einstimmigkeitsregel steht dann auch in $d(M)$ das b über a, also kann $\emptyset$ nicht stark bei (a, b) sein.

Für den Nachweis der Bedingung (1) für einen Ultrafilter sei C eine mächtige Familie sowie $D \subseteq P$ eine Obermenge von C. Um auch D als mächtig zu erkennen, reicht es nach Lemma 2.2, ein beliebiges Paar $(a, c) \in A \times A$ als stark für d nachzuweisen. Dazu müssen wir ein Meinungsmuster $M \in \mathrm{perm}(A)$ betrachten, bei dem alle $p \in D$ das a dem c und alle $p \in P \setminus D$ das c dem a vorziehen; zu zeigen ist, daß a dem c in $d(M)$ vorgezogen wird. Wir wählen nun ein von a und c verschiedenes Element b. Aufgrund der Unabhängigkeitsregel kann man dann o.B.d.A. annehmen, daß M wie in der folgenden unmittelbar verständlichen Abbildung aussieht; dies folgt ähnlich wie im Beweis von Lemma 2.2.

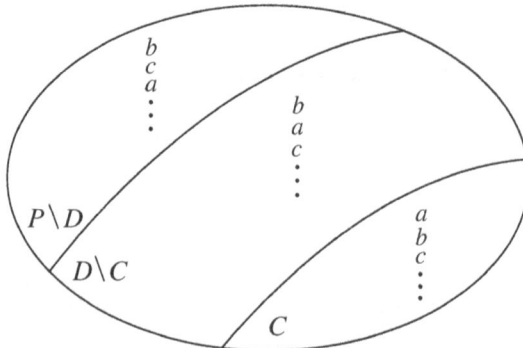

Weil C mächtig ist, steht in $d(M)$ das a über b. Nach der Einstimmigkeitsregel steht in $d(M)$ das b über c. Also steht in $d(M)$ auch a über c, wie zu zeigen war.

Zum Nachweis der Bedingung (2) seien nun $C, D \in \mathcal{F}$. Ähnlich wie zuvor reduziert man die Behauptung auf die Betrachtung eines der folgenden Abbildung entsprechenden Meinungsmusters M:

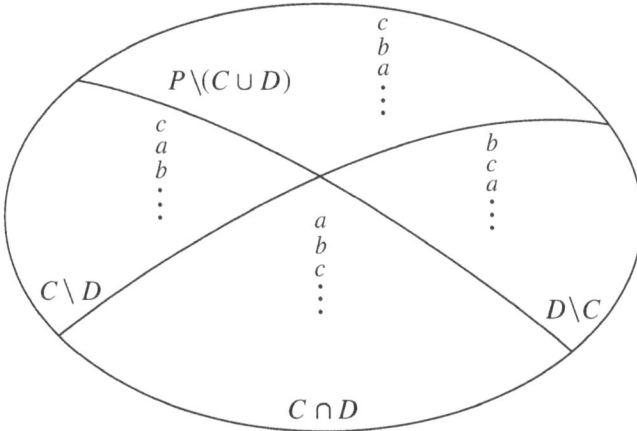

Weil C bei (a, b) stark ist, steht in $d(M)$ das a über b. Weil D bei (b, c) stark ist, steht in $d(M)$ das b über c. Also steht in $d(M)$ auch a über c. Dies zeigt wieder, daß $C \cap D$ bei (a, c) stark für d und daher nach Lemma 2.2 eine mächtige Familie ist. Somit gilt in der Tat $C \cap D \in \mathcal{F}$.

Es bleibt noch zu zeigen, daß $\mathcal{F}$ Bedingung (3) erfüllt. Sei dazu $C \subseteq P$. Diesmal reduziert man die Behauptung auf die Betrachtung eines Meinungsmusters M der folgenden Art:

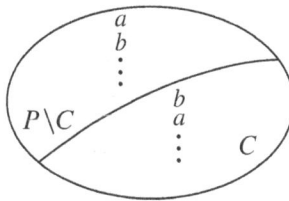

Steht in $d(M)$ das a über b, so ist $P \setminus C$ stark bei (a, b), also $P \setminus C \in \mathcal{F}$. Steht in $d(M)$ das b über a, so ist C stark bei (b, a), also $C \in \mathcal{F}$. □

3 Auswege

Das nunmehr voll bewiesene Diktator-Theorem scheint zunächst geeignet, jeden Demokraten zur Verzweiflung zu bringen. Selbst im Minimalfall $n = 2, m = 3$ („ein Ehepaar vor drei Alternativen") scheint die Diktatur unvermeidlich.

Man sollte sich aber zunächst vor Augen führen, daß sämtliche Fälle mit $m = 2$ Alternativen („Ja-Nein-Situationen") *nicht* unter das Arrowsche Paradoxon fallen. In der Tat hat man hier bewährte diktatorfreie Entscheidungsmechanismen: Mehrheitsentscheidung mit Stichentscheid durch einen Vorsitzenden. Ist $n \geq 3$, so ist der Vorsitzende überstimmbar, also kein Diktator. Die praktische Demokratie lebt in der Tat von Ja-Nein-Entscheidungen.

Übung 3.1. Man gebe eine formale Beschreibung der oben skizzierten Mehrheitsentscheidung mit Stichentscheid und verifiziere, daß die Regeln aus Definition 1.1 in der Tat erfüllt sind. Woran liegt es, daß für $|A| = 2$ nicht-diktatorische SEF's existieren? Man beschreibe für diesen Fall alle möglichen SEF's und bestimme ihre Anzahl in Abhängigkeit von $|P|$. Die meisten dieser Funktionen sind allerdings intuitiv nicht „vernünftig"; man überlege sich eine Zusatzforderung, die man hier stellen sollte, und vergleiche mit dem Fall $|A| \geq 3$.

Man kann aber auch versuchen, den Diktator-Satz innerhalb seiner Domäne $n \geq 2$, $m \geq 3$ anzugreifen. Natürlich bleibt der Satz richtig, denn wir haben ihn ja bewiesen. Aber es könnte doch sein, daß es intuitiv vernünftige Abbildungen perm$(A)^P \to$ perm(A) gibt, die eben nicht den Arrowschen Voraussetzungen genügen und diktatorfrei sind. Bei der Suche nach solchen Abbildungen – man beschränkte sich bald auf den Fall perm$(A)^P \to A$ (nur die höchste soziale Präferenz wird ermittelt) – erlebte man zunächst eine Enttäuschung: Es kam nochmals ein Diktator-Satz heraus, das sogenannte Gibbard-Satterthwaite-Theorem (Gibbard [1972], Satterthwaite [1975]). 1978 publizierte jedoch der Jerusalemer Mathematiker Peleg ein Entscheidungsverfahren, dessen Quintessenz man etwa so beschreiben kann: Wenn alle Personen sich damit abfinden, zwar nicht ihre Wünsche erfüllt zu sehen, aber doch keine zu herben Enttäuschungen zu erleben, dann kann man diktatorfrei entscheiden; siehe Peleg [1978].

Ein besonders interessanter Ansatz für einen Ausweg besteht in einer Abschwächung der Unabhängigkeitsregel, wobei die resultierende SEF nun nicht nur die relative Anordnung zweier Alternativen in den individuellen Präferenzordnungen aller beteiligten Personen, sondern auch jeweils die Zahl der Alternativen zwischen den beiden gegebenen Alternativen berücksichtigt („intensity of irrelevant alternatives"). Ein Verfahren, das dem Rechnung trägt, ist das Verfahren von Borda [1781] („Borda count"), bei dem der j-ten Alternative auf der Präferenzliste jeder Person jeweils $n - j$ Punkte gutgeschrieben und dann die Alternativen gemäß ihrer Gesamtpunktzahl angeordnet werden.[1] Man mache sich klar, daß bei diesem

---

[1] Interessanterweise ist das Borda-Verfahren bereits viel früher eingeführt worden, nämlich von dem berühmten Philosophen und Theologen Nikolaus von Kues (1401–1464). Fast zwei Jahrhunderte vorher wurden bereits in drei Schriften des katalanischen Philosophen Ramon Llull (1232–1316) Wahlverfahren vorgeschlagen, die auf paarweisen Vergleichen der Kandidaten beruhen. Näheres zu diesem

Vorgehen die Einstimmigkeitsregel weiterhin gilt. Darüberhinaus hat das Borda-Verfahren weitere interessante Eigenschaften; wenn beispielsweise alle Personen ihre Präferenz hinsichtlich zweier gegebener Alternativen ändern, so dreht sich die Reihenfolge dieser Alternativen auch in der entstehenden SEF um. Wir verzichten hier auf weitere Details und verweisen auf die Aufsätze und Bücher von Saari [1994,1995,1998,1999,2000a,2000b], der die Theorie der sozialen Entscheidungsfunktionen und die Analyse von Paradoxien bei Wahlverfahren entscheidend vorangebracht hat.

Zusammenfassende Darstellungen des hier angerissenen Problemkreises geben Kelly [1978], Pattanaik [1978], Peleg [1984], Sen [1970,1986], Saari [1994,1995, 2001]. Über die Vorgeschichte seit ca. 1800 informiert Black [1958]. Der Ultrafilter-Gesichtspunkt durchzieht einen Großteil der Literatur seit Arrow [1951] und wurde von Kirman und Sondermann [1971] besonders klar herausgearbeitet. In der neueren Literatur spielen vor allem auch geometrische Methoden eine wesentliche Rolle, insbesondere bei Saari. Eine Sammlung interessanter Übersichtsartikel zu unserem und verwandten Problemen findet man im dem von Young [1985] herausgegebenen Band „Fair Allocation".

Themenkreis findet man in den Aufsätzen von Hägele und Pukelsheim [2001] sowie von Pukelsheim [2002,2003].

V Fastperiodische 0-1-Folgen

In diesem Kapitel betrachten wir eine Klasse von 0-1-Folgen, die in der Theorie der topologischen Dynamik auftreten (siehe etwa Gottschalk und Hedlund [1955]), nämlich die sogenannten fastperiodischen Folgen. Das Standardbeispiel hierfür ist die berühmte, wohl von Axel Thue (1863 – 1922) zuerst gebildete Folge, siehe Thue [1906], die später von Marston Morse (1892 – 1977) wiederentdeckt wurde, siehe Morse [1921], und heutzutage meist als Morse-Thue-Folge (manchmal auch nur als Morse-Folge) bezeichnet wird. Diese Folge wird denn auch im Mittelpunkt unserer Überlegungen stehen.

1 Die Morse-Thue-Folge

Die *Morse-Thue-Folge* ist eine Folge von Symbolen 0, 1, also eine Abbildung $\mathbb{N} \to \{0, 1\}$, oder, wenn man will, eine *Färbung* von $\mathbb{N}$ mit den beiden Farben 0 und 1. In kommafreier Schreibweise lautet sie

$$x = 0110100110010110\ldots$$

Das dabei befolgte Bildungsgesetz läßt sich folgendermaßen beschreiben: Als das *Gegenteil* von 0 sehe man 1 an, als das Gegenteil von 1 das Symbol 0; das Gegenteil $\overline{B}$ einer endlichen 0-1-Folge B (eines sogenannten 0-1-*Blocks*) entsteht, wenn man in ihm jedes Symbol durch sein Gegenteil ersetzt. Man schreibe nun zunächst 0 hin, dann daneben das Gegenteil 1, dann daneben das Gegenteil 10 des Blocks 01, den man schon hat, dann daneben das Gegenteil des soeben entstandenen 0-1-Blocks 0110 usw. Damit ist die Morse-Thue-Folge rekursiv als unendliche 0-1-Folge definiert (vgl. auch Keane [1968] und Jacobs [1969]).

Übung 1.1. Man weise nach, daß das n-te Glied x_n einer Morse-Thue-Folge $x = (x_0, x_1, \ldots)$ explizit auch wie folgt definiert werden kann. Es sei α_n die Anzahl der Ziffern 1 in der Binärdarstellung der natürlichen Zahl n; dann ist x_n durch die Parität von α_n gegeben:

$$x_n \equiv \alpha_n \mod 2.$$

Die Morse-Thue-Folge besitzt bemerkenswerte innere Symmetrien. Als Beispiel geben wir die folgende Symmetrie-Eigenschaft an, die uns bald sehr nützen wird.

Beispiel 1.2. Nach Definition läßt sich die Morse-Thue-Folge als Folge von Zweierblöcken 01 und 10 schreiben. Ersetzt man dann 01 durch 0 und 10 durch 1, so entsteht wieder die Morse-Thue-Folge, wie sich unmittelbar aus der rekursiven Definition der Folge ergibt. Man kann das so hinschreiben:

$$x = 01|10|10|01|10|01|01|10| \ldots$$
$$\ 0 \quad 1 \quad 1 \quad 0 \quad 1 \quad 0 \quad 0 \quad 1 \ldots = x.$$

Dagegen ist die Morse-Thue-Folge nicht periodisch, wie der folgende, stärkere Satz von Hedlund und Morse [1944] zeigt.

Satz 1.3. *Ist* $B = b_1 \ldots b_r$ *ein 0-1-Block, so kommt der Block* BBb_1 *in der Morse-Thue-Folge* $x = x_0x_1 \ldots$ *nirgends vor; es gibt also keinen Index n mit* $x_n = b_1, \ldots, x_{n+r-1} = b_r, x_{n+r} = b_1, \ldots, x_{n+2r-1} = b_r, x_{n+2r} = b_1$.

Beweis. Wir führen den Beweis zunächst im Falle einer ungeraden Blocklänge r und beginnen mit $r = 1$. Ist $b_1 = 0$, so ist $BBb_1 = b_1b_1b_1 = 000$. Da x aus Blöcken 01 und 10 aufgebaut ist, kommt 000 in x nicht vor. Analog erledigt man den Fall $b_1 = 1$.

Sei nun $r \geq 3$ ungerade. Jetzt hat BBb_1 eine Länge ≥ 7. Kommt BBb_1 in x vor, so enthält BBb_1 einen der Blöcke 0110, 1001, aus denen sich x ja offensichtlich zusammensetzt. Im ersteren Fall enthält BBb_1 den Zweierblock 11; kommt 11 bereits in B vor, so muß 11 zweimal, mit ungerader Differenz der Anfangsstellen, vorkommen. Dasselbe müßte dann bei x der Fall sein. Dies geht nicht, weil x sich aus Blöcken 01 und 10 aufbaut. Dasselbe Argument greift, wenn 11 zwar nicht in B, aber an der Nahtstelle von BB auftritt: $b_r = 1 = b_1$. Analog führt man das Auftreten von 1001 in BBb_1 zum Widerspruch.

Nun erledigen wir den Fall, daß r gerade ist, und zwar durch Induktion über $r = 2, 4, 6, \ldots$

$r = 2$. Die Fälle $B = 00$ und $B = 11$ kommen nicht in Frage, da x weder 000 noch 111 enthält. Sei nun $B = 01$, also $BBb_1 = 01010$, d. h. irgendwo in x kommt 01010 vor. Wird dieser Block bei seinem Auftreten in x von der Zweierblock-Zerschneidung

$$x = 01|10|10|01||10|01|01|10| \ldots$$

so getroffen: 0|10|10|, so hat man links 1 zu ergänzen, womit in x der Block |10|10|10| und somit nach Beispiel 1.2 der Dreierblock 111 vorkommt, was nicht geht. Sieht die Zweierblock-Zerschneidung dagegen so aus: |01|01|0, so hat man rechts mit 1 fortzufahren, kommt auf 000 in x und erhält abermals einen Widerspruch. Der verbleibende Fall $B = 10$ wird analog behandelt.

$r \geq 4$. Wir nehmen an, daß alle Fälle mit Blocklängen $\geq r - 2$ von B bereits erledigt seien, und unterscheiden zwei Fälle, je nachdem, wie BBb_1 bei seinem Auftreten in x von der Zweierblock-Zerschneidung von x getroffen wird.

Fall I. BBb_1 wird in der Form

$$b_1 b_2 | \ldots | b_{r-1} b_r | b_1 b_2 | \ldots | b_{r-1} b_r | b_1$$

getroffen. Dann hat man im Falle $b_1 = 0$ rechts mit 1 in x fortzufahren, womit sich $b_2 = 1$ ergibt; also enthält x das Teilstück

$$01 | \ldots | b_{r-1} b_r | 01 | \ldots | b_{r-1} b_r | 01 |.$$

Nach Ersetzung von 01 durch 0 und von 10 durch 1 findet man in x einen Block $a_1 \ldots a_s a_1 \ldots a_s a_1$ mit $a_1 = 1$ und $s = \frac{r}{2}$. Ist s ungerade, so ergibt sich ein Widerspruch zum ersten Teil des Beweises; und ist s gerade, so ergibt sich ein Widerspruch zur Induktionsannahme. Der Fall $b_1 = 1$ wird entsprechend erledigt.

Fall II. BBb_1 wird in der Form

$$b_1 | b_2 b_3 | \ldots | b_r b_1 | b_2 b_3 | \ldots | b_r b_1 |$$

getroffen. Dann hat man im Falle $b_1 = 0$ auf $b_r = 1$ zu schließen und links in x mit 1 fortzufahren, womit x den Block

$$10 | b_2 b_3 | \ldots | 10 | b_2 b_3 | \ldots | 10 |$$

enthält. Durch die Ersetzung $01 \to 0$, $10 \to 1$ erhält man diesmal in x einen Block $a_1 \ldots a_s a_1 \ldots a_s a_1$ mit $a_1 = 1$ und $s = \frac{r}{2}$. Wie vorhin erhält man einen Widerspruch, sei es zur Induktionsannahme, sei es zum Falle einer ungeraden Blocklänge. Der Fall $b_1 = 1$ wird genauso behandelt. $\square$

Zu diesem Satz gibt es eine Art von Umkehrung, die von Gottschalk [1964] stammt. Um sie zu formulieren, müssen wir von der „einseitigen" Morse-Thue-Folge 0110... (einer 0-1-Färbung von $\mathbb{N}_0$) zu „zweiseitigen" 0-1-Folgen (also 0-1-Färbungen von $\mathbb{Z}$) übergehen und zwei weitere Begriffe einführen.

Definition 1.4. Sei $z = \ldots z_{-1} z_0 z_1 \ldots$ eine doppelt unendliche 0-1-Folge, d. h. eine Färbung von $\mathbb{Z}$ mit den Farben 0 und 1.

1) Man sagt, z habe die *Eigenschaft M*, wenn es keinen 0-1-Block $B = b_1 \ldots b_r$ gibt, für den der Block BBb_1 in z vorkommt; es darf also kein $s \in \mathbb{Z}$ mit $z_s = b_1, \ldots, z_{s+r-1} = b_r, z_{s+r} = b_1, \ldots, z_{s+2r-1} = b_r, z_{s+2r} = b_1$ geben.

2) Man sagt, z sei eine *Morse-Thue-Tochter*, wenn jeder 0-1-Block, der in z vorkommt, auch in der Morse-Thue-Folge vorkommt.

Übung 1.5. Man beweise, daß jede Morse-Thue-Tochter die Eigenschaft M hat.

Übung 1.6. Man gebe eine Morse-Thue-Tochter an, die ab 0 mit der Morse-Thue-Folge x übereinstimmt: $z_0 = x_0, z_1 = x_1, z_2 = x_2, \ldots$

Satz 1.7. *Sei $z = \ldots z_{-1} z_0 z_1 \ldots$ eine 0-1-Färbung von $\mathbb{Z}$. Genau dann hat z die Eigenschaft M, wenn z eine Morse-Thue-Tochter ist.*

Beweis. Nach Übung 1.5 hat jede Morse-Thue-Tochter die Eigenschaft M. Umgekehrt habe nun z die Eigenschaft M. Um zu zeigen, daß M eine Morse-Thue-Tochter ist, gehen wir in mehreren Schritten vor.

Schritt 1: z enthält die Zweierblöcke 00 und 11.

Angenommen, z enthält 00 nicht. Dann kommt in z irgendwo das Symbol 1 vor, wegen der Eigenschaft M aber auch 0, also irgendwo 101. Die nächsten zwei Symbole von z rechts hiervon können

nicht 11 sein:	weil sonst 111 entstünde, was wegen M nicht geht;
nicht 00 sein:	wegen unserer momentanen Annahme;
nicht 01 sein:	weil sonst 10101 enstünde, im Widerspruch zu M.

Also geht es rechts von 101 mit 10 weiter und in z kommt der Block 10110 vor. Wie können nun die in z links von 10110 stehenden nächsten zwei Symbole aussehen? Sie können

nicht 11 sein:	weil sonst 111 entstünde;
nicht 00 sein:	nach unserer Annahme;
nicht 10 sein:	weil sonst 10101 entstünde, im Widerspruch zu M.

Somit geht es links von 10110 mit 01 weiter und es entsteht der Block 0110110; auch dies widerspricht M. Also enthält z doch den Zweierblock 00. Genauso zeigt man, daß z den Zweierblock 11 enthält.

Schritt 2: z läßt sich als doppelt unendliche Folge von Zweierblöcken 01 und 10 schreiben.

Da in z irgendwo 00 steckt, 000 aber wegen M nicht in z vorkommen kann, enthält z den Vierer-Block 1001. Analog enthält z auch den Vierer-Block 0110. Ein in z vorkommender Vierer-Block 1001 kann nun in z nach rechts weder mit 11 fortgesetzt werden (da 111 verboten ist) noch mit 00 (weil sonst 100100 und sodann, weil 000 verboten ist, notwendigerweise 1001001 entstünde, wieder im Widerspruch zu M). Also setzt sich ein in z vorkommender Block 1001 nach rechts in z mit 01 oder 10 fort; analog zeigt man, daß auch nach links nur wieder 01 oder 10 in Frage

kommen. Entsprechend behandelt man auch Fortsetzungen von 0110, 1010 und
0101. Offenbar ist Schritt 2 damit erledigt.

Schritt 3:   Schreibt man z als doppelt unendliche Folge von Blöcken 01 und 10
und ersetzt dann 01 durch 0 und 10 durch 1, so entsteht eine doppelt unendliche
0-1-Folge z', die sich ebenfalls als doppelt unendliche Folge von Blöcken 01 und
10 schreiben läßt.

Man beachte, daß eine Verletzung von M in z' sofort eine Verletzung von M in z
nach sich ziehen würde. Also hat z' die Eigenschaft M; damit ist aber das Ergebnis
von Schritt 2 auf z' anwendbar.

Nun können wir den Beweis abschließen. Der 0-1-Block A_n bestehe aus den
ersten 2^n Symbolen der Morse-Thue-Folge x, der Block B_n aus den darauf folgenden 2^n Symbolen; B_n entsteht also aus A_n, indem man jede 0 durch eine 1 und jede
1 durch eine 0 ersetzt. Iteriert man Schritt 3 n-mal, so findet man: z läßt sich als
Folge von Blöcken $A_n B_n$ und $B_n A_n$ schreiben. Ist B ein in z vorkommender Block
einer Länge m und sorgt man für $2m \leq 2^n$, so läßt sich B als vorderer, hinterer
oder innerer Abschnitt von $A_n B_n$ oder $B_n A_n$ schreiben. Da diese beiden Blöcke in
x vorkommen, kommt B in x vor. Also ist z in der Tat eine Morse-Thue-Tochter.

$\square$

Übung 1.8. Man fasse die Morse-Thue-Folge x als Färbung von $\mathbb{N}_0$ auf und gebe
in $\mathbb{N}_0$ monochrome arithmetische Progressionen beliebiger Längen explizit an, und
zwar für beide Farben; man vergleiche dazu Definition VII.1.1.

2   Fastperiodizität

Wir haben gesehen, daß weder die Morse-Thue-Folge 01101001... noch eine ihrer
Töchter periodisch ist (Sätze 1.3 und 1.7). Trotzdem besitzt die Morse-Thue-Folge
eine Wiederkehr-Eigenschaft, die der Periodizität sehr nahekommt; sie ist nämlich
„fastperiodisch".

Definition 2.1. Eine 0-1-Folge $x = x_0 x_1 x_2 \ldots$ oder $x = \ldots x_{-1} x_0 x_1 \ldots$ heißt
fastperiodisch, wenn jeder 0-1-Block in ihr entweder gar nicht oder mit beschränkten Lücken vorkommt. Genauer: Sei x eine Färbung von $\mathbb{N}_0$ oder $\mathbb{Z}$ mit den Farben
0 und 1 und $B = b_1 \ldots b_r$ ein 0-1-Block. Wir bezeichnen mit T_B die (leere, endliche
oder unendliche) Menge aller derjenigen Zahlen $t \in \mathbb{N}_0$ bzw. $t \in \mathbb{Z}$, für die

$$x_t = b_1, \ x_{t+1} = b_2, \ \ldots, \ x_{t+r-1} = b_r$$

gilt. Dann heißt x *fastperiodisch*, wenn für jeden 0-1-Block B entweder $T_B = \emptyset$
gilt oder aber ein $L > 0$ mit $\{t, t+1, \ldots, t+L\} \cap T_B \neq \emptyset$ für alle $t \in \mathbb{N}_0$ bzw.
$t \in \mathbb{Z}$ existiert.

Satz 2.2. *Die Morse-Thue-Folge* $x = 01101001\ldots$ *ist fastperiodisch.*

Beweis. Sei B ein in x auftretender 0-1-Block. Wir bestimmen einen Anfangsblock D von x, in dem B bereits komplett enthalten ist und der eine Länge der Form 2^n besitzt. Dann läßt sich x als eine Folge von Blöcken $D\overline{D}$ und $\overline{D}D$ schreiben, wobei $\overline{D}$ wie üblich das Gegenteil von D bezeichnet. Man sieht nun, daß man etwa $L = 2^{n+2}$ wählen kann. $\qquad\Box$

Übung 2.3. Man beweise allgemeiner, daß jede Morse-Thue-Tochter fastperiodisch ist.

Definition 2.4. Wir verallgemeinern jetzt den Tochter-Begriff. Seien dazu x und z zwei 0-1-Färbungen von $\mathbb{N}_0$ oder $\mathbb{Z}$. Man sagt, z sei eine *Tochter* von x, wenn jeder 0-1-Block, der in z vorkommt, auch in x vorkommt.

Übung 2.5. Man beweise: Töchter von fastperiodischen 0-1-Färbungen sind wieder fastperiodisch.

Übung 2.6. Man beweise: Ist z eine Tochter von x und u eine Tochter von z, so ist u auch eine Tochter von x.

Mittels eines Diagonal-Arguments beweisen wir nun das

Lemma 2.7. *Sei* $B^{(1)}, B^{(2)}, \ldots$ *eine Folge von* 0-1-*Blöcken mit gegen* ∞ *strebenden Längen. Dann gibt es*

(a) *eine* 0-1-*Färbung* $x = x_0 x_1 x_2 \ldots$ *von* $\mathbb{N}_0$, *für die jeder in* x *vorkommende Block in unendlich vielen der Blöcke* $B^{(1)}, B^{(2)}, \ldots$ *enthalten ist.*

(b) *eine* 0-1-*Färbung* z *von* $\mathbb{Z}$, *für die jeder in* z *vorkommende Block in unendlich vielen der Blöcke* $B^{(1)}, B^{(2)}, \ldots$ *enthalten ist.*

Beweis. Zum Beweis der Aussage (a) schreiben wir die gegebenen Blöcke in der Form

$$B^{(n)} = b_0^{(n)} \ldots b_{r_n}^{(n)} \quad (n \in \mathbb{N}),$$

wobei wir (nach Übergang zu einer passenden Teilfolge) noch $r_0 < r_1 < r_2 < \ldots$ annehmen können. Mindestens eines der beiden Symbole 0, 1 kommt unendlich oft als $b_0^{(n)}$ vor. Seien etwa $n_{0,1} < n_{0,2} < \ldots$ so bestimmt, daß $b_0^{(n_{0,1})} = b_0^{(n_{0,2})} = \cdots = x_0 \in \{0, 1\}$ gilt. Mindestens eines der beiden Symbole 0, 1 kommt nun unendlich oft als $b_1^{(n_{0,k})}$ vor. Seien etwa $n_{1,1} < n_{1,2} < \ldots$ als Teilfolge von $n_{0,1}, n_{0,2}, \ldots$ so bestimmt, daß $b_1^{(n_{1,1})} = b_1^{(n_{1,2})} = \cdots = x_1 \in \{0, 1\}$ gilt usw. Wir setzen nun $x = x_0 x_1 x_2 \ldots$ Sei B ein in x vorkommender 0-1-Block. Wir können o.B.d.A. $B = x_0 \ldots x_r$ annehmen. Dann gilt offensichtlich nach Konstruktion

$$b_0^{(n_{t,t})} = x_0, \ldots, b_r^{(n_{t,t})} = x_r \quad \text{für } t = r, r+1, \ldots$$

Damit ist (a) bewiesen. Behauptung (b) beweist man analog, indem man die Blöcke $B^{(n)}$ anders indiziert:

$$B^{(n)} = b_{r_n} b_{r_n+1} \ldots b_{s_n} \quad \text{mit } -\infty \leftarrow r_n \leq 0 \leq s_n \to \infty \qquad \square$$

Wir können nun den folgenden fundamentalen Satz beweisen:

Satz 2.8. *Jede 0-1-Färbung (von $\mathbb{N}_0$ oder $\mathbb{Z}$) besitzt mindestens eine fastperiodische Tochter (nach Belieben auf $\mathbb{N}_0$ oder auf $\mathbb{Z}$).*

Beweis. Sei etwa $x = x_0 x_1 x_2 \ldots$ eine 0-1-Färbung von $\mathbb{N}$. Ferner denken wir uns die sämtlichen 0-1-Blöcke aller Längen durchnummeriert: $D^{(1)}, D^{(2)}, \ldots$ (etwa in der Anordnung 0, 1, 00, 01, 10, 11, …). Wir konstruieren nun eine Folge $x^{(1)}, x^{(2)}, \ldots$ von 0-1-Färbungen von $\mathbb{N}$ mit folgenden Eigenschaften: $x^{(n+1)}$ ist stets Tochter von $x^{(n)}$ und auch von x; $D^{(n)}$ kommt in $x^{(n)}$ entweder überhaupt nicht oder mit beschränkten Lücken vor. Ist diese Konstruktion gelungen, so schließen wir wie folgt zu Ende. Der 0-1-Block $B^{(n)}$ bestehe aus den ersten $2n+1$ Symbolen von $x^{(n)}$; gemäß Lemma 2.7 gewinnen wir, nach Belieben auf $\mathbb{N}_0$ oder auf $\mathbb{Z}$, eine 0-1-Färbung z, für die jeder 0-1-Block, der in z vorkommt, in unendlich vielen $x^{(n)}$ vorkommt, damit in allen $x^{(n)}$ vorkommt, und damit auch in x; also ist z eine Tochter von x. Ist $D^{(n)}$ nun ein 0-1-Block, der in z zwar vorkommt, aber mit unbeschränkten Lücken, so treten in z Blöcke A auf, in denen $D^{(n)}$ außer vorn und hinten nicht vorkommt, wobei A beliebig lang gewählt werden kann. Diese Blöcke treten auch in $x^{(n)}$ auf, d. h. $D^{(n)}$ kommt in $x^{(n)}$ vor, aber mit unbeschränkten Lücken, im Widerspruch zur Wahl der $x^{(n)}$.

Nun müssen wir noch die Konstruktion der $x^{(n)}$ durchführen. Es wird genügen, die Konstruktion von $x^{(1)}$ zu beschreiben. Tritt $D^{(1)}$ in x gar nicht oder mit beschränkten Lücken auf, so setzen wir $x^{(1)} = x$. Tritt $D^{(1)}$ in x zwar auf, aber mit unbeschränkten Lücken, so finden wir in x eine Folge $B^{(1)}, B^{(2)}, \ldots$ von 0-1-Blöcken mit gegen ∞ gehenden Längen, die den Block $D^{(1)}$ nicht enthalten. Nach Lemma 2.7 gewinnen wir eine 0-1-Folge $x^{(1)}$, für die jeder in $x^{(1)}$ vorkommende Block in einem $B^{(n)}$ und damit in x vorkommt, womit $x^{(1)}$ eine Tochter von x ist. Der Block $D^{(1)}$ kommt in $x^{(1)}$ nicht mehr vor, denn dazu müßte er in einem $B^{(n)}$ vorkommen, was nach Konstruktion nicht geht. $\qquad \square$

Übung 2.9. Man beweise, daß für jede 0-1-Folge x die folgenden beiden Aussagen äquivalent sind:

(a) x ist fastperiodisch.

(b) x ist Tochter jeder Tochter von x.

VI Der Satz von Ramsey

Der berühmte Satz von Ramsey [1930] ist eine Verallgemeinerung des klassischen Schubfachprinzips. Das *Schubfachprinzip* von Gustav Peter Lejeune Dirichlet (1805–1859) (die Angelsachsen nennen es „pigeon hole principle") besagt: Verteilt man $n + 1$ oder mehr Gegenstände in n Schubladen, so enthält mindestens eine Schublade mindestens zwei Gegenstände. In einer Firma mit mehr als 366 Angestellten haben also mindestens zwei Angestellte am selben Tage Geburtstag, und in einer Folge von 13 Halbtönen sind mindestens zwei gleich oder nur um Oktaven unterschieden. Julius Wilhelm Richard Dedekind (1831–1916) hat in seinem berühmten Büchlein *Was sind und was sollen die Zahlen* (Dedekind [1888]) das Schubfachprinzip zur Definition der endlichen Menge gemacht: Eine Menge M heißt nach Dedekind endlich, wenn sie sich nicht bijektiv auf eine ihrer echten Teilmengen abbilden läßt. Wir befinden uns also mit dem Schubfachprinzip an den Fundamenten der Mathematik.

Eine quantitative Verschärfung des Schubfachprinzips lautet: Verteilt man $mn + 1$ Gegenstände auf m Schubladen, so liegen in mindestens einer Schublade mindestens $n + 1$ Gegenstände. Noch etwas allgemeiner (und etwas formaler geschrieben) gilt: Sind $q_1, \ldots, q_t \in \mathbb{N}$ und ist M eine Menge mit mindestens $q_1 + \cdots + q_t + 1$ Elementen, so gibt es zu jeder Zerlegung $M = M_1 \cup \cdots \cup M_t$ mindestens einen Index s mit $|M_s| > q_s$.

Von hier führt eine raffinierte Verallgemeinerung zu dem nach Frank Plumpton Ramsey (1903–1930) benannten Satz, den wir in diesem Kapitel kennenlernen wollen. Ramsey war ein höchst interessanter Mathematiker, dem man auch Beiträge zur mathematischen Ökonomie verdankt. Er bewies seinen Satz, um ein Problem der Logik zu lösen; vgl. auch Skolem [1933].

Eine systematische Darstellung der Ramsey-Theorie findet man bei Graham, Rothschild und Spencer [1990]; historische Anmerkungen stehen bei Spencer [1983]. Heutzutage versteht man unter „Ramsey-Theorie" einen ganzen Zweig der Kombinatorik, der sich mit Aussagen ähnlichen Typs für eine Vielzahl von Strukturen beschäftigt; man vergleiche dazu auch das Buch von Erdös, Hajnal, Mate und Rado [1984]. Als konkretes Beispiel erwähnen wir die „Nullsummen-Ramsey-Theorie" von Bialostocki und Dierker [1990]: In der klassischen Ramsey-Theorie sucht man, wie wir sehen werden, nach monochromen Konfigurationen; in der

Nullsummen-Ramsey-Theorie werden die Farben durch Elemente einer Gruppe ersetzt und man sucht nach Konfigurationen, deren Elemente sich zu Null summieren.

1   Die finite Version des Satzes von Ramsey

Wir betrachten zunächst die klassische, finite Version des Satzes von Ramsey [1930]; im nächsten Abschnitt folgt dann eine unendliche Variante.

Satz 1.1 (Satz von Ramsey). *Zu beliebigen natürlichen Zahlen* $r, q_1, \ldots, q_t$ *mit* $r \leq q_1, \ldots, q_t$ *gibt es eine natürliche Zahl* N_0 *mit folgender Eigenschaft: Ist* $N \geq N_0$, *M eine N-Menge, und ist eine Zerlegung von* $\binom{M}{r}$ *in t Teilmengen gegeben, etwa* $\binom{M}{r} = P_1 \cup \cdots \cup P_t$, *so existieren ein Index* $s \in \{1, \ldots, t\}$ *und eine Teilmenge* M' *von M mit*

$$|M'| = q_s \quad und \quad \binom{M'}{r} \subseteq P_s.$$

Wir schicken dem Beweis des Satzes von Ramsey einige Überlegungen voraus, die das Verständnis des Satzes fördern mögen. Insbesondere betrachten wir zwei Spezialfälle.

(a) Für $r = 1$ kann man die 1-Teilmengen von M mit den entsprechenden Elementen identifizieren, also $\binom{M}{1}$ durch M ersetzen. Der Satz von Ramsey besagt dann, daß es zu beliebigen natürlichen Zahlen $q_1, \ldots, q_t$ ein N_0 mit folgender Eigenschaft gibt: Ist $|M| \geq N_0$ und $M = M_1 \cup \cdots \cup M_t$, so gibt es mindestens ein $s \in \{1, \ldots, t\}$ mit $|M_s| \geq q_s$. Diese Aussage ist eine Form des verallgemeinerten Schubfachprinzips; der Satz von Ramsey ist also eine noch weitergehende Verallgemeinerung des Schubfachprinzips.

(b) Für $r = 2$ kann man die 2-Teilmengen von M mit den Kanten des vollständigen Graphen K_M auf der Punktemenge M identifizieren. Eine Zerlegung von $\binom{M}{2}$ in t Teile läßt sich dann anschaulich als eine Kantenfärbung des K_M mit t Farben interpretieren. Der Satz von Ramsey besagt dann, daß es zu beliebigen natürlichen Zahlen $q_1, \ldots, q_t$ ein N_0 mit folgender Eigenschaft gibt: Ist $|M| \geq N_0$, so gibt es für jede Kantenfärbung des K_M mit den t Farben $1, \ldots, t$ eine Farbe s sowie eine q_s-Teilmenge M' von M, so daß sämtliche Kanten mit beiden Endpunkten in M' mit s gefärbt sind. Der Satz von Ramsey stellt hier also die Existenz großer monochromer Teilgraphen sicher, vgl. Übung 1.2. Ganz analog kann man den Satz von Ramsey auch für $r \geq 3$ als eine Aussage über die Existenz großer monochromer Teil-Konfigurationen deuten.

(c) Ist der Satz von Ramsey richtig, so gibt es zu beliebigen natürlichen Zahlen $r, q_1, \ldots, q_t$ mit $r \leq q_1, \ldots, q_t$ natürlich auch ein *minimales* N_0 mit der besagten Eigenschaft. Man schreibt dann $N_0 = R(q_1, \ldots, q_t; r)$ und nennt dies die *Ramsey-Zahl* zu r und $q_1, \ldots, q_t$. Das verallgemeinerte Schubfachprinzip liefert beispielsweise

$$R(q_1, \ldots, q_t; 1) = (q_1 - 1) + \cdots + (q_t - 1) + 1.$$

Man kann sagen, daß Satz 1.1 die Existenz der Ramsey-Zahlen zum Inhalt hat. Man sieht leicht, daß stets $R(q_1, \ldots, q_t; r) \geq \max\{q_1, \ldots, q_t\}$ gilt.

(d) Seien beliebige natürliche Zahlen $r, q_1, \ldots, q_t$ mit $r \leq q_1, \ldots, q_t$ gegeben. Wir setzen $q = \max\{q_1, \ldots, q_t\}$; dann besitzt $R(q, \ldots, q, t)$ die für $r, q_1, \ldots, q_t$ geforderten Eigenschaften, es gilt also

$$R(q_1, \ldots, q_t; r) \leq R(q, \ldots, q; r).$$

Daher würde es genügen, Satz 1.1 im Falle $q_1 = \cdots = q_t$ zu beweisen.

Übung 1.2. Man zeige, daß jede Kantenfärbung des vollständigen Graphen K_6 auf 6 Punkten mit zwei Farben ein monochromes Dreieck enthält, und beweise $R(3, 3; 2) = 6$. Diese Tatsache wird gern wie folgt eingekleidet: Unter je sechs Personen auf einer Party finden sich drei, die sich gegenseitig kennen, oder drei, die sich gegenseitig nicht kennen.

Beweis des Satzes von Ramsey. Für $t = 1$ ist die Behauptung trivial: Es gilt offenbar $R(q_1; r) = q_1$.

Als nächstes zeigen wir mit Induktion über t, daß es genügt, den Satz für $t = 2$ zu beweisen. Sei also $t \geq 3$, und der Satz sei für $2, \ldots, t - 1$ bereits gezeigt. Für gegebene natürliche Zahlen r und $q_1, \ldots, q_t$ mit $r \leq q_1, \ldots, q_t$ betrachten wir den folgenden Fall mit $t - 1$ Zahlen:

$$q'_1 = q_1, \ldots, q'_{t-2} = q_{t-2} \quad \text{sowie} \quad q'_{t-1} = R(q_{t-1}, q_t; r);$$

wegen $R(q_{t-1}, q_t; r) \geq \max\{q_{t-1}, q_t\} \geq r$ gilt dabei $r \leq q'_1, \ldots, q'_{t-1}$. Wir behaupten, daß wir $N_0 = R(q'_1, \ldots, q'_{t-2}, q'_{t-1}; r)$ wählen können. Seien also $|M| \geq N_0$ und $\binom{M}{r} = P_1 \cup \cdots \cup P_{t-1} \cup P_t$ eine Zerlegung. Wir setzen nun

$$P'_1 = P_1, \ldots, P'_{t-2} = P_{t-2} \quad \text{sowie} \quad P'_{t-1} = P_{t-1} \cup P_t$$

und erhalten $\binom{M}{r} = P'_1 \cup \cdots \cup P'_{t-2} \cup P'_{t-1}$. Nach Induktionsannahme gibt es ein $M' \subseteq M$ sowie einen Index $s \in \{1, \ldots, t - 1\}$ mit $|M'| = q'_s$ und $\binom{M'}{r} \subseteq P'_s$. Ist dabei $s < t-1$, so ist $|M'| = q_s$, $\binom{M'}{r} \subseteq P_s$, und wir sind fertig. Sei nun $s = t-1$, also $|M'| = R(q_{t-1}, q_t; r)$ sowie $\binom{M'}{r} \subseteq P_{t-1} \cup P_t$. Indem wir den zu $P_{t-1} \cap \binom{M'}{r}$ und $P_t \cap \binom{M'}{r}$ gehörenden Zwei er-Fall betrachten, finden wir ein $M'' \subseteq M' \subseteq M$ sowie einen Index $s \in \{t-1, t\}$ mit $|M''| = q_s$ und $\binom{M''}{r} \subseteq P_s$, womit wir auch in diesem Falle fertig sind.

Es bleibt also nur noch die Existenz der Ramsey-Zahlen $R(q_1, q_2; r)$ nachzuweisen, was mit Induktion über r erfolgen wird. Der Induktionsanfang $r = 1$ folgt dabei – wie wir bereits gesehen haben – aus dem verallgemeinerten Schubfachprinzip:

$$R(q_1, q_2; 1) = q_1 + q_2 - 1.$$

Sei also $r > 1$, und die Behauptung gelte bereits für $1, \ldots, r-1$. Wir verwenden nun eine weitere Induktion, und zwar über $q := q_1 + q_2$. Der Induktionsanfang ist also der Fall $q = 2r$; wir zeigen gleich etwas allgemeiner:

(1.1) $$R(q_1, r; r) = q_1 \quad \text{und} \quad R(r, q_2; r) = q_2.$$

Aus Symmetriegründen genügt es, die Behauptung für $R(q_1, r; r)$ nachzuweisen; seien also $|M| \geq q_1$ und $\binom{M}{r} = P_1 \cup P_2$ eine Zerlegung. Ist $P_2 \neq \emptyset$, so wählt man $M' \in P_2$, erhält $|M'| = r$ sowie $\binom{M'}{r} = \{M'\} \subseteq P_2$ und ist fertig. Ist $P_2 = \emptyset$, so ist $\binom{M}{r} = P_1$, und man kann M' als eine beliebige q_1-Teilmenge von M wählen.

Das eben Bewiesene erlaubt für den Induktionsschritt eine Beschränkung auf den Fall $r < q_1, q_2$. Die Induktionsannahme stellt dann die Existenz der Ramsey-Zahlen $R(q_1 - 1, q_2; r) =: p_1$ und $R(q_1, q_2 - 1; r) =: p_2$ sicher; zu zeigen ist, daß auch die Ramsey-Zahl $R(q_1, q_2; r)$ existiert. Wir beweisen sogar eine etwas stärkere Aussage, nämlich die Ungleichung

(1.2) $$R(q_1, q_2; r) \leq R(p_1, p_2; r-1) + 1.$$

Sei also M eine N-Menge mit $N \geq R(p_1, p_2; r-1) + 1$; ferner sei eine Zerlegung $\binom{M}{r} = P_1 \cup P_2$ gegeben. Wir wählen nun $x_0 \in M$ und setzen $M_0 = M \setminus \{x_0\}$. Hieraus leiten wir eine Zerlegung $\binom{M_0}{r-1} = Q_1 \cup Q_2$ wie folgt ab:

$$Q_1 = \{A \mid A \subseteq M_0, |A| = r-1, A \cup \{x_0\} \in P_1\}$$
$$Q_2 = \{A \mid A \subseteq M_0, |A| = r-1, A \cup \{x_0\} \in P_2\}.$$

Da M_0 mindestens $R(p_1, p_2; r-1)$ Elemente hat, gibt es ein $M_0' \subseteq M_0$ und ein $k \in \{1, 2\}$ mit $|M_0'| = p_k$ und $\binom{M_0'}{r-1} \subseteq Q_k$. Sei etwa $k = 1$; der Fall $k = 2$ folgt analog. Es gilt also $|M_0'| = p_1 = R(q_1 - 1, q_2; r)$ sowie $\binom{M_0'}{r-1} \subseteq Q_1$. Nach Induktionsannahme tritt einer der beiden folgenden Fälle ein:

Fall I. Es gibt ein $M_0'' \subseteq M_0'$ mit $|M_0''| = q_1 - 1$ und $\binom{M_0''}{r} \subseteq P_1$. Wir setzen nun $M' = M_0'' \cup \{x_0\}$. Dann ist $|M'| = q_1$. Ist $A \subseteq M'$, $|A| = r$ und sogar $A \subseteq M_0''$, so ist $A \in P_1$. Gilt dagegen $x_0 \in A$, so ist $A_0 = A \setminus \{x_0\}$ eine $(r-1)$-Untermenge von M_0', also in Q_1, woraus ebenfalls $A = A_0 \cup \{x_0\} \in P_1$ folgt.

Fall II. Es gibt ein $M' \subseteq M_0'$ mit $|M'| = q_2$ und $\binom{M_0'}{r} \subseteq P_2$. Dann sind wir bereits fertig.

Damit ist der Satz von Ramsey vollständig bewiesen.   □

Bemerkung 1.3. Trotz intensiver Bemühungen konnten – abgesehen von den schon angegebenen trivialen Fällen $r = 1$, $t = 1$ und (1.1) – bislang nur wenige Ramsey-Zahlen bestimmt werden. Das einzige bekannte Resultat für $r \geq 3$ ist wohl immer noch $R(4, 4; 3) = 13$, siehe McKay und Radziszowski [1991]. Für $r = 2$ ist es üblich, statt $R(q_1, q_2; 2)$ kurz $R(q_1, q_2)$ zu schreiben; hier kennt man die folgenden Werte, vgl. West [1996]:

$$
\begin{array}{lll}
R(3, 3) = 6 & R(3, 4) = 9 & R(3, 5) = 14 \\
R(3, 6) = 18 & R(3, 7) = 23 & R(3, 8) = 28 \\
R(3, 9) = 36 & R(4, 4) = 18 & R(4, 5) = 25
\end{array}
$$

Für $t \geq 3$ ist noch $R(3, 3, 3; 2) = 17$ bekannt.

Übung 1.4. Man verwende (1.2) und Induktion über $n := p + q$, um die folgende Abschätzung für die Ramsey-Zahlen mit $r = 2$ zu beweisen:

$$
(1.3) \qquad\qquad R(p, q) \leq \binom{p + q - 2}{p - 1}.
$$

Übung 1.5. Man zeige $R(3, 4) = 9$.

Hinweis: Man betrachte Färbungen des vollständigen Graphen K_n auf n Punkten mit den Farben rot und blau. Für $n = 8$ wähle man als Punktemenge $\mathbb{Z}_8$ und färbe die Kante $\{i, j\}$ genau dann rot, wenn $i - j \in R = \{3, 4, 5\}$ gilt; man zeige, daß dann weder ein rotes Dreieck noch ein blauer K_4 existiert. Für $n = 9$ nehme man an, daß kein rotes Dreieck existiert und führe eine Fallunterscheidung hinsichtlich der Anzahl der roten Kanten durch, die mit einem gegebenen Punkt v inzidieren, um dann einen blauen K_4 zu finden.

Übung 1.6 (Erdös und Szekeres [1935]). Seien n Punkte in der Ebene gegeben. Man sagt, die Punkte sind *in allgemeiner Lage*, wenn von ihnen keine drei auf einer Geraden liegen, und *in konvexer Lage*, wenn sie die Ecken eines konvexen n-Ecks bilden. Man beweise:

(a) Unter fünf Punkten (der Ebene) in allgemeiner Lage gibt es stets vier in konvexer Lage. Hinweis:

(b) Zu jedem $n \geq 1$ gibt es ein $N \geq 1$ mit folgender Eigenschaft: Unter je N Punkten der Ebene in allgemeiner Lage gibt es stets n in konvexer Lage.

Hinweis: Es genügt, n Punkte zu finden, von denen je vier in konvexer Lage sind, wie die folgende Figur andeutet:

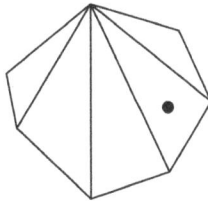

Übung 1.7 (nach Halder und Heise [1976]). Ein Komponist, versehen mit einer endlichen Menge K von Klängen, teilt die daraus gebildeten Dreiklänge irgendwie in euphone (= wohlklingende) und kakophone (= übelklingende) ein. Man zeige, daß es zu jedem $n \in \{1, 2, \ldots\}$ ein $N > 0$ mit der folgenden Eigenschaft gibt: Falls $|K| \geq N$ ist, kann der Komponist in einer passenden Klangmenge $K_0 \subseteq K$ mit $|K_0| \geq n$ entweder total euphon oder total kakophon komponieren.

2   Die unendliche Version des Satzes von Ramsey

Sowohl das klassische Schubfachprinzip als auch der Satz von Ramsey haben Varianten, die mit unendlichen Mengen arbeiten. Im Falle des Schubfachprinzips bedarf diese Variante keiner weiteren Erläuterung; mit ihrer Hilfe gewinnt man dann die unendliche Version des Satzes von Ramsey.

Satz 2.1 (Unendliches Schubfachprinzip). *Jede endliche Partition einer unendlichen Menge enthält mindestens einen unendlichen Bestandteil.*

Satz 2.2 (Unendliche Version des Satzes von Ramsey). *Es sei X eine unendliche Menge; ferner sei eine Zerlegung $\binom{M}{r} = P_1 \cup \cdots \cup P_t$ von $\binom{M}{r}$ gegeben. Dann gibt es einen Index $s \in \{1, \ldots, t\}$ und eine unendliche Teilmenge X_0 von X mit $\binom{X_0}{r} \subseteq P_s$.*

Beweis. Wir verwenden vollständige Induktion nach r; dabei gilt der Induktionsanfang $r = 1$ nach Satz 2.1. Angenommen, der Fall $r - 1 \geq 2$ sei bereits erledigt. Wir betrachten nunmehr den Fall r und konstruieren eine geeignete Folge von Paaren (S_j, x_j) $(j = 1, 2, \ldots)$. Dabei wählen wir S_1 als beliebige abzählbar unendliche Teilmenge von X sowie ein beliebiges $x_1 \in S_1$. Wir setzen nun

$$T_{1s} = \{A \mid A \subseteq S_1 \setminus \{x_1\}, \; |A| = r - 1, \; \{x_1\} \cup A \in P_s\} \quad (s = 1, \ldots, t).$$

Offenbar gilt dann $\binom{S_1 \setminus \{x_1\}}{r-1} = T_{11} \cup \cdots \cup T_{1t}$. Nach Induktionsannahme gibt es ein $s \in \{1, \ldots, t\}$ und eine unendliche Menge $S_2 \subseteq S_1 \setminus \{x_1\}$ mit $\binom{S_2}{r-1} \subseteq T_{1s}$. Eine solche wählen wir als S_2; in S_2 wählen wir ein beliebiges x_2. Es ist klar, wie man jetzt sukzessive unendliche Teilmengen $S_1, S_2, \ldots$ und paarweise verschiedene Elemente $x_1 \in S_1, x_2 \in S_2, \ldots$ mit $S_{j+1} \subseteq S_j \setminus \{x_j\}$ $(j = 1, 2, \ldots)$ zu konstruieren hat. Es gibt dann zu jedem $j \in \mathbb{N}$ einen Index $s \in \{1, \ldots, t\}$ mit

$$A \subseteq S_{j+1}, \; |A| = r - 1 \implies \{x_j\} \cup A \in P_s.$$

Nach dem unendlichen Schubfachprinzip gibt es ein $s \in \{1, \ldots, t\}$ und eine Folge $j_1 < j_2 < \ldots$ mit $\{x_{j_{\mu_1}}, \ldots, x_{j_{\mu_r}}\} \in P_s$ für $\mu_1 < \cdots < \mu_r$. Somit erfüllt die unendliche Teilmenge $X_0 = \{x_{j_1}, x_{j_2}, \ldots\}$ von X wie gewünscht $\binom{X_0}{r} \subseteq P_s$. $\quad\square$

Man kann Satz 2.2 und ein Diagonal-Argument für einen alternativen Beweis von Satz 1.1 verwenden; dieses Vorgehen entspricht ungefähr der ursprünglichen Abhandlung von Ramsey [1930]. Wir verzichten hier darauf, dies durchzuführen, und verweisen stattdessen auf Graham, Rothschild und Spencer [1990].

Übung 2.3. Sei $(X, \preceq)$ eine partiell geordnete Menge. Man beweise die folgende unendliche Version von Übung II.2.5: Wenn X unendlich ist, existiert eine unendliche Kette oder eine unendliche Antikette.

Einen Überblick über einen Großteil der Ramsey-Literatur gibt das bereits mehrfach erwähnte Buch von Graham, Rothschild und Spencer [1990]. Besonders interessant sind Verallgemeinungen, die zusätzliche Strukturen in die betrachteten endlichen Mengen einführen. Berühmt ist folgendes Ergebnis von Graham, Leeb und Rothschild [1972], das von Rota vermutet wurde und das wir hier ohne Beweis angeben.

Satz 2.4. *Sei q eine Primzahlpotenz, und seien $r, n_1, \ldots, n_t$ natürliche Zahlen mit $n_1, \ldots, n_t \geq r$. Dann gibt es eine natürliche Zahl N derart, daß folgendes gilt: Ist H ein mindestens N-dimensionaler $GF(q)$-Vektorraum und ist*

$$G_r(H) = G_1 \cup \cdots \cup G_t$$

eine beliebige Zerlegung der Menge $G_r(H)$ aller r-dimensionalen Teilräume von H, so gibt es einen Index $s \in \{1, \ldots, t\}$ und einen n_s-dimensionalen Teil-Vektorraum H_0 von H mit $G_r(H_0) \subseteq G_s$.

Für einen vereinfachten Beweis sei wieder auf Graham, Rothschild und Spencer [1990] verwiesen, wo man auch andere Resultate dieser Art findet. Schließlich erwähnen wir noch ein Buch über ergodische Ramsey-Theorie, nämlich McCutcheon [1999].

VII Der Satz von van der Waerden

In diesem Kapitel beweisen wir den berühmten Satz von van der Waerden [1926] über arithmetische Progressionen (an deren Definition wir bald erinnern werden), nach dem für jede Zerlegung der natürlichen Zahlen in endlich viele Teile mindestens einer der auftretenden Teile arithmetische Progressionen beliebiger Länge enthalten muß. Dieser Satz des jungen Bartel Leendert van der Waerden (1903 – 1996) stellt eine der großen mathematischen Leistungen des 20. Jahrhunderts dar und hat seither immer wieder neue Forschungen höchsten Ranges angeregt; einige dieser Entwicklungen werden wir ebenfalls näher diskutieren. Wir werden den Satz von van der Waerden auf eine endliche Variante zurückführen, die man zweckmäßig als ein Färbungsproblem interpretiert und die an die Ramsey-Theorie des vorigen Kapitels erinnert. In dieser Formulierung hat der Satz eine weittragende Verallgemeinerung, nämlich den Satz von Hales und Jewett [1963], den wir am Ende dieses Kapitels ebenfalls beweisen werden.

1 Arithmetische Progressionen

Definition 1.1. Eine Menge $P \subseteq \mathbb{Z}$ heißt eine *arithmetische Progression der Länge t*, wenn es Zahlen $a \in \mathbb{Z}$ und $d \in \mathbb{N}$ mit

$$P = \{a, a + d, \dots, a + (t - 1)d\}$$

gibt. Man nennt a das *Anfangsglied* und d die *Schrittweite* der arithmetischen Progression P. Eine Menge der Form

$$P = \{a, a+d, a+2d, \dots\} \quad \text{bzw.} \quad P = \{\dots, a-2d, a-d, a, a+d, a+2d, \dots\}$$

heißt eine *unendliche arithmetische Progression*.

Die Länge t einer (endlichen) arithmetischen Progression P ist also nichts weiter als die Anzahl ihrer Elemente: $t = |P|$. Je zwei verschiedene ganze Zahlen a, b bilden trivialerweise eine arithmetische Progression $P = \{a, b\}$ der Länge 2. Erst von der Länge 3 an werden arithmetische Progressionen interessant.

Arithmetische Progressionen werden seit langem intensiv studiert. Wir erinnern hier an einen klassischen Satz der Zahlentheorie, dessen (anspruchsvoller) Beweis natürlich nicht in das Thema dieses Buches paßt, der aber zweifellos zur mathematischen Allgemeinbildung gehört; ein Beweis findet sich in vielen Lehrbüchern der Zahlentheorie, etwa bei Dirichlet [1894], der diesen Satz 1837 bewiesen hat, oder bei Hua [1982].

Satz 1.2 (Dirichletscher Primzahlsatz). *Sei $P = \{a, a + d, a + 2d, \ldots\}$ eine unendliche arithmetische Progression, für die die Schrittweite d und das Anfangsglied a teilerfremd sind. Dann enthält P unendlich viele Primzahlen.*

Arithmetische Progressionen sind besonders regelmäßig gebaute Mengen von ganzen Zahlen. Wir nennen nun Mengen „schön", wenn sie mit dieser Art von Regelmäßigkeit reichlich ausgestattet sind:

Definition 1.3. Eine Menge $M \subseteq \mathbb{Z}$ heiße *schön*, wenn sie arithmetische Progressionen beliebiger Länge enthält.

Es ist leicht, Beispiele von schönen Mengen anzugeben; trivialerweise sind $\mathbb{N}$ und $\mathbb{Z}$ sowie unendliche arithmetische Progressionen schön. Ein weniger triviales Beispiel ist

$$\{a, a + d_1, a + d_2, a + 2d_2, a + d_3, a + 2d_3, a + 3d_3, \ldots\}$$
$$\text{mit } a \in \mathbb{Z}, \; d_1, d_2, \cdots \in \mathbb{N}, \; 0 < d_1 < d_2 < \cdots$$

Auch „häßliche" Mengen sind leicht zu finden, etwa $\{0, 10, 10^2, 10^3, 10^4, \ldots\}$. Eine einfache Idee zur Konstruktion derartiger Mengen besteht darin, in eine Menge M auf geschickte Weise immer größere Lücken einzubauen, um lange arithmetische Progressionen in M zu verhindern. Man bemerkt jedoch, daß man hierbei das Komplement $\overline{M}$ der Menge M reichlich mit arithmetischen Progressionen ausstattet, da die Lücken von M arithmetische Progressionen der Schrittweite 1 in $\overline{M}$ sind. Der Satz von van der Waerden [1926] zeigt, daß dies unumgänglich ist, daß also das Komplement einer häßlichen Menge notwendigerweise schön ist. Natürlich können aber auch schöne Mengen ein schönes Komplement haben; das gilt beispielsweise für unendliche arithmetische Progressionen.

Satz 1.4 (Satz von van der Waerden). *Sei $r \in \mathbb{N}$ und sei $\mathbb{N} = M_1 \cup \cdots \cup M_r$ eine Zerlegung von $\mathbb{N}$. Dann ist mindestens eine der Mengen $M_1, \ldots, M_r$ schön.*

Zur Entdeckungsgeschichte des Beweises für Satz 1.4 vergleiche man van der Waerden [1953/54]; man lese ferner Chintschin [1951] sowie Graham und Rothschild [1974]. Den Beweis von Satz 1.4 werden wir – auf einigen Umwegen – im nächsten Abschnitt liefern.

2   Beweis des Satzes von van der Waerden

Man kann Satz 1.4 leicht auf die folgende endliche Variante zurückführen, was dem Leser als Übung überlassen sei. Die Ähnlichkeit zu den Fragestellungen der Ramsey-Theorie ist in dieser Formulierung offenkundig.

Satz 2.1 (Satz von van der Waerden, Finite Form). *Zu beliebigen natürlichen Zahlen r und t gibt es ein $N(r, t) \in \mathbb{N}$ mit folgender Eigenschaft: Für alle $N \geq N(r, t)$ und jede Zerlegung $\{1, \ldots, N\} = B_1 \cup \cdots \cup B_r$ enthält mindestens eine der Mengen $B_1, \ldots, B_r$ eine arithmetische Progression der Länge t.*

Der Rest dieses Abschnitts ist dem Beweis von Satz 2.1 gewidmet. Zunächst wollen wir die Situation des Satzes als ein Färbungsproblem interpretieren. Eine Menge M in r disjunkte Bestandteile $B_1, \ldots, B_r$ zu zerlegen bedeutet, daß man von jedem Element von M sagt, zu welchem B_ϱ es gehört; man ordnet also jedem Element eine der Nummern $1, \ldots, r$ zu. Interpretiert man nun die Nummern als „Farben", so bedeutet eine solche Zuordnung eine Färbung von M mit r Farben. Daß eine Teilmenge P von M ganz in einem B_ϱ enthalten ist, bedeutet dann einfach, daß alle Elemente von P dieselbe Farbe tragen. In exakter Sprechweise:

Definition 2.2. Sei M eine Menge und F eine weitere Menge, deren Elemente wir *Farben* nennen. Eine Abbildung $\chi : M \to F$ heißt dann auch eine *F-Färbung* von M (oder eine Färbung mit $|F|$ Farben). Eine Teilmenge P von M wird *monochrom* genannt, wenn die Färbung χ auf P konstant ist.

Übung 2.3. a) Auf wieviele Arten kann man eine N-elementige Menge mit r Farben färben?

b) Man zeige: Ist $N \geq tr + 1$, und ist eine N-elementige Menge mit r Farben gefärbt, so besitzt sie mindestens eine monochrome Teilmenge mit $t + 1$ Elementen.

In der eben eingeführten Sprechweise übersetzt sich Satz 2.1 unmittelbar in die folgende Aussage:

Satz 2.4 (Satz von van der Waerden, Chromatische Version). *Zu $r, t \in \mathbb{N}$ gibt es stets ein $N(r, t) \in \mathbb{N}$ mit folgender Eigenschaft: Ist $N \geq N(r, t)$ und ist $M = \{1, \ldots, N\}$ mit r Farben gefärbt, so enthält M mindestens eine monochrome arithmetische Progression der Länge t.*

Wir werden Satz 2.4 als Spezialfall einer allgemeineren Aussage erhalten, die besser geeignet ist, um einen Induktionsbeweis anzusetzen. Dazu betrachten wir den *m-dimensionalen Würfel* W_{t+1}^m über der *Kante* $W_{t+1} = \{0, 1, \ldots, t\}$:

$$W_{t+1}^m = \{(x_1, \ldots, x_m) \mid x_j \in \{0, \ldots, t\} \text{ für } j = 1, \ldots, m\};$$

es handelt sich also um die Gitterpunkte in einem normalen m-dimensionalen Würfel der Kantenlänge t. Weiter benötigen wir die folgenden Teilmengen:

$$C_{t+1}^m(0) = \{(x_1, \ldots, x_m) \mid x_j \in \{0, \ldots, t-1\} \text{ für } j = 1, \ldots, m\};$$

$$C_{t+1}^m(1) = \{(x_1, \ldots, x_{m-1}, t) \mid x_j \in \{0, \ldots, t-1\} \text{ für } j = 1, \ldots, m-1\};$$

$$C_{t+1}^m(2) = \{(x_1, \ldots, x_{m-2}, t, t) \mid x_j \in \{0, \ldots, t-1\} \text{ für } j = 1, \ldots, m-2\};$$

$$\vdots$$

$$C_{t+1}^m(m-1) = \{(x, t, \ldots, t) \mid x = 0, \ldots, t-1\};$$

$$C_{t+1}^m(m) = \{(t, t, \ldots, t)\}.$$

Diese sogenannten *Klassen* in W_{t+1}^m sind paarweise disjunkt, schöpfen aber W_{t+1}^m im allgemeinen nicht aus. Für jede Wahl von $a, d_1, \ldots, d_m \in \mathbb{N}$ definieren wir nun eine Abbildung $\mu \colon W_{t+1}^m \to \mathbb{N}$ wie folgt:

$$(2.1) \qquad \mu(x_1, \ldots, x_m) = a + x_1 d_1 + \cdots + x_m d_m.$$

Dann ist das Bild von $C_{t+1}^m(m-1)$ unter einer der Abbildungen μ gerade eine arithmetische Progression der Länge t, da

$$\mu(x, t, \ldots, t) = a + x d_1 + t d_2 + \cdots + t d_m = a' + x d_1$$

mit $a' = a + t(d_2 + \cdots + d_m)$ gilt (für $x = 0, \ldots, t-1$). Mit diesen Bezeichnungen können wir jetzt die folgende *Aussage* $S(t, m)$ formulieren:

> Zu jedem $r \in \mathbb{N}$ gibt es ein $N(t, m, r) \in \mathbb{N}$ mit folgender Eigenschaft: Ist $N \geq N(t, m, r)$ und färbt man $\{1, \ldots, N\}$ mit r Farben, so gibt es natürliche Zahlen $a, d_1, \ldots, d_m$, für die jede der Klassen $C_{t+1}^m(u)$ ($u = 0, \ldots, m$) unter der gemäß (2.1) definierten Abbildung $\mu \colon W_{t+1}^m \to \mathbb{N}$ ein monochromes, in M enthaltenes Bild hat.

Man sieht unmittelbar, daß Satz 2.4 aus der Gültigkeit von $S(t, 1)$ für $t = 1, 2, \ldots$ folgt. In W_{t+1}^1 gibt es nur die Klassen $C_{t+1}^1(0)$ und $C_{t+1}^1(1)$; Bilder von C_{t+1}^1 unter Abbildungen der Form (2.1) sind aber arithmetische Progressionen der Länge t, wie wir schon bemerkt haben. Daß es unter diesen Bildern monochrome gibt, bedeutet also gerade die Existenz monochromer arithmetischer Progressionen der Länge t. Wir werden nun den folgenden, stärkeren Satz (und damit implizit alle Versionen des Satzes von van der Waerden) mit vollständiger Induktion beweisen:

Satz 2.5. *Für beliebige $t, m \in \mathbb{N}$ gilt die Aussage $S(t, m)$.*

Beweis. Der Induktionsanfang $S(1, 1)$ ist trivial. Unser Induktionsplan sieht folgendermaßen aus:

(2.2) $$S(t, 1), \ldots, S(t, m) \implies S(t, m + 1);$$

(2.3) $$S(t, 1), S(t, 2), \ldots \implies S(t + 1, 1).$$

Offensichtlich funktioniert die Induktion, wenn man (2.2) und (2.3) bewiesen hat: Mittels (2.2) gewinnt man aus $S(1, 1)$ nacheinander die Aussagen $S(1, 2)$, $S(1, 3)$, ... Nimmt man diese alle zusammen, so ergibt sich $S(2, 1)$ mittels (2.3). Dann verwendet man wieder (2.2) und gewinnt die Aussagen $S(2, 2)$, $S(2, 3)$, ..., danach mittels (2.3) auch $S(3, 1)$ usw.

Wir beweisen zunächst (2.2). Dazu setzen wir also die Gültigkeit der Aussagen $S(t, 1), \ldots, S(t, m)$ voraus und wählen $r \in \mathbb{N}$. Uns stehen dann insbesondere $N(t, m, r)$ und $N(t, 1, r^p)$ zur Verfügung; wir setzen

$$p = N(t, m, r) \quad \text{sowie} \quad q = N(t, 1, r^p)$$

und leiten die Schlußfolgerung $S(t, m + 1)$ für $N = pq$ her. Offensichtlich haben wir dann $S(t, m + 1)$ mit

$$N(t, m + 1, r) = pq = N(t, m, r) \cdot N\big(t, 1, r^{N(t,m,r)}\big)$$

gewonnen, da sich größere N stets auf kleinere, bei denen die Sache schon geklappt hat, zurückführen lassen (Übung!). Sei also $N = pq$. Wir färben $\{1, \ldots, N\}$ mit r Farben, wählen also $\chi : \{1, \ldots, N\} \to \{1, \ldots, r\}$. Nun teilen wir $\{1, \ldots, N\} = \{1, \ldots, pq\}$ in q Blöcke $B_1, \ldots, B_q$ mit je p Elementen auf:

$$B_1 = \{1, \ldots, p\}, \ B_2 = \{p + 1, \ldots, 2p\}, \ldots, B_q = \{(q - 1)p + 1, \ldots, qp\}$$

und setzen

$$\overline{\chi}(B_1) = (\chi(1), \ldots, \chi(p)), \ldots, \overline{\chi}(B_q) = (\chi((q - 1)p + 1), \ldots, \chi(qp)).$$

Schreibt man $\overline{\chi}(k)$ statt $\overline{\chi}(B_k)$ und faßt $\{1, \ldots, r\}^p$ als neue Farbenmenge auf, so ist damit $\{1, \ldots, q\}$ mit r^p Farben gefärbt. Die neuen Farben sind also p-Tupel von alten Farben. Wegen $q = N(t, 1, r^p)$ gibt es in $\{1, \ldots, q\}$ eine (in den neuen Farben) monochrome arithmetische Progression der Länge t. Sieht man sich die Entstehung von $\overline{\chi}$ an, so heißt dies: In $\{1, \ldots, pq\}$ liegen t Blöcke mit je $p = N(t, m, r)$ Elementen; diese Blöcke liegen „in arithmetischer Progression" und tragen allesamt bei χ das nämliche Farbmuster. Wer über genügend Intuition verfügt, sieht hier schon das Ende des gegenwärtigen Beweisschrittes vor sich; jetzt muß man das Ergebnis nur noch anständig aufschreiben.

Es gibt also $a', d' \in \mathbb{N}$ mit $\overline{\chi}(a') = \overline{\chi}(a' + d') = \cdots = \overline{\chi}(a' + (t-1)d')$. Dies bedeutet

$$\chi((a'-1)p+1) = \chi((a'+d'-1)p+1) = \cdots = \chi((a'+(t-1)d'-1)p+1)$$

$$\vdots$$

$$\chi((a'p) = \chi((a'+d')p) = \cdots = \chi((a'+(t-1)d')p)$$

In diesem mit einigen Gleichheitszeichen durchsetzten Schema von pq alten Farben $\{1, \ldots, r\}$ steht als erste Spalte die Färbung eines Blocks der Länge p. Man kann dies als eine Färbung von $\{1, \ldots, p\}$ lesen. Wegen $p = N(t, m, r)$ gibt es natürliche Zahlen $a'', d_1, \ldots, d_m$, für die die Bilder der Klassen $C_{t+1}^m(0), \ldots, C_{t+1}^m(m)$ unter der zugehörigen μ-Abbildung sämtlich monochrom sind. Die Monochromie des μ-Bilds von $C_{t+1}^m(u)$ bedeutet dabei, daß die Farbwerte

$$\chi((a'-1)p + a'' + x_1 d_1 + \cdots + x_{m-u}d_{m-u} + t(d_{m-u+1} + \cdots + d_m))$$

für alle $x_1, \ldots, x_{m-u} \in \{0, \ldots, t-1\}$ übereinstimmen. Somit dürfen wir im obigen Schema weitere Gleichheitszeichen eintragen: Die Farbwerte

$$\chi((a'+xd'-1)p + a'' + x_1 d_1 + \cdots + x_{m-u}d_{m-u} + t(d_{m-u+1} + \cdots + d_m))$$

stimmen für alle $x, x_1, \ldots, x_{m-u} \in \{0, \ldots, t-1\}$ überein. Setzt man nun $a = (a'-1)p + a''$ und $d_0 = pd'$, so sieht man – abgesehen von einer Index-Numerierung – daß sämtliche Klassen $C_{t+1}^{m+1}(0), \ldots, C_{t+1}^{m+1}(m)$ für die zugehörige Abbildung der Form (2.1) monochrome Bilder haben. Die Monochromie des Bildes der einelementigen Klasse $C_{t+1}^{m+1}(m+1)$ ist trivial. Man sieht außerdem leicht ein, daß die Abbildung μ nicht über $\{1, \ldots, N\}$ hinausschießt. Damit ist der Beweis von (2.2) geleistet.

Wir beweisen nun (2.3). Wir setzen also sämtliche $S(t, m)$ mit $m \in \mathbb{N}$ als richtig voraus, wählen ein $r \in \mathbb{N}$ und beweisen $S(t+1, 1)$, d. h. die Existenz monochromer arithmetischer Progressionen der Länge $t + 1$. Wir zeigen, daß wir $N(t+1, 1, r) = N(t, r, r)$ setzen dürfen und wählen somit eine Zahl $n \geq N(t, r, r)$. Dann färben wir $\{1, \ldots, n\}$ mit r Farben. Wegen $n \geq N(t, r, r)$ gibt es $a, d_1, \ldots, d_r \in \mathbb{N}$, derart, daß die $r+1$ Klassen $C_{t+1}^r(0), \ldots, C_{t+1}^r(r)$ jeweils monochrome Bilder unter der Abbildung μ aus (2.1) bekommen. Da hier $r+1$ Klassen, aber nur r Farben auftreten, bekommen die μ-Bilder von zwei verschiedenen Klassen dieselbe Farbe. Es gibt also Indizes u und v mit $0 \leq u < v \leq r$, für die die folgende Menge monochrom ist:

$$\{a + x_1 d_1 + \cdots + x_u d_u + t(d_{u+1} + \cdots + d_r) \mid x_1, \ldots, x_u \in \{0, \ldots, t-1\}\}$$
$$\cup \{a + x_1 d_1 + x_v d_v + t(d_{v+1} + \cdots + d_r) \mid x_1, \ldots, x_v \in \{0, \ldots, t-1\}\}.$$

Diese monochrome Menge M enthält nun eine arithmetische Progression der Länge $t + 1$, nämlich

$$\{a + x(d_{u+1} + \cdots + d_v) + t(d_{v+1} + \cdots + d_r) \mid x = 0, \ldots, t\},$$

wobei die ersten t Glieder ($x = 0, \ldots, t - 1$) dem zweiten und das $(t + 1)$-te Glied dem ersten Bestandteil von M entstammen. Damit ist auch der Schluß von $S(t, 1), S(t, 2), \ldots$ auf $S(t+1, 1)$ vollzogen und der Beweis von Satz 2.5 vollendet.

$\square$

Insbesondere haben wir somit den Satz von van der Waerden vollständig bewiesen. In den nächsten beiden Paragraphen – die man als historische Bemerkungen auffassen mag – diskutieren wir einige mit diesem Satz zusammenhängende Fragestellungen, ohne allerdings Beweise zu geben.

3   Der Satz von Szemerédi

Der Satz von van der Waerden gibt keine Auskunft darüber, *welche* der Mengen $M_1, \ldots, M_r$ in einer Zerlegung

(3.1) $\mathbb{N} = M_1 \cup \cdots \cup M_r$

denn nun wirklich schön sind. Er sagt nur: Mindestens eine von ihnen ist schön. Erdös und Turán [1936] sprachen die folgende Vermutung aus: Ist $M \subseteq \mathbb{N}$ und gilt

$$\limsup_{n \to \infty} \frac{1}{n} |M \cap \{1, \ldots, n\}| > 0$$

– man nennt diesen lim sup die *obere Dichte* $\overline{d}(M)$ von M – so ist M schön. Hieraus würde sich der Satz von van der Waerden sofort ergeben, denn aus (3.1) folgt unmittelbar, daß mindestens eine der oberen Dichten $\overline{d}(M_1), \ldots, \overline{d}(M_r)$ strikt positiv ist.

Erdös und Turán gaben ihrer Vermutung eine genauere quantitative Form, für deren Formulierung wir die folgende Schreibweise einführen. Es sei $r_t(n)$ die maximale Mächtigkeit einer Teilmenge $B \subseteq \{1, \ldots, n\}$, die keine arithmetische Progression der Länge t enthält. Man verifiziert sofort

(3.2) $r_t(m + n) \le r_t(m) + r_t(n),$

was sich der Leser klarmachen sollte. Somit genügt r_t stets der Voraussetzung des folgenden bekannten Lemmas, dessen Beweis dem Leser als Übung überlassen sei.

Lemma 3.1. *Falls* $r : \mathbb{N} \to \mathbb{R}_+$ *für alle* $m, n \in \mathbb{N}$ *die Ungleichung*

$$r(m + n) \leq r(m) + r(n)$$

erfüllt, so existiert $\lim_{n\to\infty} \frac{r(n)}{n}$ *und hat einen endlichen Wert.*   □

Die quantitative Version der Vermutung von Erdös und Turán (die inzwischen der Satz von Szemerédi ist) lautet nun:

Satz 3.2 (Satz von Szemerédi). *Es gilt*

$$(3.3) \qquad\qquad r_t := \lim_{n\to\infty} \frac{1}{n} r_t(n) = 0 \quad \text{für alle } t \in \mathbb{N}.$$

Übung 3.3. Man beweise: Falls $r_t = 0$ gilt, enthält jede Menge $M \subseteq \mathbb{N}$ mit strikt positiver oberer Dichte mindestens eine arithmetische Progression der Länge t. Insbesondere folgt aus (3.3), daß jede Menge $M \subseteq N$ mit strikt positiver oberer Dichte schön ist.

Roth [1952] bewies 1952 $r_3 = 0$, vgl. auch Roth [1953,1954,1967]. Erdös setzte für den Beweis von (3.3) einen Privat-Preis von 1000 $ aus. 1973 fand Szemerédi (publiziert in Szemerédi [1975]) einen Beweis für (3.3) und holte sich damit die 1000 $; dieser Beweis ist eines der raffiniertesten und schwierigsten Probestücke mathematischen Denkens. Furstenberg [1977] gab einen Beweis von Satz 3.2 unter Ausnützung tiefliegender, zum Teil von ihm neu entwickelter Methoden der Ergodentheorie, vgl. die Monographie Furstenberg [1981].

Furstenberg und Weiss [1978] bewiesen den Satz von van der Waerden mit Techniken aus der topologischen Dynamik im sogenannten Shift-Raum; einen winzig kleinen Einblick in derartige Techniken gewährt Kap. V § 2 dieses Buches. Erdös hat auch 3000 $ für den Beweis folgender Vermutung ausgesetzt:

$$(3.4) \qquad \text{Jede Teilmenge } M \text{ von } \mathbb{N} \text{ mit } \sum_{n\in M} \frac{1}{n} = \infty \text{ ist schön.}$$

Da $\sum_{p \text{ Primzahl}} \frac{1}{p} = \infty$ gilt, würde (3.4) insbesondere die Existenz beliebig langer arithmetischer Progressionen von Primzahlen implizieren, ein Resultat, das der Leser mit dem Dirischletschen Primzahlsatz 1.2 vergleichen sollte. Erdös soll gesagt haben, er könne für den Beweis von (3.4) ruhig auch 10^6 $ aussetzen, die er gar nicht besitze, denn er glaube nicht, daß er einen solchen Beweis erleben werde (womit er, der 1996 gestorben ist, recht behielt). Man sieht hier noch einmal, daß historisch gesehen das uralte Primzahl-Thema ständig im Hintergrund aller der von uns referierten Untersuchungen steht. In den gegenwärtigen Zusammenhang gehört auch Hindman [1974].

4   Ergebnisse von Schur, Rado und Deuber

Wir beginnen mit einer chromatischen Formulierung des Satzes von van der Waerden im unendlichen Fall; man macht sich leicht klar, daß es sich in der Tat um eine äquivalente Umformulierung von Satz 1.4 handelt.

Satz 4.1. *Ist $r \in \mathbb{N}$ und färbt man $\mathbb{N}$ mit r Farben, so gibt es monochrome arithmetische Progressionen beliebiger Länge.* ☐

Dieser Satz hat eine Art Vorläufer, der von Schur [1916] stammt. Schur zeigte nämlich, daß es bei jeder Färbung von $\mathbb{N}$ mit r Farben monochrome Tripel $\{x, y, z\}$ mit $x + y = z$ gibt; man beachte, daß dies nicht aus dem Satz von van der Waerden folgt. Als Motiv stand hinter Schurs Untersuchung das Fermat-Problem. In der Tat bewies Schur mit Hilfe der soeben zitierten Aussage:

Satz 4.2. *Sei $m \in \mathbb{N}$. Dann gibt es ein $p_0 > 0$, derart, daß für jede Primzahl $p \geq p_0$ drei nicht durch p teilbare Zahlen x, y, z mit $x^m + y^m = z^m$ mod p existieren.*

Der Satz von van der Waerden wurde in der Dissertation von Rado [1933a] weitergeführt, vgl. auch Rado [1933b]. Rado betrachtete ganzzahlige Matrizen

$$A = (a_{jk})_{j=1,\ldots,m;\, k=1,\ldots,n}$$

und fragte nach ganzzahligen Lösungen $x = (x_1, \ldots, x_n) \in \mathbb{Z}^n$ des Gleichungssystems $Ax^T = 0$. Er nannte die Matrix A *partitionsregulär*, wenn dieses Gleichungssystem für jedes r und jede Färbung χ von $\mathbb{N}$ mit r Farben eine monochrome Lösung $x = (x_1, \ldots, x_n) \in \mathbb{N}^n$ besitzt, also $\chi(x_0) = \cdots = \chi(x_n)$ gilt. Rado bewies dann die folgende Aussage:

Satz 4.3. *Die ganzzahlige Matrix $A = (a_{jk})_{j=1,\ldots,m;\, k=1,\ldots,n}$ ist genau dann partitionsregulär, wenn es eine Zerlegung $\{1, \ldots, n\} = D_0 \cup D_1 \cup \cdots \cup D_s$ der Menge der Spaltenindizes gibt, so daß für die Spaltenvektoren $a_k = (a_{jk})_{j=1,\ldots,m}$ folgendes gilt:*

$$\sum_{k \in D_0} a_k = (0, \ldots, 0)^T$$

und für jedes $\sigma = 1, \ldots, s$ ist $\sum_{k \in D_\sigma} a_k$ eine rationale Linearkombination der a_i mit $i \in D_0 \cup \cdots \cup D_{\sigma-1}$.

Man sagt dann, daß die Matrix A die *Spaltenbedingung* erfüllt. Aus Satz 4.3 folgt der Satz von van der Waerden, indem man für die spezielle Matrix

$$(4.1) \qquad \begin{pmatrix} -1 & +1 & 0 & \cdots & 0 & 0 & -1 \\ 0 & -1 & +1\cdots & & 0 & 0 & -1 \\ 0 & 0 & -1 & \cdots & 0 & 0 & -1 \\ \vdots & \vdots & \vdots & & \vdots & \vdots & \vdots \\ 0 & 0 & 0 & \cdots & -1 & +1 & -1 \end{pmatrix}$$

die Spaltenbedingung nachweist, was wir dem Leser als Übungsaufgabe empfehlen. Danach schreibt man hin, was $A\boldsymbol{x}^T = 0$ bedeutet:

$$x_2 - x_1 = x_n$$
$$x_3 - x_2 = x_n$$
$$\vdots$$
$$x_{n-1} - x_{n-2} = x_n,$$

womit $\{x_1, \ldots, x_{n-1}\}$ eine arithmetische Progression der Länge $n-1$ und der Schrittweite x_n ist. Jede monochrome Lösung von $A\boldsymbol{x}^T = 0$ liefert also eine monochrome arithmetische Progression der Länge n.

Rados Ergebnis besagt also etwas mehr als der Satz von van der Waerden, da er die Existenz beliebig langer arithmetischer Progressionen liefert, die zusammen mit ihrer Schrittweite monochrome Mengen bilden. Insbesondere umfaßt Satz 4.3 im Gegensatz zu Satz 4.1 auch das oben zitierte Ergebnis von Schur [1916].

Die Arbeiten von Deuber gehen von folgender Beobachtung aus, die leicht aus Satz 4.3 folgt:

Korollar 4.4. *Ist $r \in \mathbb{N}$ und $\mathbb{N} = M_1 \cup \cdots \cup M_r$ eine Zerlegung von $\mathbb{N}$, so gibt es mindestens ein $\varrho \in \{1, \ldots, r\}$, für welches jede partitionsreguläre Matrix A über $\mathbb{Z}^{(m,n)}$ eine Lösung $\boldsymbol{x} = (x_1, \ldots, x_n)$ von $A\boldsymbol{x}^T = 0$ mit $x_1, \ldots, x_n \in M_\varrho$ besitzt (für beliebige m, n).*

Beweis. Angenommen, es gibt zu jedem $\varrho \in \{1, \ldots, r\}$ ein $A^{(\varrho)} \in \mathbb{Z}^{(m_\varrho, n_\varrho)}$, das die Spaltenbedingung erfüllt, aber keine Lösung von $A^{(\varrho)}\boldsymbol{x}^T = 0$ mit $\boldsymbol{x} \in M_\varrho^{n_\varrho}$ gestattet. Dann erfüllt

$$A = \begin{pmatrix} A^{(1)} & & & 0 \\ & A^{(2)} & & \\ & & \ddots & \\ 0 & & & A^{(r)} \end{pmatrix}$$

ebenfalls die Spaltenbedingung und gestattet in keinem $M_\varrho^{n_1+\cdots+n_r}$ eine Lösung von $A\boldsymbol{x}^T = 0$ (Übung!). Dies ist ein Widerspruch zu der durch Satz 4.3 gesicherten Partitionsregularität von A.   □

Aufgrund von Korollar 4.4 ist es sinnvoll, eine Menge $M \subseteq \mathbb{Z}$ *partitionsregulär* zu nennen, wenn für jede partitionsreguläre Matrix $A \in \mathbb{Z}^{(m,n)}$ die Gleichung $A\boldsymbol{x}^T = 0$ eine Lösung $\boldsymbol{x} \in M^n$ besitzt. Nach 4.4 ist also für jede Zerlegung $\mathbb{N} = M_1 \cup \cdots \cup M_r$ mindestens eine der Mengen $M_1, \ldots, M_r$ partitionsregulär. Es gilt nun die folgende beachtliche Verstärkung dieses Ergebnisses:

Satz 4.5. *Ist* $M \subseteq \mathbb{N}$ *partitionsregulär und* $M = M_1' \cup \cdots \cup M_s'$ *eine Zerlegung von* M, *so ist mindestens eine der Mengen* $M_1', \ldots, M_s'$ *partitionsregulär.*

Satz 4.5 ist das Hauptresultat von Deuber [1973], der seine hierbei gefundenen Ansätze noch beträchtlich weiter verfolgt hat, siehe Deuber [1975a,b,c]. Weiterhin seien die Übersichtsartikel von Deuber [1989] und Leader [2003] erwähnt.

5   Der Satz von Hales und Jewett

In diesem Abschnitt formulieren und beweisen wir ein weiteres berühmtes Resultat vom van-der-Waerden-Typ, das von Hales und Jewett [1963] stammt und, wie wir sehen werden, ebenfalls den Satz von van der Waerden als Spezialfall enthält. Es sei bemerkt, daß man auch den Satz von Hales und Jewett – wie den von van der Waerden – mit Methoden der topologischen Dynamik beweisen kann, siehe Furstenberg und Weiss [1978]. Wir werden dagegen rein kombinatorisch vorgehen und eine Erweiterung der beim Satz von van der Waerden angewendeten Beweismethode benützen. Weiterführende Untersuchungen sind im Buch von Graham, Rothschild und Spencer [1990] dargestellt.

Wie schon beim Beweis des Satzes von van der Waerden betrachten wir die Würfel $\{0, \ldots, t\}^m = W_{t+1}^m$ $(m, t \in \mathbb{N})$ und darin die Klassen $C_{t+1}^m(0), \ldots, C_{t+1}^m(m)$.

Ist $k < m$, so kann man W_{t+1}^k auf folgende Weise injektiv in W_{t+1}^m abbilden. Zunächst zerlegt man die Indexmenge $\{1, \ldots, m\}$ disjunkt in $k + 1$ Mengen $B_0, B_1, \ldots, B_k \neq \emptyset$ und fixiert x_j für $j \in B_0$ jeweils beliebig; dann ordnet man jedem $(y_1, \ldots, y_k) \in W_{t+1}^k$ sein Bild $(x_1, \ldots, x_m) \in W_{t+1}^m$ zu, indem man für x_j mit $j \in B_0$ die vorher fixierten Werte verwendet und auf B_i mit $i > 0$ konstant $x_j = y_i$ setzt. Man benützt also die $y_1, \ldots, y_k$, um auf den $B_1, \ldots, B_k$ entsprechende konstante Abbildungen vorzuschreiben.

Teilmengen von W_{t+1}^m, die in dieser Weise als Bilder von W_{t+1}^k zustandekommen, nennt man *k-dimensionale Unterräume U* von W_{t+1}^m. Die Bilder der Klassen

$C_{t+1}^k(0), \ldots, C_{t+1}^k(k)$ bezeichnen wir mit $C_{t+1}^U(0), \ldots, C_{t+1}^U(k)$ und nennen sie die *Klassen von U*.

1-dimensionale Unterräume heißen auch *Geraden*. Geraden U in W_{t+1}^m entstehen also, indem man Komponenten in einem B_0 fixiert und in $B_1 = \{1, \ldots, m\} \setminus B_0 \neq \emptyset$ nacheinander die Komponenten-Tupel $0 \ldots 0; \, 1 \ldots 1; \, \ldots;$ $t \ldots t$ vorschreibt.

Wir sehen uns dies einmal in einem Beispiel an. Sei $t = 1$, $k = 2$, $m = 7$, $B_0 = \{1, 2, 7\}$, $B_1 = \{3, 6\}$, $B_2 = \{4, 5\}$, $x_1 = x_7 = 0$ und $x_2 = 1$. Dann erhalten wir

$$U = \{0100000, 0101100, 0110010, 0111110\},$$

$$C_{t+1}^U(0) = \{0100000\}, \quad C_{t+1}^U(1) = \{0101100\}, \quad C_{t+1}^U(2) = \{0111110\}.$$

Nach diesen Vorbereitungen können wir nun das Ergebnis von Hales und Jewett [1963] formulieren:

Satz 5.1 (Satz von Hales und Jewett). *Zu beliebigen $r, t \in \mathbb{N}$ gibt es ein $M(r, t) \in \mathbb{N}$, derart, daß für $m \geq M(r, t)$ stets folgendes gilt: Färbt man W_t^m mit r Farben, so gibt es in W_t^m eine monochrome Gerade.*

Vor dem Beweis von Satz 5.1 geben wir zunächst noch zwei Beispiele an, die zum Verständnis des Satzes beitragen sollten.

Beispiel 5.2. Wir zeigen $M(r, 2) \leq r$. Der Würfel W_2^m besteht aus allen m-Tupeln von Nullen und Einsen; wir betrachten nun $m + 1$ von ihnen, und zwar

$$(11 \ldots 111), \ (11 \ldots 110), \ (11 \ldots 100), \ \ldots, \ (10 \ldots 000), \ (00 \ldots 000).$$

Für $m \geq r$ gibt es unter diesen m-Tupeln – bei gegebener Färbung von W_2^m mit r Farben – mindestens zwei gleichfarbige, etwa

$$(1 \ldots 1 \ 1 \ldots 1 \ 0 \ldots 0) \quad \text{und} \quad (1 \ldots 1 \ 0 \ldots 0 \ 0 \ldots 0).$$

Offenbar bilden diese beiden m-Tupel zusammen eine monochrome Gerade in W_2^m, wie verlangt.

Beispiel 5.3. Wir leiten die chromatische Version des Satzes von der Waerden (Satz 2.4) aus Satz 5.1 ab. Hierzu wählen wir $r, t, m \in \mathbb{N}$ mit $m \geq M(r, t)$ und bilden $M = \{0, \ldots, t^m - 1\}$ t-adisch bijektiv auf W_t^m ab:

$$n \leftrightarrow (x_1, \ldots, x_m) \iff n = x_1 + x_2 t + x_3 t^2 + \cdots + x_m t^{m-1}.$$

Eine Färbung von M mit r Farben übersetzt sich dann in eine Färbung von W_t^m mit r Farben; jede monochrome Gerade $U \subseteq W_t^m$ liefert dabei eine arithmetische

Progression in M, wie wir uns jetzt überlegen. U wird ja durch eine Zerlegung $\{1, \ldots, m\} = B_0 \cup B_1$ mit $B_1 \neq \emptyset$ und eine Auswahl von Elementen x_j $(j \in B_0)$ definiert. Wir setzen

$$a = \sum_{j \in B_0} x_j t^{j-1} \quad \text{sowie} \quad d = \sum_{j \in B_1} t^{j-1}$$

und erhalten als t-adisches Bild von U in M die arithmetische Progression $\{a, a+d, \ldots, a+td\}$ der Länge $t+1$ mit Anfangsglied a und Schrittweite d.

Der Satz von Hales und Jewett impliziert also den Satz von van der Waerden, aber mit einer erheblichen Verschärfung, da nun die Schrittweite der sich ergebenden arithmetischen Progression eine Summe von lauter verschiedenen t-Potenzen ist.

Beweis des Satzes von Hales und Jewett. Wir werden den Beweis durch vollständige Induktion führen und dabei die nachstehenden beiden Aussagen $A(t)$ und $B(t)$ $(t = 1, 2, \ldots)$ verwenden.

Aussage $A(t)$. Zu beliebigem $r \in \mathbb{N}$ gibt es ein $M(r, t) \in \mathbb{N}$, so daß für $m \geq M(r, t)$ folgendes gilt: Färbt man W_t^m mit r Farben, so gibt es in W_t^m eine monochrome Gerade.

Aussage $B(t)$. Zu beliebigen $r, k \in \mathbb{N}$ gibt es ein $L(r, t, k) \in \mathbb{N}$, so daß für $m \geq L(r, t, k)$ folgendes gilt: Färbt man W_{t+1}^m mit r Farben, so enthält W_{t+1}^m einen k-dimensionalen Unterraum U, dessen Klassen $C_{t+1}^U(0), \ldots, C_{t+1}^U(m)$ monochrom (aber eventuell mit verschiedenen Farben) sind.

Wir werden nun jür jedes $t \in \mathbb{N}$

$$A(t) \implies B(t) \quad \text{sowie} \quad B(t) \implies A(t+1)$$

beweisen. Da $A(1)$ trivial ist (weil W_1^m immer nur aus einem Punkt besteht), folgt die Gültigkeit von $A(1), A(2), \ldots$, also Satz 5.1. Man kann die dann ebenfalls bewiesene Gültigkeit von $B(1), B(2), \ldots$ als eine Variante des Satzes von Hales und Jewett ansehen.

Wir setzen zunächst $A(t)$ für $t \geq 1$ als richtig voraus und beweisen $B(t)$ durch Induktion nach k.

$k = 1$: Wir setzen, um es genau zu sagen, voraus, daß es zu beliebigem $r \in \mathbb{N}$ ein $M(r, t) \in \mathbb{N}$ gibt, derart, daß für $m \geq M(r, t)$ und eine beliebige Färbung von W_t^m mit r Farben eine monochrome Gerade U in W_t^m existiert. Nunmehr wählen wir $r \in \mathbb{N}$ beliebig und setzen $L(r, t, 1) := M(r, t)$. Sei $m \geq M(r, t)$. Wir färben W_{t+1}^m mit r Farben. Wegen $W_t^m \subseteq W_{t+1}^m$ ist dann auch W_t^m mit r Farben gefärbt, und wegen $m \geq M(r, t)$ enthält W_t^m eine monochrome Gerade. Diese Gerade bildet die Klasse $C_{t+1}^U(0)$ einer Geraden in W_{t+1}^m (Übung!). Da $C_{t+1}^U(1)$ nur aus einem

Punkt besteht und somit automatisch monochrom ist, enthält W_{t+1}^m eine Gerade U mit monochromen Klassen $C_{t+1}^U(0)$, $C_{t+1}^U(1)$.

$\{1, \ldots, k\} \to k + 1$: Wir nehmen also an, daß es zu jedem $r \in \mathbb{N}$ und zu jedem $k' \in \mathbb{N}$ mit $k' \leq k$ ein $L(r, t, k') \in \mathbb{N}$ gibt, derart, daß für jedes $m' \geq L(r, t, k')$ und jede Färbung von $W_{t+1}^{m'}$ mit r Farben ein k'-dimensionaler Unterraum U' von $W_{t+1}^{m'}$ existiert, dessen Klassen $C_{t+1}^{U'}(u)$ ($u = 0, \ldots, k'$) monochrom sind.

Nunmehr wählen wir ein $r \in \mathbb{N}$ und setzen

$$m = L(r, t, k) \quad \text{sowie} \quad s = r^{(t+1)^m};$$

s ist also die Anzahl aller möglichen Färbungen von W_{t+1}^m mit r Farben. Wir setzen $m' = L(s, t, 1)$ und zeigen, daß wir

$$L(r, t, k + 1) = m' + m = L\left(r^{(t+1)^{L(r,t,k)}}, k, 1\right) + L(r, t, k)$$

setzen dürfen. Sei also χ eine Färbung von $W_{t+1}^{m'+m}$ mit r Farben; es genügt, in $W_{t+1}^{m'+m}$ einen $(k + 1)$-dimensionalen Unterraum mit monochromen Klassen zu finden; denn würde man $m' + m$ durch eine größere Zahl ersetzen, so hätte man lediglich m' entsprechend zu vergrößern und die nun folgenden Schlüsse ablaufen zu lassen (Übung!).

Wir identifizieren $W_{t+1}^{m'+m}$ mit dem cartesischen Produkt

$$W_{t+1}^{m'} \times W_{t+1}^m = \{xy \mid x \in W_{t+1}^{m'}, \, y \in W_{t+1}^m\},$$

wobei wir statt (x, y) einfach xy schreiben. Wir färben $W_{t+1}^{m'}$ mit $s = r^{(t+1)^m}$ Farben, indem wir

$$\chi'(x) = (\chi(xy))_{y \in W_{t+1}^m}$$

setzen; die Werte von χ' sind also Muster von „alten" (bei χ verwendeten) Farben auf W_{t+1}^m. Wegen $m' = L(s, t, 1)$ gibt es in $W_{t+1}^{m'}$ eine Gerade U' mit bezüglich χ' monochromer Klasse $C_{t+1}^{U'}(0)$ (die andere Klasse $C_{t+1}^{U'}(1)$ besteht nur aus einem Element und ist daher trivialerweise monochrom):

$$\chi'(x) = (\chi(xy))_{y \in W_{t+1}^m}$$

ist also für alle $x \in C_{t+1}^{U'}(0)$ dasselbe Muster von „alten" Farben auf W_{t+1}^m. Dieses Muster, d. h. diese Färbung von W_{t+1}^m mit den r „alten" Farben, nennen wir $\overline{\chi}$. Wegen $m = L(r, t, k)$ gibt es in W_{t+1}^m einen k-dimensionalen Unterraum $\overline{U}$ mit bezüglich $\overline{\chi}$ monochromen Klassen $C_{t+1}^U(0), \ldots, C_{t+1}^U(k)$. Wir bilden jetzt

$$U = U' \times \overline{U} \subseteq W_{t+1}^{m'} \times W_{t+1}^m = W_{t+1}^{m'+m}$$

und zeigen, daß die Klassen $C_{t+1}^{U}(0), \ldots, C_{t+1}^{U}(k+1)$ monochrom für die ursprüngliche Färbung χ sind. Hierzu bemerken wir

$$C_{t+1}^{U}(0) = C_{t+1}^{U'}(0) \times C_{t+1}^{\overline{U}}(0)$$

$$C_{t+1}(1) = C_{t+1}^{U'}(0) \times C_{t+1}^{\overline{U}}(1)$$

$$\vdots$$

$$C_{t+1}^{U}(k) = C_{t+1}^{U'}(0) \times C_{t+1}^{\overline{U}}(k)$$

$$C_{t+1}^{U}(k+1) = C_{t+1}^{U'}(1) \times C_{t+1}^{\overline{U}}(k).$$

Nach der Definition von $\overline{\chi}$ und $\overline{U}$ sind dabei die ersten $k+1$ Klassen monochrom. Die $(k+2)$-te besteht aber nur aus einem Element und ist deshalb automatisch monochrom.

Wir betonen noch nachträglich, daß die Definition der Klassen in einem – etwa $(k+1)$-dimensionalen – Unterraum von der gewählten Numerierung der Bestandteile $B_1, \ldots, B_{k+1}$ der zugehörigen Zerlegung der Indexmenge abhängt (hier $\{1, 2, \ldots, m' + m\}$); natürlich ist das obige Gleichungssystem nur bei einer ganz bestimmten Numerierung richtig, die zu erraten und exakt aufzuschreiben wir dem Leser anheimstellen.

Schließlich setzen wir $B(t)$ voraus und beweisen $A(t+1)$. Also geben wir $r \in \mathbb{N}$ vor; wir wählen dann $m = L(r, t, r)$ und färben W_{t+1}^{m} mit r Farben. Wegen $B(t)$ gibt es einen r-dimensionalen Unterraum U' von W_{t+1}^{m} mit monochromen Klassen $C_{t+1}^{U'}(0), \ldots, C_{t+1}^{U'}(r)$. Wir stellen U' als Bild von W_{t+1}^{r} dar, übertragen die Färbung von U' nach W_{t+1}^{r} und betrachten die $r+1$ in diesem Würfel liegenden r-Tupel

$$(0, 0, \ldots, 0, 0), \ (0, 0, \ldots, 0, t), \ldots, (0, t, \ldots, t, t), \ (t, t, \ldots, t, t).$$

Dann haben zwei dieser r-Tupel dieselbe Farbe. Wir schreiben diese beiden r-Tupel kurz so:

(5.1)
$$\begin{array}{l} (0\ldots0 \quad 0\ldots0 \quad t\ldots t) \\ (0\ldots0 \quad t\ldots t \quad t\ldots t). \end{array}$$

Die r-Tupel

(5.2)
$$\begin{array}{c} (0\ldots0 \quad 1 \ \ldots \ 1 \quad t\ldots t) \\ \vdots \\ (0\ldots0 \quad t-1\ldots t-1 \quad t\ldots t) \end{array}$$

haben ebenfalls diese Farbe, weil ihre Bilder mit dem Bild von

$$(0\ldots0 \quad 0\ldots0 \quad t\ldots t)$$

in derselben Klasse von U' liegen und diese Klasse monochrom ist. Die Bilder der in (5.1) und (5.2) aufgelisteten r-Tupel bilden daher in W_{t+1}^m eine monochrome Gerade, womit $A(t+1)$ nachgewiesen und der Beweis beendet ist. $\square$

VIII Codes

Unter einem Code versteht man in der Umgangssprache eine Verschlüsselungs-vorschrift. Man bildet beispielsweise Nachrichten, die in verständlicher Sprache formuliert sind, injektiv – man möchte schließlich keine Information verlieren – in Abracadabra-Folgen von Symbolen ab und hofft dann etwa, daß „der Gegner" die Abbildung nicht kennt und somit nicht imstande ist, den „Code zu knacken". Die-se Art von „Codes" (die man besser und exakter als „Chiffren" bezeichnen sollte) sind aber *nicht* der Gegenstand der Codierungstheorie; sie gehören vielmehr in die bereits am Anfang von §III.7 diskutierte Kryptographie.

Beispiele aus der Kryptographie täuschen leicht darüber hinweg, daß das Ver-schlüsseln („Codieren") von Informationen – etwa zum Zwecke fehlerfreier Über-mittlung – ein alltäglicher Vorgang in Natur und Technik ist. Das Ziffernblatt unserer Uhren codiert Zustände unseres Sonnensystems, unsere Schrift codiert Gedanken. In jedem Computer werden Unmengen von Codierungen getätigt, in jeder lebenden Zelle ist der genetische Code am Werk. Bei einer digitalen Tonaufnahme werden die Klänge in Symbolfolgen codiert, bei einer klassischen in Magnetisierungen eines Speichers. Danach folgt die erneute Codierung in die mechanische Wellenstruktur der Schallplatten-Rille bzw. das Muster von „pits" und „lands" auf einer CD. In der Tat stellt der CD-Spieler einen der großartigsten Anwendungserfolge der al-gebraischen Codierungstheorie dar; auch die Übertragung von gestochen scharfen Satellitenbildern wäre ohne diese Theorie nicht denkbar.

Mit den Worten von Claude Shannon (1916 – 2001), der die sogenannte In-formationstheorie begründet hat (und, nebenbei gesagt, mit seiner Arbeit Shannon [1949] auch der Begründer der mathematischen Kryptographie ist und zweifellos eines der größten Genies des vorigen Jahrhunderts war):

> The fundamental problem of communication is that of reproducing at one point either exactly or approximately a message selected at another point.

Die Informationstheorie hat seit dem Erscheinen der grundlegenden Arbeit von Shannon [1948] (siehe auch Shannon und Weaver [1949]) eine große Entwicklung durchgemacht, die zu einer Aufteilung der Theorie in einen stochastischen und einen algebraischen Teil führte, wenn es auch oft dieselben Forscher sind, denen

beide Teile wichtige Impulse verdanken. Die stochastische Informationstheorie hat
sich, teilweise fern aller industriellen Praxis, zu außerordentlicher innerer Voll-
kommenheit entwickelt; zusammenfassende Darstellungen geben Chintschin et al.
[1957], Wolfowitz [1964] und Feinstein [1978]. Den algebraischen Aspekt behandeln beispielsweise Peterson [1973], Peterson und Weldon [1972], Ash [1965],
MacWilliams und Sloane [1977], Blahut [1983], Jungnickel [1995], Betten et al.
[1998] sowie van Lint [1999]. Beide Aspekte der Informationstheorie finden bei
Gallager [1968], Berlekamp [1984], McEliece [1984], Heise und Quattrochi [1989]
und Schulz [1991] Berücksichtigung. Besonderes Verdienst um den Brückenschlag
zwischen stochastischer und algebraischer Informationstheorie hat sich die Monographie von Cziszár und Körner [1981] erworben.

Im vorliegenden Kapitel geben wir vier typische Kostproben aus der kombina-
torisch-algebraischen Informationstheorie:

- Entzifferbarkeit von Codes
- Prüfziffersysteme
- Fehlerkorrigierende Codes
- Algebraische Codierungs-Theorie.

Beim letzteren Thema stoßen wir – unter Benützung einiger fundamentaler Hilfsmittel aus der Algebra der endlichen Körper, wie wir sie bereits in §III.3 zusam-
mengestellt haben – über lineare und zyklische Codes bis zu den sogenannten
BCH-Codes vor. Hinter dieser Grenze erwartet den tiefer Eindringenden eine Fülle
faszinierenden Materials. Die algebraische Codierungstheorie ist heute mit zahlreichen anderen kombinatorischen Teildisziplinen eng verwoben; ein Juwel an solcher Verwobenheit stellen die sogenannten Golay-Codes dar, die wir immerhin
definieren werden. In einer Einführung in die Kombinatorik ist für die ausführliche
Behandlung dieser Materialfülle nicht genügend Platz. Interessierte seien insbesondere auf die Darstellungen der Codierungstheorie bei van Lint [1999] oder auch
Jungnickel [1995] verwiesen sowie auf die Monographien von van der Geer und
van Lint [1988], Cameron und van Lint [1991] sowie Assmus und Key [1993], die
speziell den Verbindungen der Codierungstheorie zu Designs, Graphen, endlichen
Geometrien und der algebraischen Geometrie (über endlichen Körpern) gewidmet
sind. Von großem praktischen Interesse sind auch die sogenannten *Faltungscodes*,
auf die wir hier gar nicht eingehen können; wir verweisen für dieses Thema auf die
Bücher von Piret [1988] sowie Johannesson und Zigangirov [1999].

1   Sofort bzw. eindeutig entzifferbare Codes

In diesem Abschnitt wollen wir einen ersten, relativ einfachen Einblick in die kombinatorische Theorie der Codierungen gewinnen.

Definition 1.1. Seien A, B endliche nichtleere Mengen. B^* bezeichne die Menge $\{\Box\} \cup \bigcup_{n=1}^{\infty} B^n$ der endlichen Folgen von Elementen von B; die Elemente von B^* werden auch *B-Wörter* genannt, das Symbol $\Box$ bezeichnet dabei das sogenannte *leere Wort*. Es ist klar, was man unter der *Länge* eines Wortes versteht. Eine injektive Abbildung $c: A \to B^* \setminus \{\Box\}$ wird auch als ein *A-B-Code* bezeichnet; die dabei auftretenden Bilder $c(j)$ von Elementen von A werden auch als die *Codewörter* von c bezeichnet. Man hat damit einen A-B-Code als eine mit A numerierte Liste von nichtleeren Codewörtern aus B^* definiert.

Aus B-Wörtern $w^{(1)}, \ldots, w^{(r)}$ wird durch schlichtes Aneinanderhängen ein neues B-Wort $w^{(1)} \ldots w^{(r)}$. Man kann c auf natürliche Weise zu einer Abbildung $c^*: A^* \to B^*$ erweitern:

$$c^*(\Box) = \Box$$
$$c^*(x_1 \ldots x_n) = c(x_1) \ldots c(x_n) \quad (x_1, \ldots, x_n \in A).$$

Definition 1.2. Ein A-B-Code $c : A \to B^* \setminus \{\Box\}$ heißt *sofort entzifferbar*, wenn bei ihm kein Codewort als Anfangsabschnitt eines anderen Codewortes auftritt.

Dieser Begriff ist eine Antwort auf das Problem der Entzifferung:

> Ist c^* injektiv? Wenn ja, wie sieht man einem Wort aus B^* an, ob es ein c^*-Bild ist, und wie findet man gegebenenfalls das zugehörige Urbild in A^*?

Wurde ein sofort entzifferbarer Code verwendet, so liest man ein Wort w aus B^* von links, bis ein Codewort vollendet ist und notiert dessen Urbild, ein Element von A; dann wiederholt man diesen Vorgang mit dem Rest von w. Die Eigenschaft, daß kein Codewort Anfang eines anderen ist, garantiert, daß man so das eindeutig bestimmte c^*-Urbild von w bekommt oder aber feststellt, daß es ein solches nicht gibt – wenn das Verfahren nämlich nicht „aufgeht".

Sind alle Codewörter gleich lang, so hat man natürlich einen sofort entzifferbaren Code vor sich. Ein Beispiel mit variablen Codewort-Längen ist für $A = \{1, 2, 3\}$ und $B = \{a, b\}$ durch

$$c(1) = aa, \quad c(2) = ab, \quad c(3) = b$$

gegeben. Hier das Beispiel einer Entzifferung:

$$aa|ab|ab|aa|b|ab|aa = c^*(1221321).$$

Satz 1.3. *Seien A, B endliche nichtleere Mengen, $|A| = a$, $|B| = b$ und $n_j \in \mathbb{N}$ ($j \in A$). Dann sind folgende Aussagen äquivalent:*

(i) *Es gibt einen sofort entzifferbaren A-B-Code c, bei dem das Codewort $c(j)$*
     gerade die Länge n_j besitzt.

(ii) *Es gilt die* Kraftsche Ungleichung (Kraft [1949])

$$(1.1) \qquad\qquad\qquad \sum_{j \in A} \frac{1}{b^{n_j}} \leq 1.$$

Beweis. (i) $\Rightarrow$ (ii): Sei $n = \max\{n_j \mid j \in A\}$. Jedem Codewort $w = c(j)$ in B^m mit
$m \leq n < \infty$ ordnen wir die Menge $C(w)$ aller Verlängerungen von w zu Wörtern
aus B^n zu; hat w die Länge m, so besteht $C(w)$ aus b^{n-m} Wörtern der Länge n.
Weil c sofort entzifferbar ist, sind die $C(c(j))$ paarweise disjunkt. Es folgt

$$|B^n| = b^n \geq \sum_{j \in A} |C(c(j))| = \sum_{j \in A} b^{n-n_j}.$$

Division durch b^n ergibt die Kraftsche Ungleichung.

   (ii) $\Rightarrow$ (i) Wir überlegen uns zunächst allgemein: Ist $m \leq n$, so bildet die Familie
$(C(w))_{w \in B^m}$ eine disjunkte Zerlegung von B^n. Ist $m \leq m' \leq n$, so ist jedes $C(w)$
mit $w \in B^m$ die disjunkte Vereinigung derjenigen $C(w')$ mit $w' \in B^{m'}$, für welche
w' eine Verlängerung von w ist. – Es gelte nun die Kraftsche Ungleichung

$$b^{n-n_1} + b^{n-n_2} + \cdots + b^{n-n_a} \leq b^n;$$

wir dürfen dabei $n_1 \leq n_2 \leq \cdots \leq n_a = n$ annehmen. Wir wählen nun $w^{(1)} \in B^{n_1}$
beliebig; dann hat man $|C(w^{(1)}| = b^{n-n_1}$ und es folgt

$$b^{n-n_2} + \cdots + b^{n-n_a} \leq b^n - b^{n-n_1} = |B^n \setminus C(w^{(1)})|.$$

Insbesondere ist im Falle $a > 1$ die Menge $B^n \setminus C(w^{(1)})$ nichtleer und läßt sich als
disjunkte Vereinigung gewisser $C(w')$ mit $w' \in B^{n_2}$ darstellen. Wir wählen eines
dieser w' als $w^{(2)}$. Es folgt

$$b^{n-n_3} + \cdots + b^{n-n_a} \leq b^n - b^{n-n_1} - b^{n-n_2} = |B^n \setminus (C(w^{(1)}) \cup C(w^{(2)}))|.$$

Es ist nun klar, wie man weiterarbeitet, bis man auch $w^{(a)} \in B^{n-n_a}$ gewählt hat.
Die zugehörigen $C(w^{(j)})$ sind paarweise disjunkt, also ist kein $w^{(i)}$ Verlängerung
eines anderen $w^{(j)}$, und wir haben einen sofort entzifferbaren Code mit Wortlängen
$w^{(1)}, \ldots, w^{(a)}$ konstruiert. $\square$

Definition 1.4. Ein A-B-Code $c : A \to B^* \setminus \{\square\}$ heißt *eindeutig entzifferbar*,
wenn die zugehörige Abbildung $c^* : A^* \to B^*$ injektiv ist.

Sofort entzifferbare Codes sind auch eindeutig entzifferbar, wie wir früher gesehen haben. Es gibt aber eindeutig entzifferbare Codes, die nicht sofort entzifferbar sind. Dies zeigt das folgende

Beispiel 1.5. Sei $A = \{1, 2, 3\}$ und $B = \{0, 1\}$. Dann ist der Code c mit

$$c(1) = 0, \quad c(2) = 01, \quad c(3) = 11$$

nicht sofort entzifferbar. Trotzdem ist c^* injektiv; sei nämlich ein $w \in B^n$ vorgelegt. Enthält w keine 1, so ist w das c^*-Bild eines Worts der Bauart 11...1. Wenn in w Einträge 1 auftreten, betrachtet man maximale Teilwörter, die nur Einträge 1 enthalten; in der englischsprachigen Literatur wird ein solches Teilwort meist als ein *run* (aus Einsen) bezeichnet. Ein Run gerader Länge kann dabei nur das c^*-Bild eines Worts der Bauart 33...3 sein, während ein Run ungerader Länge auf einen Eintrag 0 folgen muß – insbesondere also nicht am Anfang von w auftreten kann – und das c^*-Bild eines Worts vom Typ 2 3...3 ist. Die dann noch übriggebliebenen Folgen aus Einträgen 0 sind wieder c^*-Bilder von Worten der Bauart 11...1.

Satz 1.6. *Ist* $c : A \to B^* \setminus \{\square\}$ *ein eindeutig entzifferbarer A-B-Code mit den Codewort-Längen* $n_1, \ldots, n_a$ $(a = |A|)$, *so gilt die Kraftsche Ungleichung* (1.1).

Beweis. Seien $n_1, \ldots, n_a$ die Codewort-Längen eines eindeutig entzifferbaren A-B-Codes. Wir setzen $n = \max\{n_1, \ldots, n_a\}$ sowie $a_i = |\{j \mid n_j = i\}|$ für $i = 1, \ldots, n$. Damit lautet die linke Seite der Kraftschen Ungleichung

$$\sum_{j=1}^{a} \frac{1}{b^{n_j}} = \sum_{i=1}^{n} \frac{a_i}{b^i}.$$

Wir wählen nun $r \in \mathbb{N}$ und potenzieren:

$$\left(\sum_{i=1}^{n} \frac{a_i}{b^i} \right)^r = \sum_{k=1}^{rn} \frac{d_{rk}}{b^k}$$

mit

$$d_{rk} = \sum_{k_1 + \cdots + k_r = k} a_{k_1} \ldots a_{k_r}.$$

Hierbei ist $a_{k_1} \ldots a_{k_r}$ die Anzahl aller Folgen von r Codewörtern, deren i-tes jeweils aus k_i Symbolen besteht (für $i = 1, \ldots, r$). Weil unser Code eindeutig entzifferbar ist, ergeben diese Ketten nach Zusammenfügung lauter verschiedene c^*-Bilder; es gilt also $d_{rk} \leq b^k$ für $k = 1, \ldots, rn$. Somit folgt

$$\left(\sum_{i=1}^{n} \frac{a_i}{b_i} \right)^r \leq \sum_{k=1}^{rn} \frac{b^k}{b^k} = rn$$

und daher für alle $r \in \mathbb{N}$

$$\sum_{j=1}^{a} \frac{1}{b^{n_j}} = \sum_{i=1}^{n} \frac{a_i}{b^i} \leq (rn)^{1/r}.$$

Für $r \to \infty$ gilt aber bekanntlich $(rn)^{1/r} \to 1$, so daß die Kraftsche Ungleichung folgt.   □

Aus Satz 1.6 folgt zusammen mit Satz 1.3 sofort der

Satz 1.7. *Zu jedem eindeutig entzifferbaren A-B-Code c gibt es einen sofort ent-zifferbaren A-B-Code mit derselben Folge $n_1, \ldots, n_a$ von Codewort-Längen.*   □

Wie dieser Satz zeigt, sind eindeutig, aber nicht sofort entzifferbare Codes in der Praxis uninteressant. Sofort entzifferbare Codes – die, informatisch gesprochen, von deterministischen endlichen Automaten erkannt werden – sind dagegen für die Datenkompression von praktischem Interesse.

2   Prüfziffersysteme

Im gesamten Rest dieses Kapitels beschäftigen wir uns mit dem Thema „Codierung" unter einem anderen Aspekt: Bei jeder Datenübertragung bzw. Datenverarbeitung kommen Fehler vor. Nun gibt es eine mathematische Theorie, die sich mit dem Problem der Entdeckung und Korrektur solcher Fehler beschäftigt; auch hier spielt ein Code-Begriff eine zentrale Rolle, der sich allerdings etwas von dem im §1 gebrauchten unterscheidet.

Das Problem der Übertragungsfehler ist jedem Telephonierer bekannt: Das Rauschen in der Leitung zwingt zum Buchstabieren, notfalls mit Codewörtern wie „Anton", „Berta", usw. Ein anderer Anwendungsfall ist das Problem der Druckfehler, und ein bekanntes Gesellschaftsspiel schöpft Lustgewinn aus der Überlagerung von Übertragungsfehlern beim Weiterflüstern komplizierter Worte.

In diesem Abschnitt wollen wir einige konkrete Anwendungen kennenlernen, bei denen es nur um die Erkennung (nicht aber die Korrektur) von Fehlern bei der Eingabe von Daten geht; wenn dann ein Fehler aufgetreten ist, wird die Dateneingabe einfach wiederholt. Man erreicht dies durch das Hinzufügen von Prüfzeichen; derartige Systeme können also immer dann verwendet werden, wenn die Eingabe leicht wiederholt werden kann. Als Beispiele seien ISBN-Nummern, EAN-Nummern („Strichcode") und Kontonummern genannt.

Laut Verhoeff [1969] ist die bei weitem häufigste Fehlerquelle bei der Eingabe eines Codeworts ein Einzelfehler ($a \to b$), bei dem also genau ein Symbol falsch eingegeben wird; dies liefert 79% aller überhaupt auftretenden Fehler. Hier seine Übersicht über die relative Häufigkeit von Eingabefehlern:

Fehlertyp	Symbol	Häufigkeit
Einzelfehler (Verwechslung einer Ziffer)	$a \rightarrow b$	79,0%
Nachbartranspositionen (Vertauschung benachbarter Ziffern)	$ab \rightarrow ba$	10,2%
Sprungtranspositionen (Vertauschung einer Ziffer mit der übernächsten)	$abc \rightarrow cba$	0,8%
Zwillingsfehler	$aa \rightarrow bb$	0,6%
phonetische Fehler (z.B.: dreißig – dreizehn)	$a0 \leftrightarrow 1a \ (a = 3, \ldots, 9)$	0,5%
Sprung-Zwilling-Fehler	$aca \rightarrow bcb$	0,3%
übrige Fehler (zufällige Fehler)		8,6%

Die meisten praktisch benutzten Prüfziffersysteme lassen sich in das folgende Schema einordnen:

Definition 2.1. Sei A ein Alphabet und $G = (A, \cdot)$ eine (multiplikativ geschriebene) Gruppe auf A. Ein *Prüfziffersystem* (oder auch eine *Prüfzeichen-Codierung*) über G besteht aus n Permutationen $\pi_1, \ldots, \pi_n$ in der symmetrischen Gruppe S_A sowie einem Element $c \in A$. Dabei wird ein Wort $a_1 \ldots a_{n-1}$ so um ein *Prüfzeichen* a_n erweitert, daß die folgende *Kontrollgleichung* erfüllt ist:

$$(2.1) \qquad\qquad \pi_1(a_1) \ldots \pi_n(a_n) = c.$$

Es ist klar, daß a_n für gegebene $a_1, \ldots, a_{n-1}$ durch (2.1) eindeutig bestimmt ist. Es gilt nun der folgende leichte, aber fundamentale

Satz 2.2. *Jedes Prüfziffersystem über einer Gruppe erkennt alle Einzelfehler.*

Beweis. Angenommen, der Eintrag a_i ist durch $a_i' \neq a_i$ ersetzt worden (aber die restlichen Einträge sind korrekt). Wir müssen zeigen, daß dann die Kontrollgleichung (2.1) verletzt ist. Für den korrekten Eintrag a_i gilt wegen (2.1)

$$\pi_i(a_i) = \pi_{i-1}(a_{i-1})^{-1} \ldots \pi_1(a_1)^{-1} c \pi_n(a_n)^{-1} \ldots \pi_{i+1}(a_{i+1})^{-1}.$$

Da π_i eine Permutation ist, ist $\pi_i(a_i) \neq \pi_i(a_i')$, womit $a_1 \ldots a_{i-1} a_i' a_{i+1} \ldots a_n$ nicht ebenfalls (2.1) erfüllen kann. $\qquad\square$

Ein besonders naheliegender Spezialfall von Definition 2.1 ist die Prüfziffer-codierung modulo m:

Definition 2.3. Sei A das Alphabet $A = \{0, \ldots, m - 1\}$. Wir wählen $G = \mathbb{Z}_m$ (additiv geschrieben!) sowie n Zahlen $w_1, \ldots, w_n$ mit $\mathrm{ggT}(w_i, n) = 1$. Dann ist $\pi_i = x \mapsto w_i x$ für $i = 1, \ldots, n$ eine Permutation von A. Mit $c = 0$ und $w_n := \pm 1$ wird aus der Kontrollgleichung (2.1) die Bedingung

$$(2.2) \qquad\qquad a_n \equiv \pm \sum_{i=1}^{n-1} w_i a_i \pmod{m}.$$

Wir geben nun zwei konkrete Anwendungsbeispiele an.

Beispiel 2.4 (ISBN-Nummern). Jedem Buch ist bekanntlich eine ISBN-Nummer zugeordnet. Zum Beispiel hat das vorliegende Buch die Nummer 3-110-16727-1. Dabei gibt 3 das Land an (Deutschland), 110 den Verlag (de Gruyter) und 16727 das Buch. Die letzte Ziffer ist eine Prüfziffer, die hier (mit $m = 11$) gemäß

$$a_{10} \equiv \sum_{i=1}^{9} i a_i \pmod{11}$$

gebildet wird. Im Beispiel gilt in der Tat $1 \cdot 3 + 2 \cdot 1 + \cdots + 9 \cdot 7 \equiv 1 \pmod{11}$. Noch eine Bemerkung: Falls sich die Prüfziffer $a_{10} = 10$ ergibt, verwendet man dafür das Symbol X.

Beispiel 2.5. Eine europäische Artikel-Nummer (EAN) besteht aus 13 Ziffern. Dabei bedeutet die erste Ziffer das Ursprungsland; die letzte Ziffer ist eine Prüfziffer und wird gemäß

$$a_{13} :\equiv -(a_1 + 3a_2 + a_3 + 3a_4 + \cdots + a_{11} + 3a_{12}) \pmod{10}$$

gebildet. Man arbeitet hier also mit $n = 13$ und $w_i = \begin{cases} 1 & \text{für } i \text{ ungerade} \\ 3 & \text{für } i \text{ gerade.} \end{cases}$

Zur Verwendung von opto-elektronischen Lesegeräten werden allerdings nicht nur die Ziffern gedruckt, sondern die Zahl wird auch als Strichcode angegeben, wie in der folgenden Abbildung. Der Strichcode ist durch Rand- und Mittelstriche unterteilt; jedes a_i ($i \neq 1$) wird durch eine Folge von 7 „ausgefüllten" ($\hat{=} 1$) oder „leeren" ($\hat{=} 0$) Balken codiert.

Zur Codierung der Ziffern werden vier Codes verwendet, die wir wie folgt tabellarisch zusammenfassen:

4   0006381   213370

Zeichen	Code A	Code C	Code B	Code D
0	0001101	1110010	0100111	$A A A A A A$
1	0011001	1100110	0110011	$A A B A B B$
2	0010011	1101100	0011011	$A A A B A B$
3	0111101	1000010	0100001	$A A B B A B$
4	0100011	1011100	0011101	$A B A A B B$
5	0110001	1001110	0111001	$A B B A A B$
6	0101111	1010000	0000101	$A B B B A A$
7	0111011	1000100	0010001	$A B A B A B$
8	0110111	1001000	0001001	$A B A B B A$
9	0001011	1110100	0010111	$A B B A B A$

Die Ziffern $a_2, \ldots, a_7$ werden nun jeweils nach Code A oder B und die Ziffern $a_8, \ldots, a_{13}$ nach Code C verschlüsselt. Man beachte, daß C aus A durch Vertauschen von 0 und 1 entsteht und daß B aus C durch Umkehrung der Reihenfolge der 7 Komponenten hervorgeht. Schließlich ist die erste Ziffer a_1, die nicht explizit durch Striche dargestellt wird, durch die Kombination der Auswahlen der Codes A und B für die Ziffern $a_2, \ldots, a_7$ festgelegt, was durch Code D in der Tabelle geregelt wird. Man überzeugt sich davon, daß dies eindeutig erkennbar ist, da kein Codewort sowohl in A wie in B vorkommt.

Aufgrund der eingangs erwähnten Ergebnisse von Verhoeff möchte man zumindest noch Nachbartranspositionen erkennen können. Hier gilt:

Satz 2.6. *Ein Prüfziffersystem wie in Definition 2.1 gestattet es genau dann, jede Nachbartransposition zu erkennen, wenn die folgende Bedingung für alle $x, y \in G$ mit $x \neq y$ und jedes $i = 1, \ldots, n-1$ erfüllt ist:*

$$(2.3) \qquad x\pi_{i+1}\big(\pi_i^{-1}(y)\big) \neq y\pi_{i+1}\big(\pi_i^{-1}(x)\big).$$

Beweis. Wegen der Kontrollgleichung $\prod \pi_i(a_i) = c$ wird die Transposition

$$a_i a_{i+1} \to a_{i+1} a_i$$

genau dann erkannt, wenn

$$\pi_i(a_i)\pi_{i+1}(a_{i+1}) \neq \pi_i(a_{i+1})\pi_{i+1}(a_i)$$

gilt. Setzt man $x = \pi_i(a_i)$ und $y = \pi_i(a_{i+1})$, so erhält man die angegebene Bedingung.   □

Definition 2.7. Im folgenden betrachten wir zunächst den Spezialfall abelscher Gruppen. Dann läßt sich die Bedingung (2.3) zu

$$(2.4) \qquad x^{-1}\delta_i(x) \neq y^{-1}\delta_i(y) \quad \text{für alle } x, y \in G \text{ mit } x \neq y$$

umformen, wobei wir $\delta_i = \pi_{i+1} \circ \pi_i^{-1}$ gesetzt haben. Eine Permutation δ_i mit dieser Eigenschaft heißt ein *Orthomorphismus* der Gruppe G. Ein Orthomorphismus ist also eine Permutation δ_i, für die $x \mapsto x^{-1}\delta_i(x)$ wieder eine Permutation ist.

In der Literatur wird auch oft die Bedingung betrachtet, daß $x \mapsto x\delta(x)$ wieder eine Permutation ist. Derartige Abbildungen heißen *vollständige Abbildungen*. Beide Begriffe sind im wesentlichen äquivalent: Wenn δ ein Orthomorphismus ist, ist $x \mapsto x^{-1}\delta(x)$ eine vollständige Abbildung; und wenn δ eine vollständige Abbildung ist, ist $x \mapsto x\delta(x)$ ein Orthomorphismus.

Orthomorphismen hängen eng mit den in § III.5 eingeführten Differenzmatrizen zusammen: Eine Permutation δ einer (additiv geschriebenen) abelschen Gruppe G ist offenbar genau dann ein Orthomorphismus, wenn die Matrix

$$A = \begin{pmatrix} 0 & 0 & \dots & 0 \\ g_1 & g_2 & \dots & g_m \\ \delta(g_1) & \delta(g_2) & \dots & \delta(g_m) \end{pmatrix}$$

eine Differenzmatrix über G ist, wobei $\{g_1, \dots, g_m\}$ eine Auflistung der Elemente von G sei. Wir zeigen nun den folgenden

Satz 2.8. *Sei G eine endliche abelsche Gruppe. Genau dann existiert ein Prüfziffersystem über G, das jede Nachbartransposition erkennt, wenn es einen Orthomorphismus für G gibt.*

Beweis. Wie wir uns bereits überlegt haben, ist jedes $\delta_i = \pi_{i+1} \circ \pi_i^{-1}$ ein Orthomorphismus für G, falls alle Nachbartranspositionen erkannt werden. Umgekehrt sei nun δ ein Orthomorphismus für G. Wir wählen $\pi_i := \delta^i$. Damit ergibt sich (für jedes i)

$$\delta_i = \pi_{i+1} \circ \pi_i^{-1} = \delta^{i+1} \circ \delta^{-i} = \delta,$$

weswegen die Codierung gemäß der Kontrollgleichung

$$\prod_{i=1}^{n} \delta^i(x_i) = c$$

die gewünschte Eigenschaft hat. $\square$

Beispiel 2.9. Das bei den ISBN-Nummern verwendete Prüfziffersystem über $\mathbb{Z}_{11}$ (siehe Beispiel 2.4) kann Nachbartranspositionen korrigieren. Mit

$$\pi_i : x \mapsto ix \quad (\mathrm{mod}\ 11) \quad (i = 1, \ldots, 10)$$

erhalten wir

$$\delta_i = \pi_{i+1} \circ \pi_i^{-1} = [x \mapsto (i+1)i^{-1}x],$$

was in der Tat ein Orthomorphismus von $\mathbb{Z}_{11}$ ist:

$$(i+1)i^{-1}x - x = (i+1)i^{-1}y - y \iff (i+1)i^{-1}(x-y) = x-y.$$

Wenn $x \neq y$ ist, könnte das nur für $(i+1)i^{-1} \equiv 1 \pmod{11}$ gehen, was aber absurd ist.

Wir klären nun die Struktur derjenigen abelschen Gruppen, die Orthomorphismen besitzen. Hierfür wird etwas (eher elementare) Gruppentheorie benötigt; der Leser kann diesen Satz (und seinen Beweis) gegebenenfalls überschlagen, da er im folgenden nicht mehr benötigt wird.

Satz 2.10. *Sei G eine endliche abelsche Gruppe der Ordnung m. Genau dann besitzt G einen Orthomorphismus, wenn m ungerade ist oder wenn G mindestens zwei verschiedene Involutionen enthält (also die 2-Sylowgruppe von G nicht zyklisch ist).*

Beweis. Zunächst sei m ungerade. Dann ist die Abbildung $\delta: x \mapsto x^2$ eine Permutation; wegen $x^{-1}\delta(x) = x$ ist δ sogar ein Orthomorphismus. Sei nun m gerade. Wir können $G = S \times H$ schreiben, wobei $|S| = 2^c$ gilt und $|H|$ ungerade ist. Zu zeigen ist also, daß G genau dann einen Orthomorphismus besitzt, wenn S nicht zyklisch ist. Wir nehmen zunächst an, daß S zyklisch sei, etwa $S \cong \mathbb{Z}_{2^c}$. Dann gibt es also einen surjektiven Homomorphismus $\phi : G \to \mathbb{Z}_{2^c}$. Wenn δ ein Orthomorphismus für G ist, so folgt

$$
\sum_{g \in G} \phi(g) \equiv \sum_{g \in G} \phi(\underbrace{g^{-1} \delta(g)}_{\text{Permutation von } G})
$$

$$
\equiv \sum_{g \in G} (\phi(g^{-1}) + \phi(\underbrace{\delta(g)}_{\text{Permutation von } G}))
$$

$$
\equiv \sum_{g \in G} (-\phi(g) + \phi(g)) \equiv 0 \pmod{2^c}.
$$

Andererseits gilt (mit $|H| = k$) auch

$$
\sum_{g \in G} \phi(g) = k \sum_{i=0}^{2^c - 1} i = k \frac{2^c (2^c - 1)}{2} \not\equiv 0 \pmod{2^c},
$$

da k ungerade ist. Widerspruch! Für die umgekehrte Richtung ist ein konstruktiver Beweis möglich, aber ziemlich lang. Wir verweisen hierfür etwa auf § 1.5 von Evans [1992]. $\square$

Orthomorphismen können auch für nicht-abelsche Gruppen betrachtet werden; diese Fragestellung interessiert in der Design-Theorie, nicht aber im gegenwärtigen Zusammenhang. Eine ausführliche Darstellung findet man in der Monographie von Evans [1992]. Wir halten noch eine interessante Folgerung aus den Sätzen 2.8 und 2.10 fest:

Korollar 2.11. *Für eine abelsche Gruppe G der Ordnung $|G| \equiv 2 \pmod 4$ kann kein Prüfziffersystem über G alle Nachbartranspositionen erkennen.* $\square$

Insbesondere eignet sich also die bei den EAN-Nummern verwendete zyklische Gruppe der Ordnung 10 (vgl. Beispiel 2.5) grundsätzlich nicht besonders als Träger eines Prüfziffersystems. Nun gibt es aber noch eine (nicht-abelsche) Gruppe der Ordnung 10, nämlich die Diedergruppe D_5. Es gibt zwar keinen Orthomorphismus von D_5, wohl aber eine Abbildung, die die Bedingung

$$(2.5) \qquad\qquad x\delta(y) \neq y\delta(x) \quad \text{für alle } x, y \text{ mit } x \neq y$$

erfüllt. Analog zum Beweis von Satz 2.8 setzt man dann wieder $\pi_i := \delta^i$. Zur Erinnerung: Die Diedergruppe D_5 kann durch

$$D_5 = \langle a, b : a^5 = b^2 = 1, bab = a^{-1} \rangle$$

definiert werden. Geometrisch läßt sich dies bekanntlich als die Gruppe der Spie-
gelungen und Drehungen eines regelmäßigen Fünfeckes deuten. Codiert man die
Elemente von D_5 mit den Ziffern $0, \ldots, 9$ gemäß

$$a^j \mapsto j \quad \text{und} \quad a^j b \mapsto j + 5 \qquad (j = 0, \ldots, 4),$$

so erhält man die folgende Multiplikationstafel für D_5:

$i \setminus j$	0	1	2	3	4	5	6	7	8	9
0	0	1	2	3	4	5	6	7	8	9
1	1	2	3	4	0	6	7	8	9	5
2	2	3	4	0	1	7	8	9	5	6
3	3	4	0	1	2	8	9	5	6	7
4	4	0	1	2	3	9	5	6	7	8
5	5	9	8	7	5	0	4	3	2	1
6	6	5	9	8	6	1	0	4	3	2
7	7	6	5	9	8	2	1	0	4	3
8	8	7	6	5	9	3	2	1	0	4
9	9	8	7	6	5	4	3	2	1	0

Man kann nun nachrechnen, daß die von Verhoeff [1969] angegebene Permutation

(2.6) $$\delta = \begin{pmatrix} 0 & 1 & 2 & 3 & 4 & 5 & 6 & 7 & 8 & 9 \\ 1 & 5 & 7 & 6 & 2 & 8 & 3 & 0 & 9 & 4 \end{pmatrix}$$

der Ordnung 9 die Bedingung 2.5 erfüllt. Wie das folgende Beispiel zeigt, wurde
dieses etwas esoterisch anmutende Prüfziffersystem tatsächlich verwendet.

Beispiel 2.12. Die Kennzeichnung der deutschen Banknoten (ab 1990) erfolgte
durch 11 Zeichen, die dem Alphabet

$$\{0, \ldots, 9, A, D, G, K, L, N, S, U, Y, Z\}$$

entnommen wurden, beispielsweise $AD6913433K8$. Ersetzt man die Buchstaben
gemäß der Tabelle

A	D	G	K	L	N	S	U	Y	Z
0	1	2	3	4	5	6	7	8	9

durch Ziffern, so erhält man Folgen der Länge 11 über D_5, im Beispiel also
01691343338. Jede solche Folge genügt der Prüfgleichung

(2.7) $$\delta(a_1) \ldots \delta^{10}(a_{10}) a_{11} = 0,$$

wobei δ die in (2.6) angegebene Permutation ist. Damit können also auch fast alle Nachbartranspositionen erkannt werden; eine Ausnahme besteht hier lediglich für die letzten beiden Ziffern. Diese Schwäche des Systems hätte natürlich leicht vermieden werden können, wenn man in (2.7) statt a_{11} den Term $\delta^{11}(a_{11})$ verwendet hätte. Warum dies nicht geschah, ist unklar.

Übung 2.13. Man beweise den folgenden Satz von Ecker und Poch [1986]: Es sei $G = D_m = \langle a, b : a^m = b^2 = 1, bab = a^{-1} \rangle$ die Diedergruppe der Ordnung $2m$, $m \geq 3$ ungerade. Dann erfüllt die durch

$$\delta(a^j) = a^{m-1-j} \quad \text{und} \quad \delta(a^j b) = a^j b \qquad (j = 0, \ldots, m-1),$$

definierte Permutation δ die Bedingung (2.5). Somit liefert $\pi_i := \delta^i$ $(i = 1, \ldots, n)$ eine Prüfzeichencodierung über D_m, die Einzelfehler und alle Nachbartranspositionen erkennt.

Übung 2.14. Man gebe (in Analogie zu Satz 2.6) eine algebraische Bedingung an, die das Erkennen von Sprungtranspositionen erlaubt.

Mehr über Prüfziffersysteme findet man bei Schulz [1991,1996] und in der dort zitierten Literatur. Insbesondere kann man anstelle von Gruppen auch Quasigruppen verwenden; hierbei handelt es sich um algebraische Strukturen, die den Gruppenbegriff verallgemeinern. Man verzichtet auf die Gültigkeit des Assoziativgesetzes und verlangt die eindeutige Lösbarkeit von Gleichungen der Form $ax = b$ und $xa = b$. Quasigruppen hängen eng mit lateinischen Quadraten zusammen; der interessierte Leser sei auf Bruck [1958] sowie Dénes und Keedwell [1974,1991] verwiesen.

3   Fehlerkorrigierende Codes

In diesem Abschnitt stellen wir einige allgemeine Grundbegriffe über fehlererkennende und fehlerkorrigierende Codes zusammen. Dazu führen wir zunächst den folgenden Abstandsbegriff für Wörter derselben Länge über einem Alphabet B ein.

Definition 3.1. Sei $B \neq \emptyset$ eine endliche Menge. Der durch

$$d(x, y) = |\{j \mid x_j \neq y_j\}| \quad (x = (x_1, \ldots, x_n), y = (y_1, \ldots, y_n) \in B^n)$$

erklärte Abstand wird als der *Hamming-Abstand* auf B^n bezeichnet. Ist $d(x, y) = e$, so sagt man, y gehe aus x durch e Abänderungen oder *Fehler* hervor; man nennt $E = \{j \mid x_j \neq y_j\}$ (mit $|E| = e$) dann das *Fehler-Muster* bei dieser Abänderung. Im für die Praxis besonders wichtigen Fall $|B| = 2$ kann man aus y und dem Fehler-Muster e das Wort x eindeutig rekonstruieren.

Wir bemerken sogleich, daß der Hamming-Abstand auf B^n die sogenannte *diskrete Topologie* definiert; er erfüllt offenbar die bekannten Abstands-Axiome

(a) $d(x, y) = 0 \iff x = y$;

(b) $d(x, z) \leq d(x, y) + d(y, z)$ (*Dreiecksungleichung*).

Wir betrachten jetzt A-B-Codes mit konstanter Codewort-Länge $n \in \mathbb{N}$. Der Code ist also durch eine Menge $C \subseteq B^n$ von $a = |A| = |C|$ Codewörtern beschreibbar. Aus diesen Grunde nennt man auch solche Mengen einfach „Codes".

Definition 3.2. Seien $B \neq \emptyset$ endlich und $n \in \mathbb{N}$. Teilmengen C von B^n werden auch als *Codes* der *Länge n* bezeichnet. Sei d der Hamming-Abstand auf B^n und $C \subseteq B^n$ ein Code. Man nennt C *e-fehlerentdeckend*, wenn

$$x, y \in C, \ x \neq y \ \implies \ d(x, y) \geq 2e$$

gilt, und *e-fehlerkorrigierend*, wenn die folgende Bedingung erfüllt ist:

$$x, y \in C, \ x \neq y \ \implies \ d(x, y) \geq 2e + 1.$$

Wir wollen kurz die Motive für diese Bezeichnungen erläutern. Zu diesem Zweck betrachten wir die *Kugeln*

$$(3.1) \qquad K_e(x) = \{z \mid z \in B^n, \ d(x, z) \leq e\} \qquad (0 \leq e \in \mathbb{Z}, \ x \in B^n).$$

Bei gegebenem $x \in B^n$ besteht $K_e(x)$ aus all denjenigen $z \in B^n$, die aus x durch höchstens e Fehler hervorgehen. Für $d(x, y) \geq 2e + 1$ gilt $K_e(x) \cap K_e(y) = \emptyset$; ist also C ein e-fehlerkorrigierender Code, so sind die zu den Codewörtern gehörigen Kugeln $K_e(c)$ paarweise disjunkt. Man stelle sich nun vor, daß man in einen Übertragungskanal ausschließlich Wörter $c \in C$ einfüttert und daß der Kanal ein eingefüttertes c in höchstens e Komponenten verändert. Dann ist die Vereinigung $K = \bigcup_{c \in C} K_e(c)$ die Menge aller z, die am Ende des Kanals austreten können, und weil besagte Vereinigung eine disjunkte ist, kann man von jedem $z \in K$ sofort sagen, aus welchem $c \in C$ es hervorgegangen ist; man korrigiert dadurch also bis zu e Fehler.

Ist dagegen C nur ein e-fehlererkennender Code und produziert der Kanal maximal e Fehler, so kann man aus $z \in \left[\bigcup_{c \in C} K_e(c) \right] \setminus C$ zwar schließen, daß Fehler gemacht wurden, es kann aber i. a. $z \in K_e(c) \cap K_e(d)$ für $c, d \in C$ mit $c \neq d$ vorkommen, d. h. man weiß nicht, aus welchem Codewort z durch Einbau von Fehlern hervorgegangen ist. Daß dies tatsächlich vorkommt, zeigt das folgende einfache

Beispiel 3.3. $B = \{0, 1\}$, $n = 8$, $c = 00000000$, $c' = 11111111$, $e = 4$, $z = 00001111$; man hat $d(c, z) = 4 = d(c', z)$; z kann ebenso gut aus c wie aus c' durch vier Fehler hervorgegangen sein.

Man beachte, daß die im vorigen Abschnitt behandelten Prüfziffersysteme spezielle 1-fehlererkennde Codes sind. Die vorstehenden Überlegungen motivieren die Einführung einiger wichtiger Parameter:

Definition 3.4. Seien B eine endliche Menge der Mächtigkeit $q \neq 0$ und n, M, $d \in \mathbb{N}$. Eine Menge $C \subseteq K^n$ heißt ein (n, M, d, q)-Code, wenn $|C| = M$ gilt sowie

$$\min\{d(x, y) \mid x, y \in C, \; x \neq y\} = d.$$

Die Zahl d heißt der *Minimalabstand* von C.

Bei gleichem Minimalabstand werden wir von zwei Codes den mit der größeren Mächtigkeit als besser ansehen, da er es erlaubt, bei gleichen Fehlerkorrektureigenschaften mehr Nachrichten zu versenden. Daher ist es von Interesse, nach der maximalen Mächtigkeit $A(n, d, q)$ zu fragen, für die ein (n, M, d, q)-Code existiert. Wir wollen hierfür exemplarisch drei Schranken herleiten. Allgemein gilt die Bestimmung der $A(n, d, q)$ bzw. die Herleitung guter (asymptotischer) Schranken als das zentrale Problem der kombinatorischen Codierungstheorie. Wir beginnen mit einem einfachen Hilfssatz.

Lemma 3.5. *Es gilt $A(n, d, q) \leq A(n - 1, d - 1; q)$ für $d \geq 2$.*

Beweis. Gegeben sei ein (n, M, d, q)-Code C über B. Aus C erhält man einen Code C_i, indem man aus jedem Codewort in C die i-te Koordinate wegläßt. Wenn $d \geq 2$ ist, ist C_i offenbar ein $(n - 1, M, d - 1, q)$-Code, falls man für i eine Koordinate wählt, in der sich zwei Codewörter vom Abstand d unterscheiden. $\square$

Man sagt, daß der Code C_i im Beweis von Lemma 3.5 durch *Punktieren* aus C konstruiert ist. Indem man dieses Verfahren $(d - 1)$-mal anwendet, ergibt sich ein $(d - 1)$-fach punktierter Code, nämlich ein $(n - d + 1, M, 1, q)$-Code, also eine Teilmenge der Mächtigkeit M von B^{n-d+1}. Somit erhalten wir das folgende Resultat, vgl. Singleton [1964]:

Satz 3.6 (Singleton-Schranke). *Es gilt $A(n, d, q) \leq q^{n-d+1}$.* $\square$

Definition 3.7. Ein Code, der die Singleton-Schranke mit Gleichheit erfüllt, heißt ein *MDS-Code* (für „maximum distance separable"). Beispiele hierfür werden wir in Satz 6.9 kennenlernen. MDS-Codes sind sowohl theoretisch wie auch praktisch besonders interessant, da sie eng mit endlichen projektiven Geometrien zusammenhängen (siehe dazu Satz IX.6.14) und beispielsweise bei der Fehlerkorrektur für den CD-Spieler eingesetzt werden; vgl. dazu Vanstone und van Oorschot [1989] oder Jungnickel [1995].

Unsere zweite Schranke geht auf Hamming [1950] zurück.

Satz 3.8 (Kugelpackungsschranke). *Es gilt*

(3.2) $$A(n, 2e + 1, q) \leq \frac{q^n}{\sum_{k=0}^{e} \binom{n}{k}(q-1)^k}.$$

Beweis. Wir betrachten die in (3.1) eingeführten Kugeln $K_e(c)$ mit $c \in C$. Da C ein $(n, M, 2e+1, q)$-Code ist, sind die $K_e(c)$ paarweise disjunkt. Nun gilt

$$|K_e(x)| = 1 + \binom{n}{1}(q-1) + \binom{n}{2}(q-1)^2 + \cdots + \binom{n}{e}(q-1)^e,$$

da $\binom{n}{i}(q-1)^i$ offenbar die Anzahl aller Wörter x mit $d(x, c) = i$ ist. Damit folgt sofort

$$M \sum_{k=0}^{e} \binom{n}{k}(q-1)^k \leq |B^n| = q^n. \qquad \square$$

Definition 3.9. Ein Code C, der die Kugelpackungsschranke (3.2) mit Gleichheit erfüllt, heißt *perfekt*; derartige Codes sind von besonderem theoretischem Interesse. Wir werden im nächsten Abschnitt eine unendliche Serie von Beispielen mit $e = 1$ kennenlernen; zwei weitere Beispiele folgen später, nämlich die sogenannten Golay-Codes, siehe 6.6 und 6.7. Die möglichen Parameter perfekter Codes sind für Alphabete, deren Mächtigkeit eine Primzahlpotenz q ist, in einer Reihe von Arbeiten von Tietävainen und van Lint bestimmt worden („perfect code theorem"). Der interessierte Leser sei hierfür auf MacWilliams und Sloane [1977] sowie van Lint [1975] verwiesen, wo man auch Referenzen für die Originalarbeiten findet.

Unsere dritte Schranke stammt von Plotkin [1960]:

Satz 3.10 (Plotkin-Schranke). *Es sei* $\theta = \frac{q-1}{q}$. *Falls* $d > \theta n$ *ist, gilt*

(3.3) $$A(n, d, q) \leq \frac{d}{d - \theta n}$$

und somit insbesondere

(3.4) $$A(n, d, 2) \leq \frac{2d}{2d - n} \quad \text{für } n < 2d.$$

Beweis. Wir schätzen den durchschnittlichen Abstand zweier Codewörter in einem (n, M, d, q)-Code ab. Dazu schreiben wir die M Codewörter als die Zeilen einer $(M \times n)$-Matrix. Sei S eine Spalte dieser Matrix; in S komme das Symbol $s \in B$ genau m_s-mal vor. Wir wollen die Summe aller Abstände von je zwei Codewörtern abschätzen. Nach Definition ist diese Summe mindestens $M(M-1)d$. Der Beitrag von S zu der betrachteten Summe ist nun

$$\sum_{s \in B} m_s(M - m_s) = M \sum_{s \in B} m_s - \sum_{s \in B} m_s^2$$

(∗)
$$\leq M^2 - \frac{1}{q}\left(\sum_{s \in B} m_s\right)^2$$

$$= \theta M^2$$

mit $\theta = (q-1)q$. Dabei gilt die Abschätzung (∗) wegen der Ungleichung

$$\sum_{i=1}^{q} a_i^2 \geq \frac{1}{q}\left(\sum_{i=1}^{q} a_i\right)^2,$$

die leicht aus $\sum(a_i - \bar{a})^2 \geq 0$ folgt, wobei $\bar{a} = \frac{1}{q}\sum a_i$ das arithmetische Mittel der a_i bezeichnet. Summiert man nun diese Ungleichungen über alle Spalten S, erhält man $M(M-1)d \leq n\theta M^2$, woraus sich die Behauptung unmittelbar ergibt. $\square$

Dem Beweis entnimmt man, daß Gleichheit in Satz 3.10 nur dann möglich ist, wenn je zwei Codewörter tatsächlich genau den Abstand d haben. Derartige Codes heißen *äquidistant*.

Für den besonders wichtigen Fall $q = 2$ ist das folgende Lemma sehr nützlich:

Lemma 3.11. *Es gilt* $A(n, 2e - 1, 2) = A(n + 1, 2e, 2)$.

Beweis. Sei C ein $(n, M, 2e - 1, 2)$-Code, wobei wir als zugrunde liegendes Alphabet $B = \{0, 1\}$ annehmen können. Wir erhalten einen neuen Code C', den *erweiterten Code* zu C, indem wir an jeden Vektor $(x_1, \ldots, x_n) \in C$ eine weitere Koordinate

$$x_{n+1} \equiv x_1 + \cdots + x_n \pmod{2}$$

anfügen; da dann stets $x_1 + \cdots + x_{n+1} \equiv 0 \pmod{2}$ gilt, wird C' als *parity check extension* von C und x_{n+1} wie in §2 als *Prüfbit* bezeichnet. Falls also für $x, y \in C$ die Bedingung $d(x, y) = 2e - 1$ gilt, folgt

$$(x_1 + y_1) + \cdots + (x_n + y_n) \equiv 1 \pmod{2},$$

also $x_{n+1} \neq y_{n+1}$ und daher $d(x', y') = 2e$ für die erweiterten Wörter in C'. Somit ist C' in der Tat ein $(n+1, M, 2e, 2)$-Code. Die Umkehrung folgt durch Punktieren nach Lemma 3.5. $\qquad\square$

Übung 3.12. Für $q = 2$ kann man die Plotkin-Schranke (3.4) etwas verstärken. Man zeige nämlich:

(a) $A(n, d, 2) \leq 2 \left\lfloor \frac{d}{2d-n} \right\rfloor$, falls $n < 2d$ ist.

     Hinweis: Man unterscheide die Fälle M gerade und M ungerade.

(b) $A(n, d, 2) \leq 2 \left\lfloor \frac{d+1}{2d+1-n} \right\rfloor$ für $n \leq 2d$, falls d ungerade ist.

(c) $A(2d + 1, d, 2) \leq 4d + 4$, falls d ungerade ist.

Die beste bekannte allgemeine untere Schranke für $A(n, d, q)$ wurde unabhängig voneinander von Gilbert [1952] und Varshamov [1957] entdeckt. Sie ist leider recht schwach, dafür ist der Beweis aber nahezu trivial.

Satz 3.13 (Gilbert-Varshamov-Schranke). *Es gilt*

$$(3.5) \qquad\qquad A(n, d; q) \geq \frac{q^n}{\sum_{i=0}^{d-1} \binom{n}{i}(q-1)^i}.$$

Beweis. Es sei C ein maximaler (n, M, d, q)-Code über B. Dann gibt es also keinen Vektor in B^n, der zu jedem $c \in C$ Abstand $\geq d$ hat. Mit anderen Worten: Zu jedem $x \in B^n$ gibt es ein $c \in C$ mit $d(x, c) \leq d - 1$. Die Kugeln $K_{d-1}(c)$ mit $c \in C$ überdecken also B^n; die Behauptung folgt nun wie in Satz 3.8. $\qquad\square$

4   Lineare Codes

Die kombinatorische Codierungstheorie, mit deren Anfangsgründen wir uns im vorigen Abschnitt beschäftigt haben, hat besondere Fortschritte dadurch erzielt, daß sie die Theorie der endlichen Gruppen und Körper in ihren Dienst stellte und dadurch zur *algebraischen Codierungstheorie* wurde. Dieser Vorgang ist eines der eindrucksvollsten Beispiele dafür, wie „Spinnereien" der reinen Mathematik unvermutet praktische Bedeutung erlangen können. Im Rest dieses Kapitels wollen wir nun die Grundlagen der algebraischen Codierungstheorie systematisch darstellen. Zum weiteren Studium seien insbesondere MacWilliams und Sloane [1977], Blahut [1983], Jungnickel [1995] sowie van Lint [1999] empfohlen.

    Die algebraische Theorie der Codes verwendet die Algebra der endlichen Körper, deren wichtigste Grundergebnisse wir ja bereits in §III.3 zusammengestellt haben. In diesem Abschnitt führen wir einige allgemeine Grundbegriffe über *lineare Codes* ein, also über Codes, die einen Unterraum eines endlichen Vetorraums $GF(q)^n$ bilden.

Definition 4.1. Seien $q = p^r$ eine Primzahlpotenz, $K = GF(q)$ und n, k, d natürliche Zahlen. Ein k-dimensionaler Unterraum C des K^n heißt ein *linearer* $[n, k, d, q]$-*Code*, wenn gilt:

$$d = \min\{d(x, y) \mid x, y \in C, \ x \neq y\}.$$

Dabei bezeichnet $d(., .)$ wieder den Hamming-Abstand. Wir nennen die Menge

$$Tr(x) = \{j \mid x_j \neq 0\}$$

für ein beliebiges $x \in K^n$ den *Träger* von x und die Mächtigkeit $w(x) = |Tr(x)|$ das *Gewicht* von x. Man kann für lineare Codes also kurz

$$d(x, y) = w(x - y) \quad (x, y \in K^n)$$

schreiben. Insbesondere ist der minimale Abstand zweier Codewörter in C gleich dem *Minimalgewicht*

$$\min\{w(c) : c \in C \setminus \{0\}\}.$$

Bekanntlich definiert man für $x, y \in K^n$, $x = (x_1, \ldots, x_n)$, $y = (y_1, \ldots, y_n)$,

$$x \perp y \quad :\Longleftrightarrow \quad \sum_{j=1}^{n} x_j y_j = 0$$

und setzt für beliebiges $D \subseteq K^n$

$$D^{\perp} = \{y \mid x \perp y \text{ für alle } x \in D\}.$$

$D^{\perp}$ ist stets ein linearer Unterraum von K^n. Ist D ein k-dimensionaler linearer Unterraum von K^n, so hat $D^{\perp}$ die Dimension $(n - k)$, wie man aus der linearen Algebra weiß.

Definition 4.2. Ist C ein linearer $[n, k, d, q]$-Code über $K = GF(q)$, so nennt man den linearen Code $C^{\perp}$ *den zu C dualen Code*. Gilt $C^{\perp} = C$, so heißt C *selbst-dual*. Es gilt natürlich $(C^{\perp})^{\perp} = C$ für jeden linearen Code C.

Es gibt zwei aus der linearen Algebra bekannte Methoden, einen linearen Code zu definieren: Entweder gibt man eine Basis für C oder man gibt eine Basis für $C^{\perp}$ an. In beiden Fällen kann man die Vektoren der jeweiligen Basis zu den Zeilen einer Matrix machen; diese ist im ersten Falle eine $(k \times n)$-Matrix G, im zweiten Falle eine $((n - k) \times n)$-Matrix H. Es gilt

(4.1) $$C = \{uG \mid u \in K^k\} = \{c \mid c \in K^n, \; Hc^T = 0\},$$

wobei x^T den zu x transponierten (Spalten-)Vektor bezeichnet. Man nennt G eine *Erzeugermatrix* (oder auch *Generatormatrix*) von C und H eine *Kontrollmatrix* von C. Weil es im Falle $q = 2$ immer nur um „gerade oder ungerade" geht, sagt man statt „Kontrollmatrix" auch „parity check matrix". Erzeuger- und Kontrollmatrizen für einen Code gibt es also (bis auf Zeilenpermutationen) genau so viele, wie es Basen für C bzw. $C^{\perp}$ gibt.[1]

Man kann das Studium linearer Codes also auch als Teil der linearen Algebra über endlichen Körpern ansehen. Nur handelt es sich hier um *basisabhängige* lineare Algebra, da das Minimalgewicht keine Invariante unter linearen Abbildungen ist. Während man in der linearen Algebra die Basis im allgemeinen möglichst einfach wählt (so wird beispielsweise die Basis eines Unterraums gerne zu einer Basis des gesamten Raumes fortgesetzt), geht man hier eher umgekehrt vor: Damit das Minimalgewicht groß wird, muß der Code C möglichst „schief" bezüglich der natürlichen Basis des $GF(q)^n$ liegen.

Übung 4.3. Man zeige: Besitzt ein linearer $([n, k, w, q]$-Code eine *systematische* Erzeugermatrix, also eine Erzeugermatrix der Form

$$G = \left. \begin{pmatrix} 1 & & 0 & \\ & \ddots & & A \\ 0 & & 1 & \end{pmatrix} \right\} k$$

so ist

$$H = \begin{pmatrix} & -A^T & & 1 & & 0 \\ & & & & \ddots & \\ & & & 0 & & 1 \end{pmatrix}$$
$$\underbrace{\hspace{2cm}}_{k} \quad \underbrace{\hspace{2cm}}_{n-k}$$

eine Kontrollmatrix von C. Zwischen *äquivalenten Codes*, die durch eine Permutation der Koordinaten auseinander hervorgehen, wird in der Codierungstheorie üblicherweise nicht unterschieden; in diesem Sinne hat dann jeder lineare Code Erzeuger- und Kontrollmatrizen der eben angegebenen Form.

---

[1] Später werden wir – im Kontext zyklischer Codes – etwas allgemeiner Erzeugersysteme (statt Basen) von C bzw. $C^{\perp}$ verwenden, um Matrizen G und H mit (4.1) zu erklären; dann müssen also Erzeuger- und Kontrollmatrizen nicht mehr vollen Rang haben.

Wenn man lineare Codes durch die Angabe von Kontrollmatrizen definiert, kann man die Parameter leicht bestimmen. Es gilt nämlich der

Satz 4.4. *Sei H die Kontrollmatrix eines linearen $[n, k, d, q]$-Codes der Länge n über $GF(q)$. Dann gilt:*

(a) $k = \dim C = n - \text{Rang } H$.

(b) *Das Minimalgewicht von C ist die kleinste Zahl d, für die es d linear abhängige Spalten in H gibt.*

Beweis. Klarerweise gilt $\dim C = n - \dim C^\perp = n - \text{Rang } H$. Es gibt genau dann ein Codewort x mit $w(x) = w$, wenn $Hx^T = 0$ für einen Vektor vom Gewicht w gilt, also genau dann, wenn w geeignete Spalten von H linear abhängig sind. $\square$

Als Beispiel für die Anwendung von Satz 4.4 konstruieren wir die sogenannten *Hamming-Codes*, die unabängig voneinander von Golay [1949] und Hamming [1950] gefunden wurden.

Satz 4.5. *Sei q eine Primzahlpotenz, $k \in \mathbb{N}$ und $n = \frac{q^k - 1}{q - 1}$. Dann existiert ein linearer $[n, n - k, 3, q]$-Code, der $(n, n - k)$-Hamming-Code.*

Beweis. Sei $K = GF(q)$. Dann zerfällt $K^k \setminus \{0\}$ disjunkt in die des Nullvektors $0 \in K^k$ beraubten 1-dimensionalen Unterräume, also in Mengen der Mächtigkeit $q - 1$. Somit ist $n = \frac{q^k - 1}{q - 1}$ gerade die Anzahl der 1-dimensionalen Unterräume von K^k. Man wähle aus jedem von diesen einen Vektor $\neq \emptyset$ und mache die so erhaltenen n Vektoren aus K^k zu den Spalten einer $(n \times k)$-Matrix H, in der somit je zwei Spalten linear unabbhängig sind. Nach Satz 4.4 ist H die Kontrollmatrix eines linearen Codes mit den in der Behauptung angegebenen Parametern. $\square$

Beispiel 4.6. Die sieben Vektoren $(1, 1, 1)$, $(1, 1, 0)$, $(1, 0, 1)$, $(0, 1, 1)$, $(1, 0, 0)$, $(0, 1, 0)$ und $(0, 0, 1)$ bilden ein Repräsentantensystem für die 1-dimensionalen Unterräume von $GF(2)^3$. Für den $(7, 4)$-Hamming-Code erhält man somit beispielsweise

$$G = \begin{pmatrix} 1 & 0 & 0 & 0 & 0 & 1 & 1 \\ 0 & 1 & 0 & 0 & 1 & 0 & 1 \\ 0 & 0 & 1 & 0 & 1 & 1 & 0 \\ 0 & 0 & 0 & 1 & 1 & 1 & 1 \end{pmatrix}$$

und

$$H = \begin{pmatrix} 0 & 1 & 1 & 1 & 1 & 0 & 0 \\ 1 & 0 & 1 & 1 & 0 & 1 & 0 \\ 1 & 1 & 0 & 1 & 0 & 0 & 1 \end{pmatrix}$$

als Erzeuger- bzw. Kontrollmatrix, wobei wir Übung 4.3 verwendet haben.

Satz 4.7. *Jeder Hamming-Code ist perfekt.*

Beweis. Hier ist $e = 1$, also $|K_e(c)| = n(q - 1) + 1 = q^k$. Somit gilt

$$\left| \bigcup_{c \in C} K_e(c) \right| = |C| \cdot q^k = q^{n-k} q^k = q^n,$$

woraus sofort die Behauptung folgt. $\square$

Das analoge Problem zur Bestimmung der Zahlen $A(n, d, q)$ ist die Frage nach der maximalen Dimension k eines $[n, k, d, q]$-Codes. Die im vorigen Abschnitt angegebenen oberen Schranken für die Zahlen $A(n, d, q)$ liefern unmittelbar derartige Schranken. So ergibt beispielsweise die Singleton-Schranke aus Satz 3.6 die Bedingung

(4.2) $k \leq n - d + 1.$

Ein linearer MDS-Code ist also ein $[n, k, d, q]$-Code mit $d = n - k + 1$, vgl. Definition 3.7. Wir verwenden jetzt Satz 4.4, um zu beweisen, daß dann auch der duale Code ein MDS-Code ist:

Satz 4.8. *Es sei C ein linearer $[n, k, n - k + 1, q]$-MDS-Code. Dann ist $C^{\perp}$ ein $[n, n - k, k + 1, q]$-Code, also ebenfalls ein MDS-Code.*

Beweis. Trivialerweise hat $C^{\perp}$ Dimension $n - k$. Wegen (4.2) genügt es zu zeigen, daß jedes Codewort $h \in C^{\perp}$ mit $h \neq 0$ Gewicht $w(h) \geq k + 1$ hat. Angenommen, das wäre falsch; dann hat h in mindestens $n - k$ Komponenten Eintrag 0. Da h zu einer Basis von $C^{\perp}$ ergänzt werden kann, gibt es eine Kontrollmatrix H der Größe $(n - k) \times n$ von C, die h als Zeile enthält. Es sei H' eine Untermatrix von H, die aus $n - k$ Spalten gebildet wird, in denen h Eintrag 0 hat; dann enthält H' also eine Nullzeile. Daher sind die $n - k$ Spalten von H' linear abhängig, weswegen nach Satz 4.4 das Minimalgewicht von C höchstens $n - k$ betragen kann. Widerspruch!
                                                                                          $\square$

Das Existenzproblem für lineare MDS-Codes ist zu einem Problem über endliche projektive Räume äquivalent, wie wir in §IX.6 sehen werden; dieser Zusammenhang hat zu wesentlichen Fortschritten geführt, wie wir dort erläutern werden. Eine große Klasse von Beispielen werden wir aber bereits in Satz 6.9 erhalten.

Wir wollen nun eine Schranke herleiten, die speziell für lineare Codes gilt und die Singleton-Schranke (3.6) verstärkt. Dazu folgende Notation: Der kleinste Wert von n, für den es einen $[n, k, d, q]$-Code gibt, wird mit $N(k, d, q)$ bezeichnet; in dieser Notation lautet die Singleton-Schranke also $N(k, d, q) \geq k + d - 1$. Die folgende Verstärkung stammt von Griesmer [1960]:

Satz 4.9 (Griesmer-Schranke). *Es gilt*

$$(4.3) \qquad N(k, d, q) \geq d + \left\lceil \frac{d}{q} \right\rceil + \cdots + \left\lceil \frac{d}{q^{k-1}} \right\rceil.$$

Beweis. Wir zeigen zunächst die folgende rekursive Abschätzung:

$$(4.4) \qquad N(k, d, q) \geq d + N\left(k - 1, \left\lceil \frac{d}{q} \right\rceil, q\right).$$

Dazu sei C ein $[N(k, d, q), k, d, q]$-Code mit einer k-zeiligen Erzeugermatrix G. Nach einer geeigneten Permutation der Zeilen und Spalten sowie Multiplikation von Spalten mit geeigneten Skalaren $\neq 0$ (wodurch wir zwar den Code C verändern, nicht aber seine Parameter), können wir annehmen, daß G die folgende Form hat:

$$G = \begin{pmatrix} 0 \ldots 0 & \overbrace{1 \ldots 1}^{d} \\ G_1 & G_2 \end{pmatrix},$$

wobei also G_1 eine $(k - 1) \times (N(k, d, q) - d))$-Matrix ist. Wir behaupten nun, daß die Zeilen von G_1 linear unabhängig sind. Wäre dies nicht der Fall, so könnten wir die erste Zeile von G_1 zu $0 \ldots 0$ machen. Das entsprechende Code-Wort $x = (0, \ldots, 0, x_1, \ldots, x_d)$ mit $x_1, \ldots, x_d \neq 0$ in C würde dann aber zu einem Wort vom Gewicht $< d$ in C führen, nämlich zu $x - x_1(0, \ldots, 0, 1, \ldots, 1)$; man beachte dabei, daß nicht $x_1 = \cdots = x_d$ gelten kann, da sonst die Zeilen von G linear abhängig wären. Widerspruch! Somit ist G_1 die Erzeugermatrix eines $[N(k, d, q) - d, k - 1, d', q]$-Codes C_1.

Wir müssen noch d' abschätzen. Dazu sei $u \in C_1$ ein Vektor vom Gewicht d', also eine Linearkombination der Zeilen von G_1; wenn v die entsprechende Linearkombination der Zeilen von G_2 ist, gilt also $(u \mid v) \in C$. Sei $x \in GF(q)$ beliebig. Da $(u \mid v)$ vom Codewort $(0 \ldots 0 \mid x \ldots x)$ mindestens Abstand d hat, muß v mindestens $d - d'$ Einträge $\neq x$ enthalten. Jedes $x \in GF(q)$ kommt also höchstens d'-mal in v vor. Es folgt $qd' \geq d$, also $d' \geq \left\lceil \frac{d}{q} \right\rceil$, was sofort (4.4) liefert. Iterative Anwendung von (4.4) ergibt dann die gewünschte Schranke (4.3).   □

Schließlich zeigen wir ein lineares Analogon der Schranke aus Satz 3.13:

Satz 4.10 (Gilbert-Varshamov-Schranke). *Wenn*

$$\sum_{i=0}^{d-2} \binom{n-1}{i} (q-1)^i < q^{n-k}$$

ist, dann gibt es einen $[n, k, d, q]$-*Code.*

Beweis. Nach Satz 4.4 haben wir eine $((n-k) \times n)$-Matrix H über $GF(q)$ zu konstruieren, für die je $d-1$ Spalten linear unabhängig sind. Als erste Spalte können wir jeden Vektor $\neq 0$ in $V = GF(q)^{n-k}$ wählen. Angenommen, wir haben bereits m Spalten von H konstruiert, von denen je $d-1$ linear unabhängig sind. Offensichtlich kann man aus diesen m Spalten höchstens

$$f(m) = 1 + (q-1)\binom{m}{1} + (q-1)^2 \binom{m}{2} + \cdots + (q-1)^{d-2} \binom{m}{d-2}$$

verschiedene Linearkombinationen bilden, die sich aus höchstens $d-2$ Spalten kombinieren lassen. Wenn $f(m) < q^{n-k}$ ist, kann man einen von den beschriebenen Linearkombinationen verschiedenen Vektor $v \in V$ auswählen; man sieht leicht, daß v als weitere Spalte von H gewählt werden kann. Aufgrund unserer Voraussetzung gilt aber $f(m) < q^{n-k}$ für alle $m \leq n-1$, weswegen wir schließlich die gewünschte Matrix H erhalten. $\qquad\square$

5   Zyklische Codes und Polynomideale

Im Laufe der Zeit hat sich eine vielleicht erstaunliche Tatsache herauskristallisiert: Codes sind in der Praxis um so besser einsetzbar, je mehr algebraische Struktur sie besitzen. Von zentraler Bedeutung sind insbesondere die zyklischen Codes, die wir in diesem Abschnitt einführen wollen.

Definition 5.1. Sei q eine Primzahlpotenz und $K = GF(q)$ sowie $n \in \mathbb{N}$. Ein Code $C \subseteq K^n$ heißt zyklisch, wenn gilt:

$$(c_1, \ldots, c_n) \in C \implies (c_n, c_1, \ldots, c_{n-1}) \in C.$$

Beispiel 5.2. Offenbar ist ein linearer Code zyklisch, wenn man für ihn eine n-zeilige zyklische Erzeugermatrix angeben kann; deren Zeilen sind dann natürlich nicht mehr linear unabhängig, außer in Trivialfällen. Wir wollen das nun für einen zum $(7, 4)$-Hamming-Code aus Beispiel 4.6 äquivalenten Code tun. Zunächst permutieren wir die Spalten $S_0, \ldots, S_6$ der Matrix G aus 4.6 in die Reihenfolge $(S_0, S_6, S_4, S_5, S_1, S_2, S_3)$ und erhalten die Matrix

$$G' = \begin{pmatrix} 1 & 1 & 0 & 1 & 0 & 0 & 0 \\ 0 & 1 & 1 & 0 & 1 & 0 & 0 \\ 0 & 0 & 1 & 1 & 0 & 1 & 0 \\ 0 & 1 & 1 & 1 & 0 & 0 & 1 \end{pmatrix}.$$

Wir bezeichnen nun die Zeilen von G' mit Z'_i und setzen $Z''_i = Z'_i$ für $i = 1, 2, 3$ sowie

$$Z''_4 = Z'_2 + Z'_4 \qquad \text{(mod 2)}$$
$$Z''_5 = Z'_1 + Z'_2 + Z'_3 \quad \text{(mod 2)}$$
$$Z''_6 = Z'_3 + Z'_4 \qquad \text{(mod 2)}$$
$$Z''_7 = Z'_1 + Z'_4 \qquad \text{(mod 2)}.$$

Auf diese Weise ergibt sich eine zyklische Generatormatrix G'', nämlich

$$G'' = \begin{pmatrix} 1 & 1 & 0 & 1 & 0 & 0 & 0 \\ 0 & 1 & 1 & 0 & 1 & 0 & 0 \\ 0 & 0 & 1 & 1 & 0 & 1 & 0 \\ 0 & 0 & 0 & 1 & 1 & 0 & 1 \\ 1 & 0 & 0 & 0 & 1 & 1 & 0 \\ 0 & 1 & 0 & 0 & 0 & 1 & 1 \\ 1 & 0 & 1 & 0 & 0 & 0 & 1 \end{pmatrix}.$$

Wie das vorhergehende Beispiel zeigt, ist es keineswegs trivial, einem linearen Code anzusehen, ob er zyklisch ist. Wir brauchen also eine geschicktere Beschreibung. Hierzu ist es nötig, den Polynomring über einem (endlichen) Körper K zu verwenden. Wir wollen hier zunächst an die Konstruktion dieses Ringes erinnern. Man setzt

$$K[x] = \{ p = (p_0, p_1, \ldots) \mid p_0, p_1, \cdots \in K, \ p_j \neq 0 \text{ nur für endlich viele } j \}$$

und nennt $K[x]$ den *Polynomring* (in einer Variablen x) über K. Dahinter steckt Folgendes: Definiert man für $p = (p_0, p_1, \ldots)$ und $q = (q_0, q_1, \ldots)$ aus $K[x]$ die Addition durch

$$p + q = (p_0 + q_0, p_1 + q_1, \ldots)$$

und die Multiplikation durch

$$pq = \left(p_0 q_0, \; p_0 q_1 + p_1 q_0, \; \ldots, \; \sum_{j+k=n} p_j q_k, \ldots \right)$$

so wird $K[x]$ das, was man in der Algebra einen *Ring* nennt: $K[x]$ ist bezüglich der Addition eine abelsche Gruppe mit der Null $0 = (0, 0, \ldots)$ und bezüglich der Multiplikation eine abelsche Halbgruppe mit der Eins $1 = (1, 0, 0, \ldots)$, und es gilt das Distributivgesetz $p(q + r) = pq + pr$ für $p, q, r \in K[x]$. Durch die Identifikation $a \leftrightarrow (a, 0, 0, \ldots)$ wird der Körper K in $K[x]$ eingebettet.

Setzt man nun

$$x = (0, 1, 0, 0, \ldots),$$

so ergibt sich

$$x^2 = (0, 0, 1, 0, \ldots), \;\; x^3 = (0, 0, 0, 1, 0, \ldots), \;\; \text{usw.}$$

Natürlich setzt man noch $x^0 = 1 = (1, 0, 0, \ldots)$. Damit erhält man dann allgemein

$$p = (p_0, p_1, \ldots) = \sum_{k=0}^{n} p_k x^k,$$

wobei n so gewählt ist, daß $p_{n+1} = p_{n+2} = \cdots = 0$ gilt. Wählt man n minimal mit dieser Eigenschaft (also $p_n \neq 0$, außer für $p = 0$), so heißt n der *Grad* des *Polynoms* p und p_n sein *Leitkoeffizient*; Polynome mit Leitkoeffizient 1 heißen *monisch* oder *normiert*. Wir haben somit den Anschluß an die übliche Schreibweise für Polynome erhalten; nur hat man bei dieser Definition den Vorteil, zu wissen, was ein Polynom und was die Unbestimmte oder Variable x ist, Dinge, die früher meist unklar blieben. Ob einem dieser formal korrekte, aber wenig intuitive Ansatz allerdings gefällt, ist wohl eher Geschmacksache. Wie dem auch sei, wir können ab jetzt wieder ganz unbekümmert mit Polynomen umgehen und dabei unserer Intuition folgen.

Man kann nun auch, wie üblich, ein Element $\beta \in K$ (oder allgemeiner aus einem K umfassenden kommutativen Ring R, insbesondere aus einem Erweiterungskörper von K) in die Polynome $p \in K[x]$ „einsetzen": Die *Auswertung* an der Stelle β ist die durch

$$p = \sum_{k=0}^{n} p_k x^k \;\mapsto\; p(\beta) = \sum_{k=0}^{n} p_k \beta^k$$

definierte Abbildung von $K[x]$ nach K. Es handelt sich dabei sogar um einen *Homomorphismus*, da die Auswertung an der Stelle β mit der Addition und Multiplikation in $K[x]$ verträglich ist, wie man ohne große Mühe nachrechnet. Dabei heißt β eine *Nullstelle* des Polynoms p, wenn $p(\beta) = 0$ gilt; in der Algebra lernt man, daß die Anzahl der Nullstellen von p in einem beliebigen Erweiterungskörper L von K höchstens so groß wie der Grad von p ist und daß es stets einen Erweiterungskörper Z von K gibt, über dem p in *Linearfaktoren*, also in Polynome vom Grad 1, zerfällt:

$$p = \sum_{k=0}^{n} p_k x^k = \prod_{j=1}^{n} (x - \beta_j)$$

mit $\beta_1, \ldots, \beta_n \in Z$. Man nennt einen solchen Erweiterungskörper Z den *Zerfällungskörper* von p, wenn dabei noch Z so klein wie möglich gewählt ist (also von K zusammen mit den β_j erzeugt wird), da Z dann bis auf Isomorphie eindeutig durch p und K bestimmt ist, was wir aber nicht benötigen werden.

Ein Polynom p heißt *irreduzibel*, wenn es keine Zerlegung als Produkt zweier Polynome kleineren Grades besitzt. Insbesondere sind also lineare Polynome stets irreduzibel. Man lernt in der Algebra, daß es über jedem endlichen Körper $GF(q)$ irreduzible Polynome mit beliebigem positiven Grad gibt; wir haben diese Tatsache bereits in § III.3 erwähnt.

Eine additive Untergruppe I von $K[x]$ heißt ein *Ideal* in $K[x]$, wenn

$$p \in K[x], \; q \in I \implies pq \in I$$

gilt. Man sieht sofort: $I \subseteq K[x]$ ist genau dann ein Ideal, wenn lineares Kombinieren mit Koeffizienten aus K sowie Multiplikation mit x nicht aus I herausführt. Man zeigt mit Hilfe des sogenannten Divisionsalgorithmus für Polynome, daß jedes Ideal I in $K[x]$ ein *Hauptideal* ist, also die Form $I = I(m) = \{pm \mid p \in K[x]\}$ für ein $m \in K[x]$ hat. Für $I \neq \{0\}$ kann man dabei m als das *Minimalpolynom* von I wählen, also als das monische Polynom kleinsten Grades in I.

Ist I ein Ideal in $K[x]$, nennt man $p, q \in K[x]$ *äquivalent* modulo I im Falle $p - q \in I$, und rechnet man mit den Äquivalenzklassen repräsentantenweise, so wird die Menge $K[x]/I$ dieser Äquivalenzklassen selbst ein Ring, der *Restklassenring* von $K[x]$ modulo I. Ist $I = I(m)$, so sagt man auch „modulo m" statt „modulo I" und schreibt $K[x]/(m)$ statt $K[x]/I(m)$.

Dieses aus der Algebra geläufige Vorgehen interessiert in der Codierungstheorie nun speziell für den Fall $m = x^n - 1$. Das Ideal $I(x^n - 1)$ besteht aus allen Polynomen der Form $p \cdot (x^n - 1)$. Wählt man speziell $p = x^j$ (für beliebiges $j = 0, 1, \ldots$), sieht man, daß die Abänderung eines Polynoms modulo $x^n - 1$ nichts anderes bedeutet als beliebige Monome der Form x^{n+j} durch x^j zu ersetzen und umgekehrt. Insbesondere gibt es zu jedem Polynom p genau ein modulo $x^n - 1$ äquivalentes vom Grade $\leq n - 1$; die Polynome vom Grad $\leq n - 1$ sind also ein Repräsentantensystem für die Äquivalenzklassen, aus denen $K[x]/(x^n-1)$ besteht.

Mit der naheliegenden Identifizierung

$$p_0 + p_1 x + \cdots + p_{n-1} x^{n-1} \leftrightarrow (p_0, p_1, \ldots, p_{n-1})$$

bilden diese Polynome aber gerade den Vektorraum K^n. Damit können wir diesen Vektorraum, in dem ja die Codes der Länge n über K liegen, mit dem Ring $K[x]/(x^n - 1)$ identifizieren. Wir wollen dies nun ausnützen und uns fragen, was die Multiplikation mit der Restklasse x modulo $(x^n - 1)$ in K^n bedeutet. Das Polynom $p_0 + p_1 x + \cdots + p_{n-1} x^{n-1}$ geht durch Multiplikation mit x in

$$p_0 x + p_1 x^2 + \cdots + p_{n-2} x^{n-1} + p_{n-1} x^n$$

über, also modulo $x^n - 1$ in $p_{n-1} + p_0 x + \cdots + p_{n-2} x^{n-1}$. Die Multiplikation mit x bedeutet also gerade die zyklische Vertauschung der Komponenten. Wir haben damit den

Satz 5.3. *Sei q eine Primzahlpotenz, $n \in \mathbb{N}$ und $C \subseteq K^n$ ein linearer Code. Dann ist C zyklisch, wenn und nur wenn die C in $K[x]/(x^n - 1)$ entsprechende Menge ein Ideal in diesem Ring ist.* $\qquad\qquad\square$

Man wird nun versuchen, die Ideale in $R = GF(q)[x]/(x^n - 1)$ vollständig zu bestimmen. Im folgenden werden wir stets die Äquivalenzklassen in R mit ihren Repräsentanten vom Grad $\leq n - 1$ identifizieren, ohne dieses besonders zu erwähnen. Wir beweisen nun den folgendem fundamentalen

Satz 5.4. *Sei $C \neq 0$ ein Ideal in $R = GF(q)[x]/(x^n - 1)$. Dann gelten:*

(a) *C ist ein Hauptideal und wird von dem eindeutig bestimmten Polynom g mit minimalem Grad und Leitkoeffizient 1 in C erzeugt.*

(b) *g teilt $x^n - 1$ in $GF(q)[x]$, also etwa $x^n - 1 = gh$.*

(c) *Setze $r := \deg g \neq 0$. Jedes $c \in C$ hat eine eindeutige Darstellung $c = fg$ mit $\deg f \leq n - r - 1$.*

(d) *$\dim C = k = n - r$.*

Beweis. Sei $c \in C$. Wir können c in $GF(q)[x]$ mit Rest durch g teilen und erhalten etwa

$$c = ag + b \quad \text{mit } b = 0 \text{ oder } \deg b < \deg g.$$

Da C ein Ideal ist, zeigt diese Gleichung (in R betrachtet) $b \in C$; wegen der Minimalität von $r = \deg g$ gilt daher $b = 0$. Dies zeigt (a). Für (b) sei

$$x^n - 1 = gh + d \quad \text{in } GF(q)[x] \text{ mit } d = 0 \text{ oder } \deg d < \deg g.$$

Es folgt $d = -gh$ modulo $(x^n - 1)$, also $d \in C$ und daher, wie behauptet, $d = 0$.

Nach (a) hat jedes $c \in C$ die Form $c = ag$. In $GF(q)[x]$ gilt daher für ein geeignetes Polynom e

$$c = ag + e(x^n - 1) = (a + eh)g = fg,$$

wobei h wie in (b) und $f = a + eh$ sei. Da diese Gleichung in $GF(q)[x]$ gilt und $\deg c \leq n - 1$ ist, folgt $\deg f \leq n - r - 1$. Die Eindeutigkeit von f ist klar, womit auch (c) gezeigt ist. Die Wörter in C sind also genau die fg mit $\deg f \leq n - r - 1$. Offenbar ist dann $g, xg, x^2 g, \ldots, x^{n-r-1} g$ eine Basis für C und (d) folgt. $\qquad\square$

Die zyklischen Codes der Länge n über $GF(q)$ entsprechen also bijektiv den Teilern von $x^n - 1$ über $GF(q)$, weswegen die Bestimmung aller zyklischen Codes in $GF(q)^n$ auf die Bestimmung aller Teiler von $x^n - 1$ in $GF(q)[x]$ hinausläuft. Diese bestimmt man nun, indem man $x^n - 1$ über $GF(q)$ in irreduzible Faktoren zerlegt:

$$x^n - 1 = p_1(x) \ldots p_r(x)$$

mit irreduziblen $p_1, \ldots, p_r$ liefert genau 2^r Teiler von $x^n - 1$, also 2^r zyklische Codes der Länge n. Die tatsächliche Faktorisierung von $x^n - 1$ ist nicht ganz einfach, wir verweisen dafür auf Bücher zu endlichen Körpern, siehe etwa Lidl und Niederreiter [1983] oder Jungnickel [1993], oder zur Codierungstheorie. Satz 5.4 hat einige wichtige Konsequenzen, die wir nun angeben wollen.

Korollar 5.5. *Mit den Bezeichnungen aus Satz 5.4 schreiben wir*

$$g = g_0 + g_1 x + \cdots + g_r x^r \quad und \quad h = h_0 + h_1 x + \cdots + h_k x^k,$$

wobei $k = n - r$ sei. Dann ist

$$G = \begin{pmatrix} g_0 & g_1 & \cdots & g_r & 0 & \cdots & \cdots & 0 \\ 0 & g_0 & g_1 & \cdots & g_r & 0 & \cdots & 0 \\ \vdots & \ddots & \ddots & \ddots & & \ddots & \ddots & \vdots \\ \vdots & & \ddots & \ddots & \ddots & & \ddots & 0 \\ 0 & \cdots & \cdots & 0 & g_0 & g_1 & \cdots & g_r \end{pmatrix}$$

$$= \begin{pmatrix} g(x) & & & \\ & xg(x) & & \\ & & \ddots & \\ & & & x^{n-r-1} g(x) \end{pmatrix}$$

*eine Erzeugermatrix für C. Ferner gilt für jedes $c \in C$ die Gleichung $hc = 0$ in R
und die Matrix*

$$H = \begin{pmatrix} 0 & \cdots & & 0 & h_k & \cdots & h_1 & h_0 \\ 0 & \cdots & 0 & h_k & \cdots & h_1 & h_0 & 0 \\ \vdots & & \cdots & & & \cdots & \cdots & \vdots \\ 0 & \cdots & & & \cdots & \cdots & & \vdots \\ h_k & \cdots & h_1 & h_0 & 0 & & \cdots & 0 \end{pmatrix}$$

$$= \begin{pmatrix} & & & & \overleftarrow{h(x)} \\ & & & x\,\overleftarrow{h(x)} & \\ & & \cdots & & \\ & x^{n-k-1}\,\overleftarrow{h(x)} & & & \end{pmatrix}$$

ist eine Kontrollmatrix für C. Dabei bedeutet die Notation $\overleftarrow{h(x)}$, daß die Koeffizienten von $h(x)$ in umgekehrter Reihenfolge in die Matrix eingetragen werden.

Beweis. Die Aussage über G folgt direkt aus Satz 5.4. Da jedes $c \in C$ die Form
$c = fg$ hat, folgt mit $gh = x^n - 1 = 0$ also $ch = fgh = f(x^n - 1) = 0$ in R.
Schreibt man $c = c_0 + c_1 x + \cdots + c_{n-1} x^{n-1}$, so ist $ch = 0$ äquivalent zu den
Gleichungen

$$\sum_{i=0}^{n-1} c_i h_{j-i} = 0 \quad \text{für } j = 0, \dots, n-1,$$

wobei die Indizes modulo n betrachtet werden und $h_{k+1} = \cdots = h_{n-1} = 0$ gesetzt
wird. Somit ist H eine Kontrollmatrix für C, da die $n - k = r = n - \dim C$ Zeilen
von H offenbar linear unabhängig sind.   □

Wegen Korollar 5.5 heißt g das *Erzeugerpolynom* und h das *Kontrollpolynom*
des Codes C. Wir betonen, daß h *nicht* den dualen Code $C^\perp$, sondern nur einen
äquivalenten Code erzeugt. Hierzu die folgende

Übung 5.6. Das Polynom

$$h^*(x) = x^k h(x^{-1}) = h_k + h_{k-1} x + \cdots + h_0 x^k$$

heißt das *reziproke Polynom* zu h. Man zeige, daß das von h^* erzeugte Ideal der duale
Code $C^\perp$ ist, der somit äquivalent zum zyklischen Code (h) mit $h = (x^n - 1)/g$
ist.

Beispiel 5.7. Es sei C der $(7, 4)$-Hamming-Code. Nach Beispiel 5.2 ist C zyklisch und hat das Erzeugerpolynom $g = 1 + x + x^3$ sowie das Kontrollpolynom $h = (x^7 + 1)/g = 1 + x + x^2 + x^4$.

Übung 5.8. Es sei $q = 2$, n ungerade und C ein zyklischer Code der Länge n über $GF(2)$. Man zeige die Äquivalenz der folgenden Aussagen:

(a) $(1 \dots 1) \in C$.

(b) C enthält ein Wort ungeraden Gewichts.

(c) $g(1) \neq 0$, wobei g das Generatorpolynom von C sei.

(d) $h(1) = 0$, wobei h das Kontrollpolynom von C sei.

6   BCH-Codes

In diesem Abschnitt wollen wir eine große Klasse von zyklischen Codes gewinnen, die nach ihren Entdeckern (unabhängig voneinander Bose und Ray-Chaudhuri [1960] sowie Hocquenghem [1959]) *BCH-Codes* genannt werden. Zur Herleitung der Parameter dieser Codes werden wir eine Methode benötigen, die es uns erlaubt, das Minimalgewicht eines zyklischen Codes abzuschätzen. Wir beginnen mit der Untersuchung dieses Problems und wählen einen verhältnismäßig ungewöhnlichen Ansatz, der auf van Lint und Wilson [1986] zurückgeht. Dazu die folgende

Definition 6.1. Es sei S eine Teilmenge von $GF(q)$. Mit U_S bezeichnen wir diejenige Teilmenge der Potenzmenge von $GF(q)$, die durch die folgenden Regeln rekursiv erklärt ist:

(a) $\emptyset \in U_S$;

(b) $A \in U_S, A \subseteq S, b \notin S \implies A \cup \{b\} \in U_S$;

(c) $A \in U_S, c \in GF(q)^* \implies cA \in U_S$.

Man sagt auch, daß die Menge U_S *unabhängig bezüglich* S ist.

Wir erklären das *Gewicht* eines Polynoms $c = c_0 + c_1 x + \cdots + c_{n-1} x^{n-1}$ über $GF(q)$ als die Anzahl der Koeffizienten $c_i \neq 0$; wenn wir c als Codewort in einem zyklischen Code über $GF(q)$ interpretieren, erhalten wir also gerade den üblichen Gewichtsbegriff. Die Bedeutung von Definition 6.1 erklärt sich nun aus dem folgenden Resultat:

Lemma 6.2. *Sei f ein Polynom über $GF(q)$ und S die Menge der Nullstellen von f in einem (beliebigen) Erweiterungskörper $GF(q^m)$. Dann hat f mindestens das Gewicht*

$$w(f) \geq \max \{|A| \mid A \in U_S\}.$$

Beweis. Wir schreiben f in der Form $f(x) = f_1 x^{i_1} + \cdots + f_k x^{i_k}$ mit $f_i \neq 0$ für $i = 1, \ldots, k$. Für jede Teilmenge A von $GF(q^m)$ definieren wir eine Teilmenge V_A von $GF(q^m)^k$ wie folgt:

$$V_A = \{(a^{i_1}, \ldots, a^{i_k}) \mid a \in A\}.$$

Wir zeigen nun mit Induktion, daß V_A für $A \in U_S$ stets linear unabhängig ist, womit dann sofort

$$|A| \leq k = w(f(x))$$

folgt. Der Induktionsanfang $A = \emptyset$ ist klar. Wir führen nun den Induktionsschritt durch; die Behauptung gelte also bereits für ein $A \in U_S$. Zunächst betrachten wir eine Anwendung der Regel (b) in Definition 6.1; es sei also hier $A \subseteq S$. Durch Hinzufügen eines Elements $b \notin S$ erhält man die Menge $A' = A \cup \{b\}$. Es gilt $V_{A'} = V_A \cup \{(b^{i_1}, \ldots, b^{i_k})\}$, und es ist zu zeigen, daß $V_{A'}$ linear unabhängig ist. Da V_A nach Induktionsannahme bereits linear unabhängig ist, nehmen wir also an, daß $(b^{i_1}, \ldots, b^{i_k})$ sich als eine Linearkombination von Vektoren in V_A darstellen läßt. Dann folgt aus der Bedingung

$$f_1 a^{i_1} + \cdots + f_k a^{i_k} = f(a) = 0 \quad \text{für alle } a \in A$$

leicht $f(b) = 0$, im Widerspruch zu $b \notin S$. Es bleibt, eine Anwendung der Regel (c) in Definition 6.1 zu untersuchen. Sei also $A' = cA$ mit $A \in U_S$ und $c \in GF(q^m)^*$. Dann gilt

$$V_{A'} = V_{cA} = \{(c^{i_1} a^{i_1}, \ldots, c^{i_k} a^{i_k}) \mid a \in A\}.$$

Daher sind die Vektoren in $V_{A'}$ die Bilder der Vektoren in V_A unter der durch die Matrix $\operatorname{diag}(c^{i_1}, \ldots, c^{i_k})$ definierten bijektiven linearen Abbildung des Vektorraums $GF(q^m)^k$. Somit sind auch die Vektoren in $V_{A'}$ linear unabhängig. □

Wir setzen ab jetzt stets voraus, daß q und n teilerfremd sind; dann gibt es natürliche Zahlen m mit $q^m \equiv 1 \pmod n$. Für jedes solche m enthält nun die nach Satz III.3.5 zyklische multiplikative Gruppe $GF(q^m)^*$ eine eindeutig bestimmte Untergruppe der Ordnung n: Wählen wir in $GF(q^m)^*$ ein erzeugendes Element ω und setzen dann $\alpha = \omega^{n'}$, wobei $q^m - 1 = nn'$ gelte, so bilden $1, \alpha, \alpha^2, \ldots, \alpha^{n-1}$ die gewünschte Untergruppe. Man nennt α eine *primitive n-te Einheitswurzel* über $GF(q)$. Falls wir bei diesen Überlegungen noch m minimal wählen, also

$q^l \not\equiv 1 \pmod n$ für $l < m$ verlangen, so ist $GF(q^m)$ gerade der Zerfällungskörper des Polynoms $x^n - 1$ über $GF(q)$.

Als Anwendung von Lemma 6.2 beweisen wir nun den folgenden fundamentalen Satz, der unabhängig voneinander von Bose und Ray-Chaudhuri [1960] sowie von Hocquenghem [1959] gefunden wurde.

Satz 6.3 (BCH-Schranke). *Sei C ein zyklischer Code der Länge n über $GF(q)$ mit Erzeugerpolynom g, wobei q und n teilerfremd sind. Ferner sei α eine primitive n-te Einheitswurzel über $GF(q)$. Falls es $b \geq 0$ und $\delta \geq 2$ mit*

$$g(\alpha^b) = g(\alpha^{b+1}) = \cdots = g(\alpha^{b+\delta-2}) = 0$$

gibt (man sagt dann auch, daß die Menge der Nullstellen von C eine lückenlose *Teilmenge von Potenzen von α der Länge $\delta - 1$ enthält), hat C Minimalgewicht $d \geq \delta$.*

Beweis. Sei $GF(q^m)$ der Zerfällungskörper von $x^n - 1$ über $GF(q)$. Nach Voraussetzung enthält die Menge der Nullstellen von g und daher auch die Menge S der Nullstellen eines beliebigen Codepolynoms $c = fg \in C$ die Teilmenge $\{\alpha^b, \alpha^{b+1}, \ldots, \alpha^{b+\delta-2}\}$. Wir können o.B.d.A. $\alpha^{b+\delta-1} \notin S$ annehmen. Nach Lemma 6.2 genügt es nun, $\{\alpha^b, \alpha^{b+1}, \ldots, \alpha^{b+\delta-1}\} \in U_S$ zu zeigen:

$$
\begin{aligned}
\emptyset \in U_S, \; \alpha^{b+\delta-1} \notin S \implies & \; \alpha^{b+\delta-1} \in U_S \\
\implies & \; \{\alpha^{b+\delta-2}\} \in U_S \\
\implies & \; \{\alpha^{b+\delta-2}, \alpha^{b+\delta-1}\} \in U_S \\
\implies & \; \{\alpha^{b+\delta-3}, \alpha^{b+\delta-2}\} \in U_S \\
\implies & \; \{\alpha^{b+\delta-3}, \alpha^{b+\delta-2}, \alpha^{b+\delta-1}\} \in U_S \\
& \vdots \\
\implies & \; \{\alpha^b, \alpha^{b+1}, \ldots, \alpha^{b+\delta-1}\} \in U_S,
\end{aligned}
$$

wobei wir abwechselnd die Regeln (b) und (c) aus Definition 6.1 verwendet haben.
□

Wir werden bald sehen, daß die BCH-Schranke im allgemeinen nicht das wirkliche Minimalgewicht liefert, sondern tatsächlich nur eine untere Schranke. Aus Satz 6.3 folgt für jedes $\delta \leq n$ die Existenz eines zyklischen Codes der Länge n mit Minimalabstand $d \geq \delta$ über $GF(q)$; natürlich wird sa erst dann interessant, wenn man auch eine vernünftige Abschätzung für die Dimension solcher Codes angeben kann. Für die formale Definition der sogenannten BCH-Codes sei nun wieder α eine primitive n-te Einheitswurzel über $GF(q)$. In $GF(q)[x]$ gibt es dann für $i = 1, \ldots, n - 1$ stets ein monisches Polynom m_i minimalen Grades, für welches $m_i(\alpha^i) = 0$ gilt, das *Minimalpolynom* von α^i. Da jedes α^i eine Nullstelle von $x^n - 1$ ist, sind sämtliche m_i ($i = 1, \ldots, n - 1$) Teiler des Polynoms $x^n - 1$; dasselbe gilt dann für das kleinste gemeinsame Vielfache g einer Teilmenge der m_i. Jedes solche Polynom g definiert daher ein Ideal $I(g) \subseteq GF(q)[x]/(x^n - 1)$, also einen zyklischen Code $C \subseteq GF(q)$. Mit dieser Beobachtung können wir nun die BCH-Codes definieren:

Definition 6.4. Sei α eine primitive n-te Einheitswurzel über $GF(q)$ und sei g das kleinste gemeinsame Vielfache der Polynome $m_b, m_{b+1}, \ldots, m_{b+\delta-2}$. Der Code C mit Erzeugerpolynom g wird auch als

$$C = C(\alpha^b, \alpha^{b+1}, \ldots, \alpha^{b+\delta-2})$$

bezeichnet, da das Erzeugerpolynom von C gerade das monische Polynom kleinsten Grades mit Nullstellen $\alpha^b, \alpha^{b+1}, \ldots, \alpha^{b+\delta-2}$ ist; er heißt ein *BCH-Code zum Abstand δ* („of designed distance δ"). Im Fall $b = 1$ spricht man auch von einem *BCH-Code im engeren Sinn*.

Satz 6.5. *Sei $GF(q^m)$ der Zerfällungskörper von $x^n - 1$ über $GF(q)$. Jeder BCH-Code C der Länge n über $GF(q)$ zum Abstand δ ist ein zyklischer $[n, k, d, q]$-Code mit*

$$d \geq \delta \quad und \quad k \geq n - m(\delta - 1).$$

Für $q = 2$ gibt es sogar einen e-fehlerkorrigierenden BCH-Code im engeren Sinn mit $k \geq n - me$.

Beweis. Sei α eine primitive n-te Einheitswurzel über $GF(q)$ und m_i das Minimalpolynom von α^i. Nach Definition hat C die Form

$$C = C(\alpha^b, \alpha^{b+1}, \ldots, \alpha^{b+\delta-2}) = I(g)$$

mit $g = \mathrm{kgV}(m_b, m_{b+1}, \ldots, m_{b+\delta-2})$. Die Behauptung über den Minimalabstand von C folgt unmittelbar aus Satz 6.3. Da die n-ten Einheitswurzeln α^i in $GF(q^m)$ enthalten sind, hat jedes m_i höchstens den Grad m. Also gilt $\deg g \leq m(\delta - 1)$, und die Behauptung folgt wegen

$$k = \dim C = n - \deg g \geq n - m(\delta - 1).$$

Im Fall $q = 2$ überlegt man sich noch $m_{2i} = m_i$ für alle i, da mit α^i auch α^{2i} eine Nullstelle von m_i ist; das folgt aus der Tatsache, daß Quadrieren ein

Automorphismus von $GF(2^m)$ ist, siehe Satz III.3.8. Damit ergibt sich für $b = 1$ und $\delta = 2e + 1$

$$\text{kgV}(m_1, \ldots, m_{2e}) = \text{kgV}(m_1, m_3, \ldots, m_{2e-1})$$

und dann – ähnlich wie zuvor – die Behauptung. $\square$

Beispiel 6.6. Das Polynom $x^{23} - 1$ hat über $GF(2)$ die Zerlegung

$$x^{23} + 1 = (x+1)(1+x+x^5+x^6+x^7+x^9+x^{11})(1+x^2+x^4+x^5+x^6+x^{10}+x^{11}).$$

Sei nun C der zyklische Code mit Erzeugerpolynom

$$g(x) = 1 + x + x^5 + x^6 + x^7 + x^9 + x^{11}$$

und α eine Nullstelle von g, also eine primitive 23ste Einheitswurzel. Da mit α stets auch α^2 eine Nullstelle von g ist, hat g genau die Nullstellenmenge

$$S = \{\alpha, \ \alpha^2, \ \alpha^4, \ \alpha^8, \ \alpha^{16}, \ \alpha^9, \ \alpha^{18}, \ \alpha^{13}, \ \alpha^3, \ \alpha^6, \ \alpha^{12}\};$$

nebenbei gesagt beweist dies auch, daß g in der Tat irreduzibel ist. Der Code C hat also Dimension 12 und aufgrund der BCH-Schranke 6.3 Minimalgewicht $d \geq 5$, da S die lückenlose Teilmenge $\alpha, \alpha^2, \alpha^3, \alpha^4$ der Länge 4 enthält. Wir wollen zeigen, daß jedes Codepolynom, dessen Nullstellenmenge S umfaßt, Gewicht ≥ 7 haben muß und somit sogar $d \geq 7$ gilt; dazu werden wir Satz 6.2 zweimal anwenden.

Falls ein Codepolynom c noch eine weitere Nullstelle $\neq 1$ außerhalb von S hat, folgt sofort $c = 0$ oder $c = 1 + x + x^2 + \cdots + x^{22}$, also $w(c) = 23$. Wir können daher annehmen, daß c ein Codepolynom ist, dessen Nullstellenmenge genau S oder $S' = S \cup \{1\}$ ist. Wir zeigen zunächst $d \geq 6$. Nach Satz 6.2 genügt es, eine unabhängige Menge U der Mächtigkeit 6 in U_T zu finden, wobei also $T = S$ bzw. $T = S'$ sei. Das geht rekursiv wie folgt, wenn wir den Zerfällungskörper $GF(2^{11})$ von g als Erweiterungskörper wählen:

$$\emptyset \in U_T \ \Rightarrow \ \{\alpha^4\} \in U_T$$
$$\alpha^5 \notin T \ \Rightarrow \ \{\alpha^4, \alpha^5\} \in U_T \ \Rightarrow \ \{\alpha, \alpha^2\} \in U_T$$
$$\alpha^5 \notin T \ \Rightarrow \ \{\alpha, \alpha^2, \alpha^5\} \in U_T \ \Rightarrow \ \{\alpha^8, \alpha^9, \alpha^{12}\} \in U_T$$
$$\alpha^{14} \notin T \ \Rightarrow \ \{\alpha^8, \alpha^9, \alpha^{12}, \alpha^{14}\} \in U_T \ \Rightarrow \ \{\alpha^{12}, \alpha^{13}, \alpha^{16}, \alpha^{18}\} \in U_T$$
$$\alpha^5 \notin T \ \Rightarrow \ \{\alpha^{12}, \alpha^{13}, \alpha^{16}, \alpha^{18}, \alpha^5\} \in U_T \ \Rightarrow \ \{\alpha^2, \alpha^3, \alpha^6, \alpha^8, \alpha^{18}\} \in U_T$$
$$\alpha^5 \notin T \ \Rightarrow \ \{\alpha^2, \alpha^3, \alpha^5, \alpha^6, \alpha^8, \alpha^{18}\} \in U_T.$$

Wir betrachten nun den Teilcode C_0 von C, der aus den Vektoren geraden Gewichts gebildet wird und nach Übung 5.8 Erzeugerpolynom $g_0 = (x+1)g$ hat. Wir wenden nun Satz 6.2 auf die Nullstellenmenge $S' = S \cup \{1\}$ von C_0 an und erhalten dann aus $\{\alpha^2, \alpha^3, \alpha^5, \alpha^6, \alpha^8, \alpha^{18}\} \in U_{S'}$ zunächst $\{1, \alpha^1, \alpha^3, \alpha^4, \alpha^6, \alpha^{16}\} \in U_{S'}$ und dann mit $\{\alpha^5\} \notin U_{S'}$ die unabhängige Menge $\{1, \alpha^1, \alpha^3, \alpha^4, \alpha^5, \alpha^6, \alpha^{16}\}$ der Mächtigkeit 7; damit folgt $d_0 \geq 7$, also sogar $d_0 \geq 8$. Insbesondere kann also C kein Codewort vom Gewicht 6 enthalten, womit in der Tat $d \geq 7$ gilt. Der Leser kann leicht nachprüfen, daß (für $e = 3$) die Kugelpackungsschranke 3.2 mit Gleichheit erfüllt ist, womit der Code C also ein perfekter, 3-fehlerkorrigierender [23, 12, 7; 2]-Code ist; C ist der von Golay [1949] gefundene *binäre Golay-Code*.

Bemerkung 6.7. Golay [1949] hat auch einen perfekten 2-fehlerkorrigierenden Code gefunden, nämlich einen [11, 6, 5, 3]-Code, den *ternären Golay-Code*. Dieser Code kann durch das Erzeugerpolynom $x^5 - x^3 + x^2 - x - 1$ über $GF(3)$ definiert werden; da seine Behandlung deutlich schwieriger ist, können wir hier nicht darauf eingehen und verweisen auf MacWilliams und Sloane [1977], Jungnickel [1995] oder van Lint [1999]. Daß es neben den beiden Golay-Codes und den Hamming-Codes aus Satz 4.5 keine weiteren perfekten linearen Codes gibt, ist ein tiefliegendes Resultat von van Lint und Tietäväinen, für dessen Beweis auch auf van Lint [1975] und MacWilliams und Sloane [1977] verwiesen sei.

Schließlich wollen wir noch eine spezielle Klasse von BCH-Codes betrachten, die (auf andere Weise) von Reed und Solomon [1960] eingeführt wurden und uns Beispiele für MDS-Codes liefern werden.

Definition 6.8. Ein BCH-Code der Länge $n = q - 1$ über $GF(q)$ heißt ein *Reed-Solomon-Code*. Da die $(q - 1)$-ten Einheitswurzeln gerade die Elemente von $GF(q)^*$ sind, sind die Erzeugerpolynome der Reed-Solomon-Codes leicht zu beschreiben. Dazu sei α ein primitives Element von $GF(q)^*$. Ein Reed-Solomon-Code zum Abstand δ hat dann Erzeugerpolynom

$$g(x) = (x - \alpha^b)(x - \alpha^{b+1}) \ldots (x - \alpha^{b+\delta-2}),$$

da ja $x - \alpha^i$ das Minimalpolynom von α^i ist. Meist wird dabei $b = 1$ gewählt; man spricht dann von einem *Reed-Solomon-Code im engeren Sinn*.

Satz 6.9. *Jeder Reed-Solomon-Code C zum Abstand $\delta = q - k$ über $GF(q)$ ist ein zyklischer $[q - 1, k, q - k, q]$-Code, also ein MDS-Code. Falls dabei C ein Reed-Solomon-Code im engeren Sinn ist, kann man C zu einem $[q, k, q - k + 1, q]$-Code C' erweitern, der dann ebenfalls ein MDS-Code ist.*

Beweis. Sei das Erzeugerpolynom g von C wie in 6.8 definiert. Dann gilt $\dim C = k$ mit $n - k = \deg g = \delta - 1$. Aufgrund der BCH-Schranke 6.3 hat man $d \geq \delta =$

$n-k+1$. Andererseits besagt die Singleton-Schranke (4.2) $d \leq n-k+1$, weswegen $d = \delta$ und damit die angegebenen Parameter folgen.

Wir definieren nun – in Analogie zum binären Fall im Beweis von Lemma 3.11 – für $c \in C$ das zugehörige Wort in C' als

$$(c_0, \ldots, c_q) \quad \text{mit } c_q = -c_0 - \cdots - c_{q-1}.$$

Da $c = ag$ für ein geeignetes Polynom a ist, gilt also $c_q = -c(1) = -a(1)g(1)$; nach Definition ist dabei $g(1) \neq 0$. Falls $a(1) = 0$ ist, ist c ein Vielfaches von $(x-1)g$ und hat nach der BCH-Schranke 6.3 Gewicht $\geq d+1$; anderenfalls ist aber $c_q \neq 0$, womit c dann ebenfalls Gewicht $\geq d+1$ hat. Daher hat C' Minimalgewicht $\geq d+1$, und mit der Singleton-Schranke folgt wie zuvor die Behauptung.   □

Für die Fehlerkorrektur beim CD-Spieler wird ein Reed-Solomon-Code der Länge 255 mit Minimalgewicht $d = 5$ verwendet, der also über $GF(2^8)$ definiert ist; für nähere Einzelheiten verweisen wir auf Vanstone und van Oorschot [1989] oder Jungnickel [1995].

Übung 6.10. Sei α eine primitive n-te Einheitswurzel über $GF(q)$ und C ein zyklischer Code der Länge n mit Erzeugerpolynom g. Ferner seien $\gamma, \gamma\beta, \ldots, \gamma\beta^{k-1}$ Nullstellen von g, wobei γ und β beliebige Elemente von $GF(q)^*$ sind und β mindestens Ordnung k hat. Man leite aus Satz 6.2 ab, daß dann für jedes Codepolynom $c \in C$ gilt:

$$w(c) \geq k+1 \quad \text{oder} \quad c(\gamma\beta^i) = 0 \text{ für alle } i \geq 0.$$

Übung 6.11. Sei α eine primitive 35ste Einheitswurzel über $GF(2)$ und C der zyklische Code mit Generatorpolynom $g = m_5m_7$. Man verwende Übung 6.10, um $d \geq 4$ zu beweisen. (Die BCH-Schranke liefert hier nur $d \geq 3$.)

7   Bemerkungen zur Implementierung

Im letzten Abschnitt dieses Kapitels wollen wir noch einige Bemerkungen zur Implementierung von Codes machen; die Existenz guter Codes allein ist für ihre praktische Anwendbarkeit ja noch nicht ausreichend! Das Codieren ist bei einem linearen Code unproblematisch. Wenn C die Dimension k hat, kann man eine k-zeilige Generatormatrix wählen. Das Gaußsche Reduktionsverfahren zeigt, daß I_k als Teilmatrix angenommen werden kann. Nach eventueller Spaltenpermutation (also Übergang zu einem äquivalenten Code) kann man also o.B.d.A. eine Erzeugermatrix der Form $G = (I_k \mid A)$ annehmen. Das hat folgenden Vorteil: Man erhält einen Code, in dem der Vektor $(x_1, \ldots, x_k)$ in einen Vektor der Form

$$(\underbrace{x_1, \ldots, x_k}_{k}, \underbrace{x_{k+1}, \ldots, x_n}_{n-k})$$

codiert wird. Dabei sind die ersten k Symbole jedes Codeworts also die *Informationssymbole*, der Rest *Kontrollsymbole*. Überdies ist das zu x gehörende Codewort einfach xG. Das Codieren läßt sich also leicht implementieren.

In diesem Zusammenhang sei ein interessantes Faktum über lineare MDS-Codes als Übung erwähnt, deren Lösung man beispielsweise bei Jungnickel [1995, Satz 3.4.11] nachlesen kann:

Übung 7.1.   Es sei C ein linearer $[n, k, n-k+1, q]$-MDS-Code. Man zeige, daß man beliebige k der Koordinaten als Informationssymbole und die übrigen $n - k$ Koordinaten als Kontrollsymbole wählen kann (was den Term „separable" in MDS erklärt) und daß es für je $d = n - k + 1$ Koordinaten ein Codewort gibt, das genau in diesen Koordinaten Einträge $\neq 0$ hat.

Zum Decodieren linearer Codes kann man im Prinzip wie folgt vorgehen. Wenn x gesendet und y empfangen wurde, heißt $e := x - y$ der *Fehlervektor* und $s := Hy^T$ das *Syndrom*. Dabei ist H eine Kontrollmatrix für C; wenn G bekannt ist, ist auch H bekannt, siehe Übung 4.3. Das Syndrom s hängt nur von e, nicht aber von y ab, da

$$s = Hy^T = H(x + e)^T = He^T$$

gilt. Also läßt sich s ohne Schwierigkeiten berechnen.

Wenn man s kennt, bilden die Lösungen von $s = He^T$ also eine Nebenklasse des k-dimensionalen Vektorraums C in $GF(q)^n$. Das Decodieren erfordert nun (gemäß der Prämisse, daß weniger Fehler wahrscheinlicher sind als mehr Fehler), aus den q^k Elementen dieser Nebenklasse dasjenige e mit minimalem Gewicht zu bestimmen (den sogenannten *coset leader*). Das ist in der Praxis – jedenfalls für große Codes – ein Problem. Wenn die Dimension k verhältnismäßig groß (die Anzahl der Nebenklassen also verhältnismäßig klein) ist, kann man die Bijektion

$$s \leftrightarrow [\text{coset leader für die zugehörige Nebenklasse}]$$

vorausberechnen und einfach abspeichern; dann ist das Decodieren schnell. Wenn k sehr klein ist, kann man jeweils alle Lösungen von $s = He^T$ bestimmen und den coset leader durch Inspektion auswählen. Bei großen Codes sind beide Verfahren nicht praktikabel. Wenn auch die Syndrombestimmung die Anzahl der Kandidaten für e von q^n auf q^k vermindert (ein Vorteil im Vergleich mit nicht-linearen Codes), so bleibt es trotzdem sehr schwierig, einen beliebig vorgegebenen linearen Code zu decodieren.

In der Tat ist bislang kein Verfahren bekannt, das einen beliebigen linearen Code in polynomialer Zeit decodiert, und man vermutet, daß ein solches Verfahren auch gar nicht existieren kann. Wie Berlekamp, McEliece und van Tilborg [1978] gezeigt haben, ist nämlich das betrachtete Problem NP-schwer.[2]

Für bestimmte Klassen linearer Codes gibt es jedoch sehr gute Decodierungs-Algorithmen, beispielsweise für die zyklischen BCH-Codes, die wir im vorigen Abschnitt beschrieben haben. Allerdings würde die Darstellung eines entsprechen-den Verfahrens den Rahmen dieses Buches sprengen; wir verweisen beispielsweise auf MacWilliams und Sloane [1977], Blahut [1983] oder Jungnickel [1995].

Trotzdem wollen wir noch einige einfache Bemerkungen über die Implemen-tierung zyklischer Codes machen, und zwar zum Codieren. Die Erzeugermatrix aus Korollar 5.5 ist natürlich nicht mehr systematisch; trotzdem kann man wieder dim $C = k$ der Koordinaten als Informations- und die restlichen $n - k$ Koordinaten als Kontrollsymbole verwenden. Dazu teilt man die Codewörter c wie folgt auf:

$$c = \underbrace{c_0 c_1 \ldots c_{n-k-1}}_{\text{Kontrollsymbole}} \; \underbrace{c_{n-k} \ldots c_{n-1}}_{\text{Informationssymbole}}$$

Wenn $c_{n-k}, \ldots, c_{n-1}$ gegeben sind, muß man also $c_0, \ldots, c_{n-k-1}$ so bestimmen, daß c im Code liegt. Dafür gibt es zwei verschiedene Methoden. In Polynom-schreibweise dividiert man $\tilde{c} = c_{n-k}x^{n-k} + \cdots + c_{n-1}x^{n-1}$ in $GF(q)[x]$ durch das Erzeugerpolynom g und erhält einen Rest

$$r = r_0 + r_1 x + \cdots + r_{n-k-1}x^{n-k-1};$$

man setzt nun $c := \tilde{c} - r$, also $c_i = -r_i$ für $i = 0, \ldots, n - k - 1$. Dann ist c durch g teilbar, also ein Codewort.

Alternativ hierzu kann man auch die Kontrollmatrix H aus Korollar 5.5 ver-wenden. Ausführlich geschrieben liefert die Bedingung $Hc^T = 0$ für $c \in C$ das folgende Gleichungssystem:

$$h_k c_{n-k-1} + h_{k-1} c_{n-k} + \cdots + h_1 c_{n-2} + h_0 c_{n-1} = 0$$
$$h_k c_{n-k-2} + h_{k-1} c_{n-k-1} + \cdots + h_0 c_{n-2} = 0$$
$$\vdots$$
$$h_k c_0 + h_{k-1} c_1 + \cdots + h_0 c_k = 0.$$

---

[2] Eine erste Einführung in die Komplexitätstheorie, in der insbesondere die Begriffe *NP-vollständig* und *NP-schwer* erläutert werden, findet man beispielsweise in Kapitel 2 von Jungnickel [1994]; für eine ausführliche Darstellung verweisen wir auf Garey und Johnson [1979] oder Papadimitriou [1994].

Wegen $\deg h = k$ ist $h_k \neq 0$, weswegen die $c_{n-k-1}, \ldots, c_1, c_0$ sukzessive leicht berechnet werden können.

Zumindest im binären Fall lassen sich beide Methoden mit Hilfe von linearen Schieberegistern gut implementieren; Beispiele und Literaturhinweise dazu findet man bei MacWilliams und Sloane [1977].

Abschließend gehen wir noch kurz auf eine Anwendung zyklischer Codes bei Computer-Netzwerken ein. Im allgemeinen arbeitet man dort bei der Datenübertragung nicht mit fehlerkorrigierenden, sondern lediglich mit fehlererkennenden Codes; wenn Fehler aufgetreten sind, muß der entsprechende Datenblock nochmals übertragen werden. Dazu werden die sogenannten *CRC-Codes* (für „cyclic redundancy check code") eingesetzt. Wir können hier nicht auf Computer-Netzwerke und ihre Realisierung eingehen; dafür verweisen wir auf das Standardwerk von Tanenbaum [1988]. Die Grundidee für die Verwendung binärer zyklischer Codes zur Fehlererkennung ist aber denkbar einfach:

Algorithmus 7.2 (CRC-Codierung). Wir verwenden k Informations- und $n - k$ Kontrollbits; die eigentlichen Daten werden also als binäre Polynome $m(x)$ vom Grad $\leq k$ angesehen. Ferner sei ein Erzeugerpolynom $g(x) \in GF(2)[x]$ vom Grad $r = n - k$ gegeben.

(1) Multipliziere $m(x)$ mit x^{n-k}; das Ergebnis sei

$$x^{n-k} m(x) = c_{n-k} x^{n-k} + \cdots + c_{n-1} x^{n-1}.$$

(2) Dividiere $x^{n-k} m(x)$ in $GF(2)[x]$ durch $g(x)$; der Rest sei

$$r(x) = c_0 + c_1 x + \cdots + c_{r-1} x^{r-1}.$$

(3) Setze

$$c(x) = x^{n-k} m(x) + r(x) = c_0 + c_1 x + \cdots + c_{n-1} x^{n-1}.$$

Im CRC-Algorithmus 7.2 wird also die Nachricht $m(x)$ genau so in ein Codepolynom $c(x)$ codiert, wie wir es bereits oben beschrieben haben. Da wir jetzt nur Fehler erkennen, nicht aber korrigieren wollen, ist auch die „Decodierung" sehr einfach:

Algorithmus 7.3 (CRC-Decodierung). Nach Übertragung von $c(x)$ sei das Polynom $d(x)$ empfangen worden.

(1) Dividiere $d(x)$ in $GF(2)[x]$ durch $g(x)$; der Rest sei $r(x)$.

(2) Falls $r(x) \neq 0$, melde Fehler und verlange nochmalige Übertragung.

(3) Sei also $r(x) = 0$ und $d(x) = c_0 + c_1 x + \cdots + c_{n-1} x^{n-1}$. Setze

$$m(x) = c_{n-k} + c_{n-k+1} x + \cdots + c_{n-1} x^{k-1}.$$

Wie wir bereits erwähnt haben, läßt sich dies sehr gut in Hardware durch Schieberegister implementieren; siehe auch Peterson und Brown [1961]. Es bleibt die Aufgabe, passende Generatorpolynome $g(x)$ auszuwählen, also darüber nachzudenken, wie gut die Fehlererkennung bei gegebenem $g(x)$ aussieht. Dazu zunächst ein weiterer Begriff, nämlich der des *Fehlerbündels* („burst error"). Viele Übertragungskanäle sind nämlich nicht „gedächtnislos": In Telefonleitungen, Magnetbändern oder bei CDs treten Fehler eher in Bündeln auf; wenn in einer Komponente ein Fehler auftritt, so mit größerer Wahrscheinlichkeit auch in den Nachbarkomponenten. Formal definiert man ein *Fehlerbündel der Länge b* als einen Fehlervektor, dessen Einträge $\neq 0$ alle in b (zyklisch) aufeinanderfolgenden Komponenten enthalten sind. Beispielsweise sind also (00001001000) und (100000000101) Fehlerbündel der Länge 4.

Es ist nun klar, daß man bei der CRC-Codierung über ein Polynom $g(x)$ vom Grad $r = n - k$ jedes Fehlerbündel der Länge $b \leq r$ entdecken kann, da ja kein Polynom vom Grad $\leq r - 1$ durch g teilbar ist. Wenn man darauf besteht, daß g den Faktor $x + 1$ enthält, kann g sogar alle Fehlerbündel von ungeradem Gewicht erkennen; wenn nämlich der Rest $r(x)$ ungerades Gewicht hat, gilt ja $r(1) = 1$, weswegen $r(x)$ nicht durch $x + 1$ teilbar ist. Wie die folgende Übung zeigt, kann man auch längere Fehlerbündel mit hoher Wahrscheinlichkeit erkennen.

Übung 7.4. Es sei C ein CRC-Code mit Generatorpolynom $g(x)$ vom Grad r, wobei $g(0) = 1$ sei. Man zeige unter der Annahme, daß alle Fehlerbündel der Länge b mit gleicher Wahrscheinlichkeit auftreten:

(a) Für $b = r + 1$ ist die Wahrscheinlichkeit, daß die aufgetretenen Fehler nicht erkannt werden, 2^{-r+1}.

(b) Für $b \geq r + 2$ ist die Wahrscheinlichkeit, daß die aufgetretenen Fehler nicht erkannt werden, 2^{-r}.

Beispiel 7.5. In der Praxis sind die folgenden Polynome verwendet worden:

(a) CRC-12: $x^{12} + x^4 + x^3 + x^2 + x + 1$

(b) CRC-16: $x^{16} + x^{15} + x^2 + 1$

(c) CRC-CCITT: $x^{16} + x^{12} + x^5 + 1$

(d) CRC-32: $x^{32} + x^{26} + x^{23} + x^{22} + x^{16} + x^{12} + x^{11} + x^{10} + x^8 + x^7 + x^5 + x^4 + x^2 + x + 1$

Dabei kommt CRC-12 zum Zuge, falls die Symbole des zugrundeliegenden Alphabets als 6-bit-Vektoren dargestellt werden und CRC-16 bzw. CRC-CCITT im Fall von 8-bit-Vektoren. Schließlich wird CRC-32 gemäß des ANSI/IEEE Standards 802.12 für die Datenübertragung in LAN's und MAN's (local and metropolitan area networks) eingesetzt.

Wir betrachten das Beispiel (b) noch etwas genauer: CRC-16 hat die Zerlegung $(x+1)(x^{15}+x+1)$; der zweite Faktor ist ein primitives Polynom, das $x^{2^{15}-1}+1 = x^{32767}+1$ teilt. Somit ist g ein Erzeugerpolynnom für einen zyklischen Code der Länge $n = 32767$; man kann also Nachrichten der Länge $k \leq n-r = 32751$ damit codieren und auf Fehler testen, wie beschrieben. Dabei kann man alle einfachen Fehler ungeraden Gewichts, alle Fehlerbündel der Länge $b \leq 16$ sowie $99,997\%$ aller Fehlerbündel der Länge $b \geq 18$ erkennen.

IX Endliche projektive Ebenen und Räume

Jeder Mathematikstudent lernt irgendwann einmal etwas projektive Geometrie und begegnet dabei jener herrlichen inneren Symmetrie dieser Theorie, die sich in dem auf den französischen Mathematiker Joseph Diaz Gergonne (1771 – 1859) zurück-gehenden „Dualitätsprinzip" ausdrückt. Ferner lernt man meist auch etwas über das geometrische Rechnen mit Doppelverhältnissen und den Widerschein von Rechen-gesetzen in sogenannten geometrischen Schließungssätzen, unter denen der Satz von Desargues der einfachste ist. Man lernt bei dieser Gelegenheit auch, daß der Satz von Desargues in projektiven Räumen einer Dimension ≥ 3 fast trivial ist, in pro-jektiven Ebenen (Dimension 2) dagegen verletzt sein kann („nicht-desarguessche Ebenen"). Auf jeden Fall spielen die projektiven Ebenen eine Sonderrolle, und es sind ihnen ganze Monographien gewidmet worden.

Die Theorie der endlichen projektiven Geometrien ist zugleich eines der schön-sten Kapitel der Kombinatorik; in diesem Abschnitt wollen wir typische Einblicke in diese Theorie gewinnen. Wir lernen zunächst einige allgemeine Eigenschaften endlicher projektiver Ebenen und Räume kennen und diskutieren Existenzfragen. Im Anschluß daran beweisen wir einen Satz über Polaritäten; damit bereiten wir uns auch auf eine interessante Anwendung vor, nämlich das Freundschaftstheo-rem von Erdős, Rényi und Sós [1966]. Danach konstruieren wir besonders schöne Kollineationsgruppen projektiver Geometrien, die sogenannten Singergruppen. Als nächstes betrachten wir dann einige interessante kombinatorische Unterstrukturen in projektiven Geometrien, nämlich einerseits die sogenannten Bögen, die in engem Zusammenhang zu den im vorigen Kapitel eingeführten MDS-Codes stehen, und andererseits Unterebenen und Blockademengen. Schließlich werden wir noch eine Anwendung der projektiven Geometrie in der Kryptographie darstellen und kurz auf affine Ebenen und Räume eingehen.

Trotzdem können wir nur einige Kostproben aus einem sehr umfangreichen Gebiet geben, die hoffentlich beim Leser den Appetit auf weiterführende Lektüre anregen werden. Allgemeine Darstellungen der projektiven Geometrie findet man beispielsweise bei Veblen und Young [1916], Lenz [1965], Coxeter [1987] oder Beutelspacher und Rosenbaum [1992]. Speziell für projektive Ebenen seien die Monographien von Dembowski [1968], Pickert [1975], Lüneburg [1980], Kallaher [1981] sowie Hughes und Piper [1982] genannt. Das Studium endlicher projektiver

Räume und klassischer projektiver Ebenen ist ebenfalls ein blühendes Gebiet, das auch als „Galois-Geometrie" bezeichnet wird; hier empfehlen wir die drei Standardwerke von Hirschfeld [1985,1998] bzw. Hirschfeld und Thas [1991].

1   Grundlagen

Wir beginnen mit einer sehr allgemeinen (und in dieser Allgemeinheit nicht sonderlich spannenden) Definition, von der wir dann im Laufe der Zeit verschiedene interessante Spezialfälle kennenlernen werden.

Definition 1.1. Es seien P und $\mathcal{B}$ zwei zueinander disjunkte, endliche nichtleere Mengen sowie $I \subseteq P \times \mathcal{B}$ eine Relation. Die Elemente von P werden *Punkte*, die Elemente von $\mathcal{B}$ *Blöcke* genannt. Ist $p \in P$, $B \in \mathcal{B}$, $(p, B) \in I$, so verwendet man gerne eine geometrisch motivierte Sprechweise; beispielsweise sagt man, der Punkt p *liege auf* oder *inzidiere mit* dem Block B oder der Block B *gehe durch* oder *inzidiere mit* dem Punkt p und ähnliches mehr. Das Tripel $(P, \mathcal{B}, I)$ heißt eine *endliche Inzidenzstruktur*.

Definition 1.2. Sei $\Pi = (P, \mathcal{G}, I)$ eine endliche Inzidenzstruktur, wobei wir statt von Blöcken von *Geraden* sprechen wollen. Π heißt eine *endliche projektive Ebene*, wenn folgendes gilt:

(a) Sind $p, q \in P$, $p \neq q$, so gibt es genau ein $G \in \mathcal{G}$ mit $(p, G), (q, G) \in I$. Durch zwei verschiedene Punkte p, q geht also genau eine Gerade G, die wir mit $G = pq$ bezeichnen.

(b) Sind $G, H \in \mathcal{G}$, $G \neq H$, so gibt es genau ein $p \in P$ mit $(p, G), (p, H) \in I$. Zwei verschiedene Geraden G, H schneiden sich also in genau einem Punkt p, den wir mit $p = G \cap H$ bezeichnen.

(c) Es gibt ein *Viereck*, also vier Punkte, von denen keine drei auf einer Geraden liegen.

Dabei ist Bedingung (c) ein Reichhaltigkeitsaxiom, das dazu dient, Trivialfälle auszuschliessen. Wir geben gleich ein erstes Beispiel an:

Beispiel 1.3. Wir wählen $P = \{0, \dots, 6\}$ und

$$\mathcal{G} = \{\{0, 1, 3\}, \{1, 2, 4\}, \{2, 3, 5\}, \{3, 4, 6\}, \{4, 5, 0\}, \{5, 6, 1\}, \{6, 0, 2\}\}.$$

Dann ist $(P, \mathcal{G}, \in)$ eine projektive Ebene, die man wie folgt veranschaulichen kann:

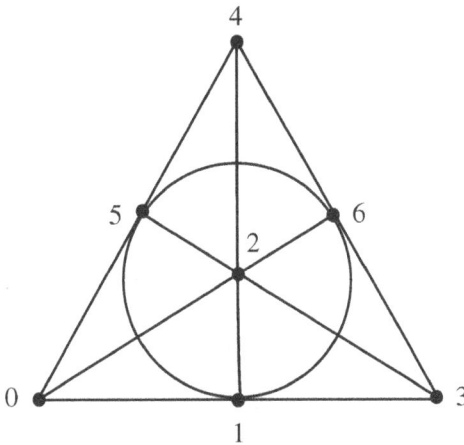

Man lasse sich dabei nicht davon irritieren, daß eine der Geraden als ein Kreis gezeichnet ist; man kann zeigen, daß es unmöglich ist, alle sieben Geraden unserer abstrakt gegebenen projektiven Ebene in der Anschauungsebene als Geraden darzustellen. Dem Leser sei geraten, sich viele der folgenden Überlegungen mit Zeichnungen zu veranschaulichen, auch wenn man die gewohnte geometrische Intuition im Endlichen nur mit einer gewissen Vorsicht verwenden sollte.

Man kann sich nun leicht überlegen, daß die Ebene aus Beispiel 1.3, die sogenannte *Fano-Ebene*, das kleinstmögliche Beispiel einer endlichen projektiven Ebene ist. Beginnt man nämlich etwa mit dem Viereck $\{0, 2, 3, 4\}$, so definieren die drei Geradenpaare $\{03, 24\}$, $\{04, 23\}$ und $\{02, 34\}$ nach Axiom (b) jeweils einen weiteren Punkt, o.B.d.A. die Punkte 1, 5 und 6; je zwei dieser Punkte müssen dann nach Axiom (a) eine Verbindungsgerade haben; das kleinstmögliche Beispiel entsteht also, wenn die drei Punkte 3, 4 und 6 selbst eine Gerade bilden.

Die Fano-Ebene besitzt eine bemerkenswerte kombinatorische Regularität: Jede Gerade enthält drei Punkte und jeder Punkt liegt auf drei Geraden. Wie wir bald sehen werden, ist dies kein Zufall.

Zunächst aber noch einige Worte zu einer anderen bemerkenswerten Eigenschaft, dem *Dualitätsprinzip*. Die Axiome (a) und (b) sind im folgenden Sinn *dual* zueinander: Vertauscht man die Rollen von Punkten und Geraden, so gehen sie auseinander hervor. Das Axiom (c) ist zwar nicht direkt zu sich selbst dual, doch folgt die duale Aussage leicht: Wenn a, b, c, d ein Viereck bilden, so sind ab, ac, bd und cd offenbar vier Geraden, von denen keine drei durch denselben Punkt gehen, bilden also ein *Vierseit*.

Lemma 1.4. *Zu je zwei verschiedenen Geraden G und H in einer projektiven Ebene Π gibt es einen Punkt, der weder auf G noch auf H liegt. Zu je zwei verschiedenen Punkten p und q in Π gibt es eine Gerade, die weder durch p noch durch q geht.*

Beweis. Nach Axiom (c) gibt es ein Viereck a, b, c, d in Π. Wenn einer dieser vier Punkte weder auf G noch auf H liegt, haben wir den gesuchten Punkt. Anderenfalls gilt etwa $G = ab$ und $H = cd$. Wir setzen $ac = \overline{G}$ und $bd = \overline{H}$. Dann gilt $\overline{G} \neq \overline{H}$, weil keine drei der Punkte a, b, c, d auf einer Geraden liegen. Der Schnittpunkt s von $\overline{G}$ und $\overline{H}$ ist aus demselben Grund von a, b, c, d verschieden. Er liegt nicht auf G, weil sonst $\overline{G} = G$ wäre, also c auf G, also a, b, c auf G lägen, und aus analogen Gründen auch nicht auf H. Die zweite Aussage ist dual zu der eben bewiesenen und folgt somit aufgrund des Dualitätsprinzips.   □

Übung 1.5. Man führe den Beweis der zweiten Aussage in Lemma 1.4 explizit durch, indem man den Beweis der ersten Aussage Schritt für Schritt dualisiert.

Satz 1.6. *Sei $\Pi = (P, \mathcal{G}, I)$ eine endliche projektive Ebene. Dann gibt es eine natürliche Zahl n, die Ordnung von Π, so daß folgendes gilt:*

(1) *Auf jeder Geraden $G \in \mathcal{G}$ liegen genau $n + 1$ Punkte.*

(2) *Durch jeden Punkt $p \in P$ gehen genau $n + 1$ Geraden.*

(3) *$|P| = |\mathcal{G}| = n^2 + n + 1$.*

Beweis. Seien G und H zwei beliebige Geraden mit $G \neq H$ und p ihr Schnittpunkt. Nach Lemma 1.4 gibt es einen Punkt q, der weder auf G noch auf H liegt. Nun sei $[G]$ die Menge der auf G und $[H]$ die Menge der auf H liegenden Punkte. Wir definieren $\varphi\colon [G] \to [H]$ folgendermaßen: Ist $u \in [G]$, so sei $\varphi(u)$ der Schnittpunkt der Geraden $F = uq$ mit H; man beachte dabei $q \neq u$ wegen $q \notin [G]$ und $F \neq H$ wegen $q \notin [H]$. Man verifiziert leicht, daß φ eine Bijektion ist. Die Anzahl der auf einer Geraden G liegenden Punkte hängt also nicht von der Wahl von G ab und werde ab jetzt mit $n + 1$ bezeichnet.

Sei nun p ein beliebiger Punkt und G eine nicht durch p gehenden Gerade; eine solche gibt es nach Lemma 1.4. Jeder Geraden durch p ordne man ihren Schnittpunkt mit G zu. Man sieht leicht, daß diese Abbildung bijektiv ist. Also gehen durch p genau $n + 1$ verschiedene Geraden.

Als nächstes zeigen wir $|P| = n^2 + n + 1$. Sei dazu $p \in P$ beliebig. Sind G und H Geraden durch p, $G \neq H$, so sind die Mengen $[G] \setminus \{p\}$ und $[H] \setminus \{p\}$ disjunkt. Also zerfällt $P \setminus \{p\}$ in $n + 1$ disjunkte n-Mengen: $|P| - 1 = (n + 1)n$. Die Aussage $|\mathcal{G}| = n^2 + n + 1$ folgt nun aus dem Dualitätsprinzip. Da P ein Viereck enthält, ist schließlich $n \geq 1$.   □

Beispiel 1.7. Sei $GF(q)$ der Körper mit q Elementen und P die Menge aller 1-dimensionalen sowie $\mathcal{G}$ die Menge aller zweidimensionalen Teilräume des dreidimensionalen Vektorraums $V = GF(q)^3$. Aufgrund der Dimensionsformel der linearen Algebra sieht man leicht, daß $\Pi = (P, \mathcal{G}, \subset)$ die Axiome (a) und (b) einer endlichen projektiven Ebene erfüllt. Beispielsweise müssen sich ja je zwei verschiedene zweidimensionale Teilräume nach dieser Formel in einem eindimensionalen Teilraum schneiden. Weiterhin bilden die von den vier Vektoren $(1, 0, 0)^T$, $(0, 1, 0)^T$, $(0, 0, 1)^T$ und $(1, 1, 1,)^T$ erzeugten Punkte ein Viereck in Π. Da es genau $(q^3 - 1)/(q - 1) = q^2 + q + 1$ eindimensionale Teilräume von V gibt, ist Π eine projektive Ebene der Ordnung q. Diese Ebene wird mit $PG(2, q)$ bezeichnet und die *desarguessche* (oder auch die *klassische*) projektive Ebene der Ordnung q genannt.

Übung 1.8. Man gebe eine formale Definition des Begriffs der Isomorphie zweier projektiver Ebenen und zeige explizit, daß $PG(2, 2)$ zur Fano-Ebene aus Beispiel 1.3 isomorph ist.

Wir verallgemeinern nun Beispiel 1.7 und führen die höher-dimensionalen projektiven Räume ein:

Definition 1.9. Sei $GF(q)$ der Körper mit q Elementen und $PG(n, q)$ die durch die Inklusion partiell geordnete Menge aller Teilräume U des $(n + 1)$-dimensionalen Vektorraums $V = GF(q)^{n+1}$. Man nennt $PG(n, q)$ die n-dimensionale *projektive Geometrie* über $GF(q)$; für $n \geq 3$ spricht man auch von einem *projektiven Raum*. Die 1-dimensionalen Teilräume heißen wieder *Punkte* und die zweidimensionalen Teilräume *Geraden*; die dreidimensionalen Teilräume heißen *Ebenen* und die n-dimensionalen Teilräume *Hyperebenen*.[1] Zwei nichtleere, echte Unterräume U und W (etwa ein Punkt und eine Gerade) werden *inzident* genannt, wenn $U \subset W$ oder $W \subset U$ gilt; man schreibt dafür $U \, I \, W$ und verwendet wieder die übliche geometrische Sprechweise (wie etwa „U liegt auf W" für $U \subset W$).

Übung 1.10. Man zeige, daß jeder projektive Raum $PG(n, q)$ mit $n \geq 3$ die folgenden *Veblen-Young-Axiome* erfüllt:

(a) Je zwei verschiedene Punkte p und q liegen auf genau einer Geraden, die wieder mit pq bezeichnet wird.

(b) Wenn p, q, r, s vier verschiedene Punkte sind, für die die beiden Geraden pq und rs verschieden sind und sich schneiden, so schneiden sich auch die Geraden pr und qs.

---

[1] Aus offensichtlichen Gründen nimmt man die $(d + 1)$-dimensionalen linearen Teilräume von V auch d-*dimensionale Unterräume* von $PG(n, q)$.

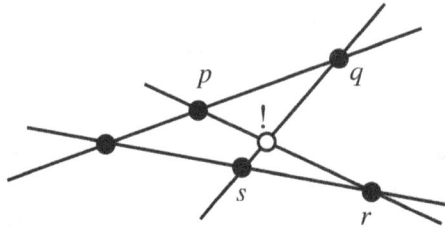

(c) Auf jeder Geraden liegen mindestens drei Punkte.

(d) Es gibt zwei Geraden, die sich nicht schneiden.

Hierbei dient das Axiom (b) zur Einführung eines Ebenenbegriffs und das Axiom (d) stellt sicher, daß es *windschiefe* Geraden gibt, also nicht sämtliche Punkte in einer Ebene liegen.

Die Bedeutung dieser Axiome liegt nun im folgenden klassischen Satz von Veblen und Young [1916], den wir ohne Beweis angeben; siehe auch Lenz [1965] oder Beutelspacher und Rosenbaum [1992].

Satz 1.11 (Erster Hauptsatz der projektiven Geometrie). *Jede endliche Inzidenz-struktur* $(P, \mathcal{G}, I)$, *die den Veblen-Young-Axiomen aus Übung 1.10 genügt, ist isomorph zu der Geometrie, die von den Punkten und Geraden eines projektiven Raumes* $PG(n, q)$ *gebildet wird.* □

2   Existenzfragen

In diesem Abschnitt wollen wir einige Bemerkungen zum Existenzproblem für endliche projektive Ebenen machen. Nach Beispiel 1.7 existiert eine Ebene der Ordnung q jedenfalls immer dann, wenn q eine Primzahlpotenz ist. Bislang haben alle bekannten endlichen projektiven Ebenen Primzahlpotenzordnung, auch wenn es Myriaden von Beispielen gibt, die nicht zu einer klassischen Ebene isomorph sind. In der Tat wird häufig die Vermutung geäußert, daß dies so sein müsse. Viel Evidenz für diese *Primzahlpotenzvermutung* gibt es nicht, lediglich einen berühmten Nichtexistenzatz von Bruck und Ryser [1949], den wir in diesem Abschnitt diskutieren und in Kap. X in allgemeinerer Form beweisen werden, sowie einen Computer-Beweis für die Nichtexistenz einer Ebene der Ordnung 10 von Lam, Thiel und Swiercz [1989]; siehe auch Lam [1991] für eine Beschreibung der höchst interessanten Geschichte dieses äußerst aufwendigen Beweises. Wir wagen es jedenfalls nicht, eine Prognose über die Gültigkeit dieser Vermutung abzugeben, zu der wir später – unter geeigneten Zusatzvoraussetzungen – noch mehr zu sagen haben werden.

Zunächst wollen wir jedoch erst einmal den Bezug zwischen projektiven Ebenen und den in Kap. III untersuchten orthogonalen lateinischen Quadraten herstellen.

Satz 2.1. *Eine projektive Ebene der Ordnung n existiert genau dann, wenn $N(n) = n - 1$ gilt (wenn es also $n - 1$ paarweise orthogonale lateinische Quadrate der Ordnung n gibt).*

Beweis. Sei zunächst $\Pi = (P, \mathcal{G}, I)$ eine projektive Ebene der Ordnung n. Nach Satz III.2.8 genügt es, ein orthogonales $(n + 1, n)$-Array anzugeben. Hierzu wählen wir eine Gerade $G_0 \in \mathcal{G}$ und setzen

$$K = [G_0], \quad G = P \setminus K \quad \text{und} \quad S = \{1, \dots, n\}.$$

Nach Satz 1.6 gilt also:

$$|K| = n + 1, \quad |G| = n^2 \quad \text{und} \quad |S| = n.$$

Für jeden der $n + 1$ Punkte $p \in K$ wählen wir eine Bijektion α_p zwischen der Menge der von G_0 verschiedenen durch p gehenden Geraden und der Menge S. Sodann setzen wir

$$O(p, q) = \alpha_p(pq) \quad \text{für } p \in K, \ q \in G;$$

zu zeigen ist, daß $K \times G \to S$ ein orthogonales Array für K, G, S ist. Seien also $p, p' \in K$ mit $p \neq p'$ sowie $m, m' \in S$ gegeben; wir müssen ein $q \in G$ mit $O(p, q) = m$ und $O(p', q) = m'$ finden. Sei dazu H die eindeutig bestimmte Gerade durch p mit $\alpha_p(H) = m$ und analog H' die eindeutig bestimmte Gerade durch p' mit $\alpha_{p'}(H') = m'$ sowie q der Schnittpunkt von H und H'. Dann gilt in der Tat $O(p, q) = m$ und $O(p', q) = m'$.

Umgekehrt sei jetzt $N(n) = n - 1$. Nach Satz III.2.8 gibt es ein orthogonales $(n + 1, n)$-Array O, etwa für $K, \overline{G}, S$ mit $|K| = n + 1, |\overline{G}| = n^2, |S| = n$. Wir dürfen $K \cap \overline{G} = \emptyset$ annehmen und bilden nun $P = K \cup \overline{G}$. Dann ist $|P| = n^2 + n + 1$, wie es sich für die Menge der Punkte einer projektiven Ebene der Ordnung n gehört. Sei $G_0 = K$; für $j \in K$, $h \in S$ bilden wir

$$G_{jh} = \{j\} \cup \{l \mid l \in \overline{G}, \ O(j, l) = h\}.$$

Wir setzen $\mathcal{G} = \{G_0\} \cup \{G_{jh} \mid j \in K, \ h \in S\}$ und erhalten $|\mathcal{G}| = n^2 + n + 1$, wie es sich für die Menge aller Geraden einer projektiven Ebene der Ordnung n gehört. Als Inzidenzrelation verwenden wir natürlich die Elementbeziehung $\in$. Nun ist nachzuweisen, daß wir tatsächlich eine projektive Ebene der Ordnung n konstruiert haben. Man sieht sofort, daß jeder Punkt auf genau $n + 1$ Geraden liegt und jede Gerade genau $n + 1$ Punkte hat. Die Gerade $G_0 = K$ schneidet jede andere Gerade G_{jh} in genau einem Punkt, nämlich in j. Zwei verschiedene Geraden G_{ih}, G_{jk} schneiden sich im Falle $i = j$, $h \neq k$ nur in $i \in K$, im Falle $i \neq j$ in dem einzigen Punkt $l \in \overline{G}$, für den $O(i, l) = h$ und $O(j, l) = k$ gilt.

Als nächstes konstruieren wir ein Viereck. Wir wählen $i, j \in G_0 = K$ mit $i \neq j$ und zwei Geraden G_{ih} und G_{jk}, deren Schnittpunkt wir mit p bezeichnen; man beachte $p \notin K$. Durch p gibt es nun noch mindestens eine weitere Gerade und auf dieser einen Punkt $q \notin K$; von den vier Punkten i, j, p, q liegen dann tatsächlich keine drei auf einer Geraden, wie man leicht nachprüft. Nun schließen wir endlich auf die Existenz und Eindeutigkeit der Verbindungsgeraden von zwei verschiedenen Punkten. Liegt einer der Punkte auf G_0, so ist dies schon bekannt; handelt es sich um $l, m \in \overline{G}$, so sehe man sich die $n + 1$ Geraden durch l an. Auf jeder dieser Geraden liegen n Punkte $\neq l$; das liefert eine disjunkte Überdeckung von $P \setminus \{l\}$, bei der also m genau einmal getroffen wird.   □

Korollar 2.2. *Wenn es keine projektive Ebene der Ordnung n gibt, so gilt $N(n) < n - 1$.*   □

Definition 2.3. Sei $\Pi = (P, \mathcal{G}, I)$ eine endliche projektive Ebene der Ordnung n. Wir setzen $N = n^2 + n + 1$ und definieren eine $(N \times N)$-Matrix $A = (a_{jk})_{j,k=1,...,N}$, indem wir P und $\mathcal{G}$ beliebig numerieren, etwa als

$$P = \{p_1, \ldots, p_N\} \quad \text{und} \quad \mathcal{G} = \{G_1, \ldots, G_N\},$$

und

$$a_{jk} = \begin{cases} 1 & \text{für } p_j \text{ auf } G_k \\ 0 & \text{sonst} \end{cases}$$

setzen. Dann heißt A eine *Inzidenzmatrix* von Π.

Lemma 2.4. *Sei A eine Inzidenzmatrix einer endlichen projektive Ebene der Ordnung n. Dann gilt*

$$(2.1) \qquad\qquad AA^T = nI + J,$$

wobei J die $(N \times N)$-Matrix $(N = n^2 + n + 1)$ bezeichnet, deren Einträge sämtlich $= 1$ sind.

Beweis. Sei $M = AA^T$. Wegen $m_{ij} = \sum_{k=1}^{N} a_{ik}a_{jk}$ zählt m_{ij}, wie oft die Punkte p_i und p_j auf einer Geraden G_k liegen. Für $i \neq j$ ist dies aber genau einmal und für $i = j$ genau $(n + 1)$-mal der Fall.   □

Im nächsten Abschnitt werden wir die Eigenwerte der Matrix in (2.1) benötigen, die man leicht explizit angeben kann:

Übung 2.5. Man zeige: Die Matrix $nI + J$ aus Lemma 2.4 hat den Eigenvektor $j = (1, 1, \ldots, 1)^T$ zum Eigenwert $(n + 1)^2$ sowie die $N - 1$ linear unabhängigen Eigenvektoren

$$v^{(1)} = \begin{pmatrix} 1 \\ -1 \\ 0 \\ \vdots \\ 0 \end{pmatrix}, \quad v^{(2)} = \begin{pmatrix} 0 \\ 1 \\ -1 \\ 0 \\ \vdots \\ 0 \end{pmatrix}, \quad \ldots, \quad v^{(N-1)} = \begin{pmatrix} 0 \\ \vdots \\ 0 \\ 1 \\ -1 \end{pmatrix}$$

zum Eigenwert n. Insbesondere sind die Matrizen M und daher auch A über $\mathbb{Q}$ invertierbar.

Wir interpretieren nun die Bedeutung der Gleichung (2.1) in der Sprache der Linearen Algebra: $AIA^T = nI + J$ besagt gerade, daß die $(N \times N)$-Matrizen I und $nI + J$ *äquivalent* sind, also bis auf die durch die Matrix A beschriebene Basistransformation dieselbe symmetrische Bilinearform darstellen. Man kann diese Tatsache verwenden, um den folgenden Nichtexistenzsatz von Bruck und Ryser [1949] zu beweisen:

Satz 2.6 (Satz von Bruck und Ryser). *Sei $n \in \mathbb{N}$ mit $n \equiv 1$ (mod 4) oder $n \equiv 2$ (mod 4). Wenn der quadratfreie Teil von n einen Primteiler $p \equiv 3$ (mod 4) hat, gibt es keine projektive Ebene der Ordnung n.*

Dabei ist der *quadratfreie Teil* einer natürlichen Zahl n als das Produkt derjenigen Primzahlen definiert, die in der Primzahlpotenzzerlegung von n zu einer ungeraden Potenz erscheinen.

Wir werden Satz 2.6 zunächst unbewiesen lassen, da wir in § XI.2 eine Verallgemeinerung auf sogenannte symmetrische Blockpläne zeigen wollen. Ein bekannter Satz der Zahlentheorie besagt, daß eine natürliche Zahl n genau dann als Summe zweier Quadrate geschrieben werden kann, wenn der quadratfreie Teil von n nur Primteiler $q \equiv 1$ (mod 4) hat; einen Beweis hierfür findet man beispielsweise bei Hardy und Wright [1938] oder bei Ireland und Rosen [1990]. Satz 2.6 kann daher auch wie folgt formuliert werden:

Satz 2.7 (Satz von Bruck und Ryser). *Sei $n \in \mathbb{N}$ eine natürliche Zahl mit $n \equiv 1$ (mod 4) oder $n \equiv 2$ (mod 4). Wenn es eine projektive Ebene der Ordnung n gibt, ist n die Summe zweier Quadrate.*

Übung 2.8. Man zeige: Ist $n \equiv 6 \pmod 8$, so gibt es keine projektive Ebene der Ordnung n.

Aus Korollar 2.2 folgt insbesondere, daß für alle in Satz 2.6 beschriebenen Zahlen n die Ungleichung $N(n) < n-1$ gilt. Nun besagt ein tiefliegendes Ergebnis von Bruck [1963], das später von Metsch [1991] noch deutlich verstärkt werden konnte, daß $N(n) = n - 1$ gelten muß, falls der Wert von $N(n)$ eine Schranke $f(n)$, die nahe genug bei $n - 1$ ist, überschreitet; dabei bedeutet „nahe genug" nach Metsch grob gesprochen, daß $N(n) - f(n)$ nur in der Größenordnung von $\sqrt[3]{n}$ liegt. Für eine genaue Formulierung und den sehr aufwendigen Beweis sei der Leser auf § X.7 von Beth, Jungnickel und Lenz [1999] verwiesen. Wir wollen hier lediglich zur Illustration einige konkrete Schranken angeben, die man auf diesem Wege erhalten kann:

$$N(n) \leq n - 4 \quad \text{für } n = 6, 10, 14, 21, 22;$$
$$N(n) \leq n - 5 \quad \text{für } n = 30, 33, 38, 42, 46, 54, 57, 62, 66, 69, 70, 77, 78;$$
$$N(n) \leq n - 6 \quad \text{für } n = 86, 93, 94, \text{etc.}$$

Die eben skizzierte Beweismethode liefert nach wie vor die einzigen bekannten nichttrivialen oberen Schranken für die Werte $N(n)$.

3   Polaritäten

Wir wollen nun einen Satz kennenlernen, der die innere Symmetrie projektiver Ebenen tiefer ausleuchtet und eine interessante Anwendung hat, nämlich das sogenannte „Freundschaftstheorem". Zur Vereinfachung der Schreibweise werden wir (bei abstrakten projektiven Ebenen) ab jetzt Geraden meist als Punktmengen auffassen, also o.B.d.A. $I = \in$ wählen.

Definition 3.1. Sei $\Pi = (P, \mathcal{G}, \in)$ eine endliche projektive Ebene. Eine bijektive Abbildung $\pi : P \to \mathcal{G}$ heißt eine *Polarität* von Π, wenn gilt:

$$(3.1) \qquad p \in \pi(q) \iff q \in \pi(p) \quad \text{für alle } p, q \in P.$$

Die Gerade $G = \pi(p)$ heißt die *Polare* des Punktes p, der auch der *Pol* von G genannt wird; p und $G = \pi(p)$ heißen *absolut*, wenn p auf G liegt.

Beispiel 3.2. Sei $\Pi = PG(2, q)$ eine klassische projektive Ebene wie in Beispiel 1.7. Geraden sind somit zweidimensionale Unterräume des Vektorraums $V = GF(q)^3$, also bekanntlich gerade die Kerne von nichttrivialen Linearformen, die ja die Form

$$x \mapsto u^T x \quad \text{für ein } u \in V \setminus \{0\}$$

haben, wobei u natürlich nur bis auf einen Skalar $\lambda \neq 0$ bestimmt ist. Wir können also sowohl Punkte wie Geraden jeweils durch von Null verschiedene, nur bis auf einen Skalar bestimmte Vektoren x bzw. u darstellen; man spricht hier von den *homogenen Koordinaten* von Punkten und Geraden. Um Mißverständnisse auszuschließen, werden wir die homogenen Koordinaten von Geraden in eckige Klammern setzen, also $[u]$ statt einfach nur u schreiben. Man sieht dann sofort, daß die Abbildung $x \mapsto [x]$ eine Polarität von Π definiert. Etwas allgemeiner induziert jede invertierbare symmetrische (3×3)-Matrix A über $GF(q)$ gemäß

$$(3.2) \qquad\qquad \pi_A : x \; \mapsto \; [Ax] \quad \text{für } x \in V \setminus \{0\}$$

eine Polarität von Π:

$$x I [Ay] \iff (Ay)^T x = 0 \iff (Ax)^T y = 0 \iff y I [Ax],$$

wobei wir die Symmetrie von A verwendet haben. Die Menge aller absoluten Punkte der Polarität π_A aus 3.2 ist also in homogenen Koordinaten durch die quadratische Gleichung

$$(3.3) \qquad\qquad\qquad x^T A x = 0$$

gegeben; die entsprechende Punktemenge in Π ist dann ein *Kegelschnitt*.

Wir wollen nun einen interessanten Satz von Baer [1946a] beweisen, demzufolge jede Polarität einer Ebene der Ordnung n mindestens $n + 1$ absolute Punkte hat. Dazu benötigen wir noch das folgende

Lemma 3.3. *Sei $\Pi = (P, \mathcal{G}, \in)$ eine endliche projektive Ebene der Ordnung n und $\pi : P \to \mathcal{G}$ eine Polarität von Π. Dann enthält jede absolute Gerade genau einen absoluten Punkt, und jeder absolute Punkt liegt auf genau einer absoluten Geraden. Ferner ist die Anzahl der absoluten Punkte auf einer nicht-absoluten Gerade von Π stets $\equiv n + 1$* (mod 2).

Beweis. Sei G eine absolute Gerade, also etwa $G = \pi(p)$ mit $p \in G$. Falls es noch einen weiteren absoluten Punkt $q \neq p$ auf G gibt, folgt $p \in \pi(q)$ nach (3.1); aus der Annahme $q \in \pi(q)$ ergibt sich nun $\pi(q) = pq = G$ im Widerspruch zu $G = \pi(p)$. Somit enthält jede absolute Gerade genau einen absoluten Punkt; dual folgt auch, daß jeder absolute Punkt auf genau einer absoluten Geraden liegt.

Sei nun H eine nicht-absolute Gerade. Wir definieren eine Abbildung α auf H durch $\alpha(p) = H \cap \pi(p)$ für $p \in H$; diese Definition ist sinnvoll, weil H nicht absolut ist. Da $\alpha(p) = p$ genau dann gilt, wenn der Punkt p absolut ist, und da α offensichtlich eine Involution ist, folgt auch die zweite Behauptung. $\square$

Satz 3.4. *Sei* $\Pi = (P, \mathcal{G}, \in)$ *eine endliche projektive Ebene der Ordnung n und* $\pi : P \to \mathcal{G}$ *eine Polarität von* Π. *Dann hat* π *mindestens* $n + 1$ *absolute Punkte; falls n kein Quadrat ist, hat* π *sogar genau* $n + 1$ *absolute Punkte.*

Beweis. Wir werden eine symmetrische Inzidenzmatrix $A = (a_{ij})$ für Π verwenden, die wir mithilfe der Polarität π wie folgt konstruieren können. Wir numerieren wieder die Punkte beliebig, etwa als $P = \{p_1, \ldots, p_N\}$ mit $N = n^2 + n + 1$, und dann die Geraden in der durch π induzierten Anordnung, also $\mathcal{G} = \{G_1, \ldots, G_N\}$ mit $G_j = \pi(p_j)$ für $j = 1, \ldots, N$. Somit gilt

$$a_{jk} = \begin{cases} 1 & \text{für } p_j \in \pi(p_k) \\ 0 & \text{sonst,} \end{cases}$$

weswegen A nach (3.1) in der Tat symmetrisch ist. Die Anzahl x der absoluten Punkte von π ist nun genau die Summe der Diagonaleinträge von A, also die *Spur* von A, die wir daher berechnen bzw. abschätzen wollen.

Als symmetrische reelle Matrix läßt sich A reell diagonalisieren; es gibt also eine reelle orthogonale Matrix U mit $U^T A U = \text{diag}(\lambda_1, \ldots, \lambda_N)$, wobei $\lambda_1, \ldots, \lambda_N$ die Eigenwerte von A bezeichnen. Da die ähnlichen Matrizen A und $U^{-1} A U = U^T A U$ dieselbe Spur haben (was man entweder aus der linearen Algebra kennt oder aber leicht direkt nachrechnet), kann $x = \text{Spur } A$ somit auch als die Summe der Eigenwerte von A berechnet werden.

Wir wollen nun die Ergebnisse aus Übung 2.5 verwenden. Da A symmetrisch ist, wird die Gleichung (2.1) zu

(3.4) $$A^2 = nI + J;$$

wie wir in 2.5 gesehen haben, hat A^2 den Eigenvektor $j = (1, 1, \ldots, 1)^T$ zum Eigenwert $(n+1)^2$ sowie $N-1$ linear unabhängige Eigenvektoren zum Eigenwert n. Nun diagonalisiert U auch A^2, weswegen wir o.B.d.A.

$$\lambda_1^2 = \cdots = \lambda_{N-1}^2 = n, \quad \lambda_N^2 = (n + 1)^2$$

annehmen können. Um auf $\lambda_1, \ldots, \lambda_N$ zu kommen, haben wir noch Vorzeichen beim Wurzelziehen festzulegen. Zunächst sieht man sofort, daß $n + 1$ ein Eigenwert von A zum Eigenvektor j sein muß, da ja A eine Inzidenzmatrix für Π ist. Die weiteren Eigenwerte von A sind dann sämtlich $\pm\sqrt{n}$, wobei etwa r-mal das Plus- und s-mal das Minuszeichen vorkommen möge (mit $r + s = n^2 + n$), womit sich

(3.5) $$x = \text{Spur } A = n + 1 + (r - s)\sqrt{n}$$

ergibt. Ist n nicht das Quadrat einer ganzen Zahl, so ist (3.5) nur für $r = s$ möglich, da ja x eine ganze Zahl ist; damit folgt sofort $x = n + 1$, und wir sind fertig.

Ab jetzt sei also n ein Quadrat, etwa $n = m^2$. Dann ergibt sich aus (3.5), daß $x \equiv 1 \pmod{m}$ ist, womit π mindestens einen absoluten Punkt p besitzt. Wir verwenden nun, daß die Anzahl der absoluten Punkte auf einer nicht-absoluten Geraden von Π nach Lemma 3.3 stets $\equiv n + 1 \pmod{2}$ ist. Falls n ungerade ist, besitzt also jede der n nicht-absoluten Geraden G durch p wenigstens einen weiteren absoluten Punkt, womit bereits $x \geq n + 1$ folgt. Falls schließlich n gerade ist, zählen wir die Anzahl t aller Paare (q, G), für die q ein absoluter Punkt auf einer beliebigen Geraden G ist, und erhalten $t = x(n+1)$. Nach Lemma 3.3 enthält jetzt jede Gerade mindestens einen absoluten Punkt. Also gilt $t \geq n^2 + n + 1$ und somit wiederum $x \geq n + 1$, da ja x eine ganze Zahl ist.   □

4   Das Freundschaftstheorem

In diesem Abschnitt wollen wir eine verblüffende Anwendung von Satz 3.4 kennenlernen. Bekanntlich ist Freundschaft eine binäre, nicht-reflexive, symmetrische, aber nicht notwendig transitive Relation.[2] Wir erfassen das Phänomen formal mit der folgenden

Definition 4.1. Sei P eine endliche nichtleere Menge und $R \subseteq P \times P$ eine binäre Relation mit folgenden Eigenschaften:

(a) $(p, q) \in R \implies p \neq q$;

(b) $(p, q) \in R \implies (q, p) \in R$.

Dann nennen wir (P, R) ein *Freundschaftssystem*. Wir schreiben im Folgenden $p \sim q$ statt $(p, q) \in R$ und $(P, \sim)$ statt (P, R). Man sagt, das Freundschaftssystem $(P, \sim)$ erfülle die *Bedingung vom gemeinsamen Freund* (kurz: BGF), wenn es zu jedem $(p, q) \in P \times P$ mit $p \neq q$ genau ein $r \in P$ mit $p \sim r$ und $q \sim r$ gibt; man nennt r den *gemeinsamen Freund* von p und q.

Ein Freundschaftssystem $(P, \sim)$, das die BGF erfüllt, liefert also vermöge

$$F(p, q) = r \iff p \sim r, \; q \sim r \quad (p, q \in P, \; p \neq q)$$

eine Abbildung $F \colon \{(p, q) \mid p, q \in P, \; p \neq q\} \to P$ mit der Eigenschaft

$$F(p, q) = F(q, p) \quad \text{für alle } p, q \in P \text{ mit } p \neq q.$$

---

[2] Man kann sich zwar auch selbst mögen, aber von Freundschaft spricht man dann sicherlich nicht. Etwas problematischer ist die Symmetrieforderung, einseitige Zuneigung kommt im Leben ja durchaus vor. Wir nehmen es also mit in die Definition des Begriffs Freundschaft, daß sie auf Gegenseitigkeit zu beruhen habe.

Wir wollen die Elemente von P zur Veranschaulichung auch als Punkte in der Ebene zeichnen und zwei verschiedene Punkte p und q genau dann durch einen Strich verbinden, wenn $p \sim q$ gilt. Aus der BGF folgt für die entstehende Figur das *Vierecksverbot*: Sind $p, q, r, s \in P$ paarweise verschieden, so kommt $p \sim q \sim r \sim s \sim p$ nicht vor. Weiterhin zieht die BGF beispielsweise $F(F(p, q), F(p, r)) = p$ für alle $p, q, r \in P$ mit $p \neq q, r$ und $F(p, q) \neq F(p, r)$ nach sich. Diese beiden Sachverhalte lassen sich wie folgt veranschaulichen:

Beispiel 4.2. Wir erklären ein Freundschaftssystem auf einer Menge P ungerader Mächtigkeit, etwa $P = \{p_0, p_1, \ldots, p_{2n}\}$. Dabei sei $p \sim q$ für $p, q \in \mathscr{P}$ mit $p \neq q$ genau dann, wenn

$$p_0 \in \{p, q\} \quad \text{oder} \quad \{p, q\} = \{p_{2k-1}, p_{2k}\} \quad \text{für ein } k \in \{1, \ldots, n\}$$

gilt. Offenbar erfüllt $(P, \sim)$ die BGF. Wir nennen jedes derartige Freundschaftssystem eine *Sternfigur* mit *Zentrum* p_0, da man es wie folgt veranschaulichen kann:

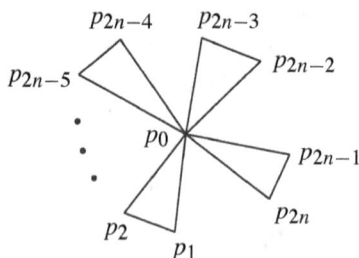

Zwei Dinge sind nun erstaunlich, nämlich das folgende Resultat von Erdős, Renyi und Szós [1966] an sich sowie auch die Tatsache, daß man es auf Satz 3.4 zurückführen kann; einen anderen Beweis haben Longyear und Pearsons [1972] gegeben.

Satz 4.3 (Freundschaftstheorem). *Erfüllt ein Freundschaftssystem $(P, \sim)$ mit $|P| > 1$ die Bedingung vom gemeinsamen Freund, so ist es eine Sternfigur.*

Beweis. Wir konstruieren unter der Annahme, unser Satz sei falsch, eine Menge $\mathcal{G} \subseteq 2^P$ derart, daß $\Pi = (P, \mathcal{G}, \in)$ eine endliche projektive Ebene wird. Dazu ordnen wir jedem $p \in P$ die Menge

$$\pi(p) := \{q \mid q \in P, \; p \sim q\}$$

aller „Freunde" von p zu und setzen $\mathcal{G} = \{\pi(p) \mid p \in P\}$. Wenn es uns gelingt zu beweisen, daß Π in der Tat eine projektive Ebene und $\pi : P \to \mathcal{G}$ eine Polarität ist, so brauchen wir nur noch Satz 3.4 anzuwenden, um ein p mit $p \in \pi(p)$, also $p \sim p$ zu erhalten, im Widerspruch zu Bedingung (b) in Definition 4.1, womit wir dann fertig sind.

Die ersten beiden Axiome für eine projektive Ebene sind nun leicht nachzuweisen.

(a) Sind $p, q \in P$, $p \neq q$, so bestimme man $r = F(p, q)$; natürlich gilt dann $p, q \in \pi(r)$. Dies ist die einzige Verbindungsgerade von p und q: Ist nämlich $G \in \mathcal{G}$, $p, q \in G$, etwa $G = \pi(s)$, so gilt $s \sim p$ und $s \sim q$, also $s = F(p, q) = r$.

(b) Sind $G, H \in \mathcal{G}$, $G \neq H$, so sei etwa $G = \pi(q)$, $H = \pi(r)$. Setzt man $p = F(q, r)$, so gilt $p \sim q$ und $p \sim r$, also $p \in G \cap H$. Jeder Punkt aus $G \cap H$ ist aber ein gemeinsamer Freund von q und r, also nach BGF eindeutig bestimmt.

Jetzt geht es nur noch um das Reichhaltigkeitsaxiom (c), also die Existenz eines Vierecks in Π. Der Beweis dieser Aussage ist ziemlich langwierig und macht von der bisher noch nicht verwendeten Annahme Gebrauch, unser Satz sei falsch. Genauer gesagt verwenden wir die folgende Annahme:

(∗)   Es gibt kein Zentrum, für jedes $p \in P$ ist also $\pi(p) \neq P \setminus \{p\}$.

Sowie man nämlich ein Zentrum p_0 hat, ist der Beweis der restlichen Aussagen unseres Satzes ein Kinderspiel: Durch $f(p) := F(p, p_0)$ ist dann eine Abbildung $f : P \setminus \{p_0\} \to P \setminus \{p_0\}$ definiert, die fixpunktfrei ist (weil niemand sein eigener Freund ist) und $f \circ f = \mathrm{id}$ erfüllt, womit man die zu einer Sternfigur gehörige Zerlegung von $P \setminus \{p_0\}$ in zweielementige Teilmengen hat. Wir verwenden also (∗), um in einigen Schritten vier Punkte in Π zu konstruieren, von denen keine drei auf einer Geraden liegen; dabei bedienen wir uns der oben eingeführten Veranschaulichung.

(1) Jeder Freundschafts-Strich kommt in genau einem Dreieck vor, wie direkt aus BGF folgt.

(2) Für jedes $p \in P$ ist $|\pi(p)|$ eine gerade Zahl $v(p)$, und p kommt in genau $v(p)/2$ Dreiecken vor. Man sieht dies, indem man ähnlich wie oben gemäß $f(q) := F(p, q)$ eine Abbildung $f : \pi(p) \to \pi(p)$ mit $f \circ f = \mathrm{id}$ konstruiert.

(3) Es ist $|P| \geq 4$. Dazu wähle man $p \in P$ beliebig. Dann ist $p \notin \pi(p)$, aber $\pi(p)$ enthält, weil es in P noch einen zweiten Punkt q gibt, mindestens den einen Punkt $F(p, q)$, also nach (2) mindestens zwei Punkte, die natürlich von p verschieden sind. Nach $(*)$ ist $\{p\} \cup \pi(p) \neq P$, also gibt es in P noch mindestens einen vierten Punkt.

(4) Enthält jedes $G \in \mathcal{G}$ genau zwei Punkte, sind wir nach (3) trivialerweise fertig. Wir dürfen also ab jetzt davon ausgehen, daß es mindestens ein $G = \pi(p) \in \mathcal{G}$ mit $|G| \geq 3$ gibt; wegen (2) gilt dann sogar $|G| \geq 4$.

(5) Wir wählen zunächst eine Gerade $G = \pi(p)$, die mindestens drei Punkte enthält. Wegen $(*)$ gibt es einen Punkt q, der nicht auf G liegt. Dann enthält G die voneinander verschiedenen Punkte $r = F(p, q)$ und $s = F(p, r)$. Nach Wahl von G liegt aber auf G noch mindestens ein weiterer Punkt, den wir t nennen. Damit erhalten wir die untenstehende Figur. Es gilt also $t \sim p \sim r \sim q$. Keine drei von diesen vier Punkten haben einen gemeinsamen Freund außerhalb $\{t, p, r, q\}$ (wegen des Vierecksverbotes für $(P, \sim)$). Es haben aber auch keine drei von ihnen den vierten zum gemeinsamen Freund: $r \not\sim t$ und $p \not\sim q$, weil s der gemeinsame Freund von p und r ist.

Somit haben wir in der Tat vier Punkte in Π gefunden, von denen keine drei auf einer Geraden liegen. Es bleibt nur noch zu bemerken, daß wegen (2) die Abbildung π bijektiv, also wirklich eine Polarität ist. $\square$

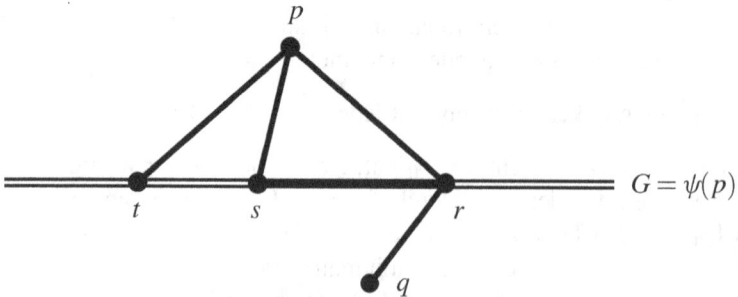

5 Kollineationen und der Satz von Singer

In diesem Abschnitt betrachten wir Automorphismen endlicher projektiver Geometrien (die meist als „Kollineationen" bezeichnet werden) und beweisen die Existenz besonder „schöner" Symmetriegruppen.

Definition 5.1. Sei Π eine endliche projektive Geometrie auf der Punktemenge P mit Geradenmenge $\mathcal{G}$, also entweder eine projektive Ebene $(P, \mathcal{G}, I)$ oder ein projektiver Raum wie in Definition 1.9. Eine bijektive Abbildung $\alpha : P \to P$ heißt eine *Kollineation* von Π, wenn

$$(5.1) \qquad \alpha(G) := \{\alpha(p) \mid p \in G\} \in \mathcal{G} \quad \text{für alle } G \in \mathcal{G}$$

gilt, wenn also α Geraden auf Geraden abbildet und somit – wegen der Endlichkeit von Π – die Geradenmenge permutiert.

Übung 5.2. Man zeige, daß eine unter der Multiplikation mit Skalaren abgeschlossene Teilmenge W eines $(n + 1)$-dimensionalen Vektorraums V über $GF(q)$ genau dann ein Unterraum von V ist, wenn U mit zwei verschiedenen Punkten U_1 und U_2 von $PG(n, q)$ (also mit zwei 1-dimensionalen Teilräumen von V) stets auch ihre Verbindungsgerade (also $U_1 + U_2$) enthält, und folgere daraus, daß jede Kollineation eines projektiven Raumes k-dimensionale Teilräume auf k-dimensionale Teilräume abbildet.

Beispiel 5.3. Sei $\Pi = PG(n, q)$, $n \geq 2$. Dann induziert jede bijektive lineare Abbildung α des Vektorraums $GF(q)^{n+1}$ in offensichtlicher Weise eine Kollineation von Π, die der Einfachheit halber schlampigerweise wieder mit α bezeichnet sei. Nach Übung 5.2 bildet α auch k-dimensionale Teilräume von Π auf k-dimensionale Teilräume ab, insbesondere also Hyperebenen auf Hyperebenen.

In homogenen Koordinaten sieht das wie folgt aus. Zunächst identifizieren wir, in leichter Verallgemeinerung des in Beispiel 3.2 eingeführten Sachverhalts für $PG(2, q)$, sowohl die Punkte wie die Hyperebenen mit lediglich bis auf einen Skalar bestimmten Vektoren $x \neq 0$ bzw. $[u] \neq [0]$; das ist sinnvoll, da jetzt der Kern einer nichttrivialen Linearform $x \mapsto u^T x$ gerade eine Hyperebene ist. Wir geben nun eine invertierbare $((n + 1) \times (n + 1))$-Matrix A über $GF(q)$ vor; dann induziert $\alpha : x \mapsto Ax$ also eine Kollineation, die auf den Hyperebenen gemäß $\alpha : [u] \mapsto [(A^{-1})^T u]$ operiert:

$$x \, I \, [u] \iff u^T x = 0 \iff ((A^{-1})^T u)^T Ax = 0 \iff Ax \, I \, [(A^{-1})^T u].$$

Die bijektiven linearen Abbildungen von V, die bekanntlich die *lineare Gruppe* $GL(n + 1, q)$ bilden, induzieren also eine Kollineationsgruppe von $PG(n, q)$, die die *projektive lineare Gruppe* heißt und mit $PGL(n, q)$ bezeichnet wird. (Man beachte den Übergang von $n + 1$ zu n in der projektiven Terminologie!)

Übung 5.4. Man zeige, daß eine bijektive lineare Abbildung α des Vektorraums $GF(q)^{n+1}$ genau dann die Identität auf $PG(n, q)$ induziert, wenn α die Form $x \mapsto \lambda x$ für einen Skalar $\lambda \neq 0$ hat. Mit der Bezeichnung $H(n + 1, q) =$

$\{\lambda \,\mathrm{id} \mid \lambda \in GF(q)^*\}$ ist also $PGL(n, q)$ zur Faktorgruppe $GL(n+1, q)/H(n+1, q)$ isomorph.

Bemerkung 5.5. Man kann Beispiel 5.3 etwas verallgemeinern, indem man bijektive *semilineare Abbildungen* α von $V = GF(q)^{n+1}$ verwendet; eine solche Abbildung α ist durch die beiden Forderungen

(a) $\alpha(x + y) = \alpha(x) + \alpha(y)$ für alle $x, y \in V$

(b) $\alpha(\lambda x) = \tau(\lambda)\alpha(x)$ für alle $x \in V, \lambda \in GF(q)$

definiert, wobei τ ein (von α abhängiger) Automorphismus von $GF(q)$ zu sein hat, vergleiche Satz III.3.8. Man sieht sofort, daß jede bijektive semilineare Abbildung von V eine Kollineation von $\Pi = PG(n, q)$ induziert. Die Bedeutung dieses Begriffes liegt nun darin, daß diese Konstruktion bereits *alle* Kollineationen von Π liefert (*Zweiter Hauptsatz der Projektiven Geometrie*); einen Beweis hierfür findet man beispielsweise bei Artin [1957] oder Lenz [1965].

Sei G eine Permutationsgruppe, die *transitiv* auf einer Menge X operiert; zu beliebigen $x, y \in X$ gibt es also ein $\beta \in G$ mit $\beta(x) = y$. Falls G abelsch ist, kann dann keine von der Identität verschiedene Permutation in G einen Fixpunkt auf X haben, wie man leicht nachprüft. Daher kann insbesondere kein $\alpha \in G$ eine größere Ordnung als $|X|$ haben, da sonst ja (für gegebenes $x \in X$) $\alpha^j(x) = \alpha^k(x)$ für zwei verschiedene Potenzen von α gelten müsste, womit dann die Permutation $\alpha^{j-k} \neq \mathrm{id}$ den Fixpunkt x hätte. Falls also α die Ordnung $|X|$ hat, muß G die von α erzeugte zyklische Gruppe sein und *regulär* (auch: *scharf transitiv*) auf X operieren: Zu beliebigen $x, y \in X$ gibt es genau ein $\beta \in G$ (also genau eine Potenz von α) mit $\beta(x) = y$.

Der folgende fundamentale Satz von Singer [1938] besagt nun, daß $\Pi = PG(n, q)$ stets eine derartige Kollineationsgruppe G zuläßt; jede solche Gruppe heißt dann eine *Singergruppe* von Π. Zunächst jedoch noch ein konkretes Beispiel:

Beispiel 5.6. Wir betrachten nochmals die Repräsentation der projektiven Ebene $\Pi = PG(2, 2)$ der Ordnung 2, die wir in Beispiel 1.3 angegeben haben. Offenbar induiziert die Abbildung $x \mapsto x + 1 \pmod{7}$ eine Kollineation α der Ordnung 7 von Π, womit die von α erzeugte zyklische Gruppe G eine Singergruppe für Π ist.

Satz 5.7 (Satz von Singer). *Sei q eine Primzahlpotenz und $n \in \mathbb{N}$. Dann enthält $PGL(n + 1, q)$ eine zyklische Untergruppe der Ordnung $\frac{q^{n+1}-1}{q-1}$, die sowohl auf den Punkten als auch auf den Hyperebenen von $PG(n, q)$ regulär operiert.*

Beweis. Nach Beispiel 5.3 induziert jedes $\alpha \in GL(n + 1, q)$ eine Kollineation von $\Pi = PG(n, q)$. Wir identifizieren nun den Vektorraum $GF(q)^{n+1}$ mit dem

Erweiterungskörper $L = GF(q^{n+1})$ des Körpers $K = GF(q)$, vergleiche Satz III.3.7; L wird also als $(n + 1)$-dimensionaler Vektorraum über K betrachtet. Die Multiplikation λx von Vektoren in L mit Skalaren aus K ist also einfach durch die Einschränkung der Multiplikation in L auf Werte $\lambda \in K$ gegeben. Nach Satz III.3.5 ist die multiplikative Gruppe L^* zyklisch von der Ordnung $q^{n+1} - 1$. Jedes Element $a \in L^*$ induziert nun eine bijektive lineare Abbildung α_a des K-Vektorraums L gemäß

$$\alpha_a(x) = ax \quad \text{für alle } x \in L$$

und daher nach Beispiel 5.3 auch eine Kollineation β_a von Π; dabei gilt $\beta_a = \text{id}$ nach Übung 5.4 genau für $a \in K^*$. Somit induziert die zyklische Untergruppe $G = \{\alpha_a \mid a \in L^*\}$ von $GL(n + 1, q)$ eine zyklische Permutationsgruppe der Ordnung $v = (q^{n+1} - 1)/(q - 1)$ auf den Punkten von Π, nämlich die Faktorgruppe $G/H(n + 1, q)$. Da v gerade die Anzahl aller 1-dimensionalen Unterräume von L (also die Mächtigkeit der Punktemenge P von Π) ist, folgt der erste Teil der Behauptung. Der zweite Teil ergibt sich ganz analog unter Verwendung homogener Koordinaten für die Hyperebenen. $\square$

Abschließend noch eine Bemerkung zu den Beispielen 1.3 und 5.6: Hier sind die Punkte als die Elemente der zyklischen Gruppe $\mathbb{Z}_v$ der Ordnung v gegeben, wobei v wieder die Anzahl der Punkte von Π bezeichnet. Hat man eine zyklische Singergruppe G vorliegen, so kann man offenbar stets eine derartige Numerierung der Punktemenge vornehmen, indem man ausgehend von einem „Basispunkt" p die Bilder von p unter den Potenzen eines Erzeugers α von G durchläuft. Analog kann man auch die Geraden (bzw. im allgemeinen Fall die Hyperebenen) als die Bilder einer „Basisgeraden" D erhalten, die man dann – durch Identifikation ihrer Punkte mit den zugehörigen Elementen in $\mathbb{Z}_v$ – als eine Teilmenge von $\mathbb{Z}_v$ auffassen kann; allgemeine Geraden bzw. Hyperebenen nehmen dann die Form

$$D + x = \{d + x \mid x \in \mathbb{Z}_v\}$$

an, wobei x über $\mathbb{Z}_v$ läuft. Aufgrund des Satzes von Singer erlaubt nun jede endliche projektive Geometrie $PG(n, q)$ eine derartige Darstellung. Man nennt die Menge $D \subset \mathbb{Z}_v$ eine „Differenzmenge", da die Differenzen, die man aus den Elementen in D bilden kann, gleichmäßig über $\mathbb{Z}_v$ verteilt sind. Wir werden uns mit diesem Ansatz in Kapitel XI in allgemeinerer Form näher beschäftigen.

6   Bögen und MDS-Codes

Wie (hoffentlich) aus der Schule bekannt ist, schneidet in der euklidischen Ebene eine Gerade einen Kegelschnitt in höchstens zwei Punkten. Wir wollen jetzt die entsprechende Bedingung in endlichen projektiven Ebenen untersuchen:

Definition 6.1. Sei $\Pi = (P, \mathcal{G}, \in)$ eine endliche projektive Ebene. Eine Teilmenge $B \subset P$ wird ein *Bogen* genannt, wenn $|B \cap G| \leq 2$ für jede Gerade G gilt; für $|B| = k$ spricht man auch von einem *k-Bogen*. Ein k-Bogen B heißt *vollständig*, wenn er in keinem $(k+1)$-Bogen enthalten ist. Man nennt eine Gerade eine *Sekante, Tangente* oder *Passante* von B, je nachdem, ob sie B in zwei Punkten, in einem Punkt oder überhaupt nicht schneidet.

Nach Definition enthält jede projektive Ebene Vierecke, also 4-Bögen. Für die Fano-Ebene aus Beispiel 1.3 gibt es offenbar keine größeren Bögen. Im allgemeinen müssen jedoch größere Bögen existieren, was wir sogleich mit einem sehr einfachen Zählargument beweisen werden.

Satz 6.2. *Sei B ein vollständiger k-Bogen in einer endlichen projektiven Ebene der Ordnung n. Dann gilt $k > \sqrt{2n}$.*

Beweis. Würde es einen Punkt geben, der auf keiner Sekanten von B liegt, so könnte man ihn offenbar zu B hinzufügen und auf diese Weise einen größeren Bogen erhalten. Da B vollständig ist, müssen also die $\binom{k}{2}$ Sekanten von B die $n^2+n+1-k$ Punkte der Ebene außerhalb von B überdecken. Da jede Sekante $n-1$ solche Punkte abdeckt, erhalten wir die triviale Abschätzung $k(k-1)(n-1) \geq 2(n^2+n+1-k)$, woraus die Behauptung leicht folgt. □

Bevor wir konkrete Beispiele konstruieren, wollen wir zunächst auch eine obere Schranke beweisen; danach überlegen wir uns, was man im Fall der Gleichheit sagen kann. Diese Ergebnisse stammen von Bose [1947] bzw. von Qvist [1952].

Satz 6.3. *Sei B ein Bogen in einer endlichen projektiven Ebene der Ordnung n. Dann gilt:*

$$(6.1) \qquad |B| \leq \begin{cases} n+2 & \text{für } n \text{ gerade} \\ n+1 & \text{für } n \text{ ungerade.} \end{cases}$$

Beweis. Sei p ein beliebiger Punkt von B. Da jede Gerade durch p höchstens einen weiteren Punkt $q \in B$ enthalten kann und jeder solche Punkt q mit p verbunden sein muß, folgt unmittelbar $|B| \leq n+2$. Falls hierbei Gleichheit gilt, ist jede Gerade durch p eine Sekante; es kann dann also keine Tangenten geben. Wir betrachten nun die Geraden, die einen beliebigen Punkt $r \notin B$ mit den $n+2$ Punkten von B verbinden. Wie wir gesehen haben, sind diese Geraden sämtlich Sekanten, was offenbar nur dann geht, wenn $n+2$ gerade ist. Für ungerade n folgt somit $|B| \leq n+1$. □

Definition 6.4. Ein $(n + 1)$-Bogen in einer endlichen projektiven Ebene der Ordnung n heißt ein *Oval* und ein $(n + 2)$-Bogen ein *Hyperoval*.

Satz 6.5. *Sei B ein Oval in einer endlichen projektiven Ebene der Ordnung n, wobei n gerade sei. Dann gehen sämtliche Tangenten von B durch einen gemeinsamen Punkt, den* Nukleus *von B, und man kann B zu einem Hyperoval H erweitern, indem man den Nukleus zu B hinzufügt. Weiterhin ist H das einzige B umfassende Hyperoval.*

Beweis. Jeder Punkt von B liegt offenbar auf genau einer Tangenten und n Sekanten, nämlich den Verbindungsgeraden zu den übrigen n Punkten von B; es gibt also insgesamt genau $n + 1$ Tangenten. Wir betrachten nun die Geraden, die einen beliebigen Punkt $r \notin B$ mit den $n + 1$ Punkten von B verbinden; da $n + 1$ ungerade ist, muß hierbei mindestens eine Tangente auftreten.

Sei nun G eine Sekante von B. Da – wie wir eben gesehen haben – jeder der $n + 1$ Punkte von G auf mindestens einer Tangenten liegt und es nur $n + 1$ Tangenten gibt, muß jeder Punkt von G auf *genau* einer Tangenten liegen. Mit anderen Worten: Keine zwei Tangenten können sich in einem Punkt schneiden, der auf einer Sekanten liegt. Daraus folgt sofort, daß alle $n + 1$ Tangenten durch einen gemeinsamen Schnittpunkt p gehen müssen; dann ist $H = B \cup \{p\}$ immer noch ein Bogen, also ein Hyperoval. Offensichtlich kann B auf keine andere Weise zu einem Hyperoval erweitert werden, da jeder Punkt $q \neq p$ außerhalb von B auf Sekanten von B liegt. □

Übung 6.6. Man verbessere die Abschätzung aus Satz 6.2 zu $\binom{k-1}{2} \geq n$, indem man die n Punkte außerhalb von B auf einer Tangenten von B betrachtet.

Übung 6.7 (Qvist). Sei B ein Oval in einer endlichen projektiven Ebene der Ordnung n, wobei n ungerade sei. Man zeige, daß ein Punkt $r \notin B$ entweder auf genau zwei oder aber auf gar keiner Tangenten von B liegt.

Die Frage, ob eine beliebige projektive Ebene Ovale enthalten muß, ist ungeklärt und schwierig. Leider fehlt auch ein aktueller Übersichtsartikel über die Konstruktion von Bögen und Ovalen in beliebigen Ebenen; einiges zu diesem Thema findet man beispielsweise bei Korchmáros [1991] sowie bei de Resmini, Ghinelli und Jungnickel [2002]. Für die klassischen Ebenen kann man jedenfalls sehr leicht konkrete Beispiele angeben:

Beispiel 6.8. Es sei B die Menge aller Punkte in $\Pi = PG(2, q)$ mit homogenen Koordinaten der Form $(1, t, t^2)^T$ oder $(0, 0, 1)^T$, also

$$(6.2) \qquad B = \{(1, t, t^2)^T K \mid t \in K\} \cup \{(0, 0, 1)^T K\},$$

wobei wir $K = GF(q)$ schreiben. Wir behaupten, daß B ein Oval ist. Dazu genügt es nachzuprüfen, daß je drei der in (6.2) angegebenen Koordinatenvektoren linear unabhängig sind. Aus der linearen Algebra wissen wir, daß je drei verschiedene Vektoren des Typs $(1, t, t^2)$ linear unabhängig sind, da die Determinante einer Matrix der Form

$$\begin{pmatrix} 1 & t & t^2 \\ 1 & u & u^2 \\ 1 & v & v^2 \end{pmatrix}$$

mit paarweise verschiedenen t, u, v nicht 0 sein kann. Es handelt sich hier nämlich um eine sogenannte *Vandermonde-Matrix*, für die dies bekanntlich gilt (was man auch leicht direkt nachrechnen kann); siehe etwa Koecher [1992, pp.126–127]. Schließlich sind $(0,0,1)$ und zwei verschiedene Vektoren der Form $(1, t, t^2)$ offenbar ebenfalls linear unabhängig.

Falls q gerade ist, kann man auch den Nukleus von B leicht explizit angeben, nämlich als $p = (0, 1, 0)^T K$. Da die Erweiterung von B zu einem Hyperoval nach Satz 6.5 eindeutig bestimmt ist, genügt es zu zeigen, daß der Vektor $(0,1,0)$ nicht von zwei der bisherigen Vektoren linear abhängig sein kann. Einerseits sind nun $(0,1,0)$, $(0,0,1)$ und ein Vektor der Form $(1, t, t^2)$ stets linear unabhängig; und andererseits sind für gerades q auch $(0,1,0)$ und je zwei verschiedene Vektoren der Form $(1, t, t^2)$ linear unabhängig, da das Quadrieren dann eine Bijektion ist. Man beachte, daß für ungerade q die Vektoren $(0,1,0)$, $(0, t, t^2)$ und $(0, -t, (-t)^2)$ linear abhängig sind, womit B dann – wie es nach Satz 6.3 ja der Fall sein muß – nicht um den Punkt $(0, 1, 0)^T K$ erweitert werden kann.

Wir merken an, daß die homogenen Koordinaten der Punkte von B die quadratische Gleichung $x_1^2 = x_0 x_2$ erfüllen, womit B also ein Kegelschnitt ist. Ein berühmtes Resultat von Segre [1955] besagt, daß jedes Oval in $PG(2, q)$, q ungerade, ein Kegelschnitt sein muß; einen Beweis findet man etwa bei Hirschfeld [1998, §8.2]. Für gerade q werden Hyperovale, die aus einem Kegelschnitt durch Hinzufügen seines Nukleus hervorgehen, *regulär* genannt; es gibt aber daneben auch andere Beispiele. Die Klassifikation der Hyperovale ist eines der wesentlichen ungelösten Probleme der Galois-Geometrie; der interessierte Leser sei auf Hirschfeld [1998] oder den Übersichtsartikel von Cherowitzo [1996] verwiesen.

In den Beispielen 6.8 and 3.2 tauchen jeweils Kegelschnittgleichungen auf. Das legt die Vermutung nahe, Ovale und Polaritäten könnten etwas miteinander zu tun haben. Wie die folgende Übung zeigt, ist dies tatsächlich der Fall; einen Beweis findet man beispielsweise bei Hughes und Piper [1982].

Übung 6.9. Es sei π eine Polarität einer endlichen projektiven Ebene der Ordnung n, die genau $n + 1$ absolute Punkte hat (vgl. Satz 3.4); derartige Polaritäten heißen *orthogonal.* Man zeige: Falls n ungerade ist, bilden die absoluten Punkte von Π ein Oval, und anderenfalls eine Gerade.

Bemerkung 6.10. Die bisher erzielten Ergebnisse verdeutlichen, daß die geometrischen Eigenschaften von $PG(2, q)$ entscheidend davon abhängen, ob q gerade oder ungerade ist:

• Für gerade q sind Ovale nicht die größtmöglichen Bögen, sondern stets zu Hyperovalen erweiterbar.

• Für gerade q bilden die absoluten Punkte einer orthogonalen Polarität kein Oval, sondern eine Gerade.

Da Ovale und Polaritäten aber beide – wie erwähnt – mit Kegelschnitten zusammenhängen, mag der Leser an dieser Stelle etwas verwirrt sein. Die Diskrepanz ist aber nur scheinbar: Der in Beispiel 6.8 eingeführte Kegelschnitt B besteht nämlich genau dann aus den absoluten Punkten einer orthogonalen Polarität, wenn q ungerade ist. In diesem Fall kann man die Gleichung $x_1^2 = x_0 x_2$ in der Tat in der Form $x^T A x = 0$ schreiben, wobei A die invertierbare symmetrische Matrix

$$A = \begin{pmatrix} 0 & 0 & \frac{1}{2} \\ 0 & -1 & 0 \\ \frac{1}{2} & 0 & 0 \end{pmatrix}$$

ist; für gerade q geht das dagegen nicht, da dann ja 2 kein Inverses hat. Wir erwähnen noch, daß es in $PG(2, q)$ im wesentlichen nur einen Kegelschnitt gibt: Je zwei Kegelschnitte können durch ein Element der projektiven linearen Gruppe $PGL(2, q)$ ineinander transformiert werden. Einen Beweis hierfür findet man beispielsweise bei Lenz [1965] oder bei Hughes und Piper [1982].

Wir wollen jetzt den Begriff des Bogens in einer projektiven Ebene auf projektive Räume verallgemeinern; dies ist insbesondere wegen einer recht überraschenden Verbindung zur Codierungstheorie von großem Interesse. Um die dort üblichen Parameter zu erhalten, werden wir jetzt n und k in einem anderen Sinne als bisher verwenden.

Definition 6.11. Ein *n-Bogen* in einer projektiven Geometrie $PG(k, q)$ ist eine Menge B von n Punkten, von denen keine $k + 1$ in einer Hyperebene liegen. Man sagt dann auch, daß die Punkte von B *in allgemeiner Lage* sind.

Beispiel 6.12. Es sei B die Menge aller Punkte in $\Pi = PG(k, q)$ mit homogenen Koordinaten der Form $(1, t, t^2, \ldots, t^k)^T$ bzw. $(0, 0, , \ldots, 0, 1)^T$. Man sieht dann ganz analog zum Vorgehen in Beispiel 6.8, daß B ein $(q + 1)$-Bogen ist. B heißt eine *rationale Normkurve*; mehr zu diesem Thema findet man bei Hirschfeld und Thas [1991, §27.5].

Übung 6.13. Man führe den Nachweis dafür, daß die Menge B aus Beispiel 6.12 ein Bogen ist, in Einzelheiten durch. Ferner zeige man, daß je $k + 2$ Punkte von $PG(k, q)$ $(q \geq k + 1)$ in allgemeiner Lage auf einem $(q + 1)$-Bogen B liegen.

Hinweis: Man kann einen solchen Bogen als Bild der rationalen Normkurve B aus Beispiel 6.12 unter einer geeigneten Kollineation erhalten.

Wir können nun den Zusammenhang zwischen Bögen und linearen MDS-Codes erklären, der implizit in der Arbeit von Bose [1961] enthalten ist (wo allgemeiner der Zusammenhang zwischen linearen Codes und projektiven Geometrien untersucht wird), aber explizit wohl erstmals im Buch von MacWilliams und Sloane [1977] formuliert wurde.

Satz 6.14. *Die Existenz eines linearen $[n, k, n - k + 1, q]$-MDS-Codes ist äquivalent zur Existenz eines n-Bogens in $PG(k - 1, q)$.*

Beweis. Sei zunächst ein n-Bogen $B = \{p_1, \ldots, p_n\}$ in $PG(k - 1, q)$ gegeben; ferner sei v_i ein Koordinatenvektor für den Punkt p_i (für $i = 1, \ldots, n$). Sei nun H die $(k \times n)$-Matrix mit Spalten $v_1, \ldots, v_n$. Da keine k der n Punkte von B in einer Hyperebene liegen, sind je k Spalten von H linear unabhängig. Nach Satz VIII.4.4 ist H die Kontrollmatrix eines linearen $[n, n - k, d, q]$-Codes C mit $d \geq k + 1$, und wegen der Singleton-Schranke (III.4.2) muß dabei sogar $d = k + 1$ gelten. C ist also ein MDS-Code der Dimension $n - k$; nach Satz III.4.8 ist $C^\perp$ dann der gewünschte MDS-Code. Diese Konstruktion läßt sich umkehren, womit die Behauptung folgt. $\qquad \square$

Zusammen mit Beispiel 6.12 liefert Satz 6.14 die Existenz zahlreicher MDS-Codes und verstärkt dabei sogar das Ergebnis aus Satz VIII.6.9 etwas:

Korollar 6.15. *Für jede Primzahlpotenz q und jede natürliche Zahl k mit $2 \leq k \leq q - 1$ gibt es einen linearen $[q + 1, k, q + 2 - k, q]$-MDS-Code.* $\qquad \square$

Wir wollen abschließend noch einige Bemerkungen zum Existenzproblem für MDS-Codes machen, das als eines der fundamentalen offenen Probleme der Codierungstheorie gilt. Mit $m(k, q)$ sei – für gegebenes k und q – der Maximalwert von n bezeichnet, für den ein $[n, k, n - k + 1, q]$-MDS-Code existiert; nach Satz 6.14 ist $m(k, q)$ auch die maximale Mächtigkeit eines Bogens in $PG(k - 1, q)$. Die Werte $m(3, q)$ sind somit nach Satz 6.3 und Beispiel 6.8 vollständig bekannt. Für $k \neq 3$ liefert die Griesmer-Schranke III.4.9 zusammen mit Korollar 6.15 die folgende nichttriviale, wenn auch im allgemeinen nicht sonderlich gute Abschätzung:

Proposition 6.16. *Für* $2 \leq k \leq q - 1$ *gilt:*

(6.3) $$q + 1 \leq m(k, q) \leq q + k - 1.$$

Beweis. Sei C ein $[n, k, n - k + 1, q]$-Code. Aus (III.4.3) erhält man

$$n \geq N(k, d, q) \geq (n - k + 1) + \left\lceil \frac{n - k + 1}{q} \right\rceil + (k - 2).$$

Für $n - k + 1 > q$ ergibt sich hieraus aber der Widerspruch $n \geq n + 1$, weswegen $n - k + 1 \leq q$ gelten muß. $\square$

Korollar 6.17. *Für* $q \geq 3$ *gilt* $m(2, q) = q + 1$. $\square$

Übung 6.18. Man zeige, daß ein $[n, k, n - k + 1, q]$-MDS-Code mit $k \leq n - 2$ nur für $q \geq k + 1$ existieren kann.

Es wird vermutet, daß stets

$$m(k, q) = \begin{cases} q + 1 & \text{für } 2 \leq k < q \\ k + 1 & \text{für } q \leq k \end{cases}$$

gilt, mit Ausnahme von $m(3, 2^h) = m(2^h - 1, 2^h) = 2^h + 2$ („main conjecture"). Wir haben gesehen, daß diese Vermutung für $k = 2$ und 3 stimmt. Sie ist auch für $k = 4$ und 5 sowie für $q \leq 11$ korrekt. Sie ist ferner für alle Paare (k, q) mit $q > (4k - 9)^2$ erfüllt; entsprechende Literaturhinweise stehen bei MacWilliams und Sloane [1977]. Zahlreiche Ergebnisse findet man – in der Sprache der Bögen in projektiven Räumen – bei Hirschfeld und Thas [1992, Chapter 27]. Wesentliche Fortschritte wurden von Bruen, Thas und Blokhuis [1988] erzielt, wo erstmals die Methoden der algebraischen Geometrie über endlichen Körpern ausgenutzt wurden; darauf aufbauende Verbesserungen stammen von Blokhuis, Bruen und Thas [1990] sowie von Storme und Thas [1993]. Dem interessierten Leser sei auch der Übersichtsartikel von Thas [1992] empfohlen.

Eine Auflistung der bekannten Resultate über Bögen findet man (mit entsprechenden Literaturhinweisen) in den Artikeln von Hirschfeld und Storme [1998, 2001].

7   Unterebenen und Blockademengen

Die einfachsten Objekte innerhalb einer projektiven Ebene sind Unterebenen, die man in naheliegender Weise erklärt:

Definition 7.1. Sei $\Pi = (P, \mathcal{G}, \in)$ eine endliche projektive Ebene. Für eine Teilmenge $U \subset P$ setzen wir

$$\mathcal{G}|U = \{G \cap U \mid G \in \mathcal{G}, \, |G \cap U| \geq 2\}$$

und nennen $\Pi_0 = (U, \mathcal{G}|U, \in)$ (oder – etwas schlampig, aber bequem – auch die Teilmenge U selbst) eine *Unterebene* von Π, falls Π_0 ebenfalls eine projektive Ebene ist.

Das folgende Resultat von Baer [1946b] und Bruck [1955] zeigt, daß Unterebenen keine allzu große Ordnung haben können:

Satz 7.2. *Sei $\Pi_0 = (U, \mathcal{G}|U, \in)$ eine echte Unterebene der Ordnung m in einer projektiven Ebene $\Pi = (P, \mathcal{G}, \in)$ der Ordnung n. Dann hat man*

$$(7.1) \qquad\qquad n = m^2 \quad oder \quad n \geq m^2 + m.$$

Ferner gilt $n = m^2$ genau dann, wenn jeder Punkt in $P \setminus U$ auf einer eindeutig bestimmten Geraden von Π_0 liegt (und dual dazu jede Gerade in $\mathcal{G} \setminus (\mathcal{G}|U)$ einen eindeutig bestimmten Punkt von Π_0 enthält).

Beweis. Jede Gerade G von Π_0 enthält $(n + 1) - (m + 1) = n - m$ Punkte in $P \setminus U$, und je zwei Geraden von Π_0 schneiden sich in einem Punkt in U. Somit gibt es $(m^2 + m + 1)(n - m)$ Punkte in $P \setminus U$, die jeweils auf genau einer Geraden von Π_0 liegen. Also gilt

$$n^2 + n + 1 \geq (m^2 + m + 1)(n - m) + (m^2 + m + 1),$$

woraus $(n - m^2)(n - m) \geq 0$ folgt, also $n \geq m^2$. In dieser Abschätzung gilt genau dann Gleichheit, wenn jeder Punkt in $P \setminus U$ auf einer (notwendigerweise eindeutig bestimmten) Geraden von Π_0 liegt. Im Fall $n \neq m^2$ existiert also ein Punkt p, der auf keiner Geraden von Π_0 liegt, womit dann jede Gerade durch p höchstens einen Punkt in U enthalten kann. Da jeder Punkt in U auf einer dieser Geraden liegt, folgt sofort $n + 1 \geq m^2 + m + 1$, also die Behauptung. $\square$

Im Falle $n = m^2$ nennt man Π_0 eine *Baer-Unterebene* von Π und im Fall $n = m^2 + m$ eine *Bruck-Unterebene*. Natürlich kennt man keinerlei Beispiele für den zweiten Fall, da ja bislang nur Ebenen von Primzahlpotenzordnung bekannt sind. Beispiele von Baer-Unterebenen sind dagegen leicht zu konstruieren, wie das folgende allgemeinere Beispiel lehrt.

Beispiel 7.3. Sei q eine Primzahlpotenz und $n \geq 2$ eine natürliche Zahl. Dann enthält die klassische Ebene $\Pi = PG(2, q^n)$ eine zu $PG(2, q)$ isomorphe Unterebene Π_0, für $n = 2$ also eine Baer-Unterebene. Das sieht man ganz leicht, indem man für U die Menge aller derjenigen Punkte wählt, die in homogenen Koordinaten durch einen Vektor x dargestellt werden können, dessen drei Koordinaten sämtlich im Teilkörper $GF(q)$ von $GF(q^n)$ liegen; die Geraden von Π_0 sind dabei ganz analog diejenigen Geraden, die einen homogenen Koordinatenvektor $[u]$ aus $GF(q)^3$ haben.

Jede klassische projektive Ebene quadratischer Ordnung enthält also eine Baer-Unterebene. Wir verwenden jetzt den Satz von Singer, um eine wesentlich stärkere Aussage zu zeigen, die von Rao [1969] stammt; der Leser mag sich eine Verallgemeinerung auf andere Ordnungen überlegen.

Satz 7.4. *Für jede Primzahlpotenz q kann man die klassische projektive Ebene $\Pi = PG(2, q^2)$ derart in $q^2 - q + 1$ paarweise disjunkte Baer-Unterebenen zerlegen, daß diese Zerlegung unter einer zyklischen Singergruppe von Π invariant ist.*

Beweis. Wir betrachten nochmals den Beweis von Satz 5.7. Dort wurde die Singergruppe $S = G/H(3, q^2)$ von $PG(2, q^2)$ mittels der linearen Abbildungen α_a mit $a \in L^*$ (für $L = GF(q^6)$) konstruiert. Da $GF(q^3)$ nach Satz III.3.7 ein Unterkörper F von L ist, liefern die α_a mit $a \in F^*$ entsprechend eine Singergruppe $T = \{\alpha_a \mid a \in F^*\}/H(3, q)$ für die durch F beschriebene Baer-Unterebene $\Pi_0 = PG(2, q)$ von Π, vergleiche Beispiel 7.3. Offenbar kann man T mittels der Identifikation

$$\alpha_a H(3, q) \mapsto \alpha_a H(3, q^2)$$

als die Untergruppe der Ordnung $q^2 + q + 1$ in der zyklischen Gruppe S der Ordnung $q^4 + q^2 + 1$ auffassen. Man erhält nun die gewünschte Zerlegung von Π durch die Bilder der Baer-Unterebene Π_0 unter S; dies ergibt $(q^4 + q^2 + 1)/(q^2 + q + 1) = q^2 - q + 1$ Unterebenen.   □

Wie wir gesehen haben, zeichnen sich Baer-Unterebenen unter allen Unterebenen dadurch aus, daß jede Gerade der umfassenden Ebene einen Punkt der Unterebene enthält, aber keine dieser Geraden gänzlich in der Unterebene liegt. Punktemengen mit dieser Eigenschaft haben ganz allgemein großes Interesse gefunden:

Definition 7.5. Sei $\Pi = (P, \mathcal{G}, \in)$ eine endliche projektive Ebene. Eine Teilmenge $B \subset P$ heißt eine *Blockademenge* (englisch: *blocking set*), wenn sie jede Gerade trifft, aber keine Gerade enthält. Man nennt B *minimal*, wenn $B \setminus p$ für keinen Punkt

$p \in B$ eine Blockademenge ist; eine minimale Blockademenge wird manchmal auch als *Kommittee* bezeichnet, so etwa bei Hirschfeld [1998].

Blockademengen wurden ursprünglich im Rahmen der Spieltheorie eingeführt, siehe Richardson [1956], und werden – auch in anderen geometrischen und kombinatorischen Strukturen, etwa in projektiven Räumen – intensiv untersucht. Ein guter Übersichtsartikel über Blockademengen in klassischen Ebenen stammt von Blokhuis [1996]. Vor theoretischen Resultaten zunächst einige Beispiele:

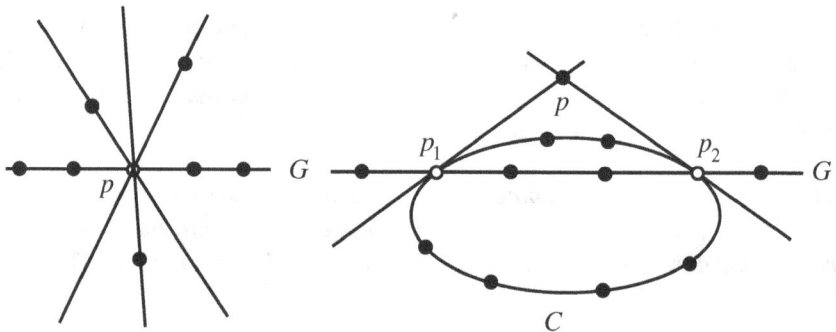

Beispiel 7.6. Die folgenden Punktmengen bilden minimale Blockademengen B in einer Ebene der Ordnung q, insbesondere in $PG(2, q)$:

(1) eine um einen Punkt p verminderte Gerade G, zusammen mit je einem Punkt $\neq p$ auf jeder der q Geraden $H \neq G$ durch p, wobei diese q Punkte nicht sämtlich kollinear sein dürfen: $|B| = 2q$;

(2) $(C \cup G \cup \{p\}) \setminus \{p_1, p_2\}$, wobei C ein Oval sei (siehe Beispiel 6.8), G eine Sekante von C, $\{p_1, p_2\} = G \cap C$ und p der Schnittpunkt der Tangenten an C durch die Punkte p_1 bzw. p_2: $|B| = 2q - 1$;

(3) Baer-Unterebenen (falls q ein Quadrat ist): $|B| = q + \sqrt{q} + 1$.

Wir beweisen nun die folgende untere Schranke für die Mächtigkeit einer Blockademenge, die auf Bruen [1971] zurückgeht, mit dessen Arbeit die systematische Untersuchung von Blockademengen begonnen hat.

Satz 7.7. *Sei B eine Blockademenge in einer endlichen projektiven Ebene* $\Pi = (P, \mathcal{G}, \in)$ *der Ordnung n. Dann hat man*

(7.2) $|B| \geq n + \sqrt{n} + 1$

mit Gleichheit genau dann, wenn B eine Baer-Unterebene von Π bildet.

Beweis. Wir setzen $x = |B|$ sowie $x_G = |B \cap G|$ für $G \in \mathcal{G}$. Da jeder Punkt von B auf genau $n + 1$ Geraden liegt und durch je zwei Punkte genau eine Gerade geht, erhalten wir sofort die beiden Gleichungen

$$\sum_{G \in \mathcal{G}} x_G = x(n + 1)$$

$$\sum_{G \in \mathcal{G}} x_G(x_G - 1) = x(x - 1).$$

Weiterhin gilt stets $1 \leq x_G \leq x - n$, da B eine Blockademenge ist und somit jede der n Geraden $\neq G$ durch einen Punkt $p \in G \setminus B$ jeweils mindestens einen Punkt von B enthalten muß. Damit erhalten wir die Gültigkeit der folgenden Abschätzung:

$$0 \leq \sum_{G \in \mathcal{G}} (x - n - x_G)(x_G - 1) = (x - n)[(x(n + 1) - (n^2 + n + 1)] - x(x - 1),$$

also

$$x^2 - 2x(n + 1) + (n^2 + n + 1) \geq 0.$$

Da das Polynom $x^2 - 2x(n + 1) + (n^2 + n + 1)$ die Nullstellen $n \pm \sqrt{n} + 1$ hat, folgt hieraus unmittelbar die Behauptung. □

Es liegt nun nahe, allgemein nach den Blockademengen minimaler Mächtigkeit in $PG(2, q)$ zu fragen. Falls q ein Quadrat ist, sind dies aufgrund der eben erzielten Resultate genau die Baer-Unterebenen; im allgemeinen ist dieses Problem jedoch ungelöst. Für Primzahlen q gilt $|B| \geq 3(q + 1)/2$; diese bereits von di Paola [1969] geäußerte Vermutung wurde schließlich von Blokhuis [1994] bewiesen. Wie das folgende Beispiel zeigt, ist diese Schranke scharf:

Beispiel 7.8. Es sei q eine ungerade Primzahlpotenz. Wir betrachten das durch die Koordinatenvektoren $(1, 0, 0)^T$, $(0, 1, 0)^T$ und $(0, 0, 1)^T$ gegebene Dreieck $\{p_1, p_2, p_3\}$ in $PG(2, q)$. Die von den drei Ecken verschiedenen Punkte auf den Seiten des Dreiecks haben dann Koordinatenvektoren der Form $(0, 1, a)^T$ mit $a \neq 0$ (Punkte auf $p_2 p_3$), $(1, 0, b)^T$ mit $b \neq 0$ (Punkte auf $p_1 p_3$) bzw. $(-c, 1, 0)^T$ mit $c \neq 0$ (Punkte auf $p_1 p_2$). Dabei liefern drei derartige Vektoren genau dann kollineare Punkte, wenn sie linear abhängig sind, wenn also $a = bc$ gilt. Wir wählen nun B als die Menge aller derjenigen Punkte des Dreiecks, die wir erhalten, wenn a, b, c die Quadrate in $GF(q)^*$ durchlaufen, zuzüglich der drei Ecken; dann gilt in der Tat $|B| = 3(q + 1)/2$, siehe Übung III.3.10. Eine beliebige Gerade G enthält entweder eine der Ecken des Dreiecks oder schneidet die drei Seiten des Dreiecks in drei Punkten mit Koordinatenvektoren der eben angegeben Form, für die $a = bc$ gilt; da das Produkt zweier Nichtquadrate in $GF(q)$ nach Übung III.3.10 ein Quadrat ist, schneidet G die Menge B auch in diesem Fall in in mindestens einem Punkt. Somit ist B in der Tat eine Blockademenge.

Die in Beispiel 7.8 konstruierten Blockademengen heißen *projektive Dreiecke*. Nach Ghinelli und Jungnickel [2003b] kann man die projektiven Dreiecke auch wie folgt synthetisch beschreiben: Man wähle einen Kegelschnitt C und drei Punkte o, p, q in C; dann bilden diese drei Punkte zusammen mit allen Schnittpunkten von Tangenten von C mit einer der drei Seiten des Dreiecks opq ein projektives Dreieck.

Es ist bislang nicht gelungen, alle Blockademengen der (minimalen) Mächtigkeit $3(q+1)/2$ in $PG(2, q)$, q Primzahl, zu bestimmen. Das einzige weitere exakte Resultat betrifft den Fall $q = p^3$, p Primzahl: Hier ist die minimale Mächtigkeit einer Blockademenge durch $p^3 + p^2 + 1$ gegeben, siehe Blokhuis [1996]. Zahlreiche weitere Resultate sind in den Artikeln von Hirschfeld und Storme [1998,2001] aufgelistet. Mehr über Blockademengen findet man auch bei Hirschfeld [1998].

8   Anwendungen in der Kryptographie

In diesem Abschnitt diskutieren wir zwei Anwendungen projektiver Ebenen in der Kryptographie. Zunächst wollen wir noch einmal kurz auf die in § III.7 behandelten Authentikationscodes eingehen. Wie wir in Satz III.7.4 gesehen haben, sind perfekte Authentikationscodes mit n^2 Schlüsseln und r Datensätzen zu orthogonalen Arrays $OA(r, n)$ äquivalent, weswegen man mit einem perfekten Authentikationscode mit n^2 Schlüsseln und n Authentikatoren maximal $r = n + 1$ Datensätze authentifizieren kann. Aufgrund der Sätze 2.1 und III.2.8 wird diese Schranke genau dann angenommen, wenn es eine projektive Ebene Π der Ordnung n gibt, insbesondere also für Primzahlpotenzen n.

Wir verwenden jetzt projektive Ebenen für eine direkte geometrische Realisierung von perfekten Authentikationssystemen (ohne den Umweg über orthogonale Arrays); allerdings werden wir dabei eine etwas modifizierte Form erhalten, bei der die Nachrichten nicht Paare (s, a) aus Datensatz s und Authentikator a sind, sondern selbständige Objekte, aus denen man aber sofort den Datensatz berechnen kann. Auch wäre es kein Problem, die zuvor verwendete Form als Authentikationscode herzustellen.

Satz 8.1. *Es sei* $\Pi = (P, \mathcal{G}, \in)$ *eine projektive Ebene der Ordnung n. Wir wählen eine Gerade G_0 und definieren ein Authentikationssystem $(\mathcal{S}, \mathcal{K}, \mathcal{M})$ wie folgt:*

- *Die Datensätze in $\mathcal{S}$ sind die Punkte von G_0.*

- *Die Schlüssel in $\mathcal{K}$ sind die Punkte in $P \setminus G_0$.*

- *Die Nachricht zu einem Datensatz $q \in G_0$ und einem Schlüssel $p \in P \setminus G_0$ ist die Gerade $H = pq$.*

Dann ist $(\mathcal{S}, \mathcal{K}, \mathcal{M})$ ein perfektes Authentikationssystem mit $|\mathcal{K}| = n^2$.

Beweis. Man beachte zunächst, daß aus jeder Nachricht H der zugehörige Datensatz q trivial als $H \cap G_0$ berechenbar ist.[3] Wir betrachten zuerst einen Impersonationsangriff, wo also der Angreifer keine gültige Nachricht kennt. Zu jedem Datensatz $q \in G_0$ existieren genau n mögliche Nachrichten, nämlich die n Geraden $H \neq G_0$ durch q; jede dieser Nachrichten gehört zu n Schlüsseln, nämlich den Punkten $p \in H \setminus \{q\}$. Also ist die Wahrscheinlichkeit dafür, eine gültige Nachricht zu dem gewünschten Datensatz q zu wählen, $n/n^2 = 1/n$, da die Schlüssel – wie üblich – als gleich wahrscheinlich vorausgesetzt sind.

Nun zu einer Substitutionsattacke, bei der der Angreifer also eine gültige Nachricht H und damit den Datensatz $q = H \cap G_0$ kennt; die denkbaren Schlüssel sind jetzt die Punkte $p \in H \setminus \{q\}$. Für jeden Datensatz $q' \neq q$ und jeden der n möglichen Schlüssel p gibt es dann genau eine zugehörige Nachricht, nämlich die Gerade $H' = pq'$; bei gegebenem $q' \neq q$ durchläuft H' aber alle n von G_0 verschiedenen Geraden durch q', womit die Wahrscheinlichkeit eines erfolgreichen Betruges wiederum nur $1/n$ ist. □

Unsere zweite Anwendung betrifft sogenannte *Zugangsschemata* (Englisch: „secret sharing schemes"). Ganz allgemein geht es dabei darum, ein Geheimnis (etwa den Zugangscode für den Tresorraum einer Bank oder den für das Atomwaffenarsenal eines Staates) in Teilgeheimnisse („shares") zu zerlegen, so daß keiner der beteiligten Geheimnisträger für sich alleine das gesamte Geheimnis kennt, aber spezifizierte Koalitionen von Personen das Geheimnis aus ihren Teilgeheimnissen rekonstruieren können. Die einfachsten Beispiele von Zugangsschemata erhält man, wenn man verlangt, daß je t der beteiligten Personen (aber nicht weniger) das Geheimnis rekonstruieren können; man spricht dann von einem t-Schwellenschema („threshold scheme"). Wir verzichten auf eine formale Definition und geben stattdessen sogleich eine geometrische Konstruktion für derartige Systeme an:

Satz 8.2. *Es sei G eine Gerade in $\Pi = PG(t, q)$, deren $q + 1$ Punkte die möglichen Geheimnisse sind. Ferner sei für jeden Punkt $p \in G$ eine Hyperebene H_p gegeben, die G nicht enthält und in p schneidet, sowie ein p enthaltender $(q + 1)$-Bogen C_p in $H_p \cong PG(t - 1, q)$, siehe Beispiel 6.12, dessen Punkte $\neq p$ dann die zu p gehörenden Teilgeheimnisse sind. Dies definiert ein t-Schwellenschema,*

---

[3] Wenn man formal einen Authentikationscode wie in § III.7 verwenden möchte, kann man für jeden Schlüssel $p \in P \setminus G_0$ eine Bijektion σ_p der $n + 1$ möglichen Nachrichten, also der $n + 1$ Geraden durch p, auf eine $(n + 1)$-Menge $\mathcal{A}$ wählen und statt einer Nachricht $H = pq$ das Paar $(q, \sigma_p(H))$ senden.

bei dem auch die Kenntnis von $t-1$ Teilgeheimnissen es lediglich gestattet, mit Wahrscheinlichkeit $1/(q+1)$ das korrekte Geheimnis zu wählen.

Beweis. Da C_p ein Bogen in H_p ist, erzeugen je t Punkte von C_p diese Hyperebene. Gibt man also t der Teilgeheimnisse vor (über die Koordinatenvektoren der entsprechenden Punkte von C_p), so kann man aus ihnen zunächst H_p und dann das Geheimnis p als den Schnittpunkt von H_p mit der Geraden G berechnen.

Sind dagegen nur $t-1$ Punkte von C_p bekannt, so erzeugen die Koordinatenvektoren dieser Punkte lediglich einen $(t-1)$-dimensionalen Unterraum U des t-dimensionalen Vektorraums H_p. Dieser Unterraum U kann nun p nicht enthalten, da ja p auf dem Bogen C_p liegt und je t Punkte eines Bogens linear unabhängige Koordinatenvektoren haben. Ein Angreifer kennt also lediglich U und G, wobei U keinen Punkt von G enthält. Wir zeigen nun, daß dann alle Punkte $x \in G$ als mögliches Geheimnis gleich wahrscheinlich sind: x und U erzeugen einen Unterraum W_x der Dimension t, in dem also

$$(q^{t-1} + \cdots + q + 1) - (q^{t-2} + \cdots + q + 1) - 1 = q^{t-1} - 1$$

potentielle weitere Teilgeheimnisse liegen, nämlich die von x verschiedenen, nicht in U enthaltenen Punkte von W_x; man beachte nun, daß durch je $t+1$ Punkte von W_x in allgemeiner Lage ein $(q+1)$-Bogen geht, siehe Übung 6.13, weswegen tatsächlich jeder der genannten Punkte als weiteres Teilgeheimnis in Frage kommt. Da somit die Anzahl der potentiellen weiteren Teilgeheimnisse für jeden der $q+1$ möglichen Unterräume W_x gleich ist, hat der Angreifer keine bessere Möglichkeit, als einen dieser Unterräume (bzw. ein weiteres Teilgeheimnis) zu erraten.   □

Das Schwellenschema aus Satz 8.2 ist *perfekt*: Es existiert (bei gleicher Wahrscheinlichkeit aller Geheimnisse) kein besseres Angriffsverfahren, als das Geheimnis zu erraten. Dies war es natürlich, was wir mit der Forderung gemeint haben, daß weniger als t der Geheimnisträger das Geheimnis nicht bestimmen können – Erraten ist natürlich immer eine mögliche Strategie! Es kann daher prinzipiell kein völlig sicheres System geben; trotzdem kann man mit Systemen wie dem aus Satz 8.2 auf einfache, leicht implementierbare Weise jedes beliebige Sicherheitsniveau erreichen, indem man q hinreichend groß wählt. Dabei handelt es sich um eine mathematisch bewiesene Sicherheit, im Gegensatz zu den meisten kryptographischen Verfahren, die lediglich als „computanionally secure" gelten (also mit derzeitigen Rechenressourcen erfahrungsgemäß nicht gebrochen werden können); so ist beispielsweise die Sicherheit des bekannten RSA-Systems nicht bewiesen, sondern beruht nur auf heuristischen Argumenten.

Für manche Anwendungen sind Systeme mit verschiedenen Hierarchiestufen nützlich; so könnten beispielsweise wahlweise zwei Bankdirektoren oder drei Prokuristen gemeinsam aktiv werden. Wir erwähnen hierzu die folgende interessante Verallgemeinerung der Schwellenschemata: Ein (s, t)-*Multilevel-Schema* (mit $s < t$) hat zwei Mengen von Geheimnisträgern, etwa S und T; dabei sollen wahlweise

- je s Personen aus S

- je t Personen aus T

- je $t - k$ Personen aus T zusammen mit k Personen aus S (für $k = 1, \ldots, s - 1$)

gemeinsam das Geheimnis rekonstruieren können, während dies für andere als diese legalen Benutzerkonstellationen nicht möglich sein soll. Die Personen in S stehen also in der Hierarchie höher: Bei ihnen wird eine geringere Anzahl zur Geheimnisrekonstruktion verlangt, und sie können Personen aus T ersetzen. Wir geben hier lediglich ein Beispiel für den Fall $s = 2$, $t = 3$ an, das wieder im oben diskutierten Sinne perfekt ist.

Satz 8.3. *Es sei G eine Gerade in $\Pi = PG(3, q)$, deren $q + 1$ Punkte die möglichen Geheimnisse sind. Ist ein solches Geheimnis $p \in G$ gewählt, so seien*

- *H eine Gerade, die G in p schneidet;*

- *E eine Ebene, die H – aber nicht p – enthält und somit ebenfalls G in p schneidet;*

- *C ein Kegelschnitt in $E \cong PG(2, q)$, der p enthält und für den H eine Tangente in p ist, siehe Beispiel 6.8;*

- *$H_S \subset H \setminus \{p\}$ und $C_T \subset C \setminus \{p\}$ zwei Punktmengen, für die keine Gerade durch zwei Punkte in C_T die Gerade H in einem Punkt von H_S trifft; diese Punkte bilden die den Teilnehmern in S bzw. T zugeordneten Teilgeheimnisse.*

Dies definiert ein $(2, 3)$-Multilevel-Schema, bei dem unbefugte Teilnehmerkoalitionen lediglich mit Wahrscheinlichkeit $1/(q + 1)$ das korrekte Geheimnis wählen können.

Beweis. Zwei Teilnehmer aus S kennen zwei Punkte von H, können also H und dann das Geheimnis $p = G \cap H$ bestimmen. Analog kennen drei Personen in T drei Punkte von C; da diese nicht kollinear sind, können sie die Ebene E und damit wieder das Geheimnis $p = G \cap E$ bestimmen. Dasselbe Argument trifft für eine Person aus S und zwei Teilnehmer aus T zu, da die diesen beiden Teilnehmern zugeordneten Punkte von C nach Voraussetzung eine Gerade bestimmen, die keinen Punkt enthält, der einer Person in S zugeordnet ist.

Publik ist nur die Gerade G der möglichen Geheimnisse. Eine Person aus S für sich kennt nun lediglich einen Punkt außerhalb von G; jeder der $q + 1$ Punkte von G ist damit als Geheimnis möglich. Zwei Teilnehmer aus T können nur eine Gerade $L \subset E$ bestimmen, die G nach Voraussetzung nicht schneidet, haben also ebenfalls keine Information darüber, welcher der Punkte von G gewählt wurde, da ja jeder Punkt von G zusammen mit L eine eindeutig bestimmte Ebene definiert. Dieselbe Argumentation trifft für je einen Teilnehmer aus S und T zu.   □

Wir erwähnen, daß es eine offene Frage ist, wie groß man die in Satz 8.3 beschriebenen Teilmengen H_S und C_T wählen kann. In der Praxis ist das natürlich kein Problem, da ja q sehr groß ist: Hat man k Punkte auf C beliebig gewählt, so schließt dies trivialerweise maximal $\binom{k}{2}$ Punkte auf H aus; dieser Fall tritt genau dann auf, wenn keine zwei der zugehörigen Verbindungsgeraden sich in einem Punkt von H schneiden.

Übung 8.4. Man verwende rationale Normkurven, um ähnlich wie in Satz 8.3 ein $(2, t)$-Multilevel-Schema zu konstruieren.

Mehr über Zugangsschemata findet man bei Stinson [2001]; sehr gute Artikel zu diesem Thema stammen von Simmons [1990,1992b] sowie Stinson [1992b].

9   Affine Geometrien

Zum Abschluß dieses Kapitels gehen wir kurz auf die dem Leser vielleicht vertrautere affine Geometrie ein. Zunächst wieder zum ebenen Fall:

Definition 9.1. Sei $\Pi = (P, \mathcal{G}, I)$ eine endliche Inzidenzstruktur, wobei wir statt von Blöcken wieder von *Geraden* sprechen wollen. Π heißt eine *endliche affine Ebene*, wenn folgendes gilt:

(a) Durch je zwei verschiedene Punkte p, q geht genau eine Gerade G, die wir mit $G = pq$ bezeichnen.

(b) Zu einem Punkt p und zu einer Geraden G, die nicht durch p geht, gibt es genau eine Gerade H durch p, die G nicht schneidet; H wird die *Parallele* zu G durch p genannt.

(c) Es gibt ein *Dreieck*, also drei Punkte, die nicht auf einer Geraden liegen.

Man schreibt $G \parallel H$, wenn $G = H$ gilt oder G und H sich nicht schneiden.

Beispiel 9.2. Sei $GF(q)$ der Körper mit q Elementen und P die Menge aller Vektoren des zweidimensionalen Vektorraums $V = GF(q)^2$ sowie $\mathcal{G}$ die Menge aller Nebenklassen $U + x$ von 1-dimensionalen Unterräumen von V. Man sieht leicht, daß $\Pi = (P, \mathcal{G}, \in)$ die Axiome einer endlichen affinen Ebene erfüllt; dabei sind zwei

Geraden genau dann parallel, wenn sie zu demselben 1-dimensionalen Unterraum von V gehören. Diese Ebene wird mit $AG(2, q)$ bezeichnet und die *desarguessche* (oder auch die *klassische*) affine Ebene der Ordnung q genannt.

Wie schon im projektiven Fall werden wir Geraden meist als Punktmengen auffassen, also o.B.d.A. die Inzidenzrelation I durch $\in$ ersetzen. Wir zeigen nun, daß affine und projektive Ebenen im wesentlichen äquivalent sind:

Satz 9.3. *Sei* $\Pi = (P, \mathcal{G}, \in)$ *eine endliche projektive Ebene und* G_∞ *eine Gerade von* Π. *Dann ist*

$$\Sigma = (P \setminus G_\infty, \mathcal{G} \setminus \{G_\infty\}, \in)$$

eine affine Ebene; dabei sind zwei Geraden in Σ *genau dann parallel, wenn ihr Schnittpunkt in* Π *auf* G_∞ *liegt. Jede affine Ebene kann auf diese Weise aus einer projektiven Ebene erhalten werden.*

Beweis. Da in Π je zwei Punkte eine eindeutige Verbindungsgerade besitzen und wir die sogenannte *unendliche Gerade* G_∞ ganz aus Π entfernt haben, vererbt sich diese Eigenschaft auf Σ. Sei nun G eine Gerade von Σ und q ihr Schnittpunkt in Π mit G_∞. Für jeden Punkt $p \notin G$ von Σ wird dann die Verbindungsgerade $H = pq$ in Π zu der gesuchten Parallelen von G durch p in Σ. Schließlich folgt die Existenz eines Dreiecks in Σ zusammen mit Lemma 1.4 aus der eines Vierecks in Π.

Sei nun umgekehrt eine affine Ebene Σ gegeben. Wit führen für jede Parallelen-klasse $\mathcal{S}$ von Geraden von Σ einen neuen „unendlichen" Punkt ein und fügen ihn zu jeder Geraden in $\mathcal{S}$ hinzu; danach fassen wir alle diese unendlichen Punkte zu einer neuen „unendlichen Geraden" G_∞ zusammen. Wir überlassen es dem Leser nachzuweisen, daß wir damit eine projektive Ebene Π definiert haben, aus der man dann offenbar Σ durch Weglassen der Geraden G_∞ und ihrer Punkte – also die in der Behauptung beschriebene Konstruktion – erhalten kann.   □

Die *Vervollständigung* einer affinen Ebene zu einer projektiven Ebene gemäß Satz 9.3 ist offenbar bis auf Isomorphie eindeutig bestimmt. Dagegen können aus derselben projektiven Ebene bei unterschiedlicher Wahl der Geraden G_∞ durchaus nicht-isomorphe affine Ebenen entstehen.

Aus den Sätzen 9.3 und 1.6 ergibt sich sofort das folgende

Korollar 9.4. *Sei* $\Sigma = (P, \mathcal{G}, I)$ *eine endliche affine Ebene. Dann gibt es eine natürliche Zahl* n, *die* Ordnung *von* Σ, *so daß folgendes gilt:*

(1) *Auf jeder Geraden* $G \in \mathcal{G}$ *liegen genau* n *Punkte.*

(2) *Durch jeden Punkt* $p \in P$ *gehen genau* $n + 1$ *Geraden.*

(3) $|P| = n^2$ *und* $|\mathcal{G}| = n^2 + n$.   □

Übung 9.5. Man führe die in Satz 9.3 beschriebene Konstruktion für die klassische projektive Ebene $PG(2, q)$ durch und zeige, daß sich – bis auf Isomorphie – die klassische affine Ebene $AG(2, q)$ ergibt (unabhängig von der Wahl von G_∞), und leite für die Geraden in $AG(2, q)$ Gleichungen der in der Schulgeometrie üblichen Form $x = c$ bzw. $y = mx + b$ her.

Hinweis: Man wähle etwa G_∞ als die Gerade mit homogenen Koordinaten $[(0, 0, 1)^T]$; die affinen Punkte sind dann die Punkte mit Koordinatenvektoren der Form $(a, b, 1)^T$ und können somit mit den Vektoren in $GF(q)^2$ identifiziert werden.

Wir verallgemeinern nun Beispiel 9.2 und führen die höher-dimensionalen affinen Räume ein:

Definition 9.6. Sei $GF(q)$ der Körper mit q Elementen und $AG(n, q)$ die durch die Inklusion partiell geordnete Menge aller Nebenklassen von Teilräumen U des n-dimensionalen Vektorraums $V = GF(q)^n$. Man nennt $AG(n, q)$ die n-dimensionale *affine Geometrie* über $GF(q)$; für $n \geq 3$ spricht man auch von einem *affinen Raum*. Die Nebenklassen von 0-dimensionalen Teilräumen werden mit den Vektoren in V identifiziert und heißen *Punkte*; die Nebenklassen von eindimensionalen Teilräumen heißen *Geraden*, die Nebenklassen zweidimensionaler Teilräume *Ebenen* und die Nebenklassen $(n-1)$-dimensionaler Teilräume *Hyperebenen*; allgemein spricht man auch von *affinen Unterräumen* von V. Zwei nichtleere, echte affine Unterräume U und W werden *inzident* genannt, wenn $U \subset W$ oder $W \subset U$ gilt; man schreibt dafür $U\ I\ W$ und verwendet wieder die übliche geometrische Sprechweise (wie etwa „U liegt auf W" für $U \subset W$). Schließlich heißen zwei affine Unterräume genau dann *parallel*, wenn für die zugehörigen linearen Unterräume U und W die Beziehung $U \subseteq W$ oder $W \subseteq U$ gilt. Insbesondere bilden also die Nebenklassen desselben linearen Unterraums eine *Parallelschar* von affinen Unterräumen.

Übung 9.7. Man zeige, daß jeder affine Raum $AG(n, q)$ die folgenden *Lenz-Axiome* erfüllt:

(a) Je zwei verschiedene Punkte p und q liegen auf genau einer Geraden, die wieder mit pq bezeichnet wird.

(b) Die Geradenmenge ist derart in *Parallelenscharen* zerlegt, daß jede Parallelenschar eine Zerlegung der Punktemenge ist; man schreibt $G \parallel H$, wenn G und H parallel sind.

(c) Es seien G, H, K drei verschiedene Geraden und p, q, r drei verschiedene Punkte, so daß $G \parallel H$, $p = G \cap K$, $q = H \cap K$ und $r \in K$ gelten. Dann schneiden sich die Geraden H und rx für jeden Punkt $x \in G$.

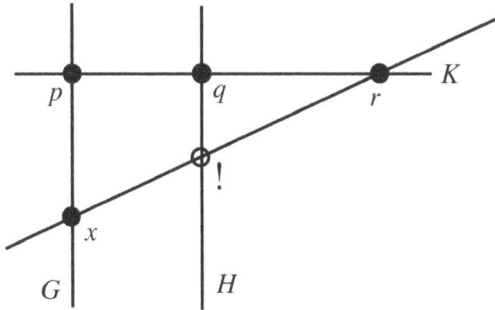

(d) Wenn p, q, r drei verschiedene Punkte sind, die nicht auf einer Geraden liegen, gibt es einen Punkt s mit $pq \parallel rs$ und $pr \parallel qs$. (Existenz von *Parallelogrammen*)

(e) Auf jeder Geraden liegen mindestens zwei Punkte.

(f) Es gibt zwei Geraden, die sich nicht schneiden und auch nicht parallel sind.

Hierbei dienen die Axiome (c) und (d) zur Einführung eines Ebenenbegriffs und das Axiom (f) stellt sicher, daß es *windschiefe* Geraden gibt, also nicht sämtliche Punkte in einer Ebene liegen.

Die Bedeutung dieser Axiome liegt nun im folgenden Satz von Lenz [1959]; einen Beweis findet man auch bei Beutelspacher [1983].

Satz 9.8 (Hauptsatz der affinen Geometrie). *Jede endliche Inzidenzstruktur* $(P, \mathcal{G}, I)$, *die den Lenz-Axiomen aus Übung 9.7 genügt, ist isomorph zu der Geometrie, die von den Punkten und Geraden eines affinen Raumes* $AG(n, q)$ *gebildet wird.* □

Schließlich geben wir noch drei Übungen an, die eine Verallgemeinerung der Sätze 1.6 und 9.4 auf projektive bzw. affine Geometrien zum Ziel haben:

Übung 9.9. Seien q eine Primzahlpotenz und n und d natürliche Zahlen mit $d \le n$. Dann ist die Anzahl der d-dimensionalen Unterräume des Vektorraums $GF(q)^n$ durch

(9.1)
$$\begin{bmatrix} n \\ d \end{bmatrix}_q = \frac{(q^n - 1)(q^{n-1} - 1) \ldots (q^{n-d+1} - 1)}{(q^d - 1)(q^{d-1} - 1) \ldots (q - 1)}.$$

gegeben. Die Zahlen $\begin{bmatrix} n \\ d \end{bmatrix}_q$ heißen die *Gauß-Koeffizienten*.

Hinweis: Man überlege sich zunächst, wieviele geordnete d-Tupel linear unabhängiger Vektoren in $GF(q)^k$ existieren. Siehe auch § XV.9.

Übung 9.10. Man zeige für den affinen Raum $AG(n, q)$:

(1) Jeder d-dimensionale affine Unterraum enthält genau q^d Punkte.

(2) Jeder Punkt liegt in genau $\begin{bmatrix} n \\ d \end{bmatrix}_q$ d-dimensionalen affinen Unterräumen.

(3) Je zwei Punkte liegen in genau $\begin{bmatrix} n-1 \\ d-1 \end{bmatrix}_q$ d-dimensionalen affinen Unterräumen.

Hinweis: Man kann annehmen, daß einer der beteiligten Punkte der Nullvektor ist.

Übung 9.11. Man zeige für den projektiven Raum $\Pi = PG(n, q)$:

(1) Jeder d-dimensionale Unterraum von Π enthält genau $\begin{bmatrix} d+1 \\ 1 \end{bmatrix}_q$ Punkte.

(2) Jeder Punkt liegt in genau $\begin{bmatrix} n \\ d \end{bmatrix}_q$ d-dimensionalen Unterräumen von Π.

(3) Je zwei Punkte liegen in genau $\begin{bmatrix} n-1 \\ d-1 \end{bmatrix}_q$ d-dimensionalen Unterräumen von Π.

X Blockpläne

Die *Design-Theorie*, also die Theorie der sogenannten Blockpläne (oder Designs) und verwandter Strukturen, erlebte ihre erste Blüte im 19. Jahrhundert, unter anderem Namen und unter den Händen vor allem von Geometern. Ein typisches Blockplanproblem ist die folgende, von Kirkman[1] [1851] aufgestellte und in seinem Spezialfall sogleich gelöste Aufgabe.

> *Kirkmansches Schulmädchenproblem:*
> Man führe fünfzehn Schulmädchen an sieben Sonntagen in jeweils
> fünf Dreierreihen so spazieren, daß jedes Mädchenpaar an genau einem
> Sonntag in einer Reihe zusammentrifft.

Eine Lösung ist graphisch auf der nächsten Seite dargestellt. Die Abbildung zeigt die Dreierreihen für einen Sonntag. Die Anordnungen für die anderen Sonntage entstehen durch jene Drehungen, bei denen Punkte p_j in Punkte p_k übergehen. Wir überlassen es dem Leser, als Übung zu verifizieren, daß dies wirklich eine Lösung des Schulmädchenproblems liefert.

Die Design-Theorie hat sich in den letzten Jahrzehnten in ähnlicher Weise zu einer eigenen kombinatorischen Disziplin ausgewachsen wie die Graphentheorie. Dabei stehen Fragen nach der Existenz (und gegebenfalls auch der Charakterisierung) von Blockplänen mit vorgeschriebenen Eigenschaften im Mittelpunkt des Interesses. Wir werden u.a. die Beweise für die Existenz von Steiner- und Kirkmantripelsystemen vollständig durchführen und damit einen gründlichen Einblick in die Methoden der kombinatorischen Design-Theorie vermitteln. Einige weiterführende große Ergebnisse der Existenztheorie für Blockpläne mit vorgegebenen Eigenschaften referieren wir an geeigneter Stelle ohne Beweis.[2] All diesen Existenzbeweisen ist eine Idee gemeinsam, die wir in der Theorie der orthogonalen

---

[1] Rev. Thomas Penyngton Kirkman (1806–1895), englischer Geistlicher und Mathematiker; eine interessante Darstellung seiner Biographie und seines umfangreichen Werkes in verschiedenen Teilgebieten der Mathematik (Kombinatorik, Gruppentheorie, Polyeder, Knotentheorie) findet man bei Biggs [1981]. Von historischem Interesse für die Kombinatorik sind insbesondere die Arbeiten Kirkman [1847;1850a,b,c;1851;1853;1857]; so findet sich beispielsweise in der Arbeit [1850b] die Konstruktion einer projektiven Ebene der Ordnung p für alle Primzahlen p. Man vergleiche ferner den historischen Bericht bei Ray-Chaudhuri und Wilson [1971].

[2] Unter den fundamentalen frühen Arbeiten sind insbesondere Bose [1939], Hanani [1961,1972,1975], Hanani, Ray-Chaudhuri und Wilson [1972], Ray-Chaudhuri und Wilson [1971,1973]

lateinischen Quadrate bereits in Kap. III kennengelernt haben: Man legt zunächst, etwa mit algebraisch-gruppentheoretischen Methoden, einen genügend großen Vorrat an Blockplänen der gewünschten Art an und beweist sodann Kompositionssätze, die es gestatten, durch geschicktes Kombinieren der Vorratsbeispiele so viele Blockpläne zu gewinnen, daß sich die gestellte Aufgabe vollständig lösen läßt.

Eine systematische Darstellung der Design-Theorie findet man bei Beth, Jungnickel und Lenz [1999]. Tabellarische Zusammenstellungen der bekannten Existenzresultate stehen in den entsprechenden Abschnitten des bereits früher erwähnten *CRC handbook of combinatorial designs*, siehe Colbourn und Dinitz [1996].

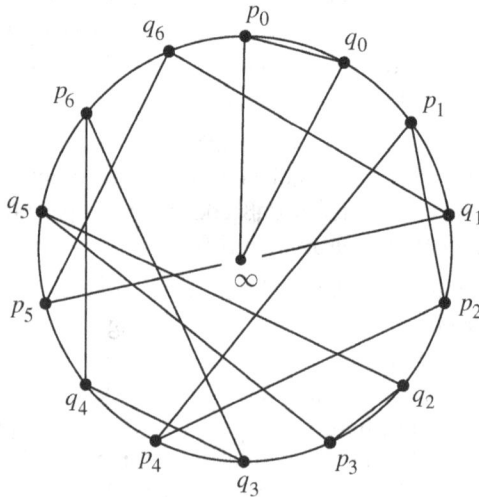

Lösung des Kirkmanschen Schulmädchenproblems

1   Grundlagen

Definition 1.1. Eine endliche Inzidenzstruktur $\Pi = (V, \mathcal{B}, \in)$ heißt ein (v, K, λ)-*PBD* (für *pairwise balanced design*), wobei $K \subseteq \mathbb{N}$ ist, wenn

- jeder Block $B \in \mathcal{B}$ Mächtigkeit aus K hat;

- es für je zwei verschiedene Punkte $p, q \in V$ genau λ Blöcke B mit $p, q \in B$ gibt.

---

sowie Wilson [1972a,b;1975] zu nennen. Wichtige spätere Autoren sind u. a. Mills, Mullin, Zhu, Greig und Abel; für ausführliche Literaturhinweise zu diesem nach wie vor sehr aktiven Forschungsgebiet sei auf Colbourn und Dinitz [1996] sowie Beth, Jungnickel und Lenz [1999] verwiesen.

Ist dabei K eine 1-elementige Menge, etwa $K = \{k\}$, so spricht man von einem (v, k, λ)-*Blockplan* (oder *Design*).

Eine Menge $\mathscr{P} \subset \mathscr{B}$ heißt eine *Parallelklasse*, wenn die Blöcke aus $\mathscr{P}$ eine Zerlegung der Punktemenge V bilden. Man nennt Π *auflösbar*, wenn man die Blockmenge $\mathscr{B}$ disjunkt in Parallelklassen zerlegen kann.[3]

Wir werden uns im Grunde nur für Blockpläne und nicht für die allgemeineren PBDs interessieren; wie wir sehen werden, sind diese jedoch ein unentbehrliches Hilfsmittel, um rekursive Konstruktionen für Blockpläne zu gewinnen.

Beispiel 1.2. Die einleitend angegebene Lösung des Kirkmanschen Schulmädchenproblems ist ein auflösbarer $(15,3,1)$-Blockplan; die Punkte sind dabei natürlich die Mädchen, die Blöcke die Dreierreihen und die Parallelklassen die Mengen von fünf Dreierreihen, die jeweils zu einem Sonntag gehören.

Weitere Beispiele von Blockplänen stehen uns bereits reichlich zur Verfügung, wenn wir die Resultate über endliche affine und projektive Geometrien aus dem vorigen Kapitel benützen. Wir beginnen mit dem ebenen Fall, für den wir die Sätze IX.1.6 und IX.9.4 anwenden können:

Beispiel 1.3. Sei q eine Primzahlpotenz. Dann ist die klassische projektive Ebene $PG(2, q)$ ein $(q^2 + q + 1, q + 1, 1)$-Blockplan, wobei wir natürlich die Geradenmenge $\mathscr{G}$ als Blockmenge verwenden. Entsprechend ist die klassische affine Ebene ein auflösbarer $(q^2, q, 1)$-Blockplan.

Die affinen und projektiven Räume liefern uns ebenfalls Blockpläne in Hülle und Fülle, wie die Übungen IX.9.10 und IX.9.11 zeigen:

Beispiel 1.4. Seien q eine Primzahlpotenz und n und d natürliche Zahlen mit $1 \leq d < n$. Dann bilden die Punkte des projektiven Raums $PG(n, q)$ zusammen mit den d-dimensionalen Unterräumen einen Blockplan mit Parametern

$$(1.1) \qquad v = \begin{bmatrix} n+1 \\ 1 \end{bmatrix}_q, \quad k = \begin{bmatrix} d+1 \\ 1 \end{bmatrix}_q \quad \text{und} \quad \lambda = \begin{bmatrix} n-1 \\ d-1 \end{bmatrix}_q,$$

---

[3] Nach der eben gegebenen Definition ist $\mathscr{B}$ eine Menge; wir schließen somit die Existenz *wiederholter Blöcke* (also von zwei Blöcken, die als Punktmengen identisch sind) aus. In der Design-Theorie ist es dagegen üblich, dieses Phänomen zu erlauben, $\mathscr{B}$ also als Mengenfamilie anzusehen; Designs in unserem Sinne heißen dann *einfach*. Da wir hier in erster Linie Existenzsätze für den Fall $\lambda = 1$ nachweisen wollen, ist die von uns gegebene Definition für unsere Zwecke völlig adäquat, weil dann wiederholte Blöcke trivialerweise nicht auftreten können. Die einzige Ausnahme werden die in § 6 behandelten Tripelsysteme bilden; ferner lassen die im Laufe dieses Kapitels zitierten allgemeinen Existenzsätze für beliebiges λ stets wiederholte Blöcke zu.

der mit $PG_d(n, q)$ bezeichnet wird. Entsprechend bilden die Punkte des affinen Raums $AG(n, q)$ zusammen mit den d-dimensionalen affinen Unterräumen einen auflösbaren Blockplan mit Parametern

$$(1.2) \qquad v = q^n, \quad k = q^d \quad \text{und} \quad \lambda = \begin{bmatrix} n - 1 \\ d - 1 \end{bmatrix}_q,$$

der mit $AG_d(n, q)$ bezeichnet wird.

Die eben angegebenen Beispiele besitzen eine über die Forderungen in Definition 1.1 hinausgehende Regularität, da jeder Punkt auf einer konstanten Anzahl r von Blöcken liegt. Wir zeigen sogleich, daß dies kein Zufall ist:

Satz 1.5. *Ist* $\Pi = (V, \mathcal{B})$ *ein* (v, k, λ)-*Blockplan, so gibt es eine natürliche Zahl* r (*die sogenannte* Replikationszahl *des Blockplans*), *so daß jeder Punkt auf genau* r *Blöcken liegt. Setzt man überdies* $|\mathcal{B}| = b$, *so gelten*

$$(1.3) \qquad \qquad \lambda(v - 1) = r(k - 1)$$
$$(1.4) \qquad \qquad \lambda v(v - 1) = bk(k - 1).$$

Beweis. Sei $p \in V$ beliebig. Wir bezeichnen die Anzahl der Blöcke durch p für den Moment mit r_p. Nach Definition eines Blockplans liegt jeder Punkt $q \neq p$ in genau λ der $(k - 1)$-Mengen $B \setminus \{p\}$ mit $p \in B$; es gilt also $\lambda(v - 1) = r_p(k - 1)$. Daraus folgt sofort, daß $r = r_p$ nicht von p abhängt und (1.3) erfüllt.

Wir betrachten nun die Menge $\mathcal{F}$ aller *Fahnen* (p, B), also alle Paare (p, B) mit $p \in V$, $B \in \mathcal{B}$ und $p \in B$. Da jeder Punkt in genau r Blöcken liegt, gilt $|\mathcal{F}| = rb$. Andererseits enthält jeder Block genau k Punkte, weswegen auch $|\mathcal{F}| = vk$ gilt. Also haben wir $vr = bk$ und mit (1.3) ergibt sich sofort die Gleichung (1.4). $\quad\square$

Aus den Gleichungen (1.3) und (1.4) folgen die *Fundamentalkongruenzen* für (v, k, λ)-Blockpläne:

Korollar 1.6 (Notwendige Existenzbedingungen). *Falls es einen* (v, k, λ)-*Blockplan gibt, gelten die Kongruenzen*

$$(1.5) \qquad \qquad \lambda(v - 1) \equiv 0 \mod k - 1$$
$$(1.6) \qquad \qquad \lambda v(v - 1) \equiv 0 \mod k(k - 1). \qquad \square$$

Wie wir zeigen werden, sind diese Bedingungen für $k = 3$ sowie für $k = 4$ und $\lambda = 1$ auch hinreichend. Wir erwähnen an dieser Stelle das folgende grundlegende Ergebnis von Wilson [1972a,b;1975], das mit außerordentlichem Aufwand bewiesen wurde und weit über den Rahmen dieses Buches hinausgeht; einen Beweis findet man auch bei Beth, Jungnickel und Lenz [1999, Chapter XI].

Satz 1.7 (Asymptotischer Existenzsatz für Blockpläne). *Die notwendigen Existenzbedingungen aus Korollar 1.6 sind asymptotisch hinreichend. Genauer: Für beliebige natürliche Zahlen $k \geq 3$ und λ gibt es eine natürliche Zahl $v_0 = v_0(k, \lambda)$, so daß für jedes $v \geq v_0$, das die Kongruenzen (1.5) und (1.6) erfüllt, ein (v, k, λ)-Blockplan existiert.*   □

In den folgenden Abschnitten werden einige der Ideen, mit deren Hilfe Wilson seinen Satz 1.7 bewies, eine Rolle spielen. Zunächst noch die Bedingungen für auflösbare Blockpläne:

Satz 1.8 (Notwendige Existenzbedingungen). *Falls es einen auflösbaren (v, k, λ)-Blockplan gibt, gelten die Kongruenzen*

$$(1.7) \qquad v \equiv 0 \mod k \quad sowie \quad \lambda(v - 1) \equiv 0 \mod k - 1.$$

Beweis. Weil die Punktemenge in disjunkte Blöcke zerlegt werden kann, muß v ein Vielfaches von k sein. Die zweite Kongruenz gilt nach (1.5); man beachte, daß dann die Kongruenz (1.6) automatisch erfüllt ist.   □

Korollar 1.9. *Falls es einen auflösbaren $(v, k, 1)$-Blockplan gibt, gilt die Kongruenz*

$$(1.8) \qquad\qquad v \equiv k \mod k(k - 1).$$ □

(1.8) ist also eine notwendige Bedingung für die Existenz eines auflösbaren $(v, k, 1)$-Blockplans. Daß diese Bedingung für $k = 3$ hinreicht, bedeutet die von Ray-Chaudhuri und Wilson [1971] gegebene Lösung des allgemeinen Schulmädchenproblems, die wir in diesem Kapitel mit vollem Beweis vorführen werden. Daß diese Bedingung auch im Falle $k = 4$ hinreicht, bedeutet die Löung des Schulmädchenproblems für Viererreihen; jede Parallelklasse bedeutet einen Sonntagsspaziergang; dies Resultat wurde von Hanani, Ray-Chaudhuri und Wilson [1972] bewiesen. Ferner hat man den folgenden asymptotischen Existenzsatz, der für $\lambda = 1$ von Ray-Chaudhuri und Wilson [1973] und für beliebige λ von Lu [1984] stammt; siehe auch Beth, Jungnickel und Lenz [1999, § XI.7] sowie Lee und Furino [1995].

Satz 1.10 (Asymptotischer Existenzsatz für auflösbare Blockpläne). *Die notwendigen Existenzbedingungen aus Satz 1.8 bzw. Korollar 1.9 sind asymptotisch hinreichend. Genauer: Für beliebige natürliche Zahlen $k \geq 3$ und λ gibt es eine natürliche Zahl $v_0 = v_0(k, \lambda)$, so daß für jedes $v \geq v_0$, das die Kongruenzen (1.7) (bzw. für $\lambda = 1$ (1.8)) erfüllt, ein auflösbarer (v, k, λ)-Blockplan existiert.*   □

Natürlich gibt es auch notwendige Existenzbedingungen für PBDs; hierzu die folgende

Übung 1.11. Man zeige, daß die Existenz eines (v, K, λ)-PBDs die Kongruenzen

(1.9) $$\lambda(v - 1) \equiv 0 \mod \alpha$$
(1.10) $$\lambda v(v - 1) \equiv 0 \mod \beta$$

impliziert, wobei α und β wie folgt definiert sind:

(1.11) $$\alpha = \mathrm{ggT}\{k - 1 \mid k \in K\},$$
(1.12) $$\beta = \mathrm{ggT}\{k(k - 1) \mid k \in K\}.$$

Schließlich beweisen wir noch die folgende fundamentale Ungleichung, die für Blockpläne von Fisher [1940] und für allgemeine PBDs von Majumdar [1953] stammt; unser Beweis ist Lenz [1983] entnommen. Wir benötigen in diesem Beweis die *Inzidenzmatrix* eines PBDs, die man ganz analog zum Fall projektiver Ebenen (siehe Definition IX.2.3) erklärt.

Satz 1.12 (Fisher-Ungleichung). *Sei* $\Pi = (V, \mathcal{B})$ *ein* (v, K, λ)-*PBD mit b Blöcken und $v > \max K$; es gebe also keinen Block, der alle Punkte enthält. Dann gilt*

(1.13) $$b \geq v.$$

Beweis. Sei A eine Inzidenzmatrix für Π, wobei die Punkte als $p_1, \ldots, p_v$ numeriert seien. Wir bezeichnen die Anzahl der Blöcke durch p_i mit r_i und erhalten – ähnlich wie in Lemma IX.2.4 –

$$AA^T = \mathrm{diag}(r_1 - \lambda, \ldots, r_v - \lambda) + \lambda J.$$

Nun gilt $r_i > \lambda$ für alle i, da sonst die $\lambda = r_i$ Blöcke durch p_i jeweils alle Punkte enthalten müßten, im Widerspruch zur Voraussetzung; somit ist $\mathrm{diag}(r_1, \ldots, r_v)$ eine positiv definite Matrix (über $\mathbb{R}$). Da λJ eine positiv semidefinite Matrix ist, muß die $(v \times v)$-Matrix AA^T als Summe dieser beiden Matrizen positiv definit, insbesondere also invertierbar sein. Dies ist aber nur möglich, wenn die $(v \times b)$-Matrix A Rang v hat, womit sich unmittelbar $b \geq v$ ergibt. $\square$

Wie häufig in der Mathematik, ist der Fall der Gleichheit in Ungleichung (1.13) von besonderem Interesse. Man nennt einen (v, k, λ)-Blockplan mit $b = v$ einen *symmetrischen Blockplan*. Die prominentesten Beispiele sind die projektiven Ebenen und die aus den projektiven Räumen gewonnenen Blockpläne $PG_{n-1}(n, q)$. Wir werden symmetrische Blockpläne im nächsten Kapitel näher untersuchen und dann auch weitere Beispiele kennenlernen. In diesem Zusammenhang noch eine

Übung 1.13. Man zeige, daß (für $n \geq 2$) die $(n^2 + n + 1, n + 1, 1)$-Blockpläne genau die projektiven Ebenen der Ordnung n und die $(n^2, n, 1)$-Blockpläne genau die affinen Ebenen der Ordnung n sind.

Schließlich noch ein weiteres Resultat, das es oft erlaubt, die Existenz „kleiner" PBDs mit $\lambda = 1$ auszuschließem:

Lemma 1.14. *Sei* $\Pi = (V, \mathcal{B})$ *ein* $(v, K, 1)$-*PBD mit* $v > \max K$; *es gebe also keinen Block, der alle Punkte enthält. Wir bezeichnen mit* k *die kleinste Mächtigkeit eines Blocks von* Π. *Dann gilt für die Mächtigkeit eines beliebigen Blocks* B *die Ungleichung*

$$(1.14) \qquad\qquad |B| \leq (v - 1)/(k - 1).$$

Beweis. Sei p ein beliebiger Punkt $p \notin B$. Dann bestimmt jeder Punkt $q \in B$ einen (eindeutigen) Block pq, der wenigstens $k - 1$ Punkte $\neq p$ enthalten muß. Wegen $\lambda = 1$ können sich zwei Blöcke dieser Art nur im Punkt p schneiden. Das liefert bereits die Existenz von mindestens $|B|(k - 1) + 1$ Punkten, woraus 1.14 unmittelbar folgt. $\qquad\square$

Übung 1.15. Man weise nach, daß es weder ein $(6, \{3, 4\}, 1)$-PBD noch ein $(v, \{3, 4, 5\}, 1)$-PBD mit $v = 6$ oder $v = 8$ geben kann.

2 Direkte Konstruktionen

In diesem Abschnitt wollen wir eine Fülle von konkreten Beispielen für (teils auflösbare) Blockpläne kennenlernen. Wir verfolgen damit einen doppelten Zweck:

- Der Leser soll in die Praxis des Konstruierens von Blockplänen eingeführt werden.

- Wir wollen einen Beispielfundus anlegen, auf den wir später bei allgemeinen Konstruktionen zurückgreifen können.

Die wichtigsten direkten Konstruktionen verwenden geeignete Gruppen, analog zur Konstruktion von lateinischen Quadraten bzw. orthogonalen Arrays mittels Differenzmatrizen in §III.5. Dazu sei im folgenden G stets eine endliche, additiv geschriebene Gruppe; in den meisten wichtigen Anwendungen – die man in großer Zahl zusammen mit weiteren Varianten der hier vorgestellten Methoden bei Beth, Jungnickel und Lenz [1999] findet – ist G dabei eine abelsche Gruppe. Wir geben nun die

Definition 2.1. Sei $\mathcal{D} = (D_1, \ldots, D_t)$ eine Familie von k-Teilmengen einer additiv geschriebenen Gruppe G der Ordnung v, die die folgende Bedingung erfüllt:

$$(2.1) \qquad \left(d - d' \mid d, d' \in D_i \text{ für ein } i \in \{1, \ldots, t\}, \, d \neq d'\right) = \lambda(G \setminus \{0\}),\,[4]$$

d. h., jedes Element $\neq 0$ von G tritt genau λ-mal als Differenz von Elementen aus einem der *Basisblöcke* D_i auf. Dann heißt $\mathcal{D}$ eine (v, k, λ)-*Differenzfamilie* in G. Im Fall $t = 1$ nennt man $D = D_1$ eine (v, k, λ)-*Differenzmenge*. D heißt *zyklisch* bzw. *abelsch*, wenn G die entsprechende Eigenschaft hat.

Aus $\mathcal{D}$ bilden wir die Inzidenzstruktur $\Pi = (G, \mathcal{B})$ mit

$$\mathcal{B} = (D_i + g \mid i = 1, \ldots, t, \, g \in G),$$

wobei natürlich $D_i + g = \{d + g \mid d \in D_i\}$ sei; diese Struktur heißt die *Entwicklung* von $\mathcal{D}$ und wird mit dev $\mathcal{D}$ (für *development*) bezeichnet.[5]

Übung 2.2. Man zeige, daß eine (v, k, λ)-Differenzfamilie nur existieren kann, wenn die Bedingung

$$(2.2) \qquad\qquad \lambda(v - 1) \equiv 0 \mod k(k - 1)$$

erfüllt ist.

Beispiel 2.3. Die Teilmenge $\{0, 1, 3\} \subset \mathbb{Z}_7$ ist eine $(7,3,1)$-Differenzmenge und es gilt dev $D = PG(2, 2)$, siehe Beispiel 1.3. Ein weiteres Beispiel: Die Menge $D = \{3, 6, 7, 12, 14\} \subset \mathbb{Z}_{21}$ ist eine $(21,5,1)$-Differenzmenge. Derartige Aussagen verifiziert man bequem, indem man die Differenzen in einem Dreiecksschema tabellarisch auflistet, hier etwa so:

3	6	7	12	14
	± 3	± 1	± 5	± 2
		± 4	± 6	± 7
			± 9	± 8
				± 10

Die Entwicklung dieser Differenzmenge ist ein symmetrischer $(21,5,1)$-Blockplan, also nach Übung 1.13 eine projektive Ebene der Ordnung 4; das folgt aus dem allgemeinen

---

[4] Die hier verwendete Schreibweise für Multimengen sollte zwar auch ohne explizite Definition klar sein, aber sicher ist sicher: Wir verwenden runde Klammern für *Multimengen*, also Familien von Elementen (anstelle der bei Mengen üblichen Mengenklammern); mit cX wird – bei gegebener Menge X – eine Multimenge bezeichnet, die jedes Element von X mit Vielfachheit c enthält.

[5] Man beachte, daß diese Definition wiederholte Blöcke erlaubt, vergleiche Fußnote 3.

Satz 2.4. *Sei $\mathcal{D}$ eine (v, k, λ)-Differenzfamilie in einer abelschen Gruppe G. Dann ist* dev $\mathcal{D}$ *ein (v, k, λ)-Blockplan.*

Beweis. Seien $p, q \in G$ zwei verschiedene Punkte. Nach Definition von dev $\mathcal{D}$ sind die Blöcke durch p und q genau die $D_i + g$ mit $p = d + g$ und $q = d' + g$ für geeignete $d, d' \in D_i$ (für ein passendes i), was zu

$$p - q = (d + g) - (d' + g) = d - d' \quad \text{und} \quad p = d + g$$

für geeignete $d, d' \in D_i$ äquivalent ist. Die Anzahl der Verbindungsblöcke von p und q ist also die Anzahl der Differenzdarstellungen des Gruppenelementes $d - d' \neq 0$ durch die Basisblöcke D_i und beträgt somit nach Definition einer Differenzfamilie genau λ. $\qquad\square$

Wir notieren den folgenden besonders wichtigen Spezialfall von Satz 2.4 separat:

Korollar 2.5. *Sei D eine (v, k, λ)-Differenzmenge in einer abelschen Gruppe G. Dann ist* dev $\mathcal{D}$ *ein symmetrischer (v, k, λ)-Blockplan.*

Beweis. Trivialerweise ist die Anzahl b der (verschiedenen) Blöcke $D + g$ hier höchstens v, und nach Satz 1.12 muß dann Gleichheit gelten. $\qquad\square$

Beispiel 2.6. Wir geben jetzt drei weitere Beispiele für Differenzfamilien an; die zugehörigen Blockpläne werden wir später noch benötigen.

(a) Die Basisblöcke $D_1 = \{1, 3, 9\}$ und $D_2 = 2D_1 = \{2, 5, 6\}$ bilden eine $(13,3,1)$-Differenzfamilie in $\mathbb{Z}_{13}$.

(b) Es sei $G = \mathbb{Z}_5 \oplus \mathbb{Z}_5$; statt (x, y) schreiben wir xy. Dann bilden die Basisblöcke $D_1 = \{00, 01, 10, 22\}$ und $D_2 = 2D_1 = \{00, 02, 20, 44\}$ eine $(25,4,1)$-Differenzfamilie.

(c) Die Basisblöcke $D_1 = \{0, 1, 3, 24\}$, $D_2 = 10D_1 = \{0, 10, 18, 30\}$ und $D_3 = 26D_1 = \{0, 4, 26, 32\}$ bilden eine $(37,4,1)$-Differenzfamilie in $\mathbb{Z}_{37}$.

Die Verifikation dieser Beispiele sei dem Leser als leichte Übung überlassen. Beispiel (a) ist der Spezialfall $q = 13$, $\omega = 2$, $\varepsilon = 4$ der folgenden allgemeinen Konstruktion, die auf Bose [1939] zurückgeht:

Satz 2.7. *Es sei q eine Primzahlpotenz mit $q \equiv 1 \bmod 6$. Dann existiert eine $(q, 3, 1)$-Differenzfamilie in der additiven Gruppe G von $GF(q)$.*

Beweis. Es sei $q = 6t + 1$. Nach Satz III.3.5 ist die multiplikative Gruppe $H = GF(q)^*$ von $GF(q)$ zyklisch; sei ω ein erzeugendes Element von H. Dann ist $\varepsilon := \omega^t$ ein Element der Ordnung 6, also eine Nullstelle des Polynoms $x^6 - 1 \in GF(q)[x]$. Aus der Zerlegung

$$x^6 - 1 = (x^2 + x + 1)(x^2 - x + 1)(x + 1)(x - 1)$$

sehen wir, daß $\varepsilon^2 - \varepsilon + 1 = 0$ gelten muß; wäre ε nämlich eine Nullstelle eines der anderen drei Faktoren, so hätte es Ordnung 1, 2 oder 3. Wir setzen nun $D = \{1, \varepsilon^2, \varepsilon^4\}$; wegen $\varepsilon^2 - \varepsilon + 1 = 0$ und $\varepsilon^3 = -1$ bilden die sechs von diesem Basisblock bestimmten Differenzen gerade die Nebenklasse $U(\varepsilon^2 - 1)$ der von ε erzeugten Untergruppe U von H. Offenbar ist dann

$$\mathfrak{D} = \{D\omega^i \mid i = 0, \dots, t - 1\}$$

die gewünschte $(q, 3, 1)$-Differenzfamilie in G, da die ω^i $(i = 0, \dots, t - 1)$ ein Repräsentantensystem für die Nebenklassen von U bilden. $\square$

Wir verzichten hier auf weitere allgemeine Konstruktionen für Differenzfamilien, da wir diese nicht benötigen werden, wollen aber wenigstens den folgenden asymptotischen Existenzsatz von Wilson [1972c] erwähnen, der ein wesentliches Hilfsmittel im Beweis des Satzes 1.7 darstellt:

Satz 2.8 (Asymptotischer Existenzsatz für Differenzfamilien). *Die notwendige Existenzbedingung (2.2) ist asymptotisch hinreichend für die Existenz von Differenzfamilien in elementar-abelschen Gruppen. Genauer: Für beliebige natürliche Zahlen $k \geq 3$ und λ gibt es eine natürliche Zahl $v_0 = v_0(k, \lambda)$, so daß für jede Primzahlpotenz $q \geq v_0$, die die Kongruenz (2.2) erfüllt, eine (v, k, λ)-Differenzfamilie in der additiven Gruppe von $GF(q)$ existiert.* $\square$

Als nächstes betrachten wir eine Verallgemeinerung von Differenzfamilien, nämlich die *Methode der reinen und gemischten Differenzen* von Bose [1939].

Definition 2.9. Sei G eine endliche abelsche Gruppe, deren Verknüpfung wir als Addition schreiben; sei n eine natürliche Zahl; zusätzlich verwenden wir das Symbol ∞. Wir bilden die Mengen

$$V_G^n = G \times \{1, \dots, n\} \quad \text{und} \quad \overline{V}_G^n = (G \times \{1, \dots, n\}) \cup \{\infty\}.$$

Für jedes $g \in G$ lassen wir g auf diesen beiden Mengen gemäß

$$(x, j) + g := (x + g, j) \text{ für } x \in G, \ j = 1, \dots, n \quad \text{und} \quad \infty + g := \infty$$

operieren. Für eine Teilmenge B von V_G^n oder $\overline{V}_G^n$ sei dann

$$B + g = \{b + g : b \in B\}.$$

Es sei nun $\mathcal{D} = (D_1, \ldots, D_t)$ eine Familie von Teilmengen von $V = V_G^n$ bzw. $V = \overline{V}_G^n$. Analog zu Definition 2.1 bilden wir aus $\mathcal{D}$ die Inzidenzstruktur $\Pi = (V, \mathcal{B})$ mit

$$\mathcal{B} = (D_i + g \mid i = 1, \ldots, t, \; g \in G),$$

die wieder die *Entwicklung* von $\mathcal{D}$ heißt und mit dev $\mathcal{D}$ (für *development*) bezeichnet wird.[6]

Der Beweis der beiden folgenden Sätze von Bose [1939] sei dem Leser als leichte, aber lehrreiche Übung überlassen.

Satz 2.10. *Sei G eine endliche abelsche Gruppe der Ordnung s, und sei ferner $\mathcal{D} = (D_1, \ldots, D_t)$ eine Familie von Teilmengen von $V = V_G^n$. Die Entwicklung dev $\mathcal{D}$ ist genau dann ein (ns, K, λ)-PBD, wenn die folgenden Bedingungen erfüllt sind:*

(1) *Jeder Basisblock $D_i \in \mathcal{D}$ hat Mächtigkeit $k_i \in K$ ($i = 1, \ldots, t$).*

(2) *Für jedes $j = 1, \ldots, n$ gilt: Zu jedem $x \neq 0$ aus G gibt es genau λ Tripel $(g, h, D_l) \in G \times G \times \mathcal{D}$ mit $(g, j), (h, j) \in D_l$ und $x = g - h$ (reine Differenzen).*

(3) *Für beliebige $i, j = 1, \ldots, n$ mit $i \neq j$ gilt: Zu jedem $x \in G$ (einschließlich 0) gibt es genau λ Tripel $(g, h, D_l) \in G \times G \times \mathcal{D}$ mit $(g, i), (h, j) \in D_l$ und $x = g - h$ (gemischte Differenzen).* $\square$

Satz 2.11. *Sei G eine endliche abelsche Gruppe der Ordnung s, weiterhin $\mathcal{D} = (D_1, \ldots, D_t)$ eine Familie von Teilmengen von $V = \overline{V}_G^n$. Die Entwicklung dev $\mathcal{D}$ ist genau dann ein $(ns + 1, K, \lambda)$-PBD, wenn die Bedingungen aus Satz 2.10 und zusätzlich*

(4) *Für jedes $j = 1, \ldots, n$ gilt: Es gibt genau λ Paare $(g, D_l) \in G \times \mathcal{D}$ mit $(g, j), \infty \in D_l$*

erfüllt sind. $\square$

Beispiel 2.12. Die Entwicklung der beiden Basisblöcke $D_1 = \{0, 1, 3\}$ und $D_2 = \{\infty, 0, 1\}$ in $\mathbb{Z}_5$ ist ein $(6,3,2)$-Blockplan; das folgt aus Satz 2.11 für $n = 1$.

---

[6] Auch hier sind wiederholte Blöcke möglich. Statt (g, j) wird in der Literatur auch oft die kürzere Schreibweise g_j verwendet.

Die beiden folgenden allgemeinen Sätze stammen von Ray-Chaudhuri und Wilson [1972] und werden später sehr nützlich sein.

Satz 2.13. *Sei q eine Primzahlpotenz mit $q \equiv 1$ mod 6. Dann existiert ein auflösbarer $(3q, 3, 1)$-Blockplan.*

Beweis. Wir verwenden die im Beweis von Satz 2.7 eingeführten Bezeichnungen; insbesondere sei $\mathcal{D}$ die dort konstruierte $(q, 3, 1)$-Differenzfamilie in der additiven Gruppe G von $GF(q)$, $q = 6t + 1$. Wir werden im folgenden die Tatsache ausnutzen, daß die t Basisblöcke in $\mathcal{D}$ offenbar paarweise disjunkt sind und daß 0 in keinem dieser Blöcke liegt, die wir ab jetzt mit $D_i = D\omega^i$ ($i = 0, \ldots, t - 1$) bezeichnen. Wir wählen nun $V = V_G^3$ sowie drei verschiedene Elemente $u_1, u_2, u_3 \in G \setminus \{0\}$ und definieren wie folgt eine Kollektion $\mathcal{E}$ von $9t + 1$ Basisblöcken:

$$A = \{(0, 1), (0, 2), (0, 3)\};$$

$$B_i^j = u_i D_j \times \{i\} \quad \text{für } i = 1, 2, 3; \ j = 0, 1, \ldots, t - 1;$$

$$C_x = \{(xu_1, 1), (xu_2, 2), (xu_3, 3)\} \quad \text{für } x \in G \setminus \{0\},$$

wobei wir unter $M \times \{i\}$ für $M \subseteq G$ die Menge $\{(m, i) \mid m \in M\}$ verstehen. Man beachte, daß dies die korrekte Anzahl von Basisblöcken ist, da ein $(3q, 3, 1)$-Blockplan für $q = 6t + 1$ nach (1.4) $b = (9t + 1)q$ Blöcke hat.

Wir können nun leicht die Bedingungen aus Satz 2.10 verifizieren: Da $\mathcal{D}$ eine $(q, 3, 1)$-Differenzfamilie in G ist, liefern die je t Basisblöcke

$$u_i D_j \times \{i\} \quad \text{mit } j = 0, 1, \ldots, t - 1$$

für $i = 1, 2, 3$ gerade die reinen Differenzen $g \in G \setminus \{0\}$ und tragen keine gemischten Differenzen bei. Für $i, j = 1, 2, 3$ mit $i \neq j$ erhält man die gemischten Differenzen $g \in G \setminus \{0\}$ aus den C_x, da wegen $u_i \neq u_j$ die Elemente $x(u_i - u_j)$ mit x ebenfalls $G \setminus \{0\}$ durchlaufen; schließlich ergibt sich die noch fehlende gemischte Differenz 0 aus A.

Somit ist dev $\mathcal{E}$ nach Satz 2.10 ein $(3q, q, 1)$-Blockplan; es bleibt zu zeigen, daß dieser Blockplan auflösbar ist. Eine erste Parallelklasse $\mathcal{P}_0$ ist durch A, alle Blöcke

$$B_i^j = u_i D_j \times \{i\} \quad \text{für } i = 1, 2, 3; \ j = 0, 1, \ldots, t - 1$$

sowie die Blöcke C_x gegeben, wobei x diejenigen Elemente von $G \setminus \{0\}$ durchläuft, die in keinem der Basisblöcke D_j ($j = 1, \ldots, t$) vorkommen. Hieraus erhalten wir $q = 6t + 1$ Parallelklassen

$$\mathcal{P}_g = \tau_g(\mathcal{P}_0) \quad \text{mit } \tau_g \colon (x, i) \mapsto (x + g, i) \text{ für } g \in G.$$

Schließlich können wir die restlichen Blöcke in die $3t$ Parallelklassen

$$\mathcal{Q}_x = \{\tau_g(C_x) \mid g \in G\} \quad \text{mit } x \in D_1 \cup \cdots \cup D_t$$

zerlegen. Wir überlassen es dem Leser, diese Konstruktion in Einzelheiten nachzuprüfen.   □

Satz 2.14. *Sei q eine Primzahlpotenz mit $q \equiv 1 \bmod 6$. Dann existiert ein auflösbarer $(2q + 1, 3, 1)$-Blockplan.*

Beweis. Wir verwenden die im Beweis des Satzes 2.7 eingeführten Bezeichnungen und setzen $\alpha := (1 - \varepsilon^2)/2$, also $\alpha + \varepsilon^2 = 1 - \alpha$. Nun wählen wir $V = \overline{V}_G^2$ und definieren wie folgt eine Kollektion $\mathcal{E}$ von $4t + 1$ Basisblöcken:

$$
\begin{aligned}
A_l &= \{(\omega^l, 2), (-\varepsilon^2 \omega^l, 2), (\alpha \omega^l, 1)\}, \\
B_l &= A_l \varepsilon^2, \\
C_l &= A_l \varepsilon^4, \\
D_l &= \{(-\alpha \omega^l, 1), (-\alpha \omega^l \varepsilon^2, 1), (-\alpha \omega^l \varepsilon^4, 1)\}, \\
E &= \{(0, 1), (0, 2), \infty\}
\end{aligned}
$$

für $l = 0, \dots, t - 1$. Man beachte wieder, daß dies die korrekte Anzahl von Basisblöcken ist, da ein $(2q + 1, 3, 1)$-Blockplan für $q = 6t + 1$ nach (1.4) $b = (4t + 1)q$ Blöcke hat. Wir überlassen es dem Leser, die Bedingungen aus Satz 2.11 zu verifizieren; man verwendet dabei wieder $\varepsilon^3 = -1$ sowie die Tatsache, daß die Menge $D = \{1, \varepsilon^2, \varepsilon^4\}$ als Differenzen gerade die Nebenklasse $U(\varepsilon^2 - 1)$ der von ε erzeugten Untergruppe U von H liefert.

Damit ist dev $\mathcal{E}$ ein $(2q + 1, 3, 1)$-Blockplan; es bleibt zu zeigen, daß dieser Blockplan auflösbar ist. Die $4t + 1$ Blöcke A_l, B_l, C_l, D_l ($l = 0, \dots, t - 1$) und E sind paarweise disjunkt und bilden somit eine Parallelklasse $\mathcal{P}$. Wie im Beweis von Satz 2.13 sind dann die Bilder $\tau_g(\mathcal{P})$ von $\mathcal{P}$ unter den $g \in G$ Parallelklassen; das liefert diesmal bereits die insgesamt benötigten $r = 6t + 1$ Parallelklassen. □

Zahlreiche weitere Beispiele und Sätze über Differenzfamilien – insbesondere einen Beweis für Satz 2.8 – sowie zur Methode der reinen und gemischten Differenzen findet man in den Kapiteln VII und VIII von Beth, Jungnickel und Lenz [1999].

Schließlich geben wir eine einfache Methode an, die es gestattet, aus PBDs mit Parallelklassen – insbesondere aus auflösbaren Blockplänen – direkt interessante weitere PBDs herzustellen. Der Beweis sei dem Leser als einfache Übung überlassen.

Satz 2.15. *Sei* $(V, \mathcal{B})$ *ein* $(v, K, 1)$-*PBD mit* t *paarweise disjunkten Parallelklassen* $\mathcal{P}_1 \cup \cdots \cup \mathcal{P}_t$. *Ferner seien* $\infty_1, \ldots, \infty_t$ *paarweise verschiedene, nicht in* V *enthaltene Elemente. Wir setzen* $V^* = V \cup \{\infty_1, \ldots, \infty_t\}$ *und*

$$\mathcal{B}^* = \left(\mathcal{B} \setminus \bigcup_{u=1}^{t} \mathcal{P}_u\right) \cup \bigcup_{u=1}^{t}\{B \cup \{\infty_u\} \mid B \in \mathcal{P}_u\} \cup \{B_\infty = \{\infty_1, \ldots, \infty_t\}\}.$$

Wenn die Mächtigkeiten aller Blöcke in den $\mathcal{P}_i$ *in* $L \subseteq K$ *enthalten sind, ist* $(V^*, \mathcal{B}^*)$ *ein* $(v+t, K \cup (L+1) \cup \{t\}, 1)$-*PBD. Insbesondere sei* $(V, \mathcal{B})$ *auflösbar (womit die Replikationszahl* r *konstant ist); wählt man dann alle* r *Parallelklassen, so ergibt sich ein* $(v + r, (K + 1) \cup \{r\}, 1)$-*PBD.* $\square$

Beispiel 2.16. Wir konstruieren mit Satz 2.15 zwei PBDs, die wir später benötigen werden. Dazu wählen wir $\Pi = (V, \mathcal{B})$ als einen auflösbaren $(15,3,1)$-Blockplan, siehe Beispiel 1.2, und verwenden drei bzw. vier der sieben Parallelklassen von Π. Das Resultat sind dann $(v, \{3, 4\}, 1)$-PBDs für $v = 18$ und $v = 19$.

Beispiel 2.17. Die Entwicklung der drei Basisblöcke $D_1 = \{\infty, 0\}$, $D_2 = \{1, 4\}$ und $D_3 = \{2, 3\}$ in $\mathbb{Z}_5$ ist ein $(6,2,1)$-Blockplan Π; das folgt wieder aus Satz 2.11 für $n = 1$. Da D_1, D_2, D_3 eine Zerlegung der Punktmenge – also eine Parallelklasse – bilden, ist dieser Blockplan offensichtlich auflösbar. Die Einführung von fünf unendlichen Punkten nach Satz 2.15 ergibt dann ein $(11, \{3, 5\}, 1)$-PBD.

Übung 2.18. Ein $(v, 2, 1)$-Blockplan ist natürlich nichts anderes als der vollständige Graph K_v auf v Punkten, seine Existenz ist also trivial. Die explizite Konstruktion in Beispiel 2.17 zeigt jedoch, daß der K_6 auflösbar ist, also in graphentheoretischer Sprechweise eine 1-Faktorisierung besitzt, vgl. Übung II.2.3. Man verallgemeinere dieses Beispiel, um die Existenz einer 1-Faktorisierung des K_{2n} für alle $n \in \mathbb{N}$ nachzuweisen.

3 GDDs

In diesem Abschnitt betrachten wir einen weiteren Typus von Inzidenzstrukturen, der mit den bisher betrachteten Klassen eng zusammenhängt und für rekursive Konstruktionen ebenfalls sehr hilfreich ist.

Definition 3.1. Eine endliche Inzidenzstruktur $\Pi = (V, \mathcal{B}, \mathcal{G}, \in)$ nennt man (v, K, G, λ)-*GDD* (für *group divisible design*), wobei $K, G \subseteq \mathbb{N}$ sind, wenn

- alle Blöcke Mächtigkeit aus K haben;

- $\mathcal{G}$ eine Zerlegung von V in *Punktklassen*[7] ist, die sämtlich Mächtigkeit aus G haben;

- keine zwei Punkte in derselben Punktklasse durch einen Block verbunden sind;

- es für je zwei Punkte $p, q \in V$, die zu verschiedenen Punktklassen gehören, genau λ Blöcke B mit $p, q \in B$ gibt.

Ist dabei K eine 1-elementige Menge, etwa $K = \{k\}$, so schreibt man einfach k statt $\{k\}$, und entsprechend für $G = \{g\}$. Wenn es mindestens drei Punktklassen gibt und zusätzlich

- jeder Block jede Punktklasse (in einem notwendigerweise eindeutig bestimmten Punkt) schneidet,

so spricht man von einem *Transversalplan* (kurz: *TD* für *transversal design*).

Eine Menge $\mathcal{P} \subset \mathcal{B}$ heißt wieder eine *Parallelklasse*, wenn die Blöcke aus $\mathcal{P}$ eine Zerlegung der Punktemenge V bilden. Man nennt Π *auflösbar*, wenn man die Blockmenge $\mathcal{B}$ disjunkt in Parallelklassen zerlegen kann.

Übung 3.2. Sei $(V, \mathcal{B}, \mathcal{G}, \in)$ ein $(v, k, g, 1)$-GDD. Man zeige, daß es eine natürliche Zahl r gibt (die sogenannte *Replikationszahl* des GDDs), so daß jeder Punkt auf genau r Blöcken liegt. Setzt man überdies $|\mathcal{B}| = b$, so gelten

$$(3.1) \qquad\qquad\qquad \lambda(v - g) = r(k - 1)$$
$$(3.2) \qquad\qquad\qquad \lambda v(v - g) = bk(k - 1).$$

Übung 3.3. Man zeige, daß alle Blöcke eines Transversalplans dieselbe Mächtigkeit haben und daß auch alle Punktklassen gleichmächtig sind. Die Transversalpläne sind also genau die (kg, k, g, λ)-GDDs; wir werden stattdessen – wie Beth, Jungnickel und Lenz [1999] – die kürzere Notation $TD_\lambda(k, g)$ und im Falle $\lambda = 1$ einfach $TD(k, g)$ verwenden.

Wir zeigen nun, daß bestimmte Klassen von GDDs zu uns bereits bekannten Objekten äquivalent sind; für manche Zwecke wird aber der GDD-Standpunkt viel praktischer sein. Der erste Zusammenhang dieser Art ist eher trivial, wogegen das darauf folgende Resultat schon interessanter ist.

---

[7] In der englischsprachigen Literatur werden die Punktklassen meist als „groups" bezeichnet; um Verwechslungen mit dem algebraischen Gruppenbegriff zu vermeiden, wählen wir statt einer wörtlichen Übersetzung den ebenfalls üblichen Term „Punktklasse".

Lemma 3.4. *Sei* $(V, \mathcal{B}, \mathcal{G}, \in)$ *ein* $(v, K, G, 1)$-*GDD. Dann ist* $(V, \mathcal{B} \cup \mathcal{G}, \in)$ *ein* $(v, K \cup G, 1)$-*PBD mit einer Parallelklasse* $\mathcal{G}$, *deren Blöcke Mächtigkeit in G haben. Umgekehrt sei* $(V, \mathcal{B})$ *ein* $(v, K, 1)$-*PBD mit einer Parallelklasse* $\mathcal{G}$, *deren Blöcke Mächtigkeit in* $G \subseteq K$ *haben; dann ist* $(V, \mathcal{B} \setminus \mathcal{G}, \in)$ *ein* $(v, K, G, 1)$-*GDD.* □

Lemma 3.5. *Die Existenz eines* $(v, k, 1)$-*Blockplans ist äquivalent zu der eines* $(v - 1, k, k - 1, 1)$-*GDD.*

Beweis. Sei Π ein $(v, k, 1)$-Blockplan. Wenn wir einen Punkt p aus Π entfernen, verlieren die Blöcke durch p jeweils einen Punkt und werden in dem entstehenden PBD zu einer Parallelklasse $\mathcal{G}$. Wir sehen nun – wie in Lemma 3.4 – $\mathcal{G}$ als Menge von Punktklassen an und erhalten so das gewünschte $(v - 1, k, k - 1, 1)$-GDD.

Ist umgekehrt ein $(v-1, k, k-1, 1)$-GDD Σ gegeben, fassen wir die Punktklassen als eine Parallelklasse von Blöcken auf und wenden auf das resultierende PBD Lemma 2.15 mit $t = 1$ an, um den gewünschten $(v, k, 1)$-Blockplan zu erhalten. □

Besonders wichtig und hilfreich ist der folgende Zusammenhang zu den orthogonalen Arrays aus Kap. III:

Lemma 3.6. *Die Existenz eines (auflösbaren) orthogonalen Arrays* $OA(k, n)$ *ist äquivalent zu der eines (auflösbaren)* $TD(k, n)$.

Beweis. Sei $\Sigma = (V, \mathcal{B}, \mathcal{G}, \in)$ ein $TD(k, n)$. Wir setzen $S = \{1, \dots, n\}$ und numerieren die n Elemente in jeder der k Punktklassen $P_1, \dots, P_k$ von Σ beliebig mit den Elementen in S, etwa als

$$P_i = \{p_1^{(i)}, \dots, p_n^{(i)}\} \quad \text{für } i = 1, \dots, n.$$

Nun definieren wir eine Abbildung $O : \mathcal{G} \times \mathcal{B} \to S$ durch

$$O(P_i, B) = s \iff P_i \cap B = \{p_s^{(i)}\};$$

das ist sinnvoll, weil jede Punktklasse jeden Block in genau einem Punkt schneidet. Da je zwei Punkte $p_s^{(i)} \in P_i$ und $p_t^{(j)} \in P_j$ für $i \neq j$ auf genau einem Block liegen, ergibt sich unmittelbar, daß O ein $OA(k, n)$ ist. Die Umkehrung wird ähnlich bewiesen und sei dem Leser überlassen. Schließlich sind Parallelklassen und Auflösbarkeit von orthogonalen Arrays bzw. Transversalplänen so definiert worden, daß sie sich in beiden Fällen entsprechen. □

Mittels Lemma 3.6 können wir nun einige Ergebnisse aus Kap. III in die Sprache der TDs übersetzen; wir verwenden dabei die Sätze III.2.8, III.4.3, III.5.4 und

III.6.3 sowie die Beispiele aus (III.5.2) und (III.5.4). Damit ergibt sich das folgende Resultat, wobei wir die Notation

$$TD(k) = \{n \in \mathbb{N} \mid \exists\ TD(k, n)\}$$

verwenden.

Korollar 3.7. *Ein auflösbares $TD(k, n)$ existiert genau dann, wenn $n \in TD(k+1)$ gilt. Man hat:*

(3.3) $q \in TD(q+1)$ *für Primzahlpotenzen q;*

(3.4) $m, n \in TD(k) \implies mn \in TD(k)$;

(3.5) $n \in TD(k)$ *für* $k = \min\{p_1^{s_1} + 1, \ldots, p_m^{s_m} + 1\}$, *wobei* $n = p_1^{s_1} \ldots p_m^{s_m}$

mit paarweise verschiedenen Primzahlen $p_1, \ldots, p_m$ gelte;

(3.6) $TD(4) = \mathbb{N} \setminus \{2, 6\}$;

(3.7) $7 \in TD(12),\ 5 \in TD(14),\ 6 \in TD(15)$. $\qquad\qquad\qquad\qquad\square$

Beispiel 3.8. Wir benötigen später ein $(29, \{4, 8\}, 1)$-PBD. Nun existiert ein $(28, 4, 7, 1)$-GDD, wegen $7 \in TD(4)$ und Übung 3.3. Nach Lemma 3.4 ist dies dasselbe wie ein $(28, \{4, 7\}, 1)$-PBD mit einer Parallelklasse $\mathcal{G}$, die aus den Blöcken der Mächtigkeit 7 besteht. Das gewünschte PBD ergibt sich durch Einführung eines unendlichen Punktes, siehe Satz 2.15.

Dieselbe Argumentation ergibt das folgende allgemeine Resultat:

Lemma 3.9. *Es gelte $n \in TD(k)$. Dann gibt es ein $(kn+1, \{k, n+1\}, 1)$-PBD.* $\square$

Wir geben schließlich eine weitere, ebenfalls sehr einfache Konstruktion von PBDs aus Transversalplänen an, die dennoch von großer Bedeutung ist:

Lemma 3.10. *Sei $K \subseteq \mathbb{N}$ und es gelte $k, k+1, \ldots, k+n \in K$. Wenn es ein $TD(k+n, g)$ gibt, so existiert für beliebige g_i mit $0 \le g_i \le g$ $(i = 1, \ldots, n)$ ein*

$$(kg + g_1 + \cdots + g_n, K, \{g, g_1, \ldots, g_n\}, 1) - GDD,$$

also auch ein $(kg + g_1 + \cdots + g_n, K \cup \{g, g_1, \ldots, g_n\}, 1)$-PBD.

Beweis. Man entfernt $g - g_1, \ldots, g - g_n$ Punkte aus den letzten n Punktklassen eines $TD(k+n, g)$, um das gewünschte GDD zu erhalten; danach wendet man noch Lemma 3.4 an. $\qquad\qquad\qquad\qquad\qquad\qquad\qquad\qquad\qquad\square$

4 Relative Differenzfamilien

In diesem kurzen Abschnitt führen wir eine Variante des Begriffs der Differenzfamilie ein, die auf GDDs führt:

Definition 4.1. Sei $\mathcal{D} = (D_1, \ldots, D_t)$ eine Familie von k-Teilmengen einer abelschen Gruppe G der Ordnung $v = mn$ mit einer Untergruppe U der Ordnung n, die die folgende Bedingung erfüllt:

$$(4.1) \qquad \big(d - d' \mid d, d' \in D_i \text{ für ein } i \in \{1, \ldots, t\}, \, d \neq d'\big) = \lambda(G \setminus U),$$

d. h., jedes Element von $G \setminus U$ tritt genau λ-mal als Differenz von Elementen aus einem der *Basisblöcke* D_i auf. Dann heißt $\mathcal{D}$ eine relative (m, n, k, λ)-*Differenzfamilie* in G bezüglich der Untergruppe U; im Fall $t = 1$ nennt man $D = D_1$ eine *relative* (m, n, k, λ)-*Differenzmenge* (kurz: *RDS* für *relative difference set*). Da die Elemente $\neq 0$ in U keine Differenzdarstellung besitzen, wird U auch als die *verbotene Untergruppe* bezeichnet.

Beispiel 4.2. Wir geben einige Beispiele für relative Differenzmengen an:

(a) $\{0, 1, 3\}$ ist ein $(4, 2, 3, 1)$-RDS in $\mathbb{Z}_8$ bezüglich $U = \{0, 4\}$.

(b) $\{(0, 0), (1, 1), (2, 1)\}$ ist ein $(3, 3, 3, 1)$-RDS in $\mathbb{Z}_3 \oplus \mathbb{Z}_3$ bezüglich $U = \{0\} \times \mathbb{Z}_3$.

(c) $\{(0, 0), (1, 0), (0, 1), (3, 3)\}$ ist ein $(4, 4, 4, 1)$-RDS in $\mathbb{Z}_4 \oplus \mathbb{Z}_4$ bezüglich $U = \mathbb{Z}_2 \oplus \mathbb{Z}_2$.

Übung 4.3. Sei q eine Primzahlpotenz; wir verwenden $K = GF(q)$, um eine neue Verknüpfung auf $K \times K$ zu erklären:

$$(4.2) \qquad (a, b) * (a', b') = (a + a', b + b' + aa').$$

Man zeige, daß $K \times K$ mit der Verknüpfung (4.2) zu einer abelschen Gruppe G wird und daß $D = \{(x, x) \mid x \in K\}$ ein $(q, q, q, 1)$-RDS in G ist. Zur geometrischen Bedeutung dieser relativen Differenzmengen verweisen wir auf de Resmini, Ghinelli und Jungnickel [2002] sowie die dort zitierte Literatur.

Man erhält nun leicht das folgende Analogon von Satz 2.4:

Satz 4.4. *Sei $\mathcal{D}$ eine relative (m, n, k, λ)-Differenzfamilie in einer abelschen Gruppe G der Ordnung $v = mn$ bezüglich der verbotenen Untergruppe U der Ordnung n. Dann ist dev $\mathcal{D}$ ein (mn, k, n, λ)-GDD, dessen Punktklassen gerade die Nebenklassen von U sind.*   □

Wir werden später noch zwei weitere Anfangsbeispiele für unsere rekursiven Konstruktionen benötigen, die wir jetzt mit relativen Differenzfamilien konstruieren werden; das zweite dieser Beispiele stammt von Brouwer [1979].

Beispiel 4.5. Es sei $G = \mathbb{Z}_3 \oplus \mathbb{Z}_3 \oplus \mathbb{Z}_3$; statt (x, y, z) schreiben wir xyz. Dann liefern die Basisblöcke

$$D_1 = \{000, 020, 111, 211\} \quad \text{und} \quad D_2 = \{000, 102, 012, 110\}$$

gerade die 24 Elemente in $G \setminus U$ mit $U = \{000, 001, 002\}$ als Differenzen, weswegen dev$\{D_1, D_2\}$ nach Satz 4.4 ein $(27, 4, 3, 1)$-GDD Σ mit den neun Punktklassen $U + xy0$ $(x, y \in \mathbb{Z}_3)$ ist. Indem wir die Punktklassen als Blöcke ansehen, erhalten wir ein $(27, \{3, 4\}, 1)$-PBD, in dem die Blöcke der Länge 3 eine Parallelklasse $\mathcal{P}$ bilden. Wir fügen nun zu G einen neuen Punkt ∞ hinzu und adjungieren ∞ zu den Blöcken in $\mathcal{P}$, die damit ebenfalls die Länge 4 erhalten. Das Resultat ist nach Satz 2.15 ein $(28,4,1)$-Blockplan.

Beispiel 4.6. Es sei $G = \mathbb{Z}_9 \oplus \mathbb{Z}_3$; statt (x, y) schreiben wir xy. Dann liefern die Basisblöcke

$$D_1 = \{00, 11, 20, 41\}, \quad D_2 = \{00, 10, 42\} \quad \text{und} \quad D_3 = \{00, 22, 50\}$$

gerade die 24 Elemente in $G \setminus U$ mit $U = \{00, 01, 02\}$ als Differenzen, weswegen dev$\{D_1, D_2, D_3\}$ – analog zu Satz 4.4 – ein $(27, \{3, 4\}, 3, 1)$-GDD Σ mit den neun Punktklassen $U + x0$ $(x \in \mathbb{Z}_9)$ ist. Indem wir die Punktklassen als Blöcke ansehen, erhalten wir wieder ein $(27, \{3, 4\}, 1)$-PBD, in dem die Nebenklassen von U eine Parallelklasse $\mathcal{P}$ bilden. Darüber hinaus kann man aber auch die restlichen 54 Blöcke der Länge 3 in Parallelklassen zerlegen: Die drei Punkte in einem Block der Form $D_2 + x0$ $(x \in \mathbb{Z}_9)$ sind offenbar in verschiedenen Nebenklassen der von 11 erzeugten Untergruppe H der Ordnung 9; damit bilden die neun Blöcke

$$(D_2 + x0) + yz \quad \text{mit } yz \in H$$

für $x = 0, 1, 2$ drei paarweise disjunkte Parallelklassen. Entsprechend bilden auch die neun Blöcke

$$(D_3 + x0) + yz \quad \text{mit } yz \in H',$$

wobei H' die von 12 erzeugte Untergruppe der Ordnung 9 sei, für $x = 0, 1, 2$ drei paarweise disjunkte Parallelklassen. Daher können wir Satz 2.15 mit $t = 7$ anwenden und erhalten ein $(34, \{4, 7\}, 1)$-PBD. Wir empfehlen dem Leser, die Einzelheiten dieser Konstruktion zur Übung zu überprüfen.

Übung 4.7. Es sei $G = \mathbb{Z}_{17} \oplus \mathbb{Z}_3$; statt (x, y) schreiben wir x_y. Man zeige, daß die Basisblöcke

$$D_1 = \{0_0, 1_0, 4_0, 5_1\}, \quad D_2 = \{0_0, 2_0, 8_0, 11_1\}, \quad D_3 = \{0_0, 5_0, 2_1, 12_1\},$$

$$D_4 = \{0_0, 8_1, 7_2\}, \quad D_5 = \{0_0, 6_1, 4_2\}$$

ein $(51, 4, 3, 1)$-GDD Σ mit Punktklassen $U + x_0$ ($x \in \mathbb{Z}_{17}$) definieren, und verwende dieses GDD – ähnlich wie in Beispiel 4.6 – zur Konstruktion eines $(58, \{4, 7\}, 1)$-PBDs.

Schließlich geben wir noch eine interessante, aber nicht ganz einfache Übung an, deren Lösung man beispielsweise bei Jungnickel [1987, Example 3.5] nachlesen kann.

Übung 4.8. Die Menge $D = \{0, 1, 4, 6\}$ ist eine relative $(7,2,4,1)$-Differenzmenge in $\mathbb{Z}_{14}$. Man zeige, daß sich dev D als diejenige Inzidenzstruktur deuten läßt, die man erhält, wenn man aus der projektiven Ebene der Ordnung 4 eine geeignete Baer-Unterebene entfernt.

Hinweis: Die sieben Punktklassen entsprechen den Geraden der entfernten Baer-Unterebene.

5   Der PBD-Hüllenoperator

Nachdem wir bisher mit direkten Konstruktionen den benötigten Vorrat an konkreten Beispielen angelegt haben, spielen wir im Rest dieses Kapitels eine Art Glasperlenspiel mit Blockplänen, auflösbaren Blockplänen, PBDs, GDDs und TDs. Der Zweck des Spiels besteht darin, aus gegebenen Blockplänen etc. neue zu konstruieren; man kann die betreffenden Resultate auch als Kompositionssätze ansprechen. Am Schluß werden wir über ein Instrumentarium verfügen, mit dessen Hilfe wir aus unserem Beispielvorrat genügend viele auflösbare Blockpläne konstruieren können, um das Kirkmansche Schulmädchenproblem vollständig zu lösen. Mit wesentlich geringerem Aufwand werden wir zuvor zeigen können, daß die notwendigen Existenzbedingungen für (v, k, λ)-Blockpläne in den Fällen $k = 3$ sowie $\lambda = 1$ und $k = 4$ hinreichend sind.

Definition 5.1. Sei K eine nichtleere Menge von natürlichen Zahlen. Wir setzen

(5.1) $B(K) = \{v \in \mathbb{N} \mid \text{es gibt ein } (v, K, 1)\text{-PBD}\}.$

Ist dabei K eine 1-elementige Menge, etwa $K = \{k\}$, so schreibt man einfach $B(k)$ statt $B(\{k\})$. Per Konvention gelte stets $1 \in B(K)$.

Die Menge $B(K)$ wird als der *Abschluß* von K bezeichnet; falls $B(K) = K$ gilt, nennt man K *abgeschlossen*. Die Abbildung $B : K \mapsto B(K)$ heißt der *PBD-Hüllenoperator*. Die Rechtfertigung für diese Bezeichnung geben die trivialen Beobachtungen

$$(5.2) \qquad\qquad K \subseteq B(K),$$

$$(5.3) \qquad\qquad K \subseteq L \implies B(K) \subseteq B(L)$$

sowie der folgende Satz.

Satz 5.2 („breaking up blocks"). *Aus $v \in B(L)$ und $L \subseteq B(K)$ folgt $v \in B(K)$; insbesondere gilt*

$$(5.4) \qquad\qquad B(B(K)) = B(K) \quad \textit{für alle } K \subseteq \mathbb{N}.$$

Beweis. Sei $\Pi = (V, \mathcal{B})$ ein $(v, L, 1)$-PBD. Nach Voraussetzung können wir auf jedem Block $B \in \mathcal{B}$ ein $(|B|, K, 1)$-PBD $(B, \mathcal{B}_B)$ bilden. Dann liefert die Vereinigung aller dieser Blockmengen $\mathcal{B}_B$ das gewünschte $(v, K, 1)$-PBD, nämlich $\left(V, \bigcup_{B \in \mathcal{B}} \mathcal{B}_B\right)$. $\qquad\qquad\qquad\qquad\qquad\qquad\qquad\qquad\qquad\qquad\qquad \square$

Der von Wilson [1972a,b] eingeführte PBD-Hüllenoperator ist das wohl wichtigste Werkzeug in der rekursiven Existenztheorie von Blockplänen und verwandten Strukturen; mit seiner Hilfe ist es möglich, zahlreiche frühere Konstruktionen wesentlich einfacher darzustellen. Zu den abgeschlossenen Mengen zählt beispielsweise

$$TD^*(k) = \{n \in \mathbb{N} \mid \text{es gibt ein } TD(k, n) \text{ mit einer Parallelklasse}\};$$

wir werden dieses Ergebnis hier nicht benötigen und verweisen etwa auf Beth, Jungnickel und Lenz [1999, Theorem X.1.1]. Besonders wichtig ist die Abgeschlossenheit der Mengen

$$(5.5) \qquad R_k = \{r \in \mathbb{N} \mid \text{es gibt einen } ((k-1)r + 1, k, 1)\text{-Blockplan}\},$$

die wir jetzt mit Hilfe von GDDs beweisen wollen; es wird dabei nützlich sein, das Kernstück des Beweises in dem folgenden, etwas allgemeineren Lemma zu formulieren.

Lemma 5.3. *Wenn es ein $(v, R_k, G, 1)$-GDD gibt, dann existiert auch ein $((k-1)v, k, (k-1)G, 1)$-GDD.*

Beweis. Sei $\Pi = (V, \mathcal{B})$ ein $(v, R_k, G, 1)$-GDD. Wir ersetzen die Punkte $p \in V$ durch paarweise disjunkte Mengen G_p von jeweils $k-1$ Punkten; so wird aus einer Punktklasse von Π der Mächtigkeit $g \in G$ jeweils eine Punktklasse der Mächtigkeit $(k-1)g$ des zu konstruierenden GDDs entstehen. Nach Voraussetzung gibt es für jeden Block $B \in \mathcal{B}$, etwa mit Mächtigkeit t_B, einen $((k-1)t_B+1, k, 1)$-Blockplan, also nach Lemma 3.5 auch ein $((k-1)t_B, k, k-1, 1)$-GDD. Wir bilden ein derartiges GDD Σ_B, dessen Punktklassen die zu B gehörenden Mengen G_p sind, etwa

$$\Sigma_B = \Big(\bigcup_{p \in B} G_p, \; \mathcal{B}_B, \; \{G_p \mid p \in B\} \Big).$$

Wir verwenden nun die „Vereinigung" aller dieser GDDs Σ_B, setzen also

$$\Sigma = \Big(\bigcup_{p \in V} G_p, \; \bigcup_{B \in \mathcal{B}} \mathcal{B}_B, \; \Big\{ \bigcup_{p \in G} G_p \mid G \in \mathcal{G} \Big\} \Big).$$

Man überzeugt sich nun leicht davon, daß Σ ein $((k-1)v, k, (k-1)G, 1)$-GDD ist. □

Satz 5.4. *Für jedes* $k \in \mathbb{N}$ *gilt* $B(R_k) = R_k$.

Beweis. Sei $v \in B(R_k)$. Es gibt also ein $(v, R_k, 1)$-PBD, was wir auch als ein $(v, R_k, 1, 1)$-GDD mit trivialen Punktklassen der Mächtigkeit 1 interpretieren können. Mit Lemma 5.3 erhalten wir daraus ein $((k-1)v, k, k-1, 1)$-GDD und dann nach Lemma 3.5 einen $((k-1)v+1, k, 1)$-Blockplan. Damit gilt – wie behauptet – $v \in R_k$. □

Wir geben ein erstes konkretes Beispiel für die Anwendung von Satz 5.4 an und zeigen

(5.6) $$33 \in B(3).$$

Die affine Ebene $AG(2, 3)$ impliziert nämlich $9 \in B(3)$, also $4 \in R_3$, und wegen der affinen Ebene $AG(2, 4)$ folgt $16 \in B(4) \subseteq B(R_3) = R_3$, also die Behauptung.

Übung 5.5. Man zeige, daß die Existenz eines (v, k, g, λ)-GDDs und eines $TD(k, n)$ diejenige eines (nv, k, ng, λ)-GDD implizieren.

Hinweis: Man interpretiere das gegebene TD nach Übung 3.3 als ein $(kn, k, n, 1)$-GDD und verwende dieses ähnlich wie im Beweis von Lemma 5.3, um die Punkte des gegebenen GDDs jeweils durch n Punkte (und damit die alten Punktklassen der Mächtigkeit g durch solche der Mächtigkeit ng) zu ersetzen.

Beispiel 5.6. Wir konstruieren zwei weitere PBDs, die wir später benötigen werden. Dazu wählen wir einen auflösbaren $(15,3,1)$-Blockplan Π, siehe Beispiel 1.2, und führen für jede der sieben Parallelklassen von Π einen unendlichen Punkt ein, siehe Satz 2.15; das Resultat ist ein $(22, \{4, 7\}, 1)$-PBD.

Mit einer ähnlichen, aber etwas komplizierteren Konstruktion können wir auch ein $(82, \{4, 7\}, 1)$-PBD erhalten. Zunächst verschaffen wir uns aus dem $(16,4,1)$-Blockplan $AG(2, 4)$ nach Lemma 3.5 ein $(15,4,3,1)$-GDD; aus diesem sowie einem nach (3.3) existierenden $TD(4, 5)$ konstruieren wir gemäß Übung 5.5 ein $(75,4,15,1)$-GDD Σ. Nun bilden wir auf jeder der fünf Punktklassen P von Σ einen auflösbaren $(15,3,1)$-Blockplan Π_P, den wir wie zuvor zu einem $(22, \{4, 7\}, 1)$-PBD Δ_P ergänzen können. Wenn wir dabei für jede der fünf Wahlen von P dieselben sieben unendlichen Punkte verwenden, ergibt sich insgesamt aus den Blöcken von Σ zusammen mit den Blöcken der Δ_P das gesuchte $(82, \{4, 7\}, 1)$-PBD.

Schließlich bestimmen wir für zwei konkrete Mengen $K \subseteq \mathbb{N}$ den Anschluß, was im nächsten Abschnitt benötigt werden wird:

Lemma 5.7. *Es gilt* $B(\{3, 4\}) = (3\mathbb{N}_0 + \{1, 3\}) \setminus \{6\}$.

Beweis. Nach Übung 1.11 kann ein $(v, \{3, 4\}, 1)$-PBD nur für $v(v-1) \equiv 0 \pmod 6$ existieren; dabei gilt $v \neq 6$ nach Übung 1.15. Für die übrigen in Frage kommenden Werte von v verwenden wir die folgende Rekursion für $L = B(\{3, 4\})$, die aus Lemma 3.10 und (5.4) folgt:

$$g \in L \cap TD(4), \ g_1 \in L \cup \{0\} \text{ und } g_1 \leq g \implies 3g + g_1 \in L.$$

Man beachte nun $7 \in B(3) \subset L$ (wegen der projektiven Ebene der Ordnung 2) und $g \in TD(4)$ für $g \not\equiv 2 \pmod 4$, siehe (3.5)[8]. Die Tabelle

g	3	4	7	9
g_1	$0, 1, 3$	$0, 1, 3, 4$	$0, 1, 3, 4$	$0, 1, 3, 4, 7$
$3g + g_1$	$9, 10, 12$	$12, 13, 15, 16$	$21, 22, 24, 25$	$27, 28, 30, 31, 34$
g	12	13		
g_1	$0, 1, 3, 4, 7, 9$	$0, 1, 3, 4, 7, \ldots, 13$		
$3g + g_1$	$36, 37, \ldots, 43, 45$	$39, \ldots, 43, 46, \ldots, 52$		

liefert die möglichen Werte bis 52 in L, wobei allerdings noch die Lücken 18, 19 und 33 bleiben; diese werden aber durch Beispiel 2.16 und (5.6) beseitigt. Man sieht nun leicht, daß jedes $x \equiv 0$ oder $1 \pmod 3$ mit $x > 52$ eine Darstellung der Form $x = 3g + g_1$ mit $g, g_1 \equiv 0$ oder $1 \pmod 3$, $g \not\equiv 2 \pmod 4$ und $7 \leq g_1 \leq g$ hat, weswegen die Behauptung mit Induktion folgt. □

---

[8] Auf die Verwendung des stärkeren Resultats (3.6), das wir mit beträchtlichem Aufwand in Kapitel III in der Sprache der lateinischen Quadrate erhalten haben, kann man hier verzichten.

Lemma 5.8. *Es gilt* $B(\{3, 4, 5\}) = \mathbb{N} \setminus \{2, 6, 8\}$.

Beweis. Man beachte, daß sich aus Übung 1.11 keinerlei Einschränkungen für die Existenz eines $(v, \{3, 4, 5\}, 1)$-PBDs ergeben. Trivialerweise ist aber $v \neq 2$, und $v \neq 6, 8$ gilt nach Übung 1.15. Wegen Lemma 5.7 müssen wir nur noch

$$3n + 2 \in B(\{3, 4, 5\}) =: L \quad \text{für } n \in \mathbb{N} \setminus \{2\}$$

nachweisen. Für $n = 3$ gilt das nach Beispiel 2.17. Aus Lemma 3.10 ergibt sich $3g + g_1 + g_2 \in L$, falls $g \in L \cap TD(5)$, $g_1, g_2 \in L \cup \{0\}$ und $g_1, g_2 \leq g$ gelten, weswegen die Behauptung – unter Verwendung von (3.5) – mit Induktion folgt: Man wähle $g = 4, 5, 7, 9, \ldots, 6n + 1, 6n + 5, \ldots$ □

6 Blockpläne mit $k \leq 5$

Wir zeigen zunächst, daß die nach Korollar 1.6 notwendige Existenzbedingung $v \equiv 1$ oder $3 \pmod 6$ für $(v, 3, 1)$-Blockpläne, die häufig auch als *Steiner-Tripelsysteme*[9] bezeichnet werden, hinreichend ist:

Satz 6.1. *Es gilt* $B(3) = 6\mathbb{N}_0 + \{1, 3\}$.

Beweis. Mit der Notation aus (5.5) ist die Behauptung äquivalent zu

$$(6.1) \qquad\qquad R_3 = 3\mathbb{N}_0 + \{0, 1\}.$$

Nun gilt $7, 9, 13 \in B(3)$, wegen $PG(2, 2)$, $AG(2, 3)$ und Beispiel 2.6(a); das bedeutet $3, 4, 6 \in R_3$. Da R_3 nach Satz 5.4 abgeschlossen ist, folgt die Behauptung (6.1) unmittelbar aus Lemma 5.7.   □

Ganz ähnlich können wir auch zeigen, daß die nach Korollar 1.6 notwendige Existenzbedingung $v \equiv 1$ oder $4 \pmod{12}$ für $(v, 4, 1)$-Blockpläne hinreichend ist:

Satz 6.2. *Es gilt* $B(4) = 12\mathbb{N}_0 + \{1, 4\}$.

Beweis. Mit der Notation aus (5.5) ist die Behauptung äquivalent zu

$$(6.2) \qquad\qquad R_4 = 4\mathbb{N}_0 + \{1, 4\}.$$

---

[9] Nach Jacob Steiner (1796–1863), der – in allgemeinerem Zusammenhang – in Steiner [1853] nach ihrer Existenz fragte; man beachte, daß Kirkman [1847] bereits sechs Jahre zuvor dieses Problem gelöst hatte!

Nun gilt $13, 16, 25, 28, 37 \in B(4)$, wegen $PG(2, 3)$, $AG(2, 4)$ und wegen der Beispiele 2.6(b) und (c) sowie 4.5; das bedeutet $4, 5, 8, 9, 12 \in R_4$. Da R_4 nach Satz 5.4 abgeschlossen ist, genügt es,

$$(6.3) \qquad\qquad B(\{4, 5, 8, 9, 12\}) = 4\mathbb{N} + \{1, 4\}$$

zu zeigen. Dazu gehen wir analog zum Beweis von Lemma 5.7 vor. Nach Übung 1.11 kann ein $(v, \{4, 5, 8, 9, 12\}, 1)$-PBD jedenfalls nur für $v(v - 1) \equiv 0 \pmod 6$ existieren. Für diese Werte von v verwenden wir die folgende Rekursion für $L = B(\{4, 5, 8, 9, 12\})$, die wieder aus Lemma 3.10 und (5.4) folgt:

$$g \in L \cap TD(5), \ g_1 \in L \cup \{0\} \text{ und } g_1 \leq g \implies 4g + g_1 \in L.$$

Man beachte nun $13, 28 \in B(4) \subset L$, $29 \in B(\{4, 8\}) \subseteq L$ nach Beispiel 3.8 sowie $g \in TD(5)$ für $g \equiv 1, 4, 5, 8, 9 \pmod{12}$ sowie $g = 12$, siehe Korollar 3.7. Die Behauptung folgt dann mit Induktion, indem man die obige Rekursion für $g = 4, 5, 8, 9, 12, 12n+1, 12n+4, 12n+5, 12n+8$ und $12n+13 = 12(n+1)+1$ anwendet. Der Leser möge sich dies in Einzelheiten überlegen, am bequemsten in tabellarischer Form wie im Beweis von Lemma 5.7. $\square$

Mit ähnlichen Methoden kann man auch Blockpläne mit $\lambda \neq 1$ behandeln. Wir wollen das exemplarisch für *Tripelsysteme* tun, also für $(v, 3, \lambda)$-Blockpläne, wo die notwendigen Existenbedingungen sich ebenfalls als hinreichend herausstellen. Dabei lassen wir jetzt – wie in Fußnote 3 auf S. 216 diskutiert – wiederholte Blöcke zu. Dann reicht es, die Existenz für die Fälle $\lambda \in \{1, 2, 3, 6\}$ zu nachzuweisen, da die notwendigen Existenzbedingungen aus Korollar 1.6 für $k = 3$ nur von der Restklasse von λ modulo 6 abhängen; so kann man beispielsweise den Fall $\lambda = 14$ dadurch lösen, daß man jeweils alle Blöcke in einem $(v, 3, 2)$-Blockplan mit Vielfachheit 7 verwenden.

Als erstes benötigen wir die folgende Verallgemeinerung von Satz 5.2, die man ganz analog beweist:

Satz 6.3. *Für jede Teilmenge $K \subseteq \mathbb{N}$ und jedes $\lambda \in \mathbb{N}$ ist die Menge*

$$B(K, \lambda) = \{v \in \mathbb{N} \mid \text{es gibt ein } (v, K, \lambda)\text{-PBD}\}$$

abgeschlossen. $\square$

Wir gehen nun die noch fehlenden Fälle $\lambda = 2, 3, 6$ durch; dabei ergibt sich die Tatsache, daß $B(3, \lambda)$ nicht größer als die angegebene Menge sein kann, stets aus den notwendigen Bedingungen in Korollar 1.6.

Satz 6.4. *Es gilt $B(3, 2) = 3\mathbb{N}_0 + \{1, 3\}$.*

Beweis. Trivialerweise gilt $3, 4 \in B(3, 2)$. Da $B(3, 2)$ abgeschlossen ist, liefert Lemma 5.7 zusammen mit Beispiel 2.12 unmittelbar die Behauptung.   □

Satz 6.5. *Es gilt* $B(3, 6) = \mathbb{N} \setminus \{2\}$.

Beweis. Wegen $B(3, 2) \subseteq B(3, 6)$ gilt $3, 4, 6 \in B(3, 6)$. Wählt man alle 3-Teilmengen einer 5- bzw. einer 8-Menge als Blöcke, sieht man $5 \in B(3, 3) \subseteq B(3, 6)$ sowie $8 \in B(3, 6)$. Da $B(3, 6)$ abgeschlossen ist, folgt die Behauptung aus Lemma 5.8.
□

Der Fall $\lambda = 3$ ist etwas komplizierter; hier benötigen wir erst noch das folgende

Lemma 6.6. *Es gilt* $B(\{3, 5\}) = 2\mathbb{N} - 1$.

Beweis. Nach Übung 1.11 kann ein $(v, \{3, 5\}, 1)$-PBD nur für ungerade v existieren. Wegen Satz 6.1 müssen wir nur noch den Fall $v \equiv 5 \pmod 6$ betrachten. Sei zunächst $v \equiv 5 \pmod{12}$, etwa $v = 12n + 5$. Nun gilt $6n + 3 \in B(3)$, weswegen es nach Lemma 3.5 ein $(6n + 2, 3, 2, 1)$-GDD gibt. Wir verwenden dieses GDD zusammen mit einem $TD(3, 2)$ in Übung 5.5, um auf die Existenz eines $(12n + 4, 3, 4, 1)$-GDDs zu schließen. Nach Lemma 3.4 ist dies dasselbe wie ein $(12n + 4, \{3, 4\}, 1)$-PBD mit einer Parallelklasse $\mathcal{G}$, die von den Blöcken der Mächtigkeit 4 gebildet wird; das gewünschte $(12n + 5, \{3, 5\}, 1)$-PBD ergibt sich durch Einführung eines unendlichen Punktes, siehe Satz 2.15.

Schließlich sei $v \equiv 11 \pmod{12}$, etwa $v = 12n + 11$. Nach Übung 2.18 ist der vollständige Graph K_{6n+6} ein auflösbarer $(6n + 6, 2, 1)$-Blockplan. Wir führen nun $6n + 5$ unendliche Punkte auf den Parallelklassen dieses Blockplans ein und erhalten $v \in B(\{3, 6n + 5\})$. Mit Induktion können wir $6n + 5 \in B(\{3, 5\})$ annehmen, woraus die Behauptung folgt, da ja $B(\{3, 5\})$ abgeschlossen ist.   □

Satz 6.7. *Es gilt* $B(3, 3) = 2\mathbb{N} - 1$.

Beweis. Trivialerweise gilt $3, 5 \in B(3, 3)$. Da $B(3, 5)$ abgeschlossen ist, folgt die Behauptung aus Lemma 6.6.   □

Insgesamt erhalten wir aus den Sätzen 6.1, 6.4, 6.5 und 6.7 das folgenden Resultat von Hanani [1961]:

Satz 6.8. *Ein* $(v, 3, \lambda)$-*Blockplan existiert genau dann, wenn* $v \neq 2$ *gilt und einer der folgenden Fälle vorliegt:*

$$v \equiv 1 \text{ oder } 3 \pmod 6 \quad \text{für } \lambda \equiv 1 \text{ oder } 5 \pmod 6,$$

$$v \equiv 0 \text{ oder } 1 \pmod 3 \quad \text{für } \lambda \equiv 2 \text{ oder } 4 \pmod 6,$$

$$v \equiv 1 \pmod 2 \quad \textit{für } \lambda \equiv 3 \pmod 6,$$
$$v \neq 2 \qquad\qquad \textit{für } \lambda \equiv 0 \pmod 6. \qquad\qquad \square$$

Für $k = 4$ und $k = 5$ ist das Existenzproblem für (v, k, λ)-Blockpläne durch die beiden folgenden Sätze von Hanani [1961,1972,1975] vollständig gelöst; einen Beweis findet man auch bei Beth, Jungnickel und Lenz [1999, Chapter IX].

Satz 6.9. *Ein $(v, 4, \lambda)$-Blockplan existiert genau dann, wenn $v \neq 2, 3$ gilt und einer der folgenden Fälle vorliegt:*

$$v \equiv 1 \textit{ oder } 4 \pmod{12} \quad \textit{für } \lambda \equiv 1 \textit{ oder } 5 \pmod 6,$$
$$v \equiv 1 \pmod 3 \qquad\qquad \textit{für } \lambda \equiv 2 \textit{ oder } 4 \pmod 6,$$
$$v \equiv 1 \textit{ oder } 4 \pmod 4 \quad \textit{für } \lambda \equiv 3 \pmod 6,$$
$$v \neq 2, 3 \qquad\qquad\qquad \textit{für } \lambda \equiv 0 \pmod 6. \qquad\qquad \square$$

Satz 6.10. *Die notwendigen Bedingungen $v \notin \{2, 3, 4\}$ und*

$$\lambda(v - 1) \equiv 0 \pmod 4$$
$$\lambda v(v - 1) \equiv 0 \pmod{20}$$

für die Existenz eines $(v, 5, \lambda)$-Blockplans sind hinreichend, mit der einzigen Ausnahme $(v, \lambda) = (15, 2)$. $\qquad \square$

Wir verzichten darauf, die Kongruenzen in Satz 6.10 explizit auszuwerten; die Bedingungen hängen natürlich von der Restklasse von λ modulo 20 ab. Bereits der Beweis dieses Satzes ist außerordentlich kompliziert; es verwundert daher nicht, daß das Existenzproblem für (v, k, λ)-Blockpläne für kein $k \geq 6$ vollständig gelöst ist. Für eine Übersicht über die meisten bekannten Resultate verweisen wir auf § IX.12 von Beth, Jungnickel und Lenz [1999] sowie auf Colbourn und Dinitz [1996].

7 Auflösbare Blockpläne

In disem Abschnitt werden wir auflösbare Blockpläne mit rekursiven Methoden studieren und insbesondere nachweisen, daß die nach Korollar 1.8 notwendige Existenzbedingung $v \equiv 3 \pmod 6$ für auflösbare $(v, 3, 1)$-Blockpläne – häufig auch *Kirkman-Tripelsysteme* genannt – hinreichend ist.

Das wichtigste Hilfsmittel für die rekursive Konstruktion auflösbarer Blockpläne ist die Abgeschlossenheit der Mengen

$$R_k^* = \{r \in \mathbb{N} \mid \text{es gibt einen auflösbaren } ((k-1)r + 1, k, 1)\text{-Blockplan}\},$$

die wir jetzt beweisen wollen. Wir benötigen dazu zunächst ein Hilfsresultat, das ein Analogon von Lemma 3.5 für den auflösbaren Fall darstellt.

Seien k, r natürliche Zahlen. Wir nennen ein $(v, \{k+1, r\}, 1)$-PBD $(V, \mathcal{B})$ ein (k, r)-*Projektum*,[10] wenn $v = kr + 1$ gilt und $\mathcal{B}$ aus einem r-Block und sonst lauter $(k+1)$-Blöcken besteht. Man darf sich unter einem (k, r)-Projektum etwas Ähnliches wie eine um eine r-elementige unendliche Gerade ergänzte projektive Ebene vorstellen. Was damit genau gemeint ist, sagen Inhalt und Beweis des folgenden Lemmas, das in der Tat Satz IX.9.3 verallgemeinert.

Lemma 7.1. *Seien k, r natürliche Zahlen. Dann gilt $r \in R_k^*$ genau dann, wenn es ein (k, r)-Projektum gibt.*

Beweis. Sei $r \in R_k^*$ und $\Sigma = (V, \mathcal{B})$ ein auflösbarer $((k-1)r+1, k, 1)$-Blockplan. Wir führen für sämtliche $r = (v-1)/(k-1)$ Parallelklassen von Σ einen unendlichen Punkt ein und erhalten nach Satz 2.15 das gewünschte (k, r)-Projektum.

Sei nun umgekehrt $(\overline{V}, \mathcal{B})$ ein (k, r)-Projektum und $B_\infty = \{\infty_1, \ldots, \infty_r\}$ der eindeutig bestimmte r-Block. Wir setzen $V = \overline{V} \setminus B_\infty$. Durch jeden Punkt $x \in V$ gehen $kr/k = r$ Blöcke aus $\mathcal{B}$, was man wie im Beweis von Satz 1.5 sieht; jedes $\infty_\tau \in B_\infty$ muß in einem dieser r Blöcke enthalten sein. Da aber keiner dieser Blöcke B_∞ in mehr als einem Punkt schneiden kann, muß jeder von ihnen genau ein ∞_τ enthalten; nehmen wir ∞_τ aus ihm heraus, so entsteht ein in V enthaltener Block der Mächtigkeit k. Die Gesamtheit der so erhaltenen Blöcke liefert nun einen auflösbaren $((k-1)r + 1, k, 1)$-Blockplan, bei dem die Einteilung der Blöcke in Parallelklassen unmittelbar durch die entfernten Punkte ∞_τ induziert wird. $\square$

Satz 7.2. *Für jedes $k \in \mathbb{N}$ gilt $B(R_k^*) = R_k^*$.*

Beweis. Sei $v \in B(R_k^*)$. Es gibt also ein $(v, R_k^*, 1)$-PBD $\Sigma = (V, \mathcal{B})$. Nach Lemma 7.1 sind wir fertig, wenn es uns gelingt, ein (k, v)-Projektum zu konstruieren. Wir wählen hierzu ein Element $\infty \notin P$ und bilden die Punktmenge

$$\overline{V} = [V \times \{1, \ldots, k\}] \cup \{\infty\}.$$

Sei $S \in \mathcal{B}$ beliebig. Wegen $|S| \in R_k^*$ gibt es ein $(k, |S|)$-Projektum Σ_B, das o.B.d.A. auf der Punktmenge $[S \times \{1, \ldots, k\}] \cup \{\infty\}$ definiert sei. Wir können weiterhin annehmen, daß der eindeutig bestimmte Block in Σ_B mit $t = |S|$ Elementen

---

[10] Diese Terminologie ist nicht allgemein üblich, aber bequem.

$\{(a_1, 1), \ldots, (a_t, 1)\}$ ist, wobei $S = \{a_1, \ldots, a_t\}$ sei, und daß es sich bei den t durch ∞ gehenden Blöcken von Σ_B gerade um die Mengen $\{(a_i, 1), \ldots, (a_i, k), \infty\}$ ($i = 1, \ldots, t$) handelt. Mit $\mathcal{B}_S$ bezeichnen wir die Menge der restlichen Blöcke aus Σ_B. Wir setzen nun

$$\mathcal{C} = \big\{\{(a, 1) \mid a \in V\}\big\} \cup \big\{\{\{(a, 1), \ldots, (a, k), \infty\} \mid a \in V\}\big\} \cup \bigcup_{S \in \mathcal{B}} \mathcal{B}_S.$$

Der Leser kann dann leicht überprüfen, daß $(\overline{V}, \mathcal{C})$ das gesuchte (k, v)-Projektum ist. $\square$

Wir kommen nun zur allgemeinen Lösung des Existenzproblems für Kirkman-Tripelsysteme und zeigen den von Ray-Chaudhuri und Wilson [1971] bewiesenen

Satz 7.3. *Für jedes $u \in \mathbb{N}$ gibt es einen auflösbaren $(6u + 3, 3, 1)$-Blockplan.*

Der Beweis dieses Satzes wird eine gewisse Anstrengung erfordern. Wir bilden zunächst die Menge

$$U = \{u \in \mathbb{N} \mid \text{es gibt einen auflösbaren } (6u + 3, 3, 1)\text{-Blockplan}\};$$

unser Satz besagt dann gerade $U = \mathbb{N}$. Wir behandeln erst einmal die kleinsten Fälle im folgenden

Lemma 7.4. *Es gilt $1, 2, \ldots, 19, 26, 27 \in U$.*

Beweis. Wir greifen auf das zuvor bereitgestellte Beispielmaterial und die uns bekannten Kompositionssätze zurück und schreiben die Erledigung der Fälle $u = 1, \ldots, 19, 26, 27$ im Folgenden tabellarisch auf, wobei wir ohne weiteren Kommentar die Abgeschlossenheit von R_3^* sowie $4, 7 \in R_3^*$ (was den Fällen $u = 1$ und $u = 2$ entspricht) verwenden; damit ist dann der Beweis des Lemmas vollbracht. $\square$

Zum Beweis von Lemma 7.4.

u	$6u + 3$	Beweismaterial
0	3	trivial
1	9	$AG(2, 3)$, siehe Beispiel 1.3
2	15	Satz 2.14 mit $q = 7$
3	21	Satz 2.13 mit $q = 7$

4	27	Satz 2.14 mit $q = 13$
5	33	$16 \in B(4) \subseteq R_3^*$ nach Satz 6.2
6	39	Satz 2.13 mit $q = 13$
7	45	$22 \in B(\{4, 7\}) \subseteq R_3^*$ nach Beispiel 5.6
8	51	Satz 2.14 mit $q = 25$
9	57	Satz 2.13 mit $q = 19$
10	63	Satz 2.14 mit $q = 31$
11	69	$34 \in B(\{4, 7\}) \subseteq R_3^*$ nach Beispiel 4.6
12	75	Satz 2.13 mit $q = 25$
13	81	$40 \in B(4) \subseteq R_3^*$ nach Satz 6.2
14	87	Satz 2.14 mit $q = 43$
15	93	Satz 2.13 mit $q = 31$
16	99	Satz 2.14 mit $q = 49$
17	105	$52 \in B(4) \subseteq R_3^*$ nach Satz 6.2
18	111	Satz 2.13 mit $q = 37$
19	117	$58 \in B(\{4, 7\}) \subseteq R_3^*$ nach Übung 4.7
26	159	Satz 2.14 mit $q = 79$
27	165	$82 \in B(\{4, 7\}) \subseteq R_3^*$ nach Beispiel 5.6.

Als nächstes beweisen wir den folgenden Kompositionssatz für Kirkman-Tripel-systeme:

Lemma 7.5. *Es seien $t, q \in U$ mit $q \leq t$ gegeben. Wenn es ein $TD(5, t)$ gibt, so gilt auch $4t + q \in U$.*

Beweis. Lemma 3.10 liefert uns die Existenz eines $(4t + q, \{4, 5\}, \{t, q\}, 1)$-GDDs. Mit $4, 5 \in R_4$, siehe (6.2), folgt hieraus nach Lemma 5.3 auch die Existenz eines $(3(4t + q), 4, \{3t, 3q\}, 1)$-GDDs, was nach Lemma 3.4 dasselbe wie ein $(3(4t+q), \{4, 3t, 3q\}, 1)$-PBD mit einer Parallelklasse $\mathcal{G}$ ist, deren Blöcke Mächtigkeit $3t$ bzw. $3q$ haben. Durch Einführung eines unendlichen Punktes gemäß Satz 2.15 erhalten wir ein $(3(4t + q) + 1, \{4, 3t + 1, 3q + 1\}, 1)$-PBD. Nach Voraussetzung gilt $4, 3t + 1, 3q + 1 \in R_3^*$, woraus sich nach Satz 7.2 $3(4t + q) + 1 \in R_3^*$ ergibt, was gerade $4t + q \in U$ bedeutet. □

Beweis von Satz 7.3. Um $U = \mathbb{N}$ zu beweisen, bilden wir

$$L = \{l \mid 24l + m \in U \text{ für } m \in \{0, 1, \dots, 23\}\}.$$

Als erstes zeigen wir $l \in U$ für $l = 0, 1, 2$. In der folgenden Tabelle sind Werte u, t, q kombiniert, die nach Lemma 7.5 dieses Resultat liefern, wenn man noch Lemma 7.4 berücksichtigt; die Existenz der benötigten TDs ist durch (3.3) gesichert.

u	t	q
$20, 21, 22, 23, 24, 25$	5	$u - 4t$
$28, 29, 30, \dots, 35$	7	$u - 4t$
$36, \dots, 45$	9	$u - 4t$
$46, \dots, 55$	11	$u - 4t$
$56, \dots, 65$	13	$u - 4t$
$66, \dots, 80$	16	$u - 4t$
$81, \dots, 95$	19	$u - 4t$

Wir können nun mit Induktion $l \in L$ für alle $l \geq 3$ nachweisen. Hierzu legen wir als erstes folgende Tabelle an:

$u = 4t + q$	t	q	$u = 4t + q$	t	q
$24l$	$6l - 1$	4	$24l + 12$	$6l + 1$	8
$24l + 1$	$6l - 1$	5	$26l + 13$	$6l + 1$	9
$24l + 2$	$6l - 1$	6	$24l + 14$	$6l + 1$	10
$24l + 3$	$6l - 1$	7	$24l + 15$	$6l + 1$	11
$24l + 4$	$6l + 1$	0	$24l + 16$	$6l + 1$	12
$24l + 5$	$6l + 1$	1	$24l + 17$	$6l + 1$	13
$24l + 6$	$6l + 1$	2	$24l + 18$	$6l + 1$	14
$24l + 7$	$6l + 1$	3	$24l + 19$	$6l + 1$	15
$24l + 8$	$6l + 1$	4	$24l + 20$	$6l + 5$	0
$24l + 9$	$6l + 1$	5	$24l + 21$	$6l + 5$	1
$24l + 10$	$6l + 1$	6	$24l + 22$	$6l + 5$	2
$24l + 11$	$6l + 1$	7	$24l + 23$	$6l + 5$	3

Hierbei sind alle vorkommenden t und q nach Induktionsannahme in U. Wir wenden Satz 7.5 an und müssen hierzu noch die Existenz eines $TD(5, t)$ sicherstellen. Dies aber leistet (3.5), da eine Zahl t der Form $6l - 1$, $6l + 1$ oder $6l + 5$ weder 2 noch 3 als Primfaktor haben kann, weswegen alle in der Primzahlpotenzzerlegung einer solchen Zahl t auftretenden Faktoren ≥ 5 sein müssen. $\square$

Bemerkung 7.6. Wir haben in unserem Beweis einen beachtlichen Teil des Start-
materials in Lemma 7.4 unter Ausnutzung der Abgeschlossenheit von R_3^* sowie
der Tatsache $4, 7 \in R_3^*$ erhalten; man hätte dies auch noch in einigen weiteren
Fällen tun können, in denen wir uns auf die Sätze 2.13 bzw. 2.14 bezogen haben.
In der Tat kann eine ähnliche, aber aufwendigere Schlußweise als die von uns hier
vorgeführte zum Nachweis der Identität

$$(7.1) \qquad\qquad B(\{4, 7\}) = (3\mathbb{N}_0 + 1) \setminus \{10, 19\}$$

verwendet werden, woraus dann natürlich auch der Beweis von Satz 7.3 folgt. Dies
ist der bei Beth, Jungnickel und Lenz [1999] verwendete Ansatz, wo man also
einen Beweis von (7.1) finden kann – mit Ausnahme der ziemlich technischen, von
Brouwer [1979] stammenden Konstruktion eines $(31, \{4, 7\}, 1)$-PBDs.

XI Symmetrische Blockpläne und Differenzmengen

Wie bereits im vorigen Kapitel erwähnt, heißt ein (v, k, λ)-Blockplan mit $|\mathcal{B}| = v$ ein *symmetrischer Blockplan*. Mit die prominentesten – und uns bereits bekannten – Beispiele sind die projektiven Ebenen und die aus den projektiven Räumen gewonnenen Blockpläne $PG_{n-1}(n, q)$. Wir werden uns in diesem Kapitel näher mit dieser besonders wichtigen und interessanten Klasse von Blockplänen auseinandersetzen. Nach einigen grundlegenden Eigenschaften beweisen wir den berühmten Nichtexistenzsatz von Bruck, Ryser und Chowla und diskutieren den Zusammenhang zu Hadamard-Matrizen.

Danach wenden wir uns den ebenfalls bereits im vorigen Kapitel definierten Differenzmengen zu, die zu symmetrischen Blockplänen mit einer regulär operierenden Automorphismengruppe äquivalent sind. Der klassische Satz von Singer – den wir in Satz IX.5.7 bewiesen haben – besagt gerade, daß die Blockpläne $PG_{n-1}(n, q)$ eine Darstellung über eine Differenzmenge zulassen. Wir werden einige Familien von Differenzmengen konstruieren und etliche interessante theoretische Resultate beweisen, insbesondere über sogenannte Multiplikatoren. Hierzu benötigen wir ein algebraisches Werkzeug, nämlich Gruppenringe, deren Grundbegriffe wir daher ebenfalls darstellen werden. Schließlich gehen wir noch einmal auf die Primzahlpotenzvermutung für endliche projektive Ebenen ein, diesmal unter der Zusatzannahme, daß die Ebene eine große abelsche Kollineationsgruppe besitzt.

1 Symmetrische Blockpläne: Grundlagen

Wir beginnen mit einigen kombinatorischen Eigenschaften symmetrischer Blockpläne. Mit $b = v$ ergibt sich aus den beiden Gleichungen in Satz X.1.5 sofort $r = k$; es gilt also das folgende

Lemma 1.1. *In einem symmetrischen (v, k, λ)-Blockplan liegt jeder Punkt auf genau k Blöcken, und es gilt die Gleichung*

$$(1.1) \qquad\qquad \lambda(v - 1) = k(k - 1). \qquad\qquad \square$$

Es ist nützlich, einen weiteren Parameter einzuführen, nämlich die *Ordnung* von Π, die als $n := k - \lambda$ definiert ist, was mit dem entsprechenden Begriff für projektive Ebenen (also $\lambda = 1$) übereinstimmt. In Übung X.1.13 sollte der Leser ja zeigen, daß die $(n^2 + n + 1, n + 1, 1)$-Blockpläne genau die projektiven Ebenen der Ordnung n sind. Insbesondere gilt also, daß sich je zwei Blöcke eines derartigen Blockplans in genau einem Punkt schneiden. Etwas allgemeiner beweisen wir jetzt das folgende Resultat von Ryser [1950]:

Satz 1.2. *Sei* $\Pi = (V, \mathcal{B}, I)$ *ein symmetrischer* (v, k, λ)-*Blockplan mit* $v > k$. *Dann schneiden sich je zwei verschiedene Blöcke in genau* λ *Punkten.*

Beweis. Wir verwenden wie im Beweis von Satz X.1.12 eine Inzidenzmatrix A für Π. Wie Lemma 1.1 und der Beweis dieses Satzes zeigen, ist A dann eine invertierbare Matrix (über $\mathbb{R}$), die der Gleichung

$$(1.2) \qquad\qquad AA^T = (k - \lambda)I + \lambda J$$

genügt. Da jeder Block von Π genau k Punkte hat und jeder Punkt auf genau k Blöcken liegt, gilt weiterhin $kJ = AJ = JA$, also $A^{-1}JA = J$. Damit erhalten wir

$$A^T A = A^{-1} A A^T A = A^{-1}[(k - \lambda)I + \lambda J]A = (k - \lambda)I + \lambda J.$$

Also haben je zwei Spalten von A (die ja zwei verschiedenen Blöcken entsprechen) in genau λ Positionen einen gemeinsamen Eintrag 1 (was jeweils einem Schnittpunkt der beiden Blöcke entspricht). Das zeigt bereits die Behauptung.   □

Als Folgerung erhalten wir eine Reihe von Charakterisierungen der symmetrischen Blockpläne in der Klasse aller Blockpläne. Dabei sei die *duale* Struktur einer Inzidenzstruktur $\Pi = (V, \mathcal{B}, I)$ als

$$(1.3) \qquad\qquad \Pi^* = (\mathcal{B}, V, I^*) \quad \text{mit } BI^*p \iff pIB$$

erklärt. Π^* geht also aus Π durch Vertauschen der Rollen von Punkten und Blöcken hervor, wie wir es bereits in §IX.1 im Spezialfall projektiver Ebenen bei unserer Diskussion des Dualitätsprinzips kennengelernt haben.

Korollar 1.3. *Sei* $\Pi = (V, \mathcal{B}, I)$ *ein* (v, k, λ)-*Blockplan. Dann sind die folgenden Aussagen äquivalent:*

(1) Π *ist symmetrisch, es gilt also* $b = v$.

(2) $r = k$.

(3) *Je zwei Blöcke von* Π *schneiden sich in derselben Zahl von Punkten.*

(4) *Die duale Inzidenzstruktur Π^* ist ein Blockplan.*

(5) *Π^* ist ein (v, k, λ)-Blockplan.*

Beweis. Der Beweis, der nach den bisherigen Ausführungen keine Probleme bereiten sollte, sei dem Leser als Übung überlassen; für den Teil (4) $\Rightarrow$ (5) verwendet man dabei die Fischersche Ungleichung aus Satz 1.12 sowohl für Π als auch für Π^*. $\square$

Als nächstes werden wir eine interessante Ungleichung zwischen der Punktezahl v und der Ordnung n eines symmetrischen Blockplans beweisen; dazu zunächst noch eine eher leichte Übungsaufgabe.

Übung 1.4. Sei $\Pi = (V, \mathcal{B}, \in)$ ein symmetrischer (v, k, λ)-Blockplan der Ordnung $n = k - \lambda$. Man zeige, daß dann

$$\overline{\Pi} = (V, \overline{\mathcal{B}}, \in) \quad \text{mit } \overline{\mathcal{B}} = \{V \setminus B \mid B \in \mathcal{B}\}$$

ein symmetrischer $(v, v - k, v - 2k + \lambda)$-Blockplan ist, der ebenfalls Ordnung n hat und der *komplementäre Blockplan* zu Π heißt. Ferner zeige man, daß der Fall $k = v/2$ unmöglich ist; man kann also bei der Untersuchung des Existenzproblems für symmetrische Blockpläne stets $k \leq (v - 1)/2$ annehmen.

Hinweis: Für die zweite Aussage löse man (1.1) nach λ auf und verwende Teilbarkeitsüberlegungen.

Satz 1.5. *Sei Π ein symmetrischer (v, k, λ)-Blockplan mit $1 < k < v - 1$. Dann gilt*

(1.4) $$4n - 1 \leq v \leq n^2 + n + 1.$$

Beweis. Mit (1.1) und $k = n + \lambda$ ergibt sich die quadratische Gleichung

$$\lambda(v - 1) = k(k - 1) = \lambda^2 + (2n - 1)\lambda + n(n - 1)$$

für λ, deren Lösungen

(1.5) $$\lambda_{1,2} = \frac{1}{2}\left(v - 2n \pm \sqrt{(v - 2n)^2 - 4n(n - 1)}\right)$$

die λ-Werte für Π bzw. den komplementären Blockplan $\overline{\Pi}$ sind. Da diese beiden Werte natürliche Zahlen sein müssen, folgt

$$v - 2n - 2 \geq \sqrt{(v - 2n)^2 - 4n(n - 1)}\,;$$

Quadrieren liefert die obere Schranke für v. Weiter gilt $(v - 2n)^2 \geq 4n(n - 1)$ und daher $v - 2n \geq 2n - 1$; man beachte dabei, daß $v \geq 2n$ wegen (1.5) gilt und daß $(2n - 1)^2$ die kleinste Quadratzahl $\geq 4n(n - 1)$ ist. $\square$

Bemerkung 1.6. Auch in (1.4) sind – wie so oft in der Mathematik – die Extremfälle von besonderem Interesse: Die obere Schranke für v wird gerade für die projektiven Ebenen (und ihre Komplemente) angenommen, und die untere Schranke tritt genau für $(4n - 1, 2n - 1, n - 1)$-Blockpläne und ihre Komplemente ein. Derartige Blockpläne heißen *Hadamard-Blockpläne*; sie werden uns in § 3 beschäftigen.

Übung 1.7. Sei Π ein symmetrischer (v, k, λ)-Blockplanmit $v = 4n$. Man zeige, daß n ein Quadrat sein muß und daß die Parameter von Π die Form

$$(1.6) \qquad (v, k, \lambda) = (4u^2, 2u^2 \pm u, u^2 \pm u).$$

haben. Ferner konstruiere man einen $(16,6,2)$-Blockplan, dessen Punkte die Felder eines (4×4)-Schachbretts sind, indem man als Blöcke diejenigen 6-Mengen wählt, die sich – jeweils für ein gegebenes Feld – als die restlichen Felder in derselben Zeile bzw. Spalte des Schachbretts ergeben.

Zum Abschluß dieses einführenden Abschnitts beweisen wir noch ein erstes Nichtexistenz-Resultat, das Schützenberger [1949] wie auch Chowla und Ryser [1950] und Shrikhande [1950] unabhängig voneinander entdeckt haben.

Satz 1.8. *Ein symmetrischer (v, k, λ)-Blockplan Π mit einer geraden Punktezahl v kann nur existieren, falls $n = k - \lambda$ ein Quadrat ist.*

Beweis. Wir verwenden wieder eine Inzidenzmatrix A für Π sowie die Gleichung (1.2). Der Leser möge als Übung nachprüfen, daß

$$\det[(k - \lambda)I + \lambda J] = k^2(k - \lambda)^{v-1}$$

gilt. Mit (1.2) folgt daher

$$(\det A)^2 = (\det A)(\det A^T) = \det AA^T = k^2(k - \lambda)^{v-1}.$$

Also ist $k^2(k - \lambda)^{v-1}$ und somit auch $k - \lambda$ ein Quadrat. $\square$

Beispiel 1.9. Satz 1.8 zeigt, daß es keinen symmetrischen $(22,7,2)$-Blockplan gibt.

2   Der Satz von Bruck, Ryser und Chowla

Dieser tief liegende Satz schließt die Existenz zahlreicher symmetrischer Blockpläne auf einer ungeraden Anzahl von Punkten aus und besagt insbesondere, daß es für unendlich viele n keine projektive Ebene der Ordnung n gibt, siehe Satz IX.2.6; er wurde zunächst im Spezialfall projektiver Ebenen (also $\lambda = 1$) von Bruck und Ryser [1949] bewiesen und dann von Chowla und Ryser [1950] auf beliebige λ verallgemeinert. Wir geben hier einen besonders einfachen Beweis an, der unabhängig voneinander von Ryser [1982] und Lenz [1983] gefunden wurde.

Für unseren Beweis benötigen wir den folgenden, ebenfalls tief liegenden Satz aus der Zahlentheorie, für dessen Beweis wir auf Hardy und Wright [1938], Herstein [1964] oder Ireland und Rosen [1990] verweisen.

Satz 2.1 (Satz von Lagrange). *Jede natürliche Zahl n läßt sich als Summe von höchstens vier Quadraten natürlicher Zahlen schreiben.*   □

Weiterhin sind einige Resultate über quadratische Formen notwendig, die aus der Linearen Algebra bekannt sind (oder sein sollten), die wir aber trotzdem kurz wiederholen wollen. Sei $V = K^n$ der n-dimensionale Vektorraum über einem Körper K mit Charakteristik $\neq 2$. Eine *quadratische Form* ist eine Abbildung $x \mapsto x^T G x$ von V nach K, wobei G eine symmetrische $(n \times n)$-Matrix über K ist; die Form heißt *ausgeartet*, falls $\det G = 0$ gilt. Zwei quadratische Formen und die zugehörigen Matrizen G, H heißen *äquivalent* (in Symbolen: $G \cong H$), falls es eine invertierbare $(n \times n)$-Matrix S über K gibt, für die $H = S^T G S$ gilt; man beachte $\det H = (\det S)^2 \cdot \det G$. Jede symmetrische reelle Matrix ist zu einer Diagonalmatrix äquivalent. Es gilt das folgende einfache

Lemma 2.2. *Für reelle Matrizen folgt aus*

$$G = \left(\begin{array}{c|c} H & \begin{array}{c} a_1 \\ \vdots \\ a_{n-1} \end{array} \\ \hline a_1 \ldots a_{n-1} & a_n \end{array} \right)$$

und $\det H \neq 0$, *daß*

$$(2.1) \qquad G \cong \left(\begin{array}{c|c} H & \begin{array}{c} 0 \\ \vdots \\ 0 \end{array} \\ \hline 0\,0 \ldots 0 & x \end{array} \right)$$

mit $x = \frac{\det G}{\det H}$ *oder mit* $x = \det G \cdot \det H$ *gilt, da man eine ähnliche Matrix erhält, wenn man* x *durch* $c^2 x$ *mit beliebigem* $c \neq 0$ *ersetzt.* $\square$

Weiterhin benötigen wir das folgende fundamentale Resultat von Witt [1937]; einen Beweis findet man beispielsweise bei Artin [1957] oder Jacobson [1974].

Satz 2.3 (Wittscher Kürzungssatz). *Es sei* $c \neq 0$, *und es gelte*

$$\mathrm{diag}(a_1, \ldots, a_n, c) \cong \mathrm{diag}(b_1, \ldots, b_n, c).$$

Dann folgt

$$\mathrm{diag}(a_1, \ldots, a_n) \cong \mathrm{diag}(b_1, \ldots, b_n).$$ $\square$

Im unserem Beweis wird der folgende Hilfssatz ebenfalls eine Schlüsselrolle spielen:

Lemma 2.4. *Über* $K = \mathbb{Q}$ *gilt für jede natürliche Zahl* n

$$\mathrm{diag}(n, n, n, n) \cong \mathrm{diag}(1, 1, 1, 1) = I_4.$$

Beweis. Nach Satz 2.1 gibt es $a, b, c, d \in \mathbb{Z}$ mit $n = a^2 + b^2 + c^2 + d^2$. Dann erfüllt die Matrix

$$S = \begin{pmatrix} a & b & c & d \\ b & -a & d & -c \\ c & -d & -a & b \\ d & c & -b & -a \end{pmatrix}$$

die Gleichung $SS^T = \mathrm{diag}(n, n, n, n)$, woraus die Behauptung folgt. $\square$

Lemma 2.5. *Es sei* A *eine rationale* $(v \times v)$-*Matrix, die die Gleichung* (1.2) *erfüllt, wobei* $k > \lambda$ *gelte und* v *ungerade sei. Dann hat die diophantische Gleichung*

$$(2.2) \qquad\qquad x^2 = (k - \lambda)y^2 + (-1)^{(v-1)/2}\lambda z^2$$

eine nichttriviale Lösung $(x, y, z) \in \mathbb{Q}^3 \setminus \{(0, 0, 0)\}$ *und somit auch eine nichttriviale Lösung in ganzen Zahlen.*

Beweis. Die Gültigkeit der Gleichung (1.2) besagt gerade

$$(2.3) \qquad\qquad I \cong (k - \lambda)I + \lambda J =: H.$$

Wir definieren nun zwei $((v + 1) \times (v + 1))$-Matrizen

$$D = \mathrm{diag}(n, n, \ldots, n, \lambda) \quad \text{mit } n = k - \lambda$$

und

$$S = \left(\begin{array}{ccc|c} & & & 0 \\ & I_v & & \vdots \\ & & & 0 \\ \hline 1 \ 1 & \ldots & 1 & 1 \end{array} \right).$$

Eine kurze Rechnung zeigt

$$S^T D S = \left(\begin{array}{ccc|c} & & & \lambda \\ & H & & \vdots \\ & & & \lambda \\ \hline \lambda \ \lambda & \ldots & \lambda & \lambda \end{array} \right).$$

Nun gilt $\det D = n^v \lambda$, wobei v ungerade ist; weiterhin ist $\det H = \det AA^T$ ein Quadrat. Mit Lemma 2.2 folgt

$$D \cong \left(\begin{array}{ccc|c} & & & 0 \\ & H & & \vdots \\ & & & 0 \\ \hline 0 \ 0 & \ldots & 0 & n\lambda \end{array} \right)$$

und dann wegen (2.3)

(2.4) $D = \operatorname{diag}(n, \ldots, n, \lambda) \cong \operatorname{diag}(1, \ldots, 1, n\lambda)$.

Der Rest des Beweises wird sich nun leicht aus dem Wittschen Kürzungssatz zusammen mit Lemma 2.4 ergeben. Wir unterscheiden dabei zwei Fälle.

Fall 1. $v \equiv 1 \pmod 4$.

Nach Lemma 2.4 gilt dann die folgende Kongruenz der Länge $v + 1$:

(2.5) $\operatorname{diag}(n, \ldots, n, n, \lambda) \cong \operatorname{diag}(1, \ldots, 1, n, \lambda)$.

Die rechten Seiten von (2.4) und (2.5) haben $v - 1$ Diagonaleinträge 1 gemein, die wir nach Satz 2.3 kürzen können; wir erhalten

$$\operatorname{diag}(1, n\lambda) \cong \operatorname{diag}(n, \lambda).$$

Es gibt also eine invertierbare Matrix

$$A = \left(\begin{array}{cc} a & b \\ c & d \end{array} \right) \quad \text{mit } A^T \left(\begin{array}{cc} n & 0 \\ 0 & \lambda \end{array} \right) A = \left(\begin{array}{cc} 1 & 0 \\ 0 & n\lambda \end{array} \right);$$

daraus folgt $na^2 + \lambda c^2 = 1$, womit wir die gewünschte Lösung von (2.2) gefunden haben.

Fall 2. $v \equiv 3 \pmod 4$.

Nach Lemma 2.4 gilt diesmal die Kongruenz

$$(2.6) \qquad \operatorname{diag}(n, \ldots, n, n, n, n, \lambda) \cong \operatorname{diag}(1, \ldots, 1, n, n, n, \lambda).$$

Die rechten Seiten von (2.4) und (2.6) haben nun $v - 3$ Diagonaleinträge 1 gemein, und wir erhalten aus Satz 2.3

$$\operatorname{diag}(1, 1, 1, n\lambda) \cong \operatorname{diag}(n, n, n, \lambda).$$

Hieraus folgt unmittelbar

$$\operatorname{diag}(1, 1, 1, n, n\lambda) \cong \operatorname{diag}(n, n, n, n, \lambda) \cong \operatorname{diag}(1, 1, 1, 1, \lambda)$$

und somit

$$\operatorname{diag}(n, n\lambda) \cong \operatorname{diag}(1, \lambda).$$

Dieselbe Argumentation wie zuvor ergibt diesmal $na^2 + n\lambda c^2 = 1$, womit wir wieder eine Lösung von (2.2) gefunden haben, nämlich

$$(na)^2 = n \cdot 1^2 - \lambda(nc)^2. \qquad \square$$

Da die Inzidenzmatrix eines symmetrischen (v, k, λ)-Blockplans die Gleichung (1.2) erfüllt, ergibt sich aus Lemma 2.5 unmittelbar das gewünschte Existenzkriterium:

Satz 2.6 (Bruck–Ryser–Chowla–Theorem). *Ein symmetrischer (v, k, λ)- Blockplan mit ungeradem $v > k$ kann nur existieren, falls die diophantische Gleichung (2.2) eine nichttriviale Lösung in ganzen Zahlen hat.* $\qquad \square$

Für praktische Zwecke ist es leichter, das Kriterium in der folgenden Version von Satz 2.6 anzuwenden:

Korollar 2.7. *Es gebe einen symmetrischen (v, k, λ)-Blockplan, wobei $v > k$ ungerade sei. Seien λ' und n' der quadratfreie Teil von λ bzw. $n = k - \lambda$. Falls es eine ungerade Primzahl p gibt, die n' aber nicht λ' teilt, muß $(-1)^{\frac{v-1}{2}} \lambda'$ ein Quadrat in $\mathbb{Z}_p$ sein.*

Beweis. Eine Lösung der Gleichung (2.2) ergibt unmittelbar eine Lösung von

$$\tilde{x}^2 = n'\tilde{y}^2 + (-1)^{\frac{v-1}{2}}\lambda'\tilde{z}^2;$$

Reduktion modulo p liefert dann die Behauptung. $\qquad \square$

Beispiel 2.8. Wir verwenden Korollar 2.7 mit $p = 3$, um die Existenz eines symmetrischen (29,8,2)-Blockplans auszuschließen: 2 ist kein Quadrat in $\mathbb{Z}_3$. Dagegen wäre eine direkte Anwendung von Satz 2.6 deutlich mühsamer.

Im Spezialfall $\lambda = 1$ ergibt sich nun leicht der bereits in §IX.2 formulierte

Satz 2.9. *Sei* $n \in \mathbb{N}$ *mit* $n \equiv 1$ (mod 4) *oder* $n \equiv 2$ (mod 4). *Wenn der quadratfreie Teil von* n *einen Primteiler* $q \equiv 3$ (mod 4) *hat, gibt es keine projektive Ebene der Ordnung* n.

Beweis. Es ist $(v - 1)/2 = (n^2 + n)/2 \equiv 1 \,(\mathrm{mod}\ 2)$ wegen $n \equiv 1$ oder $2\,(\mathrm{mod}\ 4)$. Andererseits kann -1 wegen der Voraussetzung $p \equiv 3$ (mod 4) kein Quadrat in $GF(p)$ sein, siehe Übung III.3.10. Die Behauptung folgt daher aus Korollar 2.7. □

Übung 2.10. Man schließe die Existenz von symmetrischen Blockplänen mit Parametern (46,10,2), (67,12,2) und (43,15,5) aus.

Noch eine Bemerkung: Abgesehen vom Fall $\lambda = 1$ (also dem Fall projektiver Ebenen) ist für keinen Wert von λ eine unendliche Serie symmetrischer Blockpläne bekannt. Marshall Hall hat vermutet, daß es in der Tat für jedes feste λ nur endlich viele symmetrische (v, k, λ)-Blockpläne gibt; leider hatte bislang niemand eine Idee, wie man dies beweisen könnte.

3 Hadamardmatrizen und Blockpläne

Neben den projektiven Ebenen sind die in Bemerkung 1.6 eingeführten Hadamard-Blockpläne wohl die wichtigste Familie symmetrischer Blockpläne; sie tragen ihren Namen, da sie zu den sogenannten Hadamard-Matrizen äquivalent sind, die wiederum so heißen, weil sie die berühmte Ungleichung von Hadamard [1893] mit Gleichheit erfüllen. Wir erinnern hier nur kurz an dieses Resultat aus der Linearen Algebra, das wir in §9 beweisen werden.

Satz 3.1 (Hadamardsche Ungleichung). *Sei* A *eine komplexe* $(m \times m)$- *Matrix mit von* 0 *verschiedenen Zeilen* $a_1, \ldots, a_m$. *Dann gilt*

$$(3.1) \qquad\qquad |\det A| \leq \|a_1\| \cdot \ldots \cdot \|a_m\|$$

mit Gleichheit genau dann, wenn je zwei verschiedene Zeilen von A *Skalarprodukt* 0 *haben.* □

Korollar 3.2. *Jede reelle* $(m \times m)$-*Matrix* $H = (h_{ij})$ *mit Einträgen vom Betrag* $|h_{ij}| \leq 1$ *erfüllt* $|\det H| \leq m^{m/2}$. *Diese Schranke wird genau dann angenommen, wenn* H *nur Einträge* ± 1 *hat und*

$$(3.2) \qquad\qquad\qquad H H^T = H^T H = mI$$

gilt. Jede derartige Matrix heißt eine Hadamard-Matrix *der Ordnung* m.

Beweis. Da alle Einträge Betrag ≤ 1 haben, gilt für $i = 1, \ldots, m$ die Abschätzung

$$(3.3) \qquad\qquad\qquad \|h_i\|^2 = \sum_{j=1}^{m} |h_{ij}|^2 \leq m$$

und damit nach (3.1)

$$(\det H)^2 \leq \prod_{i=1}^{m} \|h_i\|^2 \leq m^m.$$

Der Maximalwert m^m wird dabei genau dann angenommen, wenn je zwei verschiedene Zeilen von H orthogonal zueinander sind und für alle Zeilenindizes i in (3.3) Gleichheit gilt, also wenn $h_{ij} = \pm 1$ für alle i, j ist, womit sich die gewünschte Gleichung (3.2) ergibt. $\qquad\qquad\qquad\qquad\qquad\qquad\qquad\qquad\qquad\qquad\Box$

Beispiel 3.3. Hier sind drei triviale Beispiele von Hadamard-Matrizen:

$$(1), \quad \begin{pmatrix} 1 & 1 \\ 1 & -1 \end{pmatrix}, \quad \begin{pmatrix} -1 & 1 & 1 & 1 \\ 1 & -1 & 1 & 1 \\ 1 & 1 & -1 & 1 \\ 1 & 1 & 1 & -1 \end{pmatrix}.$$

Satz 3.4. *Sei* H *eine Hadamard-Matrix der Ordnung* $m \neq 1, 2$. *Dann ist* m *ein Vielfaches von 4, etwa* $m = 4n$. *Die Existenz einer solchen Hadamard-Matrix ist zu der eines symmetrischen* $(4n - 1, 2n - 1, n - 1)$-*Blockplans, also eines Hadamard-Blockplans der Ordnung* n, *äquivalent.*

Beweis. Wenn wir beliebige Zeilen oder Spalten von H mit -1 multiplizieren, ändert sich nichts an der definierenden Gleichung (3.2). Daher können wir o.B.d.A. annehmen, daß alle Einträge in der ersten Zeile und der ersten Spalte $+1$ sind. Jede andere Zeile muß dann genau $m/2$ Einträge $+1$ enthalten, da sie ja zur ersten Zeile orthogonal ist; wir können also $m = 2s$ schreiben. Wir betrachten nun die i-te und die j-te Zeile von H, wobei $i, j \geq 2$ und $i \neq j$ sei, und bezeichnen mit x, y, z, w die Anzahl der Spalten k mit $h_{ik} = h_{jk} = +1$; $h_{ik} = +1$ und $h_{jk} = -1$; $h_{ik} = -1$

und $h_{jk} = +1$; bzw. $h_{ik} = h_{jk} = -1$. Die paarweise Orthogonalität der Zeilen $1, i, j$ liefert dann das Gleichungssystem

$$(3.4) \qquad \begin{aligned} x + y + z + w &= 2s \\ x + y \phantom{{}+ z + w} &= s \\ x + z \phantom{{}+ w} &= s \\ x - y - z + w &= 0 \end{aligned}$$

mit der eindeutigen Lösung $x = y = z = w = s/2$. Insbesondere ist s gerade, also m durch 4 teilbar, etwa $m = 4n$. Es sei nun $A = (a_{ij})$ diejenige Matrix, die aus H durch Streichen der ersten Zeile und Spalte entsteht. Wir wählen die Zeilen und Spalten von A als Punkte bzw. Blöcke und sagen genau dann, daß der i-te Punkt und die k-te Spalte inzident sind, wenn $h_{ik} = +1$ gilt. Man sieht nun leicht, daß man so den gesuchten Hadamard-Blockplan erhält (mit A als ±1-Inzidenzmatrix): Jede außer der ersten Spalte von H muß genau $2n$ Einträge $+1$ enthalten, da sie ja zur ersten Spalte orthogonal ist, womit dann jeder Block genau $2n - 1$ Punkte hat; und wegen $x = n$ haben je zwei Punkte genau $n - 1$ Verbindungsblöcke.

Umgekehrt sei ein symmetrischer $(4n - 1, 2n - 1, n - 1)$-Blockplan Π gegeben; wir bezeichnen dann mit A seine ±1-Inzidenzmatrix (die aus der üblichen Inzidenzmatrix durch Ersetzen aller Einträge 0 durch -1 hervorgeht) und fügen eine Zeile und Spalte mit lauter Einträgen $+1$ hinzu, um die gesuchte $(4n \times 4n)$-Hadamard-Matrix zu erhalten. Die Einzelheiten seien dem Leser überlassen. $\square$

Beispiel 3.5. Die klassischen symmetrischen Blockpläne $PG_{n-1}(n, 2)$ aus Beispiel 1.4 sind für $q = 2$ Hadamard-Blockpläne mit Parametern

$$v = 2^{n+1} - 1, \quad k = 2^n - 1 \quad \text{und} \quad \lambda = 2^{n-1} - 1;$$

es gibt also Hadamard-Matrizen der Ordnung 2^a für alle $a \in \mathbb{N}$.

Wir konstruieren nun weitere Beispiele, indem wir geeignete Differenzmengen angeben, vergleiche Korollar X.2.5.

Satz 3.6. *Es sei q eine Primzahlpotenz der Form $q = 4n - 1$. Dann ist die Menge D der Quadrate in $GF(q)^*$ eine $(4n - 1, 2n - 1, n - 1)$-Differenzmenge in der additiven Gruppe G von $GF(q)$. Insbesondere existiert eine Hadamard-Matrix der Ordnung $q + 1$.*

Beweis. Nach Übung III.3.10 gilt $|D| = 2n - 1$. Nun hängt die Anzahl der Differenzdarstellungen eines Elementes $x \in G$ nur davon ab, ob x zu D gehört, da

$$x = d - d' \text{ mit } d, d' \in D \iff sx = sd - sd' \text{ mit } sd, sd' \in D$$

für beliebige Quadrate s gilt. Wegen $q \equiv 3 \pmod 4$ ist -1 kein Quadrat, siehe
Übung III.3.10; somit zeigt die triviale Beobachtung

$$x = d - d' \text{ mit } d, d' \in D \iff -x = d' - d \text{ mit } d', d \in D,$$

daß Quadrate und Nicht-Quadrate dieselbe Anzahl von Differenzdarstellungen haben, D also eine Differenzmenge ist. Der Wert des Parameters λ ergibt sich dann
sofort aus (1.1). $\square$

Satz 3.6 geht im wesentlichen auf Paley [1933] zurück, der die entsprechenden
Hadamard-Matrizen konstruiert hat, weswegen diese Differenzmengen als *Paley-
Differenzmengen* bezeichnet werden. Paley konnte auch das folgende Resultat erzielen, für dessen – merklich komplizierteren – Beweis wir auf Beth, Jungnickel
und Lenz [1999,§ I.9] verweisen.

Satz 3.7. *Es sei q eine Primzahlpotenz der Form $q = 4n + 1$. Dann gibt es einen
symmetrischen $(8n + 3, 4n + 1, 2n)$-Blockplan, also eine Hadamard-Matrix der
Ordnung $2(q + 2)$.* $\square$

Mehr Beispiele von Hadamard-Matrizen liefern das folgende Kompositions-
verfahren sowie eine weitere Konstruktion von Differenzmengen, die wir als nicht
ganz leichte Übung angeben; siehe Stanton und Sprott [1958] oder Beth, Jungnickel
und Lenz [1999, Theorem VI.8.2].

Lemma 3.8. *Falls es Hadamard-Matrizen der Ordnungen m und m' gibt, existiert
auch eine Hadamard-Matrix der Ordnung mm'.*

Beweis. Seien $H = (h_{ij})$ und $H' = (h'_{kl})$ die gegebenen Hadamard-Matrizen.
Dann ist das *Kronecker-Produkt*

$$H \otimes H' = \begin{pmatrix} h_{11}H' & h_{12}H' & \dots & h_{1m}H' \\ \vdots & \vdots & & \vdots \\ h_{m1}H' & h_{m2}H' & \dots & h_{mm}H' \end{pmatrix}$$

von H mit H' die gesuchte Hadamard-Matrix der Ordnung mm', wie man leicht
nachrechnet. $\square$

Übung 3.9. Es seien q und $q + 2$ zwei ungerade Primzahlpotenzen. Man erklärt
den *quadratischen Charakter* χ auf $GF(q)$ durch

$$(3.5) \qquad \chi(x) = \begin{cases} 1 & \text{falls } x \neq 0 \text{ ein Quadrat ist} \\ 0 & \text{für } x = 0 \\ -1 & \text{falls } x \text{ kein Quadrat ist.} \end{cases}$$

Man zeige, daß die durch

$$\{(x, y) \mid x \in GF(q)^*, \; y \in GF(q+2)^*, \; \chi(x) = \chi(y)\} \cup \{(x, 0) \mid x \in GF(q)\}$$

definierte Menge $D \subset (GF(q), +) \oplus (GF(q+2), +)$ eine $(4n-1, 2n-1, n-1)$-Differenzmenge mit $n = (q+1)^2/4$ ist.

Hinweis: Man verwende die Tatsache, daß die Elemente $\neq 0$ in D eine multiplikative Gruppe M mit $MD = D$ im Ring $GF(q) \oplus GF(q+2)$ bilden, und argumentiere ähnlich wie im Beweis von Satz 3.6.

Es gibt zahlreiche weitere Konstruktionen für Hadamard-Matrizen sowie eine umfangreiche Literatur. Wir verweisen insbesondere auf die Monographien von Wallis, Street und Wallis [1972], Geramita und Seberry [1979] und Agaian [1985] sowie den Übersichtsartikel von Seberry und Yamada [1992]. Ausführliche Tabellen zur Existenz von (speziellen Typen von) Hadamard-Matrizen findet man bei Colbourn und Dinitz [1996]. Hadamard-Matrizen sind auch in zahlreichen Anwendungen wichtig, die von der Statistik, siehe Raghavarao [1971], über die Codierungstheorrie, siehe MacWilliams und Sloane [1978] sowie Zinoviev [1996], und die Nachrichtentechnik, siehe Posner [1969], bis zur Optik reichen, siehe Harwit und Sloane [1979].

Von besonderem Interesse sind Hadamard-Matrizen, für die alle Zeilen und Spalten eine konstante Anzahl von Einträgen $+1$ enthalten; solche Hadamard-Matrizen heißen *regulär*. Mit ähnlichen Argumenten wie im Beweis von Satz 3.4 erhält man den folgenden Satz, dessen Beweis eine gute Übung ist bzw. bei Beth, Jungnickel und Lenz [1999, Proposition II.3.14] nachgelesen werden kann:

Satz 3.10. *Sei H eine reguläre Hadamard-Matrix der Ordnung $4n$. Dann ist n ein Quadrat, etwa $n = u^2$. Die Existenz einer solchen Hadamard-Matrix ist zu der eines symmetrischen Blockplans mit Parametern (1.6) äquivalent, siehe Übung 1.7.*

$\square$

Wir geben eine Konstruktion entsprechender Differenzmengen mit gruppentheoretischen Methoden an, die von Dillon [1974] stammt; weitere Beispiele werden wir im nächsten Abschnitt kennenlernen.

Lemma 3.11. *Sei G eine Gruppe der Ordnung $4u^2$, die u paarweise disjunkte Untergruppen der Ordnung $2u$ enthält, also Untergruppen $U_1, \ldots, U_u$ mit $U_i \cap U_j = \{0\}$ für $i \neq j$. Dann ist*

$$D = (U_1 \cup \cdots \cup U_u) \setminus \{0\}$$

eine Differenzmenge mit Parametern (1.6).

Beweis. Offensichtlich hat D Mächtigkeit $u(2u-1)=2u^2-u$. Wir müssen noch $\lambda = u^2 - u$ nachweisen. Da die gebenenen Untergruppen paarweise disjunkt sind, gilt

$$(3.6) \qquad (u_i - u_j \mid u_i \in U_i,\, u_j \in U_j) = G \quad \text{für } i \neq j.$$

Dies zeigt sofort, daß jedes Element $x \notin D$ genau $u(u-1)=\lambda$ Darstellungen als Differenz zweier Elemente in D hat. Sei nun $x \in D$, etwa $x \in U_1$. Dann müssen wir in (3.6) $i,j \neq 1$ verlangen, da sonst eines der beiden beteiligten Elemente in der Differenzdarstellung von x das entfernte neutrale Element 0 ist, womit wir zunächst nur $(u-1)(u-2)$ Darstellungen vom Typ (3.6) erhalten. Dafür hat x dann aber noch $2u - 2$ Differenzdarstellungen der Form $x = u - v$ mit $u, v \in U_1 \setminus \{0\}$, womit sich insgesamt wieder λ Differenzdarstellungen ergeben. $\qquad\square$

Beispiel 3.12. Sei $G = \mathbb{Z}_6 \oplus \mathbb{Z}_6$. Dann sind

$$U_1 = \{0\} \oplus \mathbb{Z}_6, \quad U_2 = \mathbb{Z}_6 \oplus \{0\} \quad \text{und} \quad U_3 = \{(x,x) \mid x \in \mathbb{Z}_6\}$$

drei paarweise disjunkte Untergruppen; es gibt also eine (36,15,6)-Differenzmenge und daher auch eine reguläre Hadamard-Matrix der Ordnung 36.

Übung 3.13. Sei G die additive Gruppe des Vektorraums $GF(q)^2$ für $q = 2^m$. Man verwende $q/2$ Geraden von $AG(2,q)$ durch den Ursprung $(0,0)^T$, um $q/2$ paarweise disjunkte Untergruppen von G zu konstruieren (siehe Übung 9.5). Wenn u eine Potenz von 2 ist, gibt es also stets eine Differenzmenge mit Parametern (1.6) und daher auch eine reguläre Hadamard-Matrix der Ordnung $4u^2$.

Leider sind dies schon nahezu alle Fälle, in denen man Lemma 3.11 anwenden kann, siehe Beth, Jungnickel und Lenz [1999, § VI.9] und die dort zitierte Literatur.

Drei der großen ungelösten Vermutungen in der Kombinatorik betreffen Hadamard-Matrizen:

- Für jede natürliche Zahl n gibt es eine Hadamard-Matrix der Ordnung $4n$ (*Hadamard matrix conjecture*).

- Für jede natürliche Zahl u gibt es eine reguläre Hadamard-Matrix der Ordnung $4u^2$ (*regular Hadamard matrix conjecture*).

- Für keine natürliche Zahl $n \neq 1$ gibt es eine zirkulante Hadamard-Matrix der Ordnung $4n$ (*circulant Hadamard matrix conjecture*). (Man beachte, daß die anfangs angegebene Hadamard-Matrix der Ordnung 4 zirkulant ist.)

Für die erste dieser Vermutungen sind die kleinsten offenen Fälle derzeit die Existenz von Hadamard-Matrizen der Ordnungen 428, 668 und 716. Wir erwähnen das folgende bemerkenswerte Ergebnis von Craigen, Holzmann und Kharaghani [1997]: Für jede ungerade Zahl t gibt es eine Hadamard-Matrix der Ordnung $4n$ mit $n = 2^s t$, sobald

$$s \geq 4 \left\lfloor \frac{\log_2(t-1)}{10} \right\rfloor + 6$$

gilt. Hinsichtlich der zweiten Vermutung gibt es ein ähnliches asymptotisches Resultat, siehe Craigen und Kharaghani [1994]. Weiterhin konnten vor einigen Jahren Differenzmengen mit Parametern (1.6) für alle Quadrate u konstruiert werden, womit es also für jede natürliche Zahl u eine reguläre Hadamard-Matrix der Ordnung $4u^4$ gibt; der außerordentlich aufwendige Beweis ist bei Beth, Jungnickel und Lenz [1999, Chapter VI] dargestellt, wo auch ausführliche Literaturhinweise zu finden sind.

Die dritte und letzte Vermutung ist – wie man ohne Schwierigkeiten sieht – zur Nichtexistenz von zyklischen Differenzmengen mit Parametern (1.6) äquivalent. Nach zwei fundamentalen Arbeiten von Turyn [1965,1969] passierte lange Zeit gar nichts (abgesehen von einigen inkorrekten „Beweisen"), bis schließlich Schmidt [1999] bahnbrechende Fortschritte erzielen konnte; bis auf zwei mögliche Ausnahmen ist die Nichtexistenz jetzt für alle $v = 4u^2 \leq 10^{11}$ bewiesen. Man vergleiche zu Schmidts völlig neuen Methoden, die auch in vielen anderen Situationen anwendbar sind, Beth, Jungnickel und Lenz [1999, §VI.16] sowie Schmidt [2001,2002] und Leung, Ma und Schmidt [2003].

4 Eine rekursive Konstruktion

In den letzten Jahren ist es gelungen, mittels rekursiver Methoden zahlreiche neue symmetrische Blockpläne und Differenzmengen zu konstruieren. Dabei sind insbesondere die fundamentale Arbeit von Davis und Jedwab [1997] zur Konstruktion von Differenzmengen mit ggT$(v, n) \neq 1$ sowie eine Serie von Arbeiten von Ionin zu nennen, von denen Ionin [1999], wo man sieben unendliche Serien symmetrischer Blockpläne findet, besonders interessant ist; eine noch weitergehende Vereinheitlichung stammt von bei Ionin und Shrikhande [2003]. Diese Ergebnisse sind allerdings technisch viel zu anspruchsvoll, um in einem einführenden Text dargestellt zu werden. Die Davis-Jedwab-Theorie findet man in allen Einzelheiten auch bei Beth, Jungnickel und Lenz [1999, Chapter VI]; eine ausführliche Monographie über symmetrische Blockpläne ist in Vorbereitung, siehe Ionin und Shrikhande [2004].

Wir werden hier lediglich eine ältere, verhältnismäßig einfache rekursive Konstruktion für symmetrische Blockpläne darstellen, die aber einen ersten Eindruck von den verwendeten Methoden gibt: Man bastelt aus kleineren symmetrischen

Blockplänen (die hier trivial sind, im allgemeinen aber nicht) sowie anderen Hilfs-strukturen (hier geeigneten Matrizen, die man aus sogenannten affinen Blockplänen erhält, im allgemeinen meist aus sogenannten „balanced generalised weighing ma-trices") neue, wesentlich größere symmetrische Blockpläne. Die von uns behan-delte Konstruktion geht auf Wallis [1971] zurück, der sie in graphentheoretischer Sprechweise formuliert hat. Wie schon angedeutet, benötigen wir zunächst einen weiteren Begriff:

Definition 4.1. Sei $\Pi = (V, \mathcal{B}, I)$ ein auflösbarer (v, k, λ)-Blockplan. Π heißt *affin auflösbar* oder kurz ein *affiner Blockplan*, wenn sich je zwei nicht-parallele Blöcke in einer konstanten Anzahl μ von Punkten schneiden.[1]

Beispiel 4.2. Die klassischen Beispiele von affinen Blockplänen sind die aus den affinen Räumen gewonnenen Blockpläne $AG_{n-1}(n, q)$, siehe Beispiel X.1.4. Hier gilt $\mu = q^{n-2}$, da sich je zwei nicht-parallele Hyperebenen von $AG(n, q)$ in einem affinen Unterraum der Dimension $n - 2$ schneiden.

Wir verwenden nun Hadamard-Blockpläne, um eine weitere Klasse von Bei-spielen zu konstruieren:

Beispiel 4.3. Seien $\Pi = (V, \mathcal{B}, \in)$ ein $(4n - 1, 2n - 1, n - 1)$-Blockplan und $\infty \notin V$. Wir setzen $\tilde{\Pi} = (\tilde{V}, \tilde{\mathcal{B}}, \in)$ mit $\tilde{V} = V \cup \{\infty\}$ und

$$\tilde{\mathcal{B}} = \{B \cup \{\infty\} \mid B \in \mathcal{B}\} \cup \{V \setminus B \mid B \in \mathcal{B}\}$$

und zeigen, daß $\tilde{\Pi}$ ein affiner $(4n, 2n, 2n - 1)$-Blockplan ist. Trivialerweise haben alle Blöcke Mächtigkeit $2n$. Da Π Replikationszahl $r = 2n - 1$ hat, liegen ein beliebiger Punkt $p \in V$ und ∞ in genau $\tilde{\lambda} = 2n - 1$ Blöcken in $\tilde{\mathcal{B}}$. Seien nun zwei verschiedene Punkte $p, q \in V$ gegeben. Weil der komplementäre Blockplan $\overline{\Pi}$ von Π nach Übung 1.4 ein $(4n - 1, 2n, n)$-Blockplan ist, liegen p und q offenbar in genau $(n - 1) + n = 2n - 1$ Blöcken in $\tilde{\mathcal{B}}$.

Es bleibt zu zeigen, daß $\tilde{\Pi}$ affin auflösbar ist. Jeder Block $B \in \mathcal{B}$ liefert eine Parallelklasse $\{B \cup \{\infty\}, V \setminus B\}$, womit $\tilde{\Pi}$ jedenfalls auflösbar ist. Mit Fallunter-scheidung sieht man nun leicht, daß je zwei nicht-parallele Blöcke sich in genau $\mu = n$ Punkten schneiden: Das folgt direkt aus Satz 1.2, falls entweder beide oder aber keiner der beiden Blöcke ∞ enthalten, weil sowohl Π als auch $\overline{\Pi}$ symmetri-sche Blockpläne sind. Wenn schließlich zwei nicht-parallele Blöcke $B \cup \{\infty\}$ und

---

[1] Im Falle eines affinen Blockplans ist also, ähnlich wie in affinen Ebenen, der Parallelismus eindeutig bestimmt: Zwei verschiedene Blöcke sind genau dann parallel, wenn sie sich nicht schneiden. Dagegen kann ein Blockplan im allgemeinen durchaus verschiedene Parallelismen zulassen; beispielsweise haben die Blockpläne $AG_1(n, q)$ stets einen vom natürlichen Parallelismus verschiedenen Parallelismus, wie Fuji-Hara und Vanstone [1987] gezeigt haben.

$V \setminus C$ gegeben sind, so schneidet $B \cup \{\infty\}$ den Block $C \cup \{\infty\}$ in genau n Punkten, womit $|(B \cup \{\infty\}) \cap (V \setminus C)| = 2n - n = n$ folgt.

Der Blockplan $\tilde{\Pi}$ hat in Wirklichkeit noch stärkere Regularitätseigenschaften, da er sogar ein sogenanntes 3-Design ist: Je drei Punkte liegen in gleich vielen (nämlich $n-1$) Blöcken. Wir benötigen dieses Resultat, dessen Beweis man etwa bei Beth, Jungnickel und Lenz [1999, Theorem I.9.9] findet, jedoch nicht.

Man kann nun einige interessante kombinatorische Eigenschaften affiner Blockpläne zeigen. Wir benötigen nur den folgenden Satz von Bose [1942], der mit uns schon bekannten Methoden bewiesen werden kann; hierfür und für weitere Ergebnisse verweisen wir auf Beth, Jungnickel und Lenz [1999, § II.8].

Satz 4.4. *Sei* $\Sigma = (V, \mathcal{B}, \in)$ *ein auflösbarer* (v, k, λ)-*Blockplan. Dann gilt*

$$(4.1) \qquad b \geq v + r - 1 \quad \text{bzw. äquivalent dazu} \quad r \geq k + \lambda.$$

Ferner hat man genau dann Gleichheit in (4.1), *wenn* Σ *ein affiner Blockplan ist. In diesem Fall haben die Parameter von* Π *die folgende Form:*

$$(4.2) \qquad k = s\mu, \quad v = s^2\mu, \quad \lambda = \frac{s\mu - 1}{s - 1}, \quad r = \frac{s^2\mu - 1}{s - 1} \quad \text{und} \quad b = sr.$$

Man kann also alle Parameter durch s *und* μ *ausdrücken, wobei* s *die Mächtigkeit der Parallelklassen von* Σ *ist; man bezeichnet* Σ *kurz als ein* $A_\mu(s)$. $\qquad \Box$

Die Beispiele 4.2 und 4.3 liefern alle bekannten Parameter-Paare (s, μ) für affine Blockpläne. Wir können nun den bereits angekündigten Satz von Wallis [1971] beweisen; der einfachere Beweis, den wir hier darstellen wollen, stammt von Lenz und Jungnickel [1979].

Satz 4.5. *Wenn es einen affinen* (v, k, λ)-*Blockplan* $\Sigma = (V, \mathcal{B}, \in)$ *gibt, so existiert auch ein symmetrischer Blockplan* $\Pi = (V', \mathcal{B}', \in)$ *mit Parametern*

$$(4.3) \qquad v' = (r + 1)v, \quad k' = kr \quad \text{und} \quad \lambda' = k\lambda.$$

Beweis. Wir numerieren die Punkte und Parallelklassen von Σ als $p_1, \ldots, p_v$ bzw. $\mathcal{P}_1, \ldots, \mathcal{P}_r$ und definieren „Hilfsmatrizen" $M_h = (m_{ij}^h)$ für $h = 1, \ldots, r$ durch

$$m_{ij}^h = \begin{cases} 1 & \text{falls } p_i, p_j \in B \text{ für ein } B \in \mathcal{P}_h \text{ gilt} \\ 0 & \text{sonst.} \end{cases}$$

Die Eigenschaften eines affinen Blockplans liefern dann leicht die folgenden Gleichungen:

$$(4.4) \qquad M_h M_l^T = \begin{cases} \mu J & \text{für } h \neq l \\ k M_h & \text{für } h = l \end{cases}$$

für alle $h, l = 1, \ldots, r$. Wir verwenden nun wieder eine Inzidenzmatrix A für Σ;
dann gilt offenbar $A A^T = \sum_{h=1}^r M_h$ und daher – wie im Beweis von Satz X.1.12 –

$$(4.5) \qquad \sum_{h=1}^r M_h M_h^T = k \sum_{h=1}^r M_h = k(r - \lambda)I + k\lambda J,$$

wobei wir noch (4.4) verwendet haben. Wir schreiben nun M_0 für die 0-Matrix und
bilden die zirkulante Matrix

$$L = \begin{pmatrix} M_0 & M_1 & \ldots & M_r \\ M_1 & M_2 & \ldots & M_0 \\ \vdots & & & \\ M_r & M_0 & \ldots & M_{r-1} \end{pmatrix} = \begin{pmatrix} L_0 \\ L_1 \\ \vdots \\ L_r \end{pmatrix}.$$

Unter Verwendung der Gleichungen (4.4) und (4.5) berechnen wir

$$(4.6) \qquad L_h L_l^T = \begin{cases} (r-1)\mu J & \text{für } h \neq l \\ k(r-\lambda)I + k\lambda J & \text{für } h = l. \end{cases}$$

Nun gilt aber $(r-1)\mu = k\lambda$ nach (4.2), weswegen sich aus (4.6) die Gleichung

$$(4.7) \qquad L L^T = k(r-\lambda)I + k\lambda J$$

ergibt. Somit ist L eine Inzidenzmatrix für den gesuchten symmetrischen Blockplan Π.   □

Es sei noch angemerkt, daß man die im Beweis verwendete Matrix L als Inzidenzmatrix eines symmetrischen $(r+1, r, r-1)$-Blockplans deuten kann, wenn
man M_0 mit 0 sowie alle von M_0 verschiedenen Einträge mit 1 identifiziert. Dies
ist hier der – in unserem Fall triviale – zu Grunde liegende „kleine" symmetrische
Blockplan.

Wir verwenden nun unsere Beispiele 4.2 und 4.3 von affinen Blockplänen und
erhalten das folgende

Korollar 4.6. *Es gibt symmetrische Blockpläne mit Parametern*

(4.8) $v = q^{d+1}(q^d + \cdots + q + 2)$, $k = q^d(q^d + \cdots + q + 1)$ *und*

$\lambda = q^d(q^{d-1} + \cdots + q + 1)$

für jede Primzahlpotenz q und jedes $d \in \mathbb{N}$.

(4.9) $v = 16n^2$, $k = 2n(4n - 1)$ *und* $\lambda = 2n(2n - 1)$,

falls eine Hadamard-Matrix der Ordnung 4n existiert.   □

Mit Satz 3.10 ergibt sich aus Korollar 4.6 noch eine weitere interessante Folgerung, nämlich

Korollar 4.7. *Falls eine Hadamard-Matrix der Ordnung 4n existiert, so gibt es auch eine reguläre Hadamard-Matrix der Ordnung $16n^2$.*   □

5 Differenzmengen und Gruppenringe

Wir wenden uns nun Differenzmengen zu. Wie wir aus Korollar X.2.5 wissen – und schon mehrfach verwendet haben – impliziert die Existenz einer (v, k, λ)-Differenzmenge die eines symmetrischen (v, k, λ)-Blockplans. Wir wollen uns als erstes überlegen, daß auch eine geeignete Umkehrung gilt. Dazu zunächst die

Definition 5.1. Sei $\Pi = (V, \mathcal{B}, \in)$ ein symmetrischer (v, k, λ)-Blockplan. Wenn G eine auf den Punkten wie den Blöcken regulär operierende Automorphismengruppe von Π ist, nennt man G eine *Singergruppe* für Π.

Satz 5.2. *Sei D eine (v, k, λ)-Differenzmenge in einer abelschen Gruppe G. Dann ist dev D ein (v, k, λ)-Blockplan, der G als Singergruppe zuläßt. Umgekehrt hat jeder symmetrische Blockplan mit einer Singergruppe eine derartige Darstellung.*

Beweis. Sei zunächst D eine (v, k, λ)-Differenzmenge. Nach Satz X.2.4 wissen wir bereits, daß

$$\text{dev } D = (G, \{D + g \mid g \in G\}, \in)$$

ein symmetrischer (v, k, λ)-Blockplan ist; man beachte dabei, daß hier wegen Satz 1.2 keine wiederholten Blöcke auftreten können und somit die Blöcke tatsächlich eine Menge bilden. Es ist dann klar, daß G per Rechtstranslation als Singergruppe von dev D operiert, wenn wir

$$\tau_g : x \mapsto x + g, \quad D + x \mapsto D + x + g \quad \text{für } g \in G$$

setzen.

Sei nun umgekehrt ein symmetrischer (v, k, λ)-Blockplan Π mit Singergruppe G gegeben. Wir können dann die Punktemenge von Π mit G identifizieren, indem wir ausgehend von einem „Basispunkt" p die Bilder von p unter den Elementen von G durchlaufen. Analog können wir auch die Blöcke als die Bilder eines „Basisblocks" D erhalten, den man dann durch Identifikation seiner Punkte mit den zugehörigen Elementen in G auch als eine Teilmenge von G auffassen kann; damit nehmen alle Blöcke die Form $D + x = \{d + x \mid x \in G\}$ an, wobei x über G läuft. Insgesamt haben wir also Π in die Form dev D gebracht. Daß dabei D eine Differenzmenge sein muß, folgt nun ganz analog zum Beweis von Satz X.2.4. □

Differenzmengen sind also nichts anderes als symmetrische Blockpläne mit einer besonders schönen Gruppe! Aus dem Satz von Singer (Satz IX.5.7) und Übung X.1.4 folgt sofort

Satz 5.3. *Sei q eine Primzahlpotenz und $d > 1$ eine natürliche Zahl. Dann gibt es eine zyklische Differenzmenge mit Parametern*

$$(5.1) \qquad v = \frac{q^{d+1} - 1}{q - 1}, \quad k = \frac{q^d - 1}{q - 1} \ \text{und} \ \lambda = \frac{q^{d-1} - 1}{q - 1}.$$

□

Das wichtigste Problem in der Theorie der Differenzmengen ist die Frage, welche (abelschen) Gruppen derartige Mengen enthalten oder – etwas einfacher, aber immer noch ziemlich aussichtslos – welche Parameter überhaupt auftreten können. Dabei sind wir natürlich nur an nichttrivialen Beispielen interessiert, wir verlangen also $2 \le k \le v - 2$. Man kann derartige Probleme nur mittels algebraischer Methoden angehen; insbesondere benötigt man dazu den Begriff des „Gruppenrings", den wir jetzt einführen wollen.

Seien G eine multiplikativ geschriebene Gruppe und R ein kommutativer Ring mit Einselement 1. Der *Gruppenring* RG besteht aus allen formalen Summen $\sum_{g \in G} a_g g$, wobei die Koeffizienten a_g aus R kommen, zusammen mit den wie folgt definierten Operationen *Addition* ($+$) und *Multiplikation* ($\cdot$):

$$\left(\sum_{g \in G} r_g g \right) + \left(\sum_{g \in G} s_g g \right) = \sum_{g \in G} (r_g + s_g)g;$$

$$\left(\sum_{g \in G} r_g g \right) \cdot \left(\sum_{h \in G} s_h h \right) = \sum_{k \in G} \left(\sum_{\substack{g, h \in G \\ gh = k}} r_g s_h \right) k.$$

Man kann nun durch Nachrechnen überprüfen, daß RG damit in der Tat zu einem Ring wird (der genau dann kommutativ ist, wenn G abelsch ist): RG ist bezüglich der Addition eine abelsche Gruppe mit der Null $0e$ und bezüglich der Multiplikation eine Halbgruppe mit der Eins $1e$, und es gelten die Distributivgesetze; wir haben dabei das neutrale Element der Gruppe G mit e bezeichnet und den Ring R durch die Identifikation $r \leftrightarrow re$ in RG eingebettet. Wir führen nun einige allgemein übliche Konventionen ein, von denen manche zwar streng genommen einen „abuse of notation" darstellen, also nicht ganz korrekt sind, aber wesentlich leichter lesbare Formeln ergeben. Zunächst identifizieren wir die neutralen Elemente für die Multiplikationen in R, G und RG und bezeichnen sie sämtlich als 1; dann schreiben wir für $r \in R$ statt der oben verwendeten Notation re einfach r. Analog ist eine ganze Zahl z in RG als die Summe von z Kopien des gemeinsamen Einselementes 1 von R, G und RG zu interpretieren. Schließlich identifizieren wir noch jede Teilmenge S von G mit der formalen Summe ihrer Elemente in RG und benutzen somit dasselbe Symbol S auch, um dieses Element des Gruppenrings zu bezeichnen:

$$S = \sum_{g \in S} g.$$

Insbesondere wird also die formale Summe aller Gruppenelemente einfach wieder als G geschrieben. Sei nun t eine ganze Zahl; dann schreibt man

(5.2) $$A^{(t)} = \sum_{g \in G} a_g g^t \quad \text{für } A = \sum_{g \in G} a_g g.$$

Weiterhin setzt man eine Abbildung $\alpha : G \to H$ von G in irgendeine Gruppe H wie folgt zu einer linearen Abbildung vom Gruppenring RG in den Gruppenring RH fort:

(5.3) $$\alpha(A) = \sum_{g \in G} a_g \alpha(g) \quad \text{für } A = \sum_{g \in G} a_g g.$$

Schließlich benötigen wir noch die Schreibweisen

(5.4) $$|A| = \sum_{g \in G} a_g \quad \text{und} \quad [A]_g = a_g \quad \text{für } A = \sum_{g \in G} a_g g.$$

Wir können nun die definierende Bedingung einer Differenzmenge in eine Gleichung im ganzzahligen Gruppenring $\mathbb{Z}G$ übersetzen. Natürlich treten dabei statt Differenzen formal Quotienten auf, da wir die zu Grunde liegenden Gruppe G multiplikativ schreiben müssen.

Lemma 5.4. *Eine Teilmenge D einer multiplikativ geschriebenen Gruppe G der Ordnung v ist genau dann eine (v, k, λ)-Differenzmenge, wenn die folgende Gleichung in $\mathbb{Z}G$ gilt:*

(5.5) $$DD^{(-1)} = (k - \lambda) + \lambda G.$$

Beweis. Man beachte zunächst, daß der Koeffizient des neutralen Elementes 1 von G in Gleichung (6.3) k ist, was gerade bedeutet, daß D eine k-Menge ist. Alle anderen Gruppenelemente erscheinen auf der rechten Seite von (6.3) mit Koeffizient λ, und auf der linken Seite dieser Gleichung ist der Koeffizient von $g \in G$ gerade die Anzahl aller Paare $(c, d) \in D$ mit $cd^{-1} = g$. Das zeigt schon unsere Behauptung.

$\square$

Lemma 5.4 erlaubt es nun, das Existenzproblem für Differenzmengen zu untersuchen, indem man die Lösbarkeit der Gleichung (6.3) studiert. Wir werden dafür einige elementare, aber dennoch beeindruckende Beispiele kennenlernen. Ein vertieftes Studium erfordert technisch kompliziertere Hilfsmittel, nämlich sowohl Darstellungstheorie (also für abelsche Gruppen Charaktertheorie) als auch algebraische Zahlentheorie, insbesondere Kreisteilungskörper. Derartige Methoden gehen weit über den Rahmen unseres Buches hinaus; wir verweisen den interessierten Leser auf Beth, Jungnickel und Lenz [1999, Chapter VI] und die dort zitierte Literatur.

Wir beschließen diesen Abschnitt mit drei einfachen Resultaten, die wir später benötigen werden.

Lemma 5.5. *Sei G eine multiplikativ geschriebene abelsche Gruppe der Ordnung v und p eine Primzahl. Dann gilt für jedes $A \in \mathbb{Z}G$ die Kongruenz*

$$A^{(p)} \equiv A^p \pmod{p}.$$

Beweis. Mit $A = \sum_{g \in G} a_g g$ ergibt sich wegen Übung I.2.9

$$A^p = \Big(\sum_{g \in G} a_g g \Big)^p = \sum_{g \in G} a_g^p g^p + pC$$

für ein geeignetes $C \in \mathbb{Z}G$, da alle anderen auftretenden Multinomialkoeffizienten durch p teilbar sind. Daher folgt die Behauptung aus dem kleinen Fermatschen Satz $x^p \equiv x \pmod{p}$ für $x \in \mathbb{Z}$.

$\square$

Lemma 5.6. *Sei G eine multiplikativ geschriebene abelsche Gruppe der Ordnung v und p eine Primzahl, die v nicht teilt. Dann kann für $A \in \mathbb{Z}G$ die Kongruenz $A^m \equiv zG \pmod{p}$ für ein $z \in \mathbb{Z}$ und ein $m \in \mathbb{N}$ nur gelten, wenn bereits $A \equiv yG \pmod{p}$ für ein $y \in \mathbb{Z}$ gilt.*

Beweis. Da p kein Teiler von v ist, gibt es eine natürliche Zahl t, für die $p^t \equiv 1 \pmod{v}$ gilt. Wir wählen ein $c \in \mathbb{N}$ mit $ct > m$. Dann ist $g^{p^{ct}} = g^{p^t} = g$ für alle $g \in G$ sowie aufgrund unserer Voraussetzung

$$A^{p^{ct}} = A^m A^{p^{ct}-m} \equiv z A^{p^{ct}-m} G \pmod{p}.$$

Mit Lemma 5.5 folgt

$$A = \sum_{g \in G} a_g g = \sum_{g \in G} a_g g^{p^{ct}} = A^{(p^{ct})} \equiv A^{p^{ct}} \pmod{p}$$

und daher $A \equiv yG \pmod{p}$ für $y = z \left| A^{p^{ct}-m} \right|$.   □

Lemma 5.7. *Sei G eine multiplikativ geschriebene abelsche Gruppe. Dann gilt für beliebige $A, B \subseteq G$*

$$|A \cap Bg| = \left[AB^{(-1)} \right]_g.$$

Beweis. Ein beliebiges Element $a \in A$ liegt genau dann in Bg, wenn es ein $b \in B$ mit $a = bg$ gibt; dies ist aber gleichbedeutend mit $ab^{-1} = g$. Daher ist die Anzahl der Elemente $a \in A \cap Bg$ in der Tat der Koeffizient von g in $AB^{(-1)}$.   □

6   Multiplikatoren

Die Darstellung eines symmetrischen Blockplans Π mit Singergruppe G durch eine Differenzmenge D liefert uns unmittelbar die regulär operierende Automorphismengruppe G. Meist wird aber Π noch viele weitere Automorphismen besitzen, wie das für die klassischen projektiven Ebenen und die Blockpläne $PG_{n-1}(n, q)$ der Fall ist, siehe Beispiel IX.5.3. Oft kann man einige dieser weiteren Automorphismen mit Hilfe der Differenzmengendarstellung finden, indem man die von Marshall Hall im Jahre 1947 eingeführten „Multiplikatoren" verwendet. Im abelschen Fall – auf den wir uns der Einfachheit halber beschränken wollen – kann ein *Multiplikator* von D als ein Automorphismus α der Singergruppe G definiert werden, der einen Automorphismus von $\Pi = \operatorname{dev} D$ induziert. Besonders wichtig sind die *numerischen* Multiplikatoren, die die Form $\alpha : x \mapsto tx$ für eine zu $v = |G|$ teilerfremde ganze Zahl t haben; man nennt dann auch t selbst einen *numerischen Multiplikator*. Man sieht sofort, daß t genau dann ein Multiplikator ist, wenn $tD = D + g$ für ein geeignetes $g \in G$ gilt. Man beachte, daß im Fall einer zyklischen Gruppe G jeder Multiplikator numerisch ist, da dann die Automorphismengruppe von G genau aus den Abbildungen $\alpha : x \mapsto tx$ für eine zu $v = |G|$ teilerfremde ganze Zahl t besteht.

Beispiel 6.1. Die $(7,3,1)$-Differenzmenge $D = \{0, 1, 3\} \subset \mathbb{Z}_7$ hat die Multiplikatoren 1, 2 und 4; beispielsweise gilt $2D = \{0, 2, 6\} = D + 6$. Die Paley-Differenzmengen aus Satz 3.6 haben nach Konstruktion jedes Quadrat als Multiplikator.

Die Bedeutung des Multiplikatorbegriffs liegt darin, daß man oft bereits aus den Parametern einer hypothetischen abelschen Differenzmenge D die Existenz gewisser numerischer Multiplikatoren herleiten kann, die man dann entweder zur Konstruktion der Differenzmenge oder aber auch zu einem Nichtexistenzbeweis verwenden kann; wir werden für diesen Ansatz etliche interessante Beispiele angeben. Die eben skizzierten Ideen gehen auf die fundamentale Arbeit von Marshall Hall [1947] zurück, wo der Spezialfall zyklischer *planarer* Differenzmengen (also zyklischer $(n^2 + n + 1, n + 1, 1)$-Differenzmengen) untersucht wurde. Seine Ergebnisse wurden dann von Chowla und Ryser [1950] auf abelsche Differenzmengen mit beliebigem λ verallgemeinert:

Satz 6.2 (Erster Multiplikatorsatz). *Sei D eine abelsche (v, k, λ)-Differenzmenge; ferner sei p eine Primzahl, die $n = k - \lambda$ teilt, aber nicht v. Falls $p > \lambda$ gilt, ist p ein Multiplikator für D.*

Korollar 6.3. *Sei D eine abelsche planare Differenzmenge der Ordnung n. Dann ist jeder Teiler von n ein Multiplikator für D.*

Halls Beweis (wie auch seine Verallgemeinerung durch Chowla und Ryser) war ausgesprochen technischer Natur und benötigte mehrere Seiten; hinterher war der Satz zwar bewiesen, aber sein tieferer Grund blieb eher unklar. Mehr als 30 Jahre später fand Lander [1980] einen wesentlich erhellenderen, konzeptionellen Beweis, der später von Pott [1988,1990] und von van Lint und Wilson [2001] noch weiter vereinfacht wurde. Wir führen jetzt einen derartigen Beweis vor, der einen ersten Eindruck von der Stärke des Gruppenring-Ansatzes liefern wird und an Kürze und Eleganz wohl nicht mehr übertroffen werden kann. Der Beweis zerfällt in zwei Teile, nämlich ein rein kombinatorisches Lemma und ein algebraisches Argument. Das kombinatorische Resultat ist die folgende einfache Charakterisierung der Blöcke eines symmetrischen Blockplans von Lander [1980].

Lemma 6.4. *Sei S eine Menge von k Punkten in einem symmetrischen (v, k, λ)-Blockplan. Falls S jeden Block in mindestens λ Punkten schneidet, ist S selbst ein Block.*

Beweis. Wir numerieren die Blöcke als $B_1, \dots, B_v$ und setzen $a_i = |S \cap B_i|$. Indem man die Paare (x, B_i) mit $x \in B_i \cap S$ sowie die Tripel (x, y, B_i) mit $x, y \in B_i \cap S$ und $x \neq y$ jeweils auf zwei Weisen abzählt, ergeben sich die Gleichungen

$$\sum_{i=1}^{v} a_i = k^2 \quad \text{und} \quad \sum_{i=1}^{v} a_i(a_i - 1) = k(k - 1)\lambda.$$

Damit folgen

$$\sum_{i=1}^{v} (a_i - \lambda)^2 = k(k-1)\lambda + k^2 - 2\lambda k^2 + v\lambda^2$$

$$= -\lambda(k^2 - \lambda v) + k(k - \lambda)$$

$$= -\lambda(k - \lambda) + k(k - \lambda) = n^2,$$

wobei wir für die letzte Gleichung (1.1) verwendet haben, sowie

$$\sum_{i=1}^{v} (a_i - \lambda) = k^2 - \lambda v = n.$$

Nun nimmt die Summe der Quadrate von v nichtnegativen ganzen Zahlen mit Summe n ihr Maximum n^2 genau dann an, wenn eine dieser Zahlen gleich n ist und alle anderen 0 sind. Daher gibt es einen Index j mit

$$a_i = \begin{cases} k & \text{für } i = j \\ \lambda & \text{für } i \neq j, \end{cases}$$

womit S in der Tat ein Block ist. $\square$

Wegen Lemma 6.4 folgt nun Satz 6.2, falls wir

(6.1) $|pD \cap (D + g)| \geq \lambda$ für alle $g \in G$

zeigen können. In Anbetracht der Voraussetzung $p > \lambda$ reicht es dazu, die folgende Kongruenz nachzuweisen:

(6.2) $|pD \cap (D + g)| \equiv \lambda \pmod{p}$ für alle $g \in G$.

Alle bekannten Beweise benötigen hierfür algebraische Argumente und verwenden den ganzzahligen Gruppenring $\mathbb{Z}G$ von G; daher schreiben wir für den Rest des Beweises G multiplikativ. Nach Lemma 5.4 muß die Differenzmenge D die Gleichung

(6.3) $DD^{(-1)} = (k - \lambda) + \lambda G$

erfüllen, und die Behauptung (6.2) übersetzt sich in

(6.4) $|D^{(p)} \cap Dg| \equiv \lambda \pmod{p}$ für alle $g \in G$.

Lemma 5.7 legt es nun nahe, (6.4) nachzuweisen, indem man das Gruppenringelement $D^{(p)}D^{(-1)}$ modulo p auswertet. Wir reduzieren also alle Koeffizienten modulo p; anders gesagt, arbeiten wir ab jetzt im Gruppenring $\mathbb{Z}_p G$ über dem Körper $\mathbb{Z}_p$ der Reste modulo p, wobei wir nunmehr endlich die Voraussetzung $p \mid n = k - \lambda$ benutzen. Mit Gleichung (6.3), der Tatsache $DG = kG$ sowie Lemma 5.5 ergibt sich die folgende Rechnung in $\mathbb{Z}_p G$:

$$D^{(p)}D^{(-1)} = D^p D^{(-1)} = D^{p-1}(DD^{(-1)})$$
$$= D^{p-1}(\lambda G) = \lambda k^{p-1} G = \lambda^p G = \lambda G,$$

womit wir schon die benötigte Kongruez (6.4) erhalten haben.   □

Es gibt weitere Multiplikatorsätze, deren Essenz darin besteht, die Voraussetzung $p > \lambda$ in Satz 6.2 durch schwächere (aber wesentlich kompliziertere) Voraussetzungen zu ersetzen; man vermutet nämlich, daß diese Voraussetzung nicht wirklich benötigt wird (*multiplier conjecture*). Der interessierte Leser sei hierfür auf Beth, Jungnickel und Lenz [1999] und die dort zitierte Literatur verwiesen. Um Satz 6.2 anzuwenden, benötigen wir noch das folgende einfache Resultat; ab jetzt schreiben wir die Gruppe G wieder additiv.

Lemma 6.5. *Sei D eine abelsche (v, k, λ)-Differenzmenge in G. Falls k und v teilerfremd sind, existiert ein Element $b \in G$, für welches das Translat $D + b$ unter jedem Multiplikator festbleibt.*

Beweis. Es sei $D = \{d_1, \ldots, d_k\}$. Da k und v teilerfremd sind, ist die Abbildung $x \mapsto kx$ bijektiv, weswegen es genau ein $b \in G$ mit $d_1 + \cdots + d_k + kb = 0$ gibt. Sei nun α ein beliebiger Multiplikator für D. Dann gibt es also ein $c \in G$ mit $\alpha(D + b) = D + c$. Es folgt

$$0 = \alpha(d_1 + \cdots + d_k + kb) = \alpha((d_1 + b) + \cdots + (d_k + b))$$
$$= (d_1 + c) + \cdots + (d_k + c) = d_1 + \cdots + d_k + kc$$

und somit $kc = kb$, also $c = b$.   □

Korollar 6.6. *Sei M eine Gruppe von Multiplikatoren einer abelschen (v, k, λ)-Differenzmenge in G, und k und v seien teilerfremd. O.B.d.A. werde D von M festgelassen. Dann ist D die Vereinigung von Bahnen von M auf G, weswegen k die Summe von Bahnlängen von M ist.*

Beweis. Nach Lemma 6.5 können wir in der Tat annehmen, daß D unter jedem Multiplikator festbleibt. Mit $d \in D$ liegt somit das Bild von d unter M ganz in D, womit die Behauptung folgt.   □

Wir geben nun einige ziemlich einfache, aber durchaus typische Beispiele an, die zeigen, wie man die vorangehenden Resultate anwenden kann.

Beispiel 6.7. Wir untersuchen, ob es eine $(37, 9, 2)$-Differenzmenge D gibt. Da 37 eine Primzahl ist, gilt $G = \mathbb{Z}_{37}$. Wegen Satz 6.2 muß 7 ein Multiplikator für D sein, und nach Korollar 6.6 können wir annehmen, daß D aus Bahnen der von 7 erzeugten Multiplikatorgruppe M besteht. Nun gilt $M = \{1, 7, 12, 10, 33, 9, 26, 34, 16\}$; bis auf *Äquivalenz* – also den Übergang von D zu einer Differenzmenge der Form $tD + b$ für ein $b \in G$ und eine zu v teilerfremde Zahl t – ist daher die einzig denkbare Möglichkeit für D einfach $D = M$. Man prüft nun leicht nach, daß dies in der Tat die gewünschte Differenzmenge liefert.

Beispiel 6.8. Nach Satz IX.5.7 kann die klassische projektive Ebene $PG(2, q)$ stets durch eine zyklische planare Differenzmenge dargestellt werden. Wir benutzen nun Multiplikatoren, um ein konkretes Beispiel für den Fall $n = 5$ zu finden. Da $v = 31$ eine Primzahl ist, können wir – wie in Beispiel 6.7 – annehmen, daß $1 \in D$ gilt und daß D unter der vom Multiplikator 5 erzeugten Gruppe $M = \{1, 5, 25\}$ festbleibt. Es muß also $D = M \cup aM$ für ein geeignetes a gelten. Mit etwas Probieren findet man die Möglichkeit $a = 11$.

Beispiel 6.9. Wir untersuchen, ob es eine $(31, 10, 3)$-Differenzmenge D gibt. Da 31 eine Primzahl ist, gilt $G = \mathbb{Z}_{31}$. Wegen Satz 6.2 muß 7 ein Multiplikator für D sein, und nach Korollar 6.6 können wir annehmen, daß D aus Bahnen der von 7 erzeugten Multiplikatorgruppe M besteht. Da aber $M = \{1, 7, 18, 2, \dots\}$ fünfzehn Elemente hat, ist dies unmöglich; es kann also keine $(31, 10, 3)$-Differenzmenge geben.

Beispiel 6.10. Wir zeigen, daß es keine abelsche $(253, 28, 3)$-Differenzmenge D geben kann. Nach Satz 6.2 wäre 5 ein Multiplikator für D. Da 5 Ordnung 5 (mod 11) und Ordnung 22 (mod 23) hat, hat die von 5 erzeugte Gruppe M Bahnen der Längen $1, 5, 5, 22, 110$ und 110 auf $G \cong \mathbb{Z}_{253}$, wie sich der Leser in Einzelheiten überlegen sollte. Nach Korollar 6.6 müßte D also eine Bahn der Länge 5 sowie die Bahn $\{0\}$ der Länge 1 und die Bahn $\{11, 5 \cdot 11, 5^2 \cdot 11, \dots\}$ der Länge 22 enthalten. Somit läge die zyklische Untergruppe H der Ordnung 23 von G ganz in D, was offensichtlich unmöglich ist.

Beispiel 6.11. Wir zeigen, daß es keine planare abelsche Differenzmenge geben kann, deren Ordnung n durch 6 teilbar ist. Angenommen, es gibt eine solche Differenzmenge D. Wegen Korollar 6.3 und Satz 6.6 können wir dann annehmen, daß D unter den Multiplikatoren 2 und 3 festbleibt. Für jedes Element $d \neq 0$ in D gilt somit $2d, 3d \in D$. Wegen $\lambda = 1$ und $3d - 2d = 2d - d$ ist dies aber unmöglich.

Übung 6.12. Man zeige, daß es keine planare abelsche Differenzmenge geben kann, deren Ordnung n durch 10, 14, 15 oder 21 teilbar ist.

Übung 6.13. Man konstruiere explizite Beispiele für planare abelsche Differenzmengen der Ordnungen 3, 7 und 8.

Übung 6.14. Man zeige, daß es bis auf Äquivalenz genau eine (19,9,4)-Differenzmenge gibt.

7 Der Mann-Test

In diesem Anschnitt wollen wir ein weiteres wichtiges Existenzkriterium für abelsche Differenzmengen kennenlernen, nämlich den sogenannten *Mann-Test*, der auf Mann [1964] zurückgeht. Wir begnügen uns mit einer einfachen Fassung; die stärkere, recht technische Version, die Resultate von Jungnickel und Pott [1988] und von Arasu et al. [1990] beinhaltet und auch nicht-abelsche Gruppen betrifft, kann man in §VI.7 von Beth, Jungnickel und Lenz [1999] nachlesen. Der Beweis, den wir hier vorstellen, ist zudem wenig elegant, dafür aber elementar; mit mehr algebraischen Hilfsmitteln lassen sich die von uns durchgeführten Rechnungen vermeiden. Wir erinnern daran, daß der *Exponent* einer abelschen Gruppe G das kleinste gemeinsame Vielfache aller Ordnungen von Elementen von G ist.

Satz 7.1 (Mann-Test). *Es sei D eine (v, k, λ)-Differenzmenge in einer abelschen Gruppe G. Ferner sei U eine echte Untergruppe der Ordnung s und vom Index $u = v/s$. Wir setzen $H = G/U$ und bezeichnen den Exponenten von H mit u^*. Schließlich sei p eine Primzahl, die u^* nicht teilt. Falls es eine nichtnegative ganze Zahl f und einen Multiplikator t von D mit $t p^f \equiv -1 \pmod{u^*}$ gibt, kann p kein Teiler des quadratfreien Teils von $n = k - \lambda$ sein.*

Beweis. Wir verwenden den ganzzahligen Gruppenring $\mathbb{Z}G$ von G; daher schreiben wir in diesem Beweis G wieder multiplikativ. Sei $\alpha : G \to H$ der kanonische Epimorphismus von G auf H; wie vereinbart, bezeichnen wir auch die lineare Fortsetzung von α zu einem Epimorphismus $\mathbb{Z}G \to \mathbb{Z}H$ mit α. Indem wir α auf die Differenzmengengleichung (6.3) anwenden, erhalten wir die folgende Gleichung in $\mathbb{Z}H$:

$$(7.1) \qquad\qquad \alpha(D)\alpha(D^{(-1)}) = n + \lambda s H.$$

Wegen $t p^f \equiv -1 \pmod{u^*}$ können wir o.B.d.A.

$$\alpha(D^{(-1)}) = \alpha(D^{(t p^f)}) = \alpha(D^{(p^f)})$$

annehmen, weil ja t ein Multiplikator ist. Mit $X := \alpha(D)\alpha(D^{(-1)})$ erhalten wir also aus (7.1) die Identität

$$(7.2) \qquad\qquad X = \alpha(D)\alpha(D^{(p^f)}) = n + \lambda s H.$$

Sei nun p^i die höchste p-Potenz, die n teilt; man schreibt dafür $p^i \parallel n$. Wegen (7.2) liegt dann X im von p^i und H erzeugten Ideal von $\mathbb{Z}H$, wofür man $X \equiv 0$ mod (p^i, H) schreibt. Wir zeigen zunächst, daß $X \not\equiv 0$ mod (p^{i+1}, H) gelten muß. Andernfalls würden nämlich $C, C' \in \mathbb{Z}H$ und ein $x \in \mathbb{Z}$ existieren, für die

$$X = n + \lambda s H = p^{i+1}C + C'H = p^{i+1}C + xH$$

gilt. Dann folgt aber $p^{i+1}C = n + (\lambda s - x)H$ und damit – weil H ein Element $\neq 1$ enthält – sowohl $p^{i+1} \mid \lambda s - x$ als auch $p^{i+1} \mid n + (\lambda s - x)$, also der Widerspruch $p^{i+1} \mid n$. Somit ist i die größte natürliche Zahl, für die $X \equiv 0$ mod (p^i, H) gilt.

Wir untersuchen nun $\alpha(D)$. Es sei j die größte nichtnegative ganze Zahl mit $\alpha(D) \equiv 0$ mod (p^j, H), also etwa $\alpha(D) = p^j A + yH$ mit $A \in \mathbb{Z}H$ und $y \in \mathbb{Z}$. Da die Abbildung $Y \mapsto Y^{(p^f)}$ wegen $p \nmid u^*$ ein Automorphismus von $\mathbb{Z}H$ ist, folgt die analoge Gleichung $\alpha(D)^{(p^f)} = p^j A^{(p^f)} + yH$. Mit (7.2) ergibt sich

$$(7.3) \qquad X = \left(p^j A + yH\right)\left(p^j A^{(p^f)} + yH\right) \equiv 0 \ \ \text{mod}\,(p^{2j}, H),$$

also $i \geq 2j$. Angenommen, es gilt $i > 2j$. Wegen (7.3) folgt dann $A A^{(p^f)} \equiv 0$ mod (p, H), was nach Lemma 5.5 $A^{p^f+1} \equiv 0$ mod (p, H) und dann wegen Lemma 5.6 $A \equiv 0$ mod (p, H) ergibt. Das bedeutet aber $\alpha(D) \equiv 0$ mod (p^{j+1}, H), im Widerspruch zur Wahl von j. Somit muß $i = 2j$ gelten, p teilt also nicht den quadratfreien Teil von n. $\qquad\qquad\qquad\qquad\qquad\qquad\qquad\qquad\qquad\qquad\square$

Wir geben ein einfaches Beispiel für die Anwendung des Mann-Testes an; danach folgt ein starkes Korollar, das insbesondere im planaren Fall sehr nützlich ist.

Beispiel 7.2. Wir zeigen, daß es keine $(25, 9, 3)$-Differenzmenge D geben kann; man beachte, daß die zu Grunde liegende Gruppe abelsch sein müßte. (Ein Ergebnis der elementaren Gruppentheorie besagt, daß jede Gruppe der Ordnung p^2, p prim, abelsch ist.) Wir wenden Satz 7.1 mit $t = 1$ und $p = 2$ auf eine Untergruppe des Index $u = 5$ an; wegen $2^2 \equiv -1 \pmod 5$ erhalten wir einen Widerspruch, da 2 den quadratfreien Teil von $n = 6$ teilt.

Übung 7.3. Man zeige, daß es keine abelsche $(39, 19, 9)$-Differenzmenge gibt.

Korollar 7.4. *Sei D eine abelsche (v, k, λ)-Differenzmenge in G. Falls n und v teilerfremd sind und ein numerischer Multiplikator existiert, der gerade Ordnung modulo u für einen Primteiler u von v hat, ist n notwendigerweise ein Quadrat.*

Beweis. Sei m ein Multiplikator für D, der gerade Ordnung modulo u hat, etwa $2h$; daraus folgt sofort die Konguenz $m^h \equiv -1 \pmod{u}$. Wir wählen eine Untergruppe U von G vom Index u und einen beliebigen Primteiler p von n. Da p nach Voraussetzung von u verschieden ist und da der Multiplikator $t = m^h$ die Kongruenz $tp^f \equiv -1 \pmod{u}$ für $f = 0$ erfüllt, können wir Satz 7.1 anwenden. Es kann also keinen Primteiler des quadratfreien Teils von n geben, womit n ein Quadrat ist. $\square$

8 Planare Differenzmengen

In diesem Abschnitt wollen wir noch einmal auf die Primzahlpotenzvermutung für endliche projektive Ebenen zurückkommen, diesmal unter der Zusatzannahme, daß die Ebene eine große abelsche Kollineationsgruppe besitzt. Der wichtigste Fall ist dabei natürlich der einer abelschen Singergruppe.

Wir betrachten jetzt also planare abelsche Differenzmengen. Hier sind zahlreiche Existenztests bekannt, von denen wir einige darstellen werden. Insgesamt ist die Evidenz für die Gültigkeit der Primzahlpotenzvermutung für planare abelsche Differenzmengen beachtlich: Sie ist jedenfalls für $n \leq 2.000.000$ und im zyklischen Fall sogar für $n \leq 2 \cdot 10^9$ korrekt, wie Gordon [1994] bzw. Baumert und Gordon [2003] gezeigt haben. Häufig wird sogar die stärkere Vermutung geäußert, daß die einzigen endlichen projektiven Ebenen mit einer (abelschen) Singergruppe die klassischen Ebenen $PG(2, q)$ sind. Hier ist die konkrete Evidenz gering: Die Vermutung gilt für alle Ordnungen n und n^2 mit $n \leq 9$, siehe Bruck [1960]. Es gibt aber das folgende tief liegende Resultat, das im zyklischen Fall von Ott [1975] und im abelschen Fall von Ho [1998] bewiesen wurde; sein Beweis würde weit über den Rahmen dieses Buches hinausgehen.

Satz 8.1 (Ott-Ho-Theorem). *Eine endliche projektive Ebene, die zwei verschiedene Singergruppen besitzt, ist notwendigerweise klassisch.*

Wenden wir uns also der leichteren, aber immer noch fast aussichtslos erscheinenden Primzahlpotenzvermutung zu! Mit ähnlichen Methoden wie in Beispiel 6.11 und Übung 6.12 erhält man die folgende Einschränkung, die im wesentlichen auf Hall [1947] zurückgeht und von Gordon [1998] auf zahlreiche weitere Produkte zweier Primzahlen ausgedehnt wurde; einen Beweis findet man in Theorem VI.7.19 von Beth, Jungnickel und Lenz [1999].

Satz 8.2. *Die Ordnung einer planaren abelschen Differenzmenge ist durch keine der Zahlen* 6, 10, 14, 15, 21, 22, 26, 33, 34, 35, 38, 39, 46, 51, 55, 57, 58, 62 *und* 65 *teilbar.*

Als nächstes wenden wir den Mann-Test im planaren Fall an:

Satz 8.3. *Sei D eine planare abelsche Differenzmenge der Ordnung n in G. Dann impliziert jede der folgenden Bedingungen, daß n ein Quadrat ist; dabei seien p bzw. q Primteiler von n bzw. von $v = n^2 + n + 1$.*

(a) *Es gibt einen numerischen Multiplikator für D, der gerade Ordnung modulo q hat.*

(b) *p ist kein quadratischer Rest modulo q.*

(c) *$n \equiv 4$ oder 6 (mod 8).*

(d) *$n \equiv 1$ oder 2 (mod 8) und $p \equiv 3$ (mod 4).*

(e) *$n \equiv m$ oder m^2 (mod $m^2 + m + 1$), und p hat gerade Ordnung modulo $m^2 + m + 1$.*

Beweis. Das Kriterium (a) ist gerade die Bedingung aus Korollar 7.4. Kriterium (b) folgt dann aus der Tatsache, daß p ein quadratischer Rest wäre, wenn es ungerade Ordnung modulo q hätte. Sei nun $n \equiv 4$ oder 6 (mod 8). Dann ist n gerade, und es gilt $v \equiv 5$ oder 3 (mod 8). Aufgrund eines bekannten Resultats aus der elementaren Zahlentheorie kann dann 2 kein quadratischer Rest modulo v sein, weswegen es einen Primteiler q von v geben muß, für den 2 auch kein quadratischer Rest modulo q ist. Somit ist (c) ein Spezialfall von (b), wobei wir $p = 2$ wählen. Die beiden übrigen Kriterien folgen mit ähnlichen Argumenten. □

Satz 8.3 wird dadurch besonders nützlich, daß die Existenz einer planaren abelschen Differenzmenge quadratischer Ordnung $n = m^2$ auch die einer solchen Menge der Ordnung m impliziert. Wir wollen jetzt dieses Resultat beweisen, das im zyklischen Fall von Ostrom [1953] und im allgemeinen Fall von Jungnickel und Vedder [1984] stammt.

Satz 8.4. *Wenn es eine planare abelsche Differenzmenge der Ordnung $n = m^2$ gibt, existiert auch eine solche Differenzmenge für die Ordnung m.*

Beweis. Nach Korollar 6.3 sind m und damit auch m^3 Multiplikatoren der gegebenen Differenzmenge D, wobei o.B.d.A. $Dm = D$ gelte. Wir betrachten die Menge F der Fixpunkte des Multiplikators m^3 in der zu Grunde liegenden abelschen Gruppe G. Nun ist $x \in F$ zu $x(m^3 - 1) = 0$ äquivalent, gilt also genau dann, wenn die Ordnung von x ein Teiler von $m^3 - 1$ ist. Andererseits teilt die Ordnung jedes Elementes die Ordnung von G, weswegen F genau aus denjenigen Elementen von G besteht, deren Ordnung ein Teiler von $\mathrm{ggT}(m^3 - 1, m^4 + m^2 + 1) = m^2 + m + 1$ ist. Nach einem von Frobenius stammenden elementaren Resultat der Gruppentheorie (siehe etwa Theorem 9.5.2 bei Hall [1959]) ist die Anzahl dieser Elemente ein Vielfaches von $m^2 + m + 1$. Man sieht nun leicht ein, daß $F \neq G$ gilt, womit dann die von F und den Fixgeraden $D + g$ ($g \in F$) induzierte Inzidenzstruktur eine echte Unterebene Π_0 von $\Pi = \mathrm{dev}\, D$ bildet. Wegen Satz IX.7.2 hat Π_0 höchstens die Ordnung m, muß also in unserem Fall genau diese Ordnung haben und eine Baer-Unterebene bilden; insbesondere gilt $|F| = m^2 + m + 1$. Da die Summe von zwei Elementen in F wieder ein Fixpunkt ist, ist F eine Untergruppe von G, die trivialerweise regulär auf sich selbst und damit auf der Baer-Unterebene Π_0 operiert. F ist also eine Singergruppe für Π_0, und die Behauptung folgt aus Satz 5.2. $\qquad\Box$

Eine weitere interessante Einschränkung wird sich aus dem folgenden Satz von Wilbrink [1985] ergeben. Wir übernehmen den einfachen Beweis von Ghinelli und Jungnickel [2003a], der mit einigen Rechnungen im ganzzahligen Gruppenring modulo p bzw. p^2 auskommt. Für Verallgemeinerungen auf beliebige Differenzmengen verweisen wir auf Beth, Jungnickel und Lenz [1999, § VI.7].

Satz 8.5 (Satz von Wilbrink). *Seien D eine planare Differenzmenge der Ordnung n in einer multiplikativ geschriebenen abelschen Gruppe G und p ein Primteiler von n, für den p^2 kein Teiler von n ist. Falls D unter dem Multiplikator p fest bleibt, gilt die folgende Gleichung im Gruppenring $\mathbb{Z}_p G$:*

$$(8.1) \qquad\qquad D^{p-1} + \big(D^{(-1)}\big)^{p-1} = 1 + G.$$

Beweis. Nach Korollar 6.3 ist p ein Multiplikator für D, und wegen Lemma 6.5 können wir in der Tat annehmen, daß D unter p fest bleibt. Im Gruppenring gilt also $D^{(p)} = D$. In Anbetracht von Lemma 5.5 folgt

$$D(D^{p-1} - 1) = D^p - D = pA$$

für ein geeignetes $A \in \mathbb{Z}G$ und somit auch $D^{(-1)}\big((D^{(-1)})^{p-1} - 1\big) = pA^{(-1)}$. Wir erhalten daher die folgende Konguenz modulo p^2:

$$0 \equiv (pA)\big(pA^{(-1)}\big) = \big(DD^{(-1)}\big)^p + DD^{(-1)}\big(1 - D^{p-1} - (D^{(-1)})^{p-1}\big).$$

Mit Gleichung (6.3) und $DG = D^{(-1)}G = (n+1)G$ ergibt sich daraus

$$(8.2) \qquad n\big(D^{p-1} + (D^{(-1)})^{p-1}\big) \equiv (n+G)^p + (n+G) - 2(n+1)^{p-1}G.$$

Wegen $p \mid n$ gilt weiterhin

$$(n + G)^p \equiv G^p \equiv (n + 1)^{p-1} G \equiv (1 - n)G \quad \mathrm{mod}\ p^2,$$

wie man leicht nachprüft. Daher reduziert sich (8.2) zu

$$(8.3) \qquad n\big(D^{p-1} + \big(D^{(-1)}\big)^{p-1}\big) \equiv -(1 - n)G + (n + G) \equiv n + nG,$$

woraus die Behauptung folgt, wenn man $n = cp$ für eine nicht durch p teilbare natürliche Zahl c verwendet.   □

Korollar 8.6. *Sei D eine planare abelsche Differenzmenge der Ordnung n, wobei n gerade sei. Dann gilt $n = 2$, $n = 4$, oder n ist durch 8 teilbar.*

Beweis. Falls n nicht durch 4 teilbar ist, folgt aus Satz 8.5 die Gleichung

$$(8.4) \qquad\qquad D + D^{(-1)} = 1 + G \quad \text{in } \mathbb{Z}_2 G.$$

Die rechte Seite von (8.4) enthält $n^2 + n$ Gruppenelemente mit Koeffizient 1, während auf der linke Seite höchstens $2(n + 1)$ solche Elemente auftreten können. Somit gilt $2(n + 1) \geq n^2 + n$ und daher $n = 2$. Als nächstes nehmen wir $n \equiv 4$ (mod 8) an. Dann muß n nach Satz 8.3 ein Quadrat sein, etwa $n = m^2$. Wegen Korollar 8.4 gibt es also auch eine planare abelsche Differenzmenge der Ordnung m. Da m gerade, aber nicht durch 4 teilbar ist, zeigt der bereits betrachtete Fall $m = 2$, also $n = 4$.   □

Korollar 8.6 stammt von Jungnickel und Vedder [1984], die dieses Ergebnis mit geometrischen Methoden bewiesen haben. Die erste Hälfte des hier angegebenen Beweises findet sich bei Wilbrink [1985], der mit ähnlichen – allerdings etwas komplizierteren – Argumenten auch das folgende Ergebnis für den Fall $p = 3$ erhalten hat; bisher ist es nicht gelungen, Satz 8.5 auch für $p \geq 5$ anzuwenden.

Korollar 8.7. *Sei D eine planare abelsche Differenzmenge der Ordnung n, wobei n durch 3 teilbar sei. Dann gilt entweder $n = 3$, oder n ist durch 9 teilbar.*

In diesem Zusammenhang erwähnen wir noch die folgende, vielleicht etwas künstlich wirkende Umformulierung der Primzahlpotenzvermutung: Wenn es eine planare abelsche Differenzmenge der Ordnung n gibt und wenn $p^i \mid n$, aber $p^{i+1} \nmid n$ für eine Primzahl p und ein $i \in \mathbb{N}$ gilt, folgt $n = p^i$. Die Korollare 8.6 und 8.7 zeigen, daß diese Vermutung für $p^i \in \{2, 3, 4\}$ korrekt ist; diese drei Fälle sind nach wie vor die einzigen bekannten allgemeinen Resultate. Beispielsweise scheint es mit den gegenwärtigen Methoden nicht möglich zu sein, eine so spezielle Serie von

Ordnungen wie $n = p(p + 2)$ für Primzahlzwillinge p und $p + 2$ auszuschließen; dieser Fall wurde von Ho [1991] untersucht. Es bleibt in diesem Gebiet also noch viel zu tun!

Abschließend wollen wir kurz projektive Ebenen Π mit einer „großen" abelschen Kollineationsgruppe G diskutieren. Genauer gesagt gelte

$$|G| > (n^2 + n + 1)/2,$$

wobei n wie üblich die Ordnung von Π sei. Ein wichtiges Ergebnis von Dembowski und Piper [1967] besagt, daß hier einer der acht folgenden Fälle vorliegen muß, wobei t die Anzahl der Bahnen von G auf der Punktemenge (die nach dem sogenannten *Orbittheorem* mit der Anzahl der Bahnen auf der Geradenmenge übereinstimmt, vgl. Übung XIII.2.9) und F die Fixstruktur von G bezeichnen:

(a) $|G| = n^2 + n + 1$, $t = 1$, $F = \emptyset$: G ist eine Singergruppe für Π.

(b) $|G| = n^2$, $t = 3$, F ist eine *Fahne*, also ein inzidentes Punkt-Geraden-Paar (∞, L_∞).

(c) $|G| = n^2$, $t = n+2$, F ist entweder eine Gerade mit allen ihren Punkten oder – dual dazu – ein Punkt mit allen seinen Geraden. Dies sind die sogenannten *(dualen) Translationsebenen*.

(d) $|G| = n^2 - 1$, $t = 3$, F ist eine *Antifahne*, also ein nicht-inzidentes Punkt-Geraden-Paar (∞, L_∞).

(e) $|G| = n^2 - \sqrt{n}$, $t = 2$, $F = \emptyset$. In diesem Fall ist eine der beiden Bahnen von G die Punktemenge einer Baer-Unterebene von Π.

(f) $|G| = n(n - 1)$, $t = 5$, F besteht aus zwei Punkten, ihrer Verbindungsgeraden und einer weiteren Geraden durch einen der beiden Punkte.

(g) $|G| = (n - 1)^2$, $t = 7$, F besteht aus den Punkten und Geraden eines Dreiecks.

(h) $|G| = (n^2 - \sqrt{n} + 1)^2$, $t = 2\sqrt{n} + 1$, $F = \emptyset$. In diesem Fall bilden $t - 1$ der Bahnen Unterebenen der Ordnung $\sqrt{n} - 1$.

Diese acht Fälle sind intensiv untersucht worden, und in vier von ihnen – nämlich für Gruppen der Typen (b), (c), (f) und (h) – konnte die Primzahlpotenzvermutung nachgewiesen werden, wenn auch – mit Ausnahme des Typs (h), der nur für die Ebene der Ordnung 4 vorkommt – bislang keine vollständige Klassifikation der auftretenden Beispiele gelungen ist. In sieben dieser Fälle – die Ausnahme bildet der untypische Fall (c) – spielen Verallgemeinerungen von Differenzmengen eine entscheidende Rolle; ähnlich wie im planaren Fall (a) kann die projektive Ebene durch eine solche Menge dargestellt werden, was dann wieder eine Untersuchung mit Hilfe von Gruppenringen ermöglicht. Wir geben hier nur eine Übungsaufgabe an und verzichten ansonsten auf eine nähere Diskussion und verweisen stattdessen auf den umfangreichen Übersichtsartikel von Ghinelli und Jungnickel [2003a]. In diesem Artikel findet man außerdem auch eine Auswahl interessanter geometrischer Anwendungen solcher Kollineationsgruppen bzw. der zugehörigen verallgemeinerten Differenzmengen, wie beispielsweise die Konstruktion von Unitalen (das sind gewisse in die Ebene eingebettete Blockpläne), Bögen und Familien von (Hyper-)Ovalen.

Übung 8.8. Man zeige, daß eine projektive Ebene der Ordnung n mit einer abelschen Gruppe des Typs (b) (bzw. (d)) zu einer abelschen relativen Differenzmenge mit Parametern $(n+1, n-1, n, 1)$ (bzw. $(n, n, n, 1)$) äquivalent ist; man vergleiche dazu auch Übung X.4.3.

9   Die Hadamardsche Ungleichung

Zum Abschluß dieses Kapitels wollen wir quasi als Anhang Satz 3.1, also die Hadamardsche Ungleichung, beweisen. Zwar handelt es sich hier um kein Resultat aus der Kombinatorik, sondern aus der Linearen Algebra. Zum einen ist die Hadamardsche Ungleichung aber für die Kombinatorik sehr wichtig, da sie den Ausgangspunkt für das Studium von Hadamard-Matrizen sowie der zugehörigen Blockpläne und Differenzmengen bildet; und zum anderen gibt es seit einigen Jahren einen besonders einfachen Beweis, der noch längst nicht so bekannt ist, wie er es verdient hätte. Wir werden jetzt diesen von Craigen [1994] stammenden Beweis darstellen.

Sei also A eine komplexe $(m \times m)$-Matrix mit von 0 verschiedenen Zeilen $a_1, \ldots, a_m$. Wir wenden das aus der Linearen Algebra bekannte Orthogonalisierungsverfahren an, um aus den a_i paarweise orthogonale Vektoren $b_1, \ldots, b_m$ zu konstruieren, die denselben Unterraum des $\mathbb{C}^n$ erzeugen (aber ohne die neuen Vektoren zu normieren). Dann gilt also $b_1 = a_1$; und wenn paarweise orthogonale Vektoren $b_1, \ldots, b_k$ $(k < m)$ mit $\langle a_1, \ldots, a_k \rangle = \langle b_1, \ldots, b_k \rangle$ bereits gefunden sind, wird b_{k+1} aus der Forderung

$$b_{k+1} = a_{k+1} + c_{k+1} \quad \text{mit } c_{k+1} \in \langle a_1, \ldots, a_k \rangle \text{ und } b_{k+1} \perp \langle b_1, \ldots, b_k \rangle$$

bestimmt, indem man $c_{k+1} = \lambda_1 b_1 + \cdots + \lambda_k b_k$ ansetzt und λ_i jeweils aus der Bedingung $b_{k+1}^T b_i = 0$ ausrechnet. Dabei ist zu beachten, daß stets $b_i^T b_i \neq 0$ gilt, da A nach Voraussetzung keine Nullzeile enthält. Insbesondere ist also c_m eine

Linearkombination von $a_1, \ldots, a_{m-1}$, weswegen

$$\det A = \det \begin{pmatrix} a_1 \\ \vdots \\ a_{m-1} \\ a_m \end{pmatrix} = \det \begin{pmatrix} a_1 \\ \vdots \\ a_{m-1} \\ b_m - c_m \end{pmatrix} = \det \begin{pmatrix} a_1 \\ \vdots \\ a_{m-1} \\ b_m \end{pmatrix}$$

gilt. Fährt man so fort, erhält man schließlich $\det A = \det B$, wobei B die Matrix mit Zeilen $b_1, \ldots, b_m$ bezeichnet. Da je zwei Zeilen von B orthogonal zueinander sind, folgt mit dem Determinantenproduktsatz

(9.1)　　　$| \det A | = | \det B | = \sqrt{\det B \, \overline{\det B}} = \sqrt{\det B \, \det B^*}$

$$= \sqrt{\det BB^*} = \sqrt{\det \left(\mathrm{diag}(\|b_1\|^2, \ldots, \|b_m\|^2) \right)}$$

$$= \|b_1\| \ldots \|b_m\|,$$

wobei B^* wie üblich die komplex-konjugierte und transponierte Matrix zu B bezeichnet. Andererseits gilt für $k = 1, \ldots, m - 1$ die Abschätzung

$$\|a_{k+1}\| = \|b_{k+1} - c_{k+1}\| = \sqrt{(b_{k+1} - c_{k+1})^T (b_{k+1} - c_{k+1})}$$

$$= \sqrt{b_{k+1}^T b_{k+1} + c_{k+1}^T c_{k+1}} \geq \|b_{k+1}\|,$$

da wir ja $c_{k+1} \in \langle a_1, \ldots, a_k \rangle = \langle b_1, \ldots, b_k \rangle \perp b_{k+1}$ erreicht hatten; dabei haben wir genau dann Gleichheit, wenn $c_{k+1} = 0$ gilt, also für $a_{k+1} = b_{k+1}$. Zusammen mit (9.1) ergibt sich nun direkt die Hadamardsche Ungleichung (3.1). Schließlich erhalten wir genau dann Gleichheit, wenn $a_k = b_k$, also $c_k = 0$, für $k = 1, \ldots, m$ gilt. Nach unserer Konstruktion der c_k bedeutet diese Bedingung aber gerade, daß je zwei der Zeilen a_i orthogonal zueinander sind.　　　　　□

XII Partitionen

In diesem Kapitel betrachten wir Partitionen natürlicher Zahlen. Darunter verstehen wir eine Darstellung $n = n_1 + \cdots + n_r$ mit natürlichen Zahlen, bei der es uns auf die Reihenfolge der Summanden nicht ankommt. Äquivalent hierzu können wr uns eine Partition von n auch als eine disjunkte Zerlegung einer n-elementigen Menge vorstellen, bei der es uns nur auf die Mächtigkeiten der Bestandteile ankommt. Zum Studium dieses Begriffes werden wir zunächst ganz allgemein ein mächtiges Werkzeug einführen, das bei Abzählproblemen aller Art von fundamentaler Bedeutung ist, nämlich erzeugende Funktionen. Zu diesem Thema gibt es dicke Bücher; ganz besonders sind die beiden Monographien von Stanley [1986,1999] zu empfehlen. Ein weiteres Standardwerk zur Enumeration ist Goulden und Jackson [1983].

1 Formale Potenzreihen

Führt man in der Menge

$$\mathbb{C}^{\mathbb{Z}_+} = \{(a_0, a_1, \dots) \mid a_0, a_1, \dots \in \mathbb{C}\}$$

aller Folgen von komplexen Zahlen zwei Verknüpfungen ein, nämlich

- komponentenweise Addition:

$$(a_0, a_1, \dots) + (b_0, b_1, \dots) := (a_0 + b_0, a_1 + b_1, \dots)$$

- Multiplikation wie bei Polynomringen, siehe §VIII.5:

$$(a_0, a_1, \dots)(b_0, b_1, \dots) := (a_0 b_0, a_0 b_1 + a_1 b_0, \dots),$$

so wird $\mathbb{C}^{\mathbb{Z}_+}$ zu einem Ring im Sinne der Algebra; man bezeichnet ihn als den *Ring der formalen Potenzreihen in einer Unbestimmten* und benützt für ihn auch das Symbol $\mathbb{C}[\![z]\!]$. Der Polynomring $\mathbb{C}[z]$ ist also der Unterring aller derjenigen formalen Potenzreihen über $\mathbb{C}$, für die nur endlich viele Koeffizienten von 0 verschieden sind.

Man kann in $\mathbb{C}[\![z]\!]$ auch unendliche Summen definieren, sofern dabei in jeder Komponente nur endlich viele Summanden $\neq 0$ auftreten. Setzt man – wie bei der Definition der Polynomringe – $z = (0, 1, 0, 0, \dots)$, so wird wieder

$$z^n = (0, \dots, 0, 1, 0, \dots)$$

(mit der 1 in der $(n+1)$-ten Komponente), und man darf

$$(a_0, a_1, \dots) = a_0 + a_1 z + a_2 z^2 + \cdots = \sum_{n=0}^{\infty} a_n z^n$$

schreiben, so daß das übliche Potenzreihen-Bild entsteht und die für Potenzreihen gewohnten Rechenmethoden in Kraft treten. Wir erwähnen die folgende wichtige Identität, die wir im folgenden ohne weiteren Kommentar verwenden werden:

$$(1.1) \qquad \sum_{n=0}^{\infty} z^{cn} = \frac{1}{1 - z^c} \quad \text{für } c \in \mathbb{N}.$$

Dabei ist diese Formel im Kontext formaler Potenzreihen – in dem ja der Bruch $\frac{1}{1-z^c}$ bisher nicht erklärt ist – nur als eine andere Schreibweise für die Identität

$$(1 - z^c)\left(\sum_{n=0}^{\infty} z^{cn} \right) = 1$$

anzusehen, deren Gültigkeit man mit den oben gegebenen Definitionen leicht direkt nachrechnet, womit die Potenzreihe $1 - z^c$ in der Tat in $\mathbb{C}[\![z]\!]$ invertierbar ist.

Der Bereich des analytisch Altbekannten dehnt sich noch weiter aus, wenn man sich auf

$$\mathbb{C}_{\text{conv}}[\![z]\!] = \left\{ (a_0, a_1, \dots) \mid \text{die Potenzreihe } \sum_{n=0}^{\infty} a_n z^n \right.$$

$$\left. \text{hat strikt positiven Konvergenzradius} \right\}$$

zurückzieht. Hier darf man im Konvergenzbereich die Potenzreihe mit der durch sie dargestellten Funktion identifizieren und mit diesen Funktionen wie üblich rechnen. Dazu ein Beispiel: Für $|z| < 1$ gelten

$$\sum_{n=0}^{\infty} z^n = \frac{1}{1 - z} \quad \text{sowie} \quad \sum_{n=0}^{\infty} (-1)^n z^n = \frac{1}{1 + z}$$

und dann auch

$$\Big(\sum_{n=0}^{\infty} z^n\Big)\Big(\sum_{m=0}^{\infty}(-1)^m z^m\Big) = \frac{1}{1-z}\cdot\frac{1}{1+z} = \frac{1}{1-z^2} = \sum_{k=0}^{\infty} z^{2k}.$$

Übung 1.1. Der Leser möge das eben vorgeführte Beispiel im formalen Zusammenhang interpretieren und bestätigen sowie die allgemeine Identität

$$(1.2)\qquad\qquad \sum_{n=0}^{\infty}(-1)^n z^{cn} = \frac{1}{1+z^c}\quad\text{für } c\in\mathbb{N}$$

beweisen.

Eine formale Potenzreihe ist also einfach eine Folge $(a_0, a_1, \dots)$. Nach (1.1) ist beispielsweise $\frac{1}{1-z}$ eine kurze Schreibweise für die Folge $(1, 1, \dots)$; wir sagen dann auch, daß $\frac{1}{1-z}$ die *erzeugende Funktion* dieser Folge ist. Formale Potenzreihen und erzeugende Funktionen sind ein wirkungsvolles Hilfsmittel bei der Untersuchung von Zahlenfolgen $(a_0, a_1, \dots)$. Wir werden uns die Freiheit nehmen, von Fall zu Fall auch Potenzreihen und Funktionen in mehreren Unbestimmten bzw. Variablen zu betrachten. Die dazu benötigten Verallgemeinerungen werden in jedem Falle auf der Hand liegen.

2   Erzeugende Funktionen von Partitions-Anzahlen

Wir präzisieren zunächst die Definition einer Partition einer natürlichen Zahl und führen einige Bezeichnungen ein.

Definition 2.1. Es sei $\mathbb{N}^* = \bigcup_{r=1}^{\infty}\mathbb{N}^r$ die Menge der nichtleeren endlichen Folgen von natürlichen Zahlen, vgl. Definition VIII.1.1. Wir nennen zwei Elemente von $\mathbb{N}^*$ *äquivalent*, wenn sie gleiche Länge haben und durch Permutation ihrer Einträge ineinander übergehen. Die $(n_1, \dots, n_r)$ enthaltende Äquivalenzklasse bezeichnen wir mit $[(n_1, \dots, n_r)]$; wenn $n_1 + \cdots + n_r = n$ ist, heißt $\pi = [(n_1, \dots, n_r)]$ eine *Partition* der natürlichen Zahl n. Üblicherweise nennt man $n_1, \dots, n_r$ die *Teile* oder *Komponenten* von π; meist werden wir o.B.d.A. $n_1 \geq n_2 \cdots \geq n_r$ annehmen und dann einfach $(n_1, \dots, n_r)$ statt $[(n_1, \dots, n_r)]$ schreiben. Wir bezeichnen die Menge aller Partitionen von n mit $\mathcal{P}_n$ und die Menge $\mathcal{P}_1 \cup \mathcal{P}_2 \cup \dots$ aller Partitionen natürlicher Zahlen mit $\mathcal{P}$.

Die Grundaufgabe der Theorie der Partitionen besteht in der Bestimmung der Mächtigkeiten der $\mathcal{P}_n$ und einiger verwandter Mengen. Eine einfache Veranschaulichung der durch $(n_1, \dots, n_r)$ gegebenen Partition π von n gewinnt man, wenn man in $\mathbb{Z}^2$ die Gitterpunkte

$$(1, -1), \ldots, (n_1, -1)$$
$$(1, -2), \ldots, (n_2, -2)$$
$$\vdots$$
$$(1, -r), \ldots, (n_r, -r)$$

markiert. Für (5,5,3,1,1) erhält man so beispielsweise das *Partitionsbild*

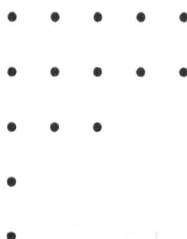

In der Literatur werden Partitionsbilder meist als *Ferrers-Diagramme* bezeichnet. Durch Umklappen eines Partitionsbildes um seine Hauptdiagonale erhält man in eineindeutiger Weise wieder ein Partitionsbild. So gewinnt man mühelos den

Satz 2.2. *Sei n eine natürliche Zahl. Es gibt genau so viele Partitionen von n mit ≤ r Teilen wie Partitionen von n mit lauter Teilen ≤ r.*

Übung 2.3. Man arbeite einen formalen Beweis dieses Satzes aus, indem man das Umklappen als eine Bijektion von $\mathscr{P}_n$ auf sich darstellt.

Definition 2.4. Seien $S \subseteq \mathbb{N}$, $r, n \in \mathbb{N}$. Mit $p(S, r, n)$ bezeichnen wir die Anzahl

$$|\{(n_1, \ldots, n_r) \mid n_1, \ldots, n_r \in S, \ n_1 \geq \cdots \geq n_r, \ n_1 + \cdots + n_r = n\}|$$

aller Partitionen von n in r Teile, die sämtlich aus S entnommen sind, und mit $p_d(S, r, n)$ die Anzahl

$$|\{(n_1, \ldots, n_r) \mid n_1, \ldots, n_r \in S, \ n_1 > \cdots > n_r, \ n_1 + \cdots + n_r = n\}|$$

aller Partitionen von n in r paarweise verschiedene, aus S entnommene Teile. Zusätzlich vereinbaren wir die folgenden Konventionen:

$$p(S, 0, n) = p_d(S, 0, n) = 0 \quad \text{für } n = 1, 2, \ldots$$
$$p(S, r, 0) = p_d(S, r, 0) = 0 \quad \text{für } r = 1, 2, \ldots$$
$$p(S, 0, 0) = p_d(S, 0, 0) = 1$$

Satz 2.5. *Sei* $S \subseteq \mathbb{N}$. *Dann gilt für* $|q| < 1$ *und* $|z| < \frac{1}{|q|}$:

$$(2.1) \qquad \sum_{n=0}^{\infty} \sum_{r=0}^{\infty} p(S, r, n) z^r q^n = \prod_{n \in S} \frac{1}{1 - zq^n}$$

$$(2.2) \qquad \sum_{n=0}^{\infty} \sum_{r=0}^{\infty} p_d(S, r, n) z^r q^n = \prod_{n \in S} (1 + zq^n)$$

Beweis. Man beachte zunächst, daß die rechten Seiten der Gleichungen (2.1) und (2.2) nach bekannten Sätzen über unendliche Produkte im angegebenen Bereich konvergent sind; im übrigen können die folgenden Rechnungen auch rein formal durchgeführt werden. Wir schreiben dazu $S = \{n_1, n_2, \dots\}$ mit $1 \leq n_1 < n_2 < \cdots$ Dann gilt für jedes $K \in \mathbb{N}$

$$\prod_{k=1}^{K} \frac{1}{1 - zq^{n_k}} = \prod_{k=1}^{K} \left(\sum_{r_k=0}^{\infty} z^{r_k} q^{r_k n_k} \right)$$

$$= \sum_{r_1=0}^{\infty} \cdots \sum_{r_K=0}^{\infty} z^{r_1 + \cdots + r_K} q^{r_1 n_1 + \cdots + r_K n_K} = \sum_{n=0}^{\infty} \sum_{r=0}^{\infty} p^{(K)}(r, n) z^r q^n,$$

wobei $p^{(K)}(r, n)$ anzeigt, wie oft $r_1 + \cdots + r_K = r$ mit $r_1 n_1 + \cdots + r_K n_K = n$ vorkommt. Das ist für $r = 0$, $n = 0$ genau einmal der Fall, und es gilt daher $p^{(K)}(0, 0) = 1$; man sieht ferner $p^{(K)}(0, n) = p^{(K)}(r, 0) = 0$ für alle $r, n \in \mathbb{N}$. Ansonsten ist $p^{(K)}(r, n)$ die Anzahl der Partitionen von n in r Teile, bei denen jeweils r_i Teile die Größe n_i haben ($i = 1, \dots, K$), so daß insbesondere $S = \{n_1, n_2, \dots\}$ nur bis n_K in Anspruch genommen wird. Läßt man nun K wachsen, so steigt $p^{(K)}(r, n)$ nach endlich vielen Schritten auf den Endwert $p(S, r, n)$. Die Überlegungen, die nun noch nötig sind, um (2.1) sicherzustellen, sind einfacher technischer Natur und mögen dem Leser überlassen bleiben. Für den Nachweis von (2.2) gehen wir ganz ähnlich vor:

$$\prod_{k=1}^{K} (1 + zq^{n_k}) = \prod_{k=1}^{K} \left(\sum_{r_k=0}^{1} z^{r_k} q^{r_k n_k} \right)$$

$$= \sum_{r_1=0}^{1} \cdots \sum_{r_K=0}^{1} z^{r_1 + \cdots + r_K} q^{r_1 n_1 + \cdots + r_K n_K} = \sum_{n=0}^{\infty} \sum_{r=0}^{\infty} p_d^{(K)}(r, n) z^r q^n,$$

wobei $p_d^{(K)}(r, n)$ anzeigt, wie oft $r_1 + \cdots + r_K = r$ mit $r_1 n_1 + \cdots + r_K n_K = n$ und $r_i \in \{0, 1\}$ vorkommt. Offenbar gelten $p_d^{(K)}(0, 0) = 1$ und $p_d^{(K)}(0, n) =$

$p_d^{(K)}(r, 0) = 0$ für alle $r, n \in \mathbb{N}$, und ansonsten ist $p_d^{(K)}(r, n)$ die Anzahl der Partitionen von n in maximal K Teile, bei denen jeder Teil eine Größe aus $\{n_1, \ldots, n_K\}$ hat und jede Größe höchstens einmal auftritt. Man schließt nun wie vorhin den Beweis ab. $\square$

Der Leser möge als Übung diesen Beweis um die ausgelassenen Konvergenzbetrachtungen („Epsilontik") ergänzen. Wir bezeichnen nun für $S \subseteq \mathbb{N}$ mit $p(S, n)$ die Anzahl aller Partitionen von n in Teile aus S und mit $p_d(S, n)$ die Anzahl aller Partitionen von n in paarweise verschiedene, aus S entnommene Teile. Wenn man in Satz 2.5 $z = 1$ setzt, ergibt sich unmittelbar das folgende

Korollar 2.6. *Sei $S \subseteq \mathbb{N}$. Dann gilt für $|q| < 1$*

$$(2.3) \qquad \sum_{n=0}^{\infty} p(S, n) q^n = \prod_{n \in S} \frac{1}{1 - q^n},$$

$$(2.4) \qquad \sum_{n=0}^{\infty} p_d(S, n) q^n = \prod_{n \in S} (1 + q^n).$$

Insbesondere erhalten wir im Spezialfall $S = \mathbb{N}$ die folgenden Formeln für die Anzahl $p(n)$ aller Partitionen von n sowie die Anzahl $p_d(n)$ aller Partitionen von n in lauter verschiedene Teile:

Korollar 2.7. *Für $n \in \mathbb{N}$ gilt*

$$(2.5) \qquad \sum_{n=0}^{\infty} p(n) q^n = \prod_{n \in \mathbb{N}} \frac{1}{1 - q^n},$$

$$(2.6) \qquad \sum_{n=0}^{\infty} p_d(n) q^n = \prod_{n \in \mathbb{N}} (1 + q^n).$$

Schließlich bedeute $p_d(r, n)$ die Anzahl aller Partitionen von n mit genau r Teilen, die sämtlich von verschiedener Größe sind; natürlich ergibt sich aus (2.2) im Spezialfall $S = \mathbb{N}$ eine erzeugende Funktion für diese Zahlen. Man kann aber auch eine andere, interessantere Identität beweisen:

Satz 2.8. *Es seien $r, n \in \mathbb{N}$. Dann gilt für $|q| < 1$*

$$(2.7) \qquad \sum_{n=0}^{\infty} p_d(r, n) q^n = \frac{q^{r(r+1)/2}}{(1 - q)(1 - q^2) \ldots (1 - q^r)}.$$

Beweis. Sei $n = b_1 + \cdots + b_r$ mit $b_1 < \cdots < b_r$. Wir setzen $a_i = b_i - i$ für $i = 1, \ldots, r$; dann gilt $0 \le a_1 \le \cdots \le a_r$. Damit erhalten wir für $|q| < 1$

$$
\sum_{n=0}^{\infty} p_d(r,n) q^n = \sum_{b_1 < \cdots < b_r} q^{b_1 + \cdots + b_r}
$$

$$
= \sum_{a_1=0}^{\infty} \sum_{a_2=a_1}^{\infty} \cdots \sum_{a_r=a_{r-1}}^{\infty} q^{(1+a_1) + \cdots + (r+a_r)}
$$

$$
= q^{1+\cdots+r} \sum_{a_1=0}^{\infty} \sum_{a_2=a_1}^{\infty} \cdots \sum_{a_{r-1}=a_{r-2}}^{\infty} q^{a_1 + \cdots + a_{r-1}} q^{a_{r-1}} \left(\sum_{a_r=0}^{\infty} q^{a_r} \right)
$$

$$
= \frac{q^{r(r+1)/2}}{1-q} \sum_{a_1=0}^{\infty} \cdots \sum_{a_{r-1}=a_{r-2}}^{\infty} q^{a_1 + \cdots + a_{r-2} + 2a_{r-1}}
$$

$$
= \frac{q^{r(r+1)/2}}{(1-q)(1-q^2)} \sum_{a_1=0}^{\infty} \cdots \sum_{a_{r-2}=a_{r-3}}^{\infty} q^{a_1 + \cdots + 3a_{r-2}}
$$

$$
= \cdots = \frac{q^{r(r+1)/2}}{(1-q)(1-q^2)\ldots(1-q^r)}. \qquad \square
$$

3   Eulers Pentagonalzahlen-Theorem

Mit den Formeln des vorigen Abschnitts hat der Leser das Grund-Rüstzeug für den Umgang mit Partitionen erworben. Zu welcher Schönheit und Fülle die Theorie der Partitionen heute herangereift ist, kann man aus der Monographie des Partitionen-Großmeisters Andrews [1976] entnehmen. Wir begnügen uns hier mit einem kurzen Einblick, den wir – wie im wesentlichen schon den vorigen Abschnitt – weitgehend aus Andrews [1979] übernehmen.

Die ebene Punktmenge $Z_n = \{(1,0), (2,0), \ldots, (n,0)\}$ läßt sich als „diskretes Zweieck der Seitenlänge n" ansprechen; trivialerweise gilt $|Z_n| = n$. Ein diskretes Dreieck

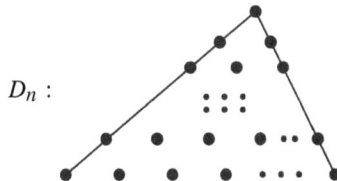

der Seitenlänge n hat

$$|D_n| = 1 + 2 + \cdots + n = \frac{n(n+1)}{2}$$

Punkte, und ein diskretes Quadrat hat $|Q_n| = n^2$ Punkte. Wie steht es nun mit den diskreten Fünfecken $F_1, F_2, \ldots$ aus, die man etwa so zeichnen kann:

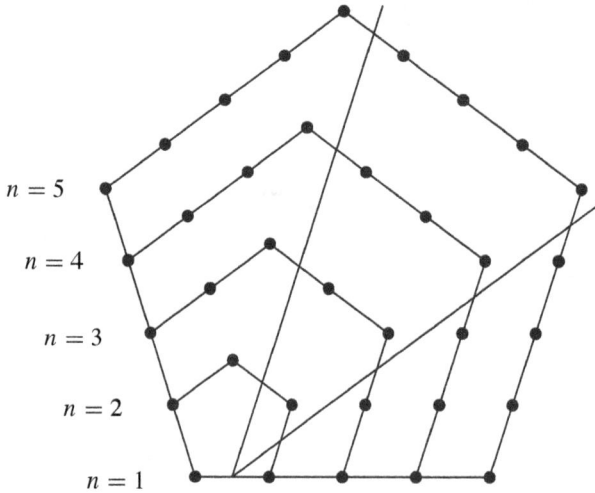

Die eingetragenen Hilfslinien führen auf die *Pentagonalzahlen*

$$|F_n| = (1 + 2 + \cdots + n) + 2[1 + 2 + \cdots + (n-1)]$$

$$= \frac{1}{2}n(n+1) + n(n-1) = \frac{n(3n-1)}{2}.$$

Diese Pentagonalzahlen treten in dem von Euler [1783] stammenden *Pentagonal-zahlen-Theorem*

$$(3.1) \qquad \sum_{n=-\infty}^{\infty} (-1)^n q^{n(3n-1)/2} = \prod_{n=1}^{\infty} (1 - q^n) \quad \text{für } |q| < 1$$

auf. Eine weitere Identität von Euler lautet

$$(3.2) \qquad 1 + \sum_{n=1}^{\infty} \frac{q^{n^2}}{(1-q)^2 (1-q^2)^2 \ldots (1-q^n)^2} = \prod_{n=1}^{\infty} \frac{1}{1-q^n}.$$

Wir stellen uns nun die Frage, ob hinter solchen Identitäten kombinatorische Sachverhalte stecken. Als James Joseph Sylvester (1814–1897) in den Jahren 1876 bis 1883 an der neu gegründeten John Hopkins University in Baltimore arbeitete, wurde diese Frage zu einem der wesentlichen Themen in der glänzenden Mathematikergruppe, die sich um ihn scharte. Sie hat sich als Leitidee bis heute als außerordentlich fruchtbar erwiesen, vgl. Andrews [1979]. Wir erproben sie hier in einigen Fällen, bei deren Behandlung sich die kombinatorische Idee des sogenannten Durfee-Quadrats – Durfee gehörte zum Kreis um Sylvester in Baltimore – als wirksam erweist.

Intuitiv gesprochen, ist das *Durfee-Quadrat* einer Partition das größte diskrete Quadrat, das in die linke obere Ecke des in §2 eingeführten Partitionsbildes paßt. Ist beispielsweise $n = 17 = 5 + 4 + 4 + 2 + 1 + 1$, so hat diese Partition das Partitionsbild

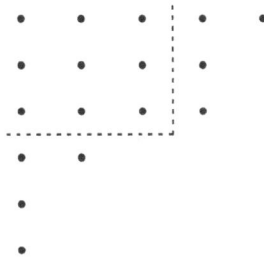

und daher ein Durfee-Quadrat der Seitenlänge 3, welches wir eingezeichnet haben. Offenbar kann man jede Partition von n mit einem Durfee-Quadrat der Seitenlänge D durch ein Tripel von Daten kennzeichnen:

- die Zahl D;

- eine Partition einer Zahl r mit Teilen $\leq D$, wobei das Bild dieser Partition der unterhalb des Durfee-Quadrats liegende Teil des Bildes der ursprünglichen Partition ist (dafür gibt es $p(\{1, \dots, D\}, r)$ Möglichkeiten);

- eine Partition einer Zahl s mit Teilen $\leq D$, wobei die Umklappung des Bildes dieser Partition der rechts vom Durfee-Quadrat liegende Teil des Bildes der ursprünglichen Partition ist (mit $p(\{1, \dots, D\}, s)$ Möglichkeiten).

Umgekehrt liefert jedes solche Daten-Tripel eine Partition von $n = D^2 + r + s$ mit einem Durfee-Quadrat der Seitenlänge D. Mit der Identität (2.3) können wir nun unter Verwendung von (2.3) die erzeugende Potenzreihe für die Anzahl $d(D, n)$ der

Partitionen von n, die ein Durfee-Quadrat der Seitenlänge D besitzen, ausrechnen:

$$\sum_{n=0}^{\infty} d(D,n)q^n = \sum_{n=0}^{\infty} q^n \sum_{n=D^2+r+s} p(\{1,\ldots,D\},r)p(\{1,\ldots,D\},s)$$

$$= q^{D^2}\Big[\sum_{r=0}^{\infty} q^r p(\{1,\ldots,D\},r)\Big]\Big[\sum_{s=0}^{\infty} q^s p(\{1,\ldots,D\},s)\Big]$$

$$= \frac{q^{D^2}}{(1-q)^2 \ldots (1-q^D)^2}$$

Summiert man dies über $D = 0, 1, 2, \ldots$, so erhält man trivialerweise die erzeugende Potenzreihe $\prod_{n=1}^{\infty} \frac{1}{1-q^n}$ für die Partitionszahlen $p(n)$, für die wir bereits die Formel (2.5) kennen. Damit haben wir die Eulersche Identität (3.2) bewiesen.

Übung 3.1. Man beweise die auf Augustin-Louis Cauchy (1789–1857) zurückgehende Verallgemeinerung

$$(3.3) \quad 1 + \sum_{n=1}^{\infty} \frac{z^n q^{n^2}}{(1-q)(1-q^2)\ldots(1-q^n)(1-zq)(1-zq^2)\ldots(1-zq^n)}$$

$$= \prod_{n=1}^{\infty} \frac{1}{1-zq^n} \quad \text{für } |q| < 1,\ z < \frac{1}{|q|}$$

der Eulerschen Identität (3.2).

Hinweis: Man beachte, daß nach Satz 2.5 die rechte Seite der Identität (3.3) die erzeugende Funktion der Doppelfolge $(p(\mathbb{N},r,n))_{r,n=0,1,\ldots}$ ist, und imitiere den obigen Beweis der Identität (3.2).

Wir werden nun das Pentagonalzahlen-Theorem (3.1) aus dem folgenden Satz herleiten:

Satz 3.2. *Für $|q| < 1$ und $|z| < \frac{1}{|q|}$ gilt*

$$\prod_{n=1}^{\infty}(1+zq^n) = \sum_{D=0}^{\infty} z^D q^{\frac{D(3D+1)}{2}}(1+zq^{2D+1})\frac{(1+zq)(1+zq^2)\ldots(1+zq^D)}{(1-q)(1-q^2)\ldots(1-q^D)}.$$

Beweis. Nach (2.2) gilt

$$(3.4) \qquad\qquad \prod_{n=1}^{\infty}(1+zq^n) = \sum_{n,r=0}^{\infty} p_d(r,n)z^r q^n,$$

wobei $p_d(r, n)$ wieder die Anzahl der Partitionen von n in r paarweise verschiedene Teile bezeichnet. Für eine beliebige derartige Partition denken wir uns das Partitionsbild gezeichnet und darin das Durfee-Quadrat eingetragen. Seine Seitenlänge sei D. Wir benutzen nun die Darstellung des Partitionsbildes als Mosaik aus Durfee-Quadrat, Partitionsteil unterhalb des Durfee-Quadrats und Partitionsteil rechts vom Durfee-Quadrat:

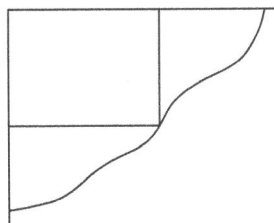

Fall 1. Der D-te Teil der Partition (also im Bild die untere Kante des Durfee-Quadrats) hat die Größe D. Da alle Teile verschieden groß sind, muß dann der unterhalb des Durfee-Quadrats liegende Teil des Partitionsbildes $a = r - D$ verschiedene Teile $\leq D - 1$ aufweisen, wogegen der rechts vom Durfee-Quadrat liegende Bildteil genau $D - 1$ verschiedene Teile besitzt. Bei festem D ist die erzeugende Potenzreihe für diese Partitionen durch

$$\sum_{r,n=0}^{\infty} q^n z^r \sum_{D^2+u+v=n} \sum_{D+a=r} p_d(\{1, \ldots, D-1\}, a, u) p_d(D-1, v)$$

$$= q^{D^2} z^D \sum_{u,a=0}^{\infty} p_d(\{1, \ldots, D-1\}, a, u) q^u z^a \sum_{v=0}^{\infty} p_d(D-1, v) q^v$$

gegeben, und dies ist nach den Sätzen 2.5 und 2.8 gleich

$$q^{D^2} z^D (1 + zq)(1 + zq^2) \ldots (1 + zq^{D-1}) \frac{q^{D(D-1)/2}}{(1-q)(1-q^2)\ldots(1-q^{D-1})}.$$

Fall 2. Der D-te Teil der Partition ist größer als D. Man erhält eine zum vorigen Fall völlig analoge Beschreibung der auftretenden Partitionen, nur mit Teilen der Größe $\leq D$ bzw. mit D Teilen (statt zuvor $D - 1$). Bei festem D ist die erzeugende Potenzreihe dieser Partitionen also

$$q^{D^2} z^D (1 + zq)(1 + zq^2) \ldots (1 + zq^D) \frac{q^{D(D+1)/2}}{(1-q)(1-q^2)\ldots(1-q^D)}.$$

Fall 1 kann nur bei $D \geq 1$ vorkommen, Fall 2 auch bei $D = 0$. Die Identität (3.4) läßt sich also wie folgt fortsetzen:

$$
\begin{aligned}
&= \sum_{D \geq 1} \frac{z^D q^{D^2 + D(D-1)/2}(1+zq)(1+zq^2)\dots(1+zq^{D-1})}{(1-q)(1-q^2)\dots(1-q^{D-1})} \\
&\quad + 1 + \sum_{D \geq 1} \frac{z^D q^{D^2 + D(D+1)/2}(1+zq)(1+zq^2)\dots(1+zq^D)}{(1-q)(1-q^2)\dots(1-q^D)} \\
&= \sum_{D \geq 0} \frac{z^{D+1} q^{D(3D+1)/2} q^{2D+1}(1+zq)(1+zq^2)\dots(1+zq^D)}{(1-q)(1-q^2)\dots(1-q^D)} \\
&\quad + \sum_{D \geq 0} \frac{z^D q^{D(3D+1)/2}(1+zq)(1+zq^2)\dots(1+zq^D)}{(1-q)(1-q^2)\dots(1-q^D)} \\
&= \sum_{D \geq 0} z^D q^{D(3D+1)/2}(1+zq^{2D+1}) \frac{(1+zq)(1+zq^2)\dots(1+zq^D)}{(1-q)(1-q^2)\dots(1-q^D)},
\end{aligned}
$$

wie gewünscht. $\square$

Wir kommen nun zum Beweis des Pentagonalzahlen-Theorems (3.1). Dazu setzen wir in Satz 3.2 $z = -1$ und erhalten

$$
(3.5) \qquad \prod_{n=1}^{\infty}(1-q^n) = \sum_{D=0}^{\infty}(-1)^D q^{D(3D+1)/2}\left(1 - q^{2D+1}\right).
$$

Es bleibt zu zeigen, daß sich dies zu $\sum_{n=-\infty}^{\infty}(-1)^n q^{n(3n-1)/2}$ umformen läßt. Nun gilt

$$
\frac{(n-1)(3(n-1)+1)}{2} + 2(n-1) + 1 = \frac{n(3n-1)}{2};
$$

daher können wir in (3.5) wie folgt weiterrechnen:

$$
\begin{aligned}
&= (1-q) + \sum_{n=1}^{\infty}(-1)^n q^{n(3n+1)/2} + \sum_{n=2}^{\infty}(-1)^n q^{n(3n-1)/2} \\
&= 1 + \sum_{n=1}^{\infty}(-1)^n q^{n(3n+1)/2} + \sum_{n=1}^{\infty}(-1)^n q^{n(3n-1)/2}
\end{aligned}
$$

$$= 1 + \sum_{n=-1}^{-\infty} (-1)^n q^{(-n)(3(-n)+1)/2} + \sum_{n=1}^{\infty} (-1)^n q^{n(3n-1)/2}$$

$$= \sum_{n=-\infty}^{\infty} (-1)^n q^{n(3n-1)/2}.$$

$\square$

Wir wollen nun noch den berühmten Beweis von Franklin [1881] für das Eulersche Pentagonalzahlen-Theorem kennenlernen. Hierbei wird die Betrachtung von Partitionsbildern für Partitionen von n in paarweise verschiedene Teile eine besondere Rolle spielen. Daß die Teile paarweise verschieden sind, bedeutet für das Partitionsbild, daß die Zeilen von oben nach unten immer um mindestens 1 kürzer werden. Dabei interessiert uns die Frage, wie lange die Verkürzung stets genau 1 beträgt. Solange dies, von der obersten Zeile an gerechnet, anhält, fassen wir die rechten Endglieder der betreffenden Zeilen zum sogenannten *Trauf* unseres Partitionsbildes zusammen. Unter dem Trauf springt die nächste Zeile – wenn es eine solche gibt – um mindestens 2 ein, so daß man den Trauf abnehmen kann und trotzdem immer noch ein Partitionsbild mit lauter ungleichen Teilen behält. Dazu ein Beispiel:

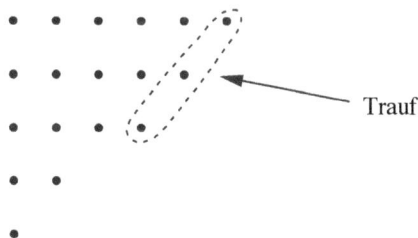

Neben dem Trauf wird uns auch noch die unterste Zeile des Partitionsbildes beschäftigen. Ist der Trauf echt kürzer als die unterste Zeile, so wollen wir ihn abnehmen und als neue Zeile unter die bisher unterste Zeile legen, bildhaft also so:

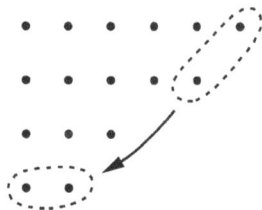

Dadurch entsteht ein Partitionsbild mit einer Zeile mehr als vorher. Ist der Trauf dagegen länger als die unterste Zeile, so nehmen wir die unterste Zeile weg und machen sie zum neuen Trauf. Es entsteht ein Partitionsbild, das eine Zeile weniger hat als vorher und bei dem der Trauf echt kürzer ist als die nunmehr unterste Zeile, beispielsweise so:

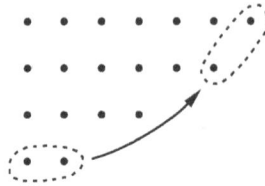

Wir sehen, daß die in den beiden Fällen vorgenommenen Operationen zueinander invers sind. Allerdings gibt es für jede der beiden Operationen Ausnahmefälle, in denen sie entweder gar nicht funktionieren oder ein Partitionsbild mit zwei gleichen Teilen liefern. Für die Operation „Trauf ansetzen" sind dies die Fälle, in denen der Trauf vor der Operation bis in die unterste Zeile reicht (und genauso lang ist), d. h. die Partitionen mit Teilen $m, m+1, \ldots, 2m-1$; das Ansetzen der letzten Zeile als neuer Trauf würde hier einen „Überhang" liefern und kein Partitionsbild. In diesem Falle gilt

$$n = m + (m+1) + \cdots + (2m-1) = \frac{m(3m-1)}{2}.$$

Für die Operation „Trauf abnehmen" sind es die Fälle, in denen der Trauf genau um 1 kürzer ist als die unterste Zeile und bis zu dieser hinabreicht, d. h. die Partitionen mit Teilen $m+1, m+2, \ldots, 2m$; hier würde das Ansetzen des Traufs als neue letzte Zeile zwei gleich lange Zeilen liefern. In diesem Falle gilt

$$n = (m+1) + (m+2) + \cdots + 2m = \frac{m(3m+1)}{2}.$$

Hat also n keine der beiden Gestalten $m(3m-1)/2$ bzw. $m(3m+1)/2$, so funktionieren im Bereich der Partitionen von n in lauter ungleiche Teile die beiden zueinander inversen Operationen; dabei führt jede dieser Operationen eine Partition mit einer geraden Anzahl von Teilen in eine solche mit einer ungeraden Anzahl von Teilen über. Unsere Partitionen ordnen sich also zu Paaren, deren Glieder durch die beiden Operationen einander wechselseitig zugeordnet sind, und von denen immer ein Glied eine ungerade, das andere eine gerade Zahl von Teilen hat. Es gibt also ebenso viele Partitionen von n mit einer geraden Anzahl von lauter verschiedenen Teilen wie Partitionen von n mit einer ungeraden Anzahl von lauter verschiedenen Teilen. Bezeichnet G die Menge der geraden und U die der ungeraden natürlichen Zahlen, so können wir diesen Sachverhalt wie folgt schreiben:

$$p_d(G, n) = p_d(U, n).$$

Ist dagegen $n = m(3m - 1)/2$, so gibt es genau eine Partition mit m verschiedenen Teilen, für die die Operation „Trauf ansetzen" nicht definiert ist; alle übrigen Partitionen von n in ungleiche Teile ordnen sich kraft der Anwendbarkeit der zueinander inversen Operationen zu Paaren, in denen immer eine Partition mit einer ungeraden und eine mit einer geraden Zahl von Teilen beisammen sind; ist m gerade, so gibt es dabei eine überschüssige Partition mit einer geraden Anzahl von verschiedenen Teilen; ist m ungerade, so überwiegt das Ungerade. Somit erhalten wir

$$p_d(G, n) - p_d(U, n) = (-1)^m \quad \text{für } n = \frac{m(3m - 1)}{2}.$$

Analog beweist man dieselbe Formel auch für den Fall $n = m(3m + 1)/2$. Insgesamt gilt also

$$(3.6) \qquad p_d(G, n) - p_d(U, n) = \begin{cases} (-1)^m & \text{für } n \in \left\{ \frac{m(3m-1)}{2}, \frac{m(3m+1)}{2} \right\} \\ 0 & \text{sonst.} \end{cases}$$

Mit dieser Formel, deren Beweis bereits den wesentlichen Gedanken von Franklin [1881] enthält, gelingt nun ein abermaliger Beweis des Pentagonalzahlen-Theorems. Die linke Seite $\sum_{n=-\infty}^{\infty}(-1)^n q^{n(3n-1)/2}$ von (3.1) kann nämlich – wie in der Rechnung nach (3.5) – als

$$1 + \sum_{m=1}^{\infty}(-1)^m q^{m(3m-1)/2} + \sum_{m=1}^{\infty}(-1)^m q^{m(3m+1)/2}$$

geschrieben werden, was mit (3.6) unmittelbar

$$1 + \sum_{n=1}^{\infty}[p_d(G, n) - p_d(U, n)]q^n$$

ergibt; und die rechte Seite $\prod_{r=1}^{\infty}(1 - q^r)$ von (3.1) läßt sich wie folgt schreiben:

$$\sum_{r_1=0}^{1}\sum_{r_2=0}^{1}\sum_{r_3=0}^{1}\cdots(-1)^{r_1+r_2+r_3+\cdots}q^{r_1+2r_2+3r_3+\cdots}$$

mit der Nebenbedingung, daß jeweils nur endlich oft $r_k \geq 1$ vorkommt, womit dann $r_1 + 2r_2 + 3r_3 + \ldots$ eine Partition einer Zahl n, und zwar mit lauter verschieden großen Teilen, darstellt; $r_1 + r_2 + \ldots$ ist dabei jeweils die Anzahl der Teile, weswegen wir beim Zusammenfassen nach gleichen Potenzen von q für gerade $r_1 + r_2 + \cdots$ eine 1 und für ungerade $r_1 + r_2 + \cdots$ eine -1 aufsammeln. Es geht also weiter mit

$$1 + \sum_{n=1}^{\infty}[p_d(G, n) - p_d(U, n)]q^n,$$

womit die Formel (3.1) abermals bewiesen ist.

XIII Die Abzähltheorie von Pólya

Wann immer in den Wissenschaften digitale, diskrete Phänomene auftreten, ist die Kombinatorik aufgefordert, die zugehörigen mathematischen Probleme aufzuwerfen oder zu übernehmen und zu lösen. Dies gilt in besonderem Maße, wo das Demokritsche Prinzip „Alle Vielfalt entsteht durch vielfältige Zusammenfügung einfacher Bausteine" sich geltend macht. Ein Paradebeispiel für dies Prinzip ist die Chemie: Die ganze Vielfalt der chemischen Verbindungen entsteht durch Zusammenfügen von atomaren Bausteinen. Eine berühmte Antwort auf die damit gestellten kombinatorischen Fragen ist die Theorie der Isomeren-Abzählung von Pólya [1937]. Ihr mathematischer Gehalt war übrigens weitgehend schon in der seinerzeit zu wenig beachteten Arbeit von Redfield [1927] enthalten; ähnlich wie beim Heiratssatz II.1.1 war die Leistung von Pólya auch eine unabhängige Wiederentdeckung älterer Resultate in nunmehr glanzvollerer Gestalt. Die Pólyasche Theorie verwendet zwei mathematische Techniken, nämlich

- erzeugende Potenzreihen und

- endliche Gruppen, insbesondere Permutationsgruppen.

Die Technik der erzeugenden Potenzreihen hat der Leser im vorigen Kapitel in ihren Grundlagen sowie in einer ihrer Anwendungen bereits kennengelernt. Die elementare Theorie der Gruppen wollen wir hier als bekannt voraussetzen und für unsere Zwecke zurechtschleifen. Unsere Darstellung folgt dabei weitgehend de Bruijn [1971].

1 Der Zyklenindex einer Permutationsgruppe

Sei X eine endliche Menge. Bijektive Abbildungen $\tau : X \to X$ heißen bekanntlich *Permutationen* von X. Die Permutationen von X bilden mit der Hintereinanderschaltung als Verknüpfung eine Gruppe, die *symmetrische Gruppe* S_X von X. Ist $X = \{1, \ldots, n\}$, so schreibt man S_n statt $S_{\{1,\ldots,n\}}$. Wie wir in Korollar I.2.4 gesehen haben, gilt $|S_n| = n!$.

Jede Permutation τ von X besitzt eine eindeutige *Zyklenzerlegung*, bei der die 1-Zyklen die von τ festgelassenen Elemente, also die *Fixpunkte* von τ, sind. Kommen in der Zyklenzerlegung von τ genau b_1 1-Zyklen, b_2 2-Zyklen, ... vor, so nennt man die Folge $b = (b_1, b_2, \ldots)$ den *Typ* von τ. Man schreibt ihn auch als $b(\tau) = (b_1(\tau), b_2(\tau), \ldots)$. Natürlich ist dabei stets $|X| = b_1 + 2b_2 + 3b_3 + \cdots$; insbesondere haben wir also $b_k = 0$ für $k > |X|$. Ist G eine Gruppe von Permutationen von X, dann heißt das Polynom

$$P_G(z_1, z_2, \ldots) = \frac{1}{|G|} \sum_{\tau \in G} z_1^{b_1(\tau)} z_2^{b_2(\tau)} \cdots$$

der *Zyklenindex* von G; es kommen dabei natürlich nur endlich viele der Unbestimmten $z_1, z_2, \ldots$ wirklich vor. Bezeichnet $a_G(b_1, b_2, \ldots)$ die Anzahl der $\tau \in G$, die den Typ $(b_1, b_2, \ldots)$ haben, so ist

$$P_G(z_1, z_2, \ldots) = \frac{1}{|G|} \sum_{b_1, b_2, \ldots} a_G(b_1, b_2, \ldots) z_1^{b_1} z_2^{b_2} \cdots$$

Nur die endlich vielen $a_G(b_1, b_2, \ldots)$ mit $b_1 + 2b_2 + 3b_3 + \cdots = |X|$ können hierbei $\neq 0$ sein.

Beispiel 1.1. Sei $G = V_4 = \{\mathrm{id}, (12)(34), (13)(24), (14)(23)\}$. Die sogenannte *Kleinsche Vierergruppe* V_4 operiert regulär auf der Menge $\{1, 2, 3, 4\}$ und hat den Zyklenindex

$$P_G = \frac{1}{4}\bigl(z_1^4 + 3z_2^2\bigr).$$

Die Untergruppe $U \subset S_4$ mit $U = \{\mathrm{id}, (13)(24), (13), (24)\}$ ist zu V_4 isomorph, operiert aber nicht regulär (sondern in zwei Bahnen) und hat den Zyklenindex

$$P_U = \frac{1}{4}\bigl(z_1^4 + z_2^2 + 2z_1^2 z_2\bigr).$$

Dieses Beispiel zeigt, daß der Zyklenindex nicht nur von der abstrakt gruppentheoretischen Struktur der betrachteten Permutationsgruppe abhängt; technisch ausgedrückt, sind die beiden Gruppen U und V_4 zwar isomorph, nicht aber *permutationsisomorph*. Es sei dem Leser überlassen, diesen Begriff vernünftig zu definieren oder die wichtige Monographie von Wielandt [1964] über Permutationsgruppen zu konsultieren.

Übung 1.2. Man bestimme den Typ der durch $1 \mapsto 3, 2 \mapsto 4, 3 \mapsto 1, 4 \mapsto 6, 5 \mapsto 5, 6 \mapsto 2, 7 \mapsto 8, 8 \mapsto 7$ gegebenen Permutation $\tau \in S_8$ sowie den Zyklenindex der von τ erzeugten zyklischen Untergruppe von S_8.

Beispiel 1.3. Sei X die Menge der acht Ecken eines Würfels und $G \subseteq S_X$ die Menge aller derjenigen Permutationen von X, die sich durch Drehungen (nicht also Spiegelungen) des Würfels bewirken lassen. Sei W_0 eine Würfelseite und G_{W_0} die Menge aller $\tau \in G$, die W_0 in sich überführen, also die Ecken von W_0 permutieren. Offenbar ist G_{W_0} eine Untergruppe der Ordnung 4 von G. Für jede der 6 Würfelseiten W sei τ_W eine Permutation von G, deren zugehörige Raumdrehung W_0 in W überführt. Jede W_0 in W überführende Permutation τ läßt sich dann auf genau eine Weise in der Form $\tau_W \circ \gamma$, $\gamma \in G_{W_0}$, schreiben. Somit zerfällt G in 6 Linksnebenklassen nach G_{W_0}, und wir erhalten $|G| = 24$. Wir schreiben nun die Permutationen aus G samt ihren Typen tabellarisch auf:

Die Drehachse verbindet	Drehwinkel	Anzahl	Typ
die Mitten zweier gegenüberliegen-der Würfelseiten	π	3	$(0, 4, 0, 0, \dots)$
die Mitten zweier gegenüberliegen-der Würfelseiten	$\frac{\pi}{2}, \frac{3\pi}{2}$	$2 \cdot 3$	$(0, 0, 0, 2, 0, \dots)$
die Mitten zweier gegenüberliegen-der Würfelkanten	π	6	$(0, 4, 0, 0, \dots)$
Zwei diagonal gegenüberliegende Würfelecken	$\frac{2\pi}{3}, \frac{4\pi}{3}$	$2 \cdot 4$	$(2, 0, 2, 0, 0, \dots)$

Das sind 23 verschiedene Permutationen, zu denen noch die Identität mit dem Typ $(8, 0, 0, \dots)$ hinzukommt. Wir erhalten den Zyklenindex

$$P_G(z_1, z_2, \dots) = \frac{1}{24}\left(z_1^8 + 9z_2^4 + 6z_4^2 + 8z_1^2 z_3^2\right).$$

Übung 1.4. Man bestimme den Zyklenindex der Gruppe aller Permutationen der sechs Seiten bzw. der zwölf Kanten eines Würfels, die sich durch Raumdrehungen bewirken lassen.

Übung 1.5. Man bestimme den Zyklenindex der Gruppe aller Permutationen der acht Seiten bzw. der sechs Ecken bzw. der zwölf Kanten eines Oktaeders, die sich durch Raumdrehungen bewirken lassen.

Hinweis: Man beziehe die Oktaederflächen auf die Ecken eines passenden Würfels etc.

Übung 1.6. Man bestimme den Zyklenindex der Gruppe aller Permutationen der vier Ecken bzw. der vier Flächen bzw. der sechs Kanten eines Tetraeders, die sich durch Raumdrehungen bewirken lassen.

Es läge nahe, die analogen Übungen auch für das Dodekaeder und das Ikosaeder zu stellen, um die Behandlung der platonischen Körper vollständig zu machen, doch sollen die Übungen hier einen mäßigen Umfang nicht überschreiten.

Beispiel 1.7. Wir bestimmen den Zyklenindex der symmetrischen Gruppe S_n. Hierzu ist die Anzahl $a_{S_n}(b_1, b_2, \dots)$ der Permutationen aus S_n zu ermitteln, die einen gegebenen Typ $(b_1, b_2, \dots)$ haben. Wir tun dies, indem wir die Platznummern $1, \dots, n$ in b_1 Einser-, b_2 Zweiergruppen etc. einteilen. Jede Verteilung der Ziffern $1, \dots, n$ auf die n Plätze liefert dann eine Permutation aus S_n in Zyklendarstellung. Zwei Verteilungen bedeuten dabei dieselbe Permutation, wenn sie innerhalb jeder Platzgruppe durch zyklische Permutation ineinander übergehen. Außerdem darf man die b_k Platzgruppen der Länge k noch beliebig durcheinanderwirbeln. Dies liefert

$$a_{S_n}(b_1, b_2, \dots) = \frac{n!}{b_1! 2^{b_2} b_2! 3^{b_3} b_3! \dots}$$

$$P_{S_n}(z_1, z_2, \dots) = \sum_{b_1 + 2b_2 + 3b_3 \cdots = n} \frac{z_1^{b_1} z_2^{b_2} z_3^{b_3} \cdots}{b_1! 2^{b_2} b_2! 3^{b_3} b_3! \dots}$$

Wir erlauben uns noch eine kleine Potenzreihenrechnung, deren formale Berechtigung darauf beruht, daß alle vorkommenden Zahlen-Additionen und -Multiplikationen in Wahrheit endlich sind. Sei z eine weitere Unbestimmte. Dann gilt

$$\sum_{n=0}^{\infty} z^n P_{S_n}(z_1, z_2, \dots) = \sum_{n=0}^{\infty} z^n \sum_{b_1 + 2b_2 + 3b_3 \cdots = n} \frac{z_1^{b_1} z_2^{b_2} z_3^{b_3} \cdots}{b_1! 2^{b_2} b_2! 3^{b_3} b_3! \dots}$$

$$= \sum_{n=0}^{\infty} \sum_{b_1 + 2b_2 + 3b_3 + \cdots = n} \frac{(zz_1)^{b_1} (z^2 z_2)^{b_2} (z^3 z_3)^{b_3} \cdots}{b_1! 2^{b_2} b_2! 3^{b_3} b_3! \dots}$$

$$= \sum_{(b_1, b_2, \dots)} \frac{1}{b_1!} (zz_1)^{b_1} \frac{1}{b_2!} \left(\frac{z^2 z_2}{2} \right)^{b_2} \frac{1}{b_3!} \left(\frac{z^3 z_3}{3} \right)^{b_3} \cdots$$

$$= \left(\sum_{b_1 = 0}^{\infty} \frac{1}{b_1!} (zz_1)^{b_1} \right) \left(\sum_{b_2 = 0}^{\infty} \frac{1}{b_2!} \left(\frac{z^2 z_2}{2} \right)^{b_2} \right) \left(\sum_{b_3 = 0}^{\infty} \frac{1}{b_3!} \left(\frac{z^3 z_3}{3} \right)^{b_3} \right) \cdots$$

Dabei ist auf „$b_k = 0$ schließlich" zu achten, bei der letzten Multiplikation also nur aus endlich vielen Klammern ein Summand mit einer Nummer > 0 als Faktor auszuwählen. Es geht daher weiter mit

$$= e^{zz_1} e^{z^2 z_2 / 2} e^{z^3 z_3 / 3} \dots = e^{\sum_{k=1}^{\infty} z^k z_k / k}.$$

Legt man sich auf $|z| < 1, |z_1| < 1, \ldots$ fest, so bekommt diese formale Rechnung einen handfesten analytischen Sinn.

Übung 1.8. Man bestimme den Zyklenindex der alternierenden Gruppe A_n für $n = 1, 2, \ldots$

Hinweis: Eine Permutation aus S_n gehört genau dann nicht zu A_n, wenn die Anzahl ihrer Zyklen von gerader Länge ungerade ist, d. h. wenn ihr Typ

$$1 + (-1)^{b_2 + b_4 + \cdots} = 0$$

erfüllt.

2   Das Lemma von Burnside

Die Pólyasche Abzähltheorie verwendet als wesentliches Hilfsmittel das sogenannte Lemma von Burnside über Zyklen- und Fixpunktanzahlen von Permutationsgruppen, das nach William Burnside (1852 – 1927) benannt ist, obwohl es nicht von ihm stammt, sondern bereits Cauchy und Frobenius bekannt war; siehe dazu Neumann [1979]. Dieses Lemma wollen wir jetzt kennenlernen. Dabei arbeiten wir mit abstrakten endlichen Gruppen, lassen diese aber zugleich als Permutationsgruppen wirken. Dergleichen haben wir in gewisser Weise schon in Beispiel 1.3 getan, wo eine Gruppe von 24 Drehungen des Raumes als Permutationsgruppe auf $\{1, \ldots, 8\}$ wirkte. Den dahinter stehenden allgemeinen Gedanken erfassen wir mit der folgenden

Definition 2.1. Sei G eine endliche Gruppe und X eine endliche Menge. Es sei ein Homomorphismus

$$\tau : \begin{cases} G \to S_X \\ g \mapsto \tau_g \end{cases}$$

gegeben. Homomorphie bedeutet dabei

$(*)$ $\qquad\qquad\qquad \tau_{gh} = \tau_g \circ \tau_h \quad$ für $g, h \in G$,

wobei $\tau_g \circ \tau_h$ die Vorschrift „erst τ_h, dann τ_g" symbolisiert. Dann sagt man, G *wirke* oder *operiere* (als Permutationsgruppe) auf X.

Sei e das neutrale Element der Gruppe G. Aus $(*)$ folgt, daß τ_e die identische Abbildung auf X ist und daß $\tau_{g^{-1}} = \tau_g^{-1}$ für alle $g \in G$ gilt; diese Tatsachen seien dem Leser als einfache Übung überlassen. Wir benötigen die folgenden grundlegenden Begriffsbildungen für Permutationsgruppen; die dort auftretenden Behauptungen sind wieder eine leichte Übung für den Leser.

Definition 2.2. Die Gruppe G wirke als Permutationsgruppe auf X. Für jedes Element $x \in X$ ist

$$G_x = \{g \in G \mid \tau_g(x) = x\}$$

eine Untergruppe von G, der *Stabilisator* von x, und für jedes $g \in G$ ist

$$X_g = \{x \in X \mid \tau_g(x) = x\}$$

die *Fixpunktmenge* von g. Zwei Punkte $x, y \in X$ sollen äquivalent heißen, wenn es ein $g \in G$ mit $\tau_g(x) = y$ gibt; man verifiziert sofort, daß wir es tatsächlich mit einer Äquivalenzrelation zu tun haben. Gilt nun auch $\tau_h(x) = y$, so ist $\tau_g^{-1}(\tau_h(x)) = \tau_g^{-1}(y) = x$, d. h. $g^{-1}h \in G_x$; das bedeutet, daß g und h in derselben Linksnebenklasse des Stabilisators G_x liegen. Die ein $x \in X$ enthaltende Äquivalenzklasse

$$x^G = \{\tau_g(x) \mid g \in G\}$$

wird auch die *Bahn* (oder der *Orbit*) von x (unter der Wirkung von G) genannt und hat somit $|x^G| = |G|/|G_x|$ Elemente. Die Anzahl der Bahnen von G auf X wird mit $o(G)$ bezeichnet; wenn $o(G) = 1$ gilt, sagt man, daß G *transitiv* auf X operiert.

Lemma 2.3 (Lemma von Burnside). *Die endliche Gruppe G operiere auf der endlichen Menge X. Dann gilt*

$$(2.1) \qquad o(G) \cdot |G| = \sum_{g \in G} |X_g|.$$

Beweis. Wir zeigen zunächst

$$(2.2) \qquad \sum_{g \in G} |X_g| = \sum_{x \in X} |G_x| = |G| \sum_{x \in X} \frac{1}{|x^G|}.$$

Für die erste Gleichheit in (2.2) zählt man $F = \{(g, x) \in G \times X \mid \tau_g(x) = x\}$ lediglich auf zwei verschiedene Arten ab; die zweite Gleichheit folgt dann aus $|x^G| = |G|/|G_x|$. Wenn man nun X in die Bahnen $X_1, \ldots, X_r$ (mit $r = o(G)$) zerlegt und $y^G = x^G$ für $y \in x^G$ beachtet, erhält man

$$o(G) = r = \sum_{i=1}^{r} 1 = \sum_{i=1}^{r} \sum_{x_i \in X_i} \frac{1}{|x_i^G|} = \sum_{x \in X} \frac{1}{|x^G|},$$

woraus mit (2.2) unmittelbar die Behauptung folgt.   □

Beispiel 2.4. Wir setzen Beispiel 1.3 fort. Bei den dort betrachteten, durch Drehungen induzierten Permutationen der Würfelecken ergab sich acht mal eine 2-elementige Fixpunktmenge; hierzu kommen die acht Fixpunkte der identischen Permutation. Mit (2.1) erhalten wir

$$24 \cdot o(G) = 8 \cdot 2 + 8, \quad \text{also } o(G) = 1.$$

In der Tat gibt es nur eine Äquivalenzklasse, da man jede Würfelecke in jede andere drehen kann: G operiert transitiv auf den Ecken des Würfels.

Übung 2.5. Die endliche Gruppe G wirke als transitive Permutationsgruppe auf der endlichen Menge X. Man definiert dann den *Rang* $r(G)$ von G als die Anzahl der Bahnen des Stabilisators G_x auf X; dabei ist $x \in X$ beliebig. Man zeige zunächst, daß diese Definition sinnvoll ist, also nicht von der Auswahl von x abhängt. Ferner beweise man mit (2.1) die Formel

$$(2.3) \qquad\qquad r(G) \cdot |G| = \sum_{g \in G} |X_g|^2$$

und zeige, daß G mindestens $|X| - 1$ fixpunktfreie Permutationen enthalten muß.

Wir schweifen ein wenig ab, um eine schöne Anwendung des Lemmas von Burnside zu zeigen; insbesondere werden wir als Spezialfall einen weiteren Beweis für Übung I.3.11 erhalten. Dazu sei G eine Untergruppe der symmetrischen Gruppe S_n; ferner bezeichne F_j die Anzahl der Bahnen von G auf den geordneten j-Tupeln verschiedener Elemente aus $X = \{1, \dots, n\}$ und p_i die Wahrscheinlichkeit dafür, daß ein zufällig gewähltes Element aus G genau i Fixpunkte besitzt; formal ist also p_i durch

$$(2.4) \qquad\qquad p_i = \frac{\left|\{g \in G \mid |X_g| = i\}\right|}{|G|}$$

erklärt. Schließlich definieren wir noch zwei Polynome wie folgt:

$$P(x) := \sum_{i=0}^{n} p_i x^i \quad \text{und} \quad F(x) := \sum_{i=0}^{n} \frac{F_i}{i!} x^i;$$

dabei verwenden wir die Konvention $F_0 = 1$. Dann gilt der folgende Satz, den man bei Boston et al. [1993] findet; er ist aber auch ein Spezialfall der Redfield-Pólya-Theorie, der allerdings einen kurzen und eleganten direkten Beweis erlaubt.

Satz 2.6. *Mit den eben eingeführten Bezeichnungen gilt $F(x) = P(x + 1)$. Insbesondere ist die Wahrscheinlichkeit dafür, daß ein zufällig gewähltes Element aus G keine Fixpunkte hat, durch $p_0 = F(-1)$ gegeben.*

Beweis. Sei $g \in G$ eines der $p_i|G|$ Elemente mit genau i Fixpunkten. Dann fixiert g genau $i(i-1)\ldots(i-j+1)$ geordnete j-Tupel verschiedener Elemente; das gilt für $j = 1,\ldots,n$, wobei sich natürlich im Fall $i < j$ die Anzahl 0 ergibt, wie es ja auch sein sollte. Damit liefert das Lemma von Burnside für $j \neq 0$ die Formel

$$F_j = \sum_{i=0}^{n} p_i i(i-1)\ldots(i-j+1);$$

für $j = 0$ gilt natürlich $F_0 = \sum_{i=0}^{n} p_i$. Mit dem binomischen Lehrsatz folgt

$$
\begin{aligned}
F(x) &= \sum_{i=0}^{n} p_i + \sum_{j=1}^{n}\left(\sum_{i=0}^{n} \frac{p_i i(i-1)\ldots(i-j+1)}{j!}\right)x^j \\
&= \sum_{i=0}^{n} p_i\left(1 + \sum_{j=1}^{i}\binom{i}{j}x^j\right) \\
&= \sum_{i=0}^{n} p_i(x+1)^i = P(x+1).
\end{aligned}
$$

Insbesondere folgt sofort $p_0 = P(0) = F(-1)$.   □

Korollar 2.7. *Die Anzahl $e_i(n)$ der Permutationen in S_n, die genau i Fixpunkte haben, ist durch die Formel*

$$(2.5) \qquad\qquad e_i(n) = \frac{n!}{i!}\sum_{k=0}^{n-i}\frac{(-1)^k}{k!}$$

gegeben.

Beweis. Für $G = S_n$ sind alle $F_j = 1$, womit man aus Satz 2.6

$$P(x) = \sum_{j=0}^{n}\frac{(x-1)^j}{j!}$$

erhält. Nach dem binomischen Lehrsatz ist also der Koeffizient p_i von x^i durch

$$\sum_{j=i}^{n}\frac{\binom{j}{i}(-1)^{j-i}}{j!} = \sum_{j=i}^{n}\frac{(-1)^{j-i}}{i!(j-i)!} = \frac{1}{i!}\sum_{k=0}^{n-i}\frac{(-1)^k}{k!}$$

gegeben, woraus mit (2.4) sofort die Behauptung folgt.   □

Mehr zu dem hier angerissenen Thema findet man bei Boston et al. [1993]
sowie in dem schönen Artikel von Cameron [2001]. Schließlich wollen wir noch in
den beiden folgenden Übungen einen Beweis des am Ende von § XI.8 erwähnten
Orbittheorems skizzieren. Dieser fundamentale Satz stammt im Wesentlichen von
Brauer [1941] und wurde dann unabhängig voneinander von Dembowski [1958],
Hughes [1957] und Parker [1957] wiederentdeckt.

Übung 2.8. Sei α ein Automorphismus eines symmetrischen Blockplans Π. Man
zeige, daß die Anzahl der Fixpunkte von α mit der Anzahl der Fixblöcke übereinstimmt.

Hinweis: Man überlege sich zunächst, daß sich die Wirkung von α auf eine Inzidenzmatrix von Π durch zwei Permutationsmatrizen beschreiben läßt und setze
die Anzahl von Fixelementen mit der Spur dieser Matrizen in Verbindung; danach
führt etwas Lineare Algebra zum Ziel. Die Einzelheiten kann man beispielsweise
in § I.4 von Beth, Jungnickel und Lenz [1999] nachlesen.

Übung 2.9 (Orbittheorem). Sei G eine Automorphismengruppe eines symmetrischen Blockplans Π. Man zeige mit Übung 2.8 und dem Lemma von Burnside,
daß die Anzahl der Bahnen von G auf der Punktmenge mit der Anzahl der Bahnen
von G auf der Blockmenge übereinstimmt. Falls G transitiv operiert, zeige man,
daß ferner der Rang von G auf der Punktmenge mit dem Rang auf der Blockmenge
übereinstimmt.

3   Der Satz von Pólya

Der Satz von Pólya arbeitet mit den Begriffen „Färbungen" und „Muster". Wir
führen diese Begriffe zunächst abstrakt ein, beweisen dann den Satz von Pólya,
und exemplifizieren schließlich die allgemeine Theorie am Beispiel der Färbungen
eines Würfels mit zwei Farben. Im übernächsten Abschnitt werden wir dann den
Pólyaschen Satz auf das chemische Problem der Isomere von Alkoholen anwenden.

Definition 3.1. Seien D und F zwei nichtleere endliche Mengen, die wir als Menge
der „Dinge" bzw. der „Farben" auffassen. Abbildungen $c : D \to F$ werden dann
auch als *Färbungen* bezeichnet, und F^D ist somit die Menge aller Färbungen. Sei
nun $G \subseteq S_D$. Dann ist durch

$$(\tau_g c)(d) = c(g^{-1}(d)) \quad \text{für } c \in F^D, \ g \in G, \ d \in D$$

eine Operation von G auf F^D definiert. Die Anwendung von g bewirkt also eine
„Verschiebung" der Färbung c: Man färbt das Ding d unter der Färbung $\tau_g c$ wie das

Ding $g^{-1}(d)$ unter c. Die Bahnen der Färbungen $c \in F^D$ unter dieser Operation von G werden als *Muster* bezeichnet. Man beachte, daß dies in der Tat der intuitiven Idee eines Musters entspricht, bei dem es uns im Alltag – etwa beim Teppichkauf nach einem Musterbuch – ja auch nicht auf Verschiebungen oder Drehungen ankommt.

Jede Abbildung $w : F \to \mathbb{Q}$ wird als eine *Gewichtung* der Farben bezeichnet. Ist $c : D \to F$ eine Färbung und $w : F \to \mathbb{Q}$ eine Gewichtung, so heißt

$$w(c) = \prod_{d \in D} w(c(d))$$

das *Gewicht der Färbung c* unter der Gewichtung w.

Übung 3.2. Man zeige, daß die eben definierte Abbildung $g \mapsto \tau_g$ von G in S_{F^D} homomorph ist und daß alle Färbungen, die zum selben Muster m gehören, unter jeder Gewichtung w dasselbe Gewicht haben, das wir dann auch das *Gewicht $w(m)$* des Musters m nennen.

Satz 3.3 (Satz von Pólya). *Seien D und F nichtleere endliche Mengen, und sei $w : F \to \mathbb{Q}$ eine Gewichtung. Ferner seien G eine Untergruppe von S_D mit Zyklenindex $P_G(z_1, z_2, \dots)$ und $\mathcal{M}$ die Menge der zugehörigen Muster in F^D. Dann gilt*

$$(3.1) \qquad \sum_{m \in \mathcal{M}} w(m) = P_G\Big(\sum_{f \in F} w(f), \sum_{f \in F} w(f)^2, \dots \Big).$$

Beweis. Sei $m \subseteq X := F^D$ ein Muster. Vergessen wir $X \setminus m$ und wenden das Lemma 2.3 von Burnside auf m an, so erhalten wir

$$1 = \frac{1}{|G|} \sum_{g \in G} |X_g \cap m|.$$

Weil alle Färbungen in $X_g \cap m$ nach Übung 3.2 dasselbe Gewicht haben, folgt daraus durch Multiplikation mit $w(m)$

$$w(m) = \frac{1}{|G|} \sum_{g \in G} \sum_{c \in X_g \cap m} w(c)$$

und nach Summation über alle $m \in \mathcal{M}$

$$(3.2) \qquad \sum_{m \in \mathcal{M}} w(m) = \frac{1}{|G|} \sum_{g \in G} \sum_{c \in X_g} w(c).$$

Nun sehen wir uns die rechte Seite von (3.2) genauer an, insbesondere die innere Summe. Was bedeutet – für eine feste Permutation g von D und eine feste Färbung $c\colon D \to F$ – die Bedingung $c \in X_g$? Das läßt sich unmittelbar aus der Zyklenzerlegung von g ablesen: c muß auf jedem Zyklus konstant sein. Ist $(b_1, b_2, \ldots)$ der Typ von g, so induziert die Zyklenzerlegung von g eine disjunkte Zerlegung von D:

$$D = (U_1 \cup \cdots \cup U_{b_1}) \cup (V_1 \cup \cdots \cup V_{b_2}) \cup \ldots$$

wobei die U_i aus je einem, die V_j aus je zwei Elementen bestehen, etc. Die Färbungen $c \in X_g$ entstehen nun gerade, indem man den Bestandteilen dieser Zerlegung je eine Farbe zuordnet. Das ergibt Farben $f(U_1), \ldots, f(U_{b_1});\ f(V_1), \ldots, f(V_{b_2});\ \ldots$ und somit ein Gesamtgewicht

$$w(c) = \big[w(f(U_1))^1 \ldots w(f(U_{b_1}))^1 \big]\big[w(f(V_1))^2 \ldots w(f(V_{b_2}))^2 \big] \ldots$$

Wenn wir die Folge $f(U_1), \ldots, f(U_{b_1});\ f(V_1), \ldots, f(V_{b_2});\ \ldots$, die ja von der betrachteten Färbung $c \in X_g$ abhängt, in $c_{11}, \ldots, c_{1b_1};\ c_{21}, \ldots, c_{2b_2};\ \ldots$ umbenennen, erhalten wir

$$\sum_{c \in X_g} w(c) = \sum_{c \in X_g} \big[w(c_{11})^1 \ldots w(c_{1b_1})^1 \big]\big[w(c_{21})^2 \ldots w(c_{2b_2})^2 \big] \ldots$$

Da hierbei alle Farben c_{ij} völlig beliebig aus F gewählt werden können, um insgesamt eine Färbung $c \in X_g$ zu erhalten, kann man diese Gleichung als

$$\sum_{c \in X_g} w(c) = \Big(\sum_{f \in F} w(f) \Big)^{b_1} \Big(\sum_{f \in F} w(f)^2 \Big)^{b_2} \ldots$$

umschreiben. Damit sind wir praktisch fertig; denn durch Summation über alle $g \in G$ erhalten wir nun die folgende Umformung von (3.2):

$$\sum_{m \in M} w(m) = \frac{1}{|G|} \sum_{g \in G} \Big(\sum_{f \in F} w(f) \Big)^{b_1(g)} \Big(\sum_{f \in F} w(f)^2 \Big)^{b_2(g)} \ldots,$$

wobei $(b_1(g), b_2(g), \ldots)$ wieder den Typ von g bezeichnet. Offenbar ist das gerade die Gleichung (3.1).   □

Beispiel 3.4 (Fortsetzung der Beispiele 1.3 und 2.4). Seien D die Menge der sechs Würfelflächen, $F = \{\text{rot, blau}\}$ und $w(\text{rot}) = w(\text{blau}) = 1$. Dann wird die linke Seite von (3.1) gerade die Anzahl der Rot-Blau-Muster des Würfels, also die Anzahl der Arten, wie man die Würfelflächen rot und blau anmalen kann, wobei Anmalungen, die durch Drehungen ineinander überführbar sind, nur einfach gezählt werden. Hier ist

$$\sum_{f \in F} w(f) = \sum_{f \in F} w(f)^2 = \cdots = 2.$$

Man ermittelt nun den Zyklen-Index für die Würfelseiten-Permutationen (der dem Leser als Übung 1.4 gestellt war) zu

$$\frac{1}{24}\left(z_1^6 + 3z_1^2 z_2^2 + 6z_1^2 z_4 + 6z_2^3 + 8z_3^2\right).$$

Nach dem Satz von Pólya gibt es daher

$$\frac{1}{24}\left(2^6 + 3 \cdot 2^4 + 6 \cdot 2^3 + 6 \cdot 2^3 + 8 \cdot 2^2\right) = \frac{1}{3}(8 + 6 + 6 + 6 + 4) = 10$$

Muster. Diese lassen sich in diesem einfachen Beispiel freilich auch direkt auflisten:

Blau-Rot-Muster des Würfels
Alles rot
5 Flächen rot, 1 Fläche blau
4 Flächen rot, 2 benachbarte Flächen blau
4 Flächen rot, 2 gegenüber liegende Flächen blau
3 Flächen rot, 3 an eine Ecke stoßende Flächen blau
3 Flächen rot, 2 gegenüber liegende Flächen und eine diese verbindende Fläche blau („Cardan-Gelenk")

Aus Symmetriegründen ergeben sich darüber hinaus noch vier weitere Muster, die die Liste vollständig machen, und wir erhalten in der Tat insgesamt zehn Muster.

Übung 3.5. Man ermittle die Anzahl der Rot-Blau-Muster bei der Färbung der acht Ecken bzw. der zwölf Kanten eines Würfels.

4   Bäume und Strünke

Bevor wir im nächsten Abschnitt zur Abzählung der Alkohole nach Pólya kommen, wollen wir uns noch zur Vorbereitung etwas mit einer wichtigen Klasse von Graphen, den sogenannten Bäumen, befassen.

Definition 4.1. Ein zusammenhängender Graph $G = (V, E)$ ohne Kreise heißt ein *Baum*. Jeder Punkt vom Grad 1 in G wird als ein *Blatt* bezeichnet. Zeichnen wir in G einen Punkt w speziell aus, so nennen wir das Paar (G, w) einen *Wurzelbaum* oder auch einen *Strunk* mit *Wurzel* w. Gibt es in V höchstens einen Punkt mit einem Grad > 1, so heißt der Wurzelbaum *einfach*; der Baum G wird dann auch ein *Stern* genannt.

Übung 4.2. Es sei $G = (V, E)$ ein Graph auf n Punkten. Man zeige die folgenden Aussagen:

(a) Wenn G keine Kreise enthält, gibt es höchstens $n - 1$ Kanten.

Hinweis: Man entferne eine Kante e und verwende Induktion.

(b) Wenn G zusammenhängend ist, gibt es mindestens $n - 1$ Kanten.

Hinweis: Man entferne einen Punkt v und verwende Induktion.

(c) Wenn G ein Baum ist, gibt es genau $n - 1$ Kanten.

Beweise für diese Aussagen – und eine mit ihnen zusammenhängende Charakterisierung der Bäume – findet man beispielsweise in § 1.2 von Jungnickel [1994].

Wir beschreiben jetzt eine rekursive Methode, mit der man alle Wurzelbäume erzeugen kann. Seien also $G = (V, E)$ ein Strunk mit Wurzel w, $v_0 \neq w$ ein Blatt dieses Strunkes und $G = (V', E')$ ein Strunk mit Wurzel w', wobei V und V' disjunkt sind. Salopp gesprochen identifizieren wir nun die Wurzel w' des zweiten Strunkes mit dem Blatt v_0 des Strunkes (G, w).

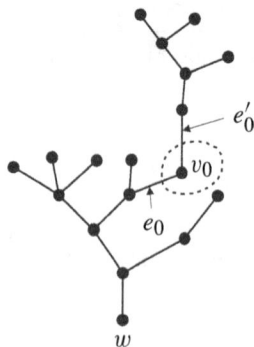

Formal: $e_0 \in E$ sei die eindeutig bestimmte mit v_0 inzidente Kante und $e_0' \in E'$ die eindeutig bestimmte mit w' inzidente Kante; der andere Endpunkt von e_0' heiße v_1. Wir setzen

$$\tilde{V} = V \cup (V' \setminus \{w'\})$$

und

$$\tilde{E} = E \cup (E' \setminus \{e_0'\}) \cup \{v_0 v_1\}.$$

Dann ist $\tilde{G} = (\tilde{V}, \tilde{E})$ ein Strunk mit Wurzel w, der aus dem Strunk (G, w) durch *Aufpfropfen* des Strunkes (G, w') am Blatt v_0 entstanden ist, wie in der folgenden Zeichnung. Der Leser möge dies als leichte Übungsaufgabe verifizieren.

Übung 4.3. Man beweise, daß es zu jedem Strunk S eine endliche Folge $S_0, \ldots, S_n$ von Strünken gibt, für die folgendes gilt:

- S_0 besteht aus zwei Punkten und einer Kante.

- Für $j = 1, \ldots, n$ entsteht S_j aus S_{j-1} durch Aufpfropfen eines einfachen Strunks an einem Blatt von S_{j-1}.

- $S_n = S$.

5   Alkohole

Unter einem *Alkohol* (genauer einem *Alkoholmolekül*) verstehen wir hier, anschaulich gesprochen, ein baumförmiges, also ringfreies Molekül, das sich aus folgenden Bausteinen zusammensetzt:

- vierwertigen C-Atomen,

- einwertigen H-Atomen,

- einer einwertigen OH-Gruppe.

Ein Alkohol, dessen OH-Gruppe man abgetrennt hat, ist also einwertig. Wir nennen das Resultat einen *CH-Strunk* oder ein *Alkylradikal*. Aus einem Alkohol kann man neue Alkohole gewinnen, indem man einige H-Atome durch CH-Strünke ersetzt, etwa durch den einfachsten, den *Einserstrunk*:

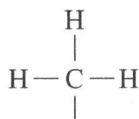

$$\begin{array}{c} \text{H} \\ | \\ \text{H}-\text{C}-\text{H} \\ | \end{array}$$

Man kann, ausgehend vom *Null-Alkohol*

$$\begin{array}{c} \text{H} \\ | \\ \text{OH} \end{array}$$

also dem Wasser, jeden Alkohol aufbauen, indem man endlich oft H-Atome durch Einserstrünke ersetzt. Mit den im vorigen Abschnitt eingeführten Begriffen können wir diesen intuitiven Betrachtungen eine exakte mathematische Form geben:

Definition 5.1. Ein Strunk heißt ein *Alkohol*, wenn jeder seiner Punkte entweder den Grad 1 oder den Grad 4 hat und die Wurzel ein Blatt ist. Die Wurzel heißt dann die *OH-Gruppe*, die Punkte des Grades 4 heißen die *C-Atome*, und die von der Wurzel verschiedenen Blätter heißen die *H-Atome* des Alkohols.

Es gibt genau einen Alkohol ohne C-Atome, nämlich das Wasser. Jeder Alkohol mit mindestens einem C-Atom sieht so aus:

$(*)$

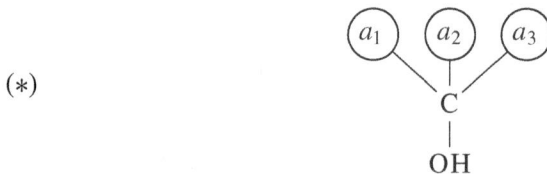

Hierbei sind a_1, a_2, a_3 Alkohole mit gekappter OH-Gruppe, aufgepfropft an den drei freien Valenzen des untersten C-Atoms. Wir setzen

$$D = \{1, 2, 3\} \quad \text{und} \quad G = S_3$$

und interpretieren dies wie folgt. Die zu färbenden Dinge sind die drei freien Valenzen des untersten C-Atoms; zwei Alkohole $(*)$ gelten uns sicher dann als gleich, wenn sie durch Umpfropfen von a_1, a_2, a_3 auseinander hervorgehen. Um nun exakt zu sagen, was unsere Farben sein sollen, definieren wir den Begriff des *Alkohol-musters*. Hierzu führen wir auf der Menge A aller Alkohole folgendermaßen eine Gewichtsfunktion g ein:

$$g(a) := \text{Anzahl der C-Atome in } a \quad (\text{für } a \in A).$$

Außerdem definieren wir induktiv eine Äquivalenzrelation $\sim$ in A. Dazu sei $A_n = \{a \mid a \in A, g(a) \le n\}$. In A_0 sei $\sim$ die Gleichheit. Angenommen, $\sim$ ist für A_n schon definiert. Seien $a, a' \in A_{n+1}$. Wir können a – und analog a' – wie in $(*)$ zeichnen; dabei sind dann also a_1, a_2, a_3 und die analogen Größen a'_1, a'_2, a'_3 für a' Alkohole (mit gekappter OH-Gruppe) aus A_n. Wir setzen nun $a \sim a'$, wenn es ein $\tau \in S_3$ mit $a_{\tau(1)} \sim a'_1, a_{\tau(2)} \sim a'_2, a_{\tau(3)} \sim a'_3$ gibt. Damit ist $\sim$ rekursiv für ganz A erklärt. Man kann kurz sagen, daß zwei Alkohole a und a' genau dann äquivalent sind, wenn sie durch eine Kette von Permutationen jeweils derjenigen drei Valenzen an einem C-Atom, die nicht zur OH-Gruppe führen, auseinander hervorgehen. Weiter stellt man sofort fest, daß g auf den Äquivalenzlassen von $\sim$ konstant ist; diese Klassen nennen wir auch die *Alkoholmuster*. Jedes Alkoholmuster m hat also ein wohlbestimmtes Gewicht $g(m)$.

Wir sagen, ein Alkoholmuster m sei vom *Typ N*, wenn m gar kein C-Atom enthält oder einen Alkohol der Form (∗) mit $g(a_1)$, $g(a_2)$, $g(a_3) \leq N$ zum Repräsentanten hat. Mit $\mathcal{M}_N$ bezeichnen wir die Menge aller Alkoholmuster vom Typ N. Nun wählen wir ein $N \in \mathbb{N}$ und setzen

$$F = F_N = \{m \mid m \text{ Alkoholmuster mit } g(m) \leq N\};$$

später werden wir $N \to \infty$ gehen lassen.

Wir haben nun noch die Gewichte der Farben – also der Alkoholmuster – festzulegen. Die in Satz 3.3 kulminierende Pólya-Theorie haben wir für den Fall rationaler Gewichte durchgeführt. Offenbar kam es für das Funktionieren der Theorie aber nur darauf an, daß man Gewichte addieren und multiplizieren kann und die Terme $1/|G|$ definiert sind. Die Theorie funktioniert also genau so gut, wenn man die Gewichte der Farben einer beliebigen $\mathbb{Q}$-Algebra entnimmt. Wir wählen hier einfach die Algebra $\mathbb{Q}[z]$ der rationalen Polynome in einer Unbestimmten z und setzen

$$w(m) := z^{g(m)} \qquad \text{für alle Alkoholmuster } m.$$

Da S_3 nach Übung 1.7 den Zyklenindex

$$P_{S_3}(z_1, z_2, z_3) = \frac{1}{6}(z_1^3 + 3z_1 z_2 + 2z_3)$$

hat, liefert der Satz von Pólya

$$\sum_{m \in \mathcal{M}_N} w(m) = 1 + z P_{S_3}\left(\sum_{m \in F_N} z^{g(m)}, \sum_{m \in F_N} z^{2g(m)}, \sum_{m \in F_N} z^{3g(m)} \right);$$

dabei stammt der Summand 1 auf der rechten Seite vom Wasser und der Faktor z vom untersten C-Atom.

Was passiert nun, wenn man N wachsen läßt? Dann kommen rechts hohe z-Potenzen hinzu, die nach Verarbeitung mit P_{S_3} nur hohe z-Potenzen liefern, so daß die Vielfachheiten, mit denen niedrige z-Potenzen auftreten, sich nicht mehr ändern. Wenn wir die Anzahl der Alkoholmuster vom Gewicht n mit α_n bezeichnen, erhalten wir also eine erzeugende Potenzreihe

$$a(z) = \sum_{m \text{ Alkoholmuster}} w(m) = \sum_{n=0}^{\infty} \alpha_n z^n,$$

die der (nach Obigem sinnvollen) Funktionalgleichung

$$a(z) = 1 + z P_{S_3}\big(a(z), a(z^2), a(z^3)\big)$$

genügt. Potenzreihenansatz und Koeffizientenvergleich liefern nun Rekursionen für die α_n:

$$\alpha_0 + \alpha_1 z + \cdots = 1 + \frac{1}{6} z \big[(\alpha_0 + \alpha_1 z + \cdots)^3$$
$$+ 3(\alpha_0 + \alpha_1 z + \cdots)(\alpha_0 + \alpha_1 z^2 + \cdots)$$
$$+ 2(\alpha_0 + \alpha_1 z^3 + \cdots) \big]$$

und somit

$$\alpha_0 = 1 \qquad\qquad\qquad\qquad\text{(Wasser)}$$

$$\alpha_1 = \frac{1}{6}(\alpha_0^3 + 3\alpha_0^2 + 2\alpha_0) = 1 \quad \text{(Methanol)}$$

$$\alpha_2 = \frac{1}{6}(3\alpha_0^2\alpha_1 + 3\alpha_0\alpha_1) = 1 \quad \text{(Äthanol)}$$

Übung 5.2. Man berechne $\alpha_3, \alpha_4, \alpha_5$ und zeichne Strukturformeln der betreffenden Alkohole.

Übung 5.3. Man führe die obigen Überlegungen mit der alternierenden Gruppe vom Grade 3 statt mit S_3 durch („optische Aktivität").

Für weitere Untersuchungen verweisen wir auf Pólya [1937], de Bruijn [1964] sowie Pólya und Read [1987]. Ganz besonders empfehlen wir auch die beiden Monographien von Kerber [1991,1999], in denen das Abzählen und Konstruieren von Objekten mittels gruppentheoretischer Methoden ausführlich dargestellt wird. Die *Strunk-Zahlen*, also die Anzahlen T_n der Isomorphieklassen von Strünken auf n Punkten, die *Alkohol-Zahlen* sowie die Anzahlen t_n der Isomorphieklassen von Bäumen auf n Punkten sind für kleine n in Kap. XVI § 1 tabuliert. Das Problem der Bestimmung der t_n sowie der T_n ist bei Harary [1969, Chapter 15] konzise dargestellt. Wir wollen hier lediglich zwei besonders elegante Resultate ohne Beweis erwähnen, die von Pólya [1937] bzw. Otter [1948] stammen:

Satz 5.4. *Die erzeugende Potenzreihe $T(z) = \sum_{n=1}^{\infty} T_n z^n$ für die Strunkzahlen genügt der Funktionalgleichung*

$$(5.1) \qquad\qquad T(z) = z \exp\Big(\sum_{n=1}^{\infty} \frac{1}{n} T(z^n) \Big).$$

Daraus erhält man die erzeugende Potenzreihe $t(z) = \sum_{n=1}^{\infty} t_n z^n$ für die Baumzahlen gemäß der Gleichung

$$(5.2) \qquad\qquad t(z) = T(z) - \frac{1}{2}\big[T^2(z) - T(z^2) \big].$$

6   Die Anzahl der Bäume auf n Punkten

Da die Bäume für die Untersuchung der Alkoholzahlen ein entscheidendes Hilfsmittel waren und auch sonst häufig eine wichtige Rolle spielen, wollen wir zum
Abschluß dieses Kapitels noch die Anzahl der verschiedenen (aber möglicherweise
isomorphen) Bäume bestimmen, die man auf der Punktemenge $\{1, \ldots, n\}$ bilden
kann. Die entsprechende Formel – nämlich n^{n-2} – wird meist Cayley [1889] zugeschrieben, stammt aber (in äquivalenter Form) schon von Borchardt [1860]. Es gibt
für sie viele Beweise, von denen man drei bei Jungnickel [1994] nachlesen kann;
wir übernehmen hier lediglich den kombinatorischen Beweis, der auf Prüfer [1918]
zurückgeht und ein sehr schönes Beispiel für das wichtige Prinzip des Abzählens
durch eine geeignete Bijektion darstellt. Zudem hat er auch noch den Vorzug, eine
explizite Konstruktionsmethode und eine vernünftige Anordnung für alle Bäume
auf $\{1, \ldots, n\}$ zu liefern.

Es fällt auf, daß n^{n-2} auch die Mächtigkeit der Menge $\mathcal{W}_V$ der Wörter der Länge
$n - 2$ über einem n-elementigen Alphabet V ist. Daher liegt es nahe, eine geeignete
Bijektion zwischen $\mathcal{W}$ und der Menge $\mathcal{T}_V$ der Bäume auf V zu konstruieren, nämlich
den *Prüfer-Code* $\pi_V : \mathcal{T}_V \to \mathcal{W}_V$, den wir rekursiv definieren werden. Da wir dazu
eine Anordnung der Elemente von V benötigen, setzen wir im folgenden V als eine
Teilmenge von $\mathbb{N}$ voraus.

Es sei also $G = (V, E)$ ein Baum. Für $n = 2$, etwa $V = \{a, b\}$, wird der
einzige Baum auf V (also die Kante ab) auf das leere Wort abgebildet, d.h. wir
setzen dann $\pi_V(G) = (\,)$. Für $n \geq 3$ verwenden wir das „kleinste" Blatt von G und
den restlichen Baum auf $n - 1$ Punkten für eine rekursive Definition. Wir setzen
dazu

$$(6.1) \qquad v = v(G) = \min\{u \in V : \deg_G(u) = 1\}$$

und bezeichnen mit $e = e(G)$ die eindeutig bestimmte mit v inzidente Kante sowie
mit $w = w(G)$ den anderen Endpunkt von e. Wir können nun annehmen, daß wir
bereits das dem Baum $G \setminus v := (V \setminus \{v\}, E \setminus \{e\})$ durch den Prüfer-Code auf $V \setminus \{v\}$
zugeordnete Wort kennen und dann rekursiv

$$(6.2) \qquad \pi_V(G) := (w, \pi_{V \setminus \{v\}}(G \setminus v)).$$

definieren.

Beispiel 6.1. Als Beispiel zeichnen wir für $n = 6$ einige Bäume und ihre Prüfer-
Codes:

(2,3,4,5)   (2,3,4,4)   (2,3,3,3)

(2,3,2,5)   (3,3,4,4)   (1,1,1,1)

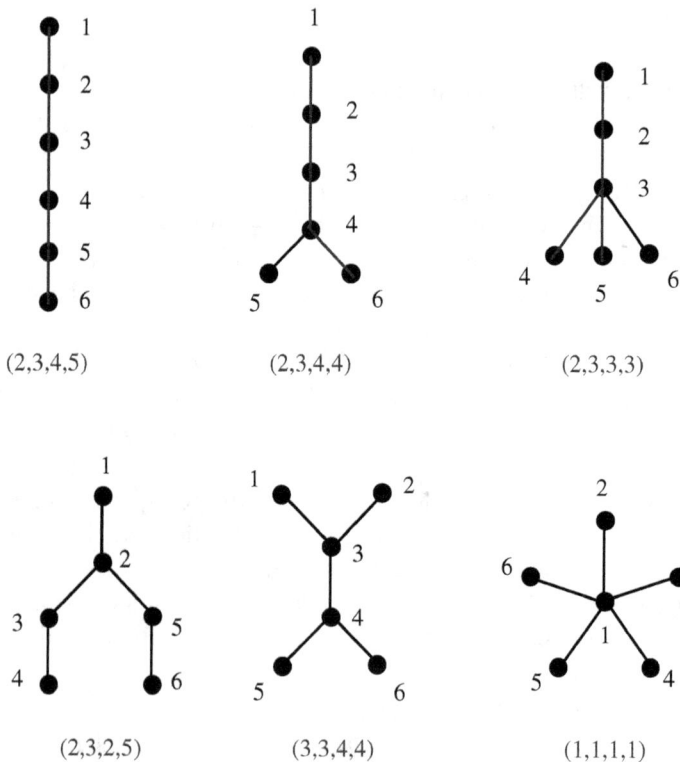

Wir haben nun zu zeigen, daß damit die gewünschte Bijektion erklärt ist. Dazu benötigen wir die folgende Hilfsaussage, die es uns erlaubt, das minimale Blatt eines beliebigen Baumes G auf V aus seinem Prüfer-Code zu bestimmen.

Lemma 6.2. *Für jeden Baum G auf V sind die Blätter genau diejenigen Elemente von V, die nicht in $\pi_V(G)$ auftreten. Insbesondere gilt daher*

(6.3) $v(G) = \min\{u \in V \mid u \text{ kommt nicht in } \pi_V(G) \text{ vor}\}.$

Beweis. Wir überlegen uns zunächst, daß ein Element u nur dann in $\pi_V(G)$ auftreten kann, wenn es kein Blatt ist. Wenn nämlich u als Koordinate in $\pi_V(G)$ eingefügt wird, muß im zu diesem Zeitpunkt betrachteten Teilbaum H das kleinste Blatt $v(H)$ zu u adjazent sein; wäre auch u ein Blatt von G (und daher von H), so könnte H als Baum nur aus den beiden Punkten u und $v(G)$ bestehen und hätte damit das leere Wort als Prüfer-Code, womit u doch nicht in $\pi_V(G)$ vorkäme. Umgekehrt sei nun u kein Blatt. Da die rekursive Konstruktion des Prüfer-Codes von G erst dann aufhört, wenn von G nur noch ein Baum auf zwei Punkten übriggeblieben ist, muß mindestens eine mit u inzidente Kante während der Konstruktion entfernt worden sein; es sei e die erste derartige Kante. Zu diesem Zeitpunkt war u noch kein Blatt, weswegen der andere Endpunkt v von e das kleinste Blatt des betrachteten Teilbaums gewesen sein muß; nach Definition des Prüfer-Codes wurde dann aber u als nächste Koordinate verwendet.   □

Satz 6.3. *Der durch* (6.1) *und* (6.2) *definierte Prüfer-Code* $\pi_V : \mathcal{T}_V \to \mathcal{W}_V$ *ist eine Bijektion.*

Beweis. Für $n = 2$ ist die Behauptung klar. Es sei also $n \geq 3$. Wir zeigen zunächst die Surjektivität von π_V. Dazu sei $\boldsymbol{w} = (w_1, \ldots, w_{n-2})$ ein beliebiges Wort der Länge $n - 2$ über V. Wir erklären v als das kleinste Element von V, das nicht als Komponente von $\boldsymbol{w}$ auftritt. Mit Induktion können wir annehmen, daß es einen Baum G' auf der Punktemenge $V \setminus \{v\}$ gibt, für den $\pi_V(G') = (w_2, \ldots, w_{n-2})$ gilt. Wir fügen nun zu G' die Kante $e = vw_1$ hinzu (was von Lemma 6.2 nahegelegt wird) und erhalten so einen Baum G auf V; man überlegt sich nun leicht, daß $v = v(G)$ gilt und daher, wie gewünscht, $\pi_V(G) = \boldsymbol{w}$.

Für den Nachweis der Injektivität seien G und H zwei Bäume auf $\{1, \ldots, n\}$, für die $\pi_V(G) = \pi_V(H)$ gilt. Es sei v das kleinste Element in V, das nicht in $\pi_V(G)$ vorkommt; nach Lemma 6.2 gilt dann $v = v(G) = v(H)$. Daher enthalten sowohl G als auch H die Kante $e = vw$, wobei w die erste Komponente von $\pi_V(G)$ sei. Somit sind G' und H' Bäume auf $V \setminus \{w\}$, für die $\pi_V(G') = \pi_V(H')$ gilt. Mit Induktion folgt $G' = H'$ und daher auch $G = H$.   □

Man beachte, daß der vorstehende Beweis in Verbindung mit Lemma 6.2 ein konstruktives Verfahren zur Decodierung des Prüfer-Codes liefert. Damit haben wir das gewünschte Resultat bewiesen, wobei sich die zweite Aussage ergibt, weil man jeden Punkt eines Baumes als Wurzel wählen kann:

Korollar 6.4. *Sei V eine n-Menge. Dann gibt es genau n^{n-2} verschiedene Bäume und genau n^{n-1} verschiedene Wurzelbäume auf der Punktmenge V.*

Wir geben nun noch einige Übungen zum Prüfer-Code an:

Übung 6.5. Man bestimme die Bäume auf $\{1, \ldots, n\}$, die zu den folgenden Prüfer-Codes gehören:

$$(2, 3, \ldots, n-2, n-1); \quad (2, 3, \ldots, n-3, n-2, n-2);$$
$$(3, 3, 4, 5, \ldots, n-4, n-3, n-2, n-2); \quad (1, 1, \ldots, 1).$$

Übung 6.6. Wie kann man aus dem Prüfer-Code $\pi_V(G)$ eines Baumes G den Grad eines beliebigen Punktes u bestimmen? Man gebe eine Bedingung dafür an, daß $\pi_V(G)$ einen Weg bzw. einen Stern beschreibt.

Übung 6.7. $(d_1, \ldots, d_n)$ sei eine Folge von positiven ganzen Zahlen. Man zeige, daß es genau dann einen Baum auf n Punkten mit Graden $(d_1, \ldots, d_n)$ gibt, wenn $d_1 + \cdots + d_n = 2(n-1)$ gilt. Ferner konstruiere man einen Baum mit Gradfolge $(1, 1, 1, 1, 2, 3, 3)$.

Es sei nochmals betont, daß wir in diesem Abschnitt zwei Bäume auf V als verschieden angesehen haben, wenn ihre Kantenmengen verschieden sind. Wie im vorigen Abschnitt erwähnt, fragt man auch nach der Anzahl t_n der Isomorphietypen von Bäumen auf n Punkten. Wir wollen zu diesem schwierigeren Problem wenigstens noch ein Beispiel angeben; zur Frage, wie man zwei Bäume (mit ausgezeichneter Wurzel) auf Isomorphie testet, verweisen wir auf Campbell und Radford [1991].

Beispiel 6.8. Wir bestimmen alle Isomorphietypen von Bäumen auf sechs Punkten sowie die Anzahl der Bäume des jeweiligen Typs. Man erhält genau sechs Isomorphietypen, für die wir bereits in Beispiel 6.1 jeweils einen Repräsentanten angegeben haben. Im folgenden bezeichnen wir die dort gezeichneten Bäume der Reihe nach mit $T_1, \ldots, T_6$. Sei nun T ein beliebiger Baum auf $\{1, \ldots, 6\}$. Dann sind die zu T isomorphen Bäume die Bilder von T unter einer Permutation $\sigma \in S_6 =: G$; es gibt also genau

$$\left| T^G \right| = \frac{|G|}{|G_T|} = \frac{6!}{|G_T|}$$

derartige Bäume, vergleiche Definition 2.2. Im einzelnen erhalten wir die folgenden Stabilisatoren und Bahnlängen $|T^G|$:

T_1: zyklische Gruppe der Ordnung 2 (Spiegeln, insbesondere Vertauschen der Blätter des Baumes), 360 isomorphe Bäume;

T_2: zyklische Gruppe der Ordnung 2 (Vertauschen der beiden unteren Blätter), 360 isomorphe Bäume;

T_3: symmetrische Gruppe S_3 (auf den drei unteren Blättern), 120 isomorphe Bäume;

T_4: zyklische Gruppe der Ordnung 2 (Vertauschen der beiden unteren Äste), 360 isomorphe Bäume;

T_5: direktes Produkt von drei zyklischen Gruppen der Ordnung 2 (Spiegeln, also Vertauschen der beiden Zentren und der beiden Blattpaare, sowie Vertauschen der Blätter des „oberen" bzw. „unteren" Blattpaares), 90 isomorphe Bäume;

T_6: symmetrische Gruppe S_5 (auf den fünf Blättern), 6 isomorphe Bäume.

Insgesamt ergeben sich also $360 + 360 + 120 + 360 + 90 + 6 = 1296 = 6^4$ Bäume auf sechs Punkten, in Übereinstimmung mit Korollar 6.4.

XIV Kombinatorische Betrachtungen topologischen Ursprungs

In diesem Kapitel wollen wir einige Proben kombinatorischen Denkens kennenlernen, die ihren Ursprung in topologischen Fragestellungen haben, nämlich

- das Königsberger Brückenproblem,
- die Eulersche Polyederformel,
- den Fünffarbensatz,
- Sätze über Hamiltonsche Kreise,
- das Spernersche Lemma,
- den Satz von Helly.

Der Wert dieser kombinatorischen Ergebnisse wird durch innermathematische Anwendungen demonstriert. Aus dem Polyedersatz leiten wir die fünf platonischen Körper ab und aus dem Spernerschen Lemma den Brouwerschen Fixpunktsatz, der seinerseits wieder eine Fülle von weiteren Anwendungen besitzt.

Wir bewegen uns in diesem Kapitel mit kombinatorischem Rüstzeug im Bereich der Geometrie. Hierzu wäre es streng genommen erforderlich, die Grundlagen für die geometrischen Betrachtungen exakt aufzubauen. So müßten wir beispielsweise eigentlich an mehreren Stellen den Jordanschen Kurvensatz, das Theorem von Schoenflies und das Kuratowskische Planaritätskriterium heranziehen oder vorweg etwas über simpliziale Zerlegungen beweisen. Um jedoch im kombinatorischen Rahmen zu bleiben, stellen wir uns in Sachen Geometrie auf einen naiv-anschaulichen Standpunkt. Der Leser möge sich darauf verlassen, daß sich die weggelassenen geometrischen Details nachtragen ließen.

1 Das Königsberger Brückenproblem

Im Jahre 1736 begründete Leonhard Euler (1707 – 1783) die Graphentheorie, indem er ein Problem löste, von dem ein Spezialfall damals anscheinend Tagesgespräch war: das Königsberger Brückenproblem. Für nähere historische Informationen verweisen wir auf Wilson [1986] sowie auf Biggs, Lloyd und Wilson [1976]. Die Geographie der ostpreußischen Stadt Königsberg sah damals – für unsere Zwecke vereinfacht – ungefähr so aus:

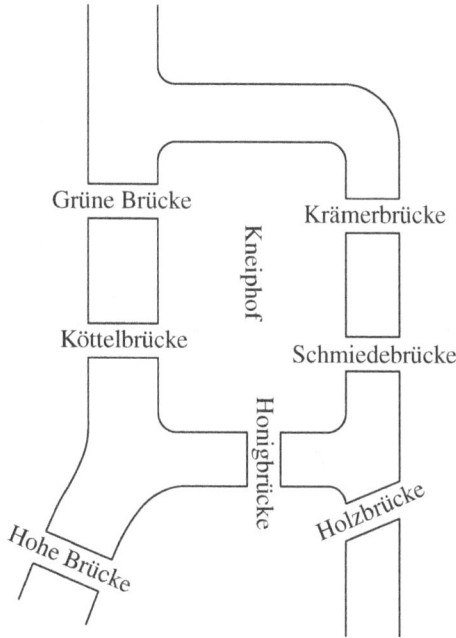

Das Problem lautet: Kann man einen Rundgang machen, bei dem man jede der sieben Königsberger Brücken genau einmal überschreitet? Indem man jedes der vier Territorien auf einen Punkt zusammenzieht, gelangt man zu folgendem Graphen:

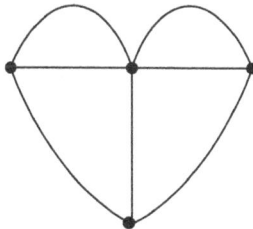

Nun sieht man, daß ein Rundgang jedes Territorium ebensooft verläßt wie er es betritt. Wenn dabei jedesmal eine andere Brücke benützt werden soll, ist ein Rundgang nur möglich, wenn von jedem Territorium eine gerade Anzahl von Brücken ausgeht. Dies ist in Königsberg ganz und gar nicht der Fall, also ist ein solcher Rundgang nicht möglich.

Genauer hätten wir eben von einem „Multigraphen" sprechen sollen, da hier *parallele* Kanten – also zwei Kanten mit denselben Endpunkten – vorliegen, womit man die Kantenmenge E also nicht einfach als eine Menge von 2-Teilmengen der Punktemenge V ansehen kann. Formal kann man dies wie folgt erfassen: Ein *Multigraph G* ist ein Paar (V, E) von Mengen zusammen mit einer Abbildung ε von E in die Menge der 2-elementigen Teilmengen von V. Man nennt wieder V die Menge der Punkte und E die Menge der Kanten von G; für jedes $e \in E$ sind dann die beiden Punkte in $\varepsilon(e)$ die *Endpunkte* der Kante e. Die in § II.2 für Graphen eingeführten Begriffe übertragen sich unmittelbar auf Multigraphen. Darüberhinaus sei ein *Eulerscher Weg* bzw. ein *Eulerscher Kreis* ein Weg bzw. Kreis, der jede Kante von G genau einmal enthält. Mit diesen Begriffen können wir nun das Ergebnis von Euler formulieren.

Satz 1.1 (Satz von Euler). *Ein zusammenhängender Multigraph G besitzt genau dann einen Eulerschen Kreis, wenn jeder Punkt von G geraden Grad hat.*

Beweis. Die Notwendigkeit der angegebenen Bedingung folgt wie im Beispiel des Königsberger Brückenproblems und sei dem Leser als Übung überlassen. Umgekehrt habe nun jeder Punkt von G geraden Grad. Man gehe von einem beliebigen Punkt v aus und spaziere solange wie möglich längs immer neuer Kanten weiter, bis man nicht mehr auf diese Weise weiterkann. Da alle Grade gerade sind, ist man wieder bei v angelangt und hat einen Rundgang gemacht; es gibt also Kreise in G. Sei nun

$$C : v_0 \xrightarrow{e_1} v_1 \xrightarrow{e_2} v_2 - \cdots - v_{n-1} \xrightarrow{e_n} v_n = v_0$$

ein Kreis von maximaler Länge n. Angenommen, C enthält noch nicht alle Kanten des Graphen, so verbinde man einen Endpunkt einer unverbrauchten Kante mit einem Punkt aus C und achte darauf, wann man dabei zum ersten Mal einen Punkt aus dem Rundgang trifft; das geht wegen des Zusammenhangs von G. So erhält man eine an einem Punkte des Kreises hängende, von diesem aber nicht verwendete Kante. Man benützt sie, um in dem nach Elimination der Kanten von C verbleibenden Multigraphen – in dem offenbar wieder jeder Punkt geraden Grad hat – nach dem vorigen Rezept einem Rundgang zu machen, der sich anschließend als zusätzlicher Kreis in den gegebenen Kreis einfügen läßt. Dies widerspricht der Maximalität des Kreises C, also hatte dieser bereits sämtliche Kanten verbraucht.

□

Wir haben uns bei diesem Beweis absichtlich mit einer verbalen Skizze begnügt, weil sich der Übergang zu einer formalisierten Darstellung von selbst versteht. Wichtiger ist, daß dieser Beweis gleichzeitig einen effektiven Algorithmus zur Konstruktion eines Eulerschen Kreises liefert; man sieht leicht, daß man ein Verfahren der (offenbar bestmöglichen) Komplexität $O(|E|)$ erhält, wobei wir die in § II.3 eingeführte Notation verwenden.

2 Der Eulersche Polyedersatz

Betrachten wir einmal die fünf sogenannten *platonischen Polyeder* (oder *platonischen Körper*):

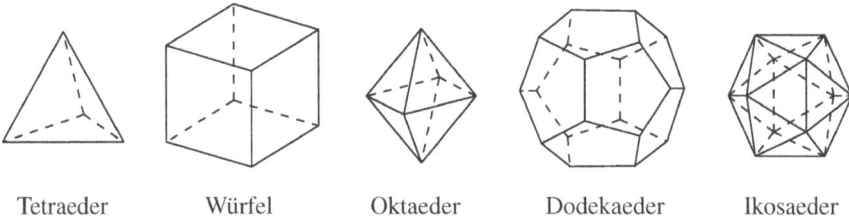

| Tetraeder | Würfel | Oktaeder | Dodekaeder | Ikosaeder |

Für jedes dieser Polyeder wollen wir folgende Zahlen ermitteln:

$$f = \text{Anzahl der Flächen („faces"),}$$
$$e = \text{Anzahl der Kanten („edges"),}$$
$$v = \text{Anzahl der Ecken („vertices");}$$

anschließend bilden wir die *Wechselsumme* $f - e + v$. Es ergibt sich folgende Tabelle:

Polyeder	f	e	v	$f - e + v$
Tetraeder	4	6	4	2
Würfel	6	12	8	2
Oktaeder	8	12	6	2
Dodekaeder	12	30	20	2
Ikosaeder	20	30	12	2

Man macht die Beobachtung, daß die Wechselsumme in all diesen Fällen denselben Wert 2 besitzt. Ein Gesetz kündigt sich an, das von Euler [1752/53] allgemein herausgearbeitet wurde, vielleicht aber bereits René Descartes (1596–1650) teilweise bekannt war. Es ist nicht auf die platonischen Körper beschränkt, sondern gilt ganz allgemein für Polyeder oder, was topologisch dasselbe ist, für Kurvennetze auf der Kugelfläche. Für andere geschlossene Flächen (beispielsweise den Torus) gelten ähnliche Gesetze. Für die Kugel haben wir den folgenden Sachverhalt:

Satz 2.1 (Eulerscher Polyedersatz für die Kugel). *Ein Kurvennetz zerlege die Kugelfläche so, daß f Flächenstücke, e Kurvenstücke und v Ecken entstehen. Dann hat die Wechselsumme $f - e + v$ den Wert 2.*

Beweis. Wir denken uns das Kurvennetz schrittweise durch eine Abfolge folgender Operationen aufgebaut, wobei man zuvor noch als ersten Schritt eine Ecke setzt.

(a) Unterteilung eines Kurvenstücks durch eine neue Ecke;

(b) Verbindung zweier schon vorhandener Ecken durch eine Kurve, die sonst keines der schon vorhandenen Kurvenstücke trifft;

(c) Ansetzen eines neuen Kurvenstücks mit neuem Endpunkt an eine schon vorhandene Ecke.

Nach dem ersten Schritt – also dem Setzen der Anfangsecke – hat man $f = v = 1$, $e = 0$, also die Wechselsumme 2. Bei (a) und (c) steigen v und e um je 1, so daß die Wechselsumme sich nicht ändert. Bei (b) steigen f und e um je 1, so daß die Wechselsumme sich ebenfalls nicht ändert. Während des ganzen Aufbaus unseres Kurvennetzes behält also die Wechselsumme den nach dem ersten Schritt bereits eingestellten Wert 2; sie hat diesen Wert also auch, wenn das Kurvennetz vollendet ist. $\square$

Häufig wird der Eulersche Polyedersatz 2.1 auch als ein Satz über planare Graphen formuliert. Dabei heißt ein Graph *planar*, wenn man seine Punkte und Kanten so in die Ebene zeichnen kann (wobei die Kanten als Kurven realisiert werden), daß keine zusätzlichen Schnittpunkte entstehen; man kann zeigen, daß man dabei sogar lediglich Strecken benötigt. Ein planarer Graph kann also als Kurvennetz in der Ebene angesehen werden; jede konkrete Realisierung eines planaren Graphen in dieser Form heißt ein *ebener* Graph. Das ist im Grunde dasselbe wie ein Kurvennetz auf der Kugel, wie die stereographische Projektion von einem Punkt einer Kugel auf eine sie nicht schneidende Ebene zeigt. Wenn wir die Punkte und Strecken von G weglassen, zerfällt die Ebene in Gebiete. In dieser Intrepretation liest Satz 2.1 sich dann wie folgt:

Satz 2.2 (Eulerscher Polyedersatz). *G sei ein zusammenhängender ebener Graph mit n Punkten, m Kanten und f Gebieten. Dann gilt $n - m + f = 2$.*

Übung 2.3. Man betrachte auf der Torusfläche Kurvennetze der folgenden Typen:

Dreieckszerlegungen

Viereckszerlegungen

Sechseckszerlegungen

und bestimme jedesmal f, e, v und die Wechselsumme.

Übung 2.4. Man baue auf der Torusfläche ein Kurvennetz schrittweise wie im Beweis von Satz 2.1 auf und zeige, daß die Wechselsumme den Wert 0 besitzt, falls die Flächenstücke deformierte Polygone sind.

Wir zeigen nun die wohl berühmteste Anwendung von Satz 2.1, die bereits im klassischen Griechenland bekannt war. Dazu heiße ein Polyeder *regulär*, wenn es natürliche Zahlen n und k gibt, so daß

- jede Fläche ein reguläres n-Eck ist und

- von jeder Ecke genau k Kanten ausgehen.

Satz 2.5. *Die einzigen regulären Polyeder im dreidimensionalen Raum sind die fünf platonischen Körper.*

Beweis. Wir bekommen jede Kante zweimal, wenn wir entweder jeder Fläche ihre n Randkanten oder aber jeder Ecke die k von ihr ausgehenden Kanten zuordnen; also gelten die Gleichungen

$$2e = nf = kv.$$

Zusammen mit Satz 2.1 ergibt sich

$$2 = f - e + v = \frac{2e}{n} - e + \frac{2e}{k} = e\left(\frac{2}{n} - 1 + \frac{2}{k}\right),$$

also

$$\frac{2}{n} - 1 + \frac{2}{k} > 0$$

und folglich

(∗)
$$\frac{1}{n} + \frac{1}{k} > \frac{1}{2}.$$

Aus geometrischen Gründen muß $n, k \geq 3$ gelten und dann wegen (∗) auch $n, k \leq 5$. Im Fall $n = 3$ erhält man für $k = 3$ das Tetraeder, für $k = 4$ das Oktaeder und für $k = 5$ das Ikosaeder. Ist $n \geq 4$, folgt aus (∗) sogar $k = 3$ und man erhält für $n = 4$ den Würfel und für $n = 5$ das Dodekaeder.   □

Als zweite Anwendung des Eulerschen Polyedersatzes – diesmal in der Formulierung von Satz 2.2 – zeigen wir, daß planare Graphen nuß verhältnismäßig wenige Kanten enthalten können. Dafür benötigen wir noch zwei Begriffe. Eine Kante e eines zusammenhängenden Graphen G heißt eine *Brücke*, wenn das Entfernen von e den Zusammenhang zerstört. Die *Taillenweite* eines Graphen, der Kreise enthält, ist die kürzeste Länge eines Kreises.

Satz 2.6. *G sei ein zusammenhängender planarer Graph auf n Punkten. Wenn G kreisfrei ist, hat G genau n − 1 Kanten, und wenn G Taillenweite ≥ g hat, hat G höchstens g(n − 2)/(g − 2) Kanten.*

Beweis. Die erste Aussage gilt nach Übung XIII.4.2. Sei also G ein zusammenhängender ebener Graph mit n Punkten und m Kanten, dessen Taillenweite ≥ g ist. Dann gilt $n \geq 3$. Wir verwenden Induktion über n; der Induktionsanfang $n = 3$ ist dabei trivial. Wir nehmen zunächst an, daß G eine Brücke e enthält. Durch Entfernen von e zerfällt G also in zwei zusammenhängende Untergraphen G_1 und G_2 auf disjunkten Punktemengen; die Punkte- bzw. Kantenzahl von G_i sei n_i bzw. m_i ($i = 1, 2$), also $n = n_1 + n_2$ und $m = m_1 + m_2 + 1$. Da e eine Brücke war, enthält mindestens einer dieser beiden Graphen einen einfachen Kreis. Wenn sowohl G_1 als auch G_2 Kreise enthalten, haben beide mindestens Taillenweite g, und mit Induktion folgt

$$m = m_1 + m_2 + 1 \leq \frac{g((n_1 - 2) + (n_2 - 2))}{g - 2} + 1 \; < \; \frac{g(n - 2)}{g - 2}.$$

Wenn dagegen einer der beiden Untergraphen, etwa G_2, kreisfrei ist, gilt $m_2 = n_2 - 1$; ähnlich wie eben folgt dann

$$m = m_1 + m_2 + 1 \leq \frac{g(n_1 - 2)}{g - 2} + n_2 \; < \; \frac{g(n - 2)}{g - 2}.$$

Ab jetzt können wir also annehmen, daß G keine Brücke enthält; dann liegt jede Kante von G in genau zwei Gebieten. Wenn wir die Anzahl der Gebiete, deren Rand ein Kreis aus i Kanten ist, mit f_i bezeichnen, ergibt sich

$$2m = \sum_i i f_i \geq \sum_i g f_i = g f,$$

da jeder Kreis mindestens g Kanten enthält. Mit Satz 2.2 folgt

$$m + 2 = n + f \leq n + \frac{2m}{g}, \quad \text{also} \quad m \leq \frac{g(n - 2)}{g - 2}. \qquad \square$$

Korollar 2.7. *G sei ein zusammenhängender planarer Graph auf n ≥ 3 Punkten. Dann hat G höchstens 3n − 6 Kanten, und es gibt Punkte vom Grad ≤ 5.*

Beweis. Die erste Behauptung ergibt sich unmittelbar aus Satz 2.6, da G – falls es überhaupt Kreise gibt – mindestens Taillenweite 3 hat. Falls nun alle Punkte von G Grad ≥ 6 hätten, müsste es mindestens $6n/2 = 3n$ Kanten geben. $\qquad \square$

Beispiel 2.8. Der vollständige Graph K_5 ist nach Korollar 2.7 nicht planar, da ein planarer Graph auf fünf Punkten höchstens neun Kanten haben kann. Der unten gezeichnete vollständige bipartite Graph $K_{3,3}$ hat Taillenweite 4 und ist somit nach Satz 2.6 nicht planar, da er mehr als acht Kanten hat.

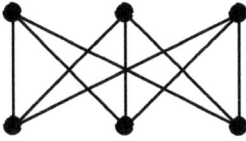

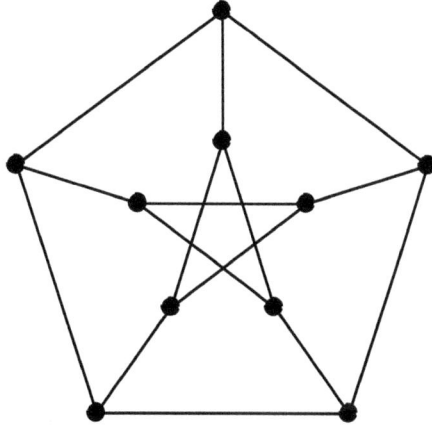

$K_{3,3}$ Der Petersen-Graph

Übung 2.9. Man zeige, daß der oben gezeichnete *Petersen-Graph* nicht planar ist und die symmetrische Gruppe S_5 als Automorphismengruppe zuläßt.

Hinweis: Man kann die Punkte von G so mit den 2-Teilmengen von $\{1, \ldots, 5\}$ identifizieren, daß zwei Punkte genau dann adjazent sind, wenn die entsprechenden 2-Teilmengen disjunkt sind.

Übung 2.10. G sei ein planarer Graph auf n Punkten. Wir bezeichnen mit n_d die Anzahl der Punkte vom Grad höchstens d. Man beweise

$$n_d \geq \frac{n(d-5) + 12}{d+1}$$

und wende diese Formel für $d = 5$ und $d = 6$ an.

Schließlich wollen wir noch ohne Beweis einen der berühmtesten Sätze der Graphentheorie angeben, nämlich die Charakterisierung der planaren Graphen nach Kuratowski [1930]. Für den elementaren, aber recht umfangreichen Beweis sei auf Harary [1969], Aigner [1984], Thomassen [1981] oder die Monographie von Nishizeki [1988] verwiesen. Zunächst noch zwei Begriffe! Eine *Unterteilung* eines Graphen G ist ein Graph H, der durch mehrfache Anwendung der folgenden Operation aus G erhalten werden kann: Man ersetze eine Kante $e = ab$ durch einen einfachen Weg $(a, x_1, \ldots, x_n, b)$, wobei alle x_i neue Punkte sind. Zwei Unterteilungen desselben Graphen G werden *homöomorph* genannt.

Satz 2.11 (Satz von Kuratowski). *Ein Graph G ist genau dann planar, wenn er keinen zu K_5 oder $K_{3,3}$ homöomorphen Untergraphen enthält.*

Wir haben in diesem Abschnitt – wie angekündigt – alle topologischen Details weggelassen. Wer sich eine genauere Einführung planarer Graphen wünscht, kann diese beispielsweise im auch sonst sehr empfehlenswerten Buch von Diestel [2000] finden.

3   Der Fünffarbensatz

Wir denken uns eine Kugelfläche (oder auch die Ebene) durch ein Netz von Kurven so in Teilflächen zerlegt, daß nie mehr als drei Flächen einen Punkt gemeinsam haben; man spricht dann auch von einer (zulässigen) *Landkarte, Grenzlinien* und *Ländern*. Es soll also nicht – wie das an einer Stelle in den USA (Utah, Arizona, New Mexico, Colorado) der Fall ist – Vierländerecken geben. Wir nehmen fünf verschiedene Farben und malen die Länder so an, daß an keiner Grenzlinie gleiche Farben aufeinanderstoßen; das ist eine (zulässige) *Färbung*. Es stellt sich die Frage, ob das immer geht. Die Antwort lautet „Ja", und dies ist der sogenannte *Fünffarbensatz* von Heawood [1890], den wir in diesem Abschnitt beweisen werden.

Zunächst wollen wir unser Problem graphentheoretisch umformulieren; dazu zwei Definitionen. Eine (zulässige) *Färbung* eines Graphen $G = (V, E)$ ordnet jedem Punkt derart eine *Farbe* zu, daß adjazente Punkte stets verschieden gefärbt sind; formal haben wir es also mit einer Abbildung von V in eine Menge F von *Farben* zu tun, die der genannten Bedingung genügt. Die *chromatische Zahl* $\chi(G)$ ist als die minimale Anzahl von Farben in einer Färbung von G erklärt.

Beispiel 3.1. Ein Graph G hat genau dann chromatische Zahl 2, wenn man die Punktemenge von G so in zwei Teilmengen S und T zerlegen kann, daß keine Kante beide Endpunkte in S oder beide Endpunkte in T hat. Die Graphen G mit $\chi(G) = 2$ sind also genau die bipartiten Graphen.

Was hat dies nun mit dem Färben von Landkarten zu tun? Wir bilden dazu aus der gegebenen Landkarte einen Graphen $G = (V, E)$, dessen Punkte die Länder sind; dabei seien zwei Punkte (also zwei Länder) genau dann adjazent, wenn sie eine gemeinsame Grenzlinie haben. Offenbar ist G planar; man sieht das, indem man jeder Fläche einen Punkt in ihrem Inneren zuordnet und die Adjazenz durch Verbindungsstrecken realisiert. Dann entspricht jede Färbung der Landkarte einer

Färbung des Graphen G, und der Fünffarbensatz wird zu der Aussage, daß planare Graphen stets $\chi(G) \leq 5$ erfüllen.

Beispiel 3.2. Zum „Aufwärmen" beweisen wir zunächst den analogen *Sechsfarbensatz*. Sei also G ein planarer Graph. Nach Korollar 2.7 gibt es einen Punkt v mit Grad höchstens 5. Mit Induktion können wir annehmen, daß $G \setminus v$ mit sechs Farben zulässig gefärbt werden kann. Dann bleibt für die Färbung von v noch mindestens eine Farbe übrig, die an keinem der Nachbarn von v auftritt, womit wir auch G zulässig färben können.

Der kürzeste und eleganteste Beweis des Fünffarbensatzes stammt von Thomassen [1994] und zeigt eine viel stärkere Aussage; wir benötigen dafür noch einige Definitionen. Zunächst verallgemeinern wir den Begriff der zulässigen Färbung, indem wir jedem Punkt v eine eigene als *Farbliste* bezeichnete Menge $F(v)$ und dann jeweils aus dieser Menge eine Farbe $f(v)$ zuordnen; adjazente Punkte sollen dabei wieder verschieden gefärbt sein. Jeder derartige Abbildung f heißt eine (zulässige) *Listenfärbung* (englisch: „list coloring"). Der frühere Färbungsbegriff ist also der Spezialfall, in dem alle Punkte dieselbe Farbliste haben. Ein Graph G wird *k-wählbar* (englisch: „k-choosable") genannt, wenn es für jede Auswahl von Farblisten $F(v)$ der Mächtigkeit $\geq k$ eine zulässige Listenfärbung gibt. Die *Auswahlzahl* (englisch: „k-choosability" oder „list coloring number") $\mathrm{ch}(G)$ ist als das minimale k erklärt, für das G k-wählbar ist. Trivialerweise gilt stets

$$(3.1) \qquad\qquad \mathrm{ch}(G) \geq \chi(G).$$

Im allgemeinen hat man dabei nicht Gleichheit:

Beispiel 3.3. Wir betrachten den bipartiten Graphen $G = K_{3,3}$, der nach Beispiel 3.1 chromatische Zahl 2 hat. Wenn wir den drei Punkten in einer der beiden Klassen der Bipartition von G jeweils die Farblisten $\{1, 2\}$, $\{1, 3\}$ und $\{2, 3\}$ zuordnen, gibt es keine zulässige Listenfärbung; in der Tat gilt $\mathrm{ch}(K_{3,3}) = 3$. Die Einzelheiten seien dem Leser als Übung überlassen.

Es gibt sogar bipartite Graphen mit beliebig großer Auswahlzahl; siehe Erdős, Rubin und Taylor [1980]. Um so bemerkenswerter ist der folgende Satz von Thomassen [1994], der den Fünffarbensatz auf Listenfärbungen verallgemeinert. Zuvor noch zwei Begriffe. Es sei C ein Kreis in einem Graphen $G = (V, E)$. Eine *Sehne* von C ist eine Kante $e \in E$, die zwei nicht aufeinander folgende Punkte des Kreises verbindet. Wir setzen nun G als eben voraus. Dann heißt G *trianguliert* oder auch eine *Triangulation*, wenn jede beschränkte Fläche als Rand ein Dreieck – also einen Kreis der Länge 3 – hat; man beachte, daß nichts für das eindeutig bestimmte unendliche Gebiet verlangt wird.

Satz 3.4. *Es sei G ein planarer Graph. Dann gilt* ch$(G) \leq 5$.

Beweis. Sei also jedem Punkt v von G eine Farbliste $F(v)$ der Mächtigkeit ≥ 5 zugeordnet. Wir können G als in der Ebene gezeichnet annehmen. Dabei sei

$$C : v_1 - v_2 - v_3 - \cdots - v_{p-1} - v_p = v_1$$

der Kreis, der die durch die gegebene ebene Realisierung von G eindeutig bestimmte unendliche Fläche berandet. Falls G noch nicht trianguliert ist, kann man durch Hinzufügen geeigneter neuer Kanten aus G eine ebene Triangulation herstellen. Dadurch wird eine für die gegebenen Farblisten zulässige Färbung allenfalls schwieriger. Wir können also im folgenden o.B.d.A. voraussetzen, daß eine Triangulation mit äußerem Randkreis C vorliegt. Wir erschweren unsere Aufgabe nun noch etwas mehr, indem wir die Farben der Punkte v_1 und v_2 vorschreiben und für alle Punkte $v \in C \setminus \{v_1, v_2\}$ lediglich $|F(v)| \geq 3$ verlangen. Dieser Trick wird es uns erlauben, die Existenz einer zulässigen Färbung mit Induktion über die Anzahl n der Punkte von G zu beweisen.

Der Induktionsanfang $p = n = 3$, also $G = C$, ist trivial, da ja für den Punkt v_3 noch mindestens eine der drei gegebenen Farben zulässig ist. Für den Induktionsschritt (in dem notwendigerweise $n \geq 4$ gilt) unterscheiden wir zwei Fälle. Im ersten Fall nehmen wir an, daß C eine Sehne $e = vw$ hat. Dann enthält $C \cup \{e\}$ genau zwei Kreise C_1 und C_2 (mit gemeinsamer Kante e); dabei gelte etwa $v_1 v_2 \in C_1$. Wir können nun die Induktionsannahme zunächst auf C_1 anwenden und eine zulässige Färbung f_1 des durch C_1 berandeten Teilgraphen finden, für die v_1 und v_2 die vorgeschriebenen Farben annehmen. Danach wenden wir die Induktionsannahme auf C_2 an und finden nun eine zulässige Färbung f_2 des durch C_2 berandeten Teilgraphen, für die v und w die durch f_1 vorgegebenen Farben annehmen. Insgesamt ergibt sich so die gesuchte zulässige Färbung für G.

Es bleibt der zweite Fall, in dem der Randkreis C keine Sehne besitzt. Wir betrachten die Nachbarn von v_p und ordnen sie in ihrer natürlichen Reihenfolge um v_p herum an; wir erhalten – o.B.d.A. im Uhrzeigersinn – der Reihe nach $v_1, u_1, \ldots, u_k, v_{p-1}$, wobei alle u_i im Inneren von C liegen. Da G trianguliert ist, muß

$$W : v_1 - u_1 - u_2 - \cdots - u_k - v_{p-1}$$

ein Weg in G sein; weil C keine Sehnen besitzt, ist $C^* := W \cup (C \setminus \{v_p\})$ ein Kreis, der den Teilgraphen $G \setminus v_p$ berandet. Wir wählen nun zwei von der vorgeschriebenen Farbe $f(v_1)$ verschiedene Farben in $F(v_p)$ und entfernen sie aus allen Farblisten $F(u_i)$ ($i = 1, \ldots, k$), die danach jeweils noch Mächtigkeit ≥ 3 haben. Wir können nun die Induktionsannahme auf C^* und die modifizierten Farblisten anwenden und eine hierfür zulässige Färbung f des durch C^* berandeten Teilgraphen $G \setminus v_p$ finden, für die v_1 und v_2 die vorgeschriebenen Farben annehmen. Danach können

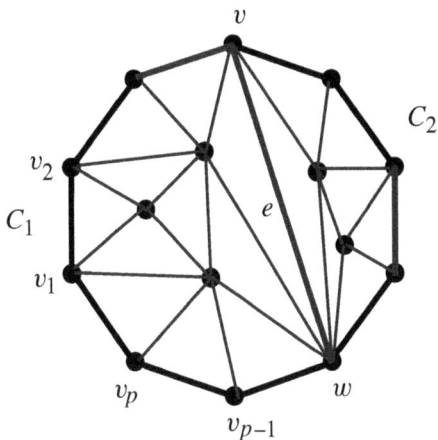
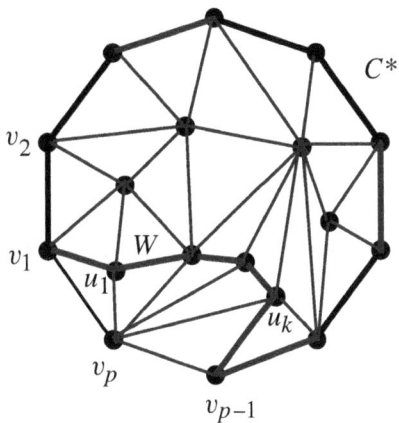

Zu Fall 1   Zu Fall 2

wir abschließend auch für v_p eine zulässige Farbe wählen, da mindestens eine der zuvor aus $F(v_p)$ gewählten Farben von $f(v_{p-1})$ verschieden sein muß.   □

Korollar 3.5 (Fünffarbensatz). *Es sei G ein planarer Graph. Dann gilt $\chi(G) \leq 5$.*
                                                                                          □

Vielleicht das berühmteste Problem der Graphentheorie war die weit über hundert Jahre offene Frage, ob es auch mit vier Farben geht. Dieses sogenannte *Vierfarbenproblem* wurde im Oktober 1852 von Francis Guthrie gestellt und dann von Augustus de Morgan (1806 – 1871) in einem Brief an Sir William Rowan Hamilton (1805 – 1865) wohl erstmals schriftlich fixiert; 1878 wurde es von Arthur Cayley (1821 – 1895) der London Mathematical Society präsentiert und dadurch wesentlich bekannter. Ein Jahr später publizierte der englische Rechtsanwalt und Mathematiker Alfred Bray Kempe [1879,1879/80] einen „Beweis" für die Richtigkeit der *Vierfarbenvermutung*, in dem aber Heawood [1890] einen irreparablen Fehler entdeckte; allerdings konnte Heawood den Beweis modifizieren und so den Fünffarbensatz erhalten. Danach haben sich noch viele bedeutende Mathematiker mit dem Vierfarbenproblem beschäftigt, so etwa Heffter [1891], Birkhoff [1912,1913,1930,1934], Birkhoff und Lewis [1946] und Ore [1967]. 1976 kündigten schließlich Kenneth Appel und Wolfgang Haken einen Beweis an, der sich auf die alten Ideen von Kempe sowie auf Vorarbeiten von Heinrich Heesch stützte und – nach längeren theoretischen Vorbereitungen – die computergestützte Erledigung von 1482 Einzelfällen (den „unvermeidbaren Konfigurationen") erforderte; siehe

Appel und Haken [1977], Appel, Haken und Koch [1977] sowie Haken [1977]. Die Diskussion um diesen Beweis hielt lange an, weswegen die Autoren schließlich eine 741 Seiten lange algorithmische Version präsentierten, in der auch etliche kleinere Fehler korrigiert und weitere unvermeidbare Konfigurationen hinzugefügt wurden; siehe Appel und Haken [1989]. Vor einigen Jahren haben dann Robertson, Sanders, Seymour und Thomas [1997] einen auf denselben Ideen basierenden, aber viel kürzeren und leichter verifizierbaren Beweis angegeben, womit das Vierfarbenproblem nun endgültig zu einem Satz geworden ist:

Satz 3.6 (Vierfarbensatz). *Sei G ein planarer Graph. Dann gilt* $\chi(G) \leq 4$.

Eine Skizze des neuen Beweises sowie eine Diskussion von Querbezügen zwischen dem Vierfarbensatz und anderen Zweigen der Mathematik findet man bei Thomas [1998]. Man könnte nun hoffen, diesen Satz vielleicht auch ganz anders in den Griff zu bekommen, indem man ein entsprechendes Analogon von Satz 3.4 beweist. Leider geht das nicht, da es planare Graphen gibt, die nicht 4-wählbar sind; das erste derartige Beispiel stammt von Voigt [1993].

Natürlich kann man das Färbungsproblem für alle erdenklichen Flächen stellen, denn dort lassen sich ja auch Landkarten zeichnen. Die *chromatische Zahl* $\chi(F)$ einer solchen Fläche ist wieder die Minimalzahl an Farben, die man braucht, um jede zulässige Landkarte auf F so zu färben, daß an keiner Grenzlinie gleiche Farben aufeinanderstoßen. Faßt man beispielsweise die orientierbaren geschlossenen Flächen ins Auge, so bedient man sich des Klassifikationstheorems, welches besagt, daß sich jede solche Fläche topologisch als eine Kugelfläche mit einer gewissen Anzahl g von Henkeln darstellen läßt. Man nennt g das *Geschlecht* der Fläche F. So haben etwa die Kugel selbst das Geschlecht $g = 0$ und der Torus das Geschlecht $g = 1$. Heawood [1890] stellte die Formel

$$(3.2) \qquad \chi(F) = \left\lfloor \frac{7 + \sqrt{1 + 48g}}{2} \right\rfloor$$

auf und bewies sie für $g = 1$, indem er $\chi(\text{Torus}) = 7$ zeigte; für $g = 0$ liefert Formel (3.2) ebenfalls den korrekten Wert, nämlich $\chi(F) = 4$. Für alle $g \geq 1$ wurde die Formel (3.2) 1968 durch Ringel und Youngs [1968] bewiesen; an den Vorarbeiten waren Terry und Welch maßgeblich mitbeteiligt. Ringel hatte schon früher die chromatische Zahl für sämtliche geschlossenen nichtorientierbaren Flächen bestimmt; starke Vereinfachungen erfolgten 1968 durch Youngs; siehe Ringel [1959, 1971, 1974].

Übung 3.7. Man gebe auf dem Torus eine zulässige Landkarte an, die mit weniger als sieben Farben nicht zulässig färbbar ist.

Mehr über Färbungen von Graphen, die auf Flächen eingebettet sind, findet man bei Mohar und Thomassen [2001]. Das Standardwerk über Färbungsprobleme allgemein ist Jensen und Toft [1995]. Ein interessanter Übersichtsartikel über Listenfärbungen stammt von Woodall [2001].

4   Hamiltonsche Kreise

1856 stellte Sir William Rowan Hamilton (1805 – 1865), dessen Name auch durch den Satz von Cayley-Hamilton, die Quaternionen und den Hamilton-Operator in der Mechanik bekannt ist, ein kleines Gesellschaftsspiel vor: Man fahre sämtliche Ecken eines Dodekaeders, oder auch eines Ikosaeders, längs der Kanten dieses Polyeders ab, ohne eine Ecke zweimal zu berühren; siehe Hamilton [1856,1858]. Die folgende Abbildung gibt eine Lösung:

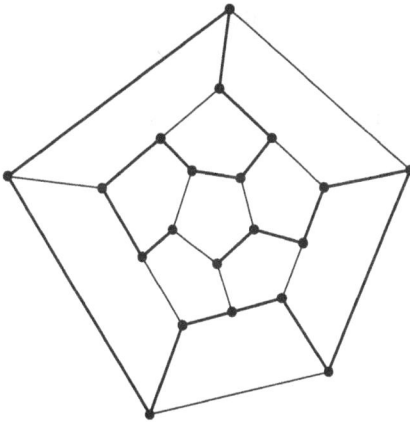

Allgemein nennt man einen Kreis, der jeden Punkt eines gegebenen Graphen G genau einmal enthält, einen *Hamiltonschen Kreis* für G; jeder Graph, der einen solchen Kreis besitzt, heißt ein *Hamiltonscher Graph*. Ähnlich wird ein Weg, der jeden Punkt von G genau einmal enthält, ein *Hamiltonscher Weg* für G genannt.

Beispiel 4.1. Offenbar ist der vollständige Graph K_n auf n Punkten Hamiltonsch; in der Tat liefert hier jede Permutation der Punkte einen Hamiltonschen Kreis, weswegen K_n genau $n!$ Hamiltonsche Kreise enthält.

Übung 4.2. Man formuliere den Begriff „Graph des d-dimensionalen Würfels" präzise und zeige, daß dieser Graph Hamiltonsch ist.
Hinweis: Man arbeite mit Induktion nach d.

Am liebsten hätte man nun – wie im Fall Eulerscher Kreise – eine notwendige und hinreichende Bedingung für die Existenz von mindestens einem Hamiltonschen Kreis in einem gegebenen Graphen G. Obwohl Eulersche und Hamiltonsche Kreise ähnlich klingende Definitionen haben, bestehen aber zwischen beiden Begriffen große Unterschiede. Insbesondere kennt man keine befriedigende Kennzeichnung der Hamiltonschen Graphen. In der Tat gibt die Komplexitätstheorie Anlaß zu der Vermutung, daß es eine „gute" Kennzeichnung dieser Graphen auch gar nicht geben kann, da die Frage, ob ein Graph Hamiltonsch ist, zu den sogenannten NP-vollständigen Problemen gehört; näheres dazu findet man beispielsweise bei Jungnickel [1994]. Dagegen sind viele hinreichende Bedingungen für die Existenz eines Hamiltonschen Kreises bekannt; die meisten dieser Bedingungen sind Aussagen über die Grade des zugrundeliegenden Graphen. Wir wollen in diesem Abschnitt einige derartige Kriterien kennenlernen.

Wir beginnen mit einem allgemeinen Ergebnis von Bondy and Chvátal [1976], aus dem sich viele konkrete Bedingungen ableiten lassen. Dazu benötigen wir die folgende Konstruktion. Sei G ein Graph auf n Punkten. Falls G nicht-adjazente Punkte u und v mit $\deg u + \deg v \geq n$ enthält, fügen wir die Kante uv zu G hinzu. Dieser Prozeß wird solange durchgeführt, bis wir einen Graphen $[G]$ erhalten, in dem für je zwei nicht-adjazente Punkte x und y stets $\deg x + \deg y < n$ gilt; $[G]$ heißt der *Abschluß* von G. Der Leser möge sich als Übung davon überzeugen, daß $[G]$ eindeutig bestimmt ist.

Satz 4.3. *Ein Graph G ist genau dann Hamiltonsch, wenn sein Abschluß $[G]$ Hamiltonsch ist.*

Beweis. Wenn G Hamiltonsch ist, gilt dies trivialerweise auch für $[G]$. Sei also umgekehrt $[G]$ Hamiltonsch. Da $[G]$ aus G durch sukzessives Hinzufügen von Kanten gemäß der oben beschriebenen Konstruktion entsteht, reicht es zu zeigen, daß ein derartiger Schritt keinen Einfluß darauf hat, ob die betrachteten Graphen Hamiltonsch sind. Seien also nicht-adjazente Punkte u und v von G mit $\deg u + \deg v \geq n$ gegeben; H sei derjenige Graph, der durch Hinzufügen der Kante uv aus G entsteht. Angenommen, H ist Hamiltonsch, aber G nicht. Dann gibt es in H einen Hamiltonschen Kreis, der notwendigerweise die hinzugefügte Kante uv enthält, weswegen G einen Hamiltonschen Weg $(x_1, x_2, \ldots, x_n)$ mit $x_1 = u$ und $x_n = v$ enthalten muß. Wir betrachten nun die Mengen

$$X = \{x_i \mid vx_{i-1} \in E \text{ und } 3 \leq i \leq n - 1\}$$

sowie

$$Y = \{x_i \mid ux_i \in E \text{ und } 3 \leq i \leq n - 1\}.$$

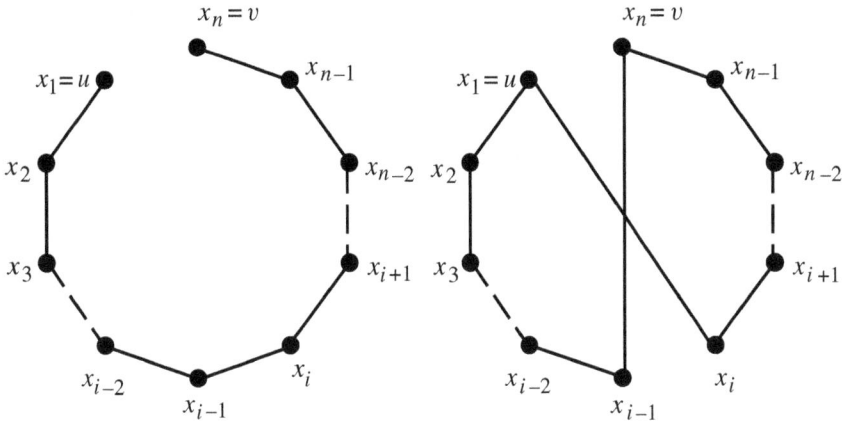

Da u und v in G nicht adjazent waren, gilt

$$|X| + |Y| = \deg u + \deg v - 2 \geq n - 2.$$

Folglich gibt es einen Index i mit $3 \leq i \leq n - 1$, für den sowohl vx_{i-1} als auch ux_i Kanten von G sind. Dann ist aber $(x_1, x_2, \ldots, x_{i-1}, x_n, x_{n-1}, \ldots, x_i, x_1)$ ein Hamiltonscher Kreis in G, ein Widerspruch.   □

Im allgemeinen wird es kaum leichter sein, zu entscheiden, ob $[G]$ Hamiltonsch ist. Wenn aber beispielsweise $[G]$ ein vollständiger Graph ist, muß nach Satz 4.3 auch G Hamiltonsch sein. Damit erhalten wir unmittelbar zwei klassische hinreichende Bedingungen für die Existenz eines Hamiltonschen Kreises, die von Ore [1960] bzw. Dirac [1952] stammen.

Korollar 4.4. *G sei ein Graph auf $n \geq 3$ Punkten. Wenn für nicht-adjazente Punkte u und v stets $\deg u + \deg v \geq n$ gilt, ist G Hamiltonsch.*   □

Korollar 4.5. *G sei ein Graph auf $n \geq 3$ Punkten. Wenn jeder Punkt von G mindestens den Grad $\frac{n}{2}$ hat, ist G Hamiltonsch.*   □

Übung 4.6. Man bestimme die minimale Kantenzahl eines Graphen G auf sechs Punkten, für den $[G]$ der K_6 ist.

Übung 4.7 (Ore 1961). G sei ein Graph mit $n \geq 3$ Punkten und m Kanten, für den $m \geq \frac{1}{2}(n - 1)(n - 2) + 2$ gilt. Man zeige, daß G Hamiltonsch ist.
Hinweis: Man verwende Korollar 4.4.

Schließlich zeigen wir mit mit denselben Methoden wie im Beweis von Satz 4.3 – aber mit etwas mehr Aufwand – noch das folgende Resultat von Chvátal [1972]:

Satz 4.8. *G sei ein Graph auf $n \geq 3$ Punkten mit Gradfolge $d_1 \leq d_2 \cdots \leq d_n$. Dann ist G Hamiltonsch, falls die folgende Bedingung erfüllt ist:*

$$(4.1) \qquad d_i \leq i \implies d_{n-i} \geq n - i \quad \text{für alle } i < n/2.$$

Beweis. Angenommen, G ist nicht Hamiltonsch; nach Satz 4.3 ist also auch $[G]$ nicht Hamiltonsch. Falls möglich, erweitern wir $[G]$ durch sukzessives Hinzunehmen neuer Kanten solange, wie die Nicht-Existenz von Hamiltonschen Kreisen erhalten bleibt. Da bei diesen Operationen die Grade allenfalls wachsen, sieht man sofort, daß die Bedingung (4.1) auch für den so entstandenen Graphen gilt. Wir können also o.B.d.A. annehmen, daß G selbst abgeschlossen ist und daß das Hinzunehmen einer beliebigen weiteren Kante zu G mindestens einen Hamiltonschen Kreis erzeugt. Daher sind – wie im Beweis von Satz 4.3 – je zwei nicht-adjazente Punkte von H durch einen Hamiltonschen Weg verbunden.

Wir wählen nun zwei nicht-adjazente Punkte u und v von G derart, daß $\deg u + \deg v$ maximal ist. Da G abgeschlossen ist, gilt $\deg u + \deg v < n$; wir können dabei $\deg v \geq \deg u$ annehmen, womit $k := \deg u < n/2$ folgt. Wie im Beweis von Satz 4.3 betrachten wir nun einen Hamiltonschen Weg $(x_1, x_2, \ldots, x_n)$ mit $x_1 = u$ und $x_n = v$ sowie die dort definierten Mengen X und Y. Dann gilt $X \cap Y = \emptyset$, da wir sonst wieder einen Hamiltonschen Kreis erhalten würden. Für jeden der $k - 1$ Punkte $x_i \in Y$ ist also vx_{i-1} keine Kante von G; da wir u so gewählt hatten, daß $\deg u + \deg v$ maximal war, muß dabei stets $\deg x_{i-1} \leq \deg u = k$ sein. Daher enthält G mindestens k Punkte vom Grad $\leq k$, weswegen insbesondere $d_k \leq k$ gilt. Nach (4.1) folgt $d_{n-k} \geq n - k$, es gibt also mindestens $k + 1$ Punkte vom Grad $\geq n - k$. Mindestens einer von diesen Punkten – nennen wir ihn w – ist nicht zu u adjazent; dann gilt aber $\deg u + \deg w \geq n$. Widerspruch!   □

Chvátal [1972] hat auch gezeigt, daß sein Satz 4.8 in einem starken Sinn bestmöglich ist. Dazu nennen wir eine Folge $a_1 \leq a_2 \cdots \leq a_n$ von natürlichen Zahlen *Hamiltonsch*, wenn jeder Graph auf $n \geq 3$ Punkten mit Gradfolge $d_1 \leq d_2 \cdots \leq d_n$ Hamiltonsch ist, falls nur $d_i \geq a_i$ für $i = 1, \ldots, n$ gilt. Chvátal hat nun die Hamiltonschen Folgen über die Bedingung (4.1) charakterisieren können:

Satz 4.9. *Eine Folge $a_1 \leq a_2 \cdots \leq a_n$ von natürlichen Zahlen ist genau dann Hamiltonsch, falls die folgende Bedingung erfüllt ist:*

$$a_i \leq i \implies a_{n-i} \geq n - i \quad \text{für alle } i < n/2.$$

Wie Satz 4.8 zeigt, ist diese Bedingung hinreichend; für die Notwendigkeit verweisen wir auf die Originalarbeit oder auf Diestel [2000]. Weitere Konsequenzen von Satz 4.3 findet man bei Bondy and Chvátal [1976]; zu empfehlen ist auch der Übersichtsartikel von Chvátal [1985] über Hamiltonsche Kreise.

5 Das Spernersche Lemma

Im Jahre 1911 publizierte Luitzen Egbertus Jan Brouwer (1881 – 1966) seinen berühmten Fixpunktsatz, nach dem jede stetige Abbildung einer Vollkugel beliebiger endlicher Dimension mindestens einen Fixpunkt besitzt. Der Beweis ist für die Dimension 1 mittels des Zwischenwertsatzes leicht zu führen. Für höhere Dimensionen erfordert der von Brouwer angegebene Beweis relativ umfangreiche theoretische Vorbereitungen. Deshalb erregte der junge Emanuel Sperner (1905 – 1980) beträchtliches Aufsehen, als er 1928 ein raffiniertes, aber schnell und direkt zu beweisendes Lemma vorlegte, aus dem sich sowohl der Brouwersche Fixpunktsatz als auch der Brouwersche Satz von der Invarianz der Dimension ebenfalls schnell herleiten lassen; siehe Sperner [1928b].

In diesem Abschnitt werden wir das Spernersche Lemma – das nicht mit dem gleichnamigen, ebenfalls aus dem Jahr 1928 stammenden Satz II.2.7 verwechselt werden sollte – formulieren und beweisen, wobei wir das typisch Geometrische intuitiv behandeln; vergleiche auch Lubell [1966]. Anschließend skizzieren wir einen Beweis des Brouwerschen Fixpunktsatzes, siehe Brouwer [1911]; dieser Satz hat weitreichende Anwendungen, beispielsweise in der mathematischen Ökonomie. Das Spernersche Lemma bildet auch die Grundlage für die algorithmische Erfassung von Fixpunkten.

Um das Spernersche Lemma formulieren zu können, benötigen wir noch einige Begriffe. Wir erinnern zunächst daran, daß eine Teilmenge $S \subseteq \mathbb{R}^n$ *konvex* heißt, wenn sie mit je zwei Punkten x und y auch die gesamte *Verbindungsstrecke* $\overline{xy}$ enthält; formal:

$$(5.1) \qquad x, y \in S \ \wedge \ \lambda \in [0, 1] \implies \lambda x + (1 - \lambda)y \in S.$$

Unter einem *Simplex* der Dimension n versteht man nun ein konvexes Polyeder im $\mathbb{R}^n$, das innere Punkte besitzt, und unter diesen Einschränkungen minimale Eckenzahl hat. Für $n = 1$ sind die Simplexe Intervalle, für $n = 2$ Dreiecke, für $n = 3$ Tetraeder. Für beliebiges n kann man ein Simplex der Dimension n auch als die konvexe Hülle von $n + 1$ Punkten „in allgemeiner Lage" definieren; diese Punkte sind die *Ecken* des Simplexes. Diese Definition setzt nur voraus, daß wir uns in einem $\mathbb{R}^m$ mit $m \geq n$ befinden. Wählt man unter den $n + 1$ Ecken eines n-dimensionalen Simplex $d + 1$ Ecken aus, so erhält man eine d-dimensionale *Seite* des gegebenen

n-dimensionalen Simplexes. Man sagt, sie *liege* den nicht ausgewählten Ecken *gegenüber*. Unter einer *simplizialen Zerlegung* eines n-dimensionalen Simplexes Δ verstehen wir eine endliche Menge von paarweise verschiedenen n-dimensionalen Simplexen $\Delta_1, \ldots, \Delta_r$, die die beiden folgenden Bedingungen erfüllt:

- $\Delta = \Delta_1 \cup \cdots \cup \Delta_r$;

- für $j \neq k$ ist $\Delta_j \cap \Delta_k$ eine (eventuell leere) Seite von Δ_j wie von Δ_k.

In der Ebene $\mathbb{R}^2$ entsprechen die simplizialen Zerlegungen im wesentlichen den triangulierten ebenen Graphen und sehen also wie folgt aus:

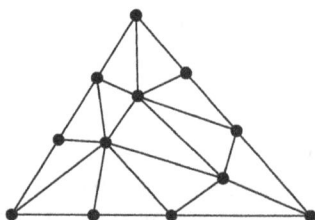

Das Maximum der Durchmesser (bezüglich der gewöhnlichen euklidischen Metrik) der Δ_j nennt man die *Feinheit* der simplizialen Zerlegung. Man zeigt leicht, daß ein Simplex beliebig feine simpliziale Zerlegungen besitzt. Nach diesen Vorbeitungen können wir nun das folgende Resultat von Sperner [1928b] formulieren:

Lemma 5.1 (Spernersches Lemma). *Sei $\Delta_1, \ldots, \Delta_r$ eine simpliziale Zerlegung eines n-dimensionalen Simplexes Δ. Jedem Punkt, der als Ecke eines Simplexes Δ_j auftritt, sei eine der Zahlen $0, \ldots, n$ als seine* Marke *zugeordnet, wobei die beiden folgenden Bedingungen erfüllt seien:*

(a) *An den $n + 1$ Ecken von Δ stehen die Marken $0, 1, \ldots, n$ in irgendeiner bijektiven Zuordnung.*

(b) *Ist eine Seite S eines Δ_j in einer Seite F von Δ enthalten, so kommen an den Ecken von S nur Marken vor, die auch an Ecken von F vorkommen.*

Dann gibt es einen Index j, für den die Ecken von Δ_j in bijektiver Zuordnung mit den Marken $0, 1, \ldots, n$ versehen sind.

Beweis. Ein Δ_j mit der gesuchten Eigenschaft nennen wir *gut*. Es genügt zu beweisen, daß die Anzahl der guten Δ_j stets ungerade ist. Wir verwenden hierzu Induktion nach der Dimension n des zerlegten Simplexes. Für $n = 1$ ist die Behauptung richtig, wie die folgende Abbildung illustriert:

Man muß nämlich, um von der Marke 0 zur Marke 1 zu wandern, ungerade oft die Marke wechseln. Angenommen, die Aussage sei bis zur Dimension $n - 1$ gesichert. Dann denken wir uns nunmehr eine simpliziale Zerlegung $\Delta_1, \ldots, \Delta_r$ des n-dimensionalen Simplexes Δ gegeben und eine Markierung der als Ecken von Simplexen Δ_j auftretenden Punkte mit Marken $0, \ldots, n$ durchgeführt, wie es unser Lemma verlangt. Wir betrachten jetzt alle diejenigen $(n - 1)$-dimensionalen Simplexe Λ, die als Seiten von Simplexen Δ_j auftreten. Wir nennen ein solches Λ *schön*, wenn seine n Ecken gerade die Marken $1, \ldots, n$ tragen. Ein gutes Δ_j hat offenbar genau eine schöne Seite der Dimension $n - 1$. Einem unguten Δ_j fehlt mindestens eine der Marken $0, 1, \ldots, n$. Fehlt eine Marke $\nu > 0$, so besitzt Δ_j keine schöne Seite. Fehlt ausschließlich die Marke 0, so kommt genau eine der Marken $1, \ldots, n$ an zwei Ecken von Δ_j vor, die andern genau einmal, womit Δ_j genau zwei schöne Seiten hat. Zählt man also für jedes Δ_j dessen schöne Seiten, so ergibt sich eine Gesamtzahl, die sich von der Anzahl der guten Δ_j um ein Vielfaches von 2 unterscheidet. Bedenkt man, daß dabei jede schöne Seite, die innere Punkte von Δ enthält, genau zweimal gezählt wird, so sieht man, daß die Anzahl der guten Δ_j modulo 2 mit der Anzahl der schönen Seiten auf dem Rande von Δ übereinstimmt. Es kann aber überhaupt nur eine $(n - 1)$-dimensionale Seite von Δ schöne Seiten irgendwelcher Δ_j enthalten, nämlich diejenige, an deren n Ecken die Marken $1, \ldots, n$ stehen. In dieser Seite von Δ sind nun die schönen Simplexe die „guten von einer Dimension tiefer", deren Anzahl nach der Induktionsannahme ungerade ist.   □

Wir deuten nun noch an, wie man mittels des Spernerschen Lemmas 5.1 den Fixpunktsatz von Brouwer [1911] beweist. Aus der Topologie weiß man, daß man hierbei die Vollkugel durch eine beliebige zu ihr homöomorphe Menge ersetzen darf, etwa durch ein n-dimensionales Simplex Δ. Wir betrachten also eine stetige Abbildung $\varphi : \Delta \to \Delta$ und suchen einen Fixpunkt von φ, d. h. einen Punkt $x \in \Delta$ mit $\varphi(x) = x$. Bekanntlich kann man jedem Punkt des $\mathbb{R}^n$ seine $n + 1$ *baryzentrischen Koordinaten* bezüglich der Ecken $x_0, \ldots, x_n$ von Δ zuordnen, d.h., man kann x in der Form

$$x = \sum_{i=0}^{n} \lambda_i x_i \quad \text{mit} \sum_{i=0}^{n} \lambda_i = 1$$

schreiben; hierbei liegt x genau dann in Δ, wenn $\lambda_i \geq 0$ für alle i gilt; siehe beispielsweise Lenz [1975, § XXII.2]. Man versieht nun jede Ecke x_i mit der Marke i ($i = 0, \ldots, n$); kommt dann eine Marke j nicht an den Ecken einer gegebenen Seite von Δ vor, so haben alle Punkte im Inneren dieser Seite in der entsprechenden Koordinate λ_j den Eintrag 0. Nun sei W_j die Menge aller Punkte in Δ, deren j-te baryzentrische Koordinate λ_j bei Anwendung von φ nicht steigt. Dann gehört diejenige Ecke von Δ, die die Marke ν trägt, sicher zu W_ν; allgemeiner ist jede Seite von Δ in der Vereinigung derjenigen W_ν enthalten, für welche die Marke ν an einer Ecke dieser Seite steht. Ferner ist $W_0 \cap \cdots \cap W_n$ gerade die Menge der Fixpunkte von φ. Nun bilden wir eine simpliziale Zerlegung $\Delta_1, \ldots, \Delta_r$ von Δ und schreiben

- an die alten Ecken von Δ die alten Marken sowie

- an jede neue Ecke e eines Δ_j jeweils eine derjenigen Marken ν, für welche $e \in W_\nu$ gilt.

Man kann dies nun offenbar so durchführen, daß die Bedingung (b) im Spernerschen Lemma erfüllt ist; damit können wir dieses Lemma anwenden und gewinnen so ein Δ_j, dessen Ecken in sämtliche W_ν hineinragen. Indem wir immer feinere simpliziale Zerlegungen von Δ in dieser Weise benützen und zu einem Häufungspunkt der dabei entstehenden Folge guter Simplexe übergehen, gelangen wir zu einem Punkt von $W_0 \cap W_1 \cap \cdots \cap W_n$, also einem Fixpunkt von φ. $\quad\square$

Übung 5.2. Man wähle eine konkrete simpliziale Zerlegung eines konkreten Dreiecks und schraffiere für eine konkrete, den Forderungen des Spernerschen Lemmas genügende Eckenmarkierung sämtliche guten Teildreiecke.

6 Der Satz von Helly

Im diesem Abschnitt wollen wir den Satz von Eduard Helly (1884–1943) über den Durchschnitt konvexer Teilmengen des n-dimensionalen Raumes $\mathbb{R}^n$ beweisen, der bereits 1913 aufgestellt, aber erst in Helly [1923] publiziert wurde. Wir werden dabei dem besonders einfachen Beweis von Edmonds [2001] folgen.

Satz 6.1 (Satz von Helly). *Es sei $\mathcal{S}$ ein endliches System von konvexen Teilmengen des $\mathbb{R}^n$, das leeren Durchschnitt hat. Dann gibt es ein Teilsystem von höchstens $n + 1$ Mengen aus $\mathcal{S}$, dessen Durchschnitt bereits leer ist.*

Wir wollen zunächst an einige bekannte Begriffe aus der Theorie konvexer Mengen erinnern. Eine *affine Hyperebene* ist eine Teilmenge des $\mathbb{R}^n$ der Form

$$H_{s,\alpha} := \{x \in \mathbb{R}^n \mid s^T x = \alpha\} \quad (s \in \mathbb{R}^n \setminus \{0\}).$$

Allgemeiner ist ein *affiner Unterraum* eine Teilmenge $U \subseteq \mathbb{R}^n$ mit der Eigenschaft

$$\lambda x + (1 - \lambda)y \in U \quad \text{für alle } \lambda \in \mathbb{R} \text{ und alle } x, y \in U.$$

Die *affinen Halbräume* zu einer affinen Hyperebene $H = H_{s,\alpha}$ sind die abgeschlossenen Mengen

$$H^{\leq} = \{x \in \mathbb{R}^n \mid s^T x \leq \alpha\} \quad \text{bzw.} \quad H^{\geq} = \{x \in \mathbb{R}^n \mid s^T x \geq \alpha\};$$

außerdem benötigen wir noch die zugehörigen offenen Mengen

$$H^{<} = \{x \in \mathbb{R}^n \mid s^T x < \alpha\} \quad \text{bzw.} \quad H^{>} = \{x \in \mathbb{R}^n \mid s^T x > \alpha\}.$$

Ein *Polyeder* ist ein Schnitt endlich vieler affiner Halbräume. Allgemein wird auch der Schnitt eines affinen Unterraums mit einem affinen Halbraum als ein *Halbraum* bezeichnet; für unsere Zwecke wollen wir hier auch die leere Menge und den gesamten Raum $\mathbb{R}^n$ als Halbräume ansehen. Bekanntlich sind alle eben definierten Typen von Mengen konvex, wie man leicht aus den Definitionen nachrechnet. Als Hintergrund sei beispielsweise auf Kapitel 2 von Jungnickel [1999b] verwiesen, wo man die wichtigsten Tatsachen über konvexe Mengen und Polyeder finden kann.

Das folgende Resultat ist der Schlüssel zum Edmondsschen Beweis des Satzes von Helly:

Lemma 6.2 (Redundanzlemma von Edmonds).   *Es seien H eine affine Hyperebene im $\mathbb{R}^n$ und $H^{\leq}$ ein zugehöriger affiner Halbraum. Ferner sei $\mathcal{R}'$ eine endliche Menge von Halbräumen im $\mathbb{R}^n$, für die der Durchschnitt $\bigcap_{R \in \mathcal{R}'} R$ zu H disjunkt ist. Dann tritt einer der beiden folgenden Fälle ein:*

(a) *Das Mengensystem $\mathcal{R} := \mathcal{R}' \cup \{H^{\leq}\}$ hat leeren Durchschnitt.*

(b) *$H^{\leq}$ ist redundant für $\mathcal{R}'$, d.h., der Durchschnitt $\bigcap_{R \in \mathcal{R}'} R$ ist in $H^{<}$ enthalten.*

Beweis. Wir betrachten den Durchschnitt $P := \bigcap_{R \in \mathcal{R}'} R$, der natürlich eine konvexe Teilmenge des $\mathbb{R}^n$ (sogar ein Polyeder) ist. Ferner seien

$$P^{<} := H^{<} \cap P \quad \text{sowie} \quad P^{>} := H^{>} \cap P.$$

Nach Voraussetzung gilt $P \cap H = \emptyset$, weswegen P die disjunkte Vereinigung von $P^{<}$ und $P^{>}$ ist. Weil P konvex ist, ist dies nur möglich, wenn eine der beiden Mengen $P^{<}$ und $P^{>}$ leer ist: Andernfalls würde nämlich die Verbindungsstrecke $\overline{xy}$ eines Punktes $x \in P^{<}$ mit einem Punkt $y \in P^{>}$, die ja ganz in P enthalten ist, die Hyperebene H schneiden. Falls nun $P^{<}$ leer ist, tritt die Alternative (a) der Behauptung ein, und falls $P^{>}$ leer ist, die Alternative (b). $\qquad\Box$

Wir kommen nun zum Beweis des Satzes von Helly. Zunächst überlegen wir uns, daß es ausreicht, Satz 6.1 in dem Spezialfall zu beweisen, in dem alle Mengen in $\mathcal{S}$ Halbräume sind. Daraus folgt der Satz nämlich sofort für Mengensysteme $\mathcal{S}$, deren Mitglieder Polyeder sind, da ja Polyeder ihrerseits endliche Schnitte von Halbräumen sind. Hat man den Satz nun für Polyeder, schließt man mit dem folgenden indirekten Beweis auf beliebige Systeme $\mathcal{S}$ von konvexen Mengen. Angenommen, der Schnitt von je $n + 1$ Elementen von $\mathcal{S}$ wäre nichtleer. Dann wähle man in jedem derartigen Schnitt einen Punkt, was eine endliche Menge M liefert, und definiere ein neues System $\mathcal{S}'$, das für jede Menge $S \in \mathcal{S}$ die konvexe Hülle S' der Punkte in $M \cap S$ enthält. Da bekanntlich jedes S' ein Polyeder (sogar ein *Polytop*, also ein beschränktes Polyeder) ist, können wir den Satz von Helly auf $\mathcal{S}'$ anwenden. Nach Konstruktion haben aber je $n + 1$ Teilmengen von $\mathcal{S}'$ einen nichtleeren Schnitt, da sie jedenfalls sämtlich denjenigen Punkt enthalten, den wir im Schnitt der entsprechenden Mengen aus $\mathcal{S}$ gewählt haben; das ist der gewünschte Widerspruch.

Es bleibt also nur noch der Spezialfall zu untersuchen, in dem alle Mengen in $\mathcal{S}$ Halbräume sind. Der Satz gilt trivialerweise, falls in $\mathcal{S}$ die leere Menge vorkommt oder alle Mengen in $\mathcal{S}$ der gesamte $\mathbb{R}^n$ sind; man beachte, daß dies für $n = 0$ der Fall sein muß. Andernfalls gibt es in $\mathcal{S}$ einen Halbraum, dessen Rand Dimension $< n$ hat; o.B.d.A. kann man annehmen, daß es sich um einen affinen Halbraum $H^{\leq}$ handelt, dessen Rand also die affine Hyperebene H ist. Wir definieren nun zwei neue Mengensysteme:

$$\mathcal{S}' := \mathcal{S} \setminus \{H^{\leq}\} \quad \text{sowie} \quad \mathcal{S}_0 := \{H \cap S \mid S \in \mathcal{S}'\}.$$

Falls nun das System $\mathcal{S}_0$ nichtleeren Schnitt hat, gilt dies trivialerweise auch für das ursprüngliche System $\mathcal{S}$. Ab jetzt sei also $\bigcap_{S \in \mathcal{S}_0} S = \emptyset$. Mit Induktion über n können wir den Satz von Helly auf $\mathcal{S}_0$ anwenden. Es gibt also ein höchstens n-elementiges Teilsystem $\mathcal{R}'$ von $\mathcal{S}'$, für das $H \cap \bigcap_{S \in \mathcal{R}'} S = \emptyset$ gilt. Nun bringen wir das Rendundanzlemma 6.2 ins Spiel und stehen somit vor einer der beiden folgenden Alternativen:

(a) Das höchstens $(n + 1)$-elementige Mengensystem $\mathcal{R} := \mathcal{R}' \cup \{H^{\leq}\}$ hat leeren Durchschnitt.

(b) $H^{\leq}$ ist redundant für $\mathcal{R}'$, es ist also $\bigcap_{R \in \mathcal{R}'} R$ in $H^{<}$ enthalten.

Im Fall (a) haben wir mit $\mathcal{R}$ das gewünschte Teilsystem von $\mathcal{S}$ gefunden und sind fertig. Sei also ab jetzt $H^{\leq}$ redundant für $\mathcal{R}'$; trivialerweise ist $H^{\leq}$ dann auch redundant für das $\mathcal{R}'$ umfassende System $\mathcal{S}'$. Nun können wir eine zweite Induktion anwenden, nämlich über die Mächtigkeit der betrachteten Mengensysteme; man beachte dabei, daß das System $\mathcal{S}'$ leeren Durchschnitt haben muß, weil andernfalls auch $\mathcal{S}$ nichtleeren Durchschnitt hätte. Folglich existiert ein höchstens $(n + 1)$-elementiges Teilsystem $\mathcal{R}$ von $\mathcal{S}' \subseteq \mathcal{S}$, das bereits leeren Durchschnitt hat, und wir sind ebenfalls fertig. $\qquad \square$

Der eben durchgeführte Beweis für den Satz von Helly ist nicht nur kurz und elegant, sondern erlaubt auch eine weit reichende Verallgemeinerung auf sogenannte „orientierte Matroide"; siehe dazu Edmonds [2001].

XV Spiele auf Graphen

In diesem Kapitel wollen wir einige kombinatorische Aspekte der Spieltheorie, eines Zweiges der mathematischen Ökonomie, darstellen. Wir werden sogenannte Baumspiele betrachten und das Kuhnsche Gleichgewichts-Theorem sowie die Theorie der Kerne und Grundy-Funktionen bei Spielen vom Typ Nim kennenlernen. Hiermit sind die kombinatorischen Reize der mathematischen Ökonomie keineswegs erschöpft; die Theorie der Spiele und linearen Programme führt auf Untersuchungen über Polyeder in hochdimensionalen Räumen, bei denen algorithmisch-kombinatorische Fragen (Simplexalgorithmus, die Ellipsoidmethode von Khachian [1979] sowie Varianten des Algorithmus von Karmarkar [1984]) im Zentrum des Interesses stehen. Der an Polytopen interessierte Leser sei auf Grünbaum [1967], Ziegler [1995] und das Pionier-Werk Rademacher und Steinitz [1934] verwiesen. Es sei noch erwähnt, daß in der Theorie der ökonomischen Gleichgewichte der Brouwersche Fixpunktsatz eine große Rolle spielt; seine kombinatorischen Aspekte haben wir bereits in Kap. § XIII.6 dargestellt.

1 Baumspiele

Um ein sogenanntes *Baumspiel* graphisch darzustellen, denken wir uns „Etagen" Nr. $0, 1, 2, \ldots, N$ etwa in Form aufsteigend einander folgender horizontaler Linien bereitgestellt. Sodann bestücken wir jede Etage mit endlich vielen Punkten, wobei die 0-te Etage genau einen Punkt erhält. Schließlich verbinden wir jeden dieser Punkte durch eine Kante mit keinem, einem oder mehreren Punkten der nächsthöheren Etage, und zwar so, daß jeder Punkt der nächsthöheren Etage von genau einem Punkt der vorigen Etage aus erreicht wird. Das Ergebnis nennen wir einen *Spielbaum* mit $N + 1$ Etagen; in der Sprache von § XIII.4 handelt es sich nämlich einfach um einen Wurzelbaum, für den die Punkte gemäß ihrem Abstand zur Wurzel in Etagen zusammengefaßt worden sind. Demzufolge nennen wir den einzigen Punkt der 0-ten Etage die *Wurzel*. Diejenigen Punkte, von denen keine Verbindung mehr höher steigt, heißen die *Spitzen*; zu den Spitzen gehören sicher die sämtlichen Punkte der obersten Etage Nr. N, es kann aber auch Spitzen in niedrigeren Etagen geben. Jede Spitze ist auf genau einem Weg von der Wurzel aus erreichbar. Ein solcher *Spielbaum* sieht also etwa so aus:

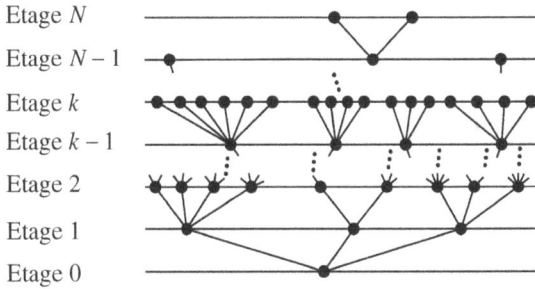

Wir können nun Spiele mit n Spielern $1, \ldots, n$ auf dem Baum S definieren. Dazu beschriften wir jede Spitze von S mit einem n-Tupel von reellen Zahlen und jeden Punkt, der keine Spitze ist, mit einem der Symbole $1, \ldots, n$. Das zugehörige Spiel wird folgendermaßen gespielt: Der Spieler, dessen Nummer an der Wurzel von S steht, wählt eine von der Wurzel zu einem Punkt in der Etage Nr. 1 führende Kante aus; der obere Punkt dieser Kante darf dabei eine Spitze sein. In diesem Falle endet das Spiel mit einer Auszahlung an die n Spieler gemäß dem dort angeschriebenen n-Tupel; negative Komponenten bedeuten dabei, daß der betreffende Spieler zur Kasse gebeten wird. Ist der gewählte Punkt dagegen keine Spitze, so trägt er die Nummer eines Spielers, der nun eine zu einem Punkt in der zweiten Etage führende Kante wählt, und so weiter. In jedem Falle endet das Spiel nach maximal N „Zügen" mit einer Auszahlung. Es ist klar, daß man beispielsweise das Schachspiel (mit einer gegebenen, hinreichend großen Maximalzahl von Zügen) theoretisch als ein derartiges Baumspiel darstellen könnte. Einfacher ginge dies für Spiele wie etwa „Mühle" oder N-maliges „Knobeln".

Unter einer *Strategie* des Spielers k versteht man eine Abbildung σ, die jedem mit k beschrifteten Punkt des Spielbaums genau eine der von diesem Punkt aus in die nächsthöhere Etage führenden Kanten zuordnet. Wir bezeichnen mit Σ_k die Menge aller Strategien für den Spieler k ($k = 1, \ldots, n$). Hat jeder Spieler k seine Strategie $\sigma_k \in \Sigma_k$ gewählt, so ist durch das n-Tupel $(\sigma_1, \ldots, \sigma_n)$ der Spielverlauf samt den End-Auszahlungen

$$A_1(\sigma_1, \ldots, \sigma_n), \ldots, A_n(\sigma_1, \ldots, \sigma_n)$$

eindeutig bestimmt. Es ist klar, daß die Mengen Σ_1, Σ_2 im Falle des Schachspiels astronomischen Umfang haben. Ein n-Tupel $(\sigma_1, \ldots, \sigma_n)$ von Strategien heißt ein *Gleichgewicht*, wenn für jedes k und jedes $\sigma \in \Sigma_k$

$$A_k(\sigma_1, \ldots, \sigma_{k-1}, \sigma, \sigma_{k+1}, \ldots, \sigma_n) \leq A_k(\sigma_1, \ldots, \sigma_{k-1}, \sigma_k, \sigma_{k+1}, \ldots, \sigma_n)$$

gilt, wenn sich also kein Spieler durch Änderung seiner Strategie verbessern kann, sofern nur die übrigen Spieler an ihren Strategien festhalten. Dann gilt der folgende Satz von Kuhn [1950]:

Satz 1.1 (Gleichgewichts-Theorem von Kuhn). *Jedes Baumspiel besitzt mindestens ein Gleichgewicht.*

Beweis. Wir wenden Induktion nach der Anzahl N der von der Wurzel verschiedenen Etagen an. Ist $N = 0$, so hat jeder Spieler k nur eine Strategie σ_k, nämlich die Auszahlung hinzunehmen, da hier die Wurzel zugleich die Spitze ist. Trivialerweise ist dies $(\sigma_1, \dots, \sigma_n)$ ein Gleichgewicht. Angenommen, der Satz ist für alle Baumspiele mit $\leq N$ Etagen bereits bewiesen. Wir betrachten nun ein Spiel mit $N + 1$ Etagen. Seien k_0 der Spieler, dessen Nummer an der Wurzel unseres Spielbaums S steht, und $\kappa_1, \dots, \kappa_r$ die von der Wurzel ausgehenden Kanten. Zu jedem $\varrho = 1, \dots, r$ gehört ein Baumspiel mit höchstens N Etagen, nämlich das *Teilspiel*, dessen Wurzel das obere Ende von κ_ϱ ist. Nach Induktionsannahme besitzt jedes Teilspiel Nr. ϱ ein Gleichgewicht $(\tau_1^{(\varrho)}, \dots, \tau_n^{(\varrho)})$. Für jedes $k \neq k_0$ kann Spieler k die Strategien $\tau_k^{(1)}, \dots, \tau_k^{(r)}$ zu einer neuen Strategie σ_k im Gesamtspiel zusammenfassen, indem er einfach ihre „disjunkte Vereinigung" bildet. Dagegen muß der an der Wurzel sitzende Spieler k_0 sich im ersten Spielzug für eine Kante κ_{ϱ_0} – und damit für das Teilspiel ϱ_0 – entscheiden. Naheliegenderweise wird er das so tun, daß er in einem Teilspiel landet, für das seine Auszahlung unter allen für ihn möglichen Auszahlungen $A_{k_0}(\tau_1^{(\varrho)}, \dots, \tau_n^{(\varrho)})$, $\varrho = 1, \dots, r$, maximal wird. Seine Strategie σ_{k_0} im Gesamtspiel besteht also aus κ_{ϱ_0} an der Wurzel und jeweils $\tau_{k_0}^{(\varrho)}$ im Teilspiel Nr. ϱ, wobei natürlich die Fälle $\varrho \neq \varrho_0$ überflüssigen Aufwand darstellen. Man sieht nun leicht ein, daß $(\sigma_1, \dots, \sigma_n)$ ein Gleichgewicht für das Gesamtspiel darstellt. $\square$

Beschränkt man sich auf 2-*Personen-Nullsummenspiele*, also den Fall $n = 2$ und Komponentensumme 0 bei allen Auszahlungspaaren, so führt die Aussage „(σ_1, σ_2) ist ein Gleichgewicht" auf eine Minimaxaussage:

$$A_1(\sigma_1, \sigma_2) = \max\{A_1(\sigma, \sigma_2) \mid \sigma \in \Sigma_1\}$$

und

$$-A_1(\sigma_1, \sigma_2) = A_2(\sigma_1, \sigma_2) = \max\{A_2(\sigma_1, \tau) \mid \tau \in \Sigma_2\}$$
$$= -\min\{A_1(\sigma_1, \tau) \mid \tau \in \Sigma_2\}$$

liefern zusammen

$$(*) \quad \min\{A_1(\sigma_1, \tau) \mid \tau \in \Sigma_2\} = A(\sigma_1, \sigma_2) = \max\{A_1(\sigma, \sigma_2) \mid \sigma \in \Sigma_1\}.$$

Andererseits gilt für beliebige $\sigma' \in \Sigma_1$ und $\tau' \in \Sigma_2$ die Abschätzung

$$\min\{A_1(\sigma', \tau) \mid \tau \in \Sigma_2\} \leq A_1(\sigma', \tau') \leq \max\{A_1(\sigma, \tau') \mid \sigma \in \Sigma_1\},$$

also

$$\max_{\sigma} \min_{\tau} A_1(\sigma, \tau) \leq \min_{\tau} \max_{\sigma} A_1(\sigma, \tau),$$

und $(*)$ besagt gerade, daß hier Gleichheit mit dem Wert $A(\sigma_1, \sigma_2)$ eintritt. Eben dies ist der Inhalt der sogennaten Minimax-Aussage. Satz 1.1 impliziert also ein Minimaxtheorem für 2-Personen-Nullsummen-Baumspiele. Der Beweis eines Minimaxtheorems für sogenannte gemischte Erweiterungen beliebiger 2-Personen-Nullsummenspiele (von Neumann [1928]) markiert den Beginn der modernen mathematischen Ökonomie; einige Bücher zu diesem Gebiet sind von Neumann und Morgenstern [1944], Burger [1959], Debreu [1959] und Cassels [1981]. Dieser Beweis ist durch Wahrscheinlichkeits- und Konvexitätsbetrachtungen gekennzeichnet, die man übrigens auch zum Variieren von Satz 1.1 („Zufallszüge") verwenden kann, ohne daß dabei schon das von Neumannsche Minimaxtheorem herauskäme.

2   Das klassische Nim-Spiel

Im Rest dieses Kapitels betrachten wir eine Klasse von 2-Personen-Nullsummenspielen, von denen viele sich theoretisch als Baumspiele darstellen lassen, zweckmäßigerweise aber mit Hilfe anderer Graphen untersucht werden. Dabei bietet sich die zwanglose Möglichkeit, auch unendliche Graphen in die Theorie einzubeziehen. Die Auszahlungen sind durch die Angaben „Gewinn" und „Verlust" ersetzt, gefragt wird nach Gewinnstrategien.

Die hier betrachtete Klasse von Spielen enthält das klassische Nim-Spiel als Spezialfall. Wir beginnen daher mit der Besprechung von mehr oder minder klassischen Spielen dieses Typs und gehen erst im nächsten Abschnitt zur allgemeinen Theorie der Gewinnstrategien über, für die die Begriffe „Kern" und „Grundy-Funktion" charakteristisch sind.

Zunächst einmal eine einfache Variante des Nim-Spiels, die folgende Spielregel hat: Vor einem Haufen von fünf Streichhölzern stehen zwei Spieler. Sie nehmen abwechselnd Streichhölzchen weg, und zwar jedesmal nach Belieben eines oder zwei. Wer abräumt, ist Sieger. Dies Spiel läßt sich bequem als Baumspiel darstellen:

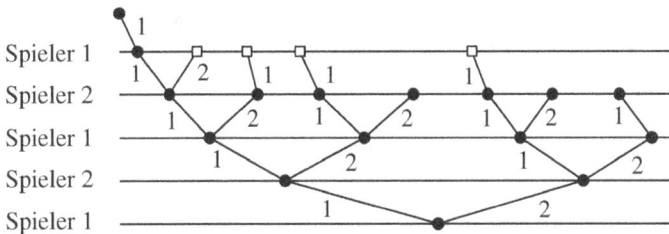

Hierbei sind die Kanten mit der Anzahl der jeweils entfernten Streichhölzer be-

schriftet; an den mit • bezeichneten Spitzen gewinnt Spieler 1, an den mit □ bezeichneten Spieler 2. Spieler 1 kann sicher gewinnen, wenn er mit der Wegnahme
von zwei Streichhölzern beginnt.

Übung 2.1. Man stelle die Spielbäume und eventuelle Gewinnstrategien bei einigen einfachen Varianten dieses Spiels dar.

Nun kommen wir zum *klassischen Nim-Spiel* mit der folgenden Spielregel:
N Streichhölzer sind auf drei nichtleere Haufen verteilt. Zwei Spieler ziehen abwechselnd. Ein Zug besteht darin, von einem der drei Haufen, soweit er noch
nicht leer ist, einen Teil der dort liegenden Hölzchen (mindestens eins, eventuell
alle) wegzunehmen. Wer abräumt, gewinnt. Offenbar ist der jeweilige Zustand des
Spiels durch einen Punkt $x = (n_1, n_2, n_3) \in \mathbb{Z}_+^3$ gekennzeichnet: auf Haufen 1
liegen genau n_1, auf Haufen 2 genau n_2, auf Haufen 3 genau n_3 Hölzchen. Man
beginnt in einem Punkte (N_1, N_2, N_3) mit $N_1, N_2, N_3 > 0$. Ein Zug besteht darin,
eines der $n_i > 0$ um mindestens 1 herabzusetzen. Es gewinnt, wer zuerst $(0, 0, 0)$
erreicht. Somit lassen sich alle diese Spiele bequem simultan durch einen Graphen
mit der Eckenmenge $\mathbb{Z}_+^3$ darstellen.

Definition 2.2. Eine Menge $K \subseteq \mathbb{Z}_+^3$ heißt ein *Kern*, falls sie folgende Bedingungen erfüllt:

(a) $(0, 0, 0) \in K$;

(b) Von einem $(n_1, n_3, n_3) \in K$ kann nach keinem $(m_1, m_2, m_3) \in K$ gezogen
     werden.

(c) Von jedem $(n_1, n_2, n_3) \notin K$ kann nach mindestens einem $(m_1, m_2, m_3) \in K$
     gezogen werden.

Es ist klar, daß die Existenz eines Kernes K

- im Fall $(N_1, N_2, N_3) \notin K$ dem Spieler, der als erster am Zug ist,

- im Fall $(N_1, N_2, N_3) \in K$ dem Spieler, der als zweiter am Zug ist,

eine Gewinnstrategie eröffnet, die darin besteht, stets in K hineinzuziehen und
dadurch den Gegner zu zwingen, K stets zu verlassen, womit er dann $(0, 0, 0)$ nie
erreichen kann.

Satz 2.3. *Beim klassischen Nim-Spiel gibt es genau einen Kern.*

Beweis. Wir zeigen zunächst, daß es höchstens einen Kern geben kann. Angenommen, es gibt zwei verschiedene Kerne K und L, etwa $x^{(1)} \in K \setminus L$. Man kann dann
– wegen Bedingung (c) für L – von $x^{(1)}$ zu einem $x^{(2)} \in L$ ziehen; dabei gilt nach

Bedingung (b) für K sogar $x^{(2)} \in L \setminus K$. Danach kann man analog von $x^{(2)}$ zu einem $x^{(3)} \in K \setminus L$ ziehen usw. Andererseits ist man aber wegen der Endlichkeit des Spieles irgendwann gezwungen, nach $(0, 0, 0) \in K \cap L$ zu ziehen. Dies ist ein Widerspruch.

Es bleibt zu zeigen, daß es wirklich einen Kern gibt; wie wir sehen werden, läßt sich dieser sogar explizit angeben. Für jedes $x = (n_1, n_2, n_3)$ schreibe man die Komponenten dyadisch hin:

$$n_1 = a_0 + a_1 2^1 + \cdots + a_r 2^r$$
$$n_2 = b_0 + b_1 2^1 + \cdots + b_r 2^r$$
$$n_3 = c_0 + c_1 2^1 + \cdots + c_r 2^r$$

mit $r \in \mathbb{Z}_+, a_0, \ldots, c_r \in \{0, 1\}$. Wir zeigen, daß

$$K = \{(n_1, n_2, n_3) \mid a_\varrho + b_\varrho + c_\varrho \text{ ist für } \varrho = 1, \ldots, r \text{ gerade}\}$$

ein Kern ist. Offenbar gilt $(0, 0, 0) \in K$. Ist $x = (n_1, n_2, n_3) \in K$, so kann man nur aus K herausziehen. Denn „zu ziehen" bedeutet, ein n_ϱ herabzusetzen, und dies bewirkt, wenn man beispielsweise n_2 herabsetzt, daß an mindestens einer Stelle ϱ ein $b_\varrho = 1$ durch $b_\varrho = 0$ ersetzt wird; dabei wird dann aber $a_\varrho + b_\varrho + c_\varrho$, welches vorher wegen $x \in K$ gerade war, ungerade. Sei nun $x = (n_1, n_2, n_3) \notin K$. Im Schema

$$
\begin{array}{cccc}
a_0 & a_1 & \ldots & a_r \\
b_0 & b_1 & \ldots & b_r \\
c_0 & c_1 & \ldots & c_r
\end{array}
$$

ist mindestens eine Spaltensumme $a_\varrho + b_\varrho + c_\varrho = 1$ oder $= 3$. Wir suchen uns das größte solche ϱ und haben in dieser Spalte mindestens eine 1, etwa $c_\varrho = 1$. Wir entschließen uns, $n_3 = c_0 + c_1 2^1 + \cdots + c_r 2^r$ zu senken. Hierbei stehen uns alle Änderungen der $c_1, \ldots, c_\varrho$ zur Verfügung, bei denen c_ϱ in 0 verwandelt und die $c_0, \ldots, c_{\varrho-1}$ beliebig verändert oder belassen werden. Offenbar können wir, wenn wir das geschickt machen, alle Spaltensummen in gerade Zahlen verwandeln, also nach K gelangen. $\square$

Übung 2.4. Man formuliere die auf Satz 2.3 beruhende Gewinnstrategie explizit.

Zur Vertiefung sei die Lektüre von S. 340ff. in Beck, Bleicher und Crowe [1969] empfohlen. Im Hinblick auf eine Szene in einem seinerzeit bekannten französischen Film heißt ein Nim-Spiel mit vier Haufen bei diesen Autoren das „Marienbad-Spiel".

Übung 2.5. Man ändere das klassische Nim-Spiel ab, indem man nur zwei Haufen zuläßt, und formuliere hierfür eine Gewinnstrategie.

Übung 2.6. Man zeige, daß es zu jeder natürlichen Zahl n genau eine natürliche Zahl k mit $n = \left\lfloor \frac{1}{2}k(1 + \sqrt{5}) \right\rfloor$ oder $n = \left\lfloor \frac{1}{2}k(3 + \sqrt{5}) \right\rfloor$ gibt.

Übung 2.7. Man betrachte die folgende Spielregel: Gegeben sind zwei nicht-leere Haufen von Streichhölzern. Zwei Spieler ziehen abwechselnd. Ein Zug besteht darin, daß man entweder von einem nichtleeren Haufen beliebig viele dort vorhandene Hölzchen wegnimmt oder von beiden, als nichtleer vorausgesetzten Haufen die gleiche Anzahl von dort vorhandenen Hölzchen wegnimmt. Wer abräumt, hat gewonnen.

Man bilde rekursiv folgende Folge von Punkten $x^{(k)} = (a_k, b_k) \in \mathbb{Z}_+^2$:

$$x^{(0)} = (0, 0)$$
$$a_n = \min(\mathbb{N} \setminus \{a_0, b_0, \ldots, a_{n-1}, b_{n-1}\})$$
$$b_n = a_n + n$$

und beweise unter Benützung von Übung 2.6

$$a_n = \left\lfloor \frac{1}{2}n(1 + \sqrt{5}) \right\rfloor, \quad b_n = \left\lfloor \frac{1}{2}n(3 + \sqrt{5}) \right\rfloor.$$

Man zeige, daß $\{x^{(0)}, x^{(1)}, \ldots\}$ im zu Definition 2.2 analogen Sinn ein Kern ist.

3   Spiele vom Typ Nim auf Graphen

Wir wollen nun den hinter der Analyse des Nim-Spiels steckenden allgemeinen Gedanken präziser herausarbeiten. Dies geschieht, indem wir die vorher schon angedeutete graphentheoretische Darstellung des Nim-Spiels verallgemeinern. Hierbei verwenden wir die bereits in § II.3 eingeführten gerichteten Graphen, die hier allerdings auch unendlich sein dürfen. Es ist also V eine – eventuell unendliche – nichtleere Menge von *Punkten* und E eine – eventuell unendliche – nichtleere Menge von *Bögen* $e = ab$. Für jedes $v \in V$ bezeichnen wir mit $A(v)$ die Menge der von v aus erreichbaren Punkte und mit $N(v) = \{w \mid vw \in E\}$ die Menge der von v aus in einem Schritt erreichbaren Punkte, also der *Nachbarpunkte* von v. Liegt $v \in V$ auf keiner Kante, so heißt v ein *isolierter Punkt*; ist v nicht isoliert, aber $N(v) = \emptyset$, so heißt v ein *Endpunkt* unseres Digraphen $G = (V, E)$. Wir nennen G *kreisfrei*, wenn es in G keine gerichteten Kreise gibt.

Definition 3.1. Ein kreisfreier Digraph $G = (V, E)$ heißt ein *Spielgraph*, wenn für jedes $v \in V$ die Menge $A(v)$ endlich ist.

Zu jedem Spielgraphen $G = (V, E)$ und zu jedem Nicht-Endpunkt $v_0 \in V$ gehört ein *Spiel vom Typ Nim auf G* gemäss folgender Spielregel $R(v_0)$: Zwei Spieler 1 und 2 ziehen abwechselnd. Ein Zug besteht darin, von einem $v \in A(v_0)$ zu einem $w \in N(v) \subseteq A(v_0)$ zu gehen. Spieler 1 zieht als erster, und zwar von v_0 aus. Wer zuerst einen Endpunkt von G erreicht, hat gewonnen. Weil $A(v_0)$ endlich ist und es keine gerichteten Kreise gibt, erreicht man garantiert nach endlich vielen Schritten einen Endpunkt von G, wie immer man auch zieht.

Wir verallgemeinern nun Definition 2.2 wie folgt:

Definition 3.2. Sei $G = (V, E)$ ein Spielgraph. Eine Menge $K \subseteq V$ heißt ein *Kern*, wenn gilt:

(a) K enthält alle Endpunkte von G;

(b) $N(v) \cap K = \emptyset$ für alle $v \in K$;

(c) $N(v) \cap K \neq \emptyset$ für alle $v \in V \setminus K$.

Es ist wieder klar, wie man mittels eines Kerns K Gewinnstrategien definiert. Ist $v_0 \in K$, so kann Spieler 2 sicher gewinnen, denn Spieler 1 muß mit dem ersten Zug K verlassen und Spieler 2 kann dann nach K zurückziehen, und so weiter. Das geht solange, bis Spieler 2 einen Endpunkt – alle Endpunkte sind ja in K, und $A(v_0)$ ist endlich – erwischt. Ist dagegen $v_0 \notin K$, so kann Spieler 1 sicher gewinnen, indem er stets nach K zieht und dadurch, sofern noch kein Endpunkt erreicht wurde, den Spieler 2 zwingt, K zu verlassen, wo aber alle Endpunkte liegen. Nun gilt das folgende Analogon von Satz 2.3:

Satz 3.3. *Zu jedem Spielgraphen G gibt es genau einen Kern.*

Beweis. Ganz analog zum Vorgehen bei Satz 2.3 zeigt man, daß es höchstens einen Kern geben kann. Für die Existenz gehen wir diesmal mittels einer induktiven Konstruktion vor, ein deutlicher Unterschied zum konkreten Fall des klassischen Nim, wo wir den Kern explizit hinschreiben konnten.

Hierbei beachten wir, daß es für jedes $v \in V$ unter den von v in die Menge der Endpunkte führenden Wegen einen längsten geben muß, weil $A(v)$ ja endlich ist. Sei L_n die Menge aller derjenigen v, für die so ein längster Weg aus höchstens n Bögen besteht. Dann gilt $L_0 \subseteq L_1 \subseteq \cdots$ und $L_0 \cup L_1 \cup \cdots = V$. Ist $v \in L_n$, so gilt offenbar $N(v) \subseteq L_{n-1}$. Wir definieren nun rekursiv

$$K_0 = L_0 = \text{Menge aller Endpunkte};$$
$$K_1 = K_0 \cup \{v \in L_1 \mid N(v) \cap K_0 = \emptyset\};$$
$$K_2 = K_1 \cup \{v \in L_2 \mid N(v) \cap K_1 = \emptyset\} \text{ etc.}$$

und setzen $K = K_0 \cup K_1 \cup \dots$ Wir zeigen, daß K ein Kern ist. Nach Definition enthält K alle Endpunkte. Sei nun $v \in K \setminus K_0$, etwa $v \in K_n \setminus K_{n-1}$. Dann gilt $v \in L_n \setminus K_{n-1}$ und somit $N(v) \cap K_{n-1} = \emptyset$. Gäbe es ein $w \in N(v) \cap K$, müsste daher $w \in K \setminus K_{n-1}$ gelten, also $w \in K_m \setminus K_{m-1}$ für ein $m \geq n$. Nach Definition der K_i erfordert dies aber $w \in L_m \setminus L_{m-1}$, im Widerspruch zu $N(v) \subseteq L_{n-1}$. Somit erfüllt K Bedingung (b) in Definition 3.2. Schließlich sei $v \notin K$, etwa $v \in L_n \setminus K$. Angenommen, es wäre $N(v) \cap K = \emptyset$. Dann folgt $N(v) \cap K_{n-1} = \emptyset$ und damit $v \in K_n \subseteq K$, ein Widerspruch. Also erfüllt K auch Bedingung (c) und ist in der Tat ein Kern. $\square$

Es fragt sich nun, ob und wie man den Kern eines Spielgraphen – wie beim klassischen Nim-Spiel – konkret gewinnen kann. Hierbei hilft der Begriff der Grundy-Funktion, der auf Grundy [1939] zurückgeht; siehe auch Grundy und Smith [1956].

Definition 3.4. Sei $G = (V, E)$ ein Spielgraph. Eine *Grundy-Funktion* für G ist eine Abbildung $g: V \to \mathbb{Z}_+ = \{0, 1, \dots\}$, die für jedes $v \in V$ die folgende Bedingung erfüllt:

$$(**) \qquad\qquad g(v) = \min\big(\mathbb{Z}_+ \setminus g(N(v))\big).$$

Satz 3.5. *Sei g eine Grundy-Funktion für den Spielgraphen $G = (V, E)$. Dann ist $K = \{v \in V \mid g(v) = 0\}$ der Kern des Graphen.*

Beweis. Ist v ein Endpunkt von G, so gilt $N(v) = \emptyset$, also $\mathbb{Z}_+ \setminus g(N(v)) = \mathbb{Z}_+$ und somit $g(v) = 0$, also $v \in K$. Aus $g(v) = 0$ folgt $g(w) > 0$ für alle $w \in N(v)$; also gilt $N(v) \cap K = \emptyset$ für alle $v \in K$. Ist schließlich $g(v) \neq 0$, so gilt insbesondere $0 \in g(N(v))$, weswegen es in $N(v)$ ein w mit $g(w) = 0$ gibt; also ist $w \in K$ für alle $v \in V \setminus K$. $\square$

Übung 3.6. Wir betrachten ein Nim-Spiel mit einem einzigen Streichholz-Haufen, von dem bei jedem Zug 1 bis n Hölzchen weggenommen werden dürfen. Der zugehörige Graph $G = (V, E)$ ist durch

$$V = \mathbb{Z}_+ \quad \text{und} \quad E = \{(v, w) \mid v \in \mathbb{Z}_+, w \in \mathbb{Z}_+ \cap \{v - 1, \dots, v - n\}\}$$

gegeben. Man zeige, daß

$$g(v) = m \text{ für } v \equiv m \pmod{n + 1}, \quad 0 \leq m \leq n,$$

eine Grundy-Funktion auf G ist, stelle den zugehörigen Kern auf und formuliere die Gewinnstrategien.

Übung 3.7. Wir betrachten das klassische Nim-Spiel mit drei Streichholz-Haufen. Der zugehörige Spielgraph $G = (V, E)$ ist durch $V = \mathbb{Z}_+^3$ und

$$E = \{(v, w) \mid v, w \in \mathbb{Z}_+^3, \ w \text{ entsteht aus } v \text{ dadurch,}$$
$$\text{daß man genau eine Komponente echt herabsetzt}\}$$

gegeben. Man gebe eine Grundy-Funktion auf G an.

Es liegt nahe, sich ein Nim-Spiel mit d Streichholz-Haufen als ein Kompositum von d Nim-Spielen mit je einem Haufen vorzustellen. Diesen Gedanken wollen wir nun in der Sprache der Spielgraphen erfassen. Seien dazu $G_1 = (V_1, E_1), \ldots,$ $G_d = (V_d, E_d)$ Spielgraphen. Wir bilden einen neuen Spielgraphen $G = (V, E)$ auf dem cartesischen Produkt $V = V_1 \times \cdots \times V_d$. Das Kantenziehen in V beschreiben wir verbal: Von $v = (v_1, \ldots, v_d)$ ziehen wir genau dann einen Bogen nach $w = (w_1, \ldots, w_d)$, wenn sich v und w in genau einer Komponente, etwa der j-ten, unterscheiden und in G_j ein Bogen von v_j nach w_j führt. Es sei dem Leser überlassen, E formal hinzuschreiben. Wir zeigen nun, daß $G = (V, E)$ in der Tat ein Spielgraph ist. Sei dazu $v^* = (v_1^*, \ldots, v_d^*) \in V$ beliebig und $v = (v_1, \ldots, v_d)$ von v^* aus in G erreichbar. Dann ist v_i für $i = 1, \ldots, d$ von v_i^* aus erreichbar; hierfür genügt es, sich klarzumachen, daß ein Weg in G von v^* nach v stets dadurch entsteht, daß man Wege von v_i^* nach v_i ($i = 1, \ldots, d$) geeignet nach V verlegt und verschränkt. Also sind von v^* aus nur endlich viele Punkte in G erreichbar. Ähnlich sieht man auch, daß G kreisfrei ist. Wir nennen G die *cartesische Summe* von $G_1, \ldots, G_d$.

Satz 3.8. *Seien $G_j = (V_j, E_j)$ ($j = 1, \ldots, d$) Spielgraphen und $G = (V, E)$ ihre cartesische Summe. Gibt es auf jedem G_j eine Grundy-Funktion, so existiert auch auf G eine Grundy-Funktion.*

Beweis. Für $j = 1, \ldots, d$ sei $g_j : V_j \to \mathbb{Z}_+$ die auf G_j gegebene Grundy-Funktion. Für jedes $v = (v_1, \ldots, v_d) \in V$ entwickeln wir die Zahlen $g_j(v_j)$ dyadisch:

$$g_j(v_j) = \sum_{n=0}^{\infty} a_n^{(j)} 2^n \quad \text{für } j = 1, \ldots, d.$$

Hierbei gilt stets $a_n^{(j)} \in \{0, 1\}$ und höchstens endlich oft $a_n^{(j)} = 1$. Sei

$$a_n \equiv a_n^{(1)} + \cdots + a_n^{(d)} \pmod 2, \quad a_n \in \{0, 1\}.$$

Auch hier kommt höchstens endlich oft $a_n = 1$ vor. Wir setzen nun

$$g(v) := \sum_{n=0}^{\infty} a_n 2^n.$$

Somit entsteht $g(v)$, indem man die dyadischen Entwicklungen der $g(v_j)$ komponentenweise modulo 2 addiert.

Wir behaupten, daß dieses g eine Grundy-Funktion auf G ist. Sei also $v = (v_1, \ldots, v_d) \in V$ und $w \in N(v)$. Dann gilt auf jeden Fall $g(w) \neq g(v)$, da beim Übergang von v zu w genau eine Komponente von v abgeändert wird, etwa v_j. Dabei erfährt $g_j(v_j)$ eine echte Änderung; also gibt es mindestens ein n, für das $a_n^{(j)}$ echt geändert wird, während alle anderen $a_n^{(i)}$ gleichbleiben, womit sich a_n echt ändert. Insbesondere gilt $g(w) > 0$, wenn $g(v) = 0$ ist.

Sei nun $g(v) > 0$. Wir haben zu zeigen, daß $g(w)$ bei passender Wahl von $w \in N(v)$ jeden Wert von 0 bis $g(v) - 1$ annimmt. Wir entwickeln $g(v)$ wie oben dyadisch. Um dann einen Wert $g(w) = \sum_{n=0}^{\infty} b_n 2^n < g(v)$ zu erreichen, wählen wir k als den maximalen Index, für den $b_k \neq a_k$ gilt. Wegen $\sum_{n=0}^{\infty} b_n 2^n < g(v)$ muß dann $a_k = 1$ und $b_k = 0$ sein. Es gibt dann mindestens ein j mit $a_k^{(j)} = 1$; wir denken uns so ein j festgehalten. Dann ist $g_j(v_j) > 0$. Also kann man durch Übergang von v_j zu einem passenden w_j in der Nachbarschaft $N_j(v_j)$ von v_j in G_j für $g_j(w_j)$ jeden Wert von 0 bis $g_j(v_j) - 1$ erreichen; insbesondere ergeben sich alle Werte von 0 bis $2^k - 1$. Somit kann man die Folge $(a_0^{(j)}, a_1^{(j)}, \ldots, a_n^{(j)}, \ldots)$ in jede beliebige 0-1-Folge mit unveränderten Komponenten $a_n^{(j)}$ ab Nr. $k + 1$ (einschließlich) überführen. Daraus folgt sofort, daß man durch Übergang zu passenden $w \in N(v)$ die Folge $(a_0, a_1, \ldots, a_n, \ldots)$ in jede beliebige 0-1-Folge $(b_0, b_1, \ldots, b_n, \ldots)$ mit $\sum_{n=0}^{\infty} b_n 2^n < g(v)$ überführen kann, was zu zeigen war. $\square$

Man bemerkt die Ähnlichkeit dieses Beweises mit der im Beweis von Satz 2.3 angewendeten Schlußweise. Zusammen mit Satz 3.5 ergeben sich Gewinnstrategien für Nim-Spiele mit beliebig vielen Streichholz-Haufen, im Verein mit Übung 3.6 auch für den Fall, daß man die Anzahl der wegzunehmenden Hölzchen beschränkt.

Der Gedanke der Grundy-Funktion bildet den Einstieg in eine noch wesentlich allgemeinere Theorie. Der interessierte Leser sei hierfür auf Berge [1958], Smith [1966], Varvak [1968,1970] und Tucker [1980] verwiesen.

Wir haben in diesem Kapitel mit kombinatorischen Methoden einige der am einfachsten zu behandelnden Spiele analysiert. Inzwischen hat sich die *Kombinatorische Spieltheorie* zu einem blühenden, wesentlich tiefergehenden Forschungszweig entwickelt, der sich die mathematische Analyse von 2-Personen-Nullsummenspielen, die keine Zufallselemente involvieren, zum Ziel setzt. Die moderne Entwicklung dieses Gebiets ist weitgehend John Horton Conway zu verdanken, und sein Buch Conway [1976] ist die erste wichtige Monographie zum Thema. Die Standardreferenz für die Kombinatorische Spieltheorie ist das ebenso schöne wie monumentale Werk von Berlekamp, Conway und Guy [1982], ein Klassiker, den man gar nicht genug empfehlen kann. Selbst so schwierige Spiele wie das japanische Go-Spiel können mit Hilfe der Kombinatorischen Spieltheorie wenigstens teilweise behandelt werden; hierzu findet man bei Berlekamp und Wolfe [1994] eine Untersuchung der Endspiel-Phase des Go. Insbesondere erlaubt sie es oft, Spielstellungen und Züge exakt zu bewerten, was bereits eine ausgesprochen nichttriviale Aufgabe ist. Abschließend sei noch auf zwei interessante Sammlungen von aktuellen Artikeln zur Kombinatorischen Spieltheorie verwiesen, die von Nowakowski [1997,2003] herausgegeben worden sind.

XVI Spezielle Folgen von ganzen Zahlen

Es gibt eine ganze Reihe berühmter Folgen ganzer Zahlen; jede dieser Folgen hat ihre eigene Theorie, die oft mit einem konkreten Anlaß und Autor beginnt und stets einige der folgenden Elemente enthält:

- Rekursionsformeln;

- erzeugende Potenzreihen und Funktionen;

- numerische Berechnungen und Tabellen;

- asymptotische Abschätzungen.

In diesem Kapitel fassen wir für die in Tabelle 1 in ihren Anfängen tabulierten Zahlenfolgen sowie für einige Doppelfolgen die betreffenden Theorien zu einem lockeren Informationsbündel zusammen. Dabei werden in einigen Fällen Resultate aus früheren Kapiteln übernommen; insbesondere werden wir hier nichts zu den Strunkzahlen, den Alkoholzahlen und den Baumzahlen sagen, die wir ja bereits in Kapitel XIII diskutiert haben. Für eine enzyklopädische Darstellung von Zahlenfolgen vergleiche man Sloane [1973] sowie Sloane und Plouffe [1995].

1 Die Fibonacci-Zahlen

In seinem *Liber Abaci* (Fibonacci [1202], erweiterte Ausgabe mit Unterstützung von Kaiser Friedrich II. von Hohenstaufen 1228) stellte Leonardo von Pisa (= Fibonacci, um 1170 bis nach 1240), der bedeutendste europäische Mathematiker der Epoche von 1200 bis 1500, folgende Aufgabe: Das Weibchen eines Kaninchenpaars wirft von der Vollendung des zweiten Lebensmonats an allmonatlich ein neues Kaninchenpaar. Man berechne die Anzahl F_n der Kaninchenpaare im Monat n, wenn im Monat 0 genau ein neugeborenes Kaninchenpaar vorhanden ist.

Diese Aufgabe stellt eines der ältesten Beispiele zur mathematischen Populationsdynamik – und damit zur Biomathematik – dar. Die Rekursion für die Folge $F_0, F_1, \ldots$ der *Fibonacci-Zahlen* lautet

$$F_{n+2} = F_n + F_{n+1} \quad (n = 0, 1, \ldots)$$

Tabelle 1. Einige berühmte Zahlenfolgen

n	$n!$	Fibonacci-Zahlen	Catalan-Zahlen	Bell-Zahlen	Partitions-zahlen	Ménage-Zahlen	Strunk-Zahlen	Alkohol-Zahlen	Baum-zahlen
1	1	1	1	1	1	-	1	1	1
2	2	2	1	2	2	0	1	1	1
3	6	3	2	5	3	1	2	2	1
4	24	5	5	15	5	2	4	5	2
5	120	8	14	52	7	13	9	11	3
6	720	13	42	203	11	80	20	28	6
7	5040	21	132	877	15	579	48	74	11
8	40320	34	429	4140	22	4738	115	199	23
9	362880	55	1430	21147	30	43387	286	551	47
10	3628800	89	4862	115975	42	439792	719	1553	106
11	39916800	144	16796	678570	56	4890741	1842	4436	235
12	479001600	233	58786	4213597	77	59216642	4766	12832	551
13	6227020800	377	208012	27644437	101	775596313	12486	37496	1301
14	87178291200	610	742900	190899322	135	10927434464	32973	110500	3159
15	1307674368000	987	2674440	1382958545	176	164806435783	87811	328092	7741

mit den Anfangsbedingungen $F_0 = F_1 = 1$. Damit berechnet man mühelos

F_0	F_1	F_2	F_3	F_4	F_5	F_6	F_7	F_8	F_9	F_{10}
1	1	2	3	5	8	13	21	34	55	89

Die erzeugende Potenzreihe $\Phi(z) = F_0 + F_1 z + F_2 z^2 + \cdots$ berechnet sich zu

$$\Phi(z) = 1 + z + \sum_{n=0}^{\infty} F_{n+2} z^{n+2}$$

$$= 1 + z + \sum_{n=0}^{\infty} F_{n+1} z^{n+2} + \sum_{n=0}^{\infty} F_n z^{n+2}$$

$$= 1 + z\Phi(z) + z^2 \Phi(z),$$

also

(1.1) $$\Phi(z) = \frac{1}{1 - z - z^2}.$$

Die zu $1 - z - z^2 = 0$ reziproke quadratische Gleichung $z^2 - z - 1 = 0$ hat die Lösungen

$$\alpha_1 = \frac{1 + \sqrt{5}}{2} \quad \text{und} \quad \alpha_2 = \frac{1 - \sqrt{5}}{2}.$$

Daher gelten

$$\alpha_1 \alpha_2 = -1, \quad \alpha_1 + \alpha_2 = 1 \quad \text{und} \quad \alpha_1 - \alpha_2 = \sqrt{5},$$

so daß man nach leichter Rechnung unter Verwendung von Formel XII.(1.1)

$$\Phi(z) = \frac{1}{1 - z - z^2} = \frac{1}{(1 - \alpha_1 z)(1 - \alpha_2 z)}$$

$$= \frac{1}{\sqrt{5}} \left(\frac{\alpha_1}{1 - \alpha_1 z} - \frac{\alpha_2}{1 - \alpha_2 z} \right)$$

$$= \frac{1}{\sqrt{5}} \left(\alpha_1 \sum_{n=0}^{\infty} (\alpha_1 z)^n - \alpha_2 \sum_{n=0}^{\infty} (\alpha_2 z)^n \right)$$

$$= \frac{1}{\sqrt{5}} \sum_{n=0}^{\infty} \left(\alpha_1^{n+1} - \alpha_2^{n+1} \right) z^n$$

und dann durch Koeffizientenvergleich die schon von Fibonacci angegebene Formel

$$F_n = \frac{1}{\sqrt{5}} \left(\left(\frac{1 + \sqrt{5}}{2} \right)^{n+1} - \left(\frac{1 - \sqrt{5}}{2} \right)^{n+1} \right)$$

erhält. Die obigen Reihen sind sämtlich für $|z| < 1$ konvergent.

2 Die Ménage-Zahlen

Wir wiederholen das bereits in §I.3 erarbeitete Ergebnis. Um einen Tisch sind $2n$ Stühle im Kreis angeordnet; n Ehepaare betreten den Raum, und die n Damen nehmen so Platz, daß zwischen je zwei Damen genau ein Stuhl frei bleibt, wofür es $2n!$ Möglichkeiten gibt. Die Anzahl der bei gegebener Sitzordnung der Damen verbleibenden Möglichkeiten, auf den n noch freien Stühlen so Platz zu nehmen, daß kein Herr neben seiner Ehefrau sitzt, ist durch die n-te *Ménage-Zahl*

$$U(n) = \sum_{i=0}^{n} (-1)^i \frac{2n}{2n-i} \binom{2n-i}{i} (n-i)!$$

gegeben. Einige numerische Werte kann man der in §1 angegebenen Tabelle entnehmen.

3 Die Rencontres-Zahlen

Auch hier geben wir eine kurze Wiederholung bereits erarbeiteter Resultate. Wir betrachten n Plätze und n paarweise verschiedene Gegenstände. Jedem Platz ordnen wir bijektiv einen Gegenstand als für diesen Platz „verboten" zu. Gesucht ist die Anzahl $D(n)$ derjenigen Verteilungen der Gegenstände auf die Plätze, bei denen kein Platz mit dem für ihn verbotenen Gegenstand belegt ist. Nimmt man etwa die Plätze $1, \ldots, n$ und die Gegenstände $1, \ldots, n$, so wird nach der Anzahl $D(n)$ der fixpunktfreien Permutationen aus S_n gefragt. Die Zahl $D(n)$ heißt auch die n-te *Rencontres-Zahl*. Diese Bezeichnung läßt sich aus der folgenden zahmen – es gibt frivolere – Einkleidung des Problems ableiten: n Ehepaare veranstalten einen gemeinsamen Ball; $D(n)$ ist die Anzahl derjenigen Tanz-Paarungen, bei denen keine Dame mit ihrem Ehemann tanzt.

Wir haben bereits allgemeiner die Anzahl $e_i(n)$ derjenigen Permutationen in S_n bestimmt, die genau i Fixpunkte (= rencontres) haben. Nach Übung I.3.11 bzw. Korollar XIII.2.7 gilt

$$e_i(n) = \frac{n!}{i!} \sum_{k=0}^{n-i} \frac{(-1)^k}{k!}.$$

Wir geben noch eine von Euler stammende Rekursion für die Rencontres-Zahlen $D(n)$ an:

$$(3.1) \qquad D(n+1) = n\,(D(n) + D(n-1)) \quad (n = 1, 2, 3, \dots)$$

mit den Anfangsbedingungen $D(0) = 1$ und $D(1) = 0$. Man sieht (3.1) wie folgt ein. Es gibt n Möglichkeiten für die Auswahl des Wertes $i := \sigma(n+1)$. Falls wir noch $\sigma(i) = n+1$ wählen, induziert σ eine fixpunktfreie Permutation auf $\{1, \dots, n\} \setminus \{i\}$, wofür es $D(n-1)$ Möglichkeiten gibt. Falls wir dagegen ein $j \neq i$ mit $\sigma(j) = n+1$ wählen und somit eine Kette $j \mapsto n+1 \mapsto i$ erhalten, können wir $\sigma(j)$ durch i ersetzen; das liefert eine fixpunktfreie Permutation auf $\{1, \dots, n\}$, wofür es $D(n)$ Möglichkeiten gibt. Man berechnet nun mühelos die Werte

$D(0)$	$D(1)$	$D(2)$	$D(3)$	$D(4)$	$D(5)$	$D(6)$	$D(7)$
1	0	1	2	9	44	265	1854

Übung 3.1. Man beweise die folgende alternative Rekursionsformel:

$$D(n) = nD(n-1) + (-1)^n \quad (n = 1, 2, \dots).$$

4   Die Partitionszahlen

Sei $p(n)$ die n-te *Partitionszahl*, also die Anzahl aller Partitionen der Zahl n, siehe Kapitel XII. Wir setzen künstlich $p(0) = 1$. Nach Korollar XII.2.7 ist die für $|z| < 1$ konvergente erzeugende Potenzreihe der Folge $p(0), p(1), \dots$ durch die Formel

$$(4.1) \qquad P(z) = \sum_{n=0}^{\infty} p(n)z^n = \prod_{k=1}^{\infty} \frac{1}{1-z^k}$$

gegeben. Für rekursive Berechnungen ist es zweckmäßiger, für beliebige $n, k \geq 0$ die Anzahl $p(k, n)$ der Partitionen von n mit genau k Teilen zu betrachten. Hierbei setzt man künstlich $p(0, 0) = 1$ sowie $p(0, n) = 0$ für $n \geq 1$. Die erzeugende Potenzreihe der $p(k, n)$ hat nach Satz XII.2.5 die Gestalt

$$(4.2) \qquad P(z, q) = \sum_{n=0}^{\infty} \sum_{k=0}^{\infty} p(k, n)q^k z^n = \prod_{j=1}^{\infty} \frac{1}{1-qz^j}$$

und ist für $|z| < 1$, $|q| < \frac{1}{|z|}$ konvergent, woraus sich für $q = 1$ sofort wieder (4.1) ergibt. Für die $p(k, n)$ gewinnen wir nun leicht die Rekursionsformel

$$(4.3) \qquad p(k, n+k) = \sum_{j=1}^{k} p(j, n).$$

Man braucht hierzu nur die Partitionen von n in höchstens k Teile nach der Anzahl j der Teile zu klassifizieren und einer Partition $n = n_1 + \cdots + n_j$ mit $n_1 \geq \cdots \geq n_j$ von n die Partition $n + k = (n_1 + 1) + \cdots + (n_j + 1) + 1 + \cdots + 1$ (mit $k - j$ Einsen am Schluß) von $n + k$ in k Teile zuzuordnen. Man erhält so bijektiv alle Partitionen $n + k = m_1 + \cdots + m_k$ mit $m_1 \geq \cdots \geq m_k$, klassifiziert nach der Anzahl der Einsen am rechten Ende. Mittels (4.3) berechnet man leicht die in Tabelle 2 angegebenen Werte $p(k, n)$ für kleine k und n:

Tabelle 2. Die Partitionszahlen $p(k, n)$

n / k	0	1	2	3	4	5	6	7	8	9	10	11	12	13	14	15	16	17	18	19	20	21
0	1	0	0	0	0	0	0	0	0	0	0	0	0	0	0	0	0	0	0	0	0	0
1	0	1	1	1	1	1	1	1	1	1	1	1	1	1	1	1	1	1	1	1	1	1
2	0	0	1	1	2	2	3	3	4	4	5	5	6	6	7	7	8	8	9	9	10	10
3	0	0	0	1	1	2	3	4	5	7	8	10	12	14	16	19	21	24	27	30	33	37
4	0	0	0	0	1	1	2	3	5	6	9	11	15	18	23	27	34	39	47	54	64	72
5	0	0	0	0	0	1	1	2	3	5	7	10	13	18	23	30	37	47	57	70	84	101
6	0	0	0	0	0	0	1	1	2	3	5	7	11	14	20	26	35	44	58	71	90	110
7	0	0	0	0	0	0	0	1	1	2	3	5	7	11	15	21	28	38	49	65	82	105
8	0	0	0	0	0	0	0	0	1	1	2	3	5	7	11	15	22	29	40	52	70	89

Die Partitionszahlen $p(n)$ sind nun die Spaltensummen dieser Tabelle:

$$p(n) = \sum_{k=0}^{n} p(k, n).$$

Einige numerische $p(n)$-Werte findet man in der in § 1 angegebenen Tabelle.

Man kann sich auch für die Anzahl $\overline{p}(k, n)$ der Partitionen von n in höchstens k Teile interessieren. Natürlich gelten für $k \geq 2$

$$(4.4) \qquad \overline{p}(k, n) = \sum_{j=0}^{k} p(j, n)$$

sowie

$$(4.5) \qquad p(k, n) = \overline{p}(k, n) - \overline{p}(k - 1, n).$$

Aus (4.3) und (4.5) ergibt sich die folgende Rekursionsformel für die $\overline{p}(k, n)$:

$$(4.6) \qquad \overline{p}(k, n) = \overline{p}(k - 1, n) + \overline{p}(k, n - k) \qquad (1 \leq k \leq n)$$

mit den Anfangsbedingungen $\overline{p}(k, 0) = 1$ für $k = 1, 2, \ldots$ sowie $\overline{p}(0, n) = 0$ für $n = 1, 2, \ldots$ Man kann (4.6) natürlich auch direkt einsehen, da eine Partition von n mit genau k Teilen durch Wegnahme je einer Einheit aus jedem Teil zu einer Partition von $n - k$ mit höchstens k Teilen wird und diese Zuordnung offenbar bijektiv ist. Mit (4.6) berechnet man leicht die in Tabelle 3 angegebenen Werte $\overline{p}(k, n)$ für kleine n.

Tabelle 3. Die Partitionszahlen $\overline{p}(k, n)$

n k	0	1	2	3	4	5	6	7	8	9	10	11	12	13	14	15	16	17	18
0	1	0	0	0	0	0	0	0	0	0	0	0	0	0	0	0	0	0	0
1	1	1	1	1	1	1	1	1	1	1	1	1	1	1	1	1	1	1	1
2	1	1	2	2	3	3	4	4	5	5	6	6	7	7	8	8	9	9	10
3	1	1	2	3	4	5	7	8	10	12	14	16	19	21	24	27	30	33	37
4	1	1	2	3	5	6	9	11	15	18	23	27	34	39	47	54	64	72	84
5	1	1	2	3	5	7	10	13	18	23	30	37	47	57	70	84	101	119	141
6	1	1	2	3	5	7	11	14	20	26	35	44	58	71	90	110	136	163	199
7	1	1	2	3	5	7	11	15	21	28	38	49	65	82	105	131	164	201	248
8	1	1	2	3	5	7	11	15	22	29	40	52	70	89	116	146	186	230	288
9	1	1	2	3	5	7	11	15	22	30	41	54	73	94	123	157	201	252	318

Nach Satz XII.2.2 stimmt $\overline{p}(k, n)$ mit der Anzahl der Partitionen von n mit lauter Teilen $\leq k$ überein, also mit $p(S, n)$ für $S = \{1, \ldots, k\}$. Mit Korollar XII.2.6 erhält man daher unmittelbar die folgende erzeugende Potenzreihe:

$$\sum_{n=0}^{\infty} \overline{p}(k, n) z^n = \prod_{j=1}^{k} \frac{1}{1 - z^j}.$$

5 Die Catalan-Zahlen

Für jede natürliche Zahl n bezeichne $C(n)$ die Anzahl der Möglichkeiten, ein Produkt von n Zahlen zu klammern. Man nennt $C(n)$ die n-te *Catalan-Zahl*, nach Catalan [1838]. Eine Klammerung von n Faktoren entspricht unmittelbar eindeutig einem Baumdiagramm wie in Kapitel XV mit n Spitzen und lauter Zweier-Verzweigungen. Wir geben ein Beispiel für $n = 7$:

$$a_1 \quad a_2 \quad a_3 \qquad a_4 \quad a_5 \quad a_6 \qquad a_7$$

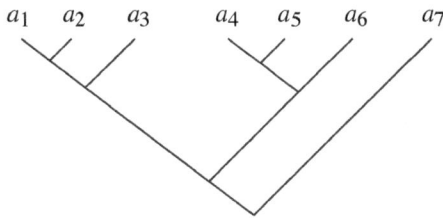

bedeutet die Klammerung

$$(((a_1 a_2)a_3)((a_4 a_5)a_6))a_7.$$

$C(n)$ zählt also auch die Baumdiagramme dieses Typs mit n Spitzen. In beiden Interpretationen ergibt sich unmittelbar die Rekursionsformel

$$(5.1) \qquad\qquad C(n) = \sum_{k=1}^{n-1} C(k)C(n-k)$$

mit den Anfangsbedingungen $C(0) = 0$ und $C(1) = 1$. In der Sprechweise der Klammerungen muß man nämlich im letzten Schritt ein geklammertes Produkt aus k Zahlen mit einem solchen aus $n - k$ Zahlen zusammenfügen. Als nächstes sehen wir uns die erzeugende Potenzreihe

$$G(z) = \sum_{n=0}^{\infty} C(n)z^n = \sum_{n=1}^{\infty} C(n)z^n$$

an. Mit (5.1) berechnet man

$$\begin{aligned}
G(z)^2 &= \Big(\sum_{k=1}^{\infty} C(k)z^k \Big) \Big(\sum_{j=1}^{\infty} C(j)z^j \Big) \\
&= \sum_{n=2}^{\infty} \Big(\sum_{k=1}^{n-1} C(k)C(n-k) \Big) z^n \\
&= \sum_{n=2}^{\infty} C(n)z^n = G(z) - z,
\end{aligned}$$

also $G(z)^2 - G(z) + z = 0$. Diese quadratische Gleichung ergibt

$$(5.2) \qquad\qquad G(z) = \frac{1}{2}(1 - \sqrt{1-4z});$$

die Entscheidung für das Minuszeichen vor der Wurzel fällt dabei aufgrund der Anfangsbedingung $C(0) = G(0) = 0$. Die Funktion (5.2) besitzt die Potenzreihenentwicklung

$$(5.3) \qquad G(z) = \sum_{n=1}^{\infty} \frac{1}{n} \binom{2n-2}{n-1} z^n,$$

woraus

$$(5.4) \qquad C(n) = \frac{1}{n} \binom{2n-2}{n-1} = \frac{1}{2n-1} \binom{2n-1}{n-1} \qquad (n = 1, 2, \ldots)$$

folgt. Einige numerische $C(n)$-Werte enthält die Tabelle in § 1.

Übung 5.1. Man beweise die Formel (5.4) mit Induktion.

Übung 5.2. Man zeige, daß $C(n)$ für $n \geq 2$ auch gleich der Anzahl aller Triangulierungen eines regulären $(n + 1)$-Ecks durch eckenverbindende Sehnen ist.

Übung 5.3. Man zeige für $n \geq 2$: Bei einer Abstimmung zwischen zwei Kandidaten in einem Wahlkreis mit $2(n - 1)$ Stimmen herrsche Stimmengleichheit; dann gibt es genau $C(n)$ Reihenfolgen der Auszählung, bei denen der erste Kandidat nie in der Hinterhand ist.

6   Die Bell-Zahlen

Die n-te *Bell-Zahl* $B(n)$ gibt die Anzahl der disjunkten Zerlegungen einer n-elementigen Menge in nichtleere Teilmengen an. Man setzt künstlich $B(0) = 1$ und hat selbstverständlich $B(1) = 1$ sowie $B(2) = 2$. Fast ebenso selbstverständlich ist die Rekursionsformel

$$(6.1) \qquad B(n + 1) = \sum_{k=0}^{n} \binom{n}{k} B(k).$$

Sie beruht darauf, daß man in einer $(n + 1)$-elementigen Menge eine disjunkte Zerlegung in zwei Schritten durchführen kann, indem man zunächst eine Teilmenge M von $k \leq n$ Elementen auszeichnet, die einen fest gewählten Punkt nicht enthält, ihr Komplement als erste Komponente der Zerlegung nimmt und dann eine disjunkte Zerlegung von M bildet.

Wir bilden die erzeugende Potenzreihe für die Folge $\frac{B(0)}{0!}, \frac{B(1)}{1!}, \ldots$ und erhalten mit (6.1) für

$$\Lambda(z) = \sum_{n=0}^{\infty} \frac{B(n)}{n!} z^n$$

die Ableitung

$$\Lambda'(z) = \sum_{n=1}^{\infty} \frac{B(n)}{(n-1)!} z^{n-1} = \sum_{n=0}^{\infty} \frac{B(n+1)}{n!} z^n$$

$$= \sum_{n=0}^{\infty} \frac{z^n}{n!} \sum_{k=0}^{n} \binom{n}{k} B(k) = \sum_{n=0}^{\infty} \sum_{k=0}^{n} \frac{z^n B(k)}{(n-k)! \, k!}$$

$$= \sum_{k=0}^{\infty} \frac{z^k B(k)}{k!} \sum_{j=0}^{\infty} \frac{z^j}{j!} = e^z \Lambda(z),$$

was mit $\Lambda(0) = 1$ auf $\Lambda(z) = e^{e^z - 1}$ führt. Man rechnet weiter und erhält

$$\Lambda(z) = \frac{1}{e} \sum_{k=0}^{\infty} \frac{e^{kz}}{k!} = \frac{1}{e} \sum_{k=0}^{\infty} \frac{1}{k!} \sum_{n=0}^{\infty} \frac{(kz)^n}{n!}$$

$$= \sum_{n=0}^{\infty} \frac{z^n}{n!} \left(\frac{1}{e} \sum_{k=0}^{\infty} \frac{k^n}{k!} \right).$$

Durch Koeffizientenvergleich folgt

$$B(n) = \frac{1}{e} \sum_{k=0}^{\infty} \frac{k^n}{k!}.$$

7   Die Stirling-Zahlen zweiter Art

Seien n eine natürliche Zahl und X eine n-elementige Menge. Mit $S(n, k)$ bezeichnen wir die Anzahl aller Zerlegungen von X in genau k disjunkte nichtleere Teilmengen. Wir setzen künstlich

$$S(0, 0) = 1 \quad \text{sowie} \quad S(0, 1) = S(0, 2) = \cdots = 0.$$

Die Zahlen $S(n, k)$ heißen die *Stirling-Zahlen zweiter Art;* durch Summation über k erhält man natürlich die Bell-Zahlen:

(7.1) $$B(n) = \sum_{k=1}^{n} S(n, k).$$

Man findet leicht eine Rekursionsformel für die Stirling-Zahlen zweiter Art, nämlich

(7.2) $$S(n + 1, k) = S(n, k - 1) + kS(n, k)$$

für $n = 0, 1, \ldots$; $k = 1, 2, \ldots$ Dazu hat man nur die Zerlegungen von $\{0, 1, \ldots, n\}$ danach aufzuteilen, ob sie den Teil $\{0\}$ enthalten oder ob 0 zu einem der k Teile einer Zerlegung von $\{1, \ldots, n\}$ gehört. Ebenso einfach einzusehen ist die alternative Rekursionsformel

(7.3) $$S(n + 1, k) = \sum_{j=0}^{n} \binom{n}{j} S(j, k - 1)$$

für $n = 0, 1, \ldots$; $k = 1, 2, \ldots$ Sie beruht auf der Gewinnung einer Zerlegung von $\{0, 1, \ldots, n\}$ in folgenden zwei Schritten:

- Festlegung des 0 enthaltenden Teils mit $n + 1 - j$ Elementen durch Fixierung einer Teilmenge von $\{1, \ldots, n\}$ mit $n - j$ Elementen, wofür es $\binom{n}{n-j} = \binom{n}{j}$ Möglichkeiten gibt;

- Zerlegung der Restmenge von j Elementen in $k - 1$ Teile.

Zusammen mit den offensichtlichen Anfangswerten

$$S(1, 0) = 0, \ \ S(1, 1) = 1, \ \ S(1, 2) = S(1, 3) = \cdots = 0;$$
$$S(2, 0) = 0, \ \ S(2, 1) = 1, \ \ S(2, 2) = 1, \ \ S(2, 3) = \cdots = 0;$$
$$S(3, 0) = S(4, 0) = \cdots = 0$$

kann man nun mittels (7.2) oder (7.3) leicht eine Tabelle der ersten $S(n, k)$ aufstellen.

Mit Induktion nach n erhalten wir die explizite Formel

(7.4) $$S(n, k) = \frac{1}{k!} \sum_{j=0}^{k} (-1)^{k-j} \binom{k}{j} j^n.$$

In der Tat: Für $n = 0$ lautet die rechte Seite

$$\frac{1}{k!} \sum_{j=0}^{k} 1^j (-1)^{k-j} \binom{k}{j} = \frac{(1 - 1)^k}{k!},$$

was für $k = 0$ als 1 gelesen werden darf und für $k > 0$ den Wert 0 ergibt, und für $n > 0, k = 0$ ist die rechte Seite von (7.4) gleich $0 = S(n, k)$. Angenommen, man hat (7.4) für n und sämtliche $k = 0, 1, \ldots$; dann liefert (7.2) für $k \geq 1$

$$S(n + 1, k) = kS(n, k) + S(n, k - 1)$$

$$= \frac{k}{k!} \sum_{j=0}^{k} (-1)^{k-j} \binom{k}{j} j^n + \frac{1}{(k-1)!} \sum_{j=0}^{k-1} (-1)^{k-1-j} \binom{k-1}{j} j^n$$

$$= \frac{1}{(k-1)!} \sum_{j=0}^{k} (-1)^{k-j} j^n \left(\binom{k}{j} - \binom{k-1}{j} \right)$$

$$= \frac{1}{(k-1)!} \sum_{j=0}^{k} (-1)^{k-j} j^n \binom{k-1}{j-1}$$

$$= \frac{1}{k!} \sum_{j=0}^{k} (-1)^{k-j} \binom{k}{j} j^{n+1}$$

– wie behauptet.

Tabelle 4. Die Stirling-Zahlen zweiter Art

n / k	0	1	2	3	4	5	6	7	8	9	10
0	1	0	0	0	0	0	0	0	0	0	0
1	0	1	1	1	1	1	1	1	1	1	1
2	0	0	1	3	7	15	31	63	127	255	511
3	0	0	0	1	6	25	90	301	966	3025	9330
4	0	0	0	0	1	10	65	350	1701	7770	34105
5	0	0	0	0	0	1	15	150	1050	6951	42525
6	0	0	0	0	0	0	1	21	266	2646	22827
7	0	0	0	0	0	0	0	1	28	462	5880
8	0	0	0	0	0	0	0	0	1	36	750

Wir bestimmen jetzt noch zwei erzeugende Potenzreihen. Als erstes halten wir ein $k \geq 0$ fest und beweisen

(7.5)
$$\sum_{n=0}^{\infty} \frac{S(n, k)}{n!} z^n = \frac{(e^z - 1)^k}{k!}.$$

Für $k = 0$ ist dies richtig. Angenommen, es stimmt bis $k - 1$. Dann rechnen wir die Ableitung von $A_k(z) := \sum_{n=0}^{\infty} \frac{S(n,k)}{n!} z^n$ aus und benützen (7.2):

$$
\begin{aligned}
A_k'(z) &= \sum_{n=0}^{\infty} \frac{S(n+1,k)}{n!} z^n \\
&= k \sum_{n=0}^{\infty} \frac{S(n,k)}{n!} z^n + \sum_{n=0}^{\infty} \frac{S(n,k-1)}{n!} z^n \\
&= k A_k(z) + A_{k-1}(z) \\
&= k A_k(z) + \frac{(e^z - 1)^{k-1}}{(k-1)!} \;.
\end{aligned}
$$

Diese Differentialgleichung besitzt die den Anfangsbedingungen $A_k(0) = 0 = S(0, k)$ genügende Lösung $A_k(z) = \frac{(e^z-1)^k}{k!}$, wie man sofort nachrechnet. Da sie nach einem bekannten Satz die einzige derartige Lösung der Differentialgleichung ist, gilt (7.5).

Zweitens halten wir $n \geq 0$ fest und interessieren uns zunächst für den Ausdruck

$$
\sum_{k=0}^{\infty} S(n, k) z^k,
$$

der wegen $S(n, n+1) = S(n, n+2) = \cdots = 0$ einfach ein Polynom vom Grade n ist. Hier hat sich nun herausgestellt, daß man zu einem glatten Ergebnis kommt, wenn man z^k durch das Polynom

$$
(z)_k := z(z - 1) \ldots (z - k + 1)
$$

mit den Nullstellen $0, 1, \ldots, k - 1$ ersetzt; die ungewöhnlich anmutende Schreibweise $(z)_k$ ist dabei traditionell üblich. Wir geben zunächst einen kombinatorischen Beweis für die Identität

(7.6) $$ j^n = \sum_{k=0}^{j} \binom{j}{k} k! S(n, k) = \sum_{k=0}^{j} (j)_k S(n, k) $$

an. Dazu beachten wir, daß j^n die Anzahl aller Abbildungen von $\{1, \ldots, n\}$ in $\{1, \ldots, j\}$ ist. Diese Abbildungen teilen wir nach den dabei auftretenden Wertemengen und diese wiederum nach ihren Mächtigkeiten k ein. Es gibt dabei $\binom{j}{k}$ Möglichkeiten, eine k-elementige Wertemenge $W \subseteq \{1, \ldots, j\}$ auszusuchen; eine Abbildung mit genau dieser Wertemenge W wird hergestellt, indem man $\{1, \ldots, n\}$ in k nichtleere Mengen disjunkt zerlegt und sie zu Konstanzgebieten unserer Abbildung macht. Hierzu sind die k Elemente von W irgendwie auf die k Bestandteile unserer Zerlegung zu verteilen, wofür es $k!$ Möglichkeiten gibt. Damit ist (7.6) bewiesen. Nun zeigen wir

$$(7.7) \qquad \sum_{k=0}^{\infty} S(n, k)(z)_k = \sum_{k=0}^{n} S(n, k)(z)_k = z^n.$$

Hier stehen links und rechts je ein Polynom vom Grade $\leq n$ bzw. $= n$. Das Polynom $(z)_k$ hat die Nullstellen $0, 1, \ldots, k - 1$. Setzt man links in (7.7) $z = j$ ein, so bleibt nur $\sum_{k=0}^{j} S(n, k)(j)_k$ übrig, was nach (7.6) den Wert j^n hat. Also stimmen die Polynome auf den beiden Seiten von (7.7) an den $n + 1$ verschiedenen Stellen $0, 1, \ldots, n$ überein, womit beide Polynome identisch sind.

8 Die Stirling-Zahlen erster Art

Seien n eine natürliche Zahl und X eine n-elementige Menge. Mit $\sigma(n, k)$ bezeichnen wir die Anzahl derjenigen Permutationen von X, die in genau k Zyklen zerfallen. Wir setzen künstlich $\sigma(0, 0) = 1$ und $\sigma(n, 0) = 0 = \sigma(0, k)$ $(n, k = 1, 2, \ldots)$. Die Zahlen $\sigma(n, k)$ werden als die *absoluten Stirling-Zahlen erster Art* bezeichnet.

Wir überlegen uns als erstes die Rekursionsformel

$$(8.1) \qquad \sigma(n + 1, k) = \sigma(n, k - 1) + n\sigma(n, k)$$

für $n = 0, 1, \ldots$; $k = 1, 2, \ldots$ Hierzu hat man lediglich die in genau k Zyklen zerfallenden Permutationen von $\{0, 1, \ldots, n\}$ danach aufzuteilen, ob sie (0) als Zyklus enthalten bzw. ob 0 an irgendeiner Stelle in einen Zyklus einer in genau k Zyklen zerfallenden Permutation von $\{1, \ldots, n\}$ eingereiht wird. Die Zahlen

$$s(n, k) = (-1)^{n+k}\sigma(n, k)$$

werden als die *Stirling-Zahlen erster Art* bezeichnet. Sie genügen offensichtlich der Rekursionsformel

$$(8.2) \qquad s(n + 1, k) = s(n, k - 1) - ns(n, k)$$

für $n = 0, 1, \ldots$; $k = 1, 2, \ldots$ mit den Anfangsbedingungen $s(0, 0) = 1$ und $s(n, 0) = 0 = s(0, k)$ $(n, k = 1, 2, \ldots)$. Hieraus berechnet man leicht die in Tabelle 5 angegebenen Werte für kleine n.

Tabelle 5. Die Stirling-Zahlen erster Art

n k	0	1	2	3	4	5	6	7	8	9	10
0	1	0	0	0	0	0	0	0	0	0	0
1	0	1	-1	2	-6	24	-120	720	-5040	40320	-362880
2	0	0	1	-3	11	-50	274	-1764	13068	-109584	1026576
3	0	0	0	1	-6	35	-225	1624	-13132	118124	-1172700
4	0	0	0	0	1	-10	85	-735	6769	-67284	723680
5	0	0	0	0	0	1	-15	175	-1960	22449	-269325
6	0	0	0	0	0	0	1	-21	322	-4536	63273
7	0	0	0	0	0	0	0	1	-28	546	-9450
8	0	0	0	0	0	0	0	0	1	-36	870
9	0	0	0	0	0	0	0	0	0	1	-45

Mit den bereits im vorigen Abschnitt eingeführten Polynomen $(z)_k$ erhält man die Identität

$$(8.3) \qquad \sum_{k=0}^{\infty} s(n,k)z^k = \sum_{k=0}^{n} s(n,k)z^k = (z)_n,$$

die wir mit Induktion nach n beweisen. Für $n = 0$ ergibt sich auf beiden Seiten von (8.3) der Wert 1. Angenommen, man ist bis n fertig. Dann gilt wegen (8.2)

$$\sum_{k=0}^{n+1} s(n+1,k)z^k = \sum_{k=1}^{n+1} (s(n,k-1) - ns(n,k))z^k$$

$$= z \sum_{k=0}^{n} s(n,k)z^k - n \sum_{k=0}^{n} s(n,k)z^k$$

$$= (z-n)(z)_n = (z)_{n+1}.$$

Ferner gilt

$$(8.4) \qquad \sum_{k=0}^{\infty} s(n,k)n^k = \sum_{k=0}^{\infty} \sigma(n,k) = n!$$

Die rechte Gleichung ist trivial, weil dort nur die Permutationen aus S_n nach ihrer Zyklenzahl aufgeteilt werden. Der Rest folgt aus (8.3) für $z = n$.

Die Identitäten (7.7) und (8.3) zeigen zusammen genommen, wie man die beiden Basen $\{1, z, z^2, z^3, \ldots\}$ bzw. $\{1, (z)_1, (z)_2, (z)_3, \ldots\}$ für den Vektorraum der Polynome (etwa über $\mathbb{R}$) ineinander transformieren kann; die Stirling-Zahlen können also auch als die bei diesen Transformationen auftretenden Skalarfaktoren erklärt werden.

Übung 8.1. Man beweise die Formel

(8.5)
$$\sum_{k=m}^{n} S(n,k)s(k,m) = \delta_{mn}.$$

Schließlich bestimmen wir noch eine erzeugende Potenzreihe, wobei wir ein $k \geq 0$ festhalten:

(8.6)
$$\sum_{n=k}^{\infty} \frac{s(n,k)}{n!} z^n = \frac{(\log(1+z))^k}{k!}.$$

Zum Beweis überlegen wir uns zunächst, daß die rechte Seite von (8.6) der Koeffizient von x^k in der Potenzreihendarstellung von $(1+z)^x$ ist:

$$(1+z)^x = e^{x\log(1+z)} = \sum_{k=0}^{\infty} \frac{1}{k!}(\log(1+z))^k x^k.$$

Andererseits gilt wegen (8.3)

$$(1+z)^x = \sum_{n=0}^{\infty} \binom{x}{n} z^n = \sum_{n=0}^{\infty} \frac{1}{n!}(x)_n z^n$$
$$= \sum_{n=0}^{\infty} \frac{z^n}{n!} \sum_{r=0}^{n} s(n,r)x^r = \sum_{r=0}^{\infty} x^r \sum_{n=r}^{\infty} s(n,r)\frac{z^n}{n!},$$

womit sich (8.6) durch Koeffizientenvergleich ergibt.

9   Die Gauß-Koeffizienten

Seien n, k nicht-negative ganze Zahlen mit $k \leq n$ und q eine Primzahlpotenz. Mit $\left[\begin{smallmatrix}n\\k\end{smallmatrix}\right]_q$ bezeichnet man die Anzahl der k-dimensionalen Unterräume eines n-dimensionalen Vektorraums über dem endlichen Körper $GF(q)$ mit q Elementen. Die Zahlen $\left[\begin{smallmatrix}n\\k\end{smallmatrix}\right]_q$ heißen die *Gauß-Koeffizienten*.

Wie bereits in Übung IX.9.9 erwähnt, kann man die Gauß-Koeffizienten leicht direkt berechnen:

(9.1)
$$\begin{bmatrix}n\\k\end{bmatrix}_q = \frac{(q^n - 1)(q^{n-1} - 1)\ldots(q^{n-k+1} - 1)}{(q^k - 1)(q^{k-1} - 1)\ldots(q - 1)}.$$

Der Beweis von (9.1) ist ebenfalls leicht: Sei W ein n-dimensionaler Vektorraum über $GF(q)$. Dann ist die Anzahl der geordneten k-Tupel aus linear unabhängigen Elementen von W genau $(q^n - 1)(q^n - q) \dots (q^n - q^{k-1})$, da man zunächst die erste Komponente beliebig aus den $q^n - 1$ Vektoren $\neq 0$ auswählen kann; danach ist ein 1-dimensionaler Unterraum von W verboten, weswegen man die zweite Komponente auf genau $q^n - q$ Arten wählen kann, und so weiter. Nun bestimmt jedes k-Tupel einen eindeutigen k-dimensionalen Unterraum von W; umgekehrt gehört jeder solche Unterraum U zu genau $(q^k - 1)(q^k - q) \dots (q^k - q^{k-1})$ derartigen k-Tupeln, da dies die Anzahl der geordneten k-Tupel aus linear unabhängigen Elementen von U ist. Damit erhält man – nach Kürzen von q-Potenzen – die gewünschte Formel (9.1).

Man kann die Gauß-Koeffizienten auch mit der folgenden Rekursionsformel ausrechnen:

$$(9.2) \qquad \begin{bmatrix} n \\ k \end{bmatrix}_q = \begin{bmatrix} n-1 \\ k \end{bmatrix}_q + q^{n-k} \begin{bmatrix} n-1 \\ k-1 \end{bmatrix}_q .$$

Zum Beweis von (9.2) seien V ein n-dimensionaler Vektorraum über $GF(q)$ und W ein $(n-1)$-dimensionaler Unterraum. Der erste Term auf der rechten Seite ist die Anzahl der Unterräume der Dimension k, die in W enthalten sind. Jeder andere k-dimensionale Unterraum U von V schneidet W in dem $(k-1)$-dimensionalen Unterraum $U' = U \cap W$. Andererseits liegt jeder solche Unterraum U' in genau $\frac{q^n - q^{k-1}}{q^k - q^{k-1}}$ Unterräumen der Dimension k von V, von denen genau $\frac{q^{n-1} - q^{k-1}}{q^k - q^{k-1}}$ in W enthalten sind. Damit kann jeder $(k-1)$-dimensionale Unterraum U' von W zu exakt q^{n-k} Unterräumen U der Dimension k erweitert werden, die nicht in W liegen, was den zweiten Term auf der rechten Seite von (9.2) erklärt.

Es ist klar, daß die Gauß-Koeffizienten ganzzahlig sind, auch wenn sie in Formel (9.1) als Brüche erscheinen. Daher ist es eine naheliegende Idee, diese Ausdrücke als Polynome in der Unbestimmten q anzusehen; man spricht dann von den *Gauß-Polynomen*. Formal definiert (9.1) natürlich zunächst nur eine rationale Funktion in q; da diese rationale Funktion aber für unendlich viele ganzzahlige Werte von q (nämlich für alle Primzahlpotenzen q) eine ganze Zahl ergibt, muß es sich in der Tat um ein Polynom handeln. Alternativ kann man die Identität (9.2) für eine rekursive Definition der Gauß-Polynome verwenden; dabei definiert man die Anfangswerte als die Polynome

$$\begin{bmatrix} n \\ 0 \end{bmatrix}_q = \begin{bmatrix} n \\ n \end{bmatrix}_q := 1 \quad \text{für } n = 0, 1, 2, \dots$$

Dieser Ansatz zeigt nochmals, daß hier in der Tat Polynome vorliegen.

Übung 9.1. Man berechne einige kleinere Gauß-Polynome $\begin{bmatrix} n \\ k \end{bmatrix}_q$ explizit, etwa für $n \leq 6$.

Setzt man in das Gauß-Polynom $\begin{bmatrix} n \\ k \end{bmatrix}_q$ den Wert $q = 1$ ein, so erhält man gerade den Binomialkoeffizienten $\binom{n}{k}$. Das ist zwar der Formel (9.1) nicht unmittelbar zu entnehmen, folgt aber, wenn man die Gauß-Koeffizienten wirklich als Polynome in q schreibt. Am leichtesten schließt man dies aus der Rekursion (9.2), die für $q = 1$ per Induktion direkt in die bekannte Rekursion I.(2.2) für die Binomialkoeffizienten übergeht; trivialerweise sind auch die Anfangswerte korrekt.

Man paraphrasiert den eben beschriebenen bemerkenswerten Zusammenhang, indem man sagt, daß die Gauß-Koeffizienten ein *q-Analogon* der Binomialkoeffizienten sind. Ein hochinteressantes Teilgebiet der Kombinatorik beschäftigt sich mit *q*-Analoga, die klassischen Resultaten über Mengen entsprechende Resultate über endliche Vektorräume zuordnen und/oder klassische Familien von Zahlen bzw. Polynomen entsprechend verallgemeinern. Beispielsweise gilt ein *q*-Analogon des Spernerschen Lemmas II.2.7; wir verweisen hierfür – und für einige weitere *q*-Analoga – auf van Lint und Wilson [2001]. Dort findet man als Theorem 24.1 auch das folgende interessante Resultat, das die Koeffizienten der Gauß-Polynome kombinatorisch interpretiert, indem es einen Zusammenhang zu den in Kapitel XII betrachteten Partitionsbildern herstellt.

Satz 9.2. *Man schreibe das Gauß-Polynom* $\begin{bmatrix} n \\ k \end{bmatrix}_q$ *explizit als*

$$\begin{bmatrix} n \\ k \end{bmatrix}_q = \sum_{h=0}^{k(n-k)} a_h q^h.$$

Dann ist der Koeffizient a_h gerade die Anzahl derjenigen Partitionen von h, deren Partitionsbild in ein Rechteck der Größe $k \times (n - k)$ paßt.

Für $q = 1$ liefert Satz 9.2 noch das folgende interessante Korollar:

Korollar 9.3. *Die Anzahl aller Partitionen natürlicher Zahlen, deren Partitionsbild in ein Rechteck der Größe $k \times (n - k)$ paßt, ist genau $\binom{n}{k}$.*

Nachwort

Wir hoffen, daß unsere Leser einen einigermaßen repräsentativen Eindruck von der Vielfalt der Kombinatorik erhalten haben – sowohl was die Themen angeht, als auch hinsichtlich der Methoden – und daß wir auch etwas von der Schönheit dieser Disziplin transportieren konnten. Wie schon im Vorwort voller Bedauern festgestellt, mußten wir auf vieles verzichten, was ebenfalls wichtig und reizvoll gewesen wäre. Die Kombinatorik ist nach wie vor ein blühendes und explosiv wachsendes Gebiet: Jedes Jahr kommen Hunderte von neuen Arbeiten und eine gar nicht so kleine Anzahl von Büchern hinzu. Dabei haben sowohl die großen vereinheitlichenden Theorien wie einzelne Perlen und Kuriositäten ihren Platz, und manches mag auch schlicht überflüssig sein. Nicht alles, was man zeigen kann, verdient es auch, gezeigt zu werden! Das ist eine Frage des guten (oder eben weniger guten) Geschmacks, zu dessen Entwicklung wir hoffentlich ein wenig beitragen konnten.

Wie gesagt, gerne hätten wir unseren Lesern aus der Fülle wichtiger und eleganter Resultate noch das eine oder andere vorgetragen. Doch irgendwann muß man ein Ende finden, wie uns schon Theodor Fontane in seinem klassischen Roman *Effie Briest* nahelegt, wenn er mit den folgenden unsterblichen Worten schließt:

Ach, Luise, laß ...das ist ein zu weites Feld.

Literaturverzeichnis

Wir geben im folgenden – abgesehen von den im Text zitierten Referenzen – auch eine Anzahl einschlägiger Lehrbücher und Monographien an. In Anbetracht der Fülle der vorhandenen Literatur kann es sich dabei nur um eine notwendigerweise subjektive Auswahl handeln. Wie schon im Vorwort zur ersten Auflage erwähnt, haben wir – zwecks Pflege des Familiensinns unter den Mathematikern – soweit möglich und tunlich die Autoren mit Vornamen und Lebensdaten ausgestattet. Wir hoffen, daß uns dabei keine gravierenden Fehler unterlaufen sind.

Agaian, S. S. [1985]: Hadamard matrices and their applications. Springer, Berlin.

Ahlswede, Rudolf, und *Ingo Wegener* [1979]: Suchprobleme. Teubner, Stuttgart.

Ahuja, Ravindra K., Thomas L. Magnanti und *James B. Orlin* [1993]: Network flows: Theory, algorithms and applications. Prentice Hall, Englewood Cliffs, N.J.

Aigner, Martin [1979]: Combinatorial theory. Springer, Berlin–Heidelberg–New York.

— [1984]: Graphentheorie. Eine Entwicklung aus dem 4-Farben Problem. Teubner, Stuttgart.

— [1993]: Diskrete Mathematik. Vieweg, Braunschweig.

Alon, Noga, und *Joel H. Spencer* [1992]: The probabilistic method. Wiley, New York.

Anderson, Ian [1990]: Combinatorial designs: Construction methods. Wiley, New York.

Andrews, George E. [1976]: The theory of partitions. Addison-Wesley, Reading, Mass.

— [1979]: Partitions: Yesterday and today. New Zealand Mathematical Society, Wellington.

Appel, Kenneth, und *Wolfgang Haken* [1977]: Every planar map is four colorable: I. Discharging. Illinois J. Math. **21**, 429–490.

— [1989]: Every planar map is four colorable. American Mathematical Society, Providence, RI.

Appel, Kenneth, Wolfgang Haken und *J. Koch* [1977]: Every planar map is four colorable: II. Reducibility. Illinois J. Math. **21**, 491–567.

Arasu, K. T., James A. Davis, Dieter Jungnickel und *Alexander Pott* [1990]: A note on intersection numbers of difference sets. European J. Comb. **11**, 95–98.

Arrow, Kenneth J. [1951]: Social choice and individual values. Wiley, New York.

Artin, Emil (1898–1962) [1957]: Geometric algebra. Wiley, New York.

Ash, Robert [1965]: Information theory. Wiley, New York.

Assmus, E. F., und *Jennifer D. Key* [1992]: Designs and their codes. Cambridge University Press, Cambridge.

Baer, Reinhold (1902–1979) [1946a]: Polarities in finite projective planes. Bull. Amer. Math. Soc. **52**, 77–93.

— [1946b]: Projectivities with fixed points on every line of the plane. Bull. Amer. Math. Soc. **52**, 273–286.

Bannai, Eiichi, und *Tatsuro Ito* [1984]. Algebraic combinatorics I: Association schemes. Benjamin/Cummings, London.

Baranov, V. I., und *B. S. Stechkin* [1995]. Extremal combinatorial problems and their applications. Kluwer, Dordrecht.

Baranyai, Zsolt (1948–1978) [1975]: On the factorization of the complete uniform hypergraph. Proc. Erdős Symp. Keszthely 1973, 91–108. North Holland, Amsterdam.

Bauer, Friedrich L. [1995]: Entzifferte Geheimnisse. Springer, Berlin.

Baumert, Leonard D., und *Daniel M. Gordon* [2003]: On the existence of cyclic difference sets with small parameters. Preprint.

Beck, Anatole, Michael N. Bleicher und *Donald W. Crowe* [1969]: Excursions into mathematics. Worth, New York.

Berge, Claude (1926–2002) [1958]: Théorie des graphes et ses applications. Dunod, Paris.

— [1971]: Principles of combinatorics. Academic Press, New York.

— [1985]: Graphs (Second revised edition). North-Holland, Amsterdam.

— [1989]: Hypergraphs. North-Holland, Amsterdam.

Berlekamp, Elwyn R. [1984]: Algebraic coding theory (revised edition). Aegean Park Press, Laguna Hills, Calif.

Berlekamp, Elwyn R., John Horton Conway und *Richard K. Guy* [1982]. Winning ways for your mathematical plays (2 Bände). Academic Press, New York.

Berlekamp, Elwyn R., Robert J. McEliece und *Henk C. A. van Tilborg* [1978]: On the inherent intractibility of certain coding problems. IEEE Trans. Inf. Th. **24**, 384–386.

Berlekamp, Elwyn R., und *David Wolfe* [1994]. Mathematical Go: chilling gets the last point. A. K. Peters, Wellesley, Mass.

Berman, Gerald, und *K. D. Fryer* [1972]: Introduction to combinatorics. Academic Press, New York.

Bermond, Jean-Claude [1992]: Interconnection networks. North Holland, Amsterdam.

Beth, Thomas [1983]: Eine Bemerkung zur Abschätzung der Anzahl orthogonaler lateinischer Quadrate mittels Siebverfahren. Abh. Math. Sem. Hamburg **53**, 284–288.

Beth, Thomas, Dieter Jungnickel und *Hanfried Lenz* [1999]: Design Theory (Second edition, 2 Bände). Cambridge University Press, Cambridge.

Betten, Anton, Harald Fripertinger, Adalbert Kerber, Alfred Wassermann und *Karl-Heinz Zimmermann* [1998]: Codierungstheorie. Springer, Berlin.

Betten, Dieter [1983]: Zum Satz von Euler-Tarry. Math. Nat. Unt. **36**, 449–453.

Beutelspacher, Albrecht [1983]: Einführung in die endliche Geometrie II. B. I. Wissenschaftsverlag, Mannheim.

— [1987]: Kryptologie. Vieweg, Braunschweig.

Beutelspacher, Albrecht, und *Ute Rosenbaum* [1992]: Projektive Geometrie. Vieweg, Braunschweig.

Bialostocki, A. und *P. Dierker* [1990]: Zero-sum Ramsey theorems. Congressus Numerantium **70**, 19–130.

Biggs, Norman L. [1981]: T. P. Kirkman, mathematician. Bull. London Math. Soc. **13**, 97–120.

— [1993]: Algebraic graph theory (Second edition). Cambridge University Press, Cambridge.

Biggs, Norman L., E. Keith Lloyd und *Robin J. Wilson* [1976]: Graph theory 1736–1936. Oxford University Press, Oxford.

Biggs, Norman L., und *Arthur T. White* [1979]: Permutation groups and combinatorial structures. Cambridge University Press, Cambridge (1979).

Birkhoff, Garrett (1911–1996) [1946]: Tres observaciones sobre el algebra lineal. Univ. Nac. Tucumán Rev. Ser. A **5**, 147–151.

Birkhoff, George David (1884–1944) [1912]: A determinant formula for the number of ways of colouring a map. Ann. Math. **14**, 42–46.

— [1913]: The reducibility of maps. Amer. J. Math. **35**, 115–128.

— [1930]: On the number of ways of coloring a map. Proc. Edinburgh Math. Soc. **2**, 83–91.

— [1934]: On the polynomial expressions for the number of ways of coloring a map. Ann. Sc. Norm. Sup. Pisa **2**, 85–103.

Birkhoff, George David, und *Daniel C. Lewis* [1946]: Chromatic polynomials. Trans. Amer. Math. Soc. **60**, 355–451.

Blahut, R. E. [1983]: Theory and practice of error control codes. Addison-Wesley, Reading, Mass.

Black, Duncan [1958]: The theory of committees and elections. Cambridge University Press, Cambridge.

Blokhuis, Aart [1994]: On the size of a blocking set in $PG(2, p)$. Combinatorica **14**, 111–114.

— [1996]: Blocking sets in Desarguesian planes. In: Combinatorics. Paul Erdős is eighty, Vol. 2, 133–155. János Bolyai Math. Soc., Budapest.

Blokhuis, Aart, Aiden A. Bruen und *Joseph A. Thas* [1990]: Arcs in $PG(n, q)$, MDS-codes and three fundamental problems of B. Segre – some extensions. Geom. Dedicata **35**, 1–11.

Bollobás, Béla [1978]: Extremal graph theory. Academic Press, New York.

— [1986]: Combinatorics. Cambridge University Press, Cambridge.

— [1998]: Modern graph theory. Springer, New York.

Bondy, John Adrian, und *Václav Chvátal* [1976]: A method in graph theory. Discr. Math. **15**, 111–135.

Bondy, John Adrian, und *U. S. R. Murty* [1979]: Graph theory with applications. North Holland, New York.

Borchardt, Carl Wilhelm (1817–1880) [1860]: Über eine der Interpolation entsprechende Darstellung der Eliminationsresultante. J. Reine Angew. Math. **57**, 111–121.

Borda, Jean Charles de (1733–1799) [1781]: Mémoire sur les élections au scrutin. Histoire de l'Académie Royale des Sciences, Paris.

Bose, Raj C. (1901–1987) [1939]: On the construction of balanced incomplete block designs. Ann. Eugen. **9**, 353–399.

— [1942]: A note on the resolvability of balanced incomplete block designs. Sankhyā **6**, 105–110.

— [1958–59]: On the application of finite projective geometry for deriving a certain series of balanced Kirkman arrangements. In: Calcutta Math. Soc. golden jubilee commemoration Vol. II, 341–356.

— [1961]: On some connections between the design of experiments and information theory. Bull. Inst. Internat. Statist. **38**, 257–271.

Bose, Raj C., und K. A. Bush [1952]: Orthogonal arrays of strength two and three. Ann. Math. Stat. **23**, 508–524.

— [1947]: Mathematical theory of the symmetrical factorial design. Sankhyā **8**, 107–166.

Bose, Raj C., und Dwijendra K. Ray-Chaudhuri [1960]: On a class of error-correcting binary group codes. Information and Control **3**, 68–79.

Bose, Raj C., und S. S. Shrikhande [1959]: On the falsity of Euler's conjecture about the non-existence of two orthogonal Latin squares of order $4t + 2$. Proc. Nat. Acad. Sci. USA **45**, 734–737.

— [1960]: On the construction of sets of mutually orthogonal latin squares and the falsity of a conjecture of Euler. Trans. Amer. Math. Soc. **95**, 191–209.

Bose, Raj C., S. S. Shrikhande und Ernest T. Parker [1960]: Further results on the construction of mutually orthogonal Latin squares and the falsity of Euler's conjecture. Canadian J. Math. **12**, 189–203.

Boston, Nigel, Walter Dabrowski, Tuval Foguel, Paul J. Gies, David A. Jackson, Judy Leavitt und David T. Ose [1993]: The proportion of fixed-point-free elements of a transitive permutation group. Commun. Algebra **21**, 3259–3275.

Brauer, Richard (1901–1977) [1941]: On the connections between the ordinary and the modular characters of groups of finite order. Ann. Math. **42**, 926–935.

Brouwer, Andries E. [1979]: Optimal packings of K_4's into a K_n. J. Comb. Th. (A) **26**, 278–297.

Brouwer, Andries E., und G. H. John van Rees [1982]: More mutually orthogonal Latin squares. Discr. Math. **39**, 263–281.

Brouwer, Luitzen Egbertus Jan (1881–1966) [1911]: Über Abbildungen von Mannigfaltigkeiten. Math. Ann. **71**, 97–115.

Bruck, Richard H. (1914–1991) [1955]: Difference sets in a finite group. Trans. Amer. Math. Soc. **78**, 464–481.

— [1958]: A survey of binary systems. Springer, Berlin.

— [1960]: Quadratic extensions of cyclic planes. Proc. Symp. Appl. Math. **10**, 15–44.

— [1963]: Finite nets II. Uniqueness and embedding. Pacific J. Math. **13**, 421–457.

— [1973]: Circle geometry in higher dimensions, II. Geom. Dedicata **2**, 133–188.

Bruck, Richard H., und Herbert John Ryser [1949]: The nonexistence of certain finite projective planes. Canad. J. Math. **1**, 88–93.

Bruen, Aiden A. [1971]: Blocking sets in finite projective planes. SIAM J. Appl. Math. **21**, 380–392.

Bruen, Aiden A., Joseph A. Thas und Aart Blokhuis [1988]: On M. D. S. codes, arcs in $PG(n, q)$ with q even, and a solution of three fundamental problems of B. Segre. Invent. Math. **92**, 441–459.

Burger, E. [1959]: Einführung in die Theorie der Spiele. Walter de Gruyter, Berlin.

Busacker, Robert G., und Thomas L. Saaty [1965]: Finite graphs and networks: an introduction with applications. McGraw-Hill, New York.

Cameron, Peter J. [1994]: Combinatorics: Topics, techniques, algorithms. Cambridge University Press, Cambridge.

— [2001]: Fixed points and cycles. In: Finite Geometries (Eds. A. Blokhuis, J. W. P. Hirschfeld, D. Jungnickel und J. A. Thas), 49–60. Kluwer, Dordrecht.

Cameron, Peter J., und *Jacobus H. van Lint* [1991]: Designs, graphs, codes and their links. Cambridge University Press, Cambridge.

Campbell, Douglas M., und *David Radford* [1991]: Tree isomorphism algorithms: Speed versus clarity. Math. Magazine **64**, 252–261.

Cassels, John William Scott [1981]: Economics for mathematicians. Cambridge University Press, Cambridge.

Catalan, Eugène Charles (1814–1894) [1838]: Note sur une équation aux différences finies. J. Math. Pures Appl. **3**, 508–516.

Cayley, Arthur (1821–1895) [1889]: A theorem on trees. Quart. J. Math. **23**, 376–378.

Chang, Yanxun [1996]: An estimate of the number of mutually orthogonal Latin squares. J. Comb. Math. Comb. Comp. **21**, 217–222.

Cheriyan, J., und *S. N. Mahashwari* [1989]: Analysis of preflow push algorithms for maximum network flow. SIAM J. Comp. **18**, 1057–1086.

Cherowitzo, William [1996]: Hyperovals in desarguesian planes: An update. Discr. Math. **155**, 31–38.

Chintschin, Alexander (1894–1959) [1951]: Drei Perlen der Zahlentheorie. Akademie-Verlag, Berlin.

Chintschin, Alexander, D. K. Faddejew, Andrei N. Kolmogoroff, Alfréd Rényi und *J. Balatoni* [1957]: Arbeiten zur Informationstheorie. I. VEB Deutscher Verlag der Wissenschaften, Berlin.

Chowla, Sarvadaman (1907–1995), *Paul Erdős* und *E. G. Straus* [1960]: On the maximal number of pairwise orthogonal Latin squares of a given order. Canadian J. Math. **12**, 204–208.

Chowla, Sarvadaman, und *Herbert John Ryser* [1950]: Combinatorial problems. Canadian J. Math. **2**, 93–99.

Chvátal, Václav [1972]: On Hamilton's ideals. J. Comb. Th. (B) **12**, 163–168.

— [1983]: Linear programming. Freeman, New York.

— [1985]: Hamiltonian cycles. In: The travelling salesman problem (Eds. E. L. Lawler, J. K. Lenstra, A. H. G. Rinnooy Kan und D. B. Shmoys), 403–429. Wiley, New York.

Cohen, D. E. [1978]: Basic techniques of combinatorial theory. New York (Wiley).

Colbourn, Charles J., und *Jeffrey H. Dinitz* [1996]: The CRC handbook of combinatorial designs. The CRC Press, Boca Raton. Errata und Ergänzungen unter: http://www.emba.uvm.edu/~dinitz/hcd.html

Comtet, Louis [1970]: Analyse combinatoire (2 Bände). Presses Universitaires de France, Paris.

— [1974]: Advanced combinatorics. The art of finite and infinite expansions. Reidel, Dordrecht.

Constantine, Gregory M. [1987]: Combinatorial theory and statistical design. Wiley, New York.

Conway, John Horton (geb. 1937) [1976]. On numbers and games. Academic Press, London.

Cover, Thomas M., und *Joy A. Thomas* [1991]: Elements of information theory. Wiley, New York.

Coxeter, Harold Scott MacDonald (1907–2003) [1987]: Projective geometry (Second edition). Springer, New York.

Craigen, Robert [1994]: A direct approach to Hadamard's inequality. Bull. ICA **12**, 28–32.

Craigen, Robert, Wolfgang H. Holzmann und *Hadi Kharaghani* [1997]: On the existence of complex Hadamard matrices. J. Comb. Des. **5**, 319–327.

Craigen, Robert, und *Hadi Kharaghani* [1994]: On the existence of regular Hadamard matrices. Congr. Numer. **99**, 277–283.

Cramer, Harald [1962]: A. I. Khinchin's work in mathematical probability. Ann. Math. Stat. **33**, 1227–1231.

Crapo, Henry H., und *Gian-Carlo Rota* [1970]: On the foundations of combinatorial theory: Combinatorial geometries. The M. I. T. Press, Cambridge, Mass.

Cziszár, Imre, und *János Körner* [1981]: Information theory. Coding theorems for discrete memoryless systems. Academic Press, New York.

Davis, James A., und *Jonathan Jedwab* [1997]: A unifying construction for difference sets. J. Comb. Th. (A) **80**, 13–78.

de Bruijn, Nikolaes Govert (geb. 1918) [1964]: Pólya's theory of counting. In: Applied Combin. Math. (Ed. E. F. Beckenbach). Wiley, New York.

— [1971]: Pólya's Abzähl-Theorie: Muster für Graphen und chemische Verbindungen. In: Selecta Mathematica **III** (Ed. Konrad Jacobs), 1–26. Springer, Berlin (1971).

de Resmini, Marialuisa J., Dina Ghinelli und *Dieter Jungnickel* [2002]: Arcs and ovals from abelian groups. Designs, Codes and Cryptography **26**, 213–228.

De Soete, Marijke, Klaus Vedder und *Mike Walker* [1990]: Cartesian authentication schemes. In: Advances in Cryptology – EUROCRYPT 89. Lecture Notes in Comput. Sci. **434**, 476–490. Springer, Berlin.

Debreu, Gerard [1959]: Theory of value. An axiomatic analysis of economic equilibrium. Wiley, New York.

Dedekind, Richard (1831–1916) [1888]: Was sind und was sollen die Zahlen. Vieweg, Braunschweig.

Dembowski, Peter (1928–1971) [1958]: Verallgemeinerungen von Transitivitätsklassen endlicher projektiver Ebenen. Math. Z. **69**, 59–89.

— [1968]: Finite geometries. Springer, Berlin; Nachdruck 1997

— [1970]: Kombinatorik. Bibliographisches Institut, Mannheim.

Dembowski, Peter, und *Fred C. Piper* [1967]: Quasiregular collineation groups of finite projective planes. Math. Z. **99**, 53–75.

Dénes, J., und *A. Donald Keedwell* [1974]: Latin squares and their applications. English Universities Press, London.

— [1991]: Latin squares: New developments in the theory and applications. North Holland, Amsterdam.

Deuber, Walter (1942–1999) [1973]: Partitionen und lineare Gleichungssysteme. Math. Z. **133**, 109–123.

— [1975a]: Partition theorems for abelian groups. J. Comb. Th. (A) **19**, 95–108.

— [1975b]: Partitionstheoreme für Graphen. Comm. Math. Helv. **50**, 311–320.

— [1975c]: A generalization of Ramsey's theorem for regular trees. J. Comb. Th. (B) **18**, 18–23.

— [1989]: Developments based on Rado's dissertation 'Studien zur Kombinatorik'. In: Surveys in combinatorics 1989 (Ed. J. Siemons), 52–74. Cambridge University Press, Cambridge.

Di Paola, Jane W. [1969]: On minimum blocking coalitions in small projective plane games. SIAM J. Appl. Math. **17**, 378–392.

Diestel, Reinhard [2000]: Graphentheorie (2. Auflage). Springer, Berlin.

Dillon, John F. [1974]: Elementary Hadamard difference sets. Ph. D. thesis, University of Maryland.

Dilworth, Robert Palmer (1914–1993) [1950]: A decomposition theorem for partially ordered sets. Annals Math. **51**, 161–166.

Dinic, E. A. [1970]: Algorithm for solution of a problem of maximum flow in networks with power estimation. Soviet Math. Dokl. **11**, 1277–1280.

Dinitz, Jeffrey H., und *Douglas R. Stinson* [1992]: Contemporary design theory. A collection of surveys. Wiley, New York.

Dirac, Gabriel Andrew [1952]: Some theorems on abstract graphs. Proc. London Math. Soc. (3) **2**, 69–81.

Dirichlet, Gustav Peter Lejeune (1805–1859) [1894]: Vorlesungen über Zahlentheorie, Vieweg.

Dutka, Jacques [1986]: On the *Problème des Ménages.* The Mathematical Intelligencer **8:3**, 18–33.

Ecker, A. und *G. Poch* [1986]: Check character systems. Computing **37**, 277–301.

Edmonds, Jack [2001]: Redundancy and Helly. European J. Comb. **22**, 679–685.

Egorychev, G. P. [1981]: Solution of the van der Waerden problem for permanents. Dokl. Akad. Nauk SSSR **258**, 1041–1044 (in Russisch); Soviet Math. Dokl. **23**, 619–622 (Englische Übersetzung).

Engel, Konrad [1997]: Sperner theory. Cambridge University Press, Cambridge.

Erdős, Paul (1913–1996), *Andras Hajnal, Attila Mate* und *Richard Rado* [1984]: Combinatorial set theory: Partition relations for cardinals. North-Holland, Amsterdam.

Erdős, Paul, Alfréd Rényi (1921–1970) und *Vera T. Sós* [1966]: On a problem of graph theory. Stud. Sci. Math. Hung. **1**, 215–235.

Erdős, Paul, Arthur L. Rubin und *Herbert Taylor* [1980]: Choosability in graphs. Congr. Numer. **26**, 125–157.

Erdős, Paul, und *Joel H. Spencer* [1974]: Probabilistic methods in combinatorics. Akademiai Kiado, Budapest.

Erdős, Paul, und *George Szekeres* [1935]: A combinatorial problem in geometry. Compos. Math. **2**, 463–470.

Erdős, Paul, und *Paul Turán* (1910–1976) [1936]: On some sequences of integers. J. London Math. Soc. **11**, 261–264.

Euler, Leonhard (1707–1783) [1736]: Solutio problematis ad geometriam situs pertinentis. Comm. Acad. Sci. Imper. Petropol. **8**, 128–140; Ges. Werke Bd. **7**, 1–10.

— [1752/3]: Demonstratio nonnullorum insignium proprietatum quibus solida hadris planis inclusa sunt praedita. Novi Comm. Acad. Sci. Petrop. **4**, 140–160; Ges. Werke Bd. **26**, 94–108.

— [1782]: Recherches sur une nouvelle espèce de quarrés magiques. Verh. Gen. Wet. te Vlissingen **9**, 85–239; Ges. Werke Bd. **7**, 291–392.

— [1783]: Evolutio producti infiniti $(1-x)(1-xx)(1-x^3)(1-x^4)(1-x^5)(1-x^6)$ etc. in seriem simplicem. Acta Acad. Sci. Imper. Petropol. **1780:I**, 125–169; Opera Omnia Bd. **I.3**, 472–479.

Evans, Anthony B. [1992]: Orthomorphism graphs of groups. Springer, New York.

Even, Shimon [1973]: Algorithmic combinatorics. The Macmillan Company, New York.

Falikman, Dmitry I. [1981]: A proof of van der Waerden's conjecture on the permanent of a doubly stochastic matrix. Mat. Zametki **29**, 931–938 (in Russisch); Math. Notes Acad. Sci. USSR **29**, 475–479 (Englische Übersetzung).

Feder, Thomás, und *Rajeev Motwani* [1995]: Clique partitions, graph compression and speeding up algorithms. J. Comput. Syst. Sci. **51**, 261–272.

Feinstein, Amiel [1958]: Foundations of information theory. McGraw-Hill, New York.

Fibonacci (auch: Leonardo von Pisa, um 1170 – nach 1240) [1202]: Liber Abaci, (Zweitfassung 1228).

Fisher, Ronald Aylmer (1890–1962) [1940]: An examination of the different possible solutions of a problem in incomplete blocks. Ann. Eugenics **10**, 52–75.

Fisher, Ronald Aylmer, und *Frank Yates* (1902–1994) [1934]: The 6×6 latin squares. Proc. Camb. Phil. Soc. **30**, 492–507.

Flachsmeyer, Jürgen [1972]: Kombinatorik. Eine Einführung in die mengentheoretische Denkweise (3. Aufl.), VEB Deutscher Verlag der Wissenschaften, Berlin.

Foata, Dominique [1974]: La série génératrice exponentielle dans les problèmes d'énumeration. Les Presses de l'Université de Montréal, Montréal.

Foata, Dominique, und *Marcel-Paul Schützenberger* [1970]: Théorie géométrique des polynômes euleriens. Springer, Berlin.

Ford, Lester Randolph, und *Delbert Ray Fulkerson* [1956]: Maximal flow through a network. Canad. J. Math. **8**, 399–404.

— [1957]: A simple algorithm for finding maximal network flows and an application to the Hitchcock problem. Canad. J. Math. **9**, 210–218.

— [1962]: Flows in networks. Princeton University Press, Princeton.

Franklin, Fabian [1881]: Sur le développement du produit infini $(1-x)(1-x^2)(1-x^3)\dots$ C. R. Acad. Sci. Paris **82**, 448–450.

Fremuth-Paeger, Christian, und *Dieter Jungnickel* [1999a]: Balanced network flows I. A unifying framework for design and analysis of matching algorithms. Networks **33**, 1–28.

— [1999b]: Balanced network flows II. Simple augmentation algorithms. Networks **33**, 29–41.

— [1999c]: Balanced network flows III. Strongly polynomial augmentation algorithms. Networks **33**, 43–56.

— [2001a]: Balanced network flows IV. Duality and structure theory. Networks **37**, 194–201.

— [2001b]: Balanced network flows V. Cycle canceling algorithms. Networks **37**, 202–209.

— [2001c]: Balanced network flows VI. Polyhedral descriptions. Networks **37**, 210–218.

— [2002]: Balanced network flows VII. Primal-dual algorithms. Networks **39**, 135–142.

— [2003]: Balanced network flows VIII. A revised theory of phase ordered algorithms and the $O(\sqrt{n}m \log(n^2/m)/\log n)$ bound for the nonbipartite cardinality matching problem.

Networks **41**, 137–142.

Fulkerson, Delbert Ray (1924–1976) [1956]: Note on Dilworth's decomposition theorem for partially ordered sets. Proc. Amer. Math. Soc. **7**, 701–702.

Furstenberg, Hillel [1977]: Ergodic behaviour of diagonal measures and a theorem of Szemerédi on arithmetic progressions. J. d'Anal. Math. **31**, 204–256.

— [1981]: Recurrence in ergodic theory and combinatorial number theory. Princeton University Press, Princeton.

Furstenberg, Hillel, und *Benji Weiss* [1978]: Topological dynamics and combinatorial number theory. J. d'Anal. Math. **34**, 61–85.

Gallager, Robert G. [1968]: Information theory and reliable communication. Wiley, New York.

Garey, Michael R., und *David S. Johnson* [1979]: Computers and intractability: A guide to the theory of NP-completeness. Freeman, New York.

van der Geer, Gerard, und *Jacobus H. van Lint* [1988]: Introduction to coding theory and algebraic geometry. Birkhäuser, Basel.

Geramita, Anthony V., und *Jennifer Seberry* [1979]: Orthogonal designs. Marcel Dekker, New York.

Ghinelli, Dina, und *Dieter Jungnickel* [2003a]: Finite projective planes with a large abelian group. In: Surveys in combinatorics 2003 (Ed. C. D. Wensley), 175–237. Cambridge University Press, Cambridge.

— [2003b]: On finite projective planes in Lenz–Barlotti class at least I.3. Adv. Geom., special issue, S28–S48.

Gibbard, Allan [1973]: Manipulation of voting schemes: a general result. Econometrica **41**, 587–601.

Gilbert, E. N. [1952]: A comparison of signalling alphabets. Bell Syst. Tech. J. **31**, 504–522.

Gilbert, E. N., Florence Jesse MacWilliams und *Neil J. A. Sloane* [1974]: Codes which detect deception. Bell Syst. Tech. J. **53**, 405–425.

Godsil, Christopher David [1993]: Algebraic combinatorics. Chapman and Hall, New York.

Godsil, Christopher David, und *Gordon Royle* [2001]: Algebraic graph theory. Springer, New York.

Golay, Marcel J. E. [1949]: Notes on digital coding. Proc. IEEE **37**, 657.

Goldberg, Andrew V., und *Robert Endre Tarjan* [1988]: A new approach to the maximum flow problem. J. Ass. Comp. Mach. **35**, 921–940.

Gondran, Michel, und *Michel Minoux* [1984]: Graphs and algorithms. Wiley, New York.

Gordon, Daniel M. [1994]: The prime power conjecture is true for $n < 2,000,000$. Electronic J. Combin. **1**, R6.

— [1999]: Some restrictions on orders of abelian planar difference sets. J. Comb. Math. Comb. Comp. **29** (1999), 241–246.

Gottschalk, Walter Helbig [1964]: A characterization of the Morse minimal set. Proc. Amer. Math. Soc. **15**, 70–74.

Gottschalk, Walter Helbig, und *Gustav Arnold Hedlund* [1955]: Topological dynamics. Amer. Math. Soc., Providence, R. I.

Goulden, Ian P., und *David M. Jackson* [1983]: Combinatorial enumeration. Wiley, New York.

Graham, Ronald L., *Klaus Leeb* und *Bruce L. Rothschild* [1972]: Ramsey's theorem for a class of categories. Adv. Math. **8**, 417–433.

Graham, Ronald L., und *Bruce L. Rothschild* [1974]: A short proof of van der Waerden's theorem on arithmetic progressions. Proc. Amer. Math. Soc. **42**, 385–386.

Graham, Ronald L., *Bruce L. Rothschild* und *Joel H. Spencer* [1990]: Ramsey theory (Second edition). Wiley, New York.

Graver, Jack E., und *Mark E. Watkins* [1977]: Combinatorics with emphasis on the theory of graphs. Springer, New York–Heidelberg–Berlin.

Griesmer, James H. [1960]: A bound for error-correcting codes. IBM J. Res. Develop. **4**, 532–542.

Grünbaum, Branko [1967]: Convex polytopes. Wiley, New York.

Grundy, Patrick Michael (1917–1959) [1939]: Mathematics and games. Eureka **2**, 6–8.

Grundy, Patrick Michael, und *C. A. B. Smith* [1956]: Disjunctive games with the last player losing. Proc. Cambr. Phil. Soc. **52**, 527–533.

Gutin, Gregory, und *Abraham P. Punnen* [2002]: The traveling salesman problem and its variations. Kluwer, Dordrecht.

Habib, Michel, *Colin McDiarmid*, *Jorge Ramirez-Alfonsin* und *Bruce Reed* [1998]: Probabilistic methods for algorithmic discrete mathematics. Springer, Berlin.

Hadamard, Jaques (1865–1963) [1893]: Résolution d'une question relative aux déterminants. Bull. Sci. Math. **2**, 240–246.

Hägele, Günter, und *Friedrich Pukelsheim* [2001]: Llull's writing on electoral systems. *Studia Lulliana* **41**, 3–38.

Haken, Wolfgang [1977]: An attempt to understand the four color problem. J. Graph Th. **1**, 193–206.

Halberstam, H., und *Hans-Egon Richert* [1974]: Sieve methods. Academic Press, New York.

Halder, Heinz-Richard, und *Werner Heise* [1976]: Einführung in die Kombinatorik. Hanser, München.

Hales, Alfred W., und *Robert I. Jewett* [1963]: Regularity and positional games. Trans. Amer. Math. Soc. **106**, 222–229.

Hall, Marshall (1910–1990) [1947]: Cyclic projective planes. Duke Math. J. **14**, 1079–1090.

— [1986]: *Combinatorial theory* (Second edition). Wiley, New York.

Hall, Marshall, und *Lowell J. Paige* [1955]: Complete mappings of finite groups. Pacific J. Math. **5**, 541–549.

Hall, Philip (1904–1982) [1935]: On representatives of subsets. J. London Math. Soc. **10**, 26–30.

Halmos, Paul Richard (geb. 1916), und *Herbert E. Vaughan* [1950]: The marriage problem. Amer. J. Math. **72**, 214–215.

Hamilton, Sir William Rowan (1805–1865) [1856]: Memorandum respecting a new system of roots of unity. Phil. Mag. (4) **12**, 446; Math. Papers **3**, 610.

— [1858]: (Account of the Icosian Game). Proc. Royal Irish Acad. **6**, 415–416; Math. Papers **3**, 609.

Hamming, Richard Wesley (1915–1998) [1950]: Error dedecting and error correcting codes. Bell Syst. Tech. J. **29**, 147–160.

Hanani, Haim (1912–1991) [1961]: The existence and construction of balanced incomplete block designs. Ann. Math. Stat. **32** (1961), 361–386.

— [1972]: On balanced incomplete block designs with blocks having 5 elements. J. Comb. Th. (A) **12**, 184–201.

— [1975]: Balanced incomplete block designs and related designs. Discr. Math. **11**, 255–369.

Hanani, Haim, Dwijendra K. Ray-Chaudhuri und *Richard M. Wilson* [1972]: On resolvable designs. Discr. Math. **3**, 343–357.

Harary, Frank [1969]: Graph theory. Addison-Wesley, New York.

Harary, Frank, und *Edgar M. Palmer* [1973]: Graphical enumeration. Academic Press, New York.

Hardy, Godfrey Harold (1877–1947), und *E.M. Wright* [1938]: An introduction to the theory of numbers. Clarendon Press, Oxford.

Harper, Lawrence H., und *Gian-Carlo Rota* [1971]: Matching Theory: an introduction. Advances in Probability **1**, 169–213.

Hartsfield, Nora, und *Gerhard Ringel* [1994]: Pearls in graph theory (Revised edition). Academic Press, New York.

Harwit, Martin, und *Neil J. A. Sloane* [1979]: Hadamard transform optics. Academic Press, New York.

Heawood, Percy John (1861–1955) [1890]: Map colour theorem. Quart. J. Pure Appl. Math. **24**, 332–338.

Hedayat, A. Samad, *Neil J. A. Sloane* und *John Stufken* [1999]: Orthogonal arrays. Springer, New York.

Hedlund, Gustav Arnold (1905–1993), und *Marston Morse* [1944]: Unending chess, symbolic dynamics and a problem in semigroups. Duke Math. J. **11**, 1–7.

Heffter, Lothar (1862–1962) [1891]: Über das Problem der Nachbargebiete. Math. Ann. **38**, 477–508.

Heise, Werner, und *Pasquale Quattrochi* [1989]: Informations- und Codierungstheorie (2. Auflage). Springer, Berlin.

Helly, Eduard (1884–1943) [1923]: Über Mengen konvexer Körper mit gemeinschaftlichen Punkten. Jahresber. DMV **32**, 175–176.

Herstein, Israel N. (1923–1988) [1964]: Topics in algebra. Wiley, New York.

Hindman, Neil B. [1974]: Finite sums from sequences within cells of a partition of N. J. Comb. Th. (A) **17**, 1–11.

Hirschfeld, James W. P. [1985]: Finite projective spaces of three dimensions. Oxford University Press.

— [1998]: Projective geometries over finite fields (Second edition). Oxford University Press, Oxford.

Hirschfeld, James W. P., und *Leo Storme* [1998]: The packing problem in statistics, coding theory and finite projective spaces. J. Statist. Planning Inference **72**, 355–380.

— [2001]: The packing problem in statistics, coding theory and finite projective spaces: Update 2001. In: Finite Geometries (Eds. A. Blokhuis, J. W. P. Hirschfeld, D. Jungnickel und J. A. Thas), 201–246. Kluwer, Dordrecht.

Hirschfeld, James W. P., und *Joseph A. Thas* [1991]: General Galois geometries. Oxford University Press.

Ho, Chat Y. [1991]: Some remarks on orders of projective planes, planar difference sets and multipliers. Designs, Codes and Cryptography **1**, 69–75.

— [1998]: Finite projective planes with transitive abelian collineation groups. J. Algebra **208**, 553–550.

Hocquenghem, Alexis [1959]: Codes correcteurs d'erreurs. Chiffres **2**, 147–156.

Hopcroft, John E., und *Richard M. Karp* [1973]: An $n^{5/2}$ algorithm for maximum matching in bipartite graphs. SIAM J. Comp. **2**, 225–231.

Hu, Te Chiang [1969]: Integer programming and network flows. Addison-Wesley, New York.

Hua, Loo Keng [1982]: Introduction to number theory. Springer, Berlin.

Hughes, Daniel R. (geb. 1928) [1957]: Collineations and generalized incidence matrices. Trans. Amer. Math. Soc. **86**, 284–296.

Hughes, Daniel R., und *Fred C. Piper* [1982]: Projective planes (Second edition). Springer, Berlin.

— [1985]: Design theory. Cambridge University Press, Cambridge.

Ionin, Yuri Y. [1999]: Building symmetric designs with building blocks. Designs, Codes and Cryptography **17**, 159–175.

Ionin, Yuri Y., und *Mohan S. Shrikhande* [2003]: Decomposable symmetric designs. Preprint.

— [2004]: Combinatorics of symmetric designs. Erscheint bei Cambridge University Press, Cambridge.

Ireland, Kenneth, und *Michael Rosen* [1990]: A classical introduction to modern number theory. Springer, New York.

Jacobs, Konrad [1969]: Maschinenerzeugte 0-1-Folgen. In: Selecta Mathematica **I** (Ed. Konrad Jacobs), 1–26. Springer, Berlin.

— [1978]: Measure and integral. Academic Press, New York.

— [1979a]: Socio-combinatorics. In: Game theory and related topics (Eds. O. Moeschlin und D. Pallaschke), 309–335. North-Holland, Amsterdam.

— [1979b]: A continuous max-flow problem. In: Game theory and related topics (Eds. O. Moeschlin und D. Pallaschke), 301–307. North-Holland, Amsterdam.

Jacobs, Konrad, und *Michael S. Keane* [1969]: 0-1-sequences of Toeplitz-type. Z. Wahrscheinlichkeitsth. Verw. Geb. **13**, 123–131.

Jacobson, Nathan (1910–1999) [1974]: Basic algebra I. W. H. Freeman, San Francisco.

Jensen, Tommy R., und *Bjarne Toft* [1995]: Graph coloring problems. Wiley, New York.

Johannesson, Rolf, und *Kamil Sh. Zigangirov* [1999]: Fundamentals of convolutional coding. The IEEE Press, New York.

Jukna, Stasys [2001]. Extremal combinatorics. With applications in computer science. Springer, Berlin.

Jungnickel, Dieter [1980]: On difference matrices and regular Latin squares. Abh. Math. Sem. Hamburg **50**, 219–231.

— [1982]: Transversaltheorie. Akademische Verlagsgesellschaft, Leipzig (1982).

— [1986]: Transversaltheorie: Ein Überblick. Bayreuther Math. Schriften **21**, 122–155.

— [1987]: Divisible semiplanes, arcs, and relative difference sets. Canadian J. Math. **39**, 1001–1024.

— [1993]: Finite fields. Bibliographisches Institut, Mannheim.

— [1994]: Graphen, Netzwerke und Algorithmen (3. Auflage). Bibliographisches Institut, Mannheim.

— [1995]: Codierungstheorie. Spektrum-Verlag, Heidelberg.

— [1999a]: Graphs, networks and algorithms. Springer, Berlin.

— [1999b]: Optimierungsmethoden. Springer, Berlin.

Jungnickel, Dieter, und *Alexander Pott* [1988]: Two results on difference sets. Coll. Math. Soc. János Bolyai **52**, 325–330.

Jungnickel, Dieter, und *Klaus Vedder* [1984]: On the geometry of planar difference sets. European J. Comb. **5**, 143–148.

Kallaher, Mike J. [1981]: Affine planes with transitive collineation groups. North-Holland, Amsterdam.

Kaplansky, Irving (geb. 1917) [1943]: Solution of the „Problème des ménages". Bull. Amer. Math. Soc. **49**, 784–785.

Karmarkar, Narendra [1984]: A new polynomial-time algorithm for linear programming. Combinatorica **4**, 373-396.

Katona, Gyula O.H. [1979]: Zsolt Baranyai, Obituary. J. Comb. Th. (B) **26**, 275.

Kaufmann, Arnold [1968]: Introduction á la combinatorique en vue des applications. Dunod, Paris.

Keane, Michael S. [1968]: Generalized Morse sequences. Z. Wahrscheinlichkeitsth. Verw. Geb. **10**, 335–353.

Kelly, Jerry S. [1978]: Arrow impossibility theorems. Academic Press, New York.

Kempe, Alfred Bray (1849–1922) [1879]: On the geographical problem of the four colours. Amer. J. Math. **2**, 193–200.

— [1879/80]: How to color a map with four colours without coloring adjacent districts the same colour. Nature **20** (1879), 275, und **21** (1880), 399–400.

Kerber, Adalbert [1991]: Algebraic combinatorics via finite group actions. Bibliographisches Institut, Mannheim.

— [1999]: Applied finite group actions. Springer, Berlin.

Kirkman, Rev. Thomas Penyngton (1806–1895) [1847]: On a problem in combinatorics. Cambridge and Dublin Math. J. **2**, 191–204.

— [1850a]: Query VI. Lady's and gentleman's diary, 48.

— [1850b]: Note on an unanswered prize question. Cambridge and Dublin Math. J. **5**, 255–262.

— [1850c]: On the triads made with fifteen things. Phil. Mag. (3) **37**, 169–171.

— [1851]: Solutions to Query VI. Lady's and gentleman's diary, 48.

— [1853]: Theorems on combinations. Cambridge and Dublin Math. J. **8**, 38–45.

— [1857]: On the perfect r-partitions of $r^2 - r + 1$. Trans. Hist. Soc. of Lancashire and Cheshire **9**, 127–142.

Kirman, Alan P., und *Dieter Sondermann* [1971]: Arrow's theorem, many agents and invisible dictators. J. Econ. Th. **5**, 267–277.

Koecher, Max (1924–1989) [1992]: Lineare Algebra und analytische Geometrie (3. Auflage). Springer, Berlin.

König, Dénes (1884–1944) [1916]: Über Graphen und ihre Anwendungen auf Determinantentheorie und Mengenlehre. Math. Ann. **77**, 453–465.

— [1936]: Theorie der endlichen und unendlichen Graphen. Akademische Verlagsgesellschaft, Leipzig.

Korchmáros, Gabor [1991]: Old and new results on ovals in finite planes. In: Surveys in Combinatorics, 41–72. Cambridge University Press, Cambridge.

Korte, Bernhard, Lászlo Lovász, Hans Jürgen Prömel und *Alexander Schrijver* [1990]: Paths, flows and VLSI-Layout. Springer, Berlin.

Korte, Bernhard, und *Jens Vygen* [2001]: Combinatorial optimization: Theory and algorithms (Second edition). Springer, Berlin.

Kraft, L. G. [1949]: A device for quantizing, grouping and coding amplitude modulated pulses. M. S. Thesis, Dept. of Electr. Eng., The M. I. T., Cambridge, Mass.

Kreher, Donald L., und *Douglas R. Stinson* [1999]: Combinatorial algorithms. The CRC Press, Boca Raton.

Kuhn, Harold W. [1950]: Extensive games. Proc. Nat. Acad. Sci. USA **36**, 570–576.

Kuratowski, Kazimierz (1896–1980) [1930]: Sur le problème des courbes gauches en topologie. Fund. Math. **15**, 271–283.

Lallement, Gerard J. [1979]: Semigroups and combinatorial applications. Wiley, New York.

Lam, Clement W. H. [1991]: The search for a finite projective plane of order 10. Amer. Math. Monthly **98**, 305–318.

Lam, Clement W. H., Larry H. Thiel und *S. Swiercz* [1989]: The non-existence of finite projective planes of order 10. Canadian J. Math. **41**, 1117–1123.

Lander, Eric S. [1980]: Topics in algebraic coding theory. Ph. D. Thesis, Oxford University.

— [1983]: Symmetric designs: An algebraic approach. Cambridge University Press, Cambridge.

Lawler, Eugene L. (1933–1994) [1976]: Combinatorial optimization: Networks and matroids. Holt, Rinehart and Winston, New York.

Lawler, Eugene L., Jan Karel Lenstra, Alexander H. G. Rinnooy Kan und *David B. Shmoys* [1985]: The traveling salesman problem: A guided tour of combinatorial optimization. Wiley, New York.

Laywine, Charles F., und *Gary L. Mullen* [1998]: Discrete mathematics using Latin squares. Wiley, New York.

Leader, Imre [2003]: Partition regular equations. In: Surveys in combinatorics 2003 (Ed. C. D. Wensley), 309–323. Cambridge University Press, Cambridge.

Lee, Therese C. Y., und *Steven C. Furino* [1995]: A translation of J. X. Lu's "An existence theory for resolvable balanced incomplete block designs". J. Comb. Des. **3**, 321–340.

Lengauer, Thomas [1990]: Combinatorial algorithms for integrated circuit layout. Wiley, New York.

Lenz, Hanfried (geb. 1916) [1959]: Ein kurzer Weg zur analytischen Geometrie. Math.-Phys. Semesterber. **6**, 57–67.

—[1965]: Vorlesungen über projektive Geometrie. Akademische Verlagsgesellschaft, Leipzig.

—[1975]: Grundlagen der Elementarmathematik (3. Auflage). VEB Deutscher Verlag der Wissenschaften, Berlin.

—[1983]: A few simplified proofs in design theory. Expos. Math. **1**, 77–80.

Lenz, Hanfried, und *Dieter Jungnickel* [1979]: On a class of symmetric designs. Arch. Math. **33**, 590–592.

Leung, Ka Hin, Siu Lun Ma und *Bernhard Schmidt* [2003]. Nonexistence of abelian difference sets: Lander's conjecture for prime power orders. Trans. Amer. Math. Soc., erscheint.

Lidl, Rudolf, und *Harald Niederreiter* [1994]: Introduction to finite fields and their applications (revised edition). Cambridge University Press, Cambridge.

— [1996]: Finite fields (Second edition). Cambridge University Press, Cambridge.

Lint, Jacobus H. van (geb. 1932) [1975]: A survey of perfect codes. Rocky Mountains J. Math. **5**, 199–224.

—[1999]: Introduction to coding theory (Third edition). Springer, Berlin– Heidelberg–New York.

Lint, Jacobus H. van, und *Richard M. Wilson* [1986]: On the minimum distance of cyclic codes. IEEE Trans. Inf. Th. **32**, 23–40.

— [2001]: A course in combinatorics (Second edition). Cambridge University Press, Cambridge.

Liu, Chung Laung [1968]: Introduction to combinatorial mathematics. McGraw-Hill, New York.

Longyear, Judith Q., und *Torrence D. Parsons* [1972]: The friendship theorem. Indag. Math. **34**, 257–262.

Lothaire, M. [1997]: Combinatorics on words (Second edition). Cambridge University Press, Cambridge.

Lovász, László (geb. 1948) [1979]: Combinatorial problems and exercises. North-Holland, Amsterdam.

Lovász, László, und *Michael D. Plummer* [1986]: Matching theory. North-Holland, Amsterdam.

Lovász, László, J. Pelikán und *K. Vesztergombi* [2003]: Discrete mathematics. Elementary and beyond. Springer, New York.

Lu, Jiaxi [1984]: An existence theory for resolvable balanced incomplete block design (in Chinesisch). Acta Math. Sinica **27**, 458–468.

Lubell, David [1966]: A short proof of Sperner's Lemma. J. Comb. Th. **1**, 299.

Lüneburg, Heinz (geb. 1935) [1971]: Kombinatorik. Birkhäuser, Basel.

— [1979]: Galoisfelder, Kreisteilungskörper und Schieberegisterfolgen. Bibliographisches Institut, Mannheim.

— [1980]: Translation planes. Springer, Berlin.

— [1989]: Tools and fundamental constructions of combinatorial mathematics. Bibliographisches Institut, Mannheim.

Maak, Wilhelm (1912–1992) [1935]: Eine neue Definition der fastperiodischen Funktionen. Abh. Math. Sem. Hamburg **11**, 240–244.

— [1950]: Fastperiodische Funktionen. Springer, Berlin.

MacMahon, Percy Alexander (1854–1929) [1915/16]: Combinatory analysis (2 Bände). Cambridge University Press, Cambridge; Nachdruck Chelsea, New York (1960).

MacNeish, Harris F. [1922]: Euler squares. Ann. Math. **23**, 221–227.

MacWilliams, Florence Jessie, und *Neil J. A. Sloane* [1977]: The theory of error-correcting codes. North-Holland, Amsterdam.

Majumdar, Kuldendra N. [1953]: On some theorems in combinatorics relating to incomplete block designs. Ann. Math. Stat. **24**, 377–389.

Malhotra, Vishv Mohan, M. Pramodh Kumar und *S. N. Mahaswari* [1978]: An $O(|V|^3)$ algorithm for finding maximum flows in networks. Inform. Proc. Letters **7**, 277–278.

Mann, Henry B. (1905–2000) [1942]: The construction of orthogonal Latin squares. Ann. Math. Stat. **13**, 418–423.

— [1943]: On the construction of sets of orthogonal Latin squares. Ann. Math. Stat. **14**, 401–414.

— [1964]: Balanced incomplete block designs and abelian difference sets. Illinois J. Math. **8**, 252–261.

Matoušek, Jiří, und *Jaroslav Nešetřil* [2002]: Diskrete Mathematik. Eine Entdeckungsreise. Springer, Berlin.

McCutcheon, Randall [1999]: Elemental methods in ergodic Ramsey theory. Springer, Berlin.

McEliece, Robert J. [1984]: The theory of information and coding. Cambridge University Press, Cambridge.

— [1987]: Finite fields for computer scientists and engineers. Kluwer, Boston.

McKay, Brendan D., und *Stanislaw P. Radziszowski* [1991]: The first classical Ramsey number for hypergraphs is computed. In: Discrete algorithms (Ed. Alok Aggarwal), 304-308. Soc. Ind. Appl. Math., Philadelphia.

Menezes, Alfred J., Paul C. van Oorschot und *Scott A.Vanstone* [1997]: The CRC handbook of applied cryptography. The CRC Press, Boca Raton, Florida.

Menger, Karl (1902–1985) [1927]: Zur allgemeinen Kurventheorie. Fund. Math. **10**, 96–115.

Metsch, Klaus [1991]: Improvement of Bruck's completion theorem. Designs, Codes and Cryptography **1**, 99–116.

Micali, Silvio, und *V. V. Vazirani* [1980]: An $O(\sqrt{|V|}|E|)$ algorithm for finding maximum matchings in general graphs. Proc. 21st IEEE Symp. on Foundations of Computer Science, 17–27.

Miller, George Abram (1863–1951) [1910]: On a method due to Galois. Quart. J. Math. **41**, 382–384.

Minc, Henryk [1978]: Permanents. Addison-Wesley, Reading, Mass.

— [1988]: Nonnegative matrices. Wiley, New York.

Mirsky, Leon (1918–1983) [1971a]: Transversal theory. Academic Press, New York.

— [1971b]: A dual of Dilworth's decomposition theorem. Amer. Math. Monthly **78**, 876–877.

Mohanty, Sri Gopal [1979]: Lattice path counting and applications. Academic Press, New York.

Mohar, Bojan, und *Carsten Thomassen* [2001]: Graphs on surfaces. John Hopkins University Press.

Moon, John W. [1971]: Counting labelled trees. Canadian Mathematical Congress, Montreal.

Morse, Marston (1892–1977) [1921]: Recurrent geodesics on a surface of negative curvature. American J. Math. **43**, 33-51.

Netto, Eugen (1848–1919) [1927]: Lehrbuch der Combinatorik. Leipzig (Teubner); Nachdruck Chelsea, New York (1958).

Neumann, Johann von (1903–1957) [1928]: Zur Theorie der Gesellschaftsspiele. Math. Ann. **100**, 295–320.

Neumann, Johann von, undF *Oskar Morgenstern* (1902–1977) [1944]: Theory of games and economic behavior. Princeton University Press, Princeton.

Neumann, Peter M. [1979]. A lemma that is not Burnside's. Math. Scientist **4**, 133–141.

Nijenhuis, Albert, und *Herbert S. Wilf* [1975]: Combinatorial algorithms. Academic Press, New York.

Nishizeki, Takao, und *Noroshige Chiba* [1988]: Planar graphs: Theory and algorithms. North Holland, Amsterdam.

Noltemeier, Hartmut [1976]: Graphentheorie mit Algorithmen und Anwendungen. Walter de Gruyter, Berlin.

Nowakowski, Richard J. [1997]: Games of no chance. Cambridge University Press, Cambridge.

— [2002]: More games of no chance. Cambridge University Press, Cambridge.

Ore, Oystein (1899–1968) [1960]: Note on Hamilton circuits. Amer. Math. Monthly **67**, 55.

— [1961]: Arc coverings of graphs. Ann. Mat. Pura Appl. **55**, 315–322.

— [1962]: Theory of graphs. American Mathematical Society, Providence, RI.

— [1967]: The four-colour problem. Academic Press, New York.

Ostrom, Theodore G. [1953]: Concerning difference sets. Canadian J. Math. **5**, 421–424.

Ott, Udo [1975]: Endliche zyklische Ebenen. Math. Z. **144**, 195–215.

Otter, Richard [1948]: The number of trees. Ann. Math. **49**, 583–599.

Oxley, James G. [1992]: Matroid theory. Oxford University Press, Oxford.

Page, E. S., und *L. B. Wilson* [1979]: An introduction to computational combinatorics. Cambridge University Press, Cambridge.

Paley, Raymond Edward Alan Christopher (1907–1933) [1933]. On orthogonal matrices. J. Math. Phys. MIT **12**, 311–320.

Papadimitriou, Christos H. [1994]: Computational complexity. Addison-Wesley, Amsterdam.

Papadimitriou, Christos H., und *Kenneth Steiglitz* [1982]: Combinatorial optimization: Algorithms and complexity. Prentice Hall, Englewood Cliffs, N. J.

Parker, Ernest T. [1957]: On collineations of symmetric designs. Proc. Amer. Math. Soc. **8**, 350–351.

Pattanaik, Prasanta K. [1978]: Strategy and group choice. North-Holland, Amsterdam.

Peleg, Bezalel [1978]: Consistent voting schemes. Econometrica **46**, 153–161.

— [1984]: Game theoretic analysis of voting in committees. Cambridge University Press, Cambridge.

Percus, Jerome K. [1971]: Combinatorial methods. Springer, New York.

Peterson, W. Wesley, und *D. T. Brown* [1961]: Cyclic codes for error detection. Proc. IEEE, 228–235.

Peterson, W. Wesley, und *Edward J. Weldon* [1972]: Error-correcting codes (Second edition). The M. I. T. Press, Cambridge, Mass.

Pickert, Günter (geb. 1917) [1975]: Projektive Ebenen (2. Auflage). Springer, Berlin.

Piret, Philippe [1988] Convolutional codes. An algebraic approach. The M. I. T. Press, Cambridge, Mass.

Plotkin, M. [1960]: Binary codes with specified minimum distance. IEEE Trans. Inf. Th. **6**, 445–450.

Pólya, György (1887–1985) [1937]: Kombinatorische Anzahlbestimmungen für Gruppen, Graphen und chemische Verbindungen. Acta Math. **68**, 145–253.

Pólya, György, und *Ronald C. Read* [1987]: Combinatorial enumeration of groups, graphs, and chemical compounds. Springer, New York.

Posner, Edward C. [1969]: Combinatorial structures in planetary reconnaissance. In: Error correcting codes (Ed. H. B. Mann), 15–46. Wiley, New York.

Pott, Alexander [1988]: Applications of the DFT to abelian difference sets. Arch. Math. **51**, 283–288.

— [1990]: On multiplier theorems. In: Coding Theory and Design Theory Part II (ed. D. Ray-Chaudhuri), 286–289. Springer, New York.

Prömel, Hans Jürgen, und *Angelika Steger* [2002]: The Steiner tree problem. Vieweg, Braunschweig.

Prüfer, Ernst Paul Heinz (1896–1934) [1918]: Neuer Beweis eines Satzes über Permutationen. Arch. Math. und Physik **27**, 142–144.

Pukelsheim, Friedrich [2002]: Auf den Schultern von Riesen: Llull, Cusanus, Borda, Condorcet et al. *Litterae Cusanae* **2**.

— [2003]: Das Wahlsystem des Nikolaus von Kues. In Vorbereitung.

Qvist, Bertil [1952]: Some remarks concerning curves of the second degree in a finite plane. Ann. Acad. Sci. Fenn. Ser. A **134**, 1–27.

Rademacher, Hans (1892–1969), und *Ernst Steinitz* (1871–1928) [1934]: Vorlesungen über die Theorie der Polyeder unter Einschluss der Elemente der Topologie. Springer, Berlin.

Rado, Richard (1906–1989) [1933a]: Verallgemeinerung eines Satzes von van der Waerden mit Anwendungen auf ein Problem der Zahlentheorie. Sonderausg. Sitzungsber. Preuss. Akad. Wiss. Phys.-Math. Klasse **17**, 1–10.

— [1933b]: Studien zur Kombinatorik. Math. Z. **36**, 442–480.

Raghavarao, Damaraju [1971]: Constructions and combinatorial problems in design of experiments. Wiley, New York.

Ramsey, Frank Plumpton (1903–1930) [1930]: On a problem of formal logic. Proc. London Math. Soc. (2nd series) **30**, 264–286.

Rao, C. R. [1969]: Cyclical generation of linear subspaces in finite geometries. In: Combinatorial mathematics and its applications (Eds. R. C. Bose and T. A. Dowling), 515–535. University of North Carolina Press, Chapel Hill.

Ray-Chaudhuri, Dwijendra K. (geb. 1933), und *Richard M. Wilson* [1971]: Solution of Kirkman's schoolgirl problem. Symp. Pure Math. **19**, 187–203.

— [1973]: The existence of resolvable block designs. In: Survey of combinatorial theory (Eds. J. N. Srivastava *et al.*), 361–375. North-Holland, Amsterdam.

Recski, András [1989]: Matroid theory and its applications. Springer, Berlin.

Redfield, J. Howard [1927]: The theory of group-reduced distributions. Amer. J. Math. **49**, 437–455.

Reingold, Edward M., Jürg Nievergelt und *Narsingh Deo* [1977]: Combinatorial algorithms. Prentice-Hall, Englewood Cliffs.

Richardson, Moses [1956]: On finite projective games. Proc. Amer. Math. Soc. **7**, 453–465.

Ringel, Gerhard [1959]: Färbungsprobleme auf Flächen und Graphen. VEB Deutscher Verlag der Wissenschaften, Berlin.

— [1971]: Das Kartenfärbungsproblem. In: Selecta Mathematica **III** (Ed. Konrad Jacobs), 27–55. Springer, Berlin.

— [1974]: Map color theorem. Springer, New York.

Ringel, Gerhard, und *J. W. T. Youngs* [1968]: Solution of the Heawood map-coloring problem. Proc. Nat. Acad. Sci. USA **60**, 438–445.

Rizzi, Romeo [2000]: A short proof of König's matching theorem. J. Graph Th. **33**, 138–139.

Riordan, John [1958]: An introduction to combinatorial analysis. Wiley, New York.

— [1968]: Combinatorial identities. Wiley, New York.

Robertson, Neil, Daniel P. Sanders, Paul Seymour und *Robin Thomas* [1997]: The four-colour theorem. J. Comb. Th. (B) **70**, 2–44.

Rota, Gian-Carlo (1932–1999) [1964]: On the foundations of combinatorial theory I: Theory of Möbius functions. Z. Wahrscheinlichkeitsth. Verw. Geb. **2**, 340–368.

Rota, Gian-Carlo (ed.) [1975]: Finite operator calculus. Academic Press, New York.

Roth, Klaus Friedrich [1952]: Sur quelque ensembles d'entiers. C. R. Acad. Sci. Paris **234**, 388–390.

— [1953]: On certain sets of integers. J. London Math. Soc. **28**, 104–108.

— [1954]: On certain sets of integers, II. J. London Math. Soc. **29**, 20–26.

— [1967]: Irregularities of sequences relative to arithmetic progressions II. Math. Ann. **174**, 41–52.

Ryser, Herbert John (1923–1985) [1950]: A note on a combinatorial problem. Proc. Amer. Math. Soc. **1**, 422–424.

— [1963]: Combinatorial mathematics. The Mathematical Association of America.

— [1982]: The existence of symmetric block designs. J. Comb. Th. (A) **32**, 103–105.

Saari, Donald G. [1994]: Geometry of voting. Springer, Berlin.

— [1995]: Basic geometry of voting. Springer, Berlin.

— [1998]: Connecting and resolving Arrow's and Sen's theorems. Social Choice Welfare **15**, 239–261.

— [1999]: Explaining all three-alternative voting outcomes. J. Econ. Th. **87**, 313–355.

— [2000a]: Mathematical structure of voting paradoxes I: Pairwise votes. Econ. Th. **15**, 1–53.

— [2000b]: Mathematical structure of voting paradoxes II: Positional voting. Econ. Th. **15**, 55–102.

— [2001]: Chaotic elections: A mathematician's look at voting. American Math. Soc., Providence, R. I.

Sachs, Horst [1970]: Einführung in die Theorie der endlichen Graphen I. Teubner, Leipzig.

— [1972]: Einführung in die Theorie der endlichen Graphen II. Teubner, Leipzig.

Satterthwaite, Mark A. [1975]: Strategy-proofness and arrow's conditions: existence and correspondence theorems for voting procedures and social welfare functions. J. Econ. Th. **10**, 187–217.

Schmidt, Bernhard [1999]. Cyclotomic integers and finite geometry. J. Amer. Math. Soc. **12**, 929–952.

— [2001]: Exponent bounds. In: Finite Geometries (Eds. A. Blokhuis, J. W. P. Hirschfeld, D. Jungnickel, J. A. Thas), 319–331. Kluwer, Dordrecht.

— [2002]: Characters and cyclotomic fields in finte geometry. Springer, Berlin.

Schrijver, Alexander [1986]: Theory of linear and integer programming. Wiley, New York.

— [2003]: Combinatorial optimization. Polyhedra and efficiency (3 Bände). Springer, Berlin.

Schulz, Ralph-Hardo [1991]: Codierungstheorie: Eine Einführung. Vieweg, Braunschweig.

— [1996]: Check character systems over groups and orthogonal latin squares. AAECC **7**, 125–132.

Schur, Issai (1875–1941) [1916]: Über die Kongurenz $x^m + y^m \equiv z^m$ (mod p). Jahresber. DMV **25**, 114–116.

Schützenberger, Marcel-Paul (1920–1996) [1949]: A non-existence theorem for an infinite family of symmetrical block designs. Ann. Eugenics **14**, 286–287.

Seberry, Jennifer, und *Mieko Yamada* [1992]: Hadamard matrices, sequences, and block designs. In: Contemporary design theory. A collection of surveys (Eds. J. H. Dinitz and D. R. Stinson), 431–560. Wiley, New York.

Sedláček, Jiří [1968]: Einführung in die Graphentheorie. Teubner, Leipzig.

Segre, Beniamino (1903–1977) [1955]: Ovals in a finite projective plane. Canadian J. Math. **7**, 414–416.

Sen, Amartya [1970]: Collective choice and social welfare. Holden-Day, San Francisco.

— [1986]: Social choice theory. In: Handbook of Mathematical Economics Vol. III, 1073–1181. North-Holland, Amsterdam.

Shannon, Claude Elwood (1916–2001) [1948]: A mathematical theory of communication. Bell Syst. Tech. J. **27**, 379–423 (Part I) und 623–656 (Part II).

— [1949]: Communication theory of secrecy systems. Bell Syst. Tech. J. **28**, 656–715.

Shannon, Claude Elwood, und *Warren Weaver* (1894–1978) [1949]: The mathematical theory of communication. University of Illinois Press, Urbana.

Shrikhande, S. S. (geb. 1917) [1950]: The impossibility of certain symmetrical balanced incomplete block designs. Ann. Math. Stat. **21**, 106–111.

Simmons, Gustavus J. (geb. 1930) [1990]: How to (really) share a secret. In: Advances in cryptology – CRYPTO '88. Lecture Notes in Comput. Sci. **403**, 390-448.

— [1992a]: Contemporary cryptology: The science of information integrity. The IEEE Press, Piscataway, NJ.

— [1992b]: An introduction to shared secret and/or shared control schemes and their applications. In: Contemporary cryptology (ed. G. J. Simmons), 441–497. The IEEE Press, Piscataway, NJ.

Singer, James [1938]: A theorem in finite projective geometry and some applications to number theory. Trans. Amer. Math. Soc. **43**, 377–385.

Singh, Simon [1999]: The code book. Doubleday, New York.

Singleton, R. C. [1964]: Maximum distance q-nary codes. IEEE Trans. Inf. Th. **10**, 116–118.

Skolem, Albert Thoralf (1887–1963) [1933]: Ein kombinatorischer Satz mit Anwendung auf ein logisches Entscheidungsproblem. Fund. Math. **20**, 254–261.

Sloane, Neil J. A. [1973]: A handbook of integer sequences. Academic Press, New York.

Sloane, Neil J. A., und *Simon Plouffe* [1995]: The encyclopedia of integer sequences. Academic Press, New York.

Smith, Cedric A. B. [1966]: Graphs and composite games. J. Comb. Th. **1**, 51–81.

Spencer, Joel F. [1983]: Ramsey theory and Ramsey theoreticians. J. Graph Th. **7**, 15–20.

Sperner, Emanuel (1905–1980): [1928a]: Ein Satz über Untermengen einer endlichen Menge. Math. Z. **27**, 544–548.

— [1928b]: Neuer Beweis für die Invarianz der Dimensionszahl und des Gebietes. Abh. Math. Sem. Hamburg **6**, 265–272.

Stanley, Richard P. [1986]: Enumerative combinatorics Vol. 1. Wadsworth & Brooks/Cole, Monterey.

— [1999]: Enumerative combinatorics Vol. 2. Cambridge University Press, Cambridge.

Stanton, Dennis, und *Dennis White* [1986]: Constructive combinatorics. Springer, New York.

Stanton, Ralph G., und *D. A. Sprott* [1958]: A family of difference sets. Canadian J. Math. **10**, 73–77.

Steiner, Jacob (1796–1863) [1853]: Combinatorische Aufgabe. J. reine angew. Math. **45**, 181–182.

Stinson, Douglas R. [1984]: A short proof of the non-existence of a pair of orthogonal Latin squares of order 6. J. Comb. Th. (A) **36**, 373–376.

— [1990]: The combinatorics of authentication and secrecy codes. J. Cryptology **2**, 23–49.

— [1992a]: Combinatorial characterizations of authentication codes. Designs, Codes and Cryptography **2**, 175–187.

— [1992b]: An explication of secret sharing schemes. Designs, Codes and Cryptography **2**, 357–390.

— [2001]: Cryptography: Theory and practice (Second edition). The CRC Press, Boca Raton, Florida.

Storme, Leo, und *Joseph A. Thas* [1993]: M. D. S. codes and arcs in $PG(n, q)$ with q even: an improvement of the bounds of Bruen, Thas, and Blokhuis. J. Combin. Th. Ser. A **62**, 139–154.

Street, Anne Penfold, und *Deborah J. Street* [1987]: Combinatorics of experimental design. Oxford University Press, Oxford.

Street, Anne Penfold, und *Walter D. Wallis* [1977]: Combinatorial theory: An introduction. The Charles Babbage Research Centre, Winnipeg.

Szemerédi, Endre [1969]: On sets of integers containing no 4 elements in arithmetic progression. Acta Math. Acad. Sci. Hung. **26**, 89–104.

— [1975]: On sets of integers containing no k elements in arithmetic progression. Acta Arith. **27**, 199–245.

Tanenbaum, Andrew S. [1988]: Computer networks. Prentice-Hall, Englewood Cliffs.

Tarry, Gaston (1843–1913) [1900]: Le Problème des 36 officiers (i). C. R. Assoc. Franc. Avanc. Sci. Nat. **1**, 122–123.

— [1901]: Le Problème des 36 officiers (ii). C. R. Assoc. Franc. Avanc. Sci. Nat. **2**, 170–203.

Thas, Joseph A. [1992]: M. D. S. codes and arcs in projective spaces: a survey. Matematiche (Catania) **47**, 315–328.

Thomas, Robin [1998]: An update on the four-color theorem. Notices Amer. Math. Soc. **45**, 848–859.

Thomassen, Carsten [1981]: Kuratowski's theorem. J. Graph Th. **5**, 225–241.

— [1994]: Every planar graph is 5-choosable. J. Comb. Th. (B) **62**, 180–181.

Thue, Axel (1863–1922) [1906]: Über unendliche Zeichenreihen. Christiania Vid. Selsk. Skr. 1906 T. 7, 22 Seiten, Lex. 8^0. Auch in: Selected Math. Papers, Univ. Forlaget, Oslo (1977), 139–158.

van Tilborg, Henk C. A. [2000]: Fundamentals of cryptology. Kluwer, Boston.

Todorov, Dobromir T. [1986]: Three mutually orthogonal Latin squares of order 14. Ars Comb. **20**, 45–47.

Tonchev, Vladimir D. [1988]: Combinatorial configurations. Longman, New York.

Touchard, Jacques (1885–1968) [1934]: Sur un problème de permutations. C. R. Acad. Sci. Paris **198**, 631–633.

Tucker, Alan C. [1980]: Applied combinatorics. Wiley, New York.

Turyn, Richard J. [1965]: Character sums and difference sets. Pacific J. Math. **15**, 319–346.

— [1969]: Sequences with small correlation. In: Error correcting codes (Ed. H. B. Mann), 195–228. Wiley, New York.

Tutte, William T. (1917–2002) [1971]: Introduction to the theory of matroids. Elsevier, New York.

— [1984]: Graph theory. Addison-Wesley, Reading, Mass.

Vanstone, Scott A., und *Paul C. van Oorschot* [1989]: An introduction to error correcting codes with applications. Kluwer, Boston.

Varshamov, R. R. [1957]: Estimate of the number of signals in error correcting codes. Dokl. Akad. Nauk. SSSR **117**, 739–741.

Varvak, L. P. [1968]: Games on a sum of graphs. Kibernetika Kiev **4**, 63–66 (russ.); engl. Übers.: Cybernetics **4**, 49–51.

— [1970]: A generalization of the Grundy graph. Kibernetika Kiev **5**, 112–116 (russ.); engl. Übers.: Cybernetics **5**, 668–672.

Vazirani, V. V. [1994]: A theory of alternating paths and blossoms for proving correctness of the $O(V^{1/2}E)$ general graph matching algorithm. Combinatorica **14**, 71–109.

Veblen, Oscar (1880–1960), und *John Wesley Young* (1879–1932) [1916]: Projective geometry (2 Volumes). Ginn & Co., Boston.

Verhoeff, J. [1969]: Error detecting decimal codes. Math. Centre Tracts **29**. Math. Centrum Amsterdam.

Vilenkin, Naum Jakovlevic [1971]: Combinatorics. Academic Press, New York.

Voigt, Margit [1993]: List colourings of planar graphs. Discr. Math. **120**, 215–219.

Volkmann, Lutz [1991]: Graphen und Digraphen. Springer, Wien.

Waerden, Bartel Leendert van der (1903–1996) [1926]: Aufgabe 45. Jahresber. DMV **35**, 117.

— [1927a]: Beweis einer Baudet'schen Vermutung. Nieuw Arch. Wisk. **15**, 212–216.

— [1927b]: Ein Satz über Klasseneinteilungen in endlichen Mengen. Abh. Math. Sem. Hamburg **5**, 185–188.

— [1953/54]: Einfall und Überlegung in der Mathematik I–III. Elem. Math. **8** (1953), 121–122; **9** (1954), 1–9.

Wagner, Klaus (1910–2000) [1970]: Graphentheorie. Bibliographisches Institut, Mannheim.

Wagner, Klaus, und *Rainer Bodendieck* [1989]: Graphentheorie I. Bibliographisches Institut, Mannheim.

— [1990]: Graphentheorie II. Bibliographisches Institut, Mannheim.

— [1993]: Graphentheorie III. Bibliographisches Institut, Mannheim.

Wallis, Walter D. [1971]: Construction of strongly regular graphs using affine designs. Bull. Austr. Math. Soc. **4**, 41–49.

— [1988]: Combinatorial designs. Marcel Dekker, New York.

— [1996]: Computational and constructive design theory. Kluwer, Dordrecht.

Wallis, Walter D., Anne Penfold Street und *Jennifer Seberry Wallis* [1972]: Combinatorics: Room squares, sumfree-sets, Hadamard matrices. Springer, Berlin.

Welsh, Dominic J. A. [1976]: Matroid theory. Academic Press, New York.

West, Douglas B. [1996]: Introduction to graph theory. Prentice-Hall, Englewood Cliffs.

Weyl, Hermann (1885–1955) [1949]: Almost periodic invariant vector sets in a metric vector space. Amer. J. Math. **71**, 178–205.

White, Neil [1986]: Theory of matroids. Cambridge University Press, Cambridge.

— [1987]: Combinatorial geometries. Cambridge University Press, Cambridge.

— [1992]: Matroid applications. Cambridge University Press, Cambridge.

Whitney, Hassler (1907–1989) [1932]: Congruent graphs and the connectivity of graphs. Amer. J. Math. **54**, 150–168.

Wielandt, Helmut [1964]. Finite permutation groups. Academic Press, New York.

Wilbrink, Henny A. [1985]: A note on planar difference sets. J. Comb. Th. (A) **38**, 94–95.

Williams, Neil J. [1977]: Combinatorial set theory. North-Holland, Amsterdam.

Wilson, Richard M. [1972a]: An existence theory for pairwise balanced designs, I. Composition theorems and morphisms. J. Comb. Th. (A) **13**, 220–245.

— [1972b]: An existence theory for pairwise balanced designs, II. The structure of PBD-closed sets and the existence conjectures. J. Comb. Th. (A) **13**, 246–273.

— [1972c]: Cyclotomy and difference families in elementary abelian groups. J. Number Th. **4**, 17–42.

— [1974a]: Concerning the number of mutually orthogonal Latin squares. Discr. Math. **9**, 181–198.

— [1974b]: Constructions and uses of pairwise balanced designs. Math. Centre Tracts **55**, 18–41. Mathematisch Centrum, Amsterdam.

— [1975]: An existence theory for pairwise balanced designs, III. Proof of the existence conjectures. J. Comb. Th. (A) **18**, 71–79.

Wilson, Robin J. [1996]: Introduction to graph theory (4th edition). Longman, Harlow.

— [1986]: An Eulerian trail through Königsberg. J. Graph Th. **10**, 265–275.

Witt, Ernst (1911–1991) [1937]: Theorie der quadratischen Formen in beliebigen Körpern. J. reine angew. Math. **176**, 31–44.

Wolfowitz, Jacob (1910–1981) [1964]: Coding theorems of information theory (Second edition). Springer, Berlin.

Woodall, Douglas R. [2001]: List colourings of graphs. In: Combinatorial surveys (Ed. J. W. P. Hirschfeld), 269–301. Cambridge University Press, Cambridge.

Young, H. Peyton [1985]: Fair allocation. American Mathematical Society, Providence, R. I.

Ziegler, Günter M. [1995]: Lectures on polytopes. Springer, New York.

Zieschang, Paul-Hermann [1995]: An algebraic approach to association schemes. Springer, Berlin.

Zinoviev, Victor [1996]: On the equivalence of certain constant weight codes and combinatorial designs. J. Stat. Planning Inf. **56**, 289–294.

Index

de Gruyter Lehrbücher

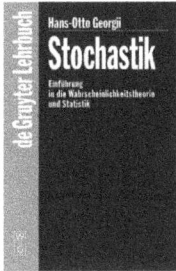

Hans-Otto Georgii

■ Stochastik

Einführung in die Wahrscheinlichkeitstheorie und Statistik

2002. IX, 356 Seiten. Broschur.
ISBN 3-11-017235-6

Dieses neue Lehrbuch bietet eine Einführung in die zentralen Ideen und Ergebnisse der Stochastik, mit gleichem Gewicht auf den beiden Teilgebieten Wahrscheinlichkeitstheorie und Statistik. Mit einem Stoffumfang von etwa zwei Semestern führt das Buch in vielen Punkten weiter als andere vergleichbare Texte.

Peter Deuflhard und Andreas Hohmann

■ Numerische Mathematik I

Eine algorithmisch orientierte Einführung
3. überarbeitete und erweiterte Auflage

2002. XII, 370 Seiten. Broschur.
ISBN 3-11-017182-1

Dieses Lehrbuch hat sich seit der zweiten Auflage zu einem vielbeachteten Klassiker im deutschsprachigen Raum entwickelt.

Peter Deuflhard und Folkmar Bornemann

■ Numerische Mathematik II

Gewöhnliche Differentialgleichungen
2. vollständig überarbeitete und erweiterte Auflage

2002. XII, 509 Seiten. Broschur.
ISBN 3-11-017181-3

Die zweite Auflage dieses Standardlehrbuches folgt weiterhin konsequent der Linie, den Leser direkt zu den in der Praxis bewährten Methoden zu führen von ihrer theoretischen Herleitung, über ihre Analyse bis zu Fragen der Implementierung.

W
DE
G de Gruyter
Berlin · New York

Bitte bestellen Sie im Buchhandel oder direkt beim Verlag.

de Gruyter Lehrbücher

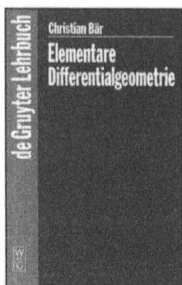

Christian Bär
■ Elementare Differentialgeometrie

2001. XII, 281 Seiten. 126 Abb. 4 Taf.
Broschur. ISBN 3-11-015519-2
Gebunden. ISBN 3-11-015520-6

Das Buch bietet eine umfangreiche Einführung in die Differentialgeometrie von Kurven und Flächen. Nach einem historisch motivierten Kapitel über axiomatische euklidische Geometrie wird die Kurventheorie bis zum Studium der Totalkrümmung verknoteter Raumkurven entwickelt.

Hans-Joachim Kowalsky und Gerhard O. Michler
■ Lineare Algebra

12. überarb. Aufl. 2003. XV, 416 Seiten. Broschur.
ISBN 3-11-017963-6

Die Neuauflage dieses Standardlehrbuchs behandelt den Stoff einer zweisemestrigen Lehrveranstaltung „Lineare Algebra" vorrangig vom algorithmischen Standpunkt aus. Damit wird das Konzept der 11. Auflage beibehalten, in der die Autoren den modernen Entwicklungen in Forschung und Lehre sowie dem weit verbreiteten Einsatz von Computeralgebrasystemen Rechnung getragen haben.

W
DE
G
de Gruyter
Berlin · New York

Bitte bestellen Sie im Buchhandel oder direkt beim Verlag.

www.ingramcontent.com/pod-product-compliance
Lightning Source LLC
Chambersburg PA
CBHW050657190326
41458CB00008B/2603

* 9 7 8 3 1 1 0 1 6 7 2 7 6 *